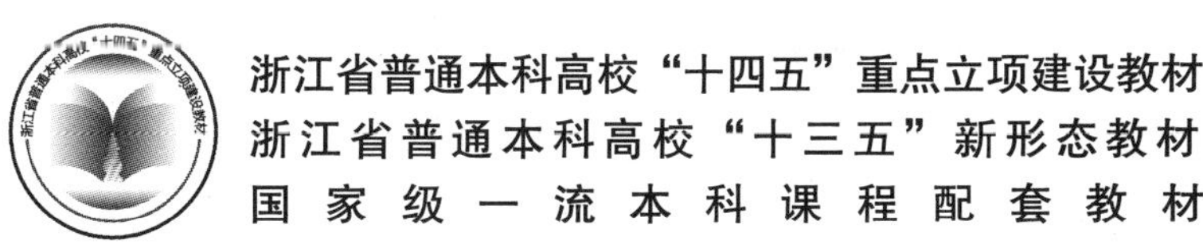

电路与电子技术（第 2 版）

卢　飒　主编

電子工業出版社
Publishing House of Electronics Industry
北京 · BEIJING

内 容 简 介

本书是《电路与电子技术》（卢飒主编，电子工业出版社，2018 年）的修订版。依照教育部电工电子基础课程教学指导分委员会 2019 年制定的电工电子基础课程教学基本要求进行编写。本书体系结构合理，语言通俗易懂，例题、习题丰富，联系实际，突出应用，在内容编排上符合应用型本科院校人才培养目标和教学的基本要求。

本书共分 3 篇：第一篇是电路分析基础，主要内容有电路的基本概念与基本定律、电路的基本分析方法和基本定理、正弦稳态电路的分析；第二篇为模拟电子技术，主要内容有半导体器件、基本放大电路、集成运算放大器及其应用、直流稳压电源；第三篇为数字电子技术，主要内容有逻辑代数基础、组合逻辑电路、触发器和时序逻辑电路、D/A 与 A/D 转换电路。

本书是国家级一流本科课程"电路与电子技术"的配套教材，线上教学资源来自浙江省线上一流课程"电路与电子技术"。本书将多种类型的数字化教学资源（视频、课件、工程案例、思政案例、题库、测试、思维导图等）通过二维码技术与文本紧密关联，实现纸质教材与数字资源的深度融合，丰富教材的知识内容和呈现方式，方便教材内容的及时更新。

本书可作为本科院校和高职院校工科非电类各专业，如测控类、机械类、计算机类、控制类、能源类、土木类、工业工程类及其他相近专业人员学习电工学、电路与电子技术等课程的教材，同时也可用于开展翻转课堂、混合式教学或供相关科技人员参考。

图书在版编目（CIP）数据

电路与电子技术 / 卢飒主编. —2 版. —北京：电子工业出版社，2023.7（2024.8 重印）

ISBN 978-7-121-45516-2

Ⅰ. ①电… Ⅱ. ①卢… Ⅲ. ①电路理论—高等学校—教材②电子技术—高等学校—教材 Ⅳ. ①TM13②TN01

中国国家版本馆 CIP 数据核字（2023）第 078518 号

责任编辑：贺志洪
印　　刷：天津画中画印刷有限公司
装　　订：天津画中画印刷有限公司
出版发行：电子工业出版社
　　　　　北京市海淀区万寿路 173 信箱　邮编 100036
开　　本：787×1092　1/16　　印张：23.75　　字数：662.4 千字
版　　次：2018 年 1 月第 1 版
　　　　　2023 年 7 月第 2 版
印　　次：2024 年 8 月第 3 次印刷
定　　价：59.90 元

凡所购买电子工业出版社图书有缺损问题，请向购买书店调换。若书店售缺，请与本社发行部联系，联系及邮购电话：（010）88254888，88258888。

质量投诉请发邮件至 zlts@phei.com.cn，盗版侵权举报请发邮件至 dbqq@phei.com.cn。

本书咨询联系方式：（010）88254609 或 hzh@phei.com.cn。

第 2 版 前言

本书是浙江省普通高校“十三五”新形态教材，自 2018 年出版至今已 5 年有余。为适应新工科建设、高等教育改革大背景和科学技术发展需要，在继承和发扬第 1 版特色的基础上，形成了第 2 版的修订思路。

第 2 版基本保留了第 1 版的体系与结构，继承了各章中心明确、层次清楚、概念准确、便于教学的特点。同时，进一步凝练内容，使论述更加简明。全书进行了大量的内容增删和修改工作，力求分析更透彻，重点更突出。例如对电流、电压、电动势、电路元件、基尔霍夫定律、戴维南定理、相量图法、集成运放的应用、直流稳压电源等内容的阐述都进行了充实或调整。第 2 版教材的主要特点如下：

1. 立德树人，注重思政育人。第 2 版在相关知识点以二维码形式嵌入了多个思政案例。通过介绍电学发展史上重要先驱人物和历史事件，追溯重要电路理论和电子器件的诞生过程、反映学科前沿的知识更新等，培养读者的科学精神和工匠精神，具备科技报国的家国情怀和使命担当。

2. 突出应用，培养工程能力。第 2 版在每一章专门增加一节介绍与本章内容相关的工程应用实例，并在例题、习题中增加综合性和设计性项目，帮助读者将理论知识与实践应用有机结合，提升工程意识。

3. 创新形态，互联网+教学。本书将多种类型的数字化教学资源（视频、课件、工程案例、思政案例、题库、测试、思维导图等）通过二维码与文本紧密关联，实现“纸质+移动终端+线上教育”的结合，方便教材资源及时调整更新。

本书为国家级一流本科课程“电路与电子技术”的配套教材，线上教学资源来自浙江省线上一流课程“电路与电子技术”，内容丰富，资源充足，质量优良。因此，本书蕴含了国家级一流本科课程建设的经验和成果。

本书由卢飒主编，负责全书编写策划和定稿。其中第 1～7 章由卢飒负责编写，第 8～11 章由潘兰芳负责编写。本书在编写过程中参考了许多教材，这些资料均在参考文献中列出，在此对这些教材的作者表示衷心的感谢。

由于编者水平和能力有限，书中难免有不足或错误之处，敬请同行老师及读者不吝赐教，批评指正。

编　者

2023 年 6 月

第 1 版　前言

本书为浙江省普通高校"十三五"新形态教材，与浙江省精品在线开放课程"电路与电子技术"相配套。它以纸质教材为基础，将多种类型的数字化教学资源（微课、课件、题库、在线测试等）通过二维码技术与文本紧密关联，支持学生通过移动终端随时随地进行学习。本书既突出了有关知识点的叙述，又兼顾了课程内容的完整性和系统性，在不增加纸质教材的篇幅和成本的同时，大大丰富和提升了教材的内涵。因此，本书不仅适用于传统方法教学，同时还适用于 MOOC 教学需求。

本书依照教育部电子电气基础课程教学指导委员会最新制定的教学基本要求，结合应用型本科院校人才培养目标组织内容，突出本课程的性质，即"电路与电子技术方面的入门性技术基础课"，其任务在于使学生掌握电路电子技术方面的基本概念、基本理论和基本技能，并为学习后续相关课程打下良好的基础。本书将三门核心电类基础课程"电路分析基础""模拟电子技术""数字电子技术"有机合并为一门课程——"电路与电子技术"。

本书是为应用型本科院校工科非电类各专业，如测控类、机械类、计算机类、控制类、工业工程类及其他相近专业的本科学生编写的。本书编写的原则是：①保证基础，加强概念，培养思路；②精选内容，主次分明，详略得当；③面向更新，联系实际，理论与实践并重，知识和技能并重；④问题分析深入浅出，文字叙述通俗易懂，图文并茂，例题精选，便于自学。目的是在保证学生掌握基本内容的前提下，培养学生处理实际问题和自学的能力。

本书内容丰富，资源充足。书中所有的知识点都配有微课视频、电子课件，每一节配有在线测试，每一章配有综合测试。本书还提供各章的小结视频和各节的测试题讲解视频。本书共有微课视频 193 个，单元测试 57 个，章节综合测试 11 个（题量超过 1000 题），期中、期末测试 2 个。扫描二维码就可以观看视频、完成在线测试并实时查看测试成绩以及参与交流讨论等。因此，该书不仅有助于培养学生的自主学习能力，同时特别适合开展翻转课堂、混合式教学等新型教学模式。

本书由卢飒主编，负责全书编写策划和定稿。其中第 1～7 章由卢飒负责编写，第 8～11 章由潘兰芳负责编写。本书在编写过程中参考了许多教材，这些资料均在参考文献中列出，在此对这些教材的作者表示衷心的感谢。

由于编者水平和能力有限，书中难免有不足或错误之处，敬请读者不吝赐教，批评指正。

编　者

2017 年 11 月

目　录

第一篇　电路分析基础

第二篇 模拟电子技术

第三篇 数字电子技术

第 1 章思维导图

第 1 章讨论区

第 1 章　电路的基本概念与基本定律

本章包含的主要内容有：电路的基本概念；电路的基本物理量（电流、电压、功率）；电路元件（无源元件、有源元件）以及电路的基本定律（基尔霍夫定律）。其中基尔霍夫定律与元件的伏安关系是电路分析的基本依据，所以本章是本课程最基础的部分。

1.1　电路的组成与电路模型

电路的组成与电路模型视频

电路的组成与电路模型课件

1.1.1　电路的组成及其作用

电路是由电工设备和电气器件按照预期目标连接构成的电流通路。在现代工业、农业、国防建设、科学研究及日常生活中，人们使用不同的电路来完成各种任务。小到手电筒、大到计算机、通信系统和电力网络，都可以看到各种各样的电路。可以说，只要用电的物体，其内部都含有电路。

实际电路的结构和组成各不相同，但无论电路的复杂程度如何，**实际电路通常由电源、负载和中间环节三部分组成。**其中将其他形式的能量转换成电能的电气设备称为电源，如电池、发电机和各种信号源等；将电能转换成其他形式能量的电气设备称为负载，如白炽灯、电动机、扬声器等；中间环节是指连接电源和负载，起传输、变换、控制和测量等作用的元器件，如导线、开关、变压器、放大器、电表、保护装置等。

实际电路种类繁多，作用也各不相同，但从宏观的角度来看，**电路的作用主要体现在能量处理和信号处理两个方面。**

所谓能量处理，就是通过电路实现电能的产生、传输、分配与转换。这类电路因其电压、电流和电功率的值较大，俗称强电电路。工程上一般要求这类电路在电能的传输和转换过程中，损耗尽可能小、效率尽可能高。

典型的例子是电力系统中的输电电路，如图 1.1.1 所示。发电机把光能、热能、机械能等转换成电能，通过变压器、输电线等输送给各用电设备（如电灯、电炉、电动机等），用电设备又把电能转换成光能、热能、机械能等其他形式的能量。在该电路中，发电机提供电能，也就是电源；各用电设备消耗电能，也就是负载。为了减小电源和负载间输电线上的电能损耗，从发电机发出的电首先通过升压变压器升压，使得线路电流降低，一方面可以减小电能损耗，同时还可以使用较细的输电线，节约成本。电能输送到负载处通过降压变压器降压后再分配给各用电设备。这里的升压变压器、降压变压器和输电线等都是中间环节。

所谓信号处理，就是通过电路实现电信号的获取、传递、变换与处理。这类电路因其电压、电流和电功率的值较小，俗称弱电电路。工程上一般要求这类电路在信息的传递与处理过程中，尽可能地减小信号的失真，以提高电路工作的稳定性。

以图 1.1.2 所示的扩音机电路为例，话筒把声音转换为相应的电信号，也就是信号源，相当于电源。由于话筒输出的信号比较微弱，不足以推动扬声器发声，因此中间还需要实现放大、传输作用的放大器、导线等。信号的这种传输和放大，称为信号的传递与处理。在该电路中，扬声器把电能转换为声能，也就是负载；放大器、导线等则是中间环节。

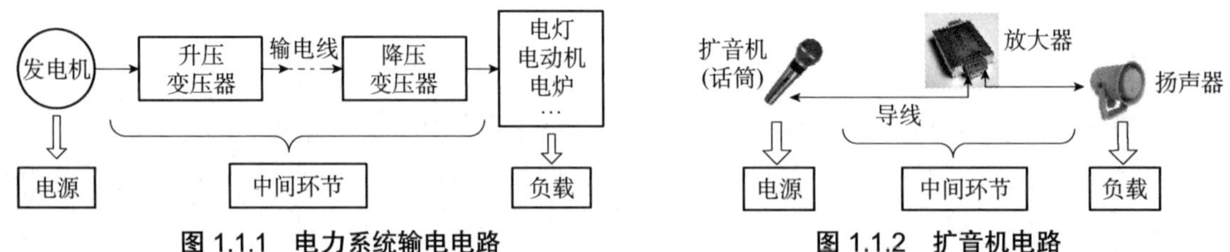

图 1.1.1　电力系统输电电路　　　　图 1.1.2　扩音机电路

又如收音机和电视机，它们的接收天线（信号源）把载有语音、音乐、图像等信息的电磁波接收后转换为相应的电信号，再通过电路将信号传递和处理（调谐、变频、检波、放大等），送到扬声器和显像管（负载），还原为原始信息。

实际元器件、连接导线以及由它们组成的实际电路都有一定的外形尺寸，占有一定的空间。若实际电路的几何尺寸 d 远小于其工作信号的波长 λ（即 $d<<\lambda$），可以认为电流同时到达实际电路中的各个点，此时电路尺寸可以忽略不计，整个实际电路可以看成是电磁空间的一个点，这种电路称为**集总参数电路**。不满足 $d<<\lambda$ 条件的电路称为**分布参数电路**，其特点是电路中的电压、电流不仅是时间的函数，还与元件的几何尺寸和空间位置有关。

举例说，我国电力系统交流电的频率为 50Hz，电磁能量的传播速度 $c=3\times10^8$m/s，其所对应的波长 $\lambda=c/f=6\,000$km。对以此为工作频率的用电设备来说，其尺寸与这一波长相比可以忽略不计，故可按集总参数电路处理。而对于数千千米的远距离输电电路来说，显然不满足 $d<<\lambda$，故为分布参数电路，分析此类电路时就必须考虑电场、磁场沿线分布的现象。又如在微波电路（如电视天线、雷达天线和通信卫星天线）中，由于信号频率特别高，波长 λ 的范围为 0.1～10cm，此时电路尺寸和波长属于同一数量级，也应采用分布参数电路来分析。对分布参数电路来说，信号在电路中的传输时间不能忽略，所以电路中的电压、电流不仅是时间的函数，还是空间位置的函数。由于工程中所遇到的大量电路都可作为集总参数电路处理，故本书只讨论集总参数电路。

电路除了可以分为集总参数电路和分布参数电路外，还可以分为线性电路和非线性电路（按照电路是否含有非线性负载来划分）、时变电路和非时变电路（按照电路是否含有时变元件来划分）。本书重点讨论线性非时变的集总参数电路。

1.1.2　电路模型

作为电路组成部分的器件或设备，如电阻、线圈、电容、变压器、晶体管等，种类繁多，其工作时的物理过程也很复杂，不便于一一进行分析，但是在电磁现象方面却又有着许多相同之处。为了便于电路的分析，我们定义了各种理想的电路元件。**每一种理想电路元件只表**

示一种电磁特性，并且用规定的符号表示。例如，用电阻元件来表征具有消耗电能特性的各种实际电器件；用电感元件来表征具有存储磁场能量的各种实际电器件；用电容元件来表征具有存储电场能量的各种实际电器件；用电源元件来表征具有提供电能特性的各种实际电器件，分为电压源和电流源两种。上述理想电路元件的图形符号如图 1.1.3 所示。

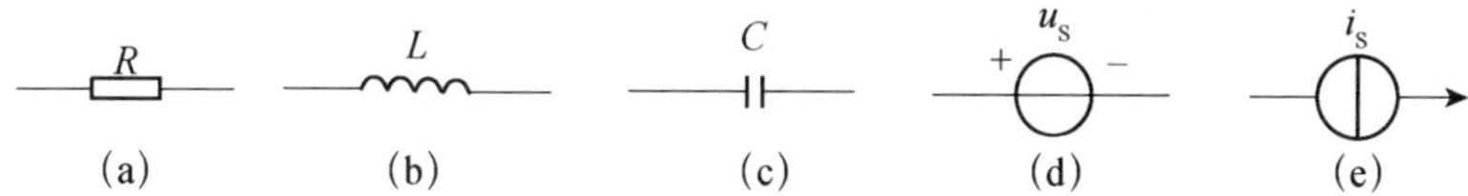

图 1.1.3　各种理想电路元件的图形符号

工程上各种实际电器件根据其电磁特性可以用一种或几种理想的电路元件来表示，这个过程称为建模。不同的实际电器件，只要具有相同的电磁特性，在一定条件下可以用同一个模型来表示。例如，电炉、白炽灯的主要电磁特性是消耗电能，可用电阻元件表示；干电池、发电机的主要电磁特性是提供电能，可用电源元件表示。

需要注意的是，建模时必须考虑工作条件。**同一个实际电器件在不同应用条件下所呈现的电磁特性是不同的，因此要抽象成不同的元件模型**。例如，一个实际线圈，在直流情况下在电路中仅反映为导线内电流引起的能量损耗，故可等效为一个电阻元件，如图 1.1.4(a)所示；在交流情况下，线圈电流产生的磁场会引起感应电压，故等效成一个电阻和电感的串联，如图 1.1.4(b)所示；随着工作频率的升高，线圈匝间和层间还会存储电场能量，因此必须考虑其电容效应，其等效元件模型如图 1.1.4(c)所示。

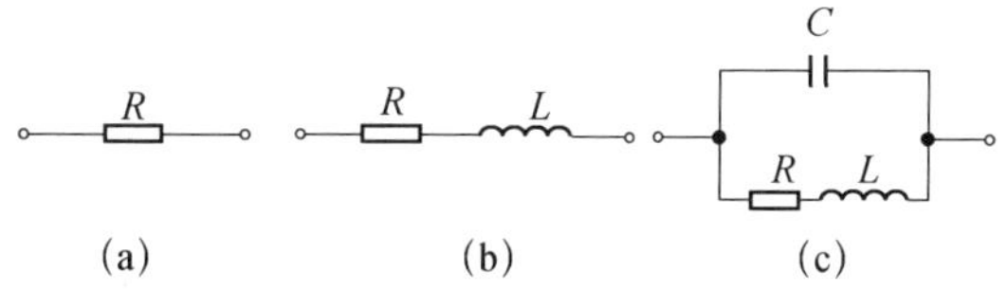

图 1.1.4　实际线圈在不同情况下的元件模型

历史人物：麦克斯韦

又如一个实际电容器，当它的发热损耗忽略不计时，可等效成一个理想的电容元件，如图 1.1.5(a)所示；而要考虑其发热损耗时，则可等效成电阻和电容的并联（或串联），如图 1.1.5(b)所示。

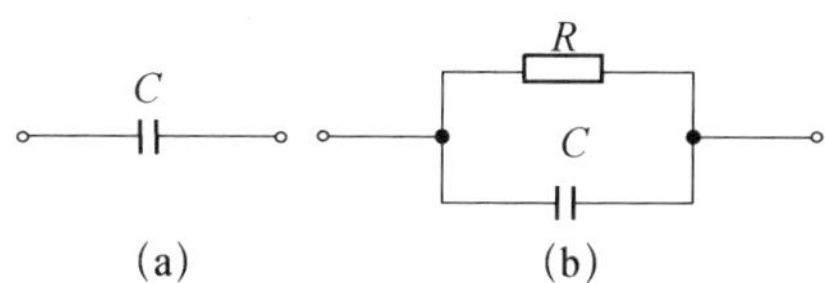

图 1.1.5　实际电容器在不同情况下的元件模型

把组成实际电路的各种电器件用理想的电路元件及其组合来表示，并用理想导线将这些电路元件连接起来，就可得到实际电路的电路模型。例如，对图 1.1.6(a)所示的手电筒电路，灯泡可以用电阻元件来表示；干电池如果考虑其内部电能损耗的话，可以用理想电压源与电阻的串联组合来表示。再用理想导线将这些电路元件连接起来，这样就得到手电筒电路的电路模型，如图 1.1.6(b)所示。电路模型一旦正确地建立，我们就能用数学的方法深入地分析电路。注意，电路分析的对象是电路模型，而不是实际电路。如果不是特别指出，本书所说的“元件”、“电路”均指理想的电路元件和电路模型。

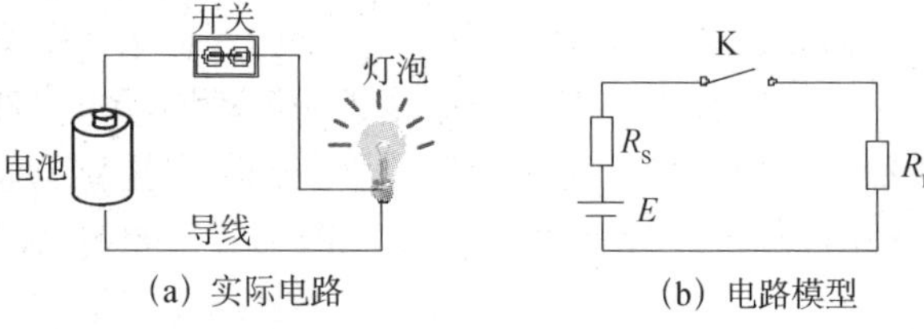

(a) 实际电路　　(b) 电路模型

图 1.1.6　手电筒电路

1.1　测试题

1.2　电路的基本物理量

电流视频

电流课件

电路的特性是由电路的物理量来描述的，电路的物理量主要有电流、电压、电荷、磁链、功率和能量。其中电流、电压和功率是电路的基本物理量，电路分析的基本任务就是计算电路中的电流、电压和功率，下面分别加以介绍。

1.2.1　电流

带电粒子的定向运动形成电流。电流的大小用电流强度表示。电流强度定义为单位时间内通过导体横截面的电荷量。电流强度简称电流，用字母 i 表示，即

$$i(t)=\frac{\mathrm{d}q}{\mathrm{d}t} \tag{1.2.1}$$

在国际单位制中，电流的单位为安培（A），简称安。在实际应用中，可以加上表 1-1 所列的国际单位制（SI 单位）的词头，构成 SI 的十进制倍数或分数单位。如：$1\text{mA}=10^{-3}\text{A}$，$1\mu\text{A}=10^{-6}\text{A}$，$1\text{nA}=10^{-9}\text{A}$。

表 1-1　部分国际单位制前词头

因数	10^9	10^6	10^3	10^{-3}	10^{-6}	10^{-9}	10^{-12}
名称	吉	兆	千	毫	微	纳	皮
符号	G	M	k	m	μ	n	p

如果电流的大小和方向不随时间变化，则为**直流电流**，简写为 DC，如图 1.2.1(a)所示。直流电流可以用大写字母 I 或用小写字母 i 表示。如果电流的大小和方向随时间变化，则为**时变电流**，如图 1.2.1(b)所示。如果时变电流的大小和方向均做周期性变化且平均值为零时，则为**交流电流**，简写为 AC。最常见的交流电流为正弦交流电流，如图 1.2.1(c)所示。时变电流和交流电流通常用小写字母 i 表示。

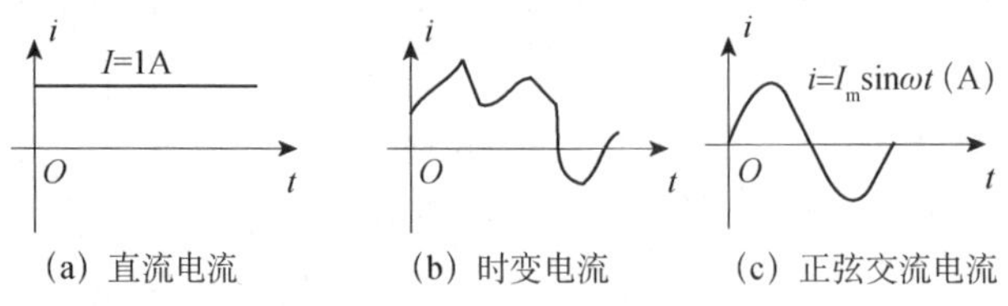

(a) 直流电流　　(b) 时变电流　　(c) 正弦交流电流

图 1.2.1　电流

历史人物：安培

电流是有方向的，通常把**正电荷运动的方向规定为电流的实际方向**。但在分析电路时，电流的实际方向往往难以预先确定，而且交流电流的实际方向又随时间变化，因此在电路中很难标明电流的实际方向。为此，我们**在进行电路分析时，往往先设定电流的正方向，称为电流的参考方向。**电流的参考方向可以任意选定，在电路图中用箭头“→”表示，如图 1.2.2 所示，也可以用双下标表示，记为 i_{ab}，表示电流参考方向从 a 流向 b。

按设定的电流参考方向进行电路计算，若计算得电流数值为正，则表示电流的实际方向和所设的参考方向一致；若电流数值为负，则表示电流的实际方向和所设的参考方向相反。图 1.2.2 说明了参考方向的含义，图中虚线箭头表明电流的实际方向。图 1.2.2(a)中电流的参考方向与实际方向一致，故电流数值为正；图 1.2.2(b)中电流的参考方向与实际方向相反，故电流数值为负。

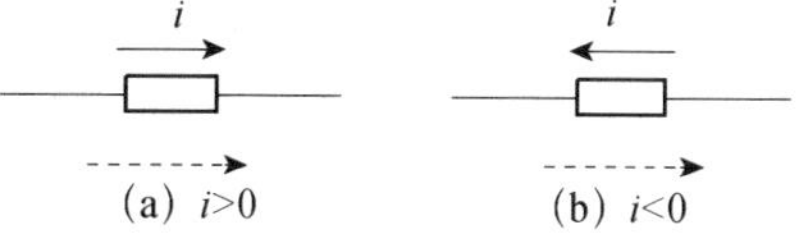

图 1.2.2　电流的参考方向

显然，**在未标明电流参考方向的情况下，计算得出的电流正负值毫无意义。**今后在电路图中只标明参考方向，分析电路也都以参考方向为依据。

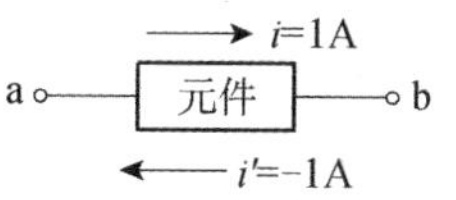

图 1.2.3　例 1.2.1 图

例 1.2.1　图 1.2.3 中的电流 i=1A，问电流的实际方向如何？

解：在图示参考方向下 $i > 0$，说明电流的实际方向与所设的参考方向一致，即电流的实际方向从 a 流向 b。若将电流的参考方向改为从 b 流向 a，则 i'=−1A。

1.2.2　电压和电位

电压视频

电压课件

电路中 a、b 两点间的电压定义为把单位正电荷从 a 点移到 b 点电场力所做的功，即：

$$u_{ab} = \frac{dw_{ab}}{dq} \tag{1.2.2}$$

式中，u_{ab} 表示电路 a、b 两点间的电压（降），dw_{ab} 表示将电荷 dq 从 a 点移到 b 点电场力所做的功。若电场力将正电荷从 a 点移到 b 点时做正功，则电压 u_{ab} 大于零；若电场力将正电荷从 a 点移到 b 点时做负功，则电压 u_{ab} 小于零。

在国际单位制中，电压的单位为伏特（V），简称伏。此外，电压还可以用千伏（kV）、毫伏（mV）、微伏（μV）等表示。

如果电压的大小和方向不随时间变化，则为**直流电压**，否则为时变电压。如果时变电压的大小和方向均做周期性变化且平均值为零时，则为**交流电压**。例如，日常生活中最常见的工频电压就是指有效值为 220V、频率为 50Hz 的正弦交流电压。

与电压相关的另一个物理量是电位。在电路中可任选一点为参考点（即零电位点，可用符号“⊥”表示），电路中某一点的电位就是将单位正电荷从这一点移到参考点时电场力所做的功。因此，**电路中某一点的电位就是这一点到参考点的电压降。**电位用符号 v 表示，其单位也为伏特。

用 v_a、v_b 分别表示电路中 a 点、b 点的电位，则 a、b **两点之间的电压就等于这两点的电位差**，即

$$u_{ab}=v_a-v_b \tag{1.2.3}$$

注意，**在计算电位时，必须先选定某一点作为参考点**。参考点可以任意选择，但是同一个电路中不可以同时设定两个或两个以上不同的参考点。

引入电位的概念后，电路图中可以省去电压源支路，直接将电压源的极性在图中标出，并标明其电位值，如图 1.2.4(a)所示电路可以改画成图 1.2.4(b)所示电路。在后续的电子电路课程中，经常会出现这种画法。

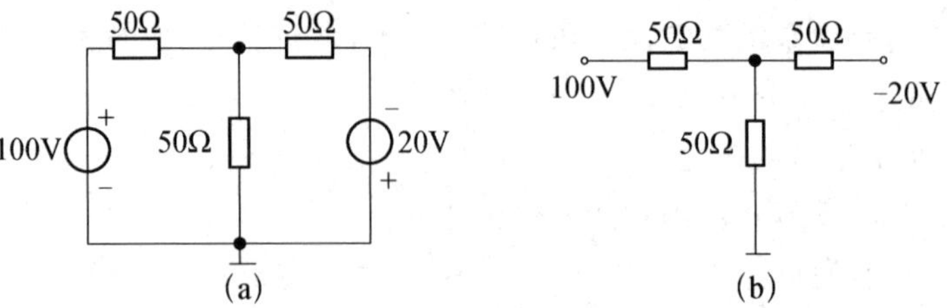

历史人物：伏特

图 1.2.4　电位示意图

电路中规定电压的实际方向是电位降低的方向，即由高电位端指向低电位端，所以电压又称电压降。与电流的参考方向类似，分析电路时有必要先设定电压的参考方向。电压的参考方向也是任意假定的，它有三种表示方法：一是用箭头“→”表示，如图 1.2.5(a)所示；二是用“+”、“−”极性表示，如图 1.2.5(b)所示，其中“+”表示假定的高电位端，“−”表示假定的低电位端；三是用双下标表示，如 u_{ab} 表示电压的参考方向从 a 指向 b。

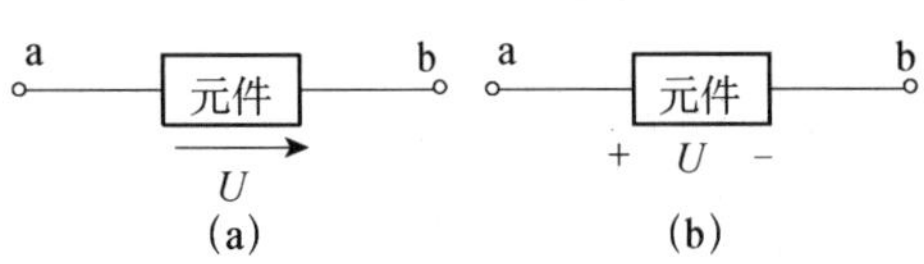

图 1.2.5　电压的参考方向

分析电路时，按设定的电压参考方向进行电路计算，若计算得到的电压数值为正，表示电压的实际方向和所设的参考方向一致；若电压数值为负，则表示电压的实际方向和所设的参考方向相反。在未标明电压参考方向时，计算出的电压正负值毫无意义。

例 1.2.2　电路如图 1.2.6 所示，已知 U_{ac}=10V，U_{bc}=5V，求 V_a、V_b 和 U_{ab}。若以 a 点为参考点，重新计算 V_b、V_c 和 U_{ab}。

解：图中以 c 为参考点，则 V_c=0，根据电位的定义可得：

$$V_a = U_{ac} = 10\text{V}$$
$$V_b = U_{bc} = 5\text{V}$$
$$U_{ab} = V_a - V_b = 5\text{V}$$

若以 a 点为参考点，则 V_a=0

$$V_b = U_{ba} = U_{bc} - U_{ac} = -5\text{V}$$
$$V_c = U_{ca} = -U_{ac} = -10\text{V}$$
$$U_{ab} = V_a - V_b = 5\text{V}$$

图 1.2.6　例 1.2.2 图

由例 1.2.2 可以看出：**电路中各点的电位数值是相对的，取决于参考点的选择；而电路中任意两点间的电压数值是绝对的，和参考点的选择无关。**

正电荷在电场力的作用下从高电位端移向低电位端，为了维持电路中持续不断的电流，还必须有非电场力将正电荷从低电位端移向高电位端，提供此非电场力的就是电路中的电源。**电动势是对电源中非电场力做功（转变为电能）能力的描述**，其数值等于非电场力将单位正电荷从电源负极移到正极所做的功。因此**电动势的实际方向是从电源负极指向正极，即电源电位升的方向**。电路分析时，事先也给电源电动势设一个参考方向，通常用箭头表示。电动势用 E（或 e）表示，其单位也是伏特。

例 1.2.3　图 1.2.7 所示电路，已知 E=5V，问 a 点与 b 点哪点电位高？U=？

图 1.2.7　例 1.2.3 图

解：因为 E=5V>0，所以图中 E 的方向就是电动势的实际方向，即 b 点电位低，a 点电位高。由图可得：$U=V_a-V_b$=5V。

例 1.2.4　电路如图 1.2.8 所示，求 b 点的电位。

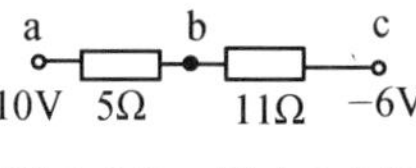

图 1.2.8　例 1.2.4 图

解：根据串联电阻电流处处相等，再结合欧姆定律，可得：

$$\frac{V_a - V_b}{5} = \frac{V_b - V_c}{11}$$

将 V_a=10V，V_c= −6V 代入上式，计算可得 V_b=5V。

对任何电路进行分析时，均应先标出各处电流、电压的参考方向。电路中每个元件的电流或电压的参考方向都可以任意假设。为了分析方便，**通常将元件上的电压、电流的参考方向设置为一致，即电流的参考方向由电压的“+”指向“−”，这样选定的参考方向称为关联参考方向**，如图 1.2.9(a)所示。**若电压、电流的参考方向设置得相反，则称为非关联参考方向**，如图 1.2.9(b)所示。

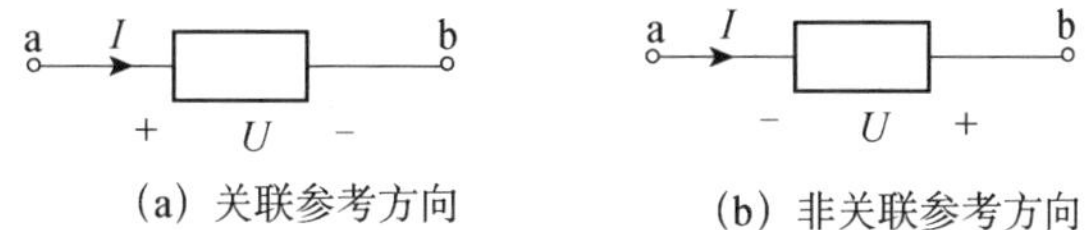

(a) 关联参考方向　　(b) 非关联参考方向

图 1.2.9　关联参考方向和非关联参考方向

1.2.3　功率

功率视频

功率课件

电路的基本作用之一是实现能量的传输，能量传输的速率用电功率来表征。**电功率是指单位时间内电场力所做的功或电路所吸收的电能，简称功率**，用 p 表示。在国际单位制中，功率的单位为瓦特（W），简称瓦。

下面讨论图 1.2.10 所示二端元件和二端网络的功率。当电压、电流采用关联参考方向时，二端元件或二端网络吸收的功率为

$$p_{吸收} = \frac{dw}{dt} = \frac{dw}{dq} \cdot \frac{dq}{dt} = ui \tag{1.2.4}$$

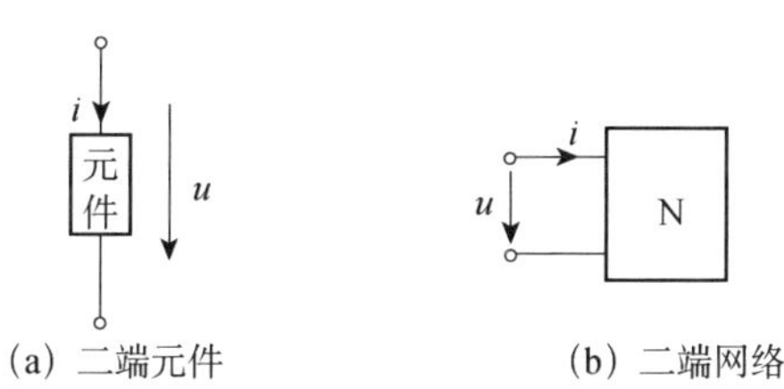

(a) 二端元件　　(b) 二端网络

图 1.2.10　二端元件和二端网络

显然，当电流、电压采用非关联参考方向时，二端元件或二端网络吸收的功率为

$$p_{吸收} = -ui \tag{1.2.5}$$

式（1.2.4）和式（1.2.5）计算的都是吸收的功率。若计算得 $p_{吸收}>0$，表明该时刻二端元件或二端网络实际吸收功率；若 $p_{吸收}<0$，表明该时刻二端元件或二端网络实际发出功率。

因为吸收功率和发出功率本身相差一个负号，吸收-10W 功率就相当于发出 10W 功率。所以在关联参考方向下，元件发出的功率为

$$p_{发出}=-ui \tag{1.2.6}$$

在非关联参考方向下，元件发出的功率为

$$p_{发出}=ui \tag{1.2.7}$$

式（1.2.4）和式（1.2.6）实质上是相同的，同理，式（1.2.5）和式（1.2.7）实质上也是相同的。具体计算时可根据已知条件选择相应的功率计算公式。

根据能量守恒定律，**对一个完整的电路，所有元件吸收功率的代数和必为零。**即电路中必有一部分元件实际发出功率（提供电能，作为电源），另一部分元件实际吸收功率（消耗电能，作为负载），并且发出功率的总和一定等于吸收功率的总和，称为**功率守恒**。

在关联参考方向下，从 t_0 到 t 这段时间内，电路吸收的电能为

$$w(t_0,t)=\int_{t_0}^{t} p(\xi)\mathrm{d}\xi=\int_{t_0}^{t} u(\xi)i(\xi)\mathrm{d}\xi \tag{1.2.8}$$

在国际单位制中，电能的单位为焦耳（J），简称焦。1J 等于功率为 1W 的用电设备在 1s 内消耗的电能。电能最实用的单位是千瓦·时（kWh），俗称“度”。1 度电等于功率为 1kW 的设备在 1h 内所消耗的电能，即

$$1\text{ 度}=1\text{kWh}=10^3\text{W}\times3600\text{s}=3.6\times10^6\text{J}$$

例 1.2.5 浙江地区用电按每度（kWh）收费 0.58 元计算。某教室照明用电平均电流为 10A，供电电压额定值为 220V，每天开灯 6h，每月按 30 天计算，求出每月用电量和费用是多少?

解：用电量 $W=Pt=UIt$=220V×10A×6h×30=396kWh=396 度

费用　J=0.58 元/度×396 度=230 元

例 1.2.6 计算图 1.2.11 中各元件的功率，并指出该元件是电源还是负载。

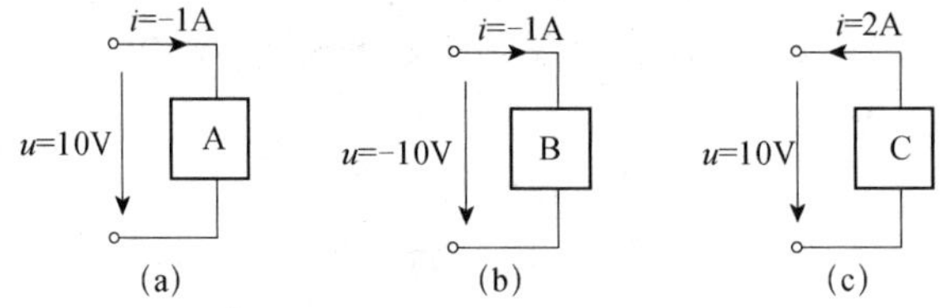

图 1.2.11 例 1.2.6 图

解：图(a)中，电压、电流为关联参考方向，故元件 A 吸收的功率为

$p_{吸收}=ui=10\times(-1)=-10\text{W}<0$　　A 发出功率 10W，为电源；

图(b)中，电压、电流为关联参考方向，故元件 B 吸收的功率为

$p_{吸收}=ui=(-10)\times(-1)=10\text{W}>0$　　B 吸收功率 10W，为负载；

图(c)中，电压、电流为非关联参考方向，故元件 C 吸收的功率为

$p_{吸收}=-ui=-10\times2=-20\text{W}<0$　　C 发出功率 20W，为电源。

例 1.2.7 图 1.2.12 所示电路，已知元件发出功率 150mW，i=10mA，求电压 u。

解：由于该元件上的电压、电流为非关联参考方向，因此发出的功率可按照式（1.2.7）计算，即 $p_{发出}=ui=150\times10^{-3}\,\mathrm{W}$，故 $u=\dfrac{150\times10^{-3}}{10\times10^{-3}}=15\mathrm{V}$

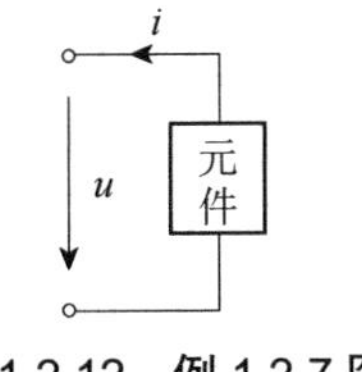

图 1.2.12　例 1.2.7 图

1.2　测试题

1.2 测试题讲解视频

1.2 测试题讲解课件

1.3　基尔霍夫定律

历史人物：基尔霍夫

基尔霍夫定律视频

基尔霍夫定律课件

电路是由若干元件连接而成的有机整体，各元件的电压、电流除了受元件自身的伏安关系约束（又称**元件约束**）外，还要受到电路的连接关系所带来的约束（又称**拓扑约束**）。基尔霍夫定律就是描述电路结构关系的基本定律，是整个电路理论的源头。它包含两个基本定律：基尔霍夫电流定律（KCL）和基尔霍夫电压定律（KVL）。

在介绍基尔霍夫定律之前，先结合图 1.3.1 所示电路介绍几个常用的电路术语。

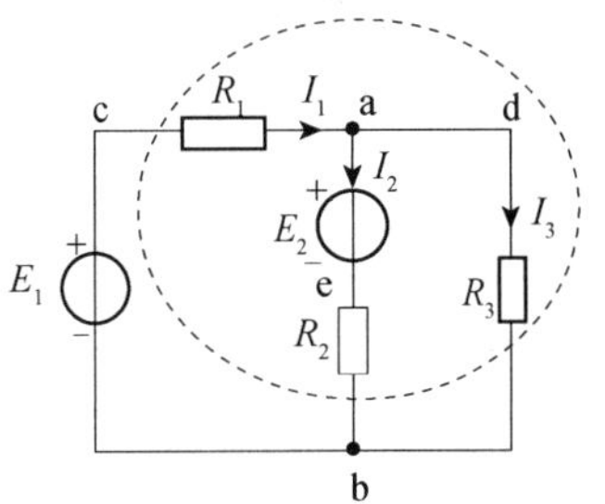

图 1.3.1 电路示意图

支路：电路中的一个二端元件或若干个二端元件串联构成的不分叉的一段电路称为支路。图 1.3.1 所示的电路中共有 3 条支路，即 acb、aeb 和 adb。支路上流过的电流称为支路电流，如图中的 I_1、I_2和 I_3。支路数常用字母 b 表示。

节点：电路中 3 条或 3 条以上支路的连接点称为节点。图 1.3.1 所示的电路中共有 a 和 b 两个节点。在电路图中，节点通常用实心的小圆点标注。特别要注意：**电路中如果若干个节点之间是用一根理想导线直接相连的，则这些节点可视为同一个节点**。节点数常用字母 n 表示。

除以上定义的节点之外，还可**将某闭合面中的电路看成一个节点，称为广义节点**。例如在图 1.3.1 所示的电路中，用虚线所围定的部分可视为一个广义节点。

回路：电路中的任一闭合路径称为回路。图 1.3.1 所示的电路中共有 3 个回路，即 acbea、adbea 和 adbca。回路数常用字母 l 表示。

网孔：对平面电路而言，内部不含有其他支路的回路称为网孔。显然，网孔一定是回路，但回路不一定是网孔。网孔只有在平面电路中才有意义。所谓平面电路是指经任意扭动变形后画在一个平面上，不会出现支路彼此相交的电路（节点处除外）。图 1.3.1 所示的电路为平面电路，它有两个网孔，即 acbea、adbea。网孔数常用字母 m 表示。

可以证明，对平面电路而言，网孔数 m、支路数 b 和节点数 n 之间满足以下关系

$$m=b-(n-1) \tag{1.3.1}$$

1.3.1　基尔霍夫电流定律

基尔霍夫电流定律（KCL）是描述电路中与节点相连的各支路电流间相互关系的定律。它的基本内容是：**对电路中任一节点，任何时刻流入（或流出）该节点的所有支路电流的代数和恒为零，**即

$$\sum i=0 \tag{1.3.2}$$

在式（1.3.2）中，若规定流入该节点的电流前面取“+”号，则流出该节点的电流前面取“-”号；反之亦然。这里的流入还是流出，均指电流的参考方向。

也就是说，在式（1.3.2）中有两套正负号，即电流变量前面的正负号和电流变量本身的正负值。前者是由电流的参考方向是流入还是流出节点决定的，后者是由电流的参考方向与实际方向是否一致所决定的。

在图1.3.1中，对节点a，若规定流入节点的电流前面取“+”号，则流出节点的电流前面取“-”号，由KCL可得

$$I_1-I_2-I_3=0$$

上式也可以写成

$$I_1=I_2+I_3$$

故KCL还可以表示为

$$\sum I_{入}=\sum I_{出} \tag{1.3.3}$$

即对电路中任一节点，任何时刻流入该节点的电流之和等于流出该节点的电流之和。

KCL是电荷守恒定律在电路节点上的一种体现。节点上既不会有电荷的堆积，也不会有新的电荷产生，所以连接于任一节点的各支路电流的代数和恒为零。

基尔霍夫电流定律不仅适用于电路中的任一节点，也适用于电路中任一闭合面（又称广义节点）。即**任何时刻，流入（或流出）任一闭合面的所有电流的代数和恒为零。**

对图1.3.2所示电路中虚线包围的闭合面，由于电流 I_1、I_2、I_3 均流入闭合面，故有

$$I_1+I_2+I_3=0$$

可以利用KCL来验证。对节点1、2、3，根据KCL分别有

$$I_1=I_{12}-I_{31}，I_2=I_{23}-I_{12}，I_3=I_{31}-I_{23}$$

将上面3个式子相加，可得 $I_1+I_2+I_3=0$。由此验证了基尔霍夫电流定律也适用于电路中的任一闭合面。

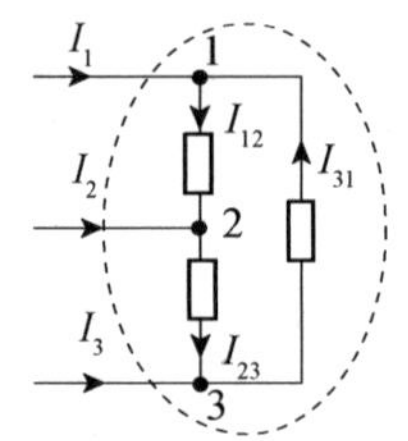

图1.3.2　KCL应用示例

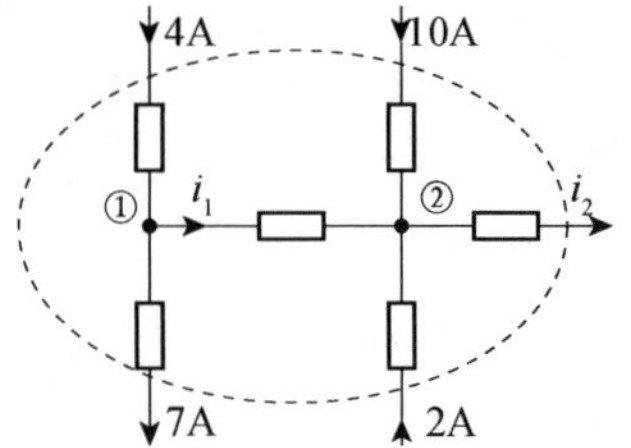

图1.3.3　例1.3.1图

例1.3.1　求图1.3.3所示电路中的电流 i_1 和 i_2。

解：对节点①列写KCL方程：$4-7-i_1=0$　　$\therefore i_1=-3\text{A}$

对节点②列写KCL方程：$i_1+10+2-i_2=0$　　$\therefore i_2=9\text{A}$

求 i_2 时，也可以对图中虚线所示的闭合面列写 KCL 方程：

$$4+10+2-7-i_2=0 \qquad \therefore i_2=9\text{A}$$

1.3.2　基尔霍夫电压定律

基尔霍夫电压定律（KVL）是描述回路中各支路电压间相互关系的定律。它的基本内容是：**对电路中的任一回路，在任一瞬时，沿着任一方向（顺时针或逆时针）绕行一周，该回路中所有支路电压的代数和恒为零**，即

$$\sum u=0 \tag{1.3.4}$$

列写 KVL 方程前，必须先假定回路的绕行方向。若支路电压的参考方向与回路绕行方向一致，则该电压项前取“+”号；反之取“−”号。

图 1.3.4 所示电路，对回路 cabc，设回路绕行方向为顺时针，各元件电压的参考方向如图所示，则由 KVL 可得

$$U_1-U_2+U_3-U_4=0 \tag{1.3.5}$$

KVL 是能量守恒定律的体现。电荷沿着闭合回路绕行一周，没有产生能量，也没有吸收能量，所以任一回路的各支路电压的代数和恒为零。

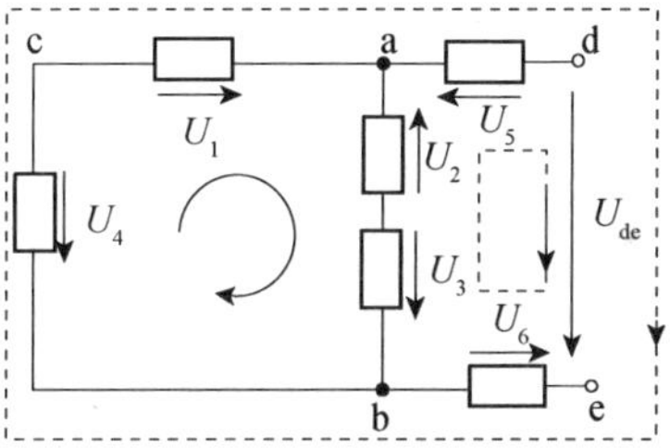

图 1.3.4　KVL 应用示例

基尔霍夫电压定律不仅适用于闭合电路，还可以推广应用到电路中任一假想的回路（电路某两点之间实际是断开的），即**对电路中任一假想的闭合回路，各段电压降的代数和恒为零。**如图 1.3.4 所示电路，d、e 两点间并无支路存在，但 d、e 两点间仍有电压 U_{de}，我们可以对 cadebc 这一假想的回路，按顺时针绕行方向，列写 KVL 方程

$$U_1-U_5+U_{de}-U_6-U_4=0$$

得

$$U_{de}=U_5-U_1+U_4+U_6$$

也可对 adeba 这一假想的回路，按顺时针绕行方向，列写 KVL 方程

$$-U_5+U_{de}-U_6-U_3+U_2=0$$

得

$$U_{de}=U_5-U_2+U_3+U_6$$

由式（1.3.5）可知：$-U_1+U_4=-U_2+U_3$，可见按不同路径求出的电压 U_{de} 是相等的。

以上分析结果表明：**电路中任意两点之间的电压 U_{ab} 等于沿着从 a 点到 b 点的任一路径上所经过的各元件电压的代数和。**这是求解电路中任意两点间电压的常用方法。要注意，**电路中两点间的电压与所选的路径无关。**

需要指出的是，KCL 和 KVL 确定了电路中各支路电流和支路电压间的约束关系。**这种约束关系只与电路的连接方式有关，与支路元件的性质无关，故称为拓扑约束。**因此无论电路由什么元件组成，也无论元件是线性还是非线性的、是时变还是非时变的，**只要是集总参数电路，基尔霍夫定律始终适用。**

例 1.3.2　在图 1.3.5 所示电路中，已知 U_1=3V，U_2=4V，U_3=5V，试求 U_4 及 U_5 及 U。

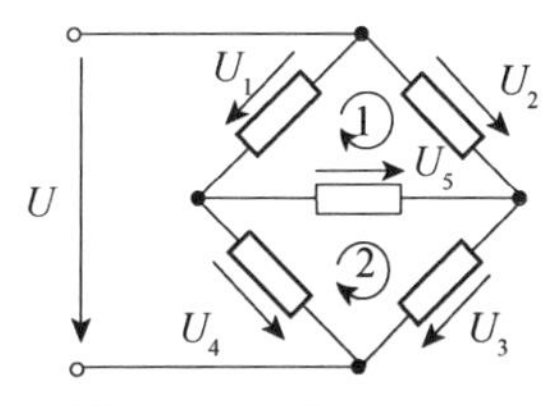

图 1.3.5　例 1.3.2 图

解：对网孔 1，设回路绕行方向为顺时针，列写 KVL 方程

$$-U_1+U_2-U_5=0$$

求得 $U_5=U_2-U_1=4-3=1\text{V}$

对网孔 2，设回路绕行方向为顺时针，列写 KVL 方程

$$U_5+U_3-U_4=0$$

求得 $U_4=U_5+U_3=1+5=6\text{V}$

按照左侧路径，可得 $U=U_1+U_4=3+6=9\text{V}$

按照右侧路径，可得 $U=U_2+U_3=4+5=9\text{V}$

这里也验证了电路中两点间的电压与所选路径无关的特性。

1.3 测试题

1.3 测试题讲解视频

1.3 测试题讲解课件

1.4 无源元件

电路元件是构成电路的基本单元，按其在电路中所起作用的不同，可分为无源元件和有源元件两大类。**当元件的电压 u、电流 i 取关联参考方向时，如果对任意时刻 t 都满足 $w(t)=\int_{-\infty}^{t}u(\tau)i(\tau)\mathrm{d}\tau\geqslant 0$（即任一时刻吸收的能量始终≥0），则该元件为无源元件**；否则为有源元件。**无源元件不具有能量的控制作用**，如电阻、电感、电容、二极管等，它们在电路中通常作为负载。**有源元件则具有能量的产生或者控制作用**，如发电机、电池、三极管、场效应管、运算放大器等。本节介绍电阻、电感和电容这三种最常见的无源元件。

1.4.1 电阻元件

电阻元件视频

电阻元件课件

1. 电阻元件的定义

凡是**以消耗电能为主要电磁特性的实际电气装置或电气元件**，理论上都可以抽象成**理想电阻元件**，简称**电阻**。在电子设备中常用的绕线电阻、金属膜电阻、碳膜电阻及在日常生活中常见的白炽灯、电炉等，都可以用电阻元件作为其电路模型。电阻有线性和非线性、时变和非时变之分。本书主要研究线性电阻元件，其图形符号如图 1.4.1(a)所示。

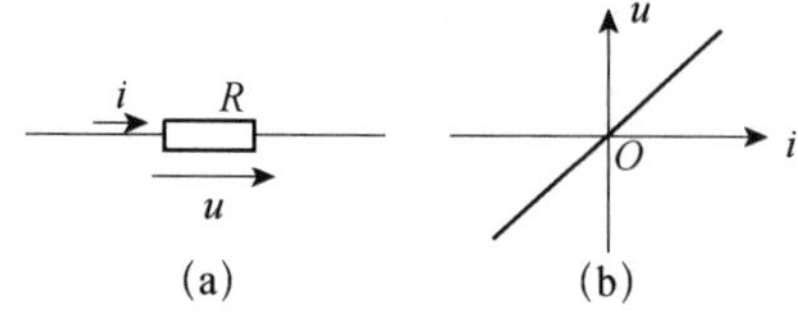

图 1.4.1 线性电阻的电路符号及伏安特性

历史人物：欧姆

忆阻器

2. 线性电阻元件的伏安关系

对线性电阻元件来说，电阻两端的电压和电流之间的关系服从欧姆定律。

当电压 u 和电流 i 采用关联参考方向时，有

$$u=Ri \tag{1.4.1}$$

即**线性电阻元件上的电压与流过的电流成正比。**式中 R 称为线性电阻的电阻值，简称电阻，是一个不随电压、电流变化而变化的常数。在国际单位制中，电阻的单位为欧姆（Ω）。电阻的常用单位有千欧（kΩ）、兆欧（MΩ）。线性电阻元件的伏安特性曲线如图 1.4.1(b)所示，它是一条经过坐标原点的直线，该直线的斜率由电阻 R 决定。

当电压 u 和电流 i 采用非关联参考方向时，欧姆定律公式中须加一负号，即

$$u=-Ri \tag{1.4.2}$$

电阻的倒数称为电导，用 G 表示，即 $G=\dfrac{1}{R}$，电导的单位是西门子（S）。

引入电导后，欧姆定律也可表示为

$$i=\pm Gu \tag{1.4.3}$$

电阻元件的电压（或电流）完全取决于该时刻的电流（或电压），而与过去时刻的电流（或电压）无关，这种性质称为无记忆性，故电阻是一种无记忆元件。

线性电阻元件有两个特殊的情况需要注意：一是当 $R=\infty$时，不论电阻两端的电压为何值，流过的电流始终为 0，称之为“**开路**”或“**断路**”；另一种是当 $R=0$ 时，不论流过电阻的电流为何值，其两端的电压始终为 0，称之为“**短路**”。一旦某个电阻出现开路或短路故障，相关电路必然会因电流突变为 0 或电流过大而失去原有的正常工作状态，甚至会造成整个电路瘫痪。所以在实际应用中一定要避免电阻故障，尤其是要避免短路情况发生。

应该指出的是，非线性电阻不遵守欧姆定律，其阻值随着流过它的电流而变化。具有非线性电阻特性的电路元件包括照明灯泡和二极管等。

3. 电阻元件的功率

电阻元件对电流具有阻碍作用，电流流过电阻时必然要消耗能量。当电压、电流取关联参考方向时，电阻元件吸收的功率为

$$p=ui=i^2R=u^2/R\geqslant 0$$

当电压、电流取非关联参考方向时，电阻元件吸收的功率为

$$p=-ui=-(-Ri)\ i=i^2R=u^2/R\geqslant 0$$

电灯的发明过程

可见，**不论是关联参考方向还是非关联参考方向，电阻元件始终吸收功率，并把吸收的电能转换成其他形式的能量消耗掉，因此电阻是耗能元件，也是无源元件。**

当电流流过电阻时，电阻会发热，这就是电流的热效应。一方面可以利用它制成电炉、电烙铁等电热器，另一方面会造成导线的绝缘老化，引起漏电，严重时甚至烧毁电气设备。因此各种电气设备为了安全运行，都有一定的功率、电压和电流限额，称之为额定功率、额定电压和额定电流。例如白炽灯通常给出额定电压和额定功率（如 220V，60W）；固定电阻器除了标出电阻值（10kΩ、1kΩ、100Ω 等）外，还需给出其额定功率（如 5W、2W、1W、1/2W、1/4W、1/8W 等）。

例 1.4.1 已知一灯泡额定功率为 40W，额定电压为 220V，求其额定电流及电阻值。

解：由 $P=UI$ 得 $I=P/U=40/220=0.182\text{A}$

$$R=U/I=1\ 209\Omega$$

例 1.4.2 电路如图 1.4.2 所示，试写出各图中 U 与 I 之间的关系式。

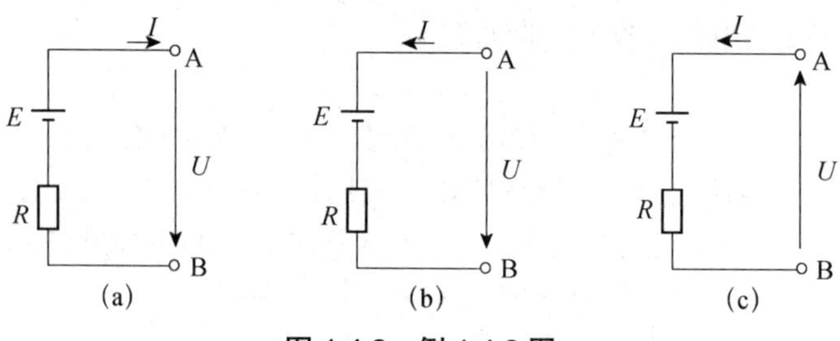

图 1.4.2 例 1.4.2 图

解：根据 A、B 两点之间的电压等于沿着从 A 点到 B 点的任一路径上所经过的各元件电压的代数和，再结合欧姆定律，可得：

图(a)中，$U=E-IR$

图(b)中，$U=E+IR$

图(c)中，$U=-E-IR$

例 1.4.3 电路如图 1.4.3(a)所示，已知电源发出功率 60W，求电阻 R_X。

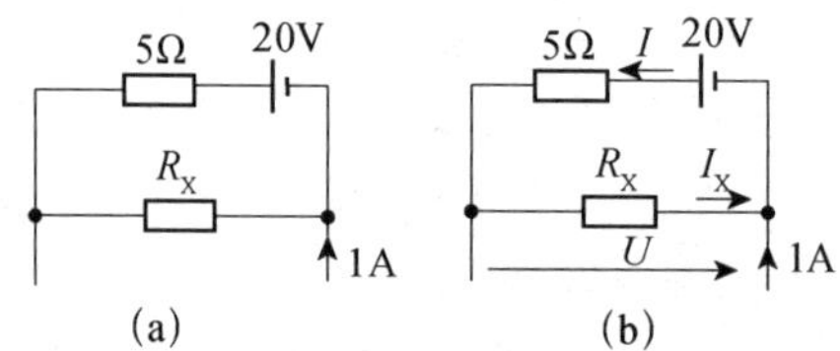

图 1.4.3 例 1.4.3 图

解：标出电源电流的参考方向，如图 1.4.3(b)所示。此时电源上的电压、电流为非关联参考方向，$P_{发出}=20I=60W$，求得 $I=3A$

由 KCL 可得：$I_X=I-1=2A$

由 KVL 可得：$U=-5I+20=5V$

由欧姆定律可得：$R_X=U/I_X=2.5\Omega$

1.4.2 电容元件

电容元件视频

电容元件课件

1. 电容元件的定义

电容是存储电能的元件，凡是以存储电场能量为主要电磁特性的实际电气装置或电气元件从理论上讲都可以抽象为理想电容元件。和电阻一样，电容也是一种非常普遍的电子元件。电容可应用于电子、通信、计算机及电力系统中，如用于无线接收器的调谐电路或作为计算机系统的动态存储元件。

实际电容是由两块平行的金属极板，中间以绝缘介质（如云母、绝缘纸、电解质等）隔开所形成的器件。给电容外加电压时，就会在金属极板上分别聚集起等量的正负电荷，接高电位端的极板聚集正电荷，接低电位端的极板聚集负电荷，从而在绝缘介质中建立电场并具有电场能量。即使移去外加电压，电荷仍然保留在极板上，所以电容具有存储电场能量的作用。忽略电容的介质损耗和漏电流，可以用理想的电容元件作为它的电路模型。

电容元件不仅可以作为实际电容器的模型，还可以表示在许多场合广泛存在的寄生电容效应。例如一对架空输电线之间就有电容效应；电感线圈在高频工作条件下，各匝线圈之间也有电容效应。本书主要研究线性电容元件，其图形符号如图 1.4.4(a)所示。

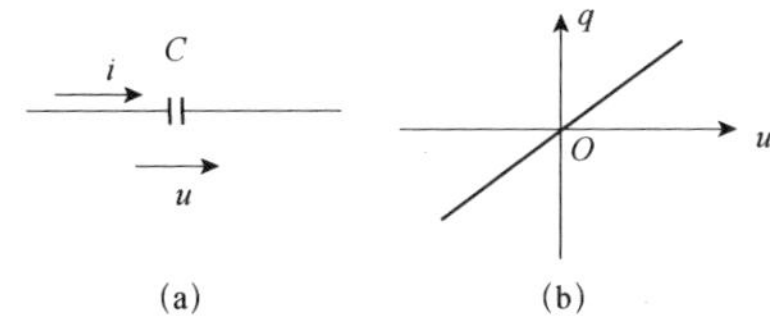

图 1.4.4 线性电容元件的图形符号和库伏特性

历史人物：库仑

超级电容

2. 线性电容元件的伏安关系

对线性电容元件来说，任何时刻其极板上的电荷 q 与其两端电压 u 有以下关系

$$q=Cu \tag{1.4.4}$$

式中，C 称为电容元件的电容量，简称电容。当电荷的单位为库仑（C），电压的单位为伏特（V）时，电容的单位为法拉（F），简称法。小容量电容以微法（μF）、皮法（pF）表示。

线性电容的电容量只与其本身的几何尺寸和内部介质有关，与外加电压无关。以电荷 q 为纵坐标，以电压 u 为横坐标，可得线性电容元件的库伏特性，如图 1.4.4(b)所示。它是一条通过原点的直线，直线的斜率由电容 C 决定。

当电容元件上的电荷 q 或者电压 u 发生变化时，则会产生电流。当电容上的电压和电流取关联参考方向时，如图 1.4.4(a)所示，可得电容元件的电压、电流关系（VCR）为

$$i=\frac{\mathrm{d}q}{\mathrm{d}t}=C\frac{\mathrm{d}u}{\mathrm{d}t} \tag{1.4.5}$$

从式（1.4.5）可以看出：**电容元件的伏安关系是一种微分关系，表明电容的电流与电压的变化率成正比，与电压本身的大小无关，所以电容是动态元件**。当电容的电压不随时间变化（直流）时，则电容的电流为零。由此可得：**电容对直流相当于开路**，即电容有隔直流的作用。在交流电路中，频率越高，则电流越大，即电流通过的能力越强。因此，**电容具有通高频、阻低频的特征。**利用此特征，电容在电路中常用于信号的耦合、旁路、滤波等。

要注意，式（1.4.5）是在电压、电流取关联参考方向下得出的，若电压、电流取非关联参考方向，式中相差一个负号。

将式（1.4.5）两边积分，得

$$u(t)=\frac{1}{C}\int_{-\infty}^{t} i(\xi)\mathrm{d}\xi=\frac{1}{C}\int_{-\infty}^{t_0} i(\xi)\mathrm{d}\xi+\frac{1}{C}\int_{t_0}^{t} i(\xi)\mathrm{d}\xi =u(t_0)+\frac{1}{C}\int_{t_0}^{t} i(\xi)\mathrm{d}\xi \tag{1.4.6}$$

式中把积分变量 t 用 ζ 表示，以区分积分上限 t。u（t_0）是初始值，即 $t=t_0$ 时电容的电压值。

式（1.4.6）表明： t 时刻的电容电压取决于从 $-\infty$ 到 t 所有时刻的电流值，**因此电容电压具有记忆电流的性质，电容元件是一种“记忆元件”。**与之相比，电阻元件的电压仅与该瞬间的电流值有关，故电阻是无记忆的元件。

3. 电容的储能

当电容元件的电压、电流取关联参考方向时，电容吸收的功率为

$$p(t)=u(t)i(t)=Cu(t)\frac{\mathrm{d}u(t)}{\mathrm{d}t} \tag{1.4.7}$$

由式（1.4.7）可以看出：当电容充电（设 $u>0$）时，$\mathrm{d}u/\mathrm{d}t>0$，则 $p>0$，电容吸收功率；当电容放电时，$\mathrm{d}u/\mathrm{d}t<0$，则 $p<0$，电容发出功率。电容可以吸收功率，也可以发出功率，说明电容能在一段时间内吸收外部供给的能量，转换为电场能量存储起来，在另一段时间又能把能量释放回电路，所以电容是储能元件。在时间（$-\infty$，t］内，电容元件吸收的能量为

$$w_C(t)=\int_{-\infty}^{t}p(\xi)\mathrm{d}\xi=\int_{-\infty}^{t}Cu(\xi)\mathrm{d}u(\xi)=\frac{1}{2}Cu^2(t)-\frac{1}{2}Cu^2(-\infty) \tag{1.4.8}$$

一般认为 u（$-\infty$）=0，则电容元件在任一时刻 t 存储的电场能量为

$$w_C(t)=\frac{1}{2}Cu(t)^2 \tag{1.4.9}$$

式（1.4.9）表明，**电容的储能取决于该时刻电容的电压值**，与电容的电流值无关。且任何时刻电容的储能始终≥0，说明电容释放的能量不会多于它吸收的能量，即**电容在任何工况下吸收的净能量都是大于或等于零的，因此电容是无源元件。**

在时间$[t_1，t_2]$内，电容存储能量的变化为

$$w_C=w_C(t_2)-w_C(t_1)=\frac{1}{2}Cu^2(t_2)-\frac{1}{2}Cu^2(t_1) \tag{1.4.10}$$

当电容充电时，$|u(t_2)|>|u(t_1)|$，此时电容通过电路吸收能量，储能增加；当电容放电时，$|u(t_2)|<|u(t_1)|$，此时电容将存储的电场能量释放出来，储能减小。

实际电容除了标出型号、电容值之外，还需标出电容的耐压。使用时加在电容两端的电压不能超过其耐压值，否则电容会被击穿。电解电容使用时还需注意其正、负极性。

4. 电容的串并联

实际应用中，考虑到电容的容量及耐压，可以将电容串联或者并联起来使用。

n 个电容并联时，其等效电容值 C_{eq} 为

$$C_{\mathrm{eq}}=C_1+C_2+\cdots+C_n \tag{1.4.10}$$

n 个电容串联时，其等效电容值 C_{eq} 为

$$\frac{1}{C_{\mathrm{eq}}}=\frac{1}{C_1}+\frac{1}{C_2}+\cdots+\frac{1}{C_n} \tag{1.4.11}$$

下面以两个电容的串并联为例，证明以上两式。

对图 1.4.5(a)所示的电路，列写 KCL 方程，再代入电容元件的电压、电流关系，可得

$$i=i_1+i_2=C_1\frac{\mathrm{d}u}{\mathrm{d}t}+C_2\frac{\mathrm{d}u}{\mathrm{d}t}=（C_1+C_2）\frac{\mathrm{d}u}{\mathrm{d}t}=C\frac{\mathrm{d}u}{\mathrm{d}t}$$

其中　$C=C_1+C_2$。以上计算表明，两个电容并联的等效电容等于两个电容之和。

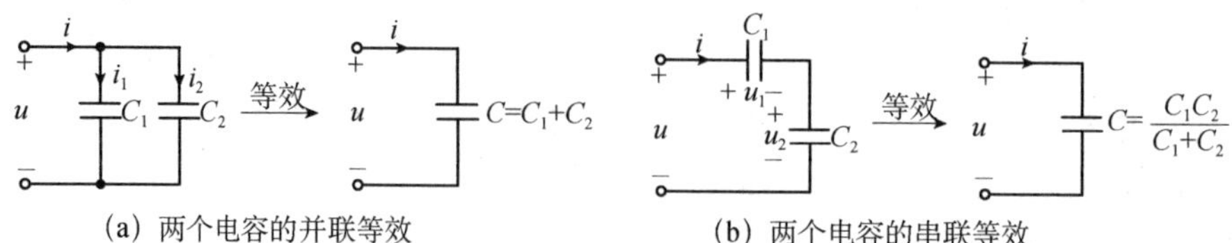

(a) 两个电容的并联等效　　(b) 两个电容的串联等效

图 1.4.5　两个电容的串并联等效

对图 1.4.5(b)所示的电路，列写 KVL 方程，再代入电容元件的电压、电流关系，可得

$$u=u_1+u_2=\frac{1}{C_1}\int_{-\infty}^{t} i(\xi)\mathrm{d}\xi+\frac{1}{C_2}\int_{-\infty}^{t} i(\xi)\mathrm{d}\xi=\left(\frac{1}{C_1}+\frac{1}{C_2}\right)\int_{-\infty}^{t} i(\xi)\mathrm{d}\xi=\frac{1}{C}\int_{-\infty}^{t} i(\xi)\mathrm{d}\xi$$

其中 $\frac{1}{C}=\frac{1}{C_1}+\frac{1}{C_2}$，由此证明了公式（1.4.11）。

1.4.3　电感元件

电感元件视频

电感元件课件

1. 电感元件的定义

电感是存储磁场能量的元件。凡是以存储磁场能量为主要电磁特性的实际电气装置或电气元件从理论上都可以抽象为理想电感元件。在电子和电力系统中，电感有着广泛的应用，比如电力供应、变压器、无线电、电视机、雷达及电动机等。

工程上为了用较小的电流产生较大的磁场，通常用金属导线绕制成线圈，当线圈中有电流流过时，在其周围就会产生磁场。对空心线圈来说，若导线电阻忽略不计，则可用线性电感元件作为它的电路模型。电感元件不仅可以作为实际电感线圈的模型，还可以表示在许多场合广泛存在的电感效应。本书主要研究线性电感元件，其图形符号如图 1.4.6(a)所示。

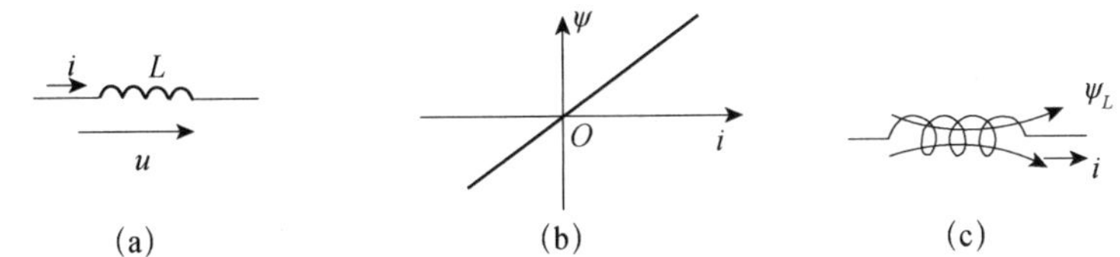

图 1.4.6　线性电感元件的电路符号及韦安特性

历史人物：亨利

2. 线性电感元件的伏安关系

假设 N 匝线圈通以电流 i，将产生磁通 Φ，通过线圈的磁链 $\Psi=N\Phi$，如图 1.4.6(c)所示，我们规定磁链 Ψ 与电流 i 的参考方向满足右手螺旋定则。

对线性电感元件来说，其磁链 Ψ 与电流 i 的关系为

$$\Psi=Li \tag{1.4.12}$$

式中，L 称为电感元件的电感值或电感（又称自感）。当磁链的单位为韦伯（Wb），电流的单位为安培（A）时，电感的单位为亨利（H），简称亨。电感的常用单位有毫亨（mH）和微亨（μH）。

以磁链 Ψ 为纵坐标、电流 i 为横坐标，可得线性电感元件的韦安特性曲线，如图 1.4.6(b)所示。它是一条通过原点的直线，直线的斜率由电感值 L 决定。

当电感的电流变化时，磁链也随之变化，根据电磁感应定律，在电感的两端将产生感应电压。当电感上的电压和电流取关联参考方向时，如图 1.4.6(a)所示，可得电感元件的电压、电流关系（VCR）为

$$u=\frac{\mathrm{d}\Psi}{\mathrm{d}t}=L\frac{\mathrm{d}i}{\mathrm{d}t} \tag{1.4.13}$$

从式（1.4.13）可以看出：**电感元件的伏安关系是一种微分关系，表明电感的电压与电流的变化率成正比，与电流本身的大小无关，所以电感是动态元件**。当电感的电流不变（直流）

时，电感的电压则为零。由此可得，**电感对直流相当于短路**。在交流电路中，频率越高，则电感两端的电压越大。因此，**电感具有通低频、阻高频的特征**。利用该特征，电感也可用来制成滤波器。

应当强调，式（1.4.13）是在电压、电流取关联参考方向下得出的，若电压、电流取非关联参考方向，式中相差一个负号。

将式（1.4.13）两边积分，得

$$i(t)=\frac{1}{L}\int_{-\infty}^{t}u(\xi)\mathrm{d}\xi=\frac{1}{L}\int_{-\infty}^{t_0}u(\xi)\mathrm{d}\xi+\frac{1}{L}\int_{t_0}^{t}u(\xi)\mathrm{d}\xi=i(t_0)+\frac{1}{L}\int_{t_0}^{t}u(\xi)\mathrm{d}\xi \tag{1.4.14}$$

式中，$i(t_0)$ 是初始值，即在 $t=t_0$ 时电感元件中通过的电流。

式（1.4.14）表明：t 时刻的电感电流取决于从$-\infty$到 t 所有时刻的电压值，因此**电感电流具有记忆电压的性质，电感元件也是一种“记忆元件”。**

3. 电感的储能

当电感元件的电压、电流取关联参考方向时，电感吸收的功率为

$$p(t)=u(t)i(t)=Li(t)\frac{\mathrm{d}i(t)}{\mathrm{d}t}$$

当 $p>0$ 时，电感吸收功率；当 $p<0$ 时，电感发出功率。在时间 $(-\infty, t]$ 内，电感元件吸收的能量为

$$w_L(t)=\int_{-\infty}^{t}p(\xi)\mathrm{d}\xi=\int_{-\infty}^{t}Li(\xi)\mathrm{d}i(\xi)=\frac{1}{2}Li^2(t)-\frac{1}{2}Li^2(-\infty) \tag{1.4.15}$$

一般认为 $i(-\infty)=0$，则电感元件在任何时刻 t 存储的磁场能量为

$$w_L(t)=\frac{1}{2}Li^2(t) \tag{1.4.16}$$

式（1.4.16）表明，**电感的储能取决于该时刻电感的电流值，与电感的电压值无关**。且任何时刻电感的储能始终≥0，说明电感释放的能量不会多于它吸收的能量，即**电感在任何工况下吸收的净能量都是大于或等于零的，因此电感既是储能元件，也是无源元件。**

历史人物：法拉第

实际应用中，电感元件除了标出电感值外，还需标出其额定电流。使用时流过电感的电流不能超过其额定值，否则电感会被烧毁。

4. 电感的串联与并联

n 个电感串联时，其等效电感值 L_{eq} 为

$$L_{eq}=L_1+L_2+\cdots+L_n \tag{1.4.17}$$

n 个电感并联时，其等效电感值 L_{eq} 为

$$\frac{1}{L_{eq}}=\frac{1}{L_1}+\frac{1}{L_2}+\cdots+\frac{1}{L_n} \tag{1.4.18}$$

请读者利用 KCL、KVL 和电感的电压、电流关系证明上述两式。

1.4 测试题

1.4 测试题讲解视频

1.4 测试题讲解课件

1.5　有源元件

独立电源视频

独立电源课件

1.5.1　独立电源

任何电路正常工作时都必须有电源提供能量。电源是驱动电路工作的能源，电路的负载电压、电流是由电源激发产生的，故**电源又称为激励**；相应地，**由激励在电路中产生的电压、电流称为响应。**

实际电源的种类很多，如干电池、蓄电池、光电池、发电机及电子线路中的信号源等。这些电源可分为两大类：一类是电源两端的电压保持定值或一定的时间函数，如干电池、稳压电源等；另一类是电源输出的电流保持定值或者一定的时间函数，如光电池、晶体管稳流电源等。下面分别加以介绍。

1. 理想电压源

不管外部电路如何，其两端电压总能保持定值或一定的时间函数，这样的电源定义为理想电压源， 其图形符号如图 1.5.1(a)所示，其中“+”、“−”是其参考极性，u_s 为理想电压源的电压。当 u_s 为常数时，即为直流电压源，也可以用图 1.5.1(b)所示的图形符号表示。

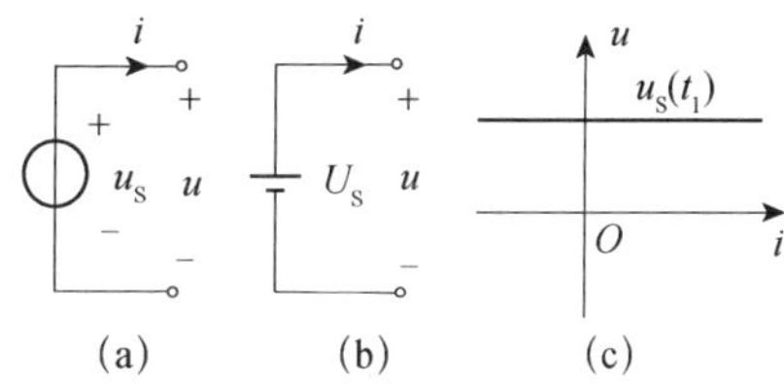

图 1.5.1　理想电压源的符号及伏安特性

理想电压源的伏安特性可写为

$$\begin{cases} u = u_s \\ i = \text{任意值} \end{cases} \tag{1.5.1}$$

理想电压源具有以下特点：

（1）输出电压是由电源本身决定的，与外电路无关。

在任一时刻 t_1，理想电压源的端电压与输出电流的关系曲线（称伏安特性）是平行于 i 轴、其值为 $u_s(t_1)$的直线，如图 1.5.1(c)所示。

（2）流过电压源的电流是任意的，是由与之相连的外电路决定的。

电压源外接不同的外电路时，其电流的大小和方向都可以发生变化。电压源中电流的实际方向可以从高电位端流向低电位端，也可以从低电位端流向高电位端。如果电流从电压源的低电位端流向高电位端，则电压源发出功率，即对电路提供能量，起电源作用；如果电流从电压源的高电位端流向低电位端，则电压源吸收功率，作为其他电源的负载。因为电压源可以对外提供能量，所以是有源元件。

注意：**理想电压源可以开路，但不能短路。**开路时，端口电流为 0，端口电压仍为 u_s；短路时，流经电压源的电流为无穷大，将会烧毁电源。

理想电压源实际上并不存在，但通常的电池、发电机、工程中常用的稳压电源及大型电网等，如果工作时其输出电压基本不随外电路变化，都可近似看作理想电压源。

2. 理想电流源

不管外部电路如何，其输出电流总能保持定值或一定的时间函数，这样的电源定义为理

想电流源，其图形符号如图 1.5.2(a)所示，其中箭头表示理想电流源 i_s 的方向。

理想电流源的伏安特性可写为

$$\begin{cases} i = i_s \\ u = \text{任意值} \end{cases} \quad (1.5.2)$$

理想电流源具有以下特点：

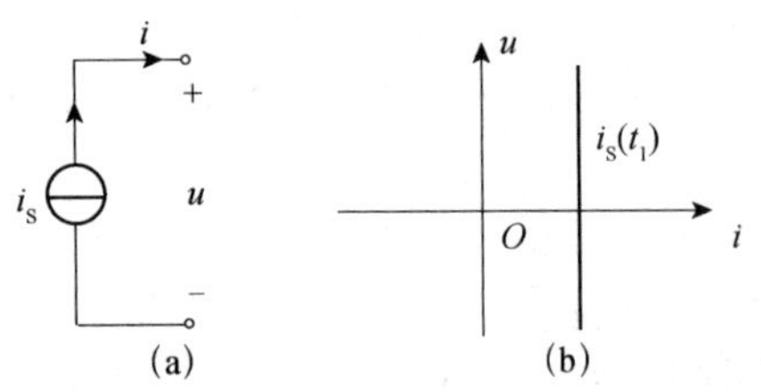

图 1.5.2 理想电流源的符号及伏安特性

（1）输出电流是由电源本身决定的，与外电路无关。

在任一时刻 t_1，理想电流源的伏安特性曲线是一条平行于 u 轴、其值为 $i_s(t_1)$的直线，如图 1.5.2(b)所示。

（2）电流源的端电压是任意的，是由与之相连的外电路决定的。

电流源外接不同的外电路时，其端电压的大小和方向都可以发生变化。若电流从电流源的低电位端流向高电位端，则电流源发出功率，为电路提供能量，起电源作用；若电流从电流源的高电位端流向低电位端，则电流源吸收功率，从外电路接收能量，作为其他电源的负载。因为电流源可以对外提供能量，所以也是一种有源元件。

注意：**理想电流源可以短路，但不能开路。**短路时，端口电压为 0，输出电流仍为 i_s；开路时，电流源两端的电压为无穷大，这显然是不允许的。因此电流源在不对外供电时，内部必须存在电流通路。需要对外供电时再把内部通路关断，对外提供电流。

理想电流源实际上并不存在，当光电池及晶体管稳流电源等器件的输出电流基本不随外电路变化时，可近似看作理想电流源。

因为理想电压源的输出电压或者理想电流源的输出电流不受外电路的控制而独立存在，所以这两类电源统称为**独立电源**。

例 1.5.1 求图 1.5.3(a)所示电路中电压源发出的功率。

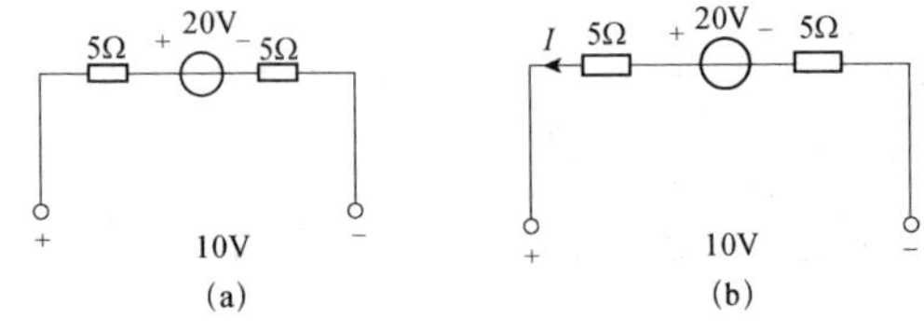

图 1.5.3 例 1.5.1 图

解：设电压源上电流 I 的参考方向如图 1.5.3(b)所示，列写 KVL 方程

$$(5+5)\ I - 20 + 10 = 0$$

求得：

$$I = 1\text{A}$$

因为 20V 电压源上的电压、电流为非关联参考方向，故发出的功率为

$$P = 20 \cdot I = 20\text{W}$$

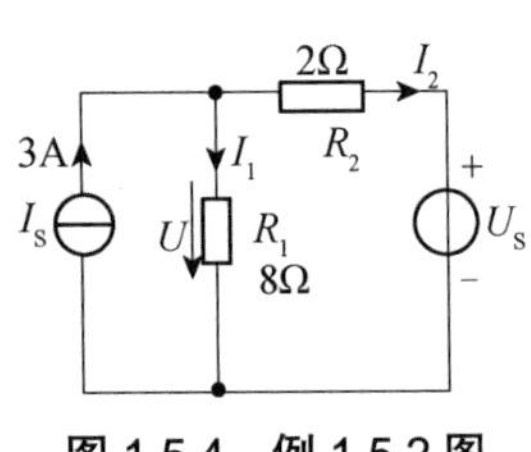

图 1.5.4 例 1.5.2 图

例 1.5.2 电路如图 1.5.4 所示，已知 I_1=1A，求电流 I_2、电压 U 以及各元件的功率。

解：由 KCL 知：$I_2 = I_S - I_1 = 3-1 = 2\text{A}$

由欧姆定律可得：$U= I_1R_1=8\text{V}$

由 KVL 求得电压源的电压：$U_S= U-I_2R_2=8-2\times2=4\text{V}$

电压源吸收的功率为

$$P_u= U_SI_2=4\times2=8\text{W} \qquad \text{（吸收 8W）}$$

电流源吸收的功率为

$$P_i= -UI_S=-8\times3=-24\text{W} \qquad \text{（发出 24W）}$$

电阻 R_1 吸收的功率为

$$P_{R_1}= I_1^2 R_1=1^2\times8=8\text{W} \qquad \text{（吸收 8W）}$$

电阻 R_2 吸收的功率为

$$P_{R_2}= I_2^2 R_2=2^2\times2=8\text{W} \qquad \text{（吸收 8W）}$$

由功率的计算结果可知，电路总功率$\sum P=0$，满足功率守恒定律。该例中，理想电压源实际吸收功率，在电路中作为负载使用，而理想电流源发出功率，在电路中作为电源使用。

例 1.5.3　电路如图 1.5.5(a)所示，求开路电压 U_{AB}。

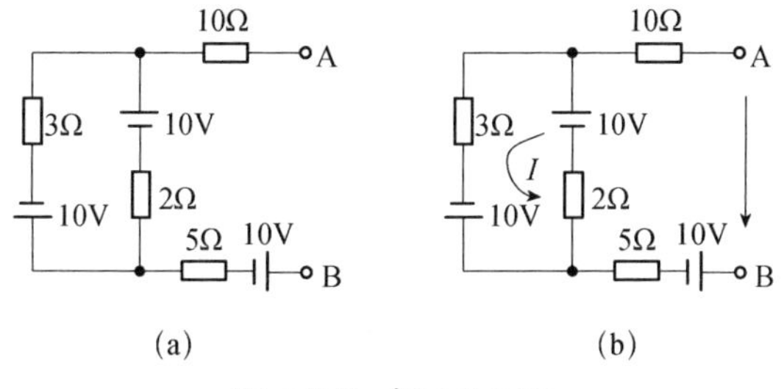

图 1.5.5　例 1.5.3 图

解：设左边回路的电流为 I，标出其参考方向，如图 1.5.5(b)所示。对该回路列写 KVL 方程，可得

$$5I-10-10=0$$

求得

$$I=4\text{A}$$

因为右边端口开路，所以 10Ω 和 5Ω 电阻上的电流均为 0，其电压也为 0。

根据 KVL，可得：

$$U_{AB}=10-2I-10=-8\text{V}$$

1.5.2　受控电源

受控电源视频

受控电源课件

除独立电源外，在电子电路中还会遇到一类这样的电源，即**电压源的电压和电流源的电流是受电路中其他部分的电流或电压所控制，这种电源称为受控电源**，简称受控源。受控源含有两条支路：一条为控制支路，即控制量所在的支路，该支路不是开路就是短路；另一条为受控支路，即受控电压源或受控电流源图形符号所在的支路，因此**受控源是双口元件**（对外有两个端口）。

根据控制量是电压还是电流，受控的是电压源还是电流源，受控源共有 4 种类型，分别是电压控制的电压源（VCVS）、电压控制的电流源（VCCS）、电流控制的电压源（CCVS）和电流控制的电流源（CCCS）。它们的电路符号分别如图 1.5.6(a)、(b)、(c)、(d)所示。为了区别于独立源，受控源用菱形外框表示，图中的 μ、g、r 和 β 都是控制系数。当控制系数为常数时，则控制量与被控制量呈线性关系，这样的受控源为线性受控源。本书只讨论线性受控源。

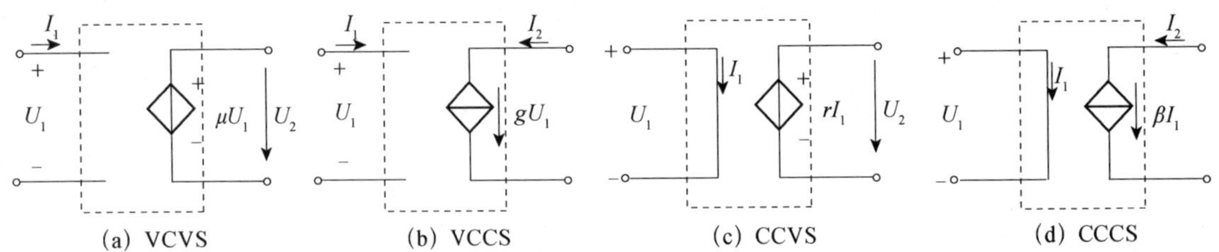

图 1.5.6　4 种受控源

每一种受控源由两个方程描述

$$\text{VCVS:}\quad I_1 = 0 \quad U_2 = \mu U_1 \tag{1.5.3}$$

$$\text{VCCS:}\quad I_1 = 0 \quad I_2 = gU_1 \tag{1.5.4}$$

$$\text{CCVS:}\quad U_1 = 0 \quad U_2 = rI_1 \tag{1.5.5}$$

$$\text{CCCS:}\quad U_1 = 0 \quad I_2 = \beta I_1 \tag{1.5.6}$$

式中，μ 和 β 为无量纲的常数；r 和 g 分别为具有电阻和电导量纲的常数。

显然，当控制量确定时，受控电压源具有理想电压源的两个基本特性：**输出电压由电源本身表达式决定，与外电路无关；流过受控电压源的电流是任意的，由与其相连的外电路决定。**

同理，当控制量确定时，受控电流源也具有理想电流源的两个基本特性：**输出电流由电源本身表达式决定，与外电路无关；受控电流源两端的电压是任意的，由与其相连的外电路决定。**

注意，受控源不是实际的电路器件，而是由实际电器件抽象出来的电路模型。许多实际电子器件，如晶体三极管的集电极电流受基极电流所控制，可以用 CCCS 作为其电路模型；场效应管的漏极电流受栅源电压所控制，可以用 VCCS 作为其电路模型；发电机的输出电压受其励磁线圈电流所控制，可以用 CCVS 作为其电路模型；集成运放的输出电压受输入电压所控制，可以用 VCVS 作为其电路模型。

一般情况下，电路图中无须专门标出受控源控制量所在处的端钮，仅标出控制量及参考方向即可，如图 1.5.7 所示。

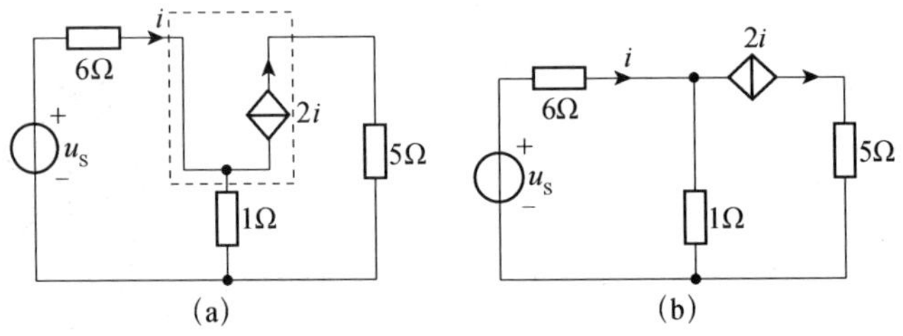

图 1.5.7　受控源的简化画法

不难看出，该电路的受控源为电流控制电流源，其输出电流为 $2i$。其中 i 为 6Ω 电阻所在支路的电流，也就是说受控电流源的输出电流值要受到电流 i 的控制。

在各端口电压、电流均采用关联参考方向时，受控源吸收的功率为

$$p = u_1 i_1 + u_2 i_2$$

不管何种类型的受控源，因其控制支路 $u_1 i_1 = 0$，所以上式可以写成

$$p = u_2 i_2 \tag{1.5.5}$$

即**受控源的功率可以由受控支路来计算**。在实际电路中，受控源可以吸收功率，也可发

出功率，不满足在任何时刻都有 $\int_{-\infty}^{t} p\mathrm{d}t \geqslant 0$ 这一条件，所以它是一种**有源元件**。

需要强调的是，受控源虽然是有源元件，但是它与独立源在电路中的作用有着本质的区别，具体如下：

（1）理想电压源的电压及理想电流源的电流由电源本身决定，与电路中其他电压、电流无关。而受控源的电压（或电流）是由控制量决定的，当控制量为零时，受控电压源的输出电压及受控电流源的输出电流均为零。只有当控制量确定且保持不变时，受控源才具有独立源的特性，所以**受控源不能独立存在，又称为非独立源**。

（2）独立源作为电路中的"激励"，能在电路中产生"响应"（电压、电流），而受控源则是用来表征在电子器件中所发生的物理现象的一种模型，它反映了电路中某处的电压或电流控制另一处的电压或电流的关系。**受控源所产生的能量往往来自于独立源，所以在电路中不能作为"激励"**。例如，单独的一个晶体三极管不能像干电池一样当作电源使用，只有外接独立电源后才能体现其控制特性，其提供的能量实际上来自外接的独立电源。也就是说，如果电路不含独立源，不能为控制支路提供电压或电流，则受控源以及其他所有支路的电压和电流都将为零，即没有"激励"就没有"响应"。

例 1.5.4　电路如图 1.5.8 所示，求电压 U。

解：本题电路含有受控电流源，它的输出电流始终为 $2U_1$，U_1 是控制量。

利用欧姆定律求得控制量 U_1=4V，所以受控电流源的电流为 $2U_1$=8A。

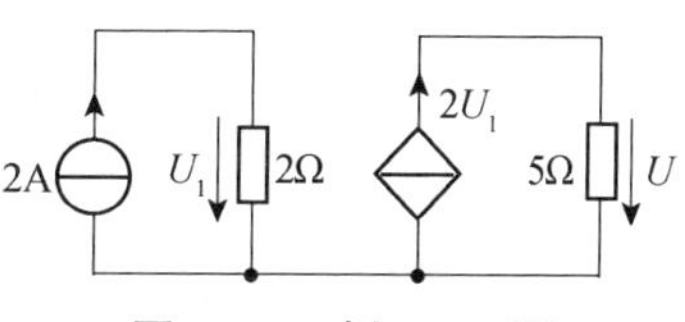

图 1.5.8　例 1.5.4 图

由欧姆定律可得：$U=5\times8=40$V。

例 1.5.5　电路如图 1.5.9 所示，求电流 I。

解：本题电路含有受控电压源，其两端的电压为 $3U$。U 是控制量，也就是 2Ω 电阻两端的电压。由 KVL 可得：$U+3U=10$

求得：U=2.5V

由欧姆定律可得：$I=U/2=1.25$A

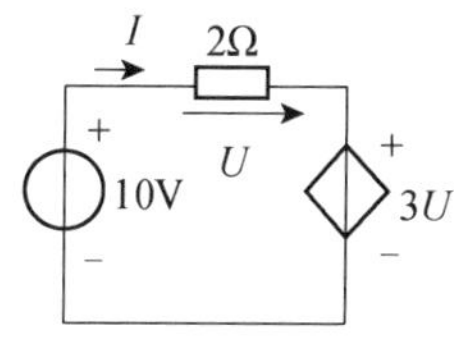

图 1.5.9　例 1.5.5 图

例 1.5.6　电路如图 1.5.10(a)所示，试求 U_S 以及受控源的功率。

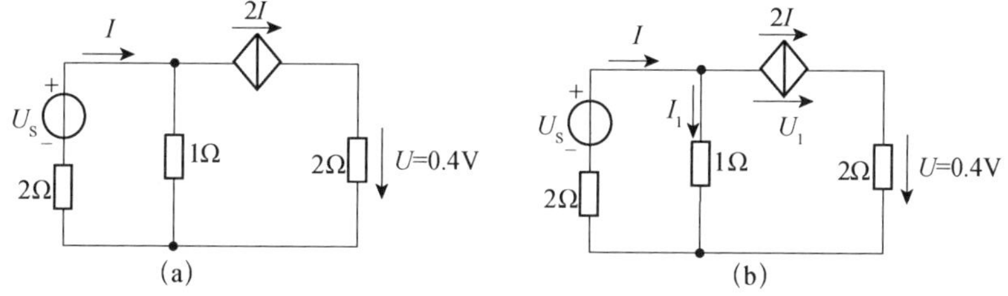

图 1.5.10　例 1.5.6 图

解：由欧姆定律可得 2Ω 电阻的电流为：$\dfrac{U}{2}=\dfrac{0.4}{2}=0.2\text{A}$

受控电流源与 2Ω 电阻串联，它们的电流相等，故有 $2I=0.2$，解得 $I=0.1$A

标出未知量 U_1 和 I_1 的参考方向，如图 1.5.10(b)所示。由 KCL 得：$I_1=I-2I=-0.1$ A

对左边网孔列写 KVL 方程，可得：$U_S=I_1\times1+I\times2=(-0.1)\times1+0.1\times2=0.1$V

对右边网孔列写 KVL 方程，可得：$U_1=I_1\times1-U=-0.1-0.4=-0.5$V

受控源上的电压和电流为关联参考方向，故其吸收的功率为

$$P=U_1\times2I=-0.5\times0.2=-0.1\text{W}$$

由此可知，受控源吸收功率为-0.1W，就相当于发出功率0.1W。

1.5　测试题

1.5　测试题讲解视频

1.5　测试题讲解课件

1.6　工程应用实例

电阻应用—加热器视频

电阻应用—加热器课件

1.6.1　加热器

日常生活中常用的一类家用电器，如电吹风机、电暖器、电熨斗、电炉、电烤箱、电热毯等，它们都将电能转变成热能，实际上就是一个加热器。在使用这些电气设备时我们最关心的一个问题就是它们的功耗。

下面以电吹风机为例介绍加热器的工作原理。电吹风机内部结构如图1.6.1(b)所示，它由一个加热部件和一个小风扇构成。加热部件实际上就是一个电阻，当电路接上正弦交流电源时，会有正弦电流流过它，电阻就会发热，风扇将电阻周围的热气从前端吹出。

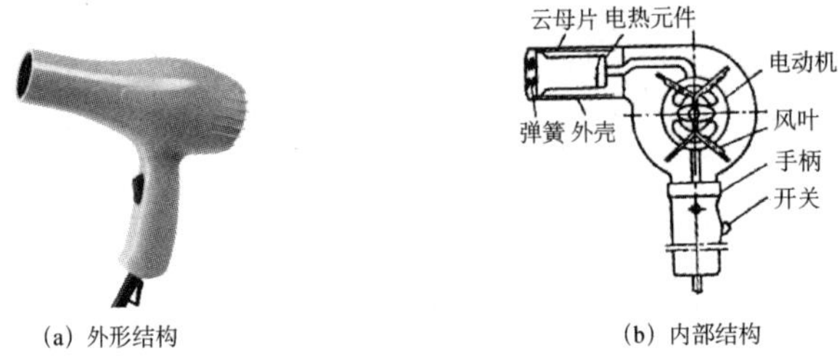

图1.6.1　电吹风机

图1.6.2所示为电吹风机内部控制加热管的结构示意图。构成加热管的电阻丝由两段构成，分别用电阻 R_1、R_2 表示。电吹风机的开关和加热挡的选择由一个可滑动的4位置开关控制。一对金属头将电路中的两对端子分别短接，两个金属头之间通过绝缘体相接，因此两个金属头之间没有导电通路。电路中的电热丝起保护作用。

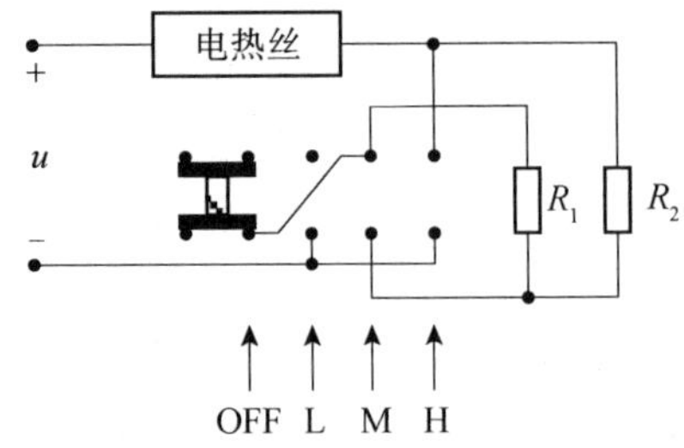

图1.6.2　电吹风机内部控制加热管的结构示意图

当开关位于 OFF 位置时，如图 1.6.2 所示，电路没有构成通路，所以吹风机不工作。

当电吹风机工作在低挡（L）时，如图 1.6.3(a)所示，其等效电路如图 1.6.3(b)所示。此时电路的等效电阻为 $R_o = R_1 + R_2$。

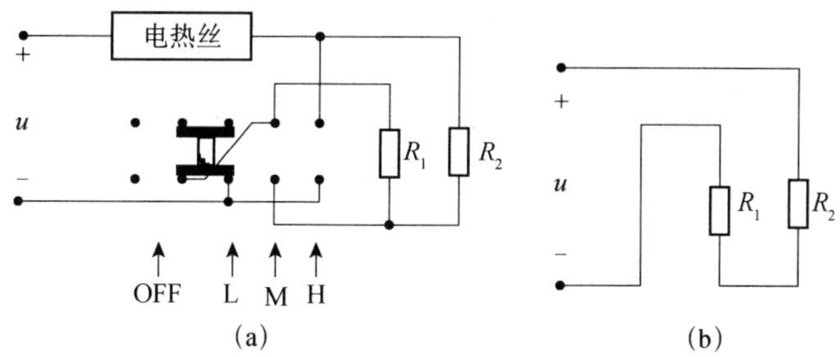

图 1.6.3　电吹风机工作在低挡

当电吹风机工作在中挡（M）时，如图 1.6.4(a)所示，其等效电路如图 1.6.4(b)所示。此时电路的等效电阻为 $R_o = R_2$。

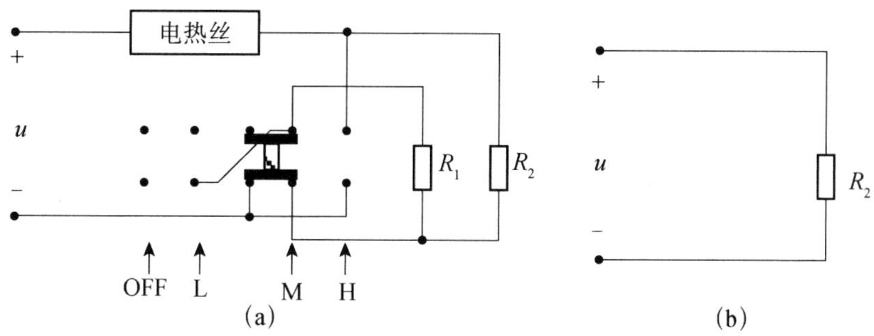

图 1.6.4　电吹风机工作在中挡

当电吹风机工作在高挡（H）时，如图 1.6.5(a)所示，其等效电路如图 1.6.5(b)所示。此时电路的等效电阻为 $R_o = R_1 // R_2$。

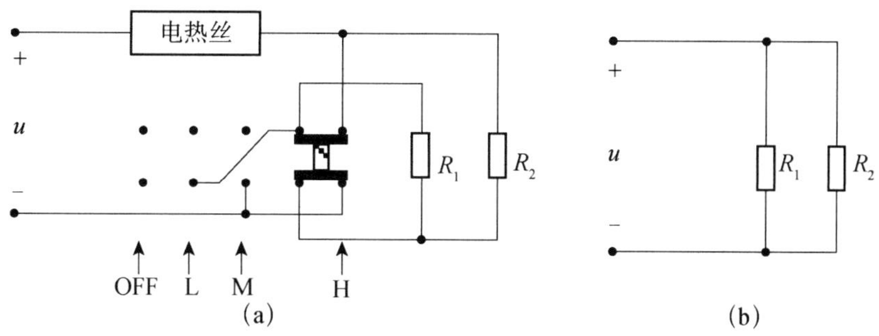

图 1.6.5　电吹风机工作在高挡

因为加热器吸收的功率 $P = \dfrac{U^2}{R_o}$，在三种工作方式下等效电阻 R_o 不同，所以功率也不相同。等效电阻越小，加热器的功率越大，耗电就越多，产生的热量也会越大，吹出来的风温度也越高。

1.6.2 汽车油箱油量检测电路

电位器是具有三个引出端、阻值可按某种变化规律调节的电阻元件。电位器通常由电阻体和可移动的电刷组成。当电刷沿电阻体移动时，在输出端即可获得与位移量成一定关系的电阻值或电压。电位器的结构及电路模型如图 1.6.6 所示。

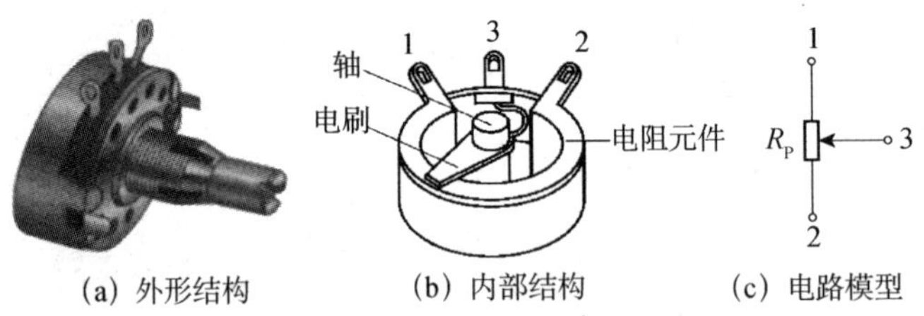

图 1.6.6 电位器

在实际电路中，电位器可以用作分压器、变阻器及电流控制器，所以广泛应用于自动控制系统中。图 1.6.7(a)所示的汽车油箱油量检测电路中，电位器用作油箱的油量传感器。加油时浮标上升，缺油时浮标下降。该浮标以机械方式与电位器的电刷臂连接，输出电压随电刷臂的位置按比例变化。如图 1.6.7(b)所示，当浮标上升时，带动电位器的电刷臂往右下方移动，输出电压增大；当浮标下降时，带动电位器的电刷臂往右上方移动，输出电压下降。显然，此电路中的电位器就是一个可调分压器。汽车油箱油量传感器电路的实质就是由浮标带动电位器，将被测油位的变化转化成电阻电压的输出，输出电压经过后续的处理后与二次仪表相连接，从而显示出油箱油位高度。

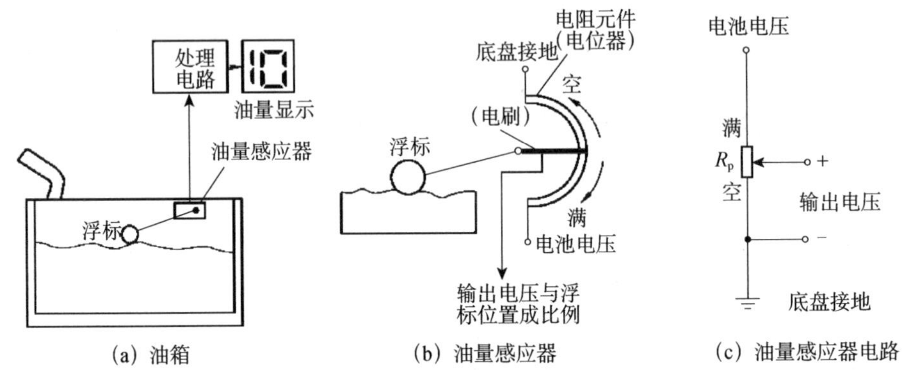

图 1.6.7 汽车油箱油量检测电路

1.6.3 直流电表

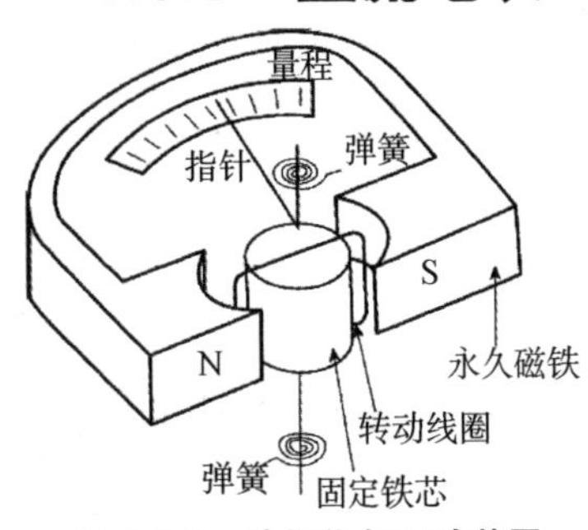

图 1.6.8 达松伐尔运动装置

就实质而言，电阻是用于控制电流的。基于这个特点，可以将它应用在模拟直流电表（电压表、电流表或欧姆表）中。

在模拟直流电表中都装有达松伐尔运动装置，如图 1.6.8 所示。用一个可转动的铁芯线圈装在永久磁铁两极间的枢轴上，当电流流经线圈时会产生转矩，从而使指针偏转。流过线圈电流的大小决定了指针偏转的角度，然后再由装在表上的量程刻度指示出来。在此基础上再附加一些电路，就能构成一个电压表、电流表或欧姆表。

电压表用于测量负载两端的电压，其基本构件是在达松伐尔表上再串联一个电阻 R_m，如图 1.6.9(a)所示。电阻 R_m 一般较大（理论上是∞），以尽量减小电压表的接入对电路电流的影响。为了扩展可测电压的量程，电压表还常与量程电阻相串联，构成多量程电压表，如图 1.6.9(b)所示。选择合适的电阻 R_1、R_2、R_3，使得当量程开关接到 R_1、R_2、R_3 三个不同位置时，可测电压的范围分别为 0～1V、0～10V 和 0～100V。

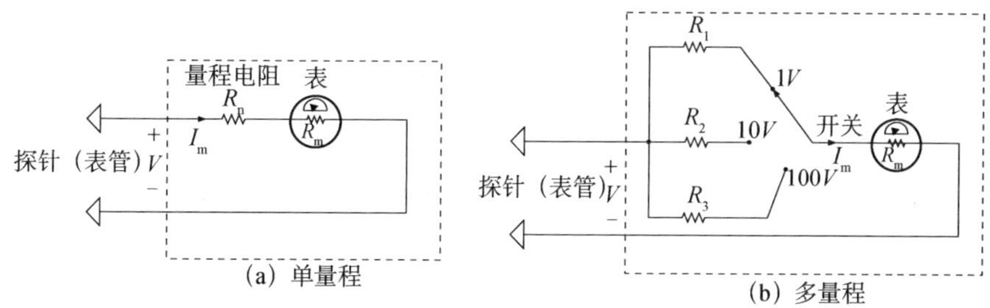

图 1.6.9　电压表

下面举例说明图 1.6.9(b)所示多量程电压表中量程电阻 R_1、R_2 和 R_3 的选取。假设电压表的 R_m=2kΩ，满量程电流 I_{fs}=100μA。

（1）当开关接到 R_1 位置时，可测电压范围为 0～1V，即 V_f=1V（V_f 表示满量程电压值），所以电阻 R_1 为

$$R_1 = \frac{V_f}{I_f} - R_m = \left(\frac{1}{100\times10^{-6}} - 2000\right)\Omega = 8\text{k}\Omega$$

（2）当开关接到 R_2 位置时，可测电压范围为 0～10V，即 V_f=10V，所以电阻 R_2 为

$$R_2 = \frac{V_f}{I_f} - R_m = \left(\frac{10}{100\times10^{-6}} - 2000\right)\Omega = 98\text{k}\Omega$$

（3）当开关接到 R_3 位置时，可测电压范围为 0～100V，即 V_f=100V，所以电阻 R_3 为

$$R_3 = \frac{V_f}{I_f} - R_m = \left(\frac{100}{100\times10^{-6}} - 2000\right)\Omega = 998\text{k}\Omega$$

电流表用于测量流过负载的电流，其基本构件是在达松伐尔表上并联一个电阻 R_m，如图 1.6.10(a)所示。电阻 R_m 一般非常小（理论上为零），以尽量减小电流表的压降。为了扩展可测电流的量程，电流表还常与量程电阻相并联，构成多量程电流表，如图 1.6.10(b)所示。选择合适的电阻 R_1、R_2、R_3，使得当量程开关接到 R_1、R_2、R_3 三个不同位置时，可测电流的范围分别为 0～10mA、0～100mA 和 0～1A。

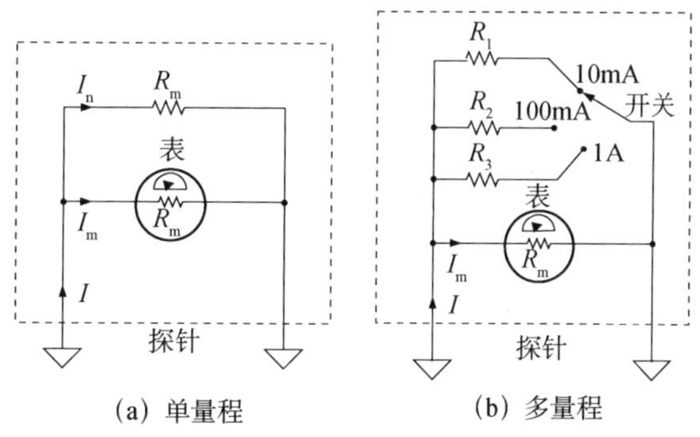

图 1.6.10　电流表

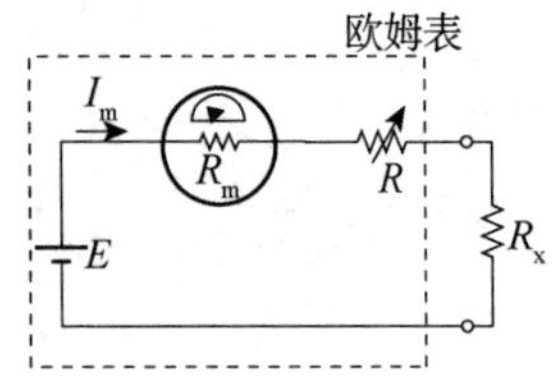

图 1.6.11　欧姆表

欧姆表用于测量线性电阻，其基本构件是在达松伐尔表上串联一个电位器和一个电池，如图 1.6.11 所示。根据 KVL 得：$E=(R+R_m+R_x)I_m$，所以

$$R_x=\frac{E}{I_m}-(R+R_m) \tag{1}$$

电阻 R 为调零电位器，当 $R_x=0$ 时，调节电阻 R 使表满刻度偏转，即 $I_m=I_{fs}$。此时

$$E=(R+R_m)I_{fs} \tag{2}$$

将式（2）代入式（1），可得：

$$R_x=\left(\frac{I_{fs}}{I_m}-1\right)(R+R_m)$$

本章小结

本章小结视频

本章小结课件

本章介绍电路与电路模型的概念、电路的基本物理量、电路的基本定律和电路元件。

1. 电路与电路模型

电路的组成：电源、负载和中间环节三大部分。

电路的作用：

（1）实现电能的产生、传输、分配与转换。

（2）实现电信号的获取、传递、变换与处理。

电路的分类：

（1）集总参数电路与分布参数电路。

（2）线性电路与非线性电路。

（3）时变电路与非时变电路。

电路分析的对象是电路模型，电路模型是从实际电路抽象出的数学模型，近似描述实际电路电气特性之间的关系。根据分析问题的不同，实际电路可以用不同的电路模型来描述。

2. 电路基本物理量

电路基本物理量有电流、电压、功率，如表 1-2 所示。

表 1-2　电路的基本物理量

物理量	电流	电压	功率
定义	$i(t)=\frac{dq}{dt}$	$u_{ab}=\frac{dW}{dq}$	$p=\frac{dW}{dt}$
基本单位	A	V	W

（续表）

物理量	电流	电压	功率
参考方向表示	（1）箭头 i a　　b （2）双下标 i_{ab}	（1）箭头 a 元件 b U （2）“+”、“-”极性 a 元件 b + U - （3）双下标 u_{ab}	u、i 关联：$p_{吸收}=ui$ u、i 非关联：$p_{吸收}=-ui$ 若计算得 $p_{吸收}>0$，实际吸收功率； 反之，实际发出功率

3. 电路基本定律

电路基本定律包括基尔霍夫电流定律和电压定律，如表 1-3 所示。

表 1-3　电路的基本定律

定律名称	基尔霍夫电流定律（KCL）	基尔霍夫电压定律（KVL）
定律内容	任一节点：$\Sigma i=0$	任一回路：$\Sigma u=0$
物理意义	电荷守恒	能量守恒
约束关系	节点处各支路电流的相互约束	回路中各支路电压的相互约束

4. 电路元件

电路元件可分为无源元件和有源元件两大类，如表 1-4 所示。

表 1-4　电路元件

电路元件	元件名称	电路符号	主要特性
无源元件	线性电阻	i R u	1. 伏安关系：$u=Ri$ 2. 无记忆性 3. 耗能：$p=i^2R=u^2/R\geqslant 0$
	线性电容	i C u	1. 库伏关系：$q=Cu$ 2. 伏安关系：$i=C\dfrac{du}{dt}$ 3. 记忆性：$u(t)=\dfrac{1}{C}\int_{-\infty}^{t}i(\xi)d\xi$ 4. 存储电能：$w_C(t)=\dfrac{1}{2}Cu(t)^2\geqslant 0$
	线性电感	i L u	1. 韦安关系：$\Psi=Li$ 2. 伏安关系：$u=L\dfrac{di}{dt}$ 3. 记忆性：$i(t)=\dfrac{1}{L}\int_{-\infty}^{t}u(\xi)d\xi$ 4. 存储磁能：$w_L(t)=\dfrac{1}{2}Li(t)^2\geqslant 0$
有源元件	理想电压源	i + - u_S	1. $u=u_S$ 2. i 为不定值（由外电路确定）
	理想电流源	i_S + u -	1. $i=i_S$ 2. u 为不定值（由外电路确定）

（续表）

电路元件	元件名称	电路符号	主要特性
有源元件	受控源	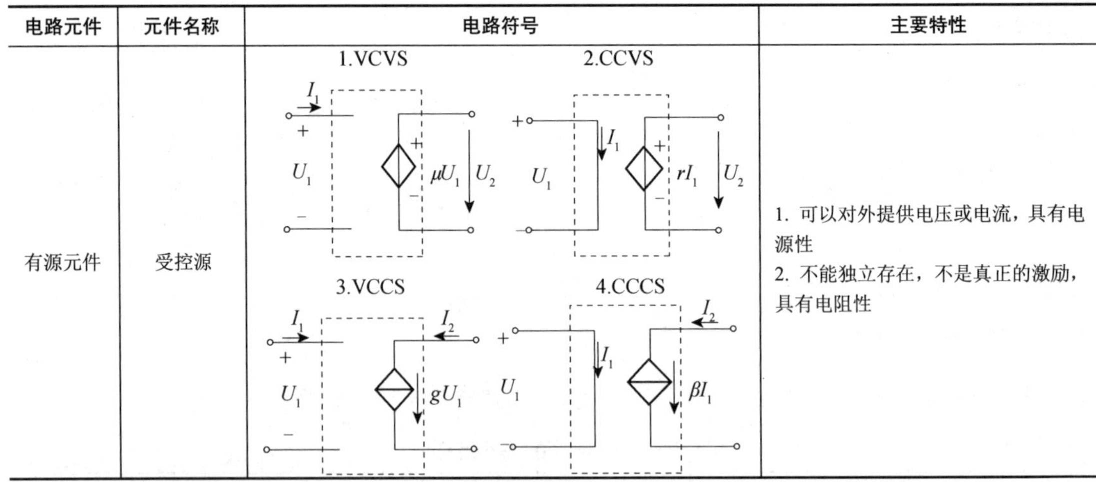	1. 可以对外提供电压或电流，具有电源性 2. 不能独立存在，不是真正的激励，具有电阻性

第 1 章综合测试题

第 1 章综合测试题讲解视频

第 1 章综合测试题讲解课件

习 题 1

1.1　电路如题 1.1 图所示，已知：(a)元件 A 吸收功率 60W；(b)元件 B 吸收功率 30W；(c)元件 C 产生功率 60W，求各电流 I。

1.2　电路如题 1.2 图所示，求开关 S 闭合与断开两种情况下的电压 U_{ab} 和 U_{cd}。

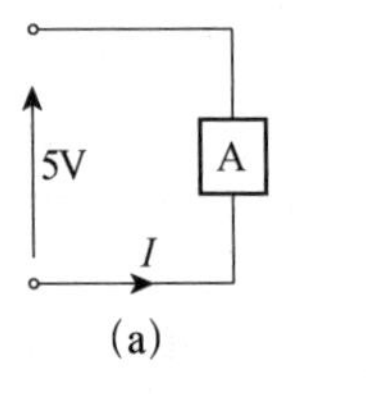
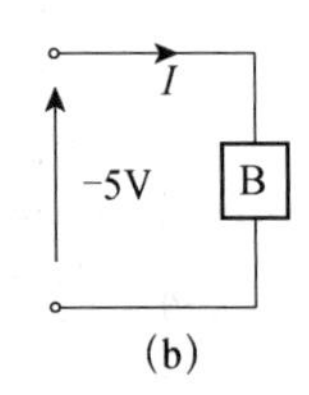

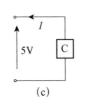

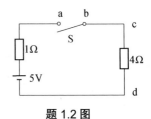

题 1.1 图

题 1.2 图

1.3　电路如题 1.3 图所示，求电流 I。

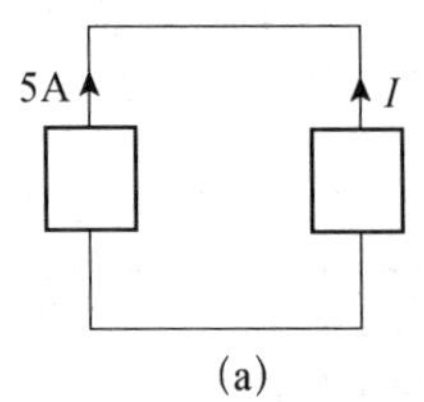
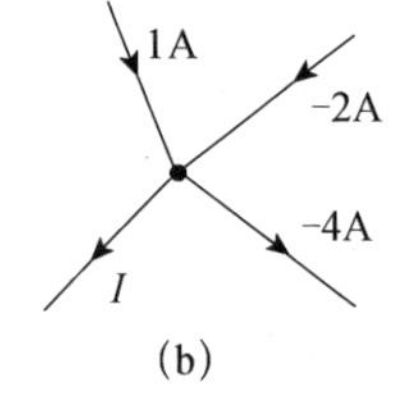
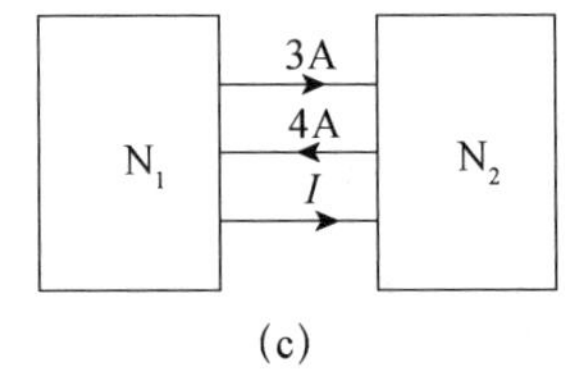

题 1.3 图

1.4　分别求题 1.4 图(a)中的 U 和图(b)中的 U_1、U_2 和 U_3。

1.5　电路如题 1.5 图所示，已知 U_{bc}=8V，U_{cd}=4V，U_{de}= −6V，U_{ef}= −10V。求 I_1、I_2 和 U_{ab}、U_{af}。

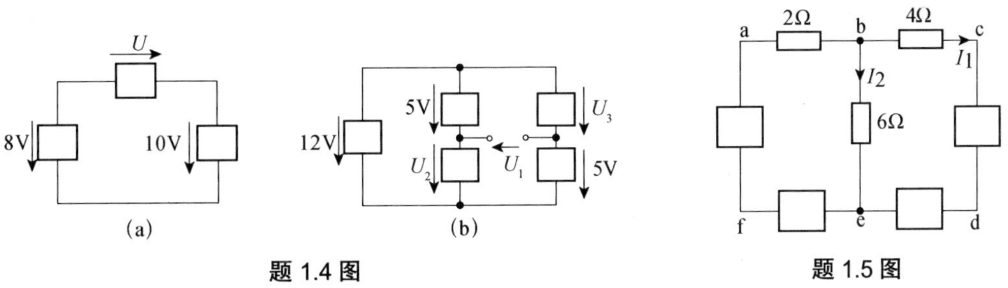

题 1.4 图　　　　题 1.5 图

1.6　有一电感元件，L=1H，其电流 i 的波形如题 1.6 图所示。试作出电感电压 u 的波形，设电感元件的电流、电压取关联参考方向。

1.7　有一容量 C=0.01μF 的电容，其两端电压的波形如题 1.7 图所示，试做出电容电流的波形，设电容元件的电压、电流取关联参考方向。

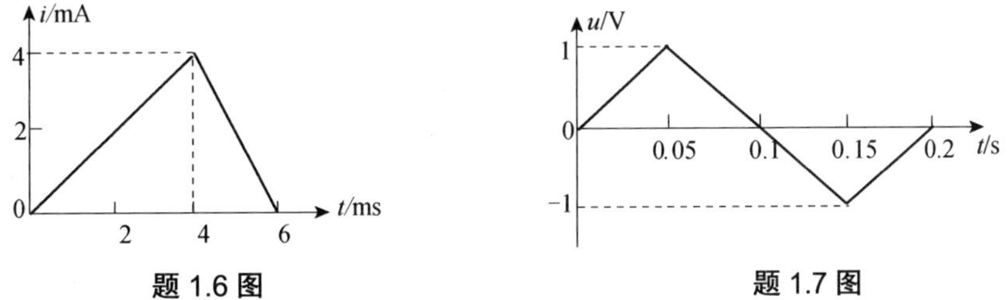

题 1.6 图　　　　题 1.7 图

1.8　求题 1.8 图所示各电路的 U 或 I，并计算各电源发出的功率。

1.9　电路如题 1.9 图所示，已知 I_S=1A，E=4V，R_1=4Ω，R_2=R_3=2Ω。求 A 点电位 V_A。

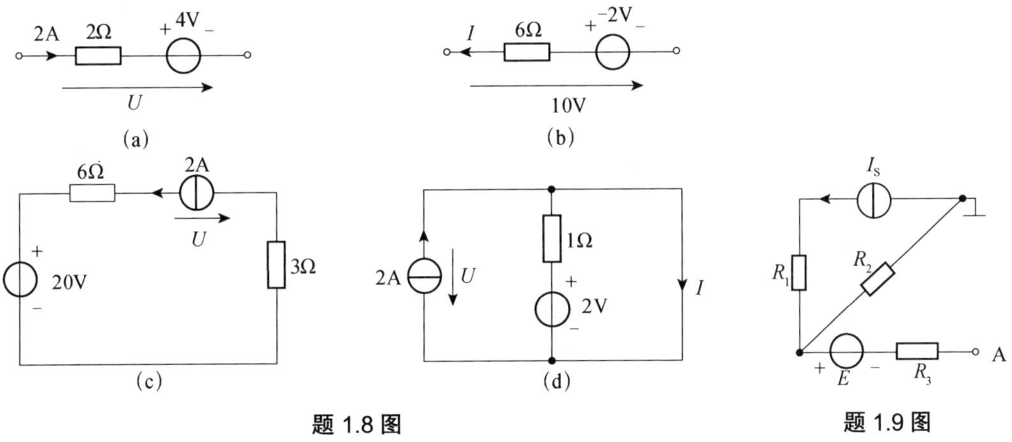

题 1.8 图　　　　题 1.9 图

1.10 电路如题 1.10 图所示，求 A 点和 B 点的电位。如果将 A、B 两点直接连接或接一电阻，对电路工作有无影响？

1.11　电路如题 1.11 图所示，（1）负载电阻 R_L 中的电流 I 及其两端电压 U 各为多少？（2）试分析功率平衡关系。

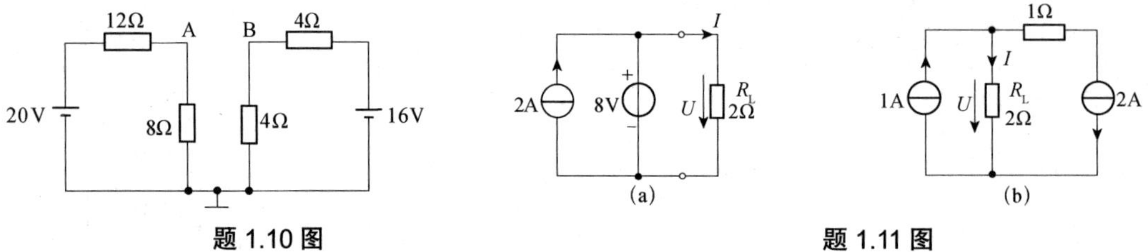

题 1.10 图　　　　题 1.11 图

1.12　电路如题 1.12 图所示，求：

（1）开关 S 打开时，电压 u_{ab} 之值；

（2）开关 S 闭合时，ab 中的电流 i_{ab}。

1.13　电路如题 1.13 图所示，求 I、U_S 及 R。

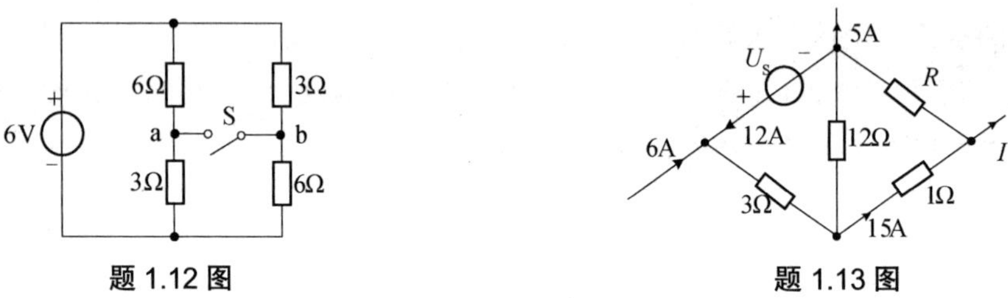

题 1.12 图　　　　题 1.13 图

1.14　电路如题 1.14 图所示，求电流 I_1、I_2 和 I_3。

1.15　电路如题 1.15 图所示，求 U 和 I。如果 1A 的电流源换以 10A 电流源，U 和 I 会不会改变，为什么？

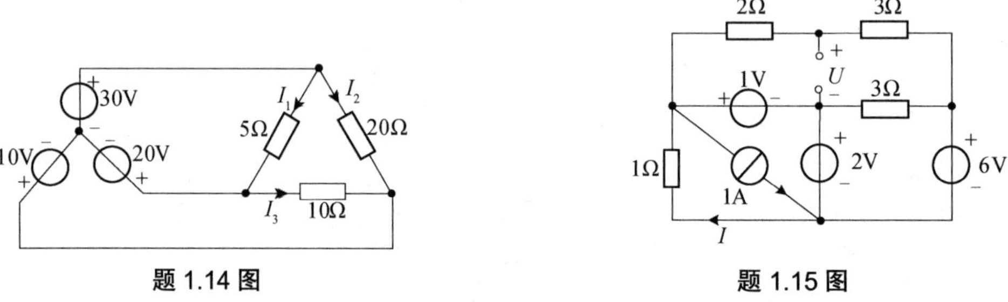

题 1.14 图　　　　题 1.15 图

1.16　电路如题 1.16 图所示，求

（1）图(a)中电流 I_1 和电压 U_{AB}；

（2）图(b)中电压 U_{AB} 和 U_{CB}；

（3）图(c)中电压 U 和电流 I_1、I_2。

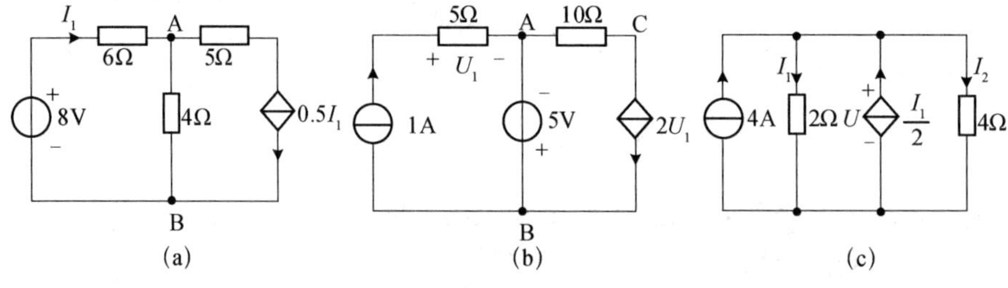

题 1.16 图

1.17　电路如题 1.17 图所示，试求受控源提供的功率。

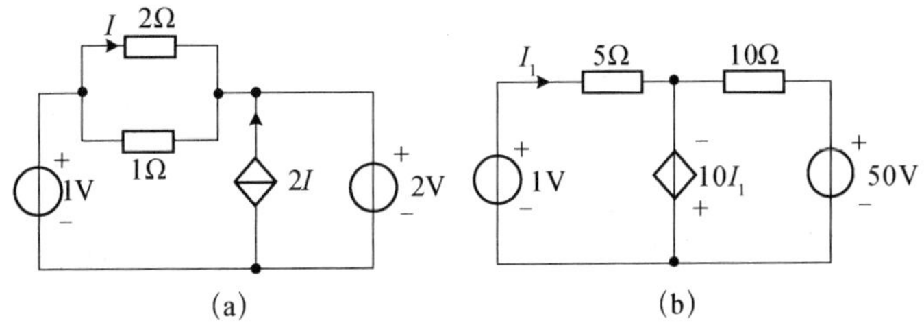

题 1.17 图

1.18　电路如题 1.18 图所示，试求图(a)中各电流源的电压及图(b)中各电压源的电流。

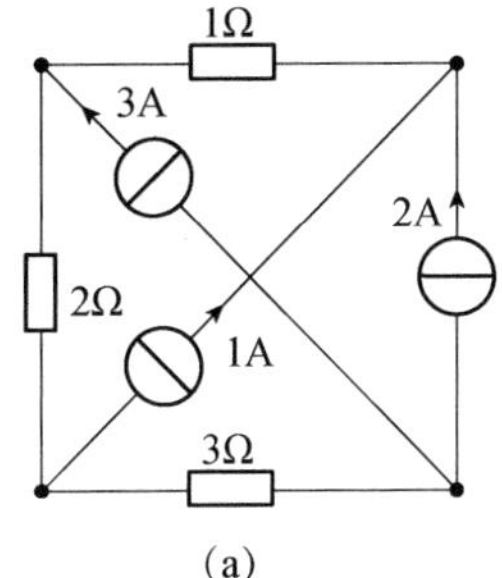

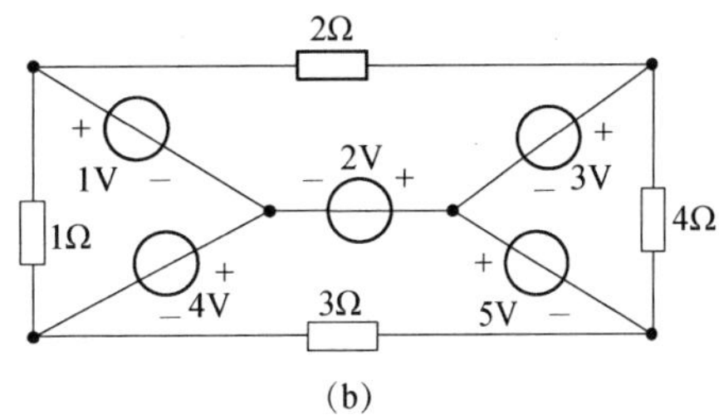

题 1.18 图

1.19　题 1.19 图所示电路中，已知 $I=-2\text{A}$，$U_{\text{AB}}=6\text{V}$，求电阻 R_1 和 R_2。

1.20　试求题 1.20 图所示电路中各元件的电压、电流，并判断 A、B、C 中哪个元件是电源。

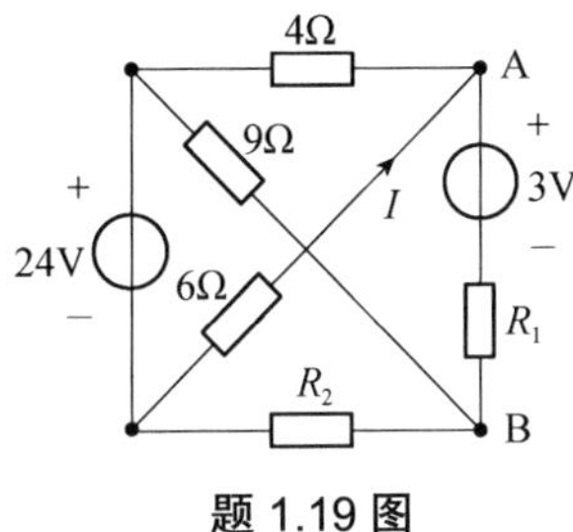

题 1.19 图

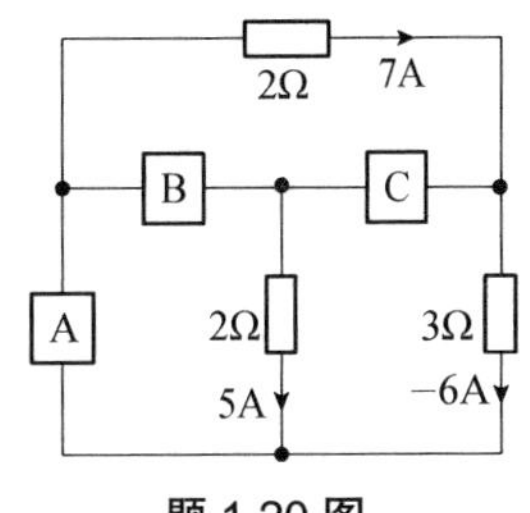

题 1.20 图

电路理论发展简史

习题解析

第 2 章思维导图

第 2 章讨论区

第 2 章　电路的基本分析方法和基本定理

本章的主要内容有：（1）电路等效的概念、几种常见的电路等效规律及电路的等效分析法；（2）电路的系统分析方法：支路电流法和节点电压法；（3）线性电路的基本定理：叠加定理、戴维南定理、诺顿定理和最大功率传输定理；（4）一阶动态电路的分析。

2.1　等效变换分析法

电路的等效是电路分析中的重要概念，也是电路分析中常用的方法。应用等效变换可以将结构复杂的电路转换为结构简单的电路，从而使电路的计算得到简化。本节介绍等效的概念及几种常见的电路等效规律，如电阻的等效、实际电源的等效，并在此基础上介绍电路的等效分析法。

2.1.1　二端网络与等效

二端网络与等效视频

二端网络与等效课件

在电路分析中，“网络”通常指元件数、支路数、节点数较多的电路，具体对“网络”与“电路”的概念并没有严格的区分。随着近代电子技术的飞速发展，越来越多的电路一旦制成后就被封装，类似一个“黑箱”，看不到内部的具体构造，只引出一定数目的端子与外电路相连，其性能由端口上的电压、电流关系来表征。

内部由元件连接而成、对外引出两个端钮的电路称为二端网络或单口网络（也称一端口网络），图 2.1.1(a)、(b)和(c)所示均为二端网络。如果把端口以内的电路用一个方框表示，就得到如图 2.1.1(d)所示的二端网络的图形表示。根据 KCL，**对二端网络而言，从一个端钮流入的电流一定等于从另一个端钮流出的电流**。

二端网络根据其内部是否含有独立源，可分为无源二端网络和有源二端网络两种。图 2.1.1(a)和(c)所示为有源二端网络，图 2.1.1(b)所示为无源二端网络。

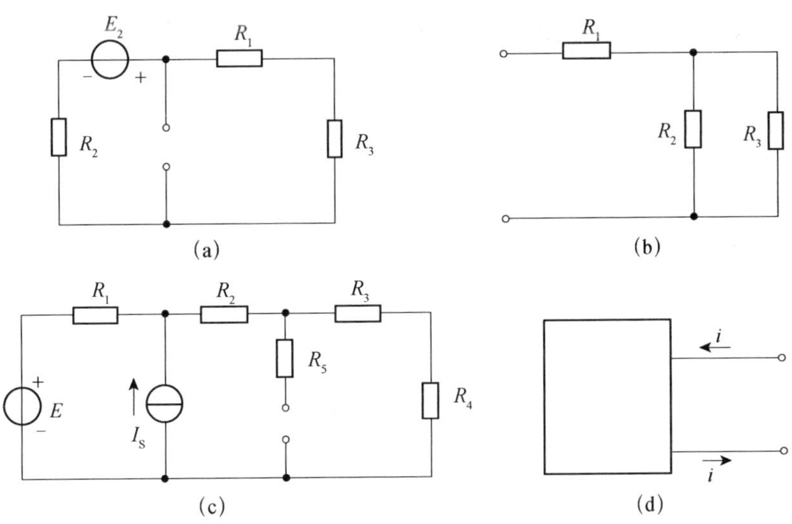

图 2.1.1 二端网络

二端网络的特性由端口伏安关系来表征，它是由网络本身所决定的，与外电路无关。**如果一个二端网络 N_1 和另一个二端网络 N_2 的端口伏安关系完全相同，则这两个二端网络对外是等效的**。这两个网络内部可以具有不同的电路结构，但对任一外电路而言，它们所起的作用完全相同。显然，如果这两个二端网络分别接到相同的外电路，如图 2.1.2 所示，则外电路中相应支路上的电压、电流和功率必然是相等的。需要注意的是，这里所讲的二端网络等效是**对外等效**。对内部电路来说，由于电路的结构、元器件数目以及连接方式都不相同，所以**对内并不等效**。

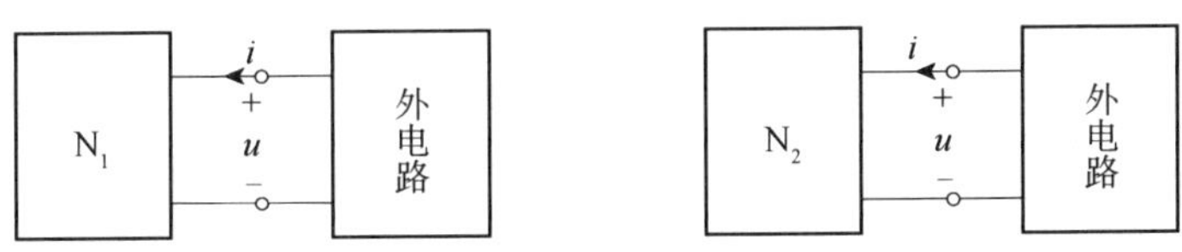

图 2.1.2 二端网络等效

在电路的分析中，有时只需研究某一条支路的电压、电流或者功率，那么对该支路来说，电路的其余部分就可以看作是一个二端网络。可以运用等效的概念，将其等效成更简单的电路，从而方便电路的分析。

例如，计算图 2.1.3(a)所示电路中的电流 I 时，可以利用 KCL、KVL 和欧姆定律列写方程求解，但求解过程会比较烦琐。如果先求出 1Ω 电阻以左的有源二端网络的等效电路，如图 2.1.3(b)所示（等效变换的具体过程将在例 2.1.9 中详细介绍），那么在等效后的电路中计算电流 I 就方便多了。

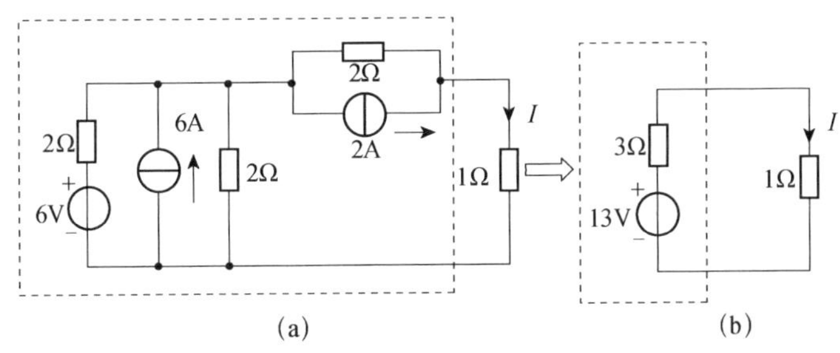

图 2.1.3 二端网络的等效变换应用举例

2.1.2 无源二端网络的等效

无源二端网络的等效电阻视频

无源二端网络的等效电阻课件

无源二端网络是指内部不含有独立源的二端网络。可以证明，不论其内部如何复杂，端口电压与端口电流始终成正比，因此**无源二端网络对外可等效为一个电阻**，如图 2.1.4 所示。**这个电阻称为二端网络的等效电阻或输入电阻**，其数值等于在关联参考方向下，端口电压与端口电流的比值，即

$$R_{eq} = \frac{u}{i} \tag{2.1.1}$$

对于含有受控源的无源二端网络可以用外加电源法求其等效电阻。即在端口外加电压源求电流，或在端口外加电流源求电压，端口电压和电流的比值就是等效电阻，如图 2.1.5 所示。

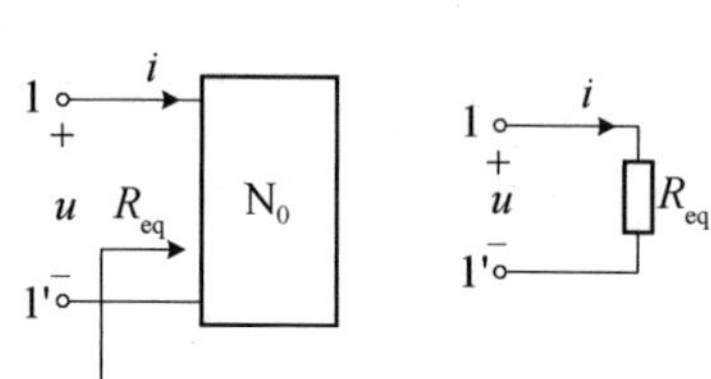

图 2.1.4 无源二端网络的等效

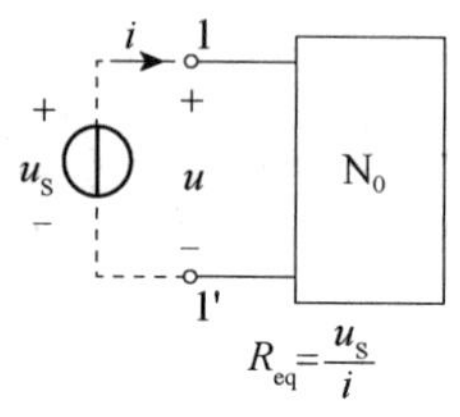

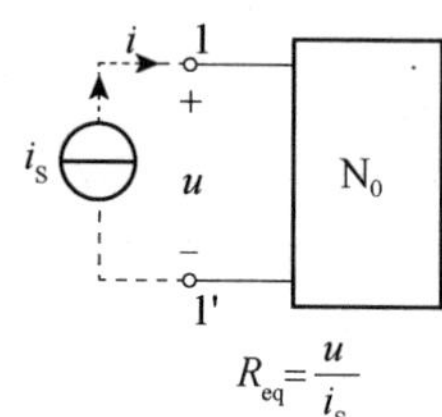

图 2.1.5 外加电源法

例 2.1.1 求图 2.1.6 所示无源二端网络的等效电阻 R_{ab}。

解：由 KVL 可得：$u_{ab}=R_2i-\mu u_1+R_1i$

将 $u_1=R_1i$ 代入上式，整理得 $u_{ab}=（R_1+R_2-\mu R_1）i$

$$\therefore \quad R_{ab} = \frac{u_{ab}}{i} = R_1 + R_2 - \mu R_1$$

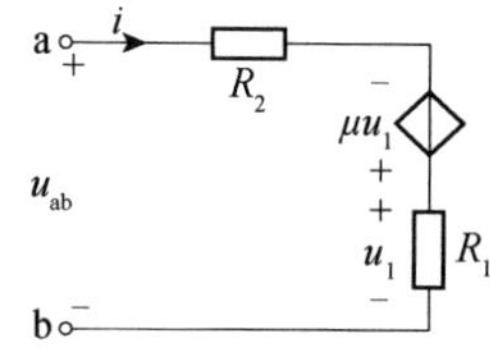

图 2.1.6 例 2.1.1 图

注意：**含有受控源的无源二端网络其等效电阻有可能为负值，这正是受控源有源性的体现**。而对于纯电阻构成的无源二端网络，其等效电阻不可能为负值，可利用电阻的等效变换求其等效电阻。电阻的连接方式有串联、并联、星形和三角形连接等多种，下面分别加以介绍。

电阻的串并联等效视频

电阻的串并联等效课件

1. 电阻的串并联等效变换

把多个电阻首尾顺序连在一起，这种连接方式称为电阻的串联，如图 2.1.7 所示。**串联电阻电路的特点是所有的电阻流过同一个电流，总电压为各串联电阻电压的代数和**，即

$$u = u_1 + u_2 + \cdots + u_k + \cdots + u_n$$

图 2.1.7 电阻的串联等效

根据欧姆定律可得

$$u = R_1 \cdot i + R_2 \cdot i + \cdots + R_k \cdot i + \cdots + R_n \cdot i = R_{eq} \cdot i$$

其中
$$R_{eq} = R_1 + R_2 + \cdots + R_k + \cdots + R_n = \sum R_i \quad (2.1.2)$$

即**串联电阻电路可等效为一电阻，其等效阻值为各串联电阻之和。**

如果已知端口电压 u，就可以求出每个电阻上的电压，即

$$u_k = R_k \cdot i = \frac{R_k}{R_{eq}} \cdot u \quad (2.1.3)$$

可见，串联电阻上的电压分配与电阻成正比。

如果只有 R_1、R_2 两个电阻串联，则分压公式为

$$u_1 = \frac{R_1}{R_1 + R_2} u, \quad u_2 = \frac{R_2}{R_1 + R_2} u \quad (2.1.4)$$

在实际应用中，当用电器两端的电压大于额定值时，为保证电器的正常工作，通常需要串联一个电阻来分掉多余的电压。又如，为了扩大电压表的量程，必须要与电压表串联一个具有确定阻值的电阻。

把多个电阻的首尾两端分别连接于两个公共点之间，这种连接方式称为电阻的并联，如图 2.1.8 所示。**并联电阻电路的特点是所有电阻的电压相等，总电流为各电阻电流的代数和，**即

$$i = i_1 + i_2 + \cdots + i_k + \cdots + i_n$$

根据欧姆定律可得

$$i = G_1 u + G_2 u + \cdots + G_k u + \cdots + G_n u = G_{eq} u$$

得
$$G_{eq} = G_1 + G_2 + \cdots + G_k + \cdots + G_n = \sum G_i \quad (2.1.5)$$

即**并联电阻电路可等效为一电阻，其等效电导为各并联电导之和。**

如果已知端口电流 i，就可以求得每个电阻上的电流，即

$$i_k = G_k \cdot u = \frac{G_k}{G_{eq}} \cdot i \quad (2.1.6)$$

可见，**并联电阻上电流的分配与电导成正比，与电阻成反比。**

如果只有 R_1、R_2 两个电阻并联，则分流公式为

$$i_1 = \frac{R_2}{R_1 + R_2} i, \quad i_2 = \frac{R_1}{R_1 + R_2} i \quad (2.1.7)$$

在实际应用中，当额定电流较小的用电器要接入到电流较大的干路上时，为保证电器的正常工作，通常并联一个电阻来分掉多余的电流。又如，为了扩大电流表的量程，必须要与电流表并联一个具有确定阻值的电阻。

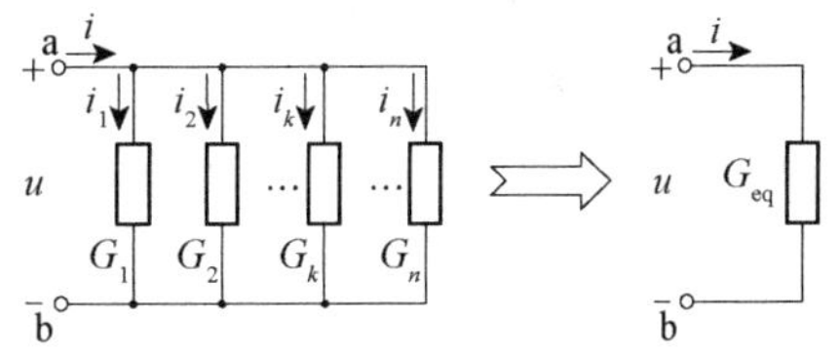

图 2.1.8　电阻的并联等效

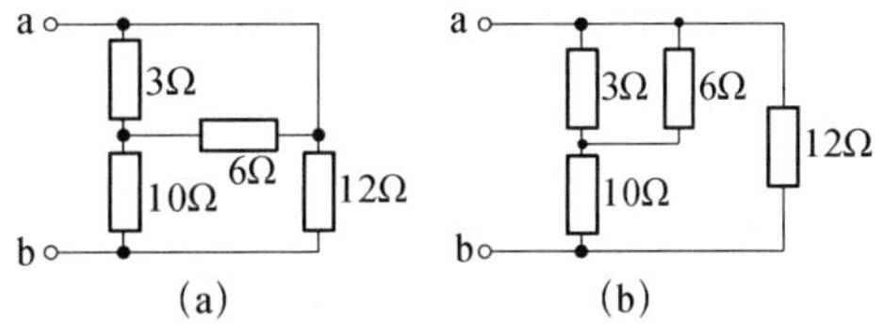

图 2.1.9　例 2.1.2 图

例 2.1.2　求图 2.1.9(a)所示电路的等效电阻 R_{ab}。

解： 观察电路可知，3Ω 电阻和 6Ω 电阻并联，所以可将图 2.1.9(a)电路改画成图 2.1.9(b)所示，根据电阻的串并联等效求出 R_{ab}（符号“//”表示并联）

$$R_{ab} = (3//6+10)//12 = 6\Omega$$

例 2.1.3 求图 2.1.10(a)所示电路中的电流 i_{cd}。

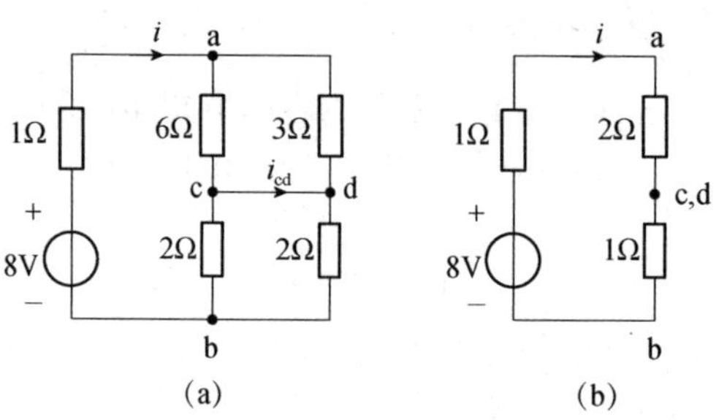

图 2.1.10 例 2.1.3 图

解：由于直接计算短路线上的电流 i_{cd} 比较困难，可以先利用电阻的串并联求出 i_{ac} 和 i_{cb}，再利用 KCL 求解 i_{cd}。将图 2.1.10(a)等效为图 2.1.10(b)，求出电流 i

$$i=\frac{8}{1+6//3+2//2}=\frac{8}{1+2+1}=2\text{A}$$

再回到图 2.1.10(a)，由并联分流公式可得

$$i_{ac}=\frac{3}{6+3}i=\frac{2}{3}\text{A};\quad i_{cb}=\frac{2}{2+2}i=1\text{A}$$

对节点 c 列写 KCL 方程，得

$$i_{cd}=i_{ac}-i_{cb}=\frac{2}{3}-1=-\frac{1}{3}\text{A}$$

电阻的 Y-△等效变换视频

电阻的 Y-△等效变换课件

2. 电阻的 Y-△等效变换

电阻的连接方式除了串联和并联以外，还有更复杂的连接，如三角形联结和星形联结。**电阻的三角形联结（又称△形联结）是把三个电阻首尾相接，由三个连接点引出三条线**，如图 2.1.11(a)所示；**电阻的星形联结（又称 Y 形联结）是把三个电阻的一端接在一起，从另一端引出三根线**，如图 2.1.11(b)所示。

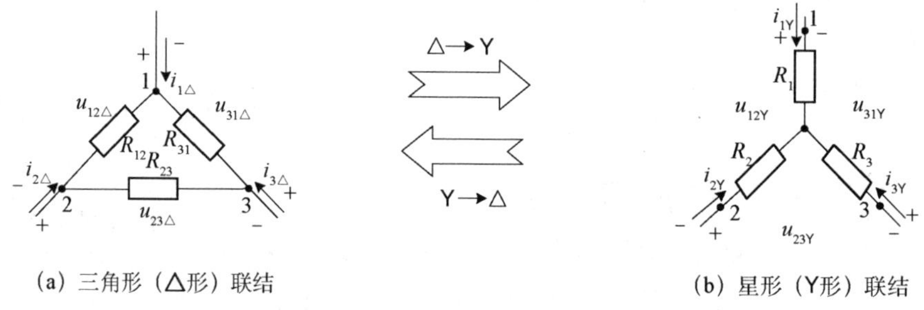

(a) 三角形（△形）联结　　(b) 星形（Y形）联结

图 2.1.11 电阻的三角形联结和星形联结

电阻的△形联结和 Y 形联结都是无源三端网络。根据多端网络等效变换的条件，要求其对应端口的电压、电流伏安关系均相同。应用 KCL、KVL 和欧姆定律可以推导出这两个网络之间等效变换的参数条件，具体如下。

（1）当△形联结变换成 Y 形联结时，电阻之间的对应关系为

$$R_1=\frac{R_{12}R_{31}}{R_{12}+R_{23}+R_{31}};\quad R_2=\frac{R_{23}R_{12}}{R_{12}+R_{23}+R_{31}};\quad R_3=\frac{R_{31}R_{23}}{R_{12}+R_{23}+R_{31}} \tag{2.1.8}$$

可概括为
$$R_i = \frac{\text{接于i端两电阻乘积}}{\triangle\text{形三电阻之和}}$$

当 $R_{12} = R_{23} = R_{31} = R_{\triangle}$ 时，有 $R_1 = R_2 = R_3 = \frac{1}{3}R_{\triangle}$

（2）当 Y 形联结变换成△形联结时，电阻之间的对应关系为

$$R_{12} = \frac{R_1R_2 + R_2R_3 + R_3R_1}{R_3};\quad R_{23} = \frac{R_1R_2 + R_2R_3 + R_3R_1}{R_1};\quad R_{31} = \frac{R_1R_2 + R_2R_3 + R_3R_1}{R_2} \tag{2.1.9}$$

可概括为
$$R_{mn} = \frac{\text{Y形电阻两两乘积之和}}{\text{不与mn端相连的电阻}}$$

当 $R_1=R_2=R_3=R_Y$ 时，有 $R_{12}=R_{23}=R_{31}=3R_Y$

在电路分析中，有时需要利用电阻的 Y 形联结和△形联结的等效变换，简化电路结构，从而达到求解的目的。

例 2.1.4　试求图 2.1.12(a)所示电路的等效电阻 R_{ab}。

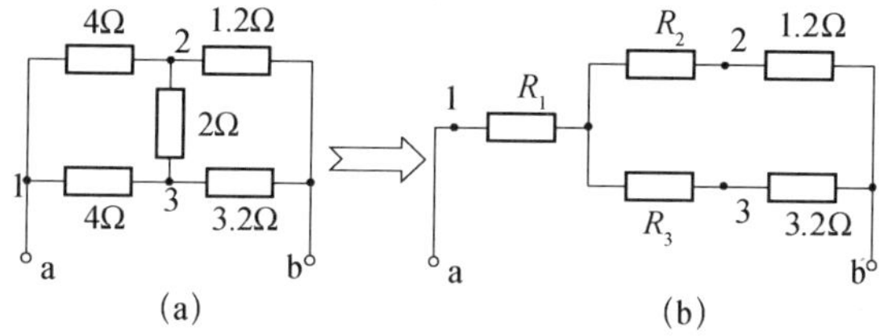

图 2.1.12　例 2.1.4 图

解：将 4Ω、4Ω 和 2Ω 三个电阻构成的△形联结等效成 Y 形联结，如图 2.1.12(b)所示。其电阻值可由式（2.1.8）求得：$R_1 = \frac{R_{12}R_{31}}{R_{12} + R_{23} + R_{31}} = \frac{4\times4}{2+4+4} = 1.6\Omega$，

$$R_2 = \frac{R_{23}R_{12}}{R_{12} + R_{23} + R_{31}} = \frac{2\times4}{10} = 0.8\Omega,\quad R_3 = \frac{R_{31}R_{23}}{R_{12} + R_{23} + R_{31}} = \frac{4\times2}{10} = 0.8\Omega$$

再利用电阻的串并联公式，求出等效电阻：

$$R_{ab} = R_1 + (R_2 + 1.2)//(R_3 + 3.2) = 1.6 + 1.33 = 2.93\Omega$$

本题还有好几种变化的方式可供采用。例如，可以把 4Ω、1.2Ω 和 2Ω 这三个 Y 形联结的电阻等效为△形联结，也可以把 1.2Ω、2Ω 和 3.2Ω 这三个△形联结的电阻等效为 Y 形联结等，最后结果都相同，读者可自行分析。

【思考】对于这类电路，当达到电桥平衡时，虽然可以通过△与 Y 变换来分析，但还有没有更快的分析方法呢？

对图 2.1.13(a)所示电桥电路，**当电阻满足 $R_1R_4=R_2R_3$ 时，电桥是平衡的。此时 a、b 两点电位相等，因此不管电阻 R_5 为多大，R_5 所在支路的电压、电流均为零。**

根据 R_5 支路上的电压为零，可以将 a、b 两点直接短路，如图 2.1.13(b)所示。**根据 R_5 支路上的电流为零，可以将 a、b 两点断开，**如图 2.1.13(c)所示。将 R_5 支路做短路或断路处理后，电路就转换为简单的串并联电路，从而很容易求出电路的等效电阻。当然，这两种处理方法的计算结果完全相同。

由此可知，如果电路中电阻的连接并非简单的串并联，首先要寻找有无平衡电桥。如果

存在平衡电桥，则可以按照图 2.1.13(b)或(c)做短路或断路处理。如果没有平衡电桥，则需利用电阻的 Y-Δ等效变换，将其转换为简单的串并联电路，再进行求解。

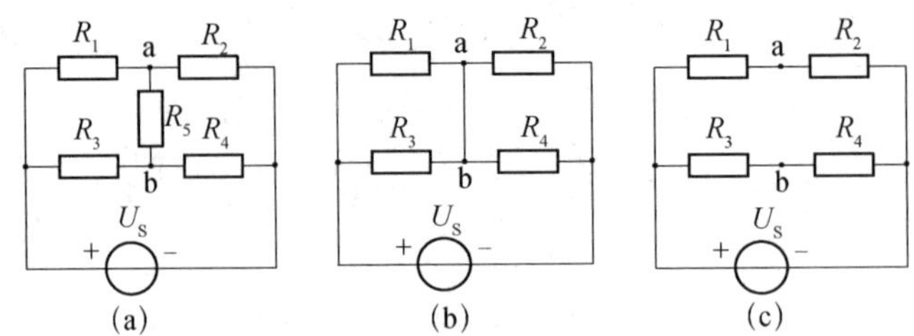

图 2.1.13　平衡电桥

例 2.1.5　试求图 2.1.14 所示电路的等效电阻 R_{ab}。

解：从图 2.1.14 所示电路较难看出电阻的连接方式，可以先把最右边两条支路进行并联等效，等效电阻为（10+30）//（10+30）=20Ω，如图 2.1.15(a)所示。显然此电路存在平衡电桥，c 点和 d 点是等电位点，故这两点之间可以做断路处理，如图 2.1.15(b)所示。此时等效电阻为

$$R_{ab}=（10+30）//（10+30）=20\Omega$$

c、d 间也可以做短路处理，如图 2.1.15(c)所示。此时等效电阻为

$$R_{ab}=10//10+30//30=20\Omega$$

显然，这两种处理方法得到的结果完全相同。

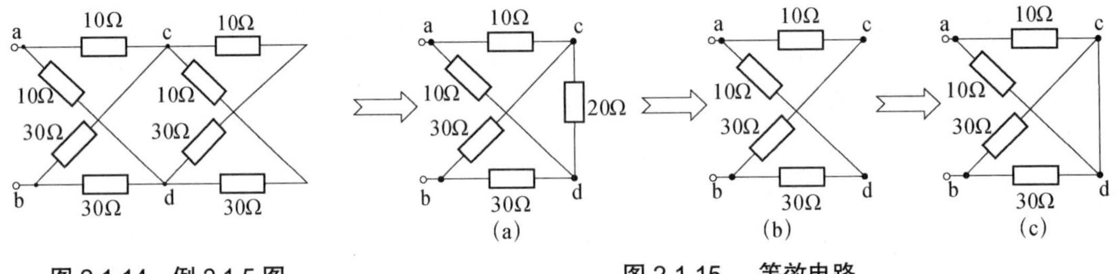

图 2.1.14　例 2.1.5 图　　　　图 2.1.15　等效电路

2.1.3　实际电源两种模型的等效

实际电源两种模型的等效视频

实际电源两种模型的等效课件

在实际电路中，电源除了向外部提供能量外，其内部也存在着一定的能量损耗。即一个实际的电源总有内阻存在，可以用理想电源与电阻的组合来建立模型。

实际电源的外特性如图 2.1.16 所示。随着输出电流 i 的增加，实际电源的输出电压 u 会逐渐减小。此特性可以用线性方程来描述，假设用 R_i 来表示斜率的绝对值，可得

$$u=U_S-R_i i \tag{2.1.10}$$

根据式（2.1.10）结合 KVL，可画出实际电源的等效电路模型，如图 2.1.17 所示。即**实际电源可以等效为一理想电压源 U_S 与一线性电阻 R_i 的串联**，其中 U_S 为电源在输出端口开路时的端电压，即**开路电压**；R_i 为电源的**内阻**。这一模型称为实际电源的电压源模型。

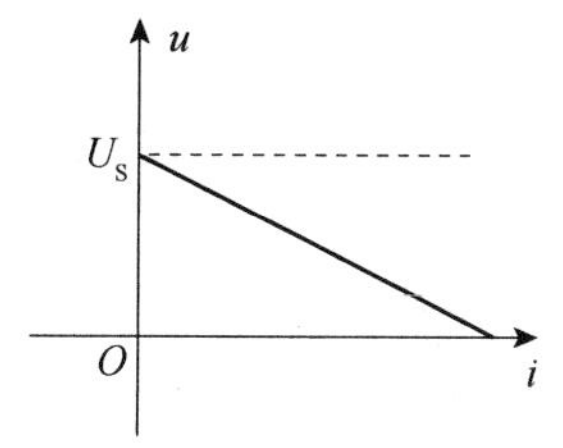

图 2.1.16　实际电源的外特性

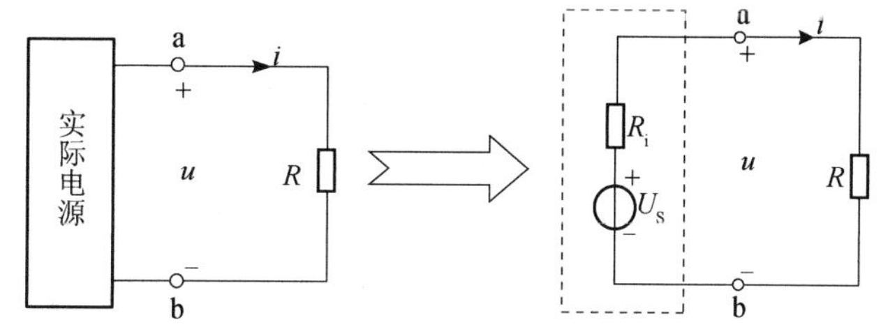

图 2.1.17　实际电源的电压源模型

将式（2.1.10）进行变换，可得

$$i=\frac{U_S}{R_i}-\frac{u}{R_i}$$

令：

$$I_S=\frac{U_S}{R_i}\qquad G_i=1/R_i \tag{2.1.11}$$

则

$$i=I_S-G_iu \tag{2.1.12}$$

根据式（2.1.12）再结合 KCL，可画出实际电源的另一种等效电路模型，如图 2.1.18 所示。即**实际电源可以等效为一理想电流源 I_S 与一电导 G_i 的并联**，其中 I_S 为实际电源在输出端口短路时的电流，即**短路电流**，G_i 为电源的**内电导**。这一模型称为实际电源的电流源模型。

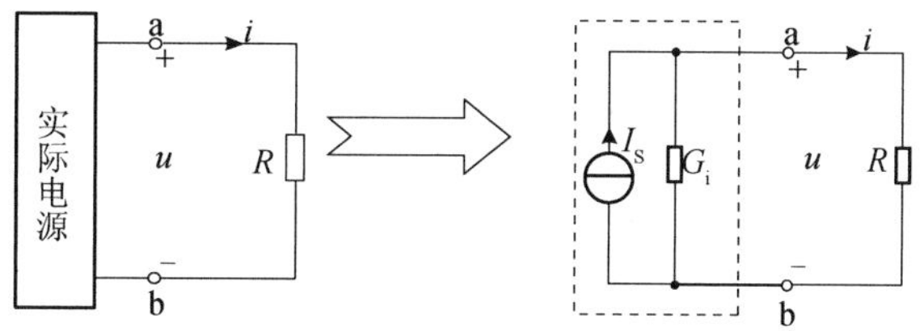

图 2.1.18　实际电源的电流源模型

显然，实际电源的开路电压 U_S、短路电流 I_S 和内阻 R_i 满足以下关系

$$U_S=I_S\cdot R_i \tag{2.1.13}$$

由上述分析可知，一个实际电源可以用两种不同结构的电源模型来表示，只要满足式（2.1.11），这两种电源模型的端口伏安关系完全相同，那么它们之间就可以相互等效。可以用图 2.1.19 表示其互换过程。尤其要注意，**等效变换时电流源电流的参考方向是由电压源的“+”极流出的。**

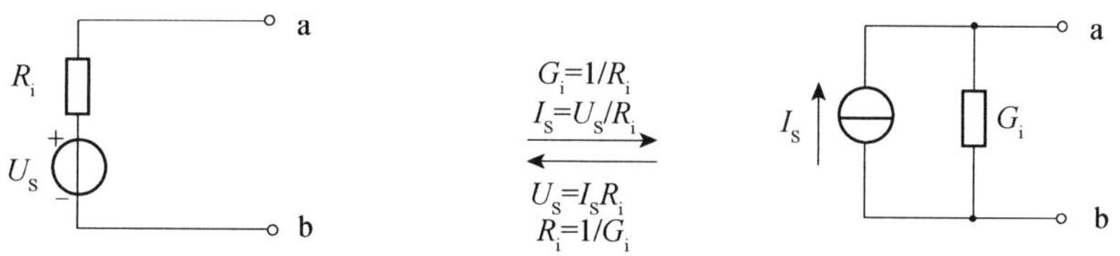

图 2.1.19　实际电源两种模型的等效互换

实际电源两种模型的等效变换只对电源外部的电路有效，而对电源内部（指仅含有 U_S、R_i 或 I_S、G_i 的这部分电路）无效。例如实际电源开路时，两种电源模型的端口电压、端口电流都分别相等，说明它们对外等效。但是此时电压源模型中的内阻无功率损耗，而电流源模型中的内阻却有功率损耗，说明对内并不等效。

两种电源模型的等效变换还可以推广为两种电路结构的等效，即一个电压源 u_S 与电阻 R 的串联可以等效成一个电流大小为 u_S/R 的电流源与电阻 R 的并联，且电流源电流的参考方向是由电压源的“+”极流出的。

上面讨论了实际电源两种模型的等效变换，那么理想电压源和理想电流源可以相互等效吗？当然不能！因为理想电压源就是内阻 $R_i=0$ 的实际电压源，其端口伏安关系为 $u=u_S$；理想电流源就是内电导 $G_i=0$ 的实际电流源，其端口伏安关系为 $i=i_S$。显然，它们的端口伏安关系完全不同，所以不能相互等效。

由受控电压源和电阻串联构成的电路，也可与由受控电流源和电导并联的电路进行等效变换。转换过程中的处理方法与实际电源电路一样。但是要注意，无论如何转换，受控源的控制量必须保留。

下面介绍其他几种常见的等效规律。

（1）理想电压源的串并联及其等效

多个理想电压源串联后对外可等效成一个理想电压源，等效电压源的电压值为各串联电压源电压值的代数和。图 2.1.20 所示的理想电压源串联电路，其等效电压源的电压值为 $U_S=U_{S1}-U_{S2}+\cdots+U_{Sk}+\cdots+U_{Sn}=\sum U_{Si}$。需要注意的是，当电压源的极性与等效电压源的参考极性一致时，其电压取正号，相反时取负号。

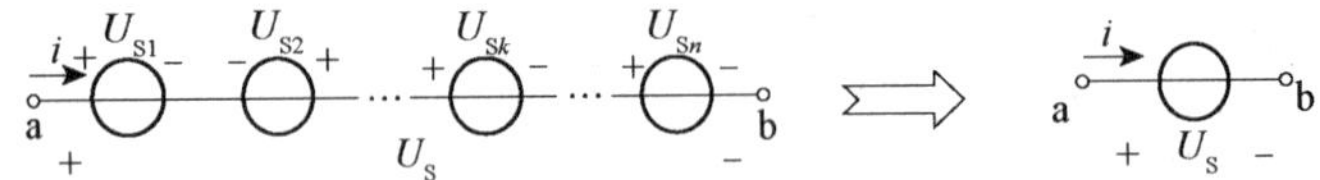

图 2.1.20　理想电压源的串联等效

只有电压相等、方向一致的理想电压源才能并联（否则违反 KVL），并联后对外就等效为一个理想电压源。

（2）理想电流源的串并联及其等效

多个理想电流源并联后对外可等效成一个理想电流源，等效电流源的电流值为各并联电流源电流值的代数和。图 2.1.21 所示的理想电流源并联电路，其等效电流源的电流值为 $I_S=I_{S1}-I_{S2}+\cdots+I_{Sk}+\cdots+I_{Sn}=\sum I_{Si}$。需要注意的是，当电流源的参考方向与等效电流源的参考方向一致时，其电流取正号，相反时取负号。

只有电流相等、方向一致的理想电流源才能串联（否则违反 KCL），串联后对外就等效为一个理想电流源。

（3）理想电压源与其他电路的并联等效

理想电压源和其他电路的并联，对外就等效为该理想电压源，如图 2.1.22 所示。这里的其他电路可以为任意元件或者是若干个元件的组合（电压值不相等的理想电压源除外）。

图 2.1.22 所示电路的端口伏安关系为

$$u=U_S\text{，与端口电流 } i \text{ 无关}$$

它和理想电压源的端口伏安关系完全相同，所以对外就等效为该理想电压源。当外接相同外电路时，等效前后端口电压 u 和端口电流 i 都保持不变。

需要注意的是，等效后电压源中的电流 i 并不等于等效前电压源的电流 i_S，所以等效仅仅对外而言，对内并不等效。

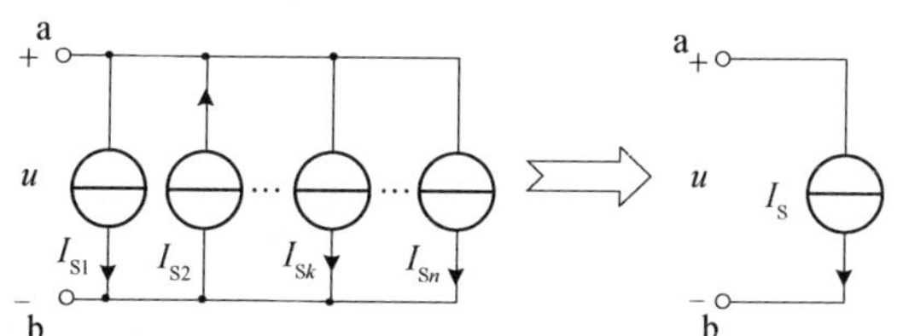

图 2.1.21　理想电流源的并联等效

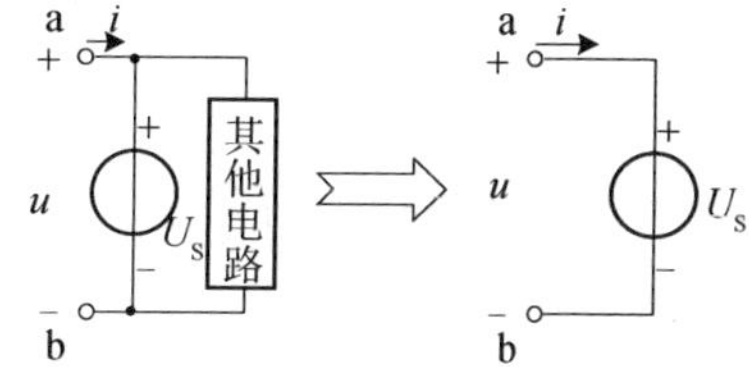

图 2.1.22　理想电压源与其他电路的并联等效

（4）理想电流源与其他电路的串联等效

理想电流源和其他电路的串联，对外就等效为该理想电流源，如图 2.1.23 所示。这里的其他电路可以为任意元件或者是若干个元件的组合（电流值不相等的理想电流源除外）。

图 2.1.23 所示电路的端口伏安关系为

$$i=I_S，与端口电压\ u\ 无关$$

它和理想电流源的端口伏安关系完全相同，所以对外就等效为该理想电流源。当外接相同外电路时，等效前后端口电压 u 和端口电流 i 都保持不变。

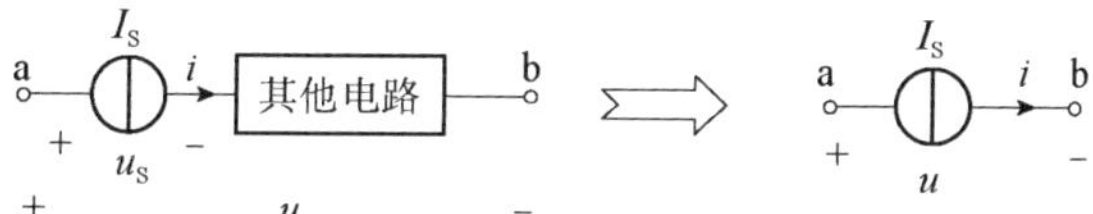

图 2.1.23　理想电流源和其他电路的串联等效

需要注意的是，等效后电流源的端电压 u 并不等于等效前电流源的端电压 u_S，所以等效仅仅对外而言，对内并不等效。

例 2.1.6　将图 2.1.24(a)所示电路化简成实际电流源电路。

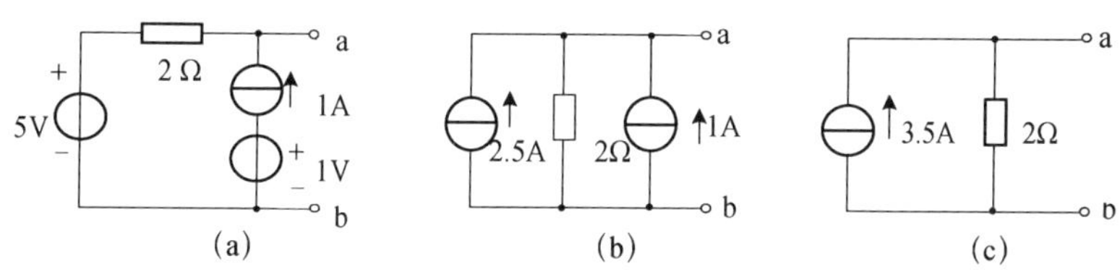

图 2.1.24　例 2.1.6 图

解：将图 2.1.24(a)中左边的电压源串联电阻支路等效成电流源并联电阻；右边 1V 电压源和 1A 电流源的串联支路对外就等效为 1A 的电流源，如图 2.1.24(b)所示；再将图 2.1.24(b)中两个电流源并联等效后得图 2.1.24(c)，此即为它的实际电流源模型。

例 2.1.7　电路如图 2.1.25(a)所示，求 I、I_1 以及电压源提供的功率。

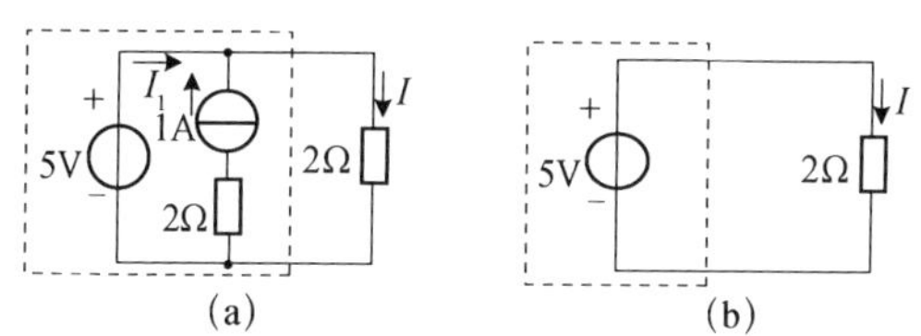

图 2.1.25　例 2.1.7 图

解：计算外部电路参数时，可用图 2.1.25(b)所示的电路等效，求得 I=2.5A。

计算电压源提供的功率时，如果仍用图 2.1.25(b)所示电路来计算是错误的，必须回到原电路计算。因为图 2.1.25(a)和(b)中两个电压源的电流并不相等。

对图 2.1.25(a)电路，由 KCL 得： $I_1=I-1=1.5\text{A}$

5V 电压源上的电压、电流为非关联参考方向，所以发出的功率为 $P=5I_1=7.5\text{W}$。

2.1.4 电路的等效分析

电路的等效分析视频

电路的等效分析课件

前面介绍了电路常见的等效规律，在对电路进行分析和计算时，可以利用这些等效规律对电路中某一部分进行适当的等效变换，从而简化电路，方便计算。这种分析电路的方法称为等效变换分析法，下面举例说明。

例 2.1.8 试用电路的等效变换求图 2.1.26(a)中的电流 I。

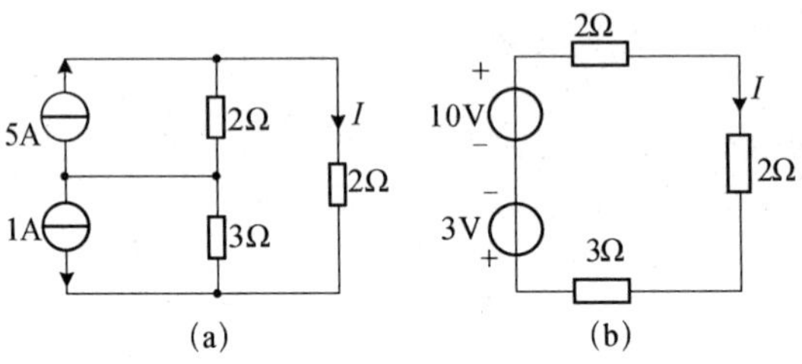

图 2.1.26 例 2.1.8 图

解：根据实际电源两种模型的等效变换规律，将图 2.1.26(a)电路等效为图 2.1.26(b)。

列写回路 KVL 方程： $(2+2+3)I+3-10=0$

解得： $I=1\text{A}$

例 2.1.9 试用电路的等效变换求图 2.1.27(a)中 1Ω 电阻上的电流 I。

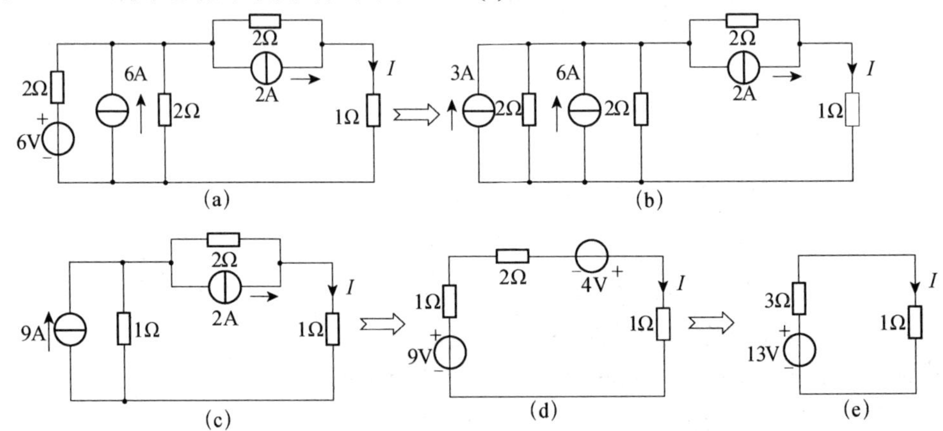

图 2.1.27 例 2.1.9 图

解：根据图 2.1.27 所示的变换次序，最后化简为图 2.1.27(e)所示的电路，由此可得

$$I=\frac{13}{3+1}=\frac{13}{4}=3.25\text{A}$$

2.1 测试题

2.1 测试题讲解视频

2.1 测试题讲解课件

2.2　支路电流法

2.2.1　两类约束和电路方程

支路电流法视频

支路电流法课件

电路分析的典型问题是在已知电路结构和参数的条件下，分析计算给定激励下的响应。电路中的响应包括支路和元件的电压、电流及功率等。对于结构较简单的电路，可以通过 2.1 节介绍的等效变换法对电路进行分析，而对于结构复杂以及待求变量较多的电路，就需要列写方程组求解。

当电路元件以一定的连接方式构成电路后，电路中各支路电压、电流将受两类约束所支配。一类约束来自元件的特性，即每个元件的电压与电流关系（VCR），如线性电阻满足欧姆定律 $u=Ri$；线性电感满足 $u=L\mathrm{d}i/\mathrm{d}t$；理想电压源满足 $u=u_S$ 等。这种**只取决于元件性质的约束称为元件约束**。另一类约束来自电路的连接方式，如与一个节点相连的各支路电流必然受到 KCL 约束，与一个回路相联系的各支路电压必然受到 KVL 约束。这种**只取决于电路连接方式的约束称为拓扑约束**。任何集总参数电路的电压与电流都必须同时满足这两类约束。**拓扑约束和元件约束是对电路中各电压、电流所施加的全部约束。**

由电路理论可知，**若电路的支路数为 b，节点数为 n，则独立的 KCL 方程为 $n-1$ 个，独立的 KVL 方程为 $b-(n-1)$ 个**。

显然，由拓扑约束列写的独立方程数目为 b 个，由元件约束列写的 VCR 方程数也为 b 个，这样独立方程的总数为 $2b$ 个。通过求解这 $2b$ 个方程，就能得到所有的支路电压和支路电流，这种分析方法称为 $2b$ 法。

$2b$ 法是最原始的电路分析方法，适用于任何集总参数电路，对任何线性或非线性、时变或非时变电路都适用。但由于联立方程数目太多，求解方程较烦琐，所以实际应用并不广泛。

2.2.2　支路电流方程的列写

支路电流法是以支路电流为电路变量，根据 KCL、KVL 建立电路方程，从而求解电路的一种分析方法。

对图 2.2.1 所示电路，支路数 $b=3$，节点数 $n=2$，则独立的 KCL 方程为 $n-1=1$ 个，独立的 KVL 方程为 $b-(n-1)=2$ 个。

能提供独立 KCL 方程的节点称为独立节点，显然独立节点数为 $n-1$ 个。电路中任选 $n-1$ 个节点，对其列写的 KCL 方程都是相互独立的。例如，对图 2.2.1 所示电路，不难发现，对节点①和节点②列写的 KCL 方程完全相同，即独立的 KCL 方程为 1 个。任选其中 1 个节点列写 KCL 方程，可得

$$i_1-i_2-i_3=0 \qquad ①$$

能提供独立 KVL 方程的回路称为独立回路。独立回路的选取方法有以下两种：

（1）对平面电路，网孔必为一组独立回路，且网孔数必为 $b-(n-1)$ 个。

（2）每选取一个回路，都要使它至少包含一条其他回路都未曾用过的新支路。

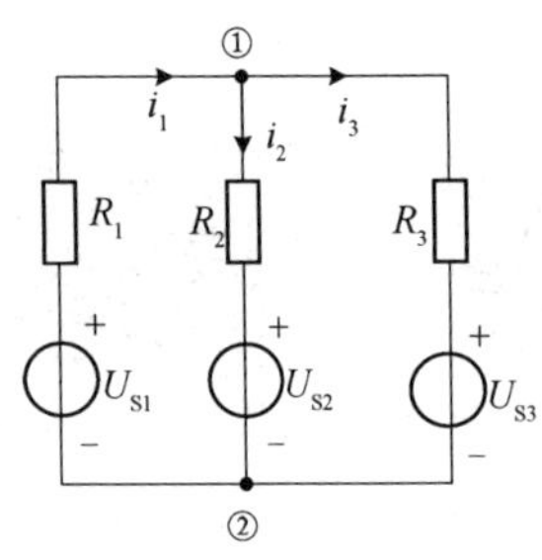

图 2.2.1 支路电流法举例

对图 2.2.1 所示电路，选取网孔作为独立回路，对其列写 KVL 方程。注意：列写 KVL 方程时，电阻上的电压可应用欧姆定律直接用支路电流线性表示。设网孔绕向均为顺时针，可得

$$i_1R_1+i_2R_2+U_{S2}-U_{S1}=0 \quad ②$$

$$i_3R_3+U_{S3}-U_{S2}-i_2R_2=0 \quad ③$$

这样由 KCL 和 KVL 可得 3 个独立方程，刚好等于未知的支路电流数。求解方程组就可求得各支路电流。

综上所述，支路电流法的解题步骤可归纳如下：

（1）指定各支路电流的参考方向。

（2）任选 n−1 个节点，对其列写 KCL 方程。

（3）选取 b−（n−1）个独立回路（平面电路通常选网孔作为独立回路），对其列写 KVL 方程。利用元件的 VCR 将 KVL 方程中的各支路电压用支路电流来表示。

（4）联立求解这 b 个方程构成的方程组，得各支路电流。

例 2.2.1 用支路电流法求图 2.2.2 所示电路的各支路电流。

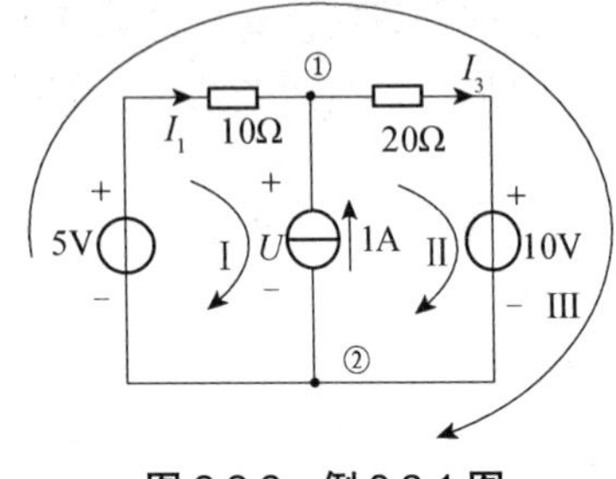

图 2.2.2 例 2.2.1 图

解： 该电路支路数 b=3，节点数 n=2。由于中间支路为理想电流源支路，其电流是已知的，所以待求的支路电流只有 2 个，只需列写 2 个方程。由于独立的 KCL 方程数为 n−1=1 个，所以独立的KVL方程只需列写1个即可。当然选择独立回路时不能包含电流源支路，因为电流源的端电压是未知的。

按图示电流参考方向，对节点①列 KCL 方程

$$I_1+1-I_3=0 \quad ①$$

对回路Ⅲ列写 KVL 方程

$$10I_1+20I_3+10-5=0 \quad ②$$

联立求解方程①②，得 I_1=−0.83A　　I_3=0.17A

本题如果选取网孔为独立回路，则在回路中包含了电流源支路，而电流源两端的电压是未知的，为此先设定其端电压为 U，如图 2.2.2 所示。

（1）对节点①列 KCL 方程

$$I_1+1-I_3=0 \quad ①$$

（2）对网孔Ⅰ和网孔Ⅱ沿着图示的绕向列 KVL 方程

$$10I_1+U-5=0 \quad ②$$

$$20I_3+10-U=0 \quad ③$$

联立求解方程①②③，得 I_1=−0.83A　　I_3=0.17A

从以上的分析可知，对含有电流源的电路，选取独立回路时应尽量避开电流源支路，这样可以减少方程的数目。

当电路中含有受控源时，支路电流方程的列写通常分两步：第一步，先把受控源当作独立源，列出独立的 KCL 方程和独立的 KVL 方程；第二步，补充方程，即把受控源的控制量用支路电流线性表示。

2.2　测试题

2.2 测试题讲解视频

2.2 测试题讲解课件

2.3　节点电压法

2.2 节介绍的支路电流法所列写的电路方程是由 KCL 和 KVL 共同组成的，一般情况下，方程的数目就等于支路数。当电路支路数较多时，应用支路电流法求解时联立的方程数目会很多，计算起来比较烦琐。本节将介绍一种简单而有效的分析方法——节点电压法。

2.3.1　节点电压方程的标准形式

电路中任选一个节点作为参考节点（即电位参考点，通常用“⊥”符号表示），则其他节点为独立节点，**各独立节点与参考节点之间的电压称为该节点的节点电压**。显然，一个具有 n 个节点的电路，共有 n-1 个节点电压。

以图 2.3.1 所示电路为例，该电路有 4 个节点，若选节点④作为参考节点，则其余 3 个节点与参考节点之间的电压 U_{n1}、U_{n2} 和 U_{n3} 即为这 3 个节点的节点电压。因为**电路中所有的支路电压都可以用节点电压线性表示**，如 $U_{12}=U_{n1}-U_{n2}$，$U_{23}=U_{n2}-U_{n3}$，$U_{13}=U_{n1}-U_{n3}$，所以**节点电压是一组完备的独立变量**。

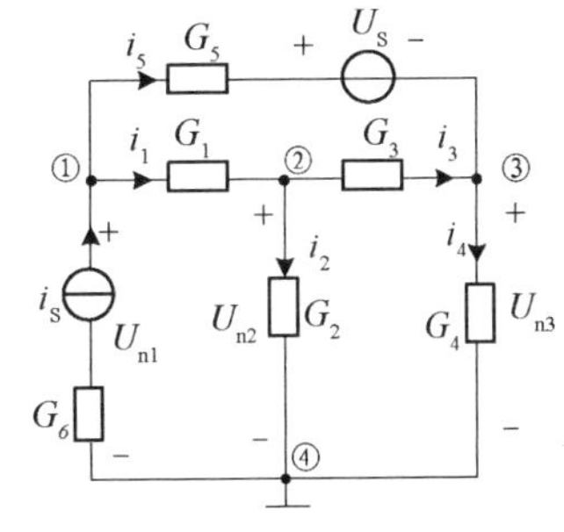

图 2.3.1　节点电压法示例

节点电压法是以节点电压为电路变量，列写电路方程，从而求解电路的一种分析方法。用节点电压作变量建立的方程就称为节点电压方程。

对于电路中的任一回路，各支路电压用节点电压表示后，其 KVL 自动满足，只需对节点列写 KCL 方程，故**节点电压方程的实质是 KCL 方程**。节点电压法适合分析支路数较多而节点数较少的电路，尤其是两节点多支路的电路。下面以图 2.3.1 为例说明如何建立节点电压方程。

对节点①、②、③列写 KCL 方程，得

$$\left.\begin{aligned} i_1+i_5-i_S&=0\\ -i_1+i_2+i_3&=0\\ -i_3+i_4-i_5&=0 \end{aligned}\right\} \tag{2.3.1}$$

利用欧姆定律，将各支路电流用节点电压表示

$$\left.\begin{aligned} i_1&=G_1(U_{n1}-U_{n2})\\ i_2&=G_2U_{n2}\\ i_3&=G_3(U_{n2}-U_{n3})\\ i_4&=G_4U_{n3}\\ i_5&=G_5(U_{n1}-U_{n3}-U_S) \end{aligned}\right\} \tag{2.3.2}$$

将式（2.3.2）代入式（2.3.1），并整理得

$$\left.\begin{aligned}&(G_1+G_5)U_{n1}-G_1U_{n2}-G_5U_{n3}=i_S+G_5U_S\\&-G_1U_{n1}+(G_1+G_2+G_3)U_{n2}-G_3U_{n3}=0\\&-G_5U_{n1}-G_3U_{n2}+(G_3+G_4+G_5)U_{n3}=-G_5U_S\end{aligned}\right\}\tag{2.3.3}$$

式（2.3.3）就是图 2.3.1 所示电路的节点电压方程，写成一般形式为

$$\left.\begin{aligned}&G_{11}U_{n1}+G_{12}U_{n2}+G_{13}U_{n3}=\sum i_{S11}+\sum U_{S11}G\\&G_{21}U_{n1}+G_{22}U_{n2}+G_{23}U_{n3}=\sum i_{S22}+\sum U_{S22}G\\&G_{31}U_{n1}+G_{32}U_{n2}+G_{33}U_{n3}=\sum i_{S33}+\sum U_{S33}G\end{aligned}\right\}\tag{2.3.4}$$

其中，G_{11}、G_{22}、G_{33} 分别称为节点①、②、③的**自电导**，它们分别**等于连接在各节点上的所有支路电导的总和，但不包括与理想电流源串联的电导**。因为节点电压法是对各独立节点列 KCL 方程，电流源支路的电流只取决于电流源本身，与所串联的电导无关。对图 2.3.1 所示电路，通过观察可以直接写出 $G_{11}=G_1+G_5$，$G_{22}=G_1+G_2+G_3$，$G_{33}=G_3+G_4+G_5$。**自电导恒为正。**

G_{ij}（$i\neq j$）称为节点 i 和节点 j 的**互电导**，**等于直接连接在节点 i 和 j 之间的所有支路电导之和的负值，当然也不包括与理想电流源串联的电导**。对图 2.3.1 所示电路，通过观察可以直接写出 $G_{12}=G_{21}=-G_1$，$G_{13}=G_{31}=-G_5$，$G_{23}=G_{32}=-G_3$。**互电导总为负值或为零**，如果节点 i 和 j 之间无直接相连的支路，则 $G_{ij}=0$。

$\sum i_{S11}$、$\sum i_{S22}$、$\sum i_{S33}$ 分别为与节点①、②、③相连的全部电流源电流的代数和，电流源电流流入节点为正，流出为负。对图 2.3.1 所示电路，$\sum i_{S11}=i_S$，$\sum i_{S22}=0$，$\sum i_{S33}=0$。

$\sum U_{S11}G$、$\sum U_{S22}G$、$\sum U_{S33}G$ 分别为与节点①、②、③相连的电压源串联电阻支路转换成等效电流源后流入节点①、②、③的源电流的代数和。凡电压源的“+”极与该节点相连为正，反之为负。对图 2.3.1 所示电路，$\sum U_{S11}G=U_SG_5$，$\sum U_{S22}G=0$，$\sum U_{S33}G=-U_SG_5$。

由独立源和线性电阻构成的电路，其节点电压方程很有规律。可理解为**任一节点上，各电阻流出该节点的电流之和，等于各电流源流入该节点的电流之和**。即

自电导×本节点的节点电压+Σ互电导×相邻节点的节点电压=流入本节点的电流源电流代数和+电压源串联电阻支路转换成等效电流源后流入本节点的源电流代数和

根据以上总结的规律，通过观察就可以直接列写节点电压方程。

对具有 n 个节点的电路，其节点电压方程的一般形式为

$$\begin{cases}G_{11}U_{n1}+G_{12}U_{n2}+\cdots+G_{1(n-1)}U_{n(n-1)}=\sum i_{S11}+\sum U_{S11}G\\G_{21}U_{n1}+G_{22}U_{n2}+\cdots+G_{2(n-1)}U_{n(n-1)}=\sum i_{S22}+\sum U_{S22}G\\\cdots\cdots\\G_{(n-1)1}U_{n1}+G_{(n-1)2}U_{n2}+\ldots+G_{(n-1)(n-1)}U_{n(n-1)}=\sum i_{S(n-1)(n-1)}+\sum U_{S(n-1)(n-1)}G\end{cases}\tag{2.3.5}$$

综上所述，节点电压法的解题步骤为

（1）选择参考节点（最好选电压源的一端或支路的密集点），标出各节点电压。

（2）按式（2.3.5）列写节点电压方程。

（3）求解方程组，得各节点电压，再进一步计算其他未知量。

节点法举例视频

节点法举例课件

例 2.3.1　在图 2.3.2 所示的电路中，已知 R_1=5Ω，R_2=20Ω，R_3=20Ω，R_4=2Ω，R_5=4Ω，R_6=20Ω，R_7=10Ω，I_{S2}=3A，U_{S5}=10V，U_{S7}=4V，求各支路电流。

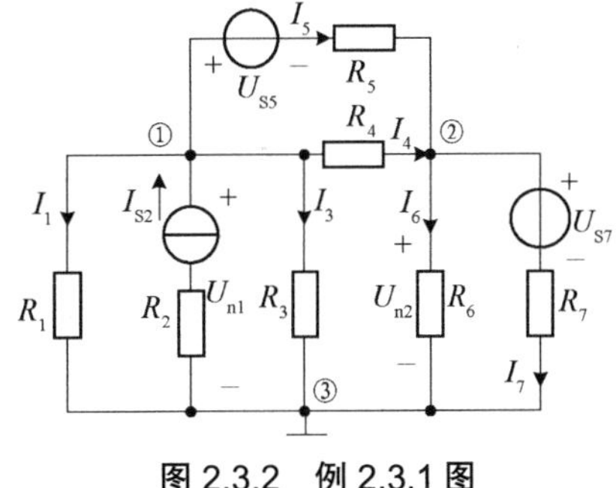

图 2.3.2　例 2.3.1 图

解：该电路共有 3 个节点，以节点③为参考节点，列写节点电压方程

$$\begin{cases}\left(\dfrac{1}{R_1}+\dfrac{1}{R_3}+\dfrac{1}{R_4}+\dfrac{1}{R_5}\right)U_{n1}-\left(\dfrac{1}{R_4}+\dfrac{1}{R_5}\right)U_{n2}=I_{S2}+\dfrac{U_{S5}}{R_5}\\ -\left(\dfrac{1}{R_4}+\dfrac{1}{R_5}\right)U_{n1}+\left(\dfrac{1}{R_4}+\dfrac{1}{R_5}+\dfrac{1}{R_6}+\dfrac{1}{R_7}\right)U_{n2}=\dfrac{U_{S7}}{R_7}-\dfrac{U_{S5}}{R_5}\end{cases}$$

代入数据整理得

$$\begin{cases}U_{n1}-0.75U_{n2}=5.5\\ -0.75U_{n1}+0.9U_{n2}=-2.1\end{cases}$$

解方程组得：U_{n1}=10V，U_{n2}=6V

设各支路电流参考方向如图 2.3.2 所示，则 $I_1=\dfrac{U_{n1}}{R_1}=2\text{A}$，$I_3=\dfrac{U_{n1}}{R_3}=0.5\text{A}$，$I_4=\dfrac{U_{n1}-U_{n2}}{R_4}=2\text{A}$，$I_5=\dfrac{U_{n1}-U_{n2}-U_{S5}}{R_5}=-1.5\text{A}$，$I_6=\dfrac{U_{n2}}{R_6}=0.3\text{A}$，$I_7=\dfrac{U_{n2}-U_{S7}}{R_7}=0.2\text{A}$

注意：I_{S2} 与 R_2 的串联组合，与 I_{S2} 等价，故 R_2 在 G_{11} 中不出现。

图 2.3.3 所示两节点电路在实际工作中常遇到，它只有一个独立节点，其节点电压方程为

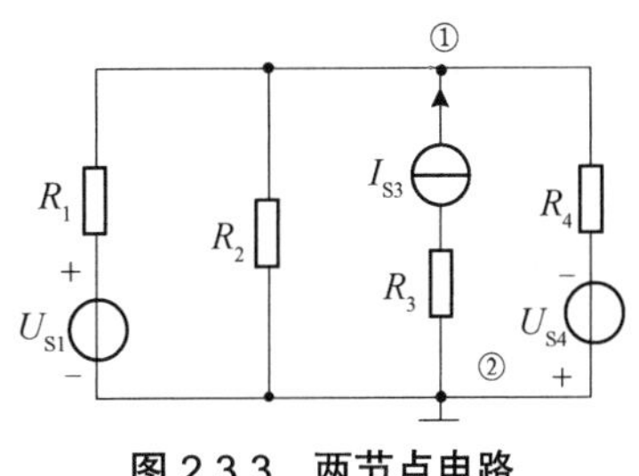

图 2.3.3　两节点电路

$$\left(\frac{1}{R_1}+\frac{1}{R_2}+\frac{1}{R_4}\right)U_{n1}=\frac{U_{S1}}{R_1}-\frac{U_{S4}}{R_4}+I_{S3}$$

即
$$U_{n1}=\frac{\dfrac{U_{S1}}{R_1}-\dfrac{U_{S4}}{R_4}+I_{S3}}{\dfrac{1}{R_1}+\dfrac{1}{R_2}+\dfrac{1}{R_4}}=\frac{\sum GU_S+\sum I_S}{\sum G}\qquad(2.3.6)$$

式（2.3.6）称为**弥尔曼定理**，它给出了当电路只有一个独立节点时，该节点电压表达式的通用形式，它在三相电路的计算中十分有用。

2.3.2　含纯理想电压源支路的节点电压方程

如果电路中含有纯理想电压源支路（即理想电压源直接连接在两个节点之间，又称无伴电压源支路），由于这些支路的电导 G 为无穷大，因此不能按照上述公式简单列写方程，此时可采用下列方法处理：

（1）对只含一条纯理想电压源支路的电路，可取纯电压源支路的一端作为参考节点，则与电压源另一端相连节点的节点电压便成为已知值。

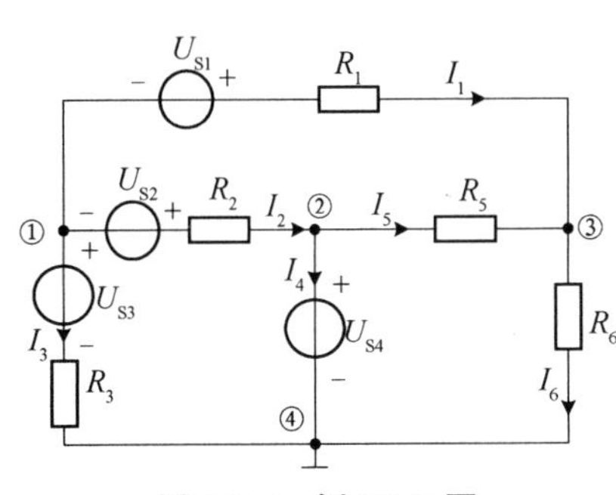

图 2.3.4　例 2.3.2 图

例 2.3.2　图 2.3.4 所示电路，已知 R_1=R_2=R_3=R_5=R_6=1Ω，U_{S1}=U_{S2}=U_{S3}=U_{S4}=5V。用节点电压法求各支路电流。

解：取节点④作为参考节点，则 $U_{n2}=U_{S4}=5V$ 成为已知值，故只需对节点①、③列方程即可，节点电压方程如下

$$\begin{cases}\left(\dfrac{1}{R_1}+\dfrac{1}{R_2}+\dfrac{1}{R_3}\right)U_{n1}-\dfrac{1}{R_2}U_{n2}-\dfrac{1}{R_1}U_{n3}=-\dfrac{U_{S1}}{R_1}-\dfrac{U_{S2}}{R_2}+\dfrac{U_{S3}}{R_3}\\-\dfrac{1}{R_1}U_{n1}-\dfrac{1}{R_5}U_{n2}+\left(\dfrac{1}{R_1}+\dfrac{1}{R_5}+\dfrac{1}{R_6}\right)U_{n3}=\dfrac{U_{S1}}{R_1}\end{cases}$$

将已知条件代入，并化简得

$$\begin{cases}3U_{n1}-U_{n3}=0\\-U_{n1}+3U_{n3}=10\end{cases}$$

解方程组得：$U_{n1}=1.25V$，$U_{n3}=3.75V$

设各支路电流参考方向如图所示，则

$$I_1=\frac{U_{n1}-U_{n3}+U_{S1}}{R_1}=2.5A,\quad I_2=\frac{U_{n1}-U_{n2}+U_{S2}}{R_2}=1.25A,\quad I_3=\frac{U_{n1}-U_{S3}}{R_3}=-3.75A,$$

$$I_5=\frac{U_{n2}-U_{n3}}{R_5}=1.25A,\quad I_6=\frac{U_{n3}}{R_6}=3.75A,\quad I_4=I_2-I_5=0$$

（2）**对含有两条或两条以上纯理想电压源支路，但它们汇集于一节点的电路，可取该汇集点为参考节点，则与纯电压源的另一端相连节点的节点电压便成为已知值。**

以图 2.3.5 所示电路为例，取节点④作为参考节点，则节点①、②的节点电压为已知值，即 $U_{n1}=U_{S3}$，$U_{n2}=U_{S4}$。所以只要列写节点③的节点电压方程

$$-\frac{1}{R_1}U_{n1}-\frac{1}{R_5}U_{n2}+\left(\frac{1}{R_1}+\frac{1}{R_5}+\frac{1}{R_6}\right)U_{n3}=\frac{U_{S1}}{R_1}$$

就可求得 U_{n3}。

（3）**对具有 *n* 条纯理想电压源支路，但它们并不汇集于同一节点的电路，可把纯电压源中的电流作为待求量，并作为源电流写在方程右端。每引入一个这样的待求量，同时需要增加一个节点电压间的约束关系。**

例如，对图 2.3.6 所示电路，取节点④作为参考节点，则 $U_{n2}=U_{S4}$ 为已知值。因为节点电压方程的实质是 KCL 方程，所以对节点①和节点③列方程时，必须要考虑电压源 U_{S1} 的电流。设 U_{S1} 的电流为 I_x，列写节点①、③的节点电压方程

$$\begin{cases}\left(\dfrac{1}{R_2}+\dfrac{1}{R_3}\right)U_{n1}-\dfrac{1}{R_2}U_{n2}=-\dfrac{U_{S2}}{R_2}+\dfrac{U_{S3}}{R_3}-I_x\\-\dfrac{1}{R_5}U_{n2}+\left(\dfrac{1}{R_5}+\dfrac{1}{R_6}\right)U_{n3}=I_x\end{cases}$$

再补充约束方程：$U_{n3}-U_{n1}=U_{S1}$

这样就可以求得 U_{n1} 和 U_{n3}。

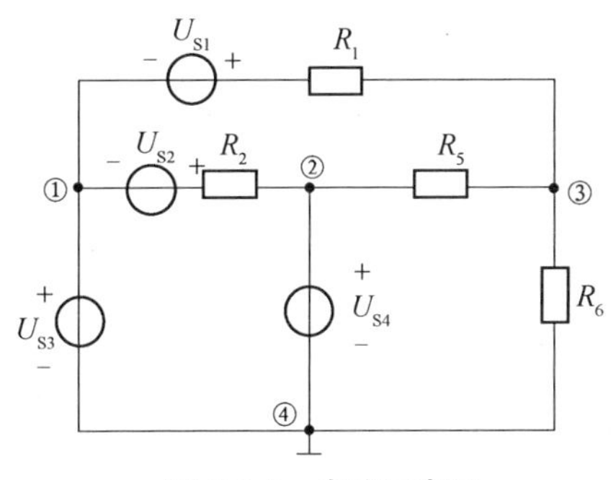

图 2.3.5　电路示意图

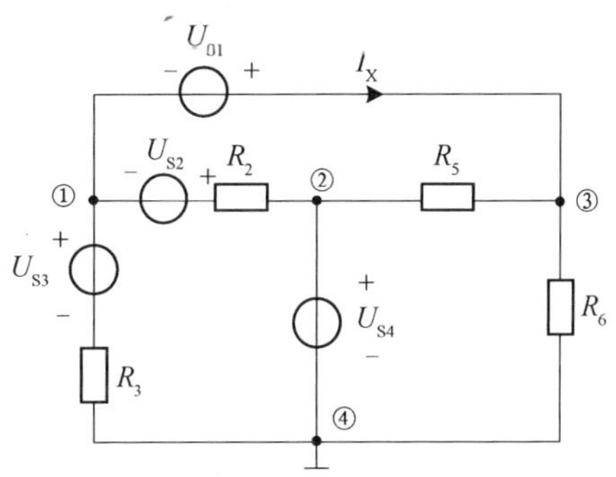

图 2.3.6　电路示意图

当电路中含有受控源时，节点电压方程的列写通常分两步进行：第一步，先把受控源当作独立源对待，列写节点电压方程；第二步，补充方程，即把受控源的控制量用节点电压线性表示。

限于篇幅，网孔电流法作为拓展内容，以二维码形式给出，供读者扫码学习。

2.3　测试题

2.3　测试题讲解视频

2.3　测试题讲解课件

拓展内容：网孔电流法

2.4　叠加定理

叠加定理视频

叠加定理课件

叠加定理是线性电路的一个重要定理，它反映了线性电路的基本性质。**所谓线性电路，是指由独立电源和线性元件组成的电路**，如线性电阻、线性电感、线性电容、线性受控源等。如果电路中包含非线性元件，如二极管、三极管等，则为非线性电路。

2.4.1　叠加定理的基本内容

叠加定理的内容为：**在线性电路中，由多个独立电源共同作用在某条支路中产生的电压或电流，等于每一个独立电源单独作用时在该支路产生的电压或电流的代数和**。要注意，某个独立电源单独作用时，其他所有的独立电源应全部置零，但是电路的结构及所有电阻和受控源均不得变动。**理想电压源置零，即令 $u_S=0$，所以要用短路代替；理想电流源置零，即令 $i_S=0$，所以要用开路代替。**

利用叠加定理可以将一个复杂的电路分解成多个简单电路的计算，其解题步骤如下：

（1）标出未知量的参考方向。

（2）画出每个电源单独作用时的电路分解图。

① 不作用电源的处理：理想电压源用短路替代，理想电流源用开路替代。

② 标出未知分量的参考方向（建议与原图一致）。

（3）在分解图中求出各未知分量。

（4）求未知分量的代数和。

例 2.4.1　图 2.4.1(a)所示电路，已知 $R_1=2\Omega$，$R_2=6\Omega$，$R_3=6\Omega$，$R_4=6\Omega$，$u_S=10V$，$i_S=2A$。

应用叠加定理求电压 u。

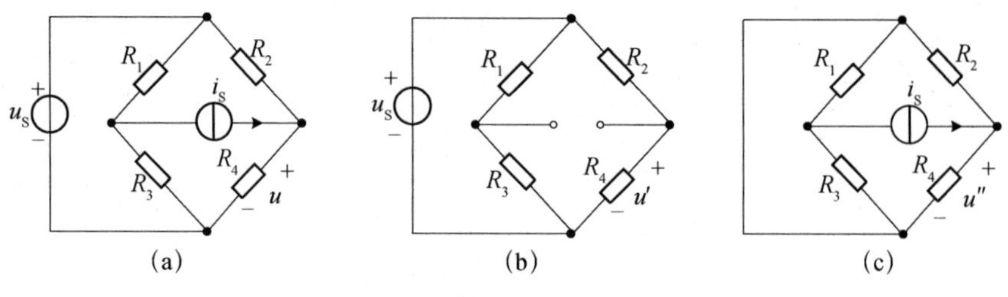

图 2.4.1　例 2.4.1 图

解：（1）画出 u_S 和 i_S 单独作用时的电路分解图，分别如图 2.4.1(b)和(c)所示。

（2）由图 2.4.1(b)可知，电阻 R_2 和 R_4 串联，总电压为 u_S。根据分压公式可得

$$u' = \frac{R_4}{R_2 + R_4} u_S = 5\text{V}$$

由图 2.4.1(c)可知，电阻 R_2 和 R_4 并联，总电流为 i_S。根据欧姆定律可得

$$u'' = i_S \cdot (R_2 // R_4) = 6\text{V}$$

（3）由叠加定理得

$$u = u' + u'' = 5 + 6 = 11\text{V}$$

2.4.2　应用叠加定理的注意事项

应用叠加定理解题时，要注意以下几点：

（1）**叠加定理只适用于线性电路，不适用于非线性电路**。当然，非线性电路在一定条件下近似线性化后，也可使用叠加定理进行分析。

（2）**叠加定理只能用来计算线性电路中的电流或电压，不能用来计算功率**。因为功率是电压和电流的乘积，和激励不是线性关系。以图 2.4.1 所示电路为例：

电压源单独作用时，电阻 R_4 上消耗的功率为 P'=（u'）$^2/R$=4.17W

电流源单独作用时，电阻 R_4 上消耗的功率为 P''=（u''）$^2/R$=6W

两个电源共同作用时，电阻 R_4 上消耗的功率为 $P=u^2/R$=（$u'+u''$）$^2/R$=20.17W

显然 $P \neq P'+P''$，即功率不能叠加。

（3）**叠加时，注意各分量与总量的参考方向是否一致**。若分量参考方向与总量的参考方向一致，则分量前取"+"号，否则取"−"号。但要注意，分量本身也有正负值（这是由参考方向与实际方向是否一致引入的），不要将运算时的加、减符号与代数值的正负号相混淆。

（4）**受控源不可以单独作用**。在每个独立源单独作用时，受控源始终保留在电路中。注意，**受控源的控制量应改为各分电路中的相应量**。

（5）使用叠加定理解题时，如果电源数目较多，**可将电源分组**，按组分别计算后再叠加。

例 2.4.2　电路如图 2.4.2(a)所示，已知 U_S=20V，$R_1=R_2=R_3=R_4$，U_{ab}=12V。求图 2.4.2(b)所示电路中的 U'_{ab}。

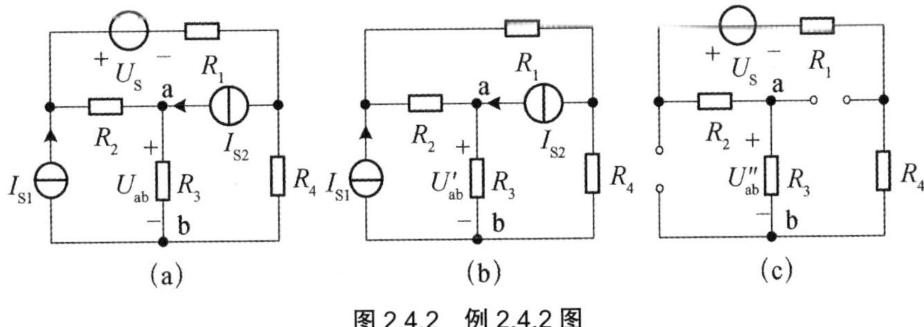

图 2.4.2　例 2.4.2 图

解：图 2.4.2(a)和(b)两个电路相比较，其他都相同，唯独少了电压源 U_S，所以本题可以应用叠加定理进行分析。将独立电源“分组”，电压源 U_S 看作一组电源，两个电流源 I_{S1}、I_{S2} 看作另一组电源。图 2.4.2(b)即为两个电流源作用时的电路分解图，对应的响应为 U'_{ab}；图 2.4.2(c)为电压源 U_S 单独作用时的电路分解图，对应的响应为 U''_{ab}。这两组电源共同作用时产生的响应为 U_{ab}，如图 2.4.2(a)所示。

根据叠加定理，有

$$U_{ab}=U'_{ab}+U''_{ab}=12\text{V}$$

由图 2.4.2(c)可求得 $U''_{ab}=5\text{V}$

所以 $U'_{ab}=12-5=7\text{V}$

2.4.3　线性电路的齐次性与可加性

叠加定理举例视频

叠加定理举例课件

线性电路有两个基本特性：**齐次性与可加性**。前面介绍的叠加定理就是可加性的反映。**齐次性是指在线性电路中，当只有一个独立源作用时，则任意支路的电压或电流与该电源成正比，即响应与激励成正比。**

若线性电路中有多个电源作用，根据线性电路的齐次性与可加性，电路中任一电压、电流均可以表示为以下形式

$$\boldsymbol{y_1=H_1u_{S1}+H_2u_{S2}+\cdots H_mu_{Sm}+K_1i_{S1}+\cdots+K_ni_{Sn}} \tag{2.4.1}$$

式中，u_{Sk}（$k=1，2，\cdots，m$）和 i_{Sk}（$k=1，2，\cdots，n$）表示电路中的理想电压源和理想电流源，H_k（$k=1，2，\cdots，m$）和 K_k（$k=1，2，\cdots，n$）是常量，它们取决于电路的参数和连接关系，与独立电源的数值无关。式（2.4.1）中的每一项 $y(u_{Sk})=H_ku_{Sk}$ 或 $y(i_{Sk})=K_ki_{Sk}$ 表示该独立电源单独作用时产生的响应。

例 2.4.3　电路如图 2.4.3(a)所示，已知 $R_L=2\Omega$，$R_1=1\Omega$，$R_2=1\Omega$，$u_S=51\text{V}$，求电流 i。

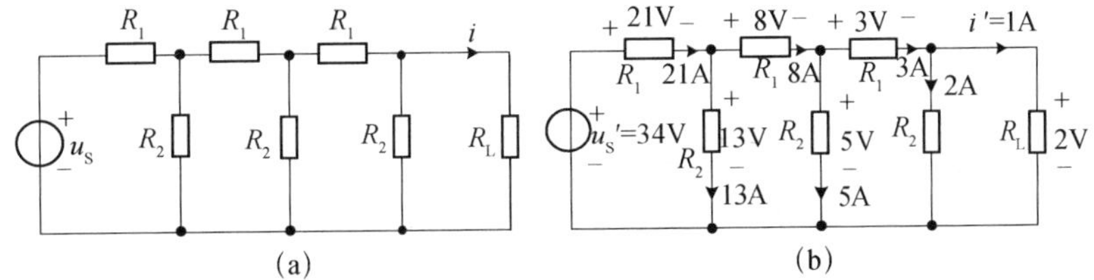

图 2.4.3　例 2.4.3 图

解：本题常规的计算方法是先求出电路的总电阻，再求出总电流，最后根据电阻的并联分流求出未知电流 i，但是计算过程会比较烦琐。这里可以利用线性电路的齐次性，采用倒推法计算，具体如下。

设 $i'=1\text{A}$，从后往前依次求得各电阻的电流和电压，具体数值如图 2.4.3(b)所示，求出此时对应的电源电压 $u'_S=34\text{V}$。

根据齐次定理，可得：$\dfrac{i}{i'}=\dfrac{u_S}{u'_S}$　　　$\therefore i=\dfrac{u_S}{u'_S}i'=\dfrac{51}{34}\times1=1.5\text{A}$

例 2.4.4　图 2.4.4 所示电路，N 为线性含源网络，已知当 $U_S=0\text{V}$，$I_S=0\text{A}$ 时，$U_1=10\text{V}$；当 $U_S=1\text{V}$，$I_S=1\text{A}$ 时，$U_1=15\text{V}$；当 $U_S=2\text{V}$，$I_S=10\text{A}$ 时，$U_1=44\text{V}$。求当 $U_S=10\text{V}$，$I_S=5\text{A}$ 时 U_1 的值。

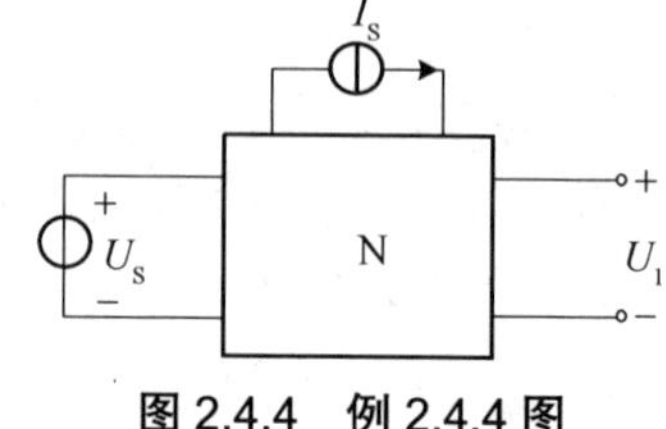

图 2.4.4　例 2.4.4 图

解：本电路的响应 U_1 是由三部分电源共同作用所产生的。一是由 N 内部电源作用产生的，设其分量为 U_1'；二是由电压源 U_S 单独作用产生的，设其分量为 U_1''。根据线性电路的齐次性，可写成 $U_1''=k_1U_S$；三是由电流源 I_S 单独作用产生的，设其分量为 U_1'''。同理，$U_1'''=k_2I_S$。

根据叠加定理，有 $U_1=U_1'+U_1''+U_1'''=U_1'+k_1U_S+k_2I_S$

代入已知条件得

$$\begin{cases}U_1'+k_1\times0+k_2\times0=10\\U_1'+k_1\times1+k_2\times1=15\\U_1'+k_1\times2+k_2\times10=44\end{cases}$$

解得：　　　$U_1'=10$，$k_1=2$，$k_2=3$

故当 $U_S=10\text{V}$，$I_S=5\text{A}$ 时，$U_1=10+2\times10+3\times5=45\text{V}$

2.4　测试题

2.4 测试题讲解视频

2.4 测试题讲解课件

2.5　等效电源定理

在电路分析中，有时并不需要求出所有支路的电压或电流，只需要研究某一条支路的电压、电流，此时采用支路电流法或节点电压法并不合适，可以应用等效电源定理求解。具体方法是先将未知量所在的支路从电路中分离出来，把电路的其余部分即有源二端网络做等效处理。等效电源定理指出，**一个线性有源二端网络可以用一个实际电源来等效**。它包括戴维南定理和诺顿定理。其中，将线性有源二端网络等效成实际电压源模型，应用的是戴维南定理；将线性有源二端网络等效成实际电流源模型，应用的是诺顿定理。戴维南定理和诺顿定理是线性电路中的两个重要定理，熟练应用这些定理会给复杂电路的分析计算带来方便。

2.5.1　戴维南定理

戴维南定理视频

戴维南定理课件

戴维南定理陈述为：**线性有源二端网络 N，对外电路而言，可等效为一个理想电压源串联电阻的支路**，如图 2.5.1(a)所示。其中理想电压源的电压等于该网络 N 的**开路电压** u_{oc}，如图 2.5.1(b)所示；串联的电阻等于该网络内部所有独立源置零时所得无源网络 N_0 的**等效电阻** R_o，如图 2.5.1(c)所示。**这一理想电压源串联电阻的支路称为有源二端网络的戴维南等效电路。**

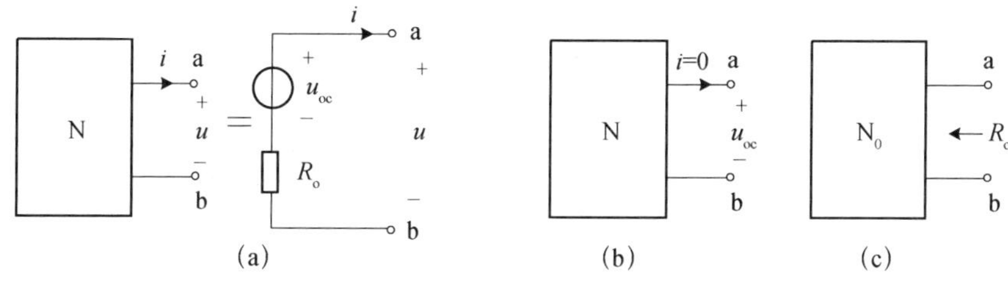

N—线性有源二端网络；N_0—N中所有独立源置零时所得的无源网络

图 2.5.1　戴维南定理

根据戴维南定理，线性有源二端网络的伏安关系在图 2.5.1(a)中所示的电压、电流参考方向下可表示为

$$u=u_{oc}-R_oi$$

当有源二端网络内部含有受控源时，只要这些受控源都是线性的，且有源二端网络内外无控制与被控制的关系，则戴维南定理仍适用。

在电路分析中，如果被求量集中在一条支路上，则可利用戴维南定理求解，解题步骤如下。

（1）求开路电压 u_{oc}。

将分离出被求支路后的电路作为一个有源二端网络，利用电路的基本定律、定理和基本分析方法，如 KCL、KVL、支路法、节点法或叠加定理等求出该有源二端网络的开路电压 u_{oc}。

（2）求等效电阻 R_o。

计算 R_o 的方法较多，分别介绍如下。

第一种：电阻化简法

如果有源二端网络内部不含受控源，则在网络内部将独立源全部置零（电压源用短路代替、电流源用开路代替）后，通过电阻的串并联化简或 Y-△等效变换求得等效电阻 R_o。

第二种：外加电源法

将有源二端网络内部的独立源全部置零、受控源保留，在端口外加电压源 u 时，求出流入端钮的电流 i（注意电流的参考方向），如图 2.5.2 所示，则等效电阻 $R_o=u/i$。此法也可以在端口外加电流源 i，求端口电压 u，R_o 的计算公式保持不变。

第三种：开路短路法

有源二端网络内部电路保持不变，求出开路电压 u_{oc} 和短路电流 i_{Sc}（注意短路电流的参考方向），如图 2.5.3 所示，则等效电阻 $R_o=u_{oc}/i_{Sc}$（请读者自行证明）。

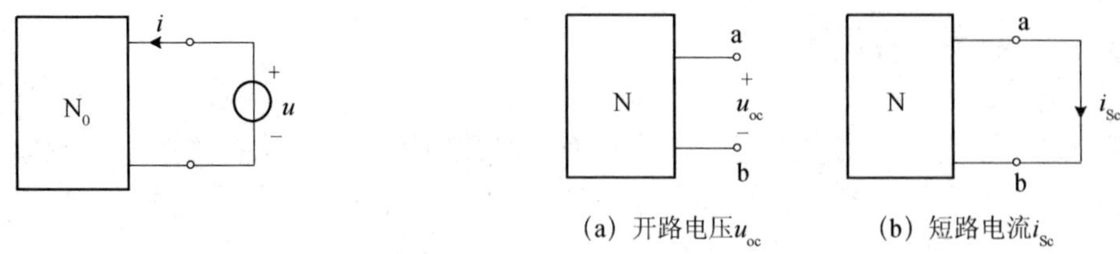

图 2.5.2　外加电源法　　　　图 2.5.3　开路短路法

注意：电阻化简法只适用于不含受控源的电路，当电路中含有受控源时，则可以用外加电源法或开路短路法计算等效电阻。

（3）画出有源二端网络的戴维南等效电路，再补上外电路求解。

例 2.5.1　电路如图 2.5.4(a)所示。求当电阻 R 分别为 10Ω、20Ω、100Ω 时的电流 i。

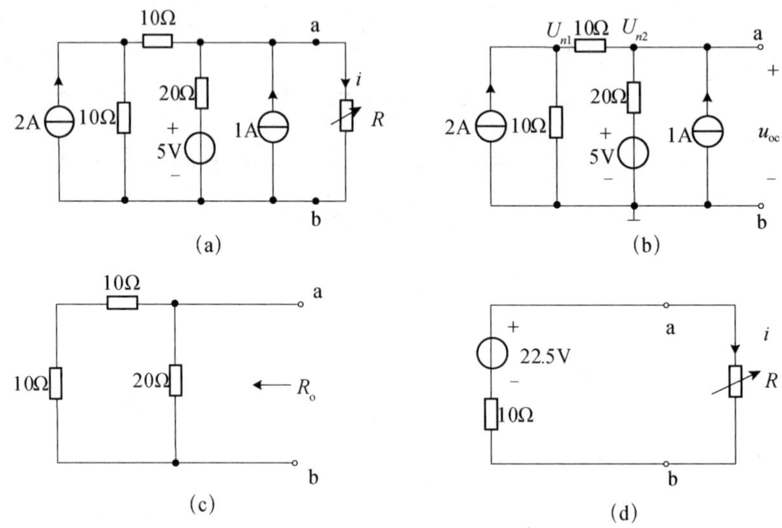

图 2.5.4　例 2.5.1 图

解：先求出 ab 以左的有源二端网络的戴维南等效电路。

（1）求 u_{oc}。将外电路断开，电路如图 2.5.4(b)所示，利用节点电压法求开路电压。

列出节点电压方程如下

$$\begin{cases}\left(\dfrac{1}{10}+\dfrac{1}{10}\right)U_{n1}-\dfrac{1}{10}U_{n2}=2\\-\dfrac{1}{10}U_{n1}+\left(\dfrac{1}{10}+\dfrac{1}{20}\right)U_{n2}=1+\dfrac{5}{20}\end{cases}$$

解得　　$U_{n1}=21.25\text{V}$，$U_{n2}=22.5\text{V}$

∴　$u_{oc}=U_{n2}=22.5\text{V}$

（2）求 R_o（电阻化简法求解）。将内部独立源全部置零，即理想电压源用短路代替、理想电流源用开路代替后，得到的电路如图 2.5.4(c)所示，由此求得等效电阻

$$R_o=20//(10+10)=10\Omega$$

（3）将 ab 以左的有源二端网络用戴维南等效电路代替，再接上 R，原电路的等效电路如图 2.5.4(d)所示。

$$\therefore \quad i=\frac{22.5}{10+R}$$

于是求得 R 为 10Ω、20Ω、100Ω 时的电流 i 分别为 1.125A、0.75A、0.205A。

戴维南定理特别适用于本例这种情况，即电路中某条支路的参数是改变的，且待求量也在这条支路上。

例 2.5.2　电路如图 2.5.5(a)所示，N 为线性有源二端网络。已知当 R=2Ω 时，I=2.5A；当 R=3Ω 时，I=2A。问当 R=8Ω 时，I=?

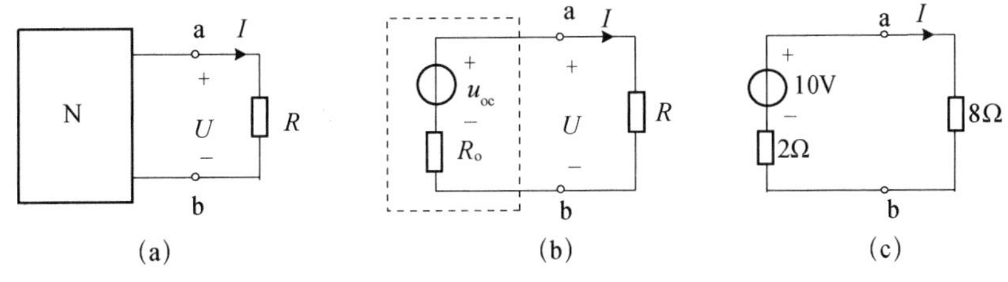

图 2.5.5　例 2.5.2 图

解：线性有源二端网络 N 可用戴维南等效电路来代替，如图 2.5.5(b)所示，其参数 u_{oc} 和 R_o 可由已知条件求出。由 KVL 知：　$u_{oc}=I\,(R+R_o)$

当 R=2Ω 时，I=2.5A，可得：　$u_{oc}=2.5\,(R_o+2)$　①

当 R=3Ω 时，I=2A，可得：　$u_{oc}=2\,(R_o+3)$　②

联立求解方程①②，得：　u_{oc}=10V，R_o=2Ω

当 R=8Ω 时，电路等效如图 2.5.5(c)所示，由图可知

$$I=\frac{10}{2+8}=1\text{A}$$

由前面的介绍可知，只要得到线性有源二端网络的两个数据——**开路电压 u_{oc} 和短路电流 i_{sc}**，则其戴维南等效电路即可确定。如果对有源二端网络的内部结构不了解，或电路十分复杂，则可通过实验的方法测出开路电压和等效电阻。通常可采用以下两种方法：

（1）实验电路如图 2.5.6 所示。将有源二端网络开路，用理想电压表测出 a、b 端的电压值，即为开路电压 u_{oc}，如图 2.5.6(a)所示。再将有源二端网络的 a、b 端通过理想电流表直接相连，则电流表的读数就是有源二端网络的短路电流 i_{sc}，如图 2.5.6(b)所示，可得 $R_o=u_{oc}/i_{sc}$。

（2）如果有源二端网络输出端不允许短接（以防电流过大），则可先测出开路电压 u_{oc}，再在网络输出端接入适当的负载电阻 R_L，如图 2.5.7(a)所示，测出 R_L 两端的电压 u，由图 2.5.7(b)所示的等效电路计算 R_o。可得

$$R_o=\frac{u_{oc}-u}{i}=\frac{u_{oc}-u}{u/R_L}=\left(\frac{u_{oc}}{u}-1\right)R_L$$

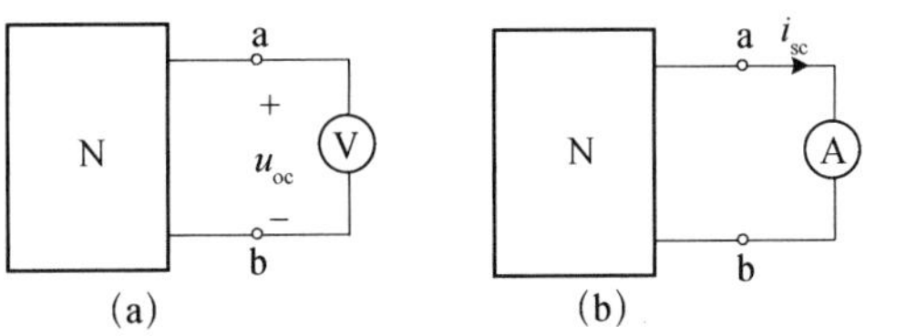

图 2.5.6　用实验的方法求戴维南等效电路的参数

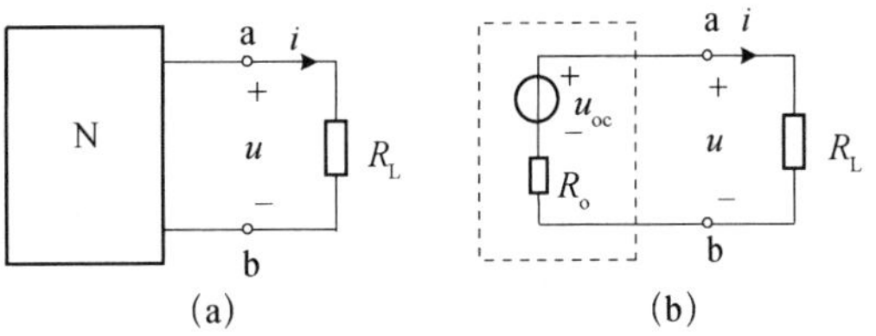

图 2.5.7　戴维南等效电阻的测量方法

2.5.2 诺顿定理

诺顿定理视频　诺顿定理课件

诺顿定理可表述为：**线性有源二端网络 N，对外电路而言，可等效为一个理想电流源并联电阻的组合**，如图 2.5.8(a)所示。其中理想电流源的电流等于该网络 N 的**短路电流** i_{sc}，如图 2.5.8(b)所示；并联的电阻等于该网络内部所有独立电源全部置零时所得无源网络 N_0 的**等效电阻** R_o，如图 2.5.8(c)所示。**这一理想电流源并联电阻的组合称为有源二端网络的诺顿等效电路。**

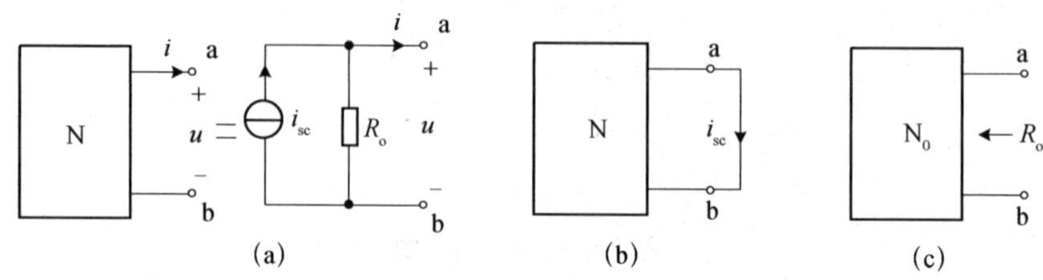

图 2.5.8　诺顿定理

根据诺顿定理，线性有源二端网络的伏安关系在图 2.5.8(a)中所示的电压、电流参考方向下可表示为

$$i=i_{sc}-u/R_o$$

例 2.5.3　求图 2.5.9(a)所示有源二端网络的诺顿等效电路。

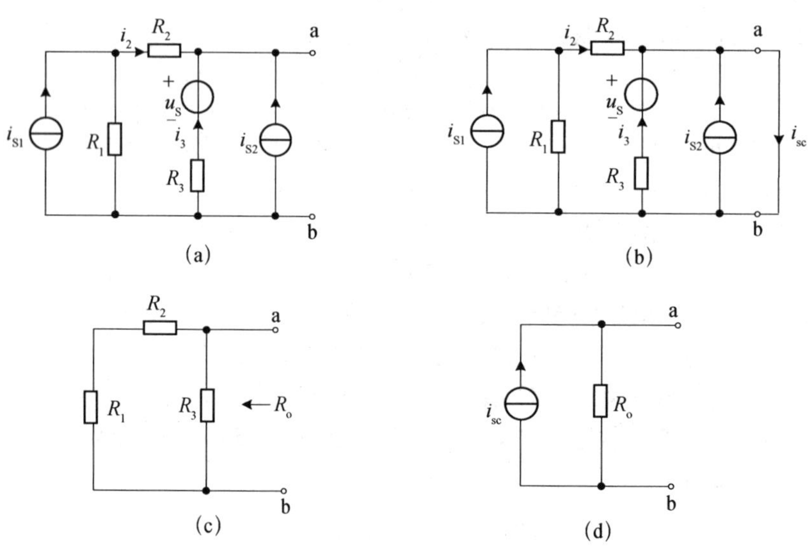

图 2.5.9　例 2.5.3 图

解：（1）求短路电流 i_{sc}。将 a、b 端直接短路，标出短路电流 i_{sc} 的参考方向，如图 2.5.9(b)所示。由 KCL 可得

$$i_{sc}=i_2+i_3+i_{s2}=\frac{R_1}{R_1+R_2}i_{S1}+\frac{u_S}{R_3}+i_{S2}$$

（2）求 R_o。将有源二端网络内的理想电压源用短路代替，理想电流源用开路代替，得到的无源二端网络如图 2.5.9(c)所示，由此求得等效电阻

$$R_o = (R_1 + R_2) // R_3 = \frac{(R_1 + R_2)R_3}{R_1 + R_2 + R_3}$$

（3）根据所设 i_{sc} 的参考方向，画出诺顿等效电路，如图 2.5.9(d)所示。

需要说明的是，一般来讲，线性有源二端网络既可用戴维南等效电路代替，也可用诺顿等效电路代替，它们之间可以相互转换。但是**某些特殊电路可能只有戴维南等效电路，而无诺顿等效电路；或只有诺顿等效电路，而无戴维南等效电路**。如果二端网络只能等效为一个理想电压源（此时 R_o=0），那它就只有戴维南等效电路，而无诺顿等效电路。同样地，如果二端网络只能等效为一个理想电流源（此时 R_o=∞），那它就只有诺顿等效电路，而无戴维南等效电路。因为理想电压源和理想电流源是不能相互等效的。

戴维南定理和诺顿定理是等效法分析电路最常用的两个定理，它们最适用于以下几种情况：

（1）只需计算某一条支路的电压或电流。

（2）分析某一参数变动的影响。

（3）分析含有一个非线性元件的电路。

（4）给出的已知条件不便于列电路方程求解。

（5）分析最大功率传输问题（2.5.3 节讲述）。

2.5.3　最大功率传输定理

最大功率传输定理视频

最大功率传输定理课件

在许多实际应用场合，电路是用来对负载提供功率的。一个线性有源二端网络，当端钮处外接不同负载时，负载所获的功率就会不同。例如，电子电路中的收音机电路，当接入欧姆数不同的喇叭时，可发现喇叭发出的音量不同，说明负载上获得的功率不同。那么在什么条件下，负载能获得最大功率呢？

将线性有源二端网络 N 用戴维南等效电路代替，如图 2.5.10 所示，R_L 为负载电阻。由图可得负载获得的功率为

$$P_L = I_L{}^2 R_L = \left(\frac{u_{oc}}{R_o + R_L}\right)^2 R_L$$

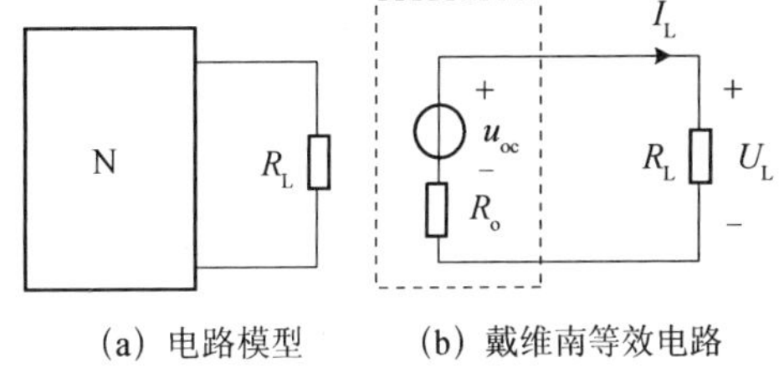

（a）电路模型　　（b）戴维南等效电路

图 2.5.10

式中，u_{oc} 和 R_o 分别为线性有源二端网络的开路电压和戴维南等效电阻。

由数学分析可知，当 $\frac{dP_L}{dR_L}$=0 时，P_L 为极值。

$$\frac{dP_L}{dR_L} = u_{oc}{}^2 \frac{(R_o + R_L)^2 - 2(R_o + R_L)R_L}{(R_o + R_L)^4} = \frac{u_{oc}^2 (R_o - R_L)}{(R_o + R_L)^3} = 0$$

可得

$$R_L = R_o \tag{2.5.1}$$

由于此时

$$\left.\frac{d^2 P_L}{dR_L^2}\right|_{R_L = R_o} = -\frac{u_{oc}^2}{8R_o^3} < 0$$

所以，式（2.5.1）就是负载获得最大功率时的电阻值。因此，**当电源给定而负载可变时，**

负载 R_L 获得最大功率的条件是 $R_L=R_o$，此时负载获得的最大功率为 $P_{Lmax}=\dfrac{u_{oc}^2}{4R_o}$，此即为最大功率传输定理。

上述结论是通过戴维南等效电路得到的，若改用诺顿等效电路来求解，其结论是一样的。负载功率仍然是当 $R_L=R_o$ 时获得最大值，最大功率为 $P_{Lmax}=\dfrac{1}{4}i_{sc}^2R_o$。

显然，**求解最大功率传输问题的关键是求出有源二端网络的戴维南等效电路或者诺顿等效电路。**

例 2.5.4 电路如图 2.5.11(a)所示：（1）求 R_L 为何值时，R_L 可获得最大功率，并求此最大功率；（2）求 R_L 获得最大功率时，24V 电源产生的功率传输给 R_L 的百分数。

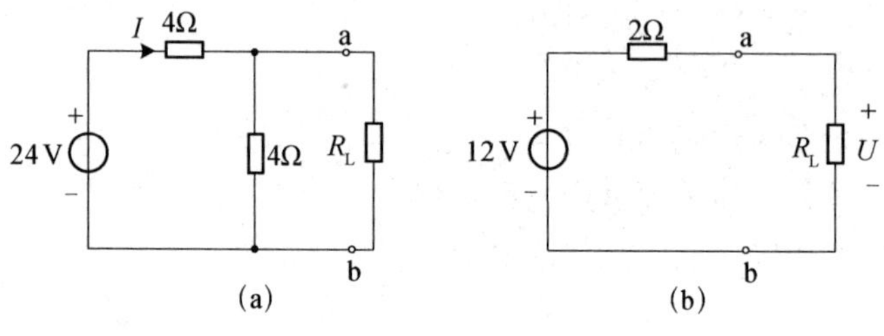

图 2.5.11 例 2.5.4 图

解：（1）先将 ab 以左的有源二端网络用戴维南等效电路代替。

开路电压 $$U_{oc}=\frac{24}{4+4}\times 4=12\text{V}$$

等效电阻 $$R_o=4//4=\frac{4\times 4}{4+4}=2\Omega$$

原电路等效为图 2.5.11(b)所示。根据最大功率传输定理，当 $R_L=R_o=2\Omega$ 时，R_L 上获得最大功率，最大功率为：
$$P_{Lmax}=\frac{U_{oc}^2}{4R_o}=\frac{12^2}{4\times 2}=18\text{W}$$

（2）当 $R_L=2\Omega$ 时，其两端电压为：$U=12\times\dfrac{2}{2+2}=6\text{V}$

流过 24V 电源的电流为： $$I=\frac{24-6}{4}=4.5\text{A}$$

故电源发出的功率为： $$P_S=24\times I=24\times 4.5=108\text{W}$$

负载所得功率的百分数为：$\dfrac{P_{Lmax}}{P_S}\times 100\%=\dfrac{18}{108}\times 100\%=16.7\%$

从以上分析可知，当负载获得最大功率时，其功率传输效率并不等于 50%。因为单口网络和它的戴维南等效电路，就其内部功率而言是不等效的，由等效电阻 R_o 算得的功率一般不等于网络内部消耗的功率。

运用最大功率传输定理时需注意：要使负载获得最大功率的条件是指负载电阻 R_L 的数值要与 R_o 相等，而不是改变 R_o，驱使 $R_o=R_L$。当 R_L 一定时，要使 R_L 获得较大的功率，就要使电源内阻 R_o 尽量小。只有当 $R_o=0$ 时，R_L 上才能获得最大功率。

2.5　测试题

2.5 测试题讲解视频

2.5 测试题讲解课件

2.6　一阶动态电路的分析

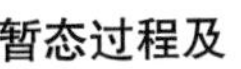

暂态过程及换路定则视频

暂态过程及换路定则课件

2.6.1　动态电路的暂态过程及换路定则

1. 动态电路的基本概念

从组成电路的元件看，电路可以分为电阻电路和动态电路。所谓电阻电路是指由电阻、电源和受控源所构成的电路；如果电路中除上述这些元件外，还含有动态元件（电感或电容），则为动态电路。

动态电路由于含有电容和电感这两种储能元件，通常能量的储存和释放都需要一定的时间，不能跃变。因此当电路的结构或元件的参数发生变化时，电路中的各个电量将按照一定的规律经历一段时间后才能从一个稳态变化至另一个稳态，这个过程就称为**动态电路的过渡过程**。过渡过程是一种暂时的状态，在经历一定时间后就结束了。因此，过渡过程又称暂态过程。显然，**电阻电路不存在暂态过程**。

暂态过程虽然短暂，但研究它却是十分必要的。因为暂态过程作为一种客观存在的物理现象，有可以利用的一面，也有不利的一面。因此，研究电路的暂态过程将给我们在电路设计中，利用和防范暂态过程的作用、影响，提供理论依据。

2. 换路定则与电路初始值的确定

电路状态的任何改变都可能会引起暂态过程。我们把电路的结构或者元件参数的变化，如电路的接通或断开、激励信号源的突然接入或改变以及电路元件参数的突变等，统称为**换路**。换路通常用开关来完成。换路意味着电路工作状态的改变，换路是引起动态电路暂态过程的外因，而动态元件的储能变化则是出现暂态过程的内因。**动态电路的分析就是指从换路时刻开始直至电路进入稳定工作状态全过程的电压、电流变化规律的分析，即暂态过程的分析。**

通常将换路时刻设为 $t=0$，把换路前趋于换路的瞬时记为 $t=0_-$；把换路后的初始瞬时记为 $t=0_+$。0_-和 0_+都是 0（0_-表示趋于换路时刻的左极限，0_+表示趋于换路时刻的右极限）。根据电容、电感元件的伏安关系，$t=0_+$时的电容电压 $u_C(0_+)$和电感电流 $i_L(0_+)$分别为

$$u_C(0_+)=u_C(0_-)+\frac{1}{C}\int_{0_-}^{0_+}i_C(\xi)\mathrm{d}\xi$$

$$i_L(0_+)=i_L(0_-)+\frac{1}{L}\int_{0_-}^{0_+}u_L(\xi)\mathrm{d}\xi$$

在无穷小区间 $0_-<t<0_+$内，如果电容电流 i_C和电感电压 u_L为有限值，则等号右边的积分项就为 0，从而有

$$\left.\begin{aligned}u_C(0_+)=u_C(0_-)\\ i_L(0_+)=i_L(0_-)\end{aligned}\right\}\qquad(2.6.1)$$

称式（2.6.1）为**换路定则**。它表明虽然换路使电路的工作状态发生了改变，但**电容的电**

压 u_C 和电感的电流 i_L 在换路前后瞬间将保持同一数值。当然，其他电量（如电容的电流、电感的电压、电阻上的电压和电流等）在换路前后瞬间都有可能发生跃变。

注意：换路定则是有适用条件的，即必须保证换路瞬间，电容的电流及电感的电压为有限值。一般情况下，电路都能满足以上条件。若不满足以上条件，例如有冲激电流作用于电容，则换路前后瞬间电容的电压就会发生跃变，此时换路定则不再适用。

利用换路定则可以计算电路的初始值。所谓电路初始值是指换路后的瞬间，即 $t=0_+$ 时电路各元件上的电压、电流值。求解电路初始值的步骤如下：

（1）做出 $t=0_-$ 的等效电路，求出 $u_C(0_-)$ 和 $i_L(0_-)$。**$t=0_-$ 时电路处于稳态，故电容可视作开路，电感可视作短路。**

（2）根据换路定则，确定 $u_C(0_+)$ 和 $i_L(0_+)$。

（3）做出 $t=0_+$ 的等效电路。**在 0_+ 电路中，电容用电压值为 $u_C(0_+)$ 的理想电压源代替，电感用电流值为 $i_L(0_+)$ 的理想电流源代替**。在 $t=0_+$ 的等效电路中求出其他电压和电流的初始值。

例 2.6.1 电路如图 2.6.1(a)所示，换路前电路处于稳态。$t=0$ 时开关 S 断开，求 $u_C(0_+)$、$i_C(0_+)$、$i_1(0_+)$ 和 $i_2(0_+)$。

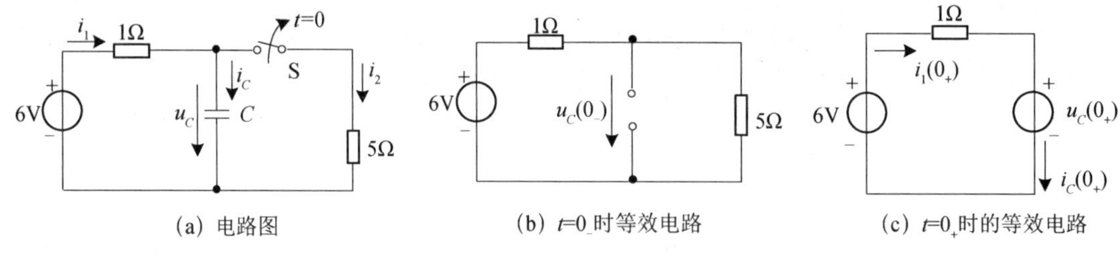

（a）电路图　（b）$t=0_-$ 时等效电路　（c）$t=0_+$ 时的等效电路

图 2.6.1　例 2.6.1 图

解：做出 $t=0_-$ 的等效电路，如图 2.6.1(b)所示，此时电容视作开路。由图可得

$$u_C(0_-)=\frac{6}{1+5}\times 5=5\text{V}$$

根据换路定则，可得：　　$u_C(0_+)=u_C(0_-)=5\text{V}$

做出 $t=0_+$ 时的等效电路，如图 2.6.1(c)所示，由图可得：$i_1(0_+)=\frac{6-5}{1}=1\text{A}$；$i_C(0_+)=i_1(0_+)=1\text{A}$；$i_2(0_+)=0$。

2.6.2　一阶电路的零输入响应

一阶 RC 电路零输入响应视频

一阶 RC 电路零输入响应课件

用一阶线性微分方程描述的电路称为一阶电路。通常电路中只包含一个独立的动态元件，或经过变换可等效为一个动态元件。如果换路前动态元件含有初始储能，那么换路后即使电路没有外加电源，动态元件也可以通过电路放电，从而在电路中产生电流和电压。我们把这种**外加激励为零，仅由动态元件的初始储能所引起的响应，称为一阶电路的零输入响应。**

1. 一阶 RC 电路的零输入响应

图 2.6.2(a)所示的一阶 RC 电路，在 $t<0$ 时，开关 S 闭合在 1 位置，电路处于稳定状态，因而电容 C 的电压 $U_0=U_S$。在 $t=0$ 时，开关 S 从 1 拨向 2，假设开关动作瞬时完成，换路后

得到图 2.6.2(b)所示电路。根据换路定则，$u_C(0_+)=u_C(0_-)=U_0$，这样从 $t=0_+$开始，电容通过电阻 R 放电，电路中形成放电电流 $i(t)$。随着 t 的增加，电容储能逐渐被电阻所消耗，电容电压和放电电流逐渐减小，最终趋向于零。由上述分析可知，$t\geqslant 0$ 时，电路的响应仅由电容的初始储能所引起，故为零输入响应。

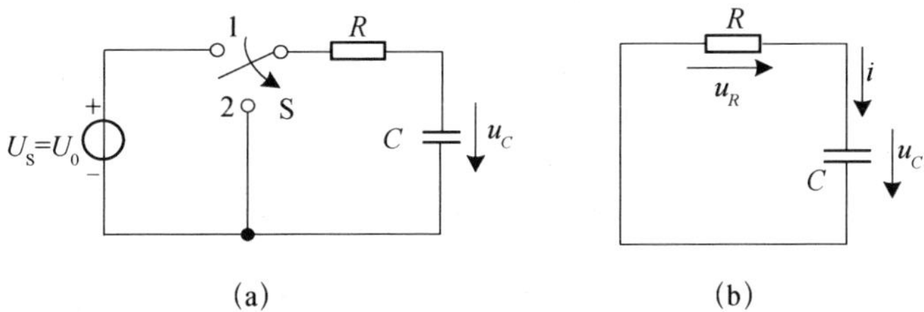

图 2.6.2　一阶 RC 电路的零输入响应

$t\geqslant 0$ 时，回路的 KVL 方程为

$$u_C+u_R=0$$

将 $i=C\dfrac{\mathrm{d}u_C}{\mathrm{d}t}$，$u_R=Ri$ 代入上式，整理得

$$RC\frac{\mathrm{d}u_C}{\mathrm{d}t}+u_C=0 \tag{2.6.2}$$

式（2.6.2）为一阶齐次微分方程，其初始条件为 $u_C(0_+)=U_0$。

该一阶微分方程的特征方程为　　$RCp+1=0$

特征根为　　$p=-\dfrac{1}{RC}$

故式（2.6.2）的通解为　　$u_C=k\mathrm{e}^{pt}=k\mathrm{e}^{-\frac{t}{RC}}$

将初始条件 $u_C(0_+)=U_0$ 代入上式，可得

$$k=u_C(0_+)=U_0$$

所以满足初始值的微分方程的解为

$$u_C=U_0\mathrm{e}^{-\frac{t}{RC}}\quad t\geqslant 0 \tag{2.6.3}$$

电路中的放电电流为　　$i=C\dfrac{\mathrm{d}u_C}{\mathrm{d}t}=\dfrac{-U_0}{R}\mathrm{e}^{-\frac{t}{RC}}\quad t\geqslant 0$　　（2.6.4）

u_C 和 i 的波形如图 2.6.3 所示。由图可知，u_C 和 i 随着时间 t 的增加按指数规律衰减，当 $t\to\infty$时，u_C 和 i 衰减为零。注意：发生换路时，$i(0_-)=0$，$i(0_+)=\dfrac{-U_0}{R}$，说明电容电流在换路瞬间发生了跃变。

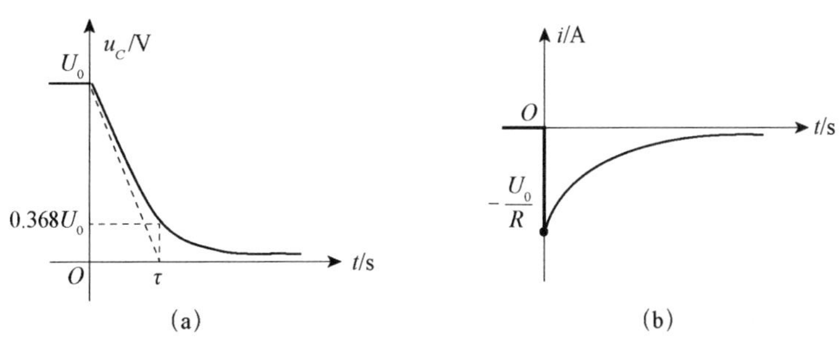

图 2.6.3　u_C 和 i 随时间变化的曲线

由式（2.6.3）和式（2.6.4）可知，RC 电路的零输入响应为随时间衰减的指数函数，其衰减速率取决于 RC 的大小。令 $\tau=RC$，当 C 用法拉（F）、R 用欧姆（Ω）为单位时，τ 的单位为秒（s）。因为 τ 具有时间的量纲，故称之为**一阶 *RC* 电路的时间常数**。

$$【\tau】=【RC】=【欧姆】【法】=【欧姆】【\frac{库}{伏}】=【欧姆】【\frac{安培\cdot秒}{伏}】=【秒】$$

时间常数 τ 决定了电路过渡过程的进展速度。τ 越小，过渡过程进展越快，即电压、电流衰减得越快，暂态过程的持续时间越短。

当 $t=\tau$ 时，$u_C(\tau)=U_0\mathrm{e}^{-1}=0.368U_0$。因此，**时间常数 τ 就是电容电压衰减到初始值的 36.8% 所需要的时间**。从理论上来讲，必须经过无限长时间，电容电压才衰减到零，电路才达到稳态。但实际上，当 $t=4\tau$ 时，$u_C(4\tau)=U_0\mathrm{e}^{-4}=0.0183U_0$，电容电压已衰减为初始值的 1.8%，此时可近似认为电路已达到稳态。因此，**工程上一般认为动态电路暂态过程的持续时间为（4～5）τ**。

2. 一阶 *RL* 电路的零输入响应

一阶 *RL* 电路零输入响应视频　　一阶 *RL* 电路零输入响应课件

图 2.6.4(a)所示的一阶 RL 电路，$t<0$ 时开关 S 断开，电路处于稳定状态，流过电感的电流为 $I_0\left(I_0=\dfrac{U_S}{R_0+R}\right)$。设 $t=0$ 时，S 闭合。$t\geqslant0$ 时电感与电阻相连接。根据换路定则，$i_L(0_+)=i_L(0_-)=I_0$。从 $t=0_+$开始，电感通过电阻放电，随着 t 的增加，电感存储的磁场能量逐渐被电阻所消耗，最终趋向于零。由此可知，电路中的响应是由电感 L 的初始储能所引起的，故为零输入响应。

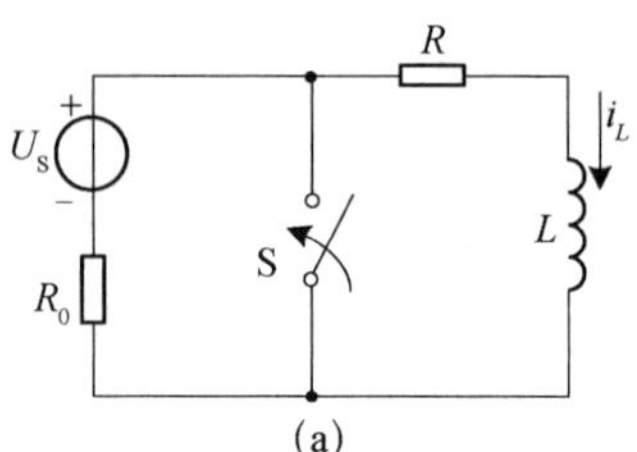

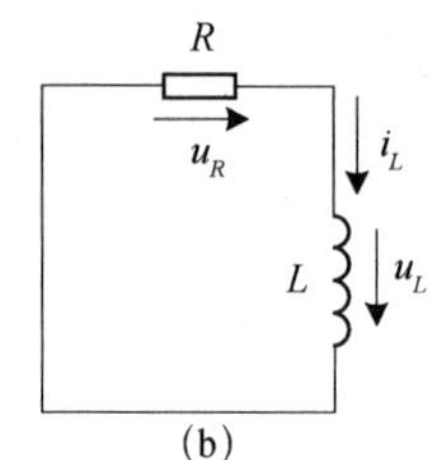

图 2.6.4　一阶 *RL* 电路的零输入响应

$t\geqslant0$ 时，电路如图 2.6.4(b)所示。由 KVL 可得

$$u_L+u_R=0$$

将 $u_R=R\cdot i_L$，$u_L=L\dfrac{\mathrm{d}i_L}{\mathrm{d}t}$ 代入上式，得

$$L\frac{\mathrm{d}i_L}{\mathrm{d}t}+Ri_L=0\qquad t\geqslant0$$

初始条件 $i_L(0_+)=I_0$

解得

$$i_L=I_0\cdot\mathrm{e}^{-\frac{t}{\tau}}\qquad t\geqslant0 \tag{2.6.5}$$

其中，$\tau=L/R$，**为一阶 *RL* 电路的时间常数。**当 L 用亨利（H）、R 用欧姆（Ω）为单位时，τ 的单位为秒（s）。

$$【\tau】=【\frac{L}{R}】=【\frac{亨}{欧姆}】=【\frac{韦伯}{安培\cdot欧姆}】=【\frac{伏\cdot秒}{安培\cdot欧姆}】=【秒】$$

进一步求得电感电压 u_L 为

$$u_L = L\frac{\mathrm{d}i_L}{\mathrm{d}t} = -RI_0\mathrm{e}^{-\frac{t}{\tau}} \quad t \geqslant 0 \tag{2.6.6}$$

电感的电流 i_L 和电压 u_L 的波形如图 2.6.5 所示，它们都是随时间衰减的指数函数。

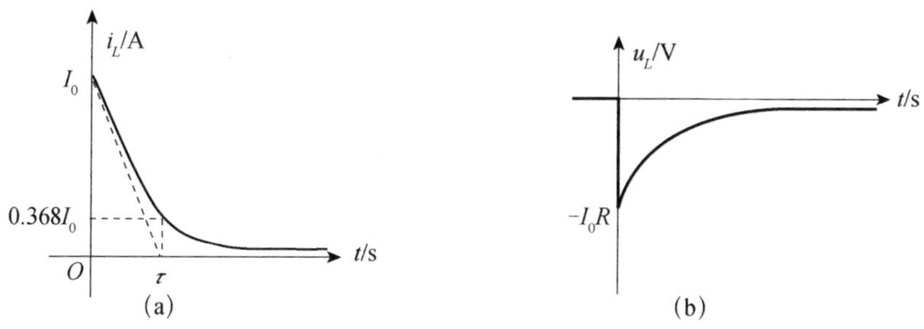

图 2.6.5　i_L 和 u_L 随时间变化的曲线

综上所述，不论是一阶 *RC* 电路还是一阶 *RL* 电路，零输入响应都是由动态元件的初始储能所产生的。随着时间 t 的增加，动态元件的初始储能逐渐被电阻 R 消耗完毕。因此，**零输入响应总是从初始值开始按指数规律逐渐衰减到零。**零输入响应若用 $f(t)$表示，其初始值为 $f(0_+)$，则零输入响应可表示为

$$f(t) = f(0_+)\mathrm{e}^{-\frac{t}{\tau}} \tag{2.6.7}$$

其中，对 *RC* 电路：$\tau=RC$；对 *RL* 电路：$\tau=L/R$。R 为换路后从动态元件两端看进去的等效电阻。

2.6.3　一阶电路的零状态响应

一阶电路的零状态响应视频

一阶电路的零状态响应课件

零状态响应是指电路在零初始状态下（即动态元件的初始储能为零），仅由外加激励引起的响应。

1. 一阶 *RC* 电路的零状态响应

图 2.6.6 所示电路，开关动作前电路处于稳态，电容无初始储能，故 $u_C(0_+) = u_C(0_-) = 0$。换路后电压源通过电阻 R 向电容充电，随着充电的进行，电容电压逐渐增大直至稳定。这种仅由外加激励引起的响应即为零状态响应。显然，**零状态响应实质上是能量的建立过程。**

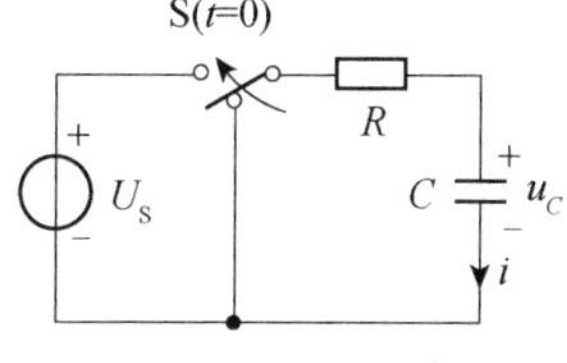

图 2.6.6　一阶 *RC* 电路的零状态响应

根据 KVL 及元件 VCR 可得

$$RC\frac{\mathrm{d}u_C}{\mathrm{d}t} + u_C = U_S \tag{2.6.8}$$

这是一个线性非齐次一阶微分方程。方程的解由非齐次微分方程的特解 u_{Cp} 和相应的齐次微分方程的通解 u_{Ch} 组成，即

$$u_C = u_{Cp} + u_{Ch}$$

由前面分析已知，通解 $u_{Ch} = A\mathrm{e}^{-\frac{t}{RC}}$ 是一个随时间衰减的指数函数，其变化规律与激励无

关，是由电路结构和参数决定的，故称为**固有响应**。

特解u_{Cp}是电源强制建立起来的，它的变化规律由电源的形式决定，故称为**强制响应**。强制响应与输入函数密切相关，二者具有相同的变化规律。对于图示直流激励的电路，则有$u_{Cp}=U_S$。

因此
$$u_C=u_{Cp}+u_{Ch}=U_S+Ae^{-\frac{t}{RC}}$$

代入初始值$u_C(0_+)=u_C(0_-)=0$，可得：$A=-U_S$

故电路的零状态响应为

$$u_C=U_S-U_Se^{-\frac{t}{RC}}=U_S(1-e^{-\frac{t}{RC}})$$

记$\tau=RC$，则

$$u_C=U_S(1-e^{-\frac{t}{\tau}}) \tag{2.6.9}$$

电路电流为

$$i=C\frac{du_C}{dt}=\frac{U_S}{R}e^{-\frac{t}{\tau}}$$

电容电压与电流的波形如图 2.6.7 所示。

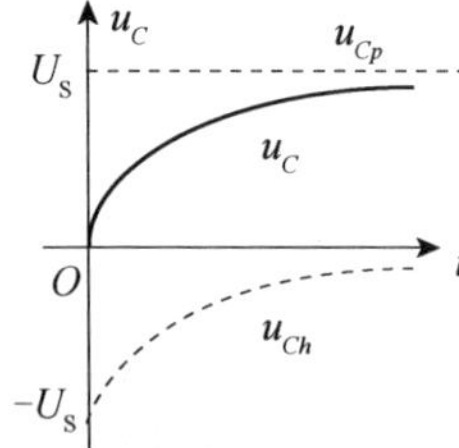

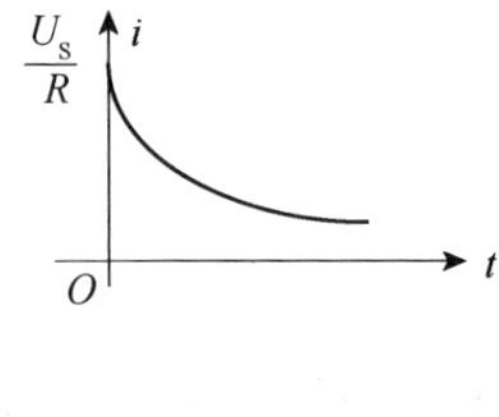

图 2.6.7 电容电压和电流的波形

2. 一阶 *RL* 电路的零状态响应

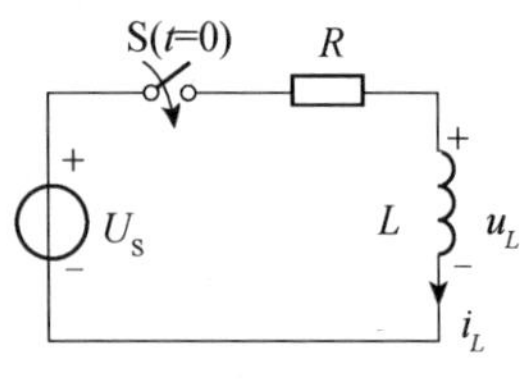

图 2.6.8 一阶 *RL* 电路的零状态响应

图 2.6.8 所示电路，直流电压源U_S在$t=0$时接通。根据 KVL 可得$t\geqslant 0$时电路的方程为

$$L\frac{di_L}{dt}+Ri_L=U_S \tag{2.6.10}$$

由与前面类似的分析可知，该方程的解为特解与相应齐次微分方程的通解之和，即

$$i_L=i_{Lp}+i_{Lh}$$

其中，$i_{Lh}=Ae^{-\frac{R}{L}t}$为相应的齐次微分方程的通解，$i_{Lp}$为非齐次微分方程的特解。

最后可得电路的零状态响应为

$$i_L=I_S(1-e^{-\frac{t}{\tau}}) \tag{2.6.11}$$

式中，$I_S=U_S/R$。

以上讨论了**在直流激励下电路的零状态响应。此时电路内的物理过程实质上是动态元件的储能从无到有逐渐增长的过程**。因此，**电容的电压或电感的电流都从零开始按指数规律逐**

渐上升达到它的稳态值，故可根据以下公式计算

$$f(t)=f(\infty)(1-\mathrm{e}^{-\frac{t}{\tau}}) \tag{2.6.12}$$

注意：公式（2.6.12）只适用于计算电容电压和电感电流的零状态响应，而电路中其他电压和电流值并不满足这个式子。例如，图 2.6.6 所示电路中的电容电流，它并不是从零开始按指数规律上升达到它的稳态值的。电路中其他电压和电流值可在求出电容电压和电感电流的零状态响应的基础上，再利用基尔霍夫定律和元件的伏安关系进一步求解得出。

2.6.4　一阶电路的全响应和三要素法

一阶电路的全响应视频

一阶电路的全响应课件

1. 一阶电路的全响应

换路后由外加激励和动态元件的初始储能共同作用产生的响应称为全响应。显然，零输入响应和零状态响应都是全响应的特例。

现以 RC 串联电路接通直流电源的电路响应为例，介绍全响应的分析方法。如图 2.6.9 所示电路，开关动作前电容已充电至 U_0，即 $u_C(0_-)=U_0$。开关闭合后，根据 KVL 及元件 VCR 可得

$$RC\frac{\mathrm{d}u_C}{\mathrm{d}t}+u_C=U_\mathrm{S} \tag{2.6.13}$$

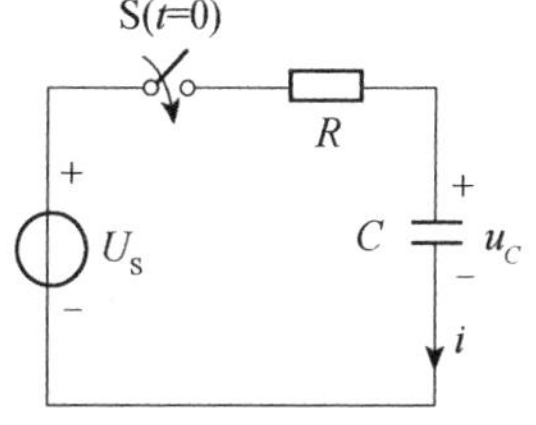

图 2.6.9　一阶电路的全响应

微分方程的解：$u_C=u_{Cp}+u_{Ch}=U_\mathrm{S}+A\mathrm{e}^{-\frac{t}{\tau}}$

其中，$\tau=RC$ 为电路的时间常数。

代入初始值 $u_C(0_+)=u_C(0_-)=U_0$，可得

$$A=U_0-U_\mathrm{S}$$

故电容电压为

$$u_C=U_\mathrm{S}+(U_0-U_\mathrm{S})\mathrm{e}^{-\frac{t}{\tau}} \tag{2.6.14}$$

分析式（2.6.14）可见，响应的第一项是**由外加电源强制建立起来的，称为强制响应**；第二项是**由电路本身的结构和参数决定的，称为固有响应**，所以全响应可表示为

全响应 = 强制响应 + 固有响应

在直流激励或正弦交流激励下，强制响应就是电路最终达到稳态时的量，故又称**稳态响应**。固有响应将随着时间的推移而最终消失，故又称**暂态响应**。所以全响应也可表示为

全响应 = 稳态响应 + 暂态响应

这种表达方式揭示了全响应随时间演变的进程和过渡过程的特点。

式（2.6.14）所示的电容电压还可以改写成

$$u_C=U_0\mathrm{e}^{-\frac{t}{\tau}}+U_\mathrm{S}(1-\mathrm{e}^{-\frac{t}{\tau}}) \tag{2.6.15}$$

式（2.6.15）中的第一项正是由初始储能引起的零输入响应，而第二项则是外加激励引起的零状态响应，这正是线性电路叠加性质的体现，所以全响应又可表示为

全响应 = 零输入响应 + 零状态响应

这种分解方式充分反映了激励与响应之间的线性关系，并为计算全响应提供了一种基本方法，即分别计算零输入响应和零状态响应，然后叠加起来求得全响应。

2. 一阶电路的三要素法

三要素法视频

三要素法课件

在直流电源激励下，若已知响应的初始值为$f(0_+)$，稳态值为$f(\infty)$和时间常数为τ，则一阶电路的全响应$f(t)$可写为

$$f(t)=f(\infty)+[f(0_+)-f(\infty)]\mathrm{e}^{-\frac{t}{\tau}} \qquad (2.6.16)$$

只要求出$f(0_+)$、$f(\infty)$和τ这三个要素，就可根据式（2.6.16）直接写出直流电源激励下一阶电路的全响应，这种方法称为三要素法。由此可见，**在直流电源激励下，一阶电路的任一响应都是从初始值$f(0_+)$开始，按指数规律逐渐衰减或逐渐增长到稳态值$f(\infty)$的。**

三要素法求解直流电源激励下一阶电路全响应的步骤如下：

（1）**求初始值**$f(0_+)$。先画$t=0_-$时的等效电路（电容用开路代替，电感用短路代替），求出$u_C(0_-)$和$i_L(0_-)$，根据换路定则确定$u_C(0_+)$和$i_L(0_+)$。再画$t=0_+$时的等效电路（将电容用电压源$u_C(0_+)$代替，电感用电流源$i_L(0_+)$代替），求解初始值$f(0_+)$。

（2）**求稳态值**$f(\infty)$。画$t=\infty$时的等效电路（电容用开路代替，电感用短路代替），求解稳态值$f(\infty)$。

（3）**求时间常数**τ。对RC电路，$\tau=RC$；对RL电路，$\tau=L/R$。其中R是换路后从电容或电感两端看进去的等效电阻（独立源要置零）。注意，在同一个一阶电路中，所有的电压或电流具有相同的时间常数。

（4）代入公式$f(t)=f(\infty)+[f(0_+)-f(\infty)]\mathrm{e}^{-\frac{t}{\tau}}$，可得全响应。

需要指出，一般情况下电容电压u_C和电感电流i_L的初始值相对其他初始值要更容易确定，因此也可应用戴维南定理或诺顿定理把储能元件以外的二端网络进行等效变换，利用式（2.6.16）求出u_C和i_L，再由原电路求出其他电压和电流的响应。实际应用时，要视电路的具体情况选择不同的方法。

例 2.6.2 图 2.6.10(a)所示原电路处于稳态，$t=0$时开关 S 闭合。求$t\geqslant 0$时的u_C和i，并绘出波形图。

解：（1）求$u_C(0_+)$和$i(0_+)$。

换路前电路处于稳态，电容相当于开路，故$u_C(0_-)=2\times 3=6\text{V}$

由换路定则得 $$u_C(0_+)=u_C(0_-)=6\text{V}$$

将电容用 6V 电压源代替，得$t=0_+$时等效电路，如图 2.6.10(b)所示。

$$\therefore \quad i(0_+)=\frac{10-u_C(0_+)}{2}=\frac{10-6}{2}=2\text{A}$$

（2）求$u_C(\infty)$和$i(\infty)$。

$t=\infty$时，电路达到稳态，电容相当于开路，电路等效如图 2.6.10(c)所示。用节点法求$u_C(\infty)$，得

$$\left(\frac{1}{3}+\frac{1}{6}+\frac{1}{2}\right)u_C(\infty)=2+\frac{10}{2}$$

解得 $u_C(\infty)$=7V，由欧姆定律可得 $i(\infty)=\dfrac{10-u_C(\infty)}{2}=1.5\text{A}$ 。

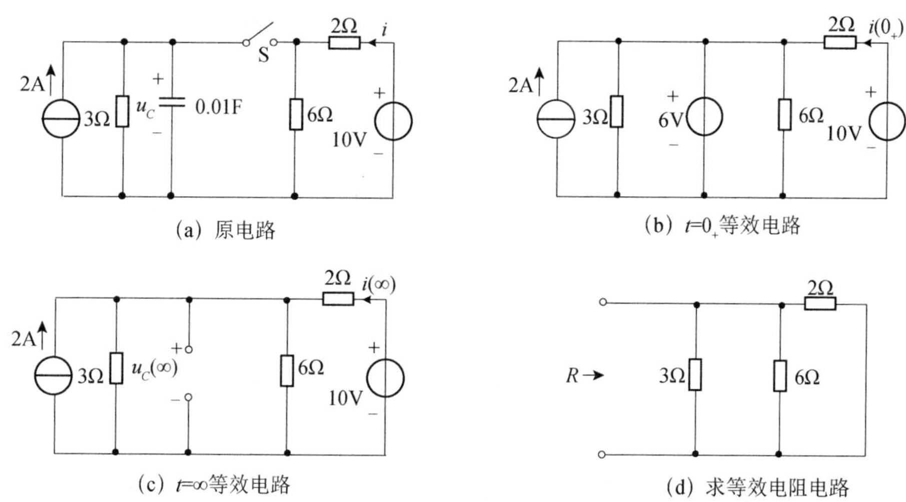

图 2.6.10　例 2.6.2 图

（3）求 τ。

在换路后的电路中，将电源置零，即电压源用短路代替，电流源用开路代替，如图 2.6.10(d) 所示，从电容两端看进去的等效电阻为

$$R=3//6//2=1\Omega$$

$$\tau=RC=0.01\text{s}$$

（4）代入式（2.6.16），可得

$$u_C=u_C(\infty)+[u_C(0_+)-u_C(\infty)]\text{e}^{-\frac{t}{\tau}}=7+(6-7)\text{e}^{-100t}=7-\text{e}^{-100t}\text{V}\,,\qquad t\geqslant 0$$

$$i=i(\infty)+[i(0_+)-i(\infty)]\text{e}^{-\frac{t}{\tau}}=1.5+(2-1.5)\text{e}^{-100t}=1.5+0.5\text{e}^{-100t}\text{A}\,,\qquad t\geqslant 0$$

u_C 和 i 的波形如图 2.6.11 所示。

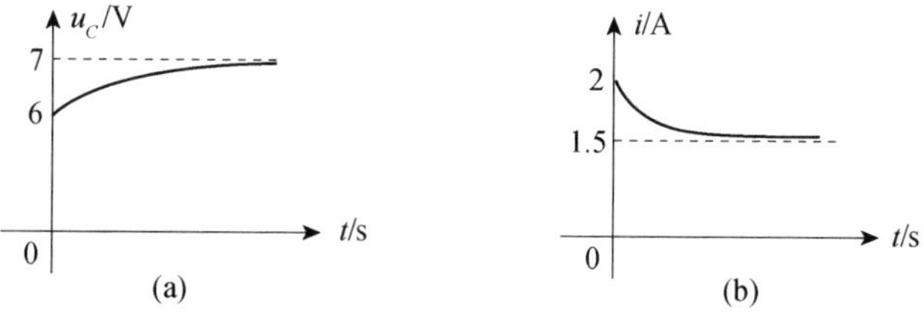

图 2.6.11　例 2.6.2 波形

本题也可以先用三要素法求出 u_C，再根据电路结构写出 i 和 u_C 的关系式，从而求出 i。由 KVL 和欧姆定律可得

$$i=\frac{10-u_C}{2}=\frac{10-(7-\text{e}^{-100t})}{2}=1.5+0.5\text{e}^{-100t}\text{A}$$

例 2.6.3　图 2.6.12(a)所示原电路处于稳态，$t=0$ 时开关 S 闭合。求 $t\geqslant 0$ 时的 i_L 和 u_L。

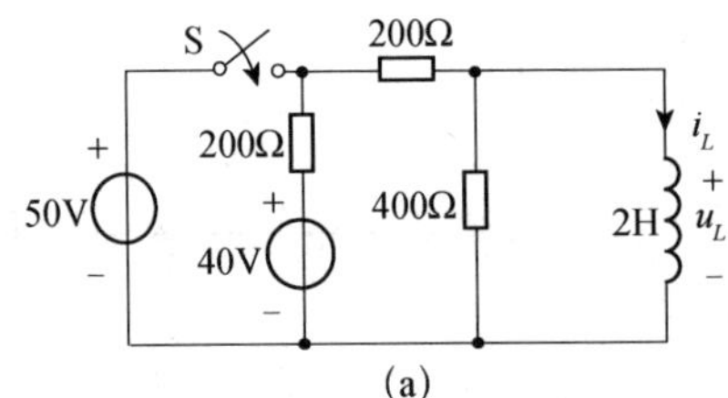

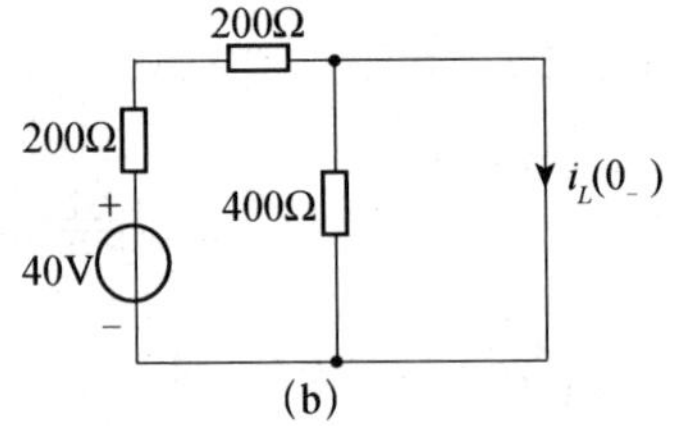

图 2.6.12　例 2.6.3 图

解：（1）求 $i_L(0_+)$。画出 $t=0_-$的等效电路如图 2.6.12(b)所示，此时电感相当于短路，求得

$$i_L(0_-)=\frac{40}{200+200}=0.1\text{A}$$

由换路定则得　　　　　　$i_L(0_+)=i_L(0_-)=0.1\text{A}$

（2）求 $i_L(\infty)$。画出 $t=\infty$时的等效电路如图 2.6.12(c)所示，此时电感相当于短路，求得

$$i_L(\infty)=\frac{50}{200}=0.25\text{A}$$

（3）求 τ。在换路后的电路中，将电压源用短路代替，则从电感两端看进去的等效电阻如图 2.6.12(d)所示，求得 $R=200//400=\frac{400}{3}\Omega$

$$\therefore\quad \tau=\frac{L}{R}=\frac{2}{\frac{400}{3}}=0.015\text{s}$$

（4）代入式（2.6.16）得

$$i_L=i_L(\infty)+[i_L(0_+)-i_L(\infty)]\text{e}^{-\frac{t}{\tau}}=0.25-0.15\text{e}^{-66.7t}\text{A},\ t\geq 0$$

$$u_L=L\frac{\text{d}i_L}{\text{d}t}=20\text{e}^{-66.7t}\text{V},\ t\geq 0$$

2.6　测试题

2.6　测试题讲解视频

2.6　测试题讲解课件

2.7　工程应用实例

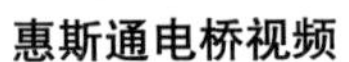
惠斯通电桥视频

惠斯通电桥课件

2.7.1　惠斯通电桥电路

惠斯通电桥是由 4 个电阻组成的电桥电路，如图 2.7.1 所示。电阻 R_1、R_2、R_3、R_4 构成电桥的 4 个臂，G 为检流计，用来检查它所在的支路有无电流。若电阻参数满足 $R_1R_4=R_2R_3$，则检流计上无电流流过，此时为平衡电桥，否则为非平衡电桥。

利用平衡的惠斯通电桥可以测量未知电阻。电路如图 2.7.2 所示，R_1、R_2 是已知标准电阻，R_S 是可变标准电阻，R_x 是被测电阻。调节 R_S 使检流计的电流为零，此时电桥达到平衡，可得

$R_x=\dfrac{R_1}{R_2}R_S$。只要选择高灵敏度的检流计就可以达到较高的测量精度，故用电桥测电阻比用欧姆表要精确。

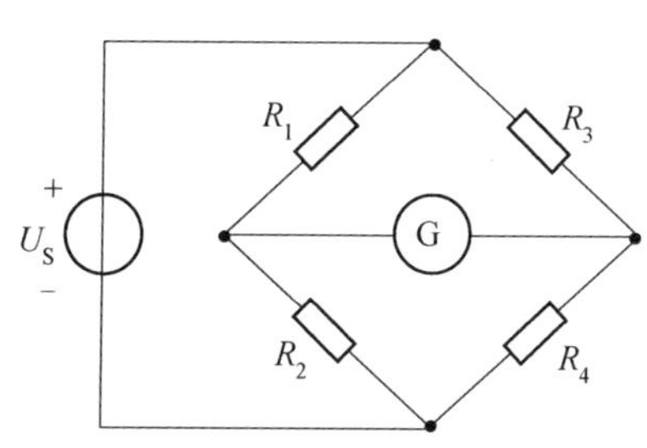

图 2.7.1　惠斯通电桥

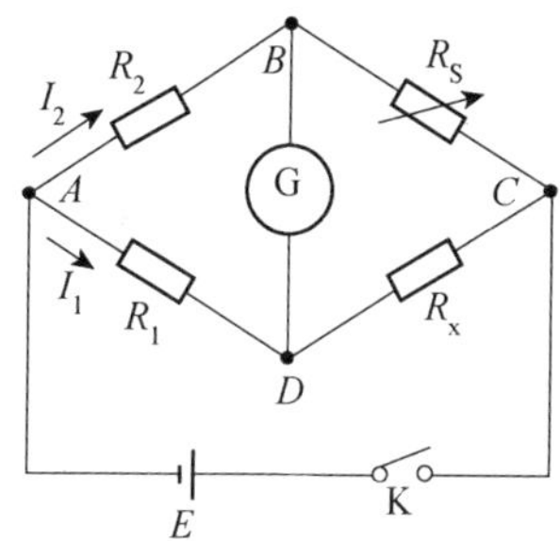

图 2.7.2　惠斯通电桥测电阻

利用非平衡电桥可以间接测量非电学量，如压力、光强、温度、流量等。它往往需要和传感器配合使用。利用传感器将非电学量的变化转换为电阻的变化，再利用非平衡电桥将电阻的变化转变成与之成正比的电压或电流输出，通过后续的放大、显示等处理，就可以计算出被测物理量的变化，这是一种精度很高的测量方式。下面以测量金属棒的弯曲度为例加以说明。

因为直接测量金属棒的弯曲度非常困难，所以通常采用在金属棒上固定一个电阻应变器。电阻应变器实质是一种传感器，其电阻值随着金属丝的伸长或缩短而变化，即 $\Delta R=2R\dfrac{\Delta L}{L}$。其中，$R$ 为传感器无弯曲时的阻值；ΔR 为形变后电阻的变化量；ΔL 为应变器弯曲后改变的长度。将成对的电阻应变器分别固定在棒的对面，如图 2.7.3(a)所示。当棒弯曲时，一对应变器的金属丝拉长变细，电阻增加，而另一对电阻应变器的金属丝缩短变粗，电阻减小。

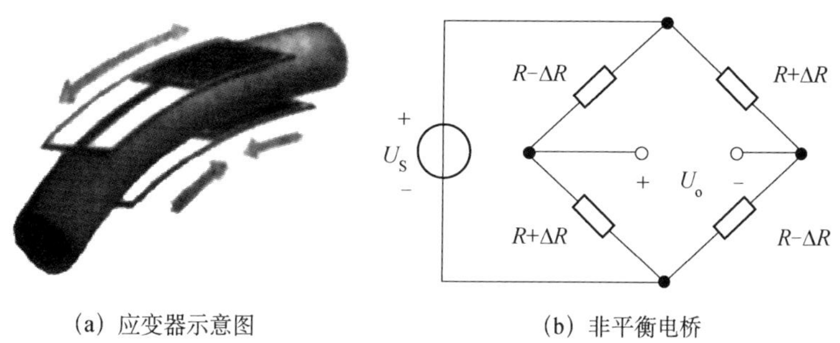

(a) 应变器示意图　　(b) 非平衡电桥

图 2.7.3　惠斯通电桥测量金属棒的弯曲度

电阻应变器的阻值变化ΔR 非常小，无法用欧姆表准确测量。所以通常将电阻应变器连接成惠斯通电桥，如图 2.7.3(b)所示。伸长的电阻应变器对应的阻值为 $R+\Delta R$，缩短的电阻应变器对应的阻值为 $R-\Delta R$。因为电桥不平衡，所以存在输出电压 U_o。当 U_o端开路时

$$U_o=\frac{R+\Delta R}{2R}U_S-\frac{R-\Delta R}{2R}U_S=\frac{\Delta R}{R}U_S=\delta U_S$$

其中

$$\delta=\frac{\Delta R}{R}$$

显然，采用非平衡电桥将电阻的变化 ΔR 转为与之成正比的电压差 U_o，再通过运算放大器对该电压差进行放大，以达到精确测量的目的。根据放大后的电压测量值就可计算得出 ΔR 的值，从而得到金属棒的弯曲度 ΔL。

由于电桥电路结构简单，准确度和灵敏度较高，所以在测量仪器、自动化仪表和自动控制中有着广泛的应用。

2.7.2 电冰箱延时保护电路

电冰箱延时保护电路视频

电冰箱延时保护电路课件

RC 电路可以用来提供时间延迟，利用此特点可将其用于电冰箱延时保护电路。家用电冰箱在断电后 5 分钟内又复通电时，压缩机会因系统内压力过大而出现启动困难，这会影响电冰箱的使用寿命，严重时会烧毁压缩机。图 2.7.4(a)所示的电冰箱延时保护电路，能够在停电后又恢复供电时，自动延时 5～8 分钟后再接通电源，从而达到保护压缩机的目的。

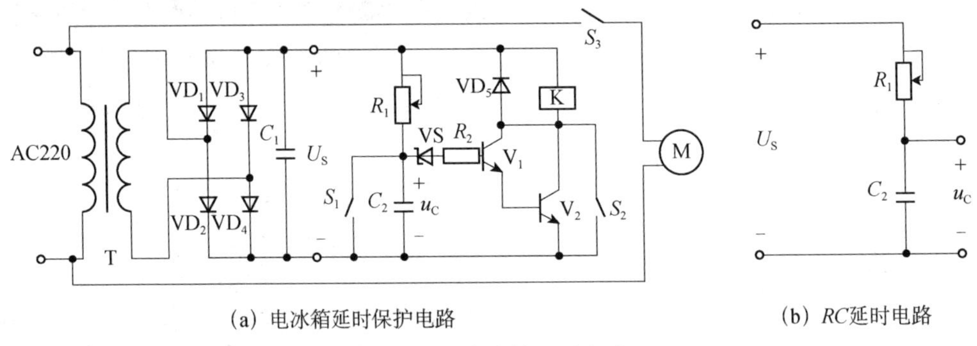

(a) 电冰箱延时保护电路　　(b) *RC*延时电路

图 2.7.4　电冰箱延时电路

该电冰箱延时保护电路由电源电路和延时控制电路组成。电源电路由变压器、整流二极管 VD_1～VD_4 和滤波电容 C_1 组成，它的作用是产生+12V 的直流电压。延时控制电路由电位器 R_1、电容器 C_2、稳压二极管 VS、晶体管 V_1、晶体管 V_2、二极管 VD_5、电阻器 R_2 和继电器 K 组成。若某一时刻电源断开，则继电器 K 断电，即开关 S_1、S_2 和 S_3 均断开。假设断电后电源很快重新接通，则 220V 的交流电压通过变压器降压、整流二极管 VD_1～VD_4 整流及电容 C_1 滤波后产生＋12V 的直流电压。该直流电压通过电位器 R_1 对电容 C_2 充电，其等效电路如图 2.7.4(b)所示。显然，这是一阶 *RC* 电路的零状态响应，电容电压的变化规律为 $u_C = U_S(1-\mathrm{e}^{-\frac{t}{\tau}})$，其中 U_S=12V，$\tau = R_1C_2$。随着充电的进行，电容 C_2 的电压 u_C 逐渐增大。当 u_C 大于稳压二极管 VS 的稳压值时，VS 击穿导通，使得晶体管 V_1、V_2 饱和导通。此时继电器 K 通电吸合，即开关 S_1、S_2 和 S_3 闭合。开关 S_3 一旦闭合，电冰箱就开始通电工作。开关 S_1 闭合使得电容快速放电至电压为零。由上述可知，电源断电后再重新接通时，开关不会马上闭合，而是需要延时一段时间后才能闭合。这个延迟的时间取决于电容 C_2 的充电速度，即取决于一阶电路的时间常数 τ（$=R_1C_2$）。所以调整电位器 R_1 的阻值，就可改变延时通电的时间，一般将延时时间设置为 5～8 分钟。

2.7.3　闪光灯电路

闪光灯电路视频

闪光灯电路课件

闪光灯在日常生活中应用非常广泛，如许多场合需要使用闪光灯作为危险警告信号，照相机在光线比较暗的条件下照相时，也需要闪光灯照亮场景一定时间。

简单的闪光灯电路由直流电压源、限流电阻 R、电容 C 和一个在临界电压下能进行放电闪光的灯组成，如图 2.7.5 所示。闪光灯只有在其两端电压达到 U_{max} 值时才能导通发光，导通时可等效为一电阻 R_L（通常 R_L 很小），当其两端电压小于 U_{min} 时闪光灯就会断开而熄灭。

当闪光灯断开时，直流电压源将通过电阻 R 对电容 C 充电，等效电路如图 2.7.6 所示。随着充电的进行，闪光灯两端的电压 u_C 逐渐增大。一旦 u_C 达到 U_{max}，灯开始导通发光，此时闪光灯等效为一电阻 R_L，电路如图 2.7.7 所示。因为 $R_L \ll R$，所以电容开始放电，闪光灯两端的电压逐渐减小，一旦电容电压放电至 U_{min}，闪光灯将断开，电容又将开始充电。稳定以后电容周期性地充电和放电，充电时电容电压从 U_{min} 开始按指数规律增长，放电时电容电压从 U_{max} 开始按指数规律衰减，闪光灯的工作状态也在断开和导通之间做周期性的变化。由于电容放电的时间常数远小于充电的时间常数，所以闪光灯的发光时间远小于熄灭时间，从而达到闪光的效果。

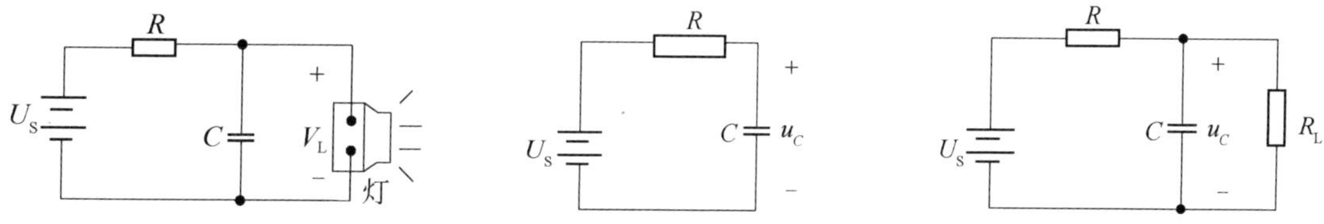

图 2.7.5　闪光灯电路　　图 2.7.6　电容充电时的等效电路图　　图 2.7.7　闪光灯导通时的等效电路图

下面具体计算闪光灯的发光时间和熄灭时间。对图 2.7.6 所示电路，假设 t=0 时电容开始充电，电容电压从 U_{min} 开始逐渐增大。经过 t_0 时间后电容电压达到 U_{max}，闪光灯开始发光。显然 t_0 就是闪光灯熄灭的时间。按照三要素法确定电容电压 u_C 的变化规律，初始值、稳态值和时间常数分别为

$$u_C(0_+)=U_{min};\ \ u_C(\infty)=U_S;\ \ \tau=RC$$

$$\therefore u_C(t)=U_S+(U_{min}-U_S)e^{-t/RC}$$

当 t=t_0 时，$u_C(t)$=U_{max}，可得 $t_0=RC\ln\dfrac{U_{min}-U_S}{U_{max}-U_S}$

闪光灯导通后，此时等效电路如图 2.7.7 所示。电容开始放电，电容电压从 U_{max} 开始按指数规律衰减，假设当 t=t_C 时，u_C 减小到 U_{min} 时，闪光灯熄灭。为方便求解放电过程中电容电压的表达式，将图 2.7.7 所示电路进行戴维南等效，等效电路如图 2.7.8 所示。

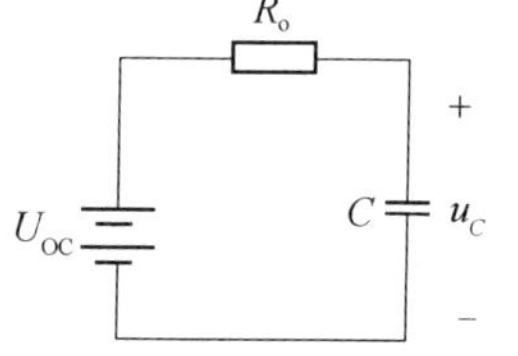

图 2.7.8　戴维南等效电路图

其中 $U_{OC}=\dfrac{R_L}{R+R_L}U_S$；$R_o=R//R_L$

由图 2.7.8 可知，放电时电容电压的初始值、稳态值和时间常数分别为

$$u_C(t_0)=U_{max};\ \ u_C(\infty)=U_{OC};\ \ \tau=R_oC$$

代入三要素法公式，可得$u_C(t)=U_{OC}+(U_{max}-U_{OC})e^{-(t-t_0)/\tau}$

当$t=t_C$时，$u_C(t_C)=U_{min}$，可得闪光灯导通的时间为

$$t_C-t_0=R_oC\ln\frac{U_{max}-U_{OC}}{U_{min}-U_{OC}}$$

式中，t_C为闪光灯的工作周期，t_C-t_0为闪光灯导通发光的时间。由此可得闪光灯的工作电压波形，如图 2.7.9 所示。

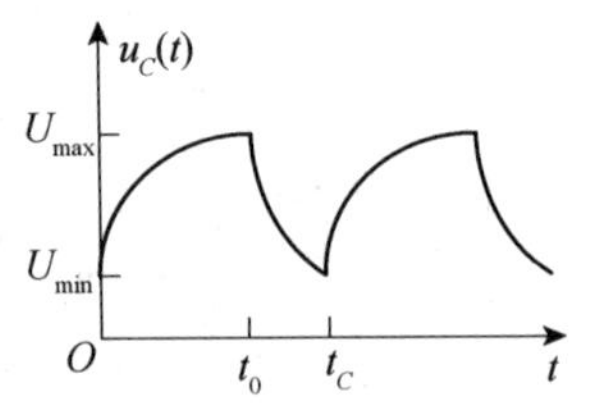

图 2.7.9　闪光灯工作电压波形图

2.7.4　积分电路和微分电路

积分和微分电路视频　积分和微分电路课件

一阶 RC 电路当满足一定条件时，可以实现输出和输入之间的积分或微分运算，分别称为积分电路和微分电路。这两种电路在实际工程中有着广泛的应用。

1. 积分电路

积分电路如图 2.7.10(a)所示，输入信号为图 2.7.10(b)所示的矩形脉冲，输出电压 u_o 取自于电容 C。此 RC 电路的时间常数$\tau \gg t_p$。

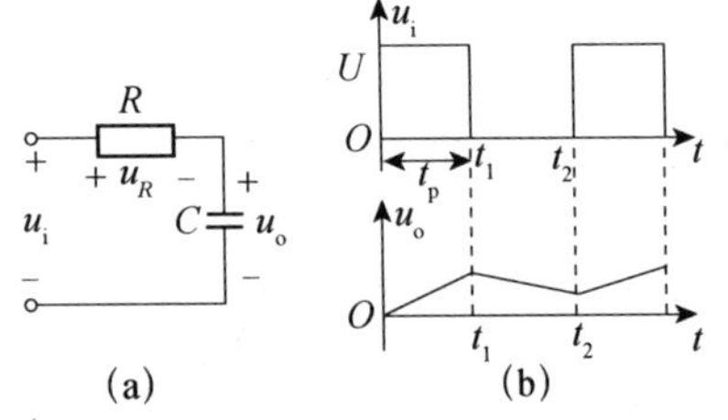

图 2.7.10　积分电路

当 $0<t<t_p$ 时，$u_i=U$，电容充电，电容电压$u_C=U(1-e^{-\frac{t}{\tau}})$。由于$\tau \gg t_p$，所以电容充电速度很缓慢。在 $t=t_p$时，电容电压远小于 U。当 $t>t_p$时，因为 $u_i=0$，电容通过电阻 R 放电，放电速度也很缓慢，所以在输出端产生锯齿波电压，如图 2.7.10(b)所示。可以证明，此电路的输出电压和输入电压近似为积分关系。时间常数τ 越大，电容充放电速度越慢，所得锯齿波电压的线性度越好。在电子设备中（如示波器）经常把积分电路得到的锯齿波电压作为扫描信号。

2. 微分电路

微分电路如图 2.7.11(a)所示，输入信号为图 2.7.11(b)所示的矩形脉冲，输出电压 u_o 取自于电阻 R。此 RC 电路的时间常数$\tau \ll t_p$。

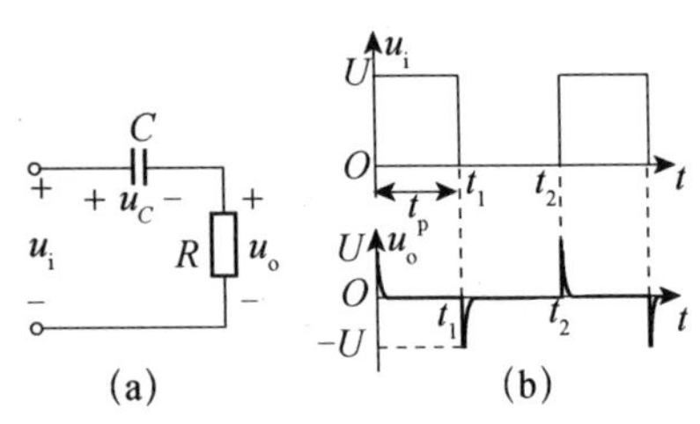

图 2.7.11　微分电路

设图 2.7.11(a)所示的 RC 电路处于零状态，$t=0$ 时，u_i 从 0 突然上升到 U，电容开始充电，因为电容的电压不能突变，所以 $u_C(0)=0$，此时 $u_o=U$。由于$\tau \ll t_p$，所以电容充电很快，电容电压迅速上升至 U，使得 u_o 快速衰减为 0，这样在输出端产生一个正的尖脉冲。当 $t=t_p$ 时，u_i 突然降为 0，而电容电压不能突变，仍为 U，所以输出电压 $u_o=-U$。然后电容快速放电，u_o 很快衰减为 0，这样在输出端产生一个负的尖脉冲，如图 2.7.11(b)所示。这种输出尖脉冲反映了输入矩形脉冲的跃变部分。可以证明，此电路的输出电压和输入电压近似为微分关系。在脉冲数字电路中，经常把微分电路变换得到的尖脉冲电压作为触发信号。

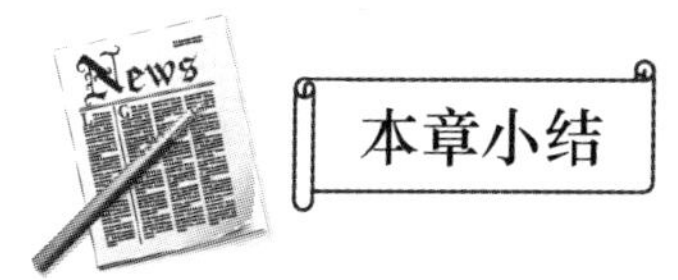

第 2 章小结视频 1

第 2 章小结课件 1

1. 电路的等效变换

等效变换是电路中非常重要的概念，利用电路的等效可以简化电路，方便计算。常见的电路等效如表 2-1 所示。

表 2-1　电路的等效

	类别	等效形式	重要公式
电阻的等效	串联		$R_{eq}=R_1+R_2$ $u_1=\dfrac{R_1}{R_1+R_2}u$; $u_2=\dfrac{R_2}{R_1+R_2}u$
	并联		$G_{eq}=G_1+G_2$; $R_{eq}=\dfrac{R_1R_2}{R_1+R_2}$ $i_1=\dfrac{R_2}{R_1+R_2}i$; $i_2=\dfrac{R_1}{R_1+R_2}i$
	Y-△	△→Y Y→△	△→Y： $R_1=\dfrac{R_{12}R_{31}}{R_{12}+R_{23}+R_{31}}$ $R_2=\dfrac{R_{23}R_{12}}{R_{12}+R_{23}+R_{31}}$ $R_3=\dfrac{R_{31}R_{23}}{R_{12}+R_{23}+R_{31}}$ Y→△： $R_{12}=\dfrac{R_1R_2+R_2R_3+R_3R_1}{R_3}$ $R_{23}=\dfrac{R_1R_2+R_2R_3+R_3R_1}{R_1}$ $R_{31}=\dfrac{R_1R_2+R_2R_3+R_3R_1}{R_2}$
理想电源的串并联	理想电压源的串联		$U_S=U_{S1}-U_{S2}+\cdots+U_{Sk}+\cdots$ $=\sum U_{Si}$
	理想电流源的并联		$I_S=I_{S1}-I_{S2}+\cdots+I_{Sk}+\cdots$ $=\sum I_{Si}$

（续表）

	类别	等效形式	重要公式
电阻的等效	理想电压源与其他电路并联		$u=U_S$ $i \neq i'$
	理想电流源与其他电路串联		$I=I_S$ $U \neq U'$
	实际电源两种模型的等效		$U_S = R_i I_S$ $R_i = 1/G_i$

2. 电路的基本分析方法

电路的基本分析方法有支路电流法和节点电压法，其特点如表 2-2 所示。

表 2-2　电路基本分析方法的比较

	支路电流法	节点电压法
变量	支路电流	节点电压
方程实质	KCL+KVL	KCL
方程数目	=支路数（b）	=独立节点数（n−1）
特点及适用场合	最基本，方程数目较多，适用于任何集总参数电路	方程规律性强，方程数目较少，易于编程。尤其适用于支路数较多而节点数较少的电路

3. 电路的基本定理（见表 2-3）

第 2 章小结视频 2

第 2 章小结课件 2

表 2-3　电路的基本定理列表

定理名称	定理内容
叠加定理	线性电路中任一支路的电压、电流都是电路中各独立电源单独作用时在该支路上产生的响应的代数和
戴维南定理	线性有源二端网络 N，对外电路而言，可等效为一个理想电压源 u_{oc} 和电阻 R_o 的串联
诺顿定理	线性有源二端网络 N，对外电路而言，可等效为一个理想电流源 i_{sc} 与电阻 R_o 的并联
最大功率传输定理	当电源给定而负载可变时，负载获得最大功率的条件是 $R_L=R_o$，此时负载获得的最大功率为 $P_{Lmax}=\dfrac{u_{oc}^2}{4R_o}$ 或 $P_{Lmax}=\dfrac{1}{4}i_{sc}^2R_o$

4. 一阶动态电路的分析

动态电路指除电源、电阻外，还含有动态元件（电感或电容）的电路。

动态电路的过渡过程是指电路发生换路后从原来的稳定状态变化至新的稳定状态中间所经历的过程，又称暂态过程。电阻电路则不存在暂态过程。

直流激励下一阶电路任一响应都可以按照以下公式计算

$$f(t)=f(\infty)+[f(0_+)-f(\infty)]\mathrm{e}^{-\frac{t}{\tau}}$$

只要求出初始值 $f(0_+)$、稳态值 $f(\infty)$ 和时间常数 τ 这三个要素，就可按照上述公式直接得到全响应。这种方法称为三要素法，它是求解一阶电路全响应的一种重要而简便的方法。

第 2 章综合测试题

第 2 章综合测试题讲解视频

第 2 章综合测试题讲解课件

2.1　求题 2.1 图所示电路的等效电阻 R。

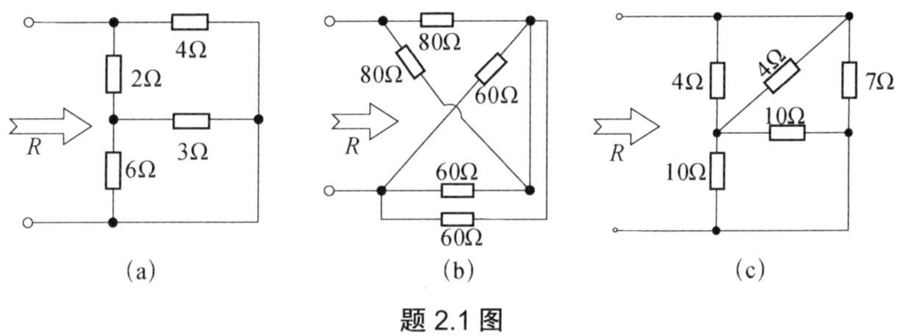

题 2.1 图

2.2　求题 2.2 图所示电路的等效电阻 R。

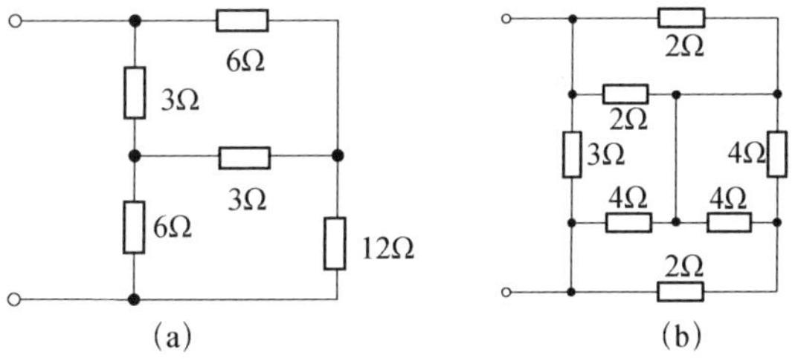

题 2.2 图

2.3　求题 2.3 图所示电路的等效电阻 R_{ab}。

2.4　题 2.4 图所示的是一个常用的简单分压器电路。电阻分压器的固定端 a、b 接到直流电压源上，固定端b与活动端接到负载上。滑动触头c即可在负载电阻上输出0～U的可变电压。已知电压源电压U=18V，滑动触头c的位置使R_1=600Ω，R_2=400Ω。（1）求输出电压U_2；（2）若用内阻为1200Ω的电压表去测量此电压，求电压表的读数；（3）若用内阻为3600Ω的电压表再测量此电压，求此时电压表的读数。

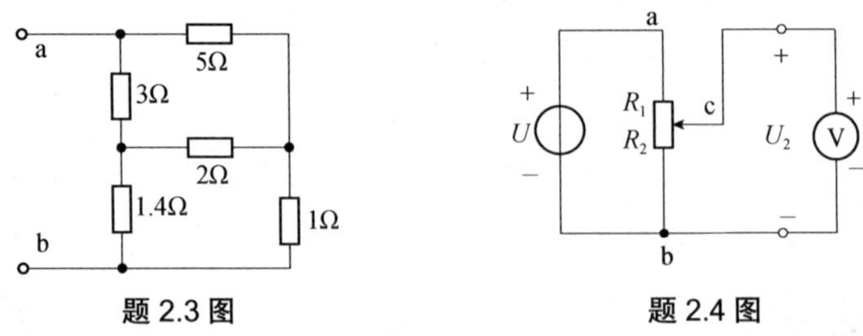

题 2.3 图　　题 2.4 图

2.5　求题2.5图所示电路中的电流I。

2.6　求题2.6图所示电路从端口看进去的等效电导G。

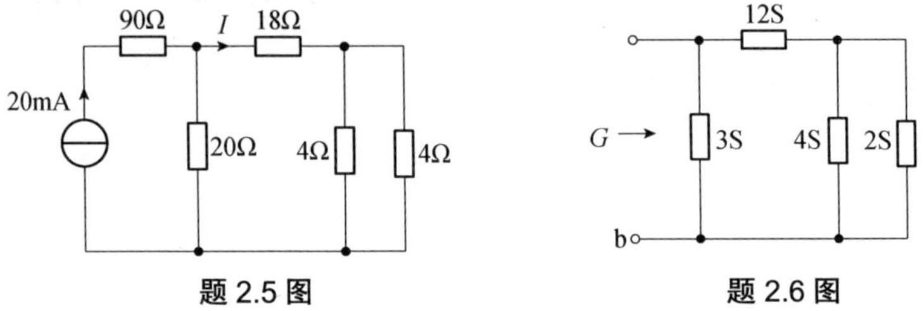

题 2.5 图　　题 2.6 图

2.7　将题2.7图中各电路化成最简单形式。

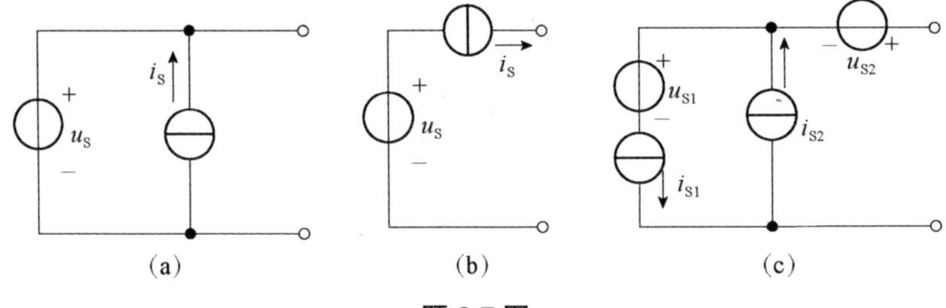

题 2.7 图

2.8　求题2.8图所示各电路的等效电源模型。

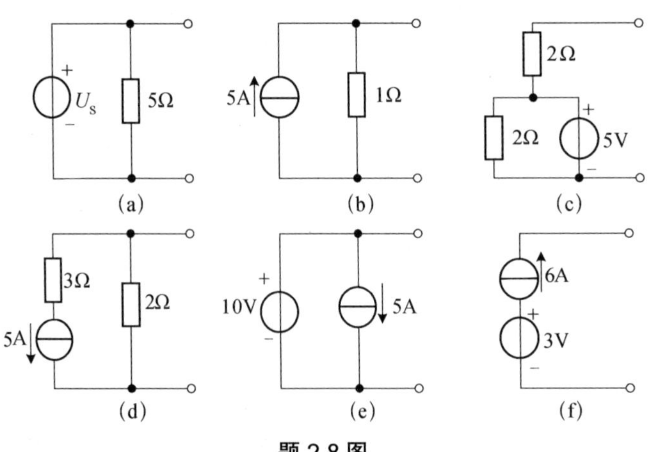

题 2.8 图

2.9　利用电源等效变换计算题 2.9 图中的电流 I。

2.10　用等效变换的方法求题 2.10 图所示电路中的电流 I_L。

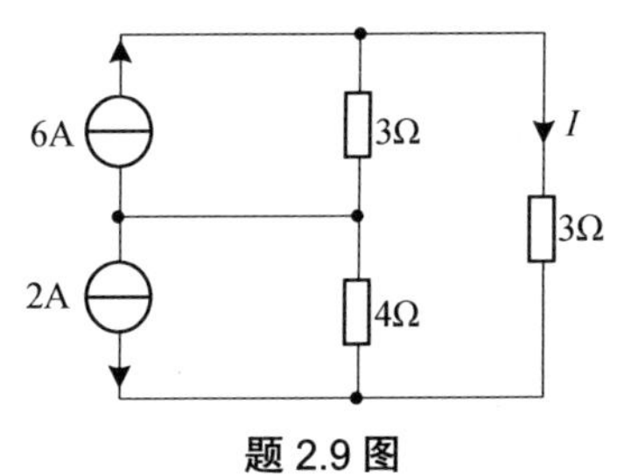

题 2.9 图

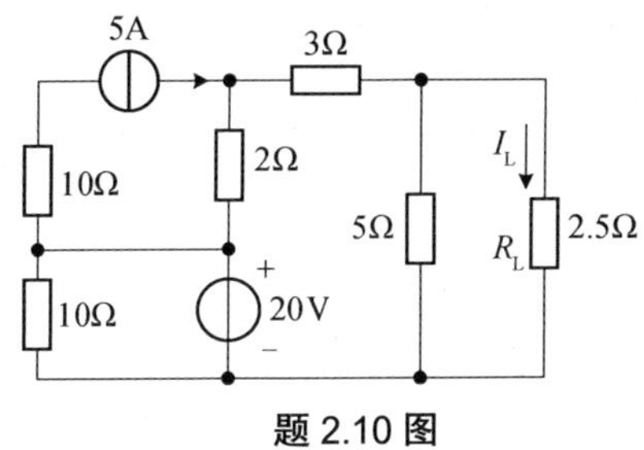

题 2.10 图

2.11　用等效变换的方法求题 2.11 图所示电路中的电流 I。

2.12　已知题 2.12 图中 U_{S1}=130V，U_{S2}=117V，R_1=1Ω，R_2=0.6Ω，R_3=24Ω。求各支路电流。

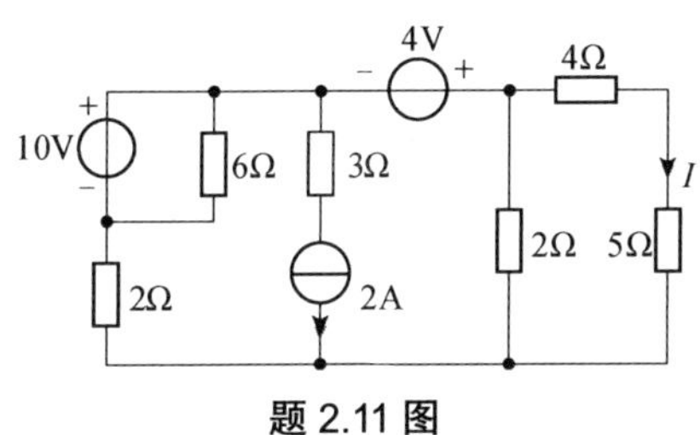

题 2.11 图

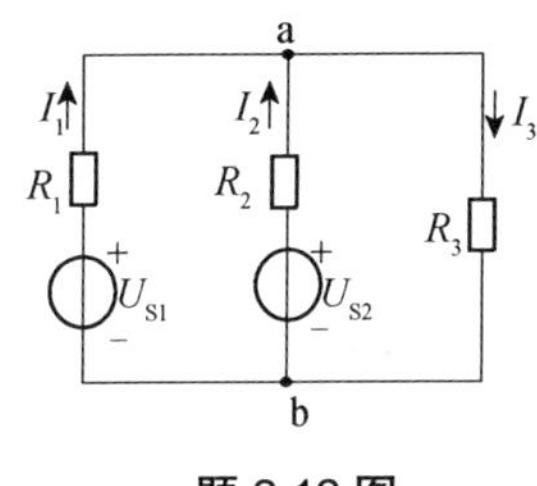

题 2.12 图

2.13　电路如题 2.13 图所示，用节点电压法求各独立源发出的功率。

2.14　用节点电压法求题 2.14 图所示电路中的 U_o。

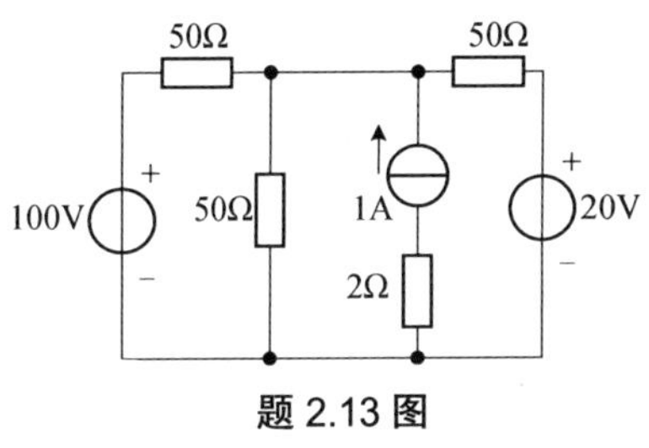

题 2.13 图

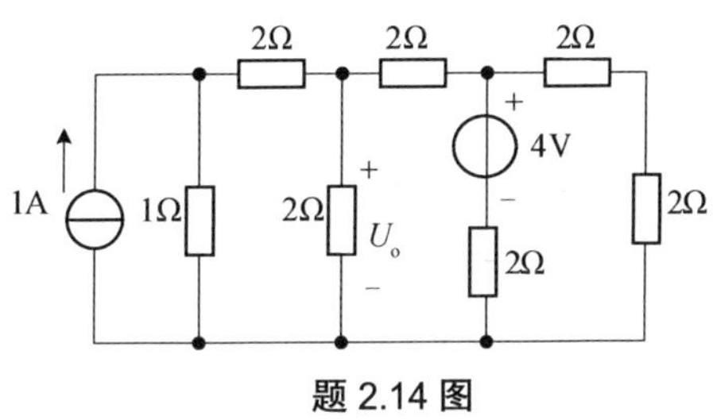

题 2.14 图

2.15　电路如题 2.15 图所示，试用叠加定理求 U。

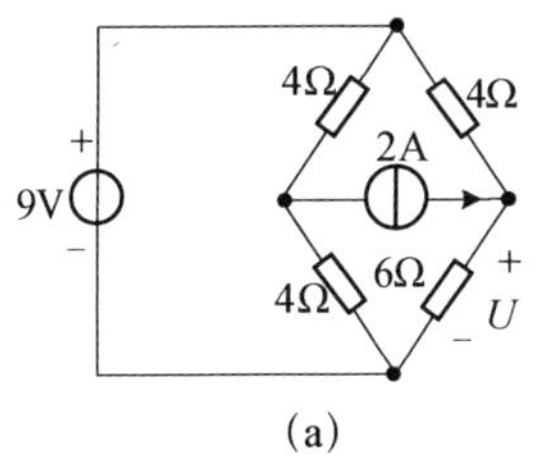

(a)

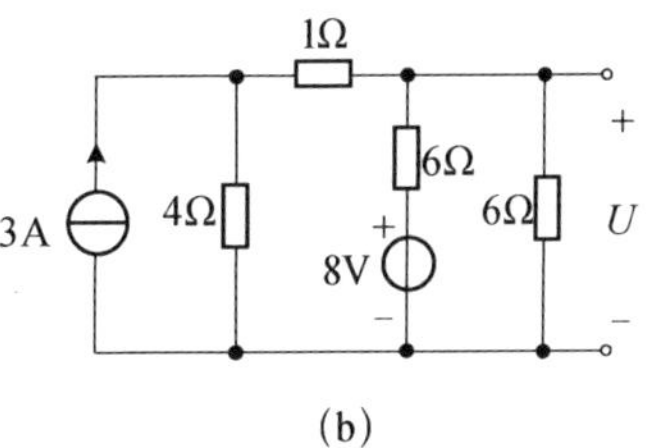

(b)

题 2.15 图

2.16　电路如题 2.16 图所示，N_0 是一无源线性网络。当 U_S=1V，I_S=1A 时，U_3=5V；当

U_S=10V，I_S=5A 时，U_3=35V。试求当 U_S=5V，I_S=10A 时，U_3=?

2.17 电路如题 2.17 图所示，已知 U_{S1}=10V，U_{S2}=15V。当开关 S 在位置 1 时，毫安表读数为 40mA；当开关 S 在位置 2 时毫安表读数为-60mA。求当开关 S 在位置 3 时，毫安表读数为多少？

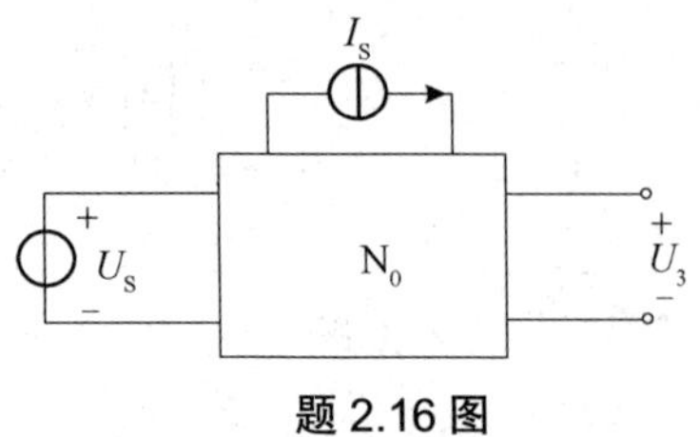

题 2.16 图

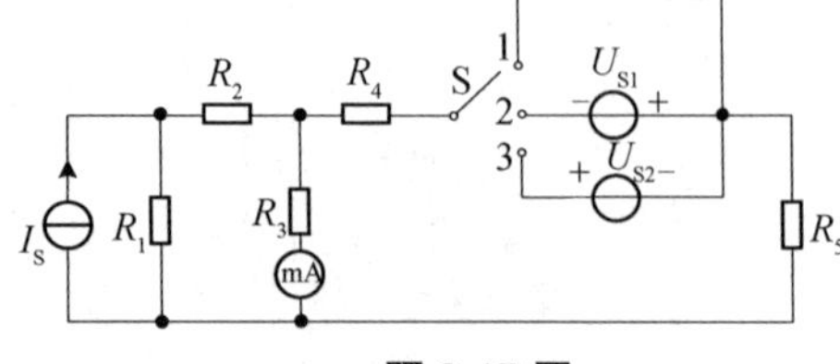

题 2.17 图

2.18 电路如题 2.18 图所示，求电阻 R 分别为 3Ω 和 7Ω 时的电流 I。

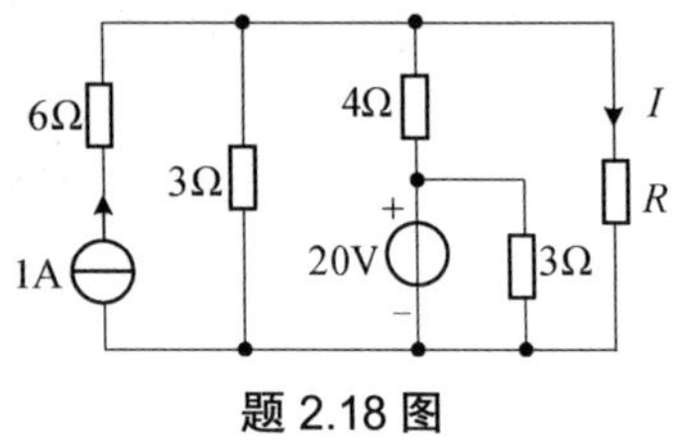

题 2.18 图

2.19 某有源二端网络的开路电压为 20V，如果外电路接以 10Ω 电阻，则该电阻上的电压为 10V。试求该二端网络的戴维南等效电路和诺顿等效电路。

2.20 求题 2.20 图所示电路的戴维南等效电路和诺顿等效电路。

2.21 题 2.21 图所示电路，N 为有源二端网络。已知开关 S_1、S_2 均断开时，电流表的读数为 1.2A；当 S_1 闭合、S_2 断开时，电流表的读数为 3A。求 S_1 断开，S_2 闭合时电流表的读数。

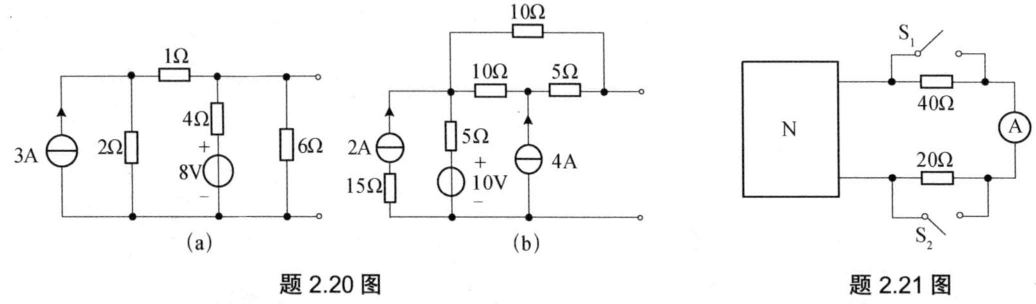

题 2.20 图　　题 2.21 图

2.22 题 2.22 图(a)所示电路，N 为线性有源二端网络，已知 U_2=12.5V。若将网络 N 的端口直接短路，如题 2.22 图(b)所示，则电流 I 为 10A。试求网络 N 在 AB 端的戴维南等效电路。

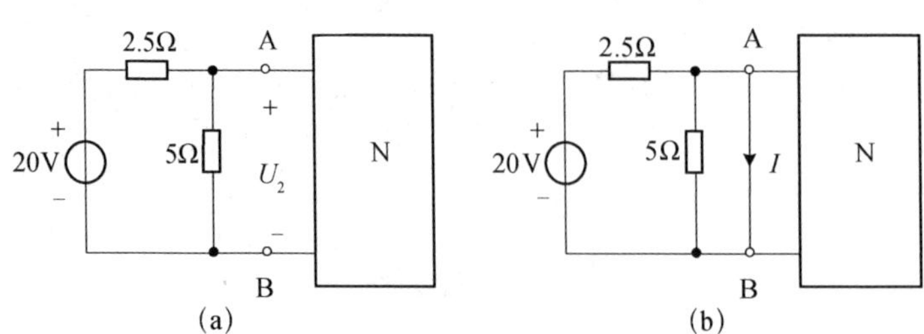

题 2.22 图

2.23　用诺顿定理求题 2.23 图所示电路的 I。

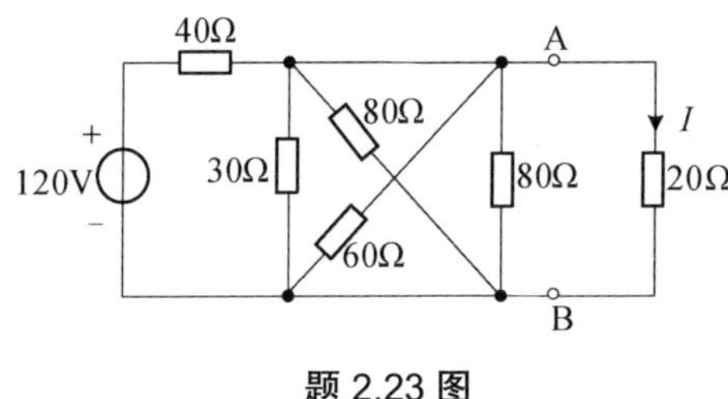

题 2.23 图

2.24　在题 2.24 图所示电路中，N 为有源二端网络，用内阻为 50kΩ 的电压表测得开路电压为 60V；用内阻为 100kΩ 的电压表测得开路电压为 80V。求该网络的戴维南等效电路，并求当外接负载电阻 R_L 为多大时，R_L 上可获得最大功率，最大功率为多少？

2.25　题 2.25 图所示电路，问 R 为多大时，它吸收的功率最大，并求此最大功率。

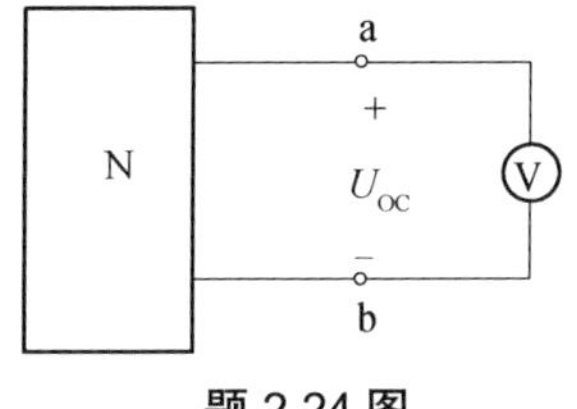

题 2.24 图

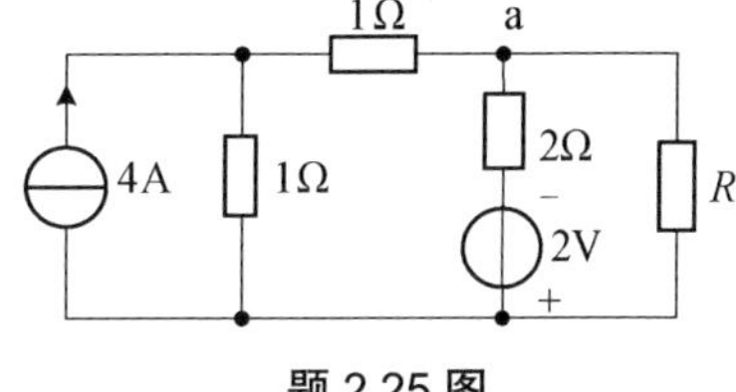

题 2.25 图

2.26　在题 2.26 图所示电路中，R_L 可任意改变，问 R_L 为何值时其上可获得最大功率，并求该最大功率 P_{Lmax}。

2.27　题 2.27 图所示原电路处于稳态，开关 S 在 $t=0$ 时打开，求 $t \geqslant 0$ 时的 u_C。

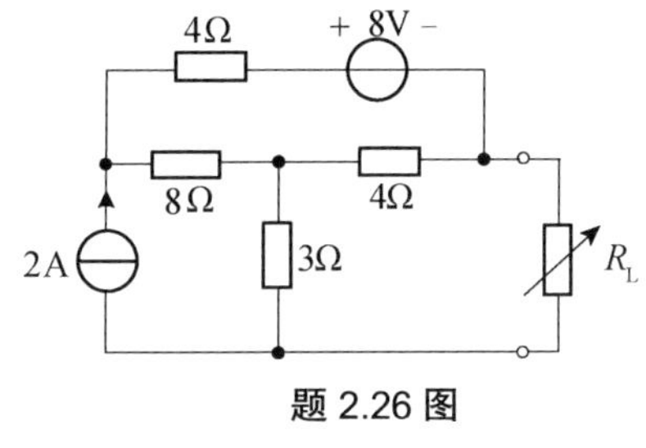

题 2.26 图

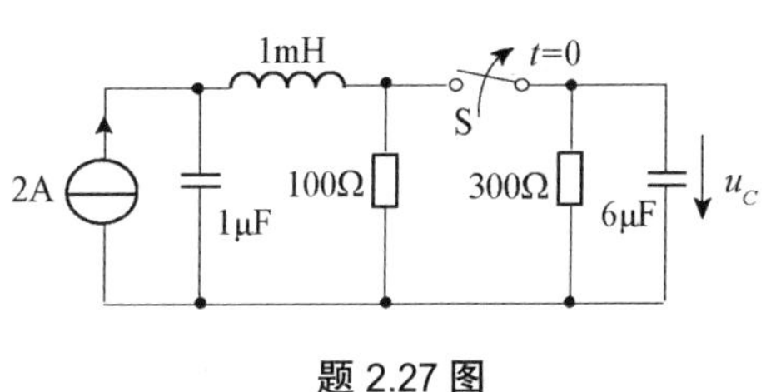

题 2.27 图

2.28　题 2.28 图所示原电路处于稳态，$t=0$ 时开关 S 合上，求 $t \geqslant 0$ 时的 u_C。

2.29　题 2.29 图所示原电路处于稳态，开关 S 在 t=0 时闭合，假设开关闭合前电路已处于稳态。求 $t \geqslant 0$ 时的电流 i_L。

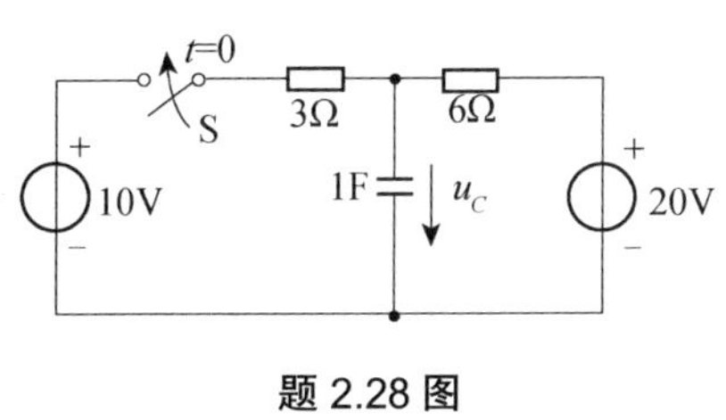

题 2.28 图

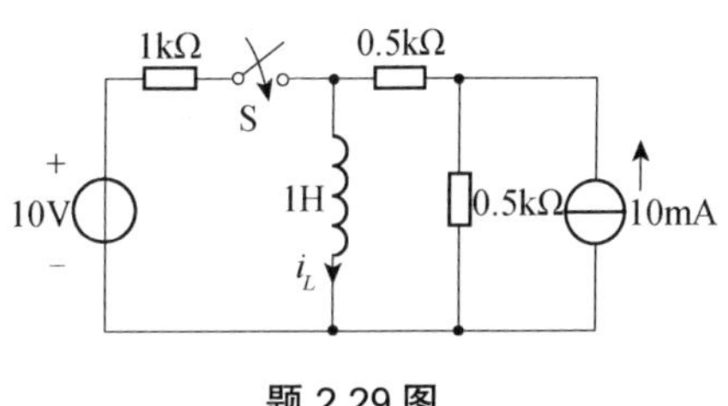

题 2.29 图

2.30　电路如题 2.30 图所示，已知 $t=0_-$ 时电路已处于稳态，$t=0$ 时开关闭合，求 $t\geqslant 0$ 时的 i 和 u。

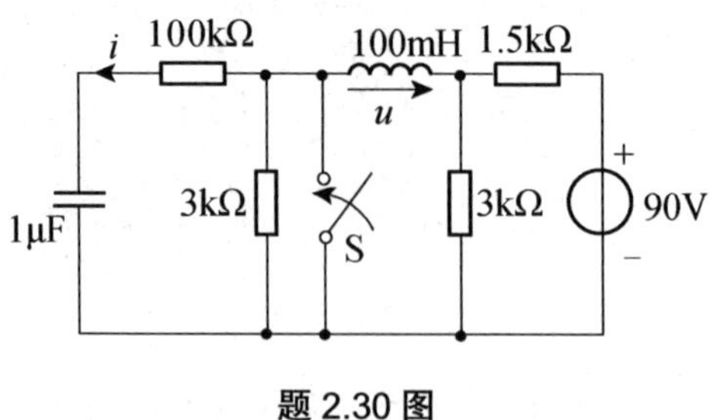

题 2.30 图

电工专家俞大光

习题解析

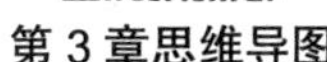

第 3 章思维导图

第 3 章讨论区

第 3 章　正弦稳态电路的分析

交直流之战

前面两章讨论的电路都是直流电路，从这一章开始我们要研究正弦交流电路。线性电路在正弦激励（随时间按正弦函数规律变化的电源）下，达到稳定后，电路中的任一电压、电流均为与电源同频率的正弦函数，这样的电路称为正弦稳态电路。

无论在实际应用中还是在理论分析上，正弦稳态电路的分析都是非常重要的。现代电力系统中，电力的产生、传输和分配主要以正弦交流电的形式进行。在通信及广播领域，载波使用的也是正弦波信号。另外，正弦波信号常用来作为测试信号分析电路系统的性能，通过电路系统对正弦激励的响应来分析它对其他任意信号的响应。因此，正弦交流电路是最基本也是最重要的交流电路。对正弦交流电路的稳态分析是电路分析中的一个重要组成部分，也是研究其他交流电路必备的基础。

本章主要内容有：正弦量及其相量表示、两类约束的相量形式、阻抗和导纳的概念、正弦稳态电路的相量分析法、正弦交流电路中的功率、谐振及三相交流电路。

3.1　正弦交流电的基本概念

正弦交流电的基本概念视频

正弦交流电的基本概念课件

电路中随时间按正弦规律变化的电压或电流等物理量，统称为正弦量。对正弦量的数学描述，既可以采用 sin 函数，也可以采用 cos 函数，本书统一采用 sin 函数。

图 3.1.1 所示为正弦稳态电路中某支路的电流 i，其函数表达式为

$$i = I_{\mathrm{m}} \sin(\omega t + \varphi_i) \tag{3.1.1}$$

式中，i 表示某时刻的电流值，称为正弦电流的瞬时值，又称正弦电流的瞬时表达式，单位为安培（A）。在电路分析中，电流、电压的瞬时值通常用小写字母 i、u 来表示。式（3.1.1）中的 I_{m}、ω、φ_i 分别为正弦电流的振幅、角频率和初相位。对任何一个正弦交流电来说，这三个量一旦确定，这个正弦交流电也随之确定。因此，**振幅、角频率和初相位称为正弦量的三要素。**下面结合图 3.1.2 所示正弦电流 i 的波形，分别介绍正弦量的这 3 个要素。

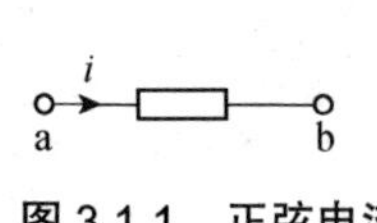

图 3.1.1　正弦电流

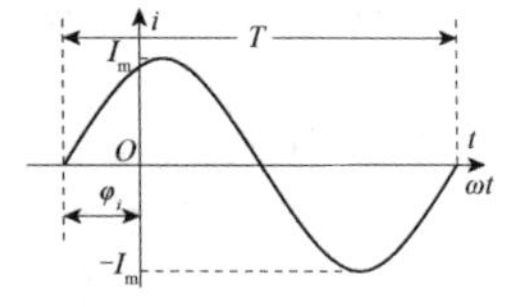

图 3.1.2　正弦波形图

历史人物：赫兹

3.1.1　频率与周期

正弦量是周期函数，通常将正弦量完成一个循环所需的时间称为周期，记为 T，单位为秒（s）。正弦量每秒所完成的循环次数称为频率，记为 f，单位为赫兹（Hz）。周期和频率互为倒数，即 $f=\dfrac{1}{T}$。当频率较高时，常采用千赫（kHz）、兆赫（MHz）和吉赫（GHz）等单位。

正弦量变化的快慢除了用周期和频率表示外，还可用角频率 ω 来表示。**角频率就是正弦量在单位时间内变化的弧度数**，单位是弧度/秒（rad/s）。因为正弦量完成一个循环，相位变化 2π 弧度，所以 ω 与 T、f 之间的关系为

$$\omega=\frac{2\pi}{T}=2\pi f \tag{3.1.2}$$

各个不同的工程领域所采用的正弦交流电的频率也不相同。我国的电力工业标准频率（简称工频）是 50Hz，而日本及欧美一些国家采用 60Hz 的正弦交流电。实验室中的信号发生器一般提供 20Hz～20kHz 的正弦电压，而无线电工程使用的频率一般在 10kHz 以上。

3.1.2　振幅与有效值

式（3.1.1）中，**I_m 是正弦电流 i 在整个振荡过程中所能够达到的最大值，称为振幅**，又称幅值或最大值，用带下标 m 的大写字母表示，如 I_m、U_m 分别表示电流、电压的振幅。图 3.1.2 中标出了电流振幅 I_m。从 $-I_m$ 到 I_m 是正弦电流 i 的大小变化范围，称为正弦量的峰-峰值。

周期电流、电压的瞬时值都是随时间而变的，工程上为了衡量其效果，通常采用有效值来度量周期信号的大小。周期信号的有效值是从能量等效的角度来定义的。下面以周期电流 i 为例，介绍有效值的定义。

设一个周期电流 i 和一个直流电流 I 分别通过两个相同的电阻 R，如果在一个周期 T 内所产生的热量相等，则定义这个直流电流的数值为周期电流 i 的有效值，记为 I。

周期电流 i 通过电阻 R 时，在一个周期 T 内产生的热量为 $W=\int_0^T i^2R\mathrm{d}t$

直流电流 I 通过电阻 R 时，在相同的时间 T 内产生的热量为 $W=I^2RT$

根据有效值的定义：$\int_0^T i^2R\mathrm{d}t=I^2RT$，得周期电流 i 的有效值 I 为

$$I=\sqrt{\frac{1}{T}\int_0^T i^2\mathrm{d}t} \tag{3.1.3}$$

由式（3.1.3）可知：周期电流的有效值为电流瞬时值平方在一个周期中的平均值的平方根，故又称方均根值，通常用大写字母 I 表示。式（3.1.3）适用于任何周期量，但不适用于非周期量。

当周期电流为正弦量时，设$i = I_{\mathrm{m}}\sin(\omega t+\varphi_i)$，代入式（3.1.3），即可得到正弦量的有效值和振幅之间的关系

$$I=\sqrt{\frac{1}{T}\int_0^T I_{\mathrm{m}}^2\sin^2(\omega t+\varphi_i)\mathrm{d}t}=\frac{I_{\mathrm{m}}}{\sqrt{2}}=0.707I_{\mathrm{m}} \quad (3.1.4)$$

即**正弦量的有效值等于其振幅的$\frac{1}{\sqrt{2}}$。注意：只有正弦量的振幅与有效值之间有$\sqrt{2}$倍的关系。**同理，推广到正弦电压u，正弦电压的振幅U_{m}与有效值U的关系为：$U_{\mathrm{m}}=\sqrt{2}U$。

引入有效值概念后，正弦电流的标准表达式也可以写成如下形式

$$i=\sqrt{2}I\sin(\omega t+\varphi_i) \quad (3.1.5)$$

工程上所说的正弦电压、电流的大小如不加说明通常是指有效值，交流测量仪表的读数也是有效值。例如，“220V、60W”的灯泡，这里的220V表示其额定电压的有效值。但是，器件和电气设备的耐压是指器件或设备的绝缘可以承受的最大电压，所以当这些器件用于正弦交流电路时，就要按正弦电压的最大值考虑。

3.1.3　初相位

式（3.1.1）中，随时间变化的角度（$\omega t+\varphi_i$）称为正弦量的相位角或相位，单位为弧度（rad）或度（°）。正弦量在不同时刻的相位是不同的，因此相位反映了正弦量变化的进程。φ_i是**正弦量在$t=0$时刻的相位，称为正弦量的初相位，简称初相。**

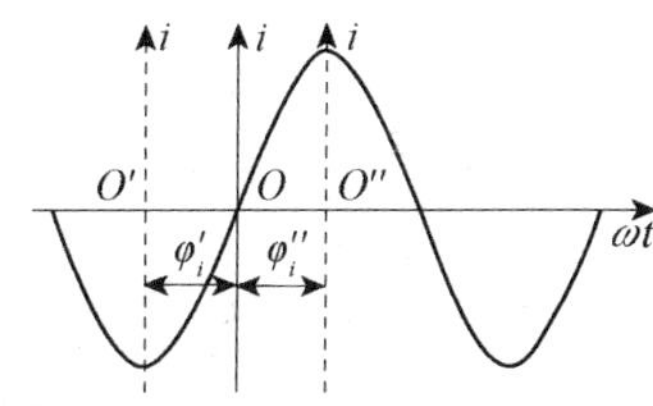

图 3.1.3　不同的计时起点对应的初相

初相就是正弦波正半波的起始点到计时起点（坐标原点）间的相位角，所以初相与计时起点有关。如果计时起点选在正半波区间（即$t=0$时，$i>0$），初相为正值；如果选在负半波区间（即$t=0$时，$i<0$），初相为负值；如果计时起点与正半波的起始点重合，则初相为0。初相的取值范围为$|\varphi_i|\leqslant 180°$。

图3.1.3示出了正弦电流在选取了3种不同的计时起点时，所对应的3个不同的正弦波初相。当计时起点在图示O位置时，$\varphi_i=0$；当计时起点在图示O'位置时，$\varphi_i'=-\frac{\pi}{2}$；当计时起点在图示$O''$位置时，$\varphi_i''=\frac{\pi}{2}$。

在正弦稳态电路分析中，经常要比较两个同频率正弦量的相位关系。两个同频率正弦量的相位差用φ表示，φ的取值范围为$|\varphi|\leqslant 180°$。

设在一个正弦交流电路中，有两个同频率的正弦电压u和正弦电流i，分别为$u=U_{\mathrm{m}}\sin(\omega t+\varphi_u)$，$i=I_{\mathrm{m}}\sin(\omega t+\varphi_i)$，则$u$和$i$的相位差为

$$\varphi=(\omega t+\varphi_u)-(\omega t+\varphi_i)=\varphi_u-\varphi_i \quad (3.1.6)$$

由式（3.1.6）可见，**两个同频率正弦量的相位差等于初相之差，是与时间t无关的常量。**虽然正弦量的初相与它们的计时起点有关，但是两个正弦量的相位差却与计时起点无关。因此，在正弦交流电路的计算中，通常先任意指定其中某一个正弦量的初相为零，称该正弦量为参考正弦量，再根据其他正弦量与参考正弦量之间的相位关系确定它们的初相。

相位差是区分两个同频率正弦量的重要标志之一，而且负载上的电压、电流相位差也能

反映负载的性质。电路中通常采用“超前”、“滞后”、“同相”和“反相”等术语来说明两个同频正弦量的相位关系。

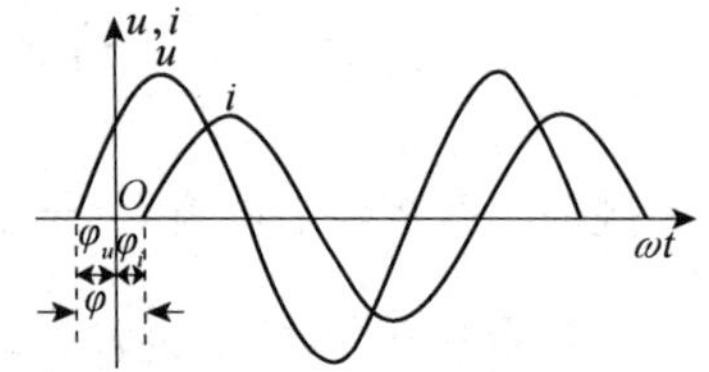

图 3.1.4 两个同频正弦量的相位差

对图 3.1.4 所示的两个同频率正弦量，初相 $\varphi_u > 0$，$\varphi_i < 0$，电压和电流的相位差 $\varphi = \varphi_u - \varphi_i > 0$，则称电压 u 超前电流 i（或电流滞后电压），并且超前了一个 φ 角。

如果电压和电流的相位差 $\varphi < 0$，则称电压 u 滞后电流 i；如果 $\varphi = 0$，称电压 u 和电流 i 同相，即它们同时到达最大值、最小值及同时过零；如果 $\varphi = \pi$，则称电压 u 与电流 i 反相，即当电压 u 到达最大值时，电流 i 到达最小值。

图 3.1.5 分别给出了正弦电压 u 和正弦电流 i 的几种特殊的相位关系。

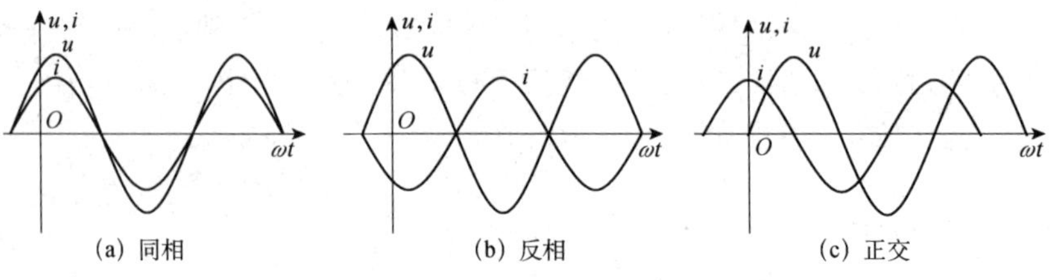

图 3.1.5 几种特殊的相位关系

例 3.1.1 已知正弦电压 $u_1 = 20\sin(100t + 30°)\text{V}$，$u_2 = -50\sin(100t - 135°)\text{V}$，正弦电流 $i_3 = 2\cos(100t - 150°)\text{A}$，试求 u_1 与 u_2、u_1 与 i_3 的相位差，并说明它们的相位关系。

解：同频率正弦量的相位关系必须在相同的函数形式下进行比较，故必须先将 u_2 和 i_3 转化为标准的正弦函数：

$$u_2 = -50\sin(100t - 135°) = 50\sin(100t - 135° + 180°) = 50\sin(100t + 45°)\text{V}$$

$$i_3 = 2\cos(100t - 150°) = 2\sin(100t - 150° + 90°) = 2\sin(100t - 60°)\text{A}$$

u_1 与 u_2 的相位差 $\varphi_{12} = \varphi_1 - \varphi_2 = 30° - 45° = -15°$，故 u_1 滞后 u_2 15°

u_1 与 i_3 的相位差 $\varphi_{13} = \varphi_1 - \varphi_3 = 30° - (-60°) = 90°$，故 u_1 超前 i_3 90°

3.1 测试题

3.2 正弦量的相量表示

正弦量的相量表示视频

正弦量的相量表示课件

上一节介绍了正弦量的两种表示方法：解析式表示法和波形图表示法。这两种表示方法都能直观地反映出正弦量的三要素。但是用这两种表示方法分析和计算正弦电路都比较麻烦。为此，本节引入正弦量的第三种表示方法：相量表示法。相量实质上就是复数，本节先介绍复数的各种表示形式及复数的运算规则，再结合正弦交流电路的特点，给出相量的定义。

3.2.1 复数及其运算

复数是既有实部又有虚部的量。任一复数 F 都可以有以下 4 种形式的数学表达式。

代数形式：$F = a + \text{j}b$

三角形式：$F=|F|(\cos\theta+\mathrm{j}\sin\theta)$

指数形式：$F=|F|\mathrm{e}^{\mathrm{j}\theta}$

极坐标形式：$F=|F|\angle\theta$

其中，$\mathrm{j}=\sqrt{-1}$ 为虚数单位（电路中为了与电流 i 区别开来，虚数单位用 j 而不用 i），a 和 b 分别是复数的实部和虚部，即 a=Re[F]，b=Im[F]。Re 和 Im 分别是取实部和虚部的运算符号。复数 F 的长度称为复数的模，用$|F|$表示；复数 F 与正实轴的夹角 θ 称为复数的辐角，规定$|\theta|\leqslant 180°$。当复数在 I、II 象限时，$\theta>0$；在 III、IV 象限时，$\theta<0$。

复数的上述 4 种形式可以互相转换，它们之间的关系如下：

$$|F|=\sqrt{a^2+b^2}\text{，}\quad \theta=\arctan\left(\frac{b}{a}\right)\text{（当 }a>0\text{ 时）}$$

$$a=|F|\cos\theta,\quad b=|F|\sin\theta$$

复数除了可以用数学表达式表示外，也可以在复平面上表示。复平面的横轴为实轴，用+1 为单位；纵轴为虚轴，用+j 为单位。复数 F 在复平面上可以用有方向的线段 $\overline{OF}$ 来表示，如图 3.2.1 所示。有向线段 $\overline{OF}$ 的长度为复数的模$|F|$，有向线段 $\overline{OF}$ 与正实轴的夹角为复数的辐角 θ 。$\overline{OF}$ 在实轴的投影为复数的实部 a，在虚轴的投影为复数的虚部 b。

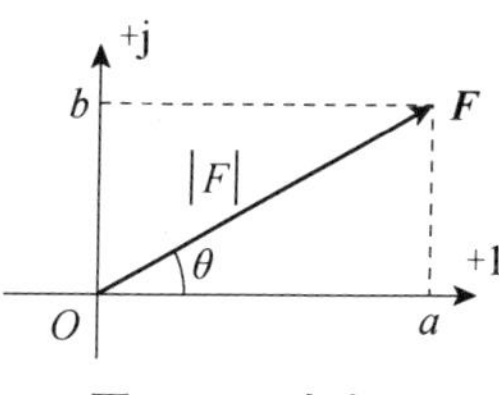

图 3.2.1　复数 F

例 3.2.1　试写出下列复数的极坐标形式。

（1）$F_1=3-\mathrm{j}4$　（2）$F_2=-8-\mathrm{j}6$　（3）$F_3=\mathrm{j}10$　（4）$F_3=-1$

解：（1）F_1 的模 $|F_1|=\sqrt{3^2+4^2}=5$，辐角 $\theta_1=\arctan\left(\frac{-4}{3}\right)=-53.1°$，故 F_1 的极坐标形式为 $F_1=5\angle-53.1°$。

（2）F_2 的模 $|F_2|=\sqrt{(-8)^2+(-6)^2}=10$，辐角 $\theta_2=-180°+\arctan\left(\frac{-6}{-8}\right)=-143.1°$（处于第 III 象限），故 F_2 的极坐标形式为 $F_2=10\angle-143.1°$。

（3）F_3 的模 $|F_3|=\sqrt{0^2+10^2}=10$，辐角 $\theta_3=90°$（纯虚数，正虚轴上），故 F_3 的极坐标形式为 $F_3=10\angle 90°$。

（4）F_4 的模 $|F_4|=\sqrt{(-1)^2+0^2}=1$，辐角 $\theta_4=180°$（纯实数，负实轴上），故 F_4 的极坐标形式为 $F_4=1\angle 180°$。

复数的 4 种形式使得复数的加、减、乘、除这 4 种基本运算非常灵活、方便。下面介绍复数的运算规则。

设有 2 个复数：$F_1=a_1+\mathrm{j}b_1=|F_1|\angle\theta_1$，$F_2=a_2+\mathrm{j}b_2=|F_2|\angle\theta_2$

则

$$F_1\pm F_2=(a_1\pm a_2)+\mathrm{j}(b_1\pm b_2)$$

即**复数的加减运算规则为实部和虚部分别相加减。**

$$F_1\cdot F_2=|F_1|\cdot|F_2|\angle(\theta_1+\theta_2)$$

$$\frac{F_1}{F_2}=\frac{|F_1|}{|F_2|}\angle(\theta_1-\theta_2)$$

即复数的乘除运算规则为：**两个复数相乘时，模相乘，辐角相加；两个复数相除时，模**

相除，辐角相减。

可见，在进行复数运算时，如果是加减运算，一般采用代数形式；如果是乘除运算，一般采用指数形式或极坐标形式；在混合运算中，则需要对复数的代数形式和极坐标形式进行转换。

例 3.2.2 已知复数 $Z = 10\angle 60^\circ + \dfrac{(5+\text{j}5)(-\text{j}10)}{5+\text{j}5-\text{j}10}$，求 Z 的极坐标形式。

解：根据复数运算规则，可得：

$$
\begin{aligned}
Z &= 10\angle 60^\circ + \frac{(5+\text{j}5)(-\text{j}10)}{5+\text{j}5-\text{j}10} = 10(\cos 60^\circ + \text{j}\sin 60^\circ) + \frac{5\sqrt{2}\angle 45^\circ \cdot 10\angle -90^\circ}{5\sqrt{2}\angle -45^\circ} \\
&= 5 + \text{j}8.66 + \frac{50\sqrt{2}\angle(45^\circ - 90^\circ)}{5\sqrt{2}\angle -45^\circ} = 5 + \text{j}8.66 + 10\angle 0^\circ \\
&= 15 + \text{j}8.66 = \sqrt{15^2 + 8.66^2}\angle \arctan\frac{8.66}{15} = 17.32\angle 30^\circ
\end{aligned}
$$

3.2.2 正弦量的相量表示

1. 正弦量的相量表示形式

如果令复数 $F = |F|\text{e}^{\text{j}\theta}$ 中的辐角 $\theta = \omega t + \varphi$，则 F 就是一个复指数函数，它的辐角以 ω 为角速度随时间变化。利用欧拉公式，这个复指数函数可以展开为

$$F = |F|\text{e}^{\text{j}(\omega t + \varphi)} = |F|\cos(\omega t + \varphi) + \text{j}|F|\sin(\omega t + \varphi)$$

则
$$\text{Im}[F] = |F|\sin(\omega t + \varphi)$$

即复指数函数的虚部就是正弦量。由此可见，正弦量可以用复指数函数来描述。

设正弦电流 $i = \sqrt{2}I\sin(\omega t + \varphi_i)$，则它可以用复指数函数表示为

$$i = \sqrt{2}I\sin(\omega t + \varphi_i) = \text{Im}[\sqrt{2}I\text{e}^{\text{j}(\omega t + \varphi_i)}] = \text{Im}[\sqrt{2}I\text{e}^{\text{j}\varphi_i}\text{e}^{\text{j}\omega t}] \tag{3.2.1}$$

式（3.2.1）表明，以正弦量的振幅为模，正弦量的相位为辐角构成的复指数函数的虚部就是这个正弦量。在正弦稳态电路中，当外加激励源一定时，各支路电压、电流均为与激励同频率的正弦量，所以只要确定了各正弦量的有效值和初相这两个要素，就能完全确定相应的正弦量。因此，在式（3.2.1）所示的正弦量复指数形式中，各正弦量只有 $I\text{e}^{\text{j}\varphi_i}$ 这一复常数部分是相互区别的。$I\text{e}^{\text{j}\varphi_i}$ **是以正弦量的有效值为模，正弦电流的初相为幅角的复数，将这个复数定义为正弦量的有效值相量**。注意，有效值相量是在大写字母上加小圆点表示，既区别于有效值，也表明它不是一般的复数，它是与正弦量对应的复数。

正弦电流的有效值相量用 $\dot{I}$ 表示，即

$$\dot{I} = I\text{e}^{\text{j}\varphi_i} = I\angle\varphi_i \tag{3.2.2}$$

式（3.2.2）表明，$\dot{I}$ 的模就是正弦电流的有效值 I，幅角就是正弦电流的初相 φ_i。

当然，也可以用正弦量的振幅来定义相量，称为振幅相量。正弦电流的振幅相量用 $\dot{I}_\text{m}$ 表示，它的模就是正弦电流的振幅，它的幅角就是正弦电流的初相，即

$$\dot{I}_\text{m} = I_\text{m}\text{e}^{\text{j}\varphi_i} = \sqrt{2}I\text{e}^{\text{j}\varphi_i} = \sqrt{2}I\angle\varphi_i \tag{3.2.3}$$

显然有
$$\dot{I}_\text{m} = \sqrt{2}\dot{I}$$

本书中如果没有特别说明，一般所说的相量均指有效值相量。

按照定义，正弦电压 $u=\sqrt{2}U\sin(\omega t+\varphi_u)$ 的有效值相量为

$$\dot{U}=U\mathrm{e}^{\mathrm{j}\varphi_u}=U\angle\varphi_u$$

利用上述关系可以实现正弦量与相量之间的相互变换，即可以由正弦量写出与其对应的相量，也可以由相量写出与其对应的正弦量。正弦量和相量之间存在一一对应的关系。注意：相量只是表示正弦量，而不等于正弦量。通常将正弦量的瞬时值表达式称为正弦量的时域表示，而将相量称为正弦量的频域表示。

定义了相量后，式（3.2.1）可以写成

$$i=\sqrt{2}I\sin(\omega t+\varphi_i)=\mathrm{Im}[\sqrt{2}I\mathrm{e}^{\mathrm{j}\varphi_i}\mathrm{e}^{\mathrm{j}\omega t}]=\mathrm{Im}[\sqrt{2}\dot{I}\mathrm{e}^{\mathrm{j}\omega t}] \tag{3.2.4}$$

例 3.2.3　已知正弦电流 $i_1=6\cos(100t+60°)\mathrm{A}$，$i_2=2\sqrt{2}\sin(100t+30°)\mathrm{A}$，试分别写出它们的有效值相量。

解：将电流 i_1 用正弦函数表示：

$$i_1=6\cos(100t+60°)=6\sin(100t+60°+90°)=6\sin(100t+150°)\mathrm{A}$$

写出电流 i_1、i_2 的有效值相量：

$$\dot{I}_1=3\sqrt{2}\angle150°\mathrm{A}\text{；}\quad \dot{I}_2=2\angle30°\mathrm{A}$$

例 3.2.4　已知同频正弦电压和电流的相量分别为 $\dot{U}=100\angle30°\mathrm{V}$，$\dot{I}=-5\sqrt{2}\angle-120°\mathrm{A}$，频率 $f=50\mathrm{Hz}$，试写出 u、i 的时域表达式。

解：由 $\dot{U}=100\angle30°\mathrm{V}$ 可得：　$u=100\sqrt{2}\sin(314t+30°)\mathrm{V}$

将 $\dot{I}$ 改写成标准形式：　$\dot{I}=-5\sqrt{2}\angle-120°=5\sqrt{2}\angle60°\mathrm{A}$

故　$i=10\sin(314t+60°)\mathrm{A}$

2. 相量图

相量既然是复数，那么就可以在复平面上用有向线段来表示，**有向线段的长度就是相量的模，即正弦量的有效值；有向线段与正实轴的夹角就是相量的辐角，即正弦量的初相，这种在复平面上表示相量的矢量图称为相量图**。显然，根据相量的极坐标形式能方便地画出相量图。注意：只有同频率正弦量所对应的相量才能画在同一个复平面内。

在相量图上能够形象地看出各个正弦量的大小和相互之间的相位关系，所以相量图在正弦稳态电路的分析中有着重要的作用，尤其适用于定性分析。

利用相量图还可以进行同频率正弦量所对应相量的加、减运算。设 $\dot{U}_1=U_1\angle\varphi_1$，$\dot{U}_2=U_2\angle\varphi_2$，$\dot{U}_1$ 超前于 $\dot{U}_2$，它们的相量图如图 3.2.2 所示。利用平行四边形法则，可以在相量图上画出 $\dot{U}_1+\dot{U}_2$ 及 $\dot{U}_1-\dot{U}_2$，分别如图 3.2.2(a)和(b)所示。

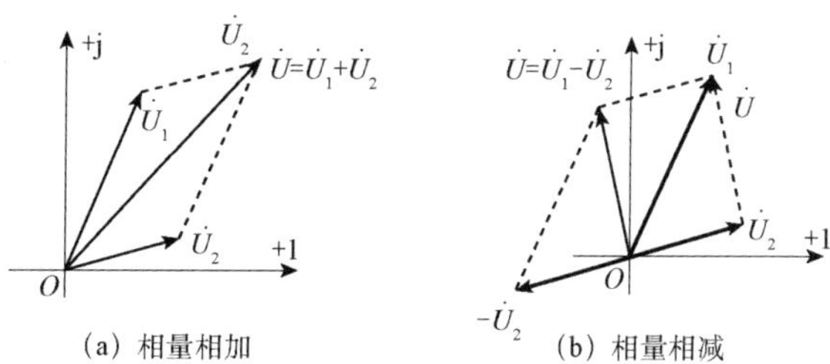

图 3.2.2　相量运算的平行四边形法则

3.2　测试题

3.3 两类约束的相量形式

基尔霍夫定律的相量形式视频

基尔霍夫定律的相量形式课件

3.3.1 基尔霍夫定律的相量形式

电路的拓扑约束和元件约束是分析正弦交流电路的两大约束，为了运用相量法来进行正弦稳态分析，必须先推导出这两类约束的相量形式。下面先介绍基尔霍夫定律的相量形式。

KCL 的时域形式为

$$\sum i = 0$$

在单一频率的正弦激励下，电路各支路电流均为与激励同频率的正弦量。根据正弦量的相量运算性质，可得 KCL 的相量形式

$$\sum \dot{I} = 0 \tag{3.3.1}$$

它表示**正弦稳态电路中，流入（或流出）任一节点的各支路电流相量的代数和为零**。

同理可得 KVL 的相量形式

$$\sum \dot{U} = 0 \tag{3.3.2}$$

它表示**在正弦稳态电路中，任一闭合回路的各支路电压相量的代数和为零**。

图 3.3.1(a)所示闭合回路的瞬时值形式 KVL 为

$$u_1+u_2+u_3-u_4-u_5=0$$

则相量形式的 KVL 为

$$\dot{U}_1+\dot{U}_2+\dot{U}_3-\dot{U}_4-\dot{U}_5=0$$

注意：一般情况下，有效值不满足 KVL，即 $U_1+U_2+U_3-U_4-U_5 \neq 0$

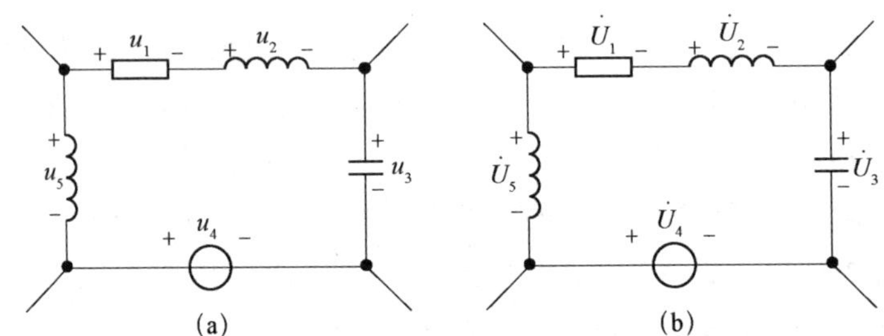

图 3.3.1 相量形式 KVL

3.3.2 电路元件伏安关系的相量形式

1. 电阻元件电压与电流关系的相量形式

电路元件伏安关系的相量形式视频

电路元件伏安关系的相量形式课件

电阻元件的时域电路模型如图 3.3.2(a)所示。在正弦稳态电路中，设流过它的正弦电流为 $i_R=\sqrt{2}I_R\sin(\omega t+\varphi_i)$，根据欧姆定律，可得关联参考方向下电阻元件上的电压为

$$u_R = R\cdot i_R = \sqrt{2}RI_R\sin(\omega t+\varphi_i) \tag{3.3.3}$$

由式（3.3.3）可得电阻元件的电压、电流有效值之间以及相位之间的关系为

$$\begin{cases} U_R = RI_R \\ \varphi_u = \varphi_i \end{cases} \tag{3.3.4}$$

即**电阻元件的电压有效值（或振幅）和电流有效值（或振幅）之间仍满足欧姆定律，且电压和电流同相**。电阻的电压和电流波形如图 3.3.2(b)所示。

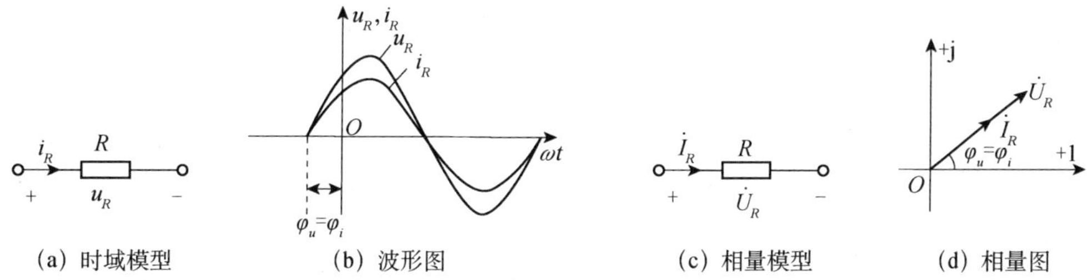

图 3.3.2 正弦稳态电路的电阻元件

如果将电阻元件的正弦电压、电流用相量表示，即 $\dot{I}_R = I_R\angle\varphi_i$，$\dot{U}_R = U_R\angle\varphi_u$，根据式（3.3.4）可得 $\dot{U}_R = U_R\angle\varphi_u = RI_R\angle\varphi_i = R\dot{I}_R$，即电阻元件 VCR 的相量形式为

$$\dot{U}_R = R\dot{I}_R \tag{3.3.5}$$

电阻元件的相量模型和相量图如图 3.3.2(c)和(d)所示。

2. 电感元件电压与电流关系的相量形式

电感元件的时域模型如图 3.3.3(a)所示，在正弦稳态电路中，设流过它的电流为 $i_L = \sqrt{2}I_L\sin(\omega t + \varphi_i)$，由电感元件的 VCR 可得关联参考方向下电感的电压为

$$u_L = L\frac{\mathrm{d}i_L}{\mathrm{d}t} = \sqrt{2}\omega LI_L\cos(\omega t + \varphi_i) = \sqrt{2}\omega LI_L\sin\left(\omega t + \varphi_i + \frac{\pi}{2}\right) \tag{3.3.6}$$

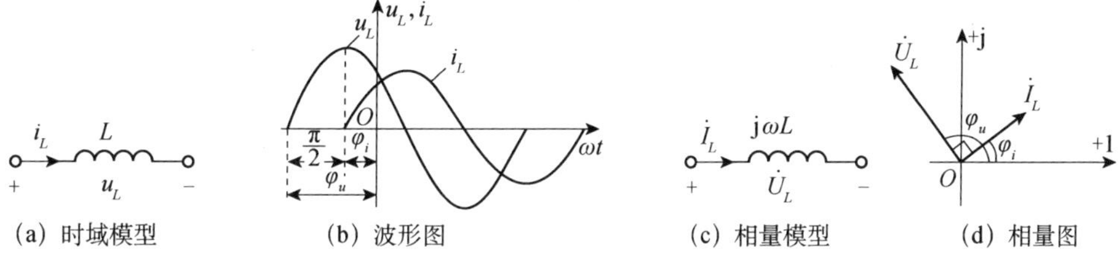

图 3.3.3 正弦稳态电路的电感元件

由式（3.3.6）可得电感元件的电压、电流有效值之间以及相位之间的关系为

$$\begin{cases} U_L = \omega LI_L \\ \varphi_u = \varphi_i + \dfrac{\pi}{2} \end{cases} \tag{3.3.7}$$

即**电感元件的电压有效值等于电流有效值乘以 ωL，且电压超前电流 90°**。电感元件的电压和电流波形如图 3.3.3(b)所示。

如果将电感元件的正弦电压、电流用相量表示，即 $\dot{I}_L = I_L\angle\varphi_i$，$\dot{U}_L = U_L\angle\varphi_u$，根据式（3.3.7）可得 $\dot{U}_L = U_L\angle\varphi_u = \omega LI_L\angle\left(\varphi_i + \dfrac{\pi}{2}\right) = \omega L\angle\dfrac{\pi}{2}I_L\angle\varphi_i = \mathrm{j}\omega L\dot{I}_L$。

故电感元件 VCR 的相量形式为

$$\dot{U}_L = \mathrm{j}\omega L\dot{I}_L \tag{3.3.8}$$

电感元件的相量模型和相量图如图 3.3.3(c)和(d)所示。

由式（3.3.7）可知，电感电压有效值和电流有效值之比为ωL，即

$$\omega L = \frac{U_L}{I_L} \tag{3.3.9}$$

将参数ωL定义为电感的感抗，用符号X_L表示，即

$$X_L = \omega L = 2\pi fL \tag{3.3.10}$$

感抗 X_L 的大小反映了电感对正弦电流阻碍能力的强弱。感抗与电阻具有相同的量纲，单位为欧姆（Ω）。感抗X_L不仅与电感的参数L有关，还和角频率ω有关。当电感L一定时，感抗X_L与角频率ω成正比。频率越低，感抗X_L越小，说明电感对低频电流的阻碍越弱。因此，**电感具有“通低频、阻高频”的特点**。直流电路中，因为$\omega = 0$，所以$X_L = 0$，即电感对直流相当于短路。

采用感抗的定义后，式（3.3.8）也可写成

$$\dot{U}_L = \mathrm{j}X_L\dot{I}_L \tag{3.3.11}$$

例 3.3.1　一个 0.5H 的电感线圈，通过的电流$i = 2\sqrt{2}\sin(100t + 30°)\mathrm{A}$，设电压和电流为关联参考方向，试求电感两端的电压$u$。

解：利用相量法求解。由已知得：$\dot{I} = 2\angle 30°\ \mathrm{A}$

电感线圈的感抗为：　$X_L=\omega L=100\times 0.5=50\Omega$

由电感元件 VCR 的相量形式得

$$\dot{U} = \mathrm{j}X_L\dot{I} = \mathrm{j}50\times 2\angle 30° = 50\angle 90°\times 2\angle 30° = 100\angle 120°\mathrm{V}$$

根据电压相量可写出电压的瞬时值

$$u = 100\sqrt{2}\sin(100t + 120°)\mathrm{V}$$

3. 电容元件电压与电流关系的相量形式

电容元件的时域模型如图 3.3.4(a)所示，在正弦稳态电路中，设电容两端的正弦电压$u_C = \sqrt{2}U_C\sin(\omega t + \varphi_u)$，则由电容元件的 VCR 可得关联参考方向下电容的电流为

$$i_C = C\frac{\mathrm{d}u_C}{\mathrm{d}t} = \sqrt{2}\omega CU_C\cos(\omega t + \varphi_u) = \sqrt{2}\omega CU_C\sin\left(\omega t + \varphi_u + \frac{\pi}{2}\right) \tag{3.3.12}$$

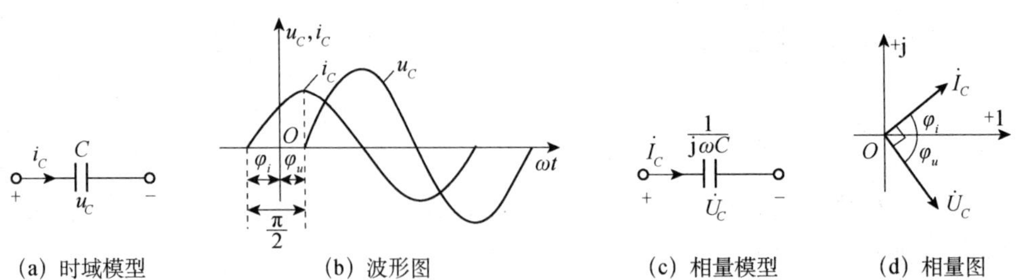

(a) 时域模型　(b) 波形图　(c) 相量模型　(d) 相量图

图 3.3.4　正弦稳态电路的电容元件

由式（3.3.12）可得电容元件的电压、电流有效值之间以及相位之间的关系为

$$\begin{cases} U_C = \dfrac{1}{\omega C} I_C \\ \varphi_u = \varphi_i - \dfrac{\pi}{2} \end{cases} \tag{3.3.13}$$

即**电容元件的电压有效值等于电流有效值乘以 $\dfrac{1}{\omega C}$，且电压滞后电流 90°**。电容元件的电压、电流波形如图 3.3.4(b)所示。

将电容元件的正弦电压、电流用相量表示，即 $\dot{I}_C = I_C \angle \varphi_i$，$\dot{U}_C = U_C \angle \varphi_u$，根据式（3.3.13），可得 $\dot{U}_C = U_C \angle \varphi_u = \dfrac{1}{\omega C} I_C \angle \left(\varphi_i - \dfrac{\pi}{2} \right) = \dfrac{1}{\omega C} \angle -\dfrac{\pi}{2} I_C \angle \varphi_i = \dfrac{1}{\mathrm{j}\omega C} \dot{I}_C$。

故电容元件 VCR 的相量形式为

$$\dot{U}_C = \frac{1}{\mathrm{j}\omega C} \dot{I}_C = -\mathrm{j} \frac{1}{\omega C} \dot{I}_C \tag{3.3.14}$$

电容元件的相量模型和相量图如图 3.3.4(c)和(d)所示。

将 $\dfrac{1}{\omega C}$ 定义为电容元件的容抗，用 X_C 表示，单位为欧姆（Ω），即

$$X_C = \frac{1}{\omega C} = \frac{1}{2\pi f C} \tag{3.3.15}$$

引入容抗的概念后，式（3.3.13）也可表示为

$$U_C = X_C I_C \tag{3.3.16}$$

容抗 X_C 的大小表征了电容对正弦电流阻碍能力的强弱，它与电容 C 及电路的工作频率 ω 都有关系。在一定的角频率下，电容 C 越大，容抗 X_C 越小，则导电能力越强。在电容 C 一定时，容抗 X_C 与角频率 ω 成反比，频率越低，则容抗 X_C 越大，说明电容对低频电流的阻碍能力越强。因此，**电容具有“通高频、阻低频”的特点**。当 ω=0 时，$X_C=\infty$，即电容对直流相当于开路。

采用容抗的定义后，式（3.3.14）也可写成

$$\dot{U}_C = -\mathrm{j} X_C \dot{I}_C \tag{3.3.17}$$

例 3.3.2 已知电容 C=1μF，其两端电压 $u = 10\sqrt{2}\sin(314t - 30°)$ V，设电压和电流为关联参考方向，求电容的电流 i。若 ω 变成 628rad/s，重新计算电流 i。

解：由已知得：$\dot{U} = 10\angle -30°\mathrm{V}$

电容的容抗为：$X_C = \dfrac{1}{\omega C} = \dfrac{1}{314 \times 10^{-6}} = 3183\Omega$

由电容元件 VCR 的相量形式得

$$\dot{I} = \frac{\dot{U}}{-\mathrm{j}X_C} = \frac{10\angle -30°}{-\mathrm{j}3183} = \frac{10\angle -30°}{3183\angle -90°} = 3.14\angle 60°\mathrm{mA}$$

则电流瞬时值为

$$i = 3.14\sqrt{2}\sin(314t + 60°)\mathrm{mA}$$

若 ω 变成 628rad/s，ω 增加一倍，导致容抗减小一倍，则

$$\dot{I} = \frac{10\angle -30°}{-\mathrm{j}3183/2} = 6.28\angle 60°\mathrm{mA}$$

故电流变为

$$i = 6.28\sqrt{2}\sin(628t + 60°)\text{mA}$$

可以看出，高频电流更容易通过电容。

注意：对于电感元件和电容元件，感抗和容抗随电源频率变化，而电阻元件的阻值始终恒定，这是它们的不同之处。

3.3 测试题

3.1～3.3 测试题讲解视频

3.1～3.3 测试题讲解课件

3.4 复阻抗及正弦稳态电路的相量分析法

对于正弦交流电路的稳态分析，仍然基于基尔霍夫定律的拓扑约束和元件 VCR 约束这两类电路约束，而电感元件和电容元件的 VCR 是微分关系，导致描述电路的方程是非齐次微分方程，求解其稳态响应将很复杂。当把正弦量用相量表示，再结合相量形式的基尔霍夫定律和欧姆定律，就可以将求解电路的微分方程转化为求解相量的代数方程，从而简化正弦稳态电路的分析计算。这就是正弦稳态电路的相量分析法。

3.4.1 复阻抗

复阻抗视频

复阻抗课件

上一节讨论了电阻、电感和电容三种基本无源元件 VCR 的相量形式，分别为

$$\dot{U}_R = R\dot{I}_R\text{；}\quad \dot{U}_L = \text{j}\omega L\dot{I}_L\text{；}\quad \dot{U}_C = \frac{1}{\text{j}\omega C}\dot{I}_C$$

由此可见，电感元件和电容元件的电压相量与电流相量之间的线性关系和电阻元件相似（而在时域下完全不同）。为了能用统一的参数表示无源二端元件上的电压相量和电流相量之间的欧姆定律关系，参照对电阻元件参数（电阻 R 和电导 G）的定义，引入了复阻抗和复导纳的概念。

将无源二端元件上的电压相量和电流相量之比定义为复阻抗，又称阻抗，记为 Z，单位为欧姆（Ω），即

$$Z = \frac{\dot{U}}{\dot{I}}\text{或}\dot{U} = Z\dot{I} \tag{3.4.1}$$

因 $\dot{U} = Z\dot{I}$ 与电阻电路中的欧姆定律相似，故式（3.4.1）又称欧姆定律的相量形式。

根据定义，电阻、电感和电容元件的复阻抗分别为

$$Z_R = \frac{\dot{U}}{\dot{I}} = R \tag{3.4.2}$$

$$Z_L = \frac{\dot{U}}{\dot{I}} = \text{j}\omega L = \text{j}X_L \tag{3.4.3}$$

$$Z_C=\frac{\dot{U}}{\dot{I}}=\frac{1}{\mathrm{j}\omega C}=-\mathrm{j}X_C \tag{3.4.4}$$

电阻元件的复阻抗为实数，电容和电感元件的复阻抗为虚数。因为 Z 不是相量（不表示正弦量），所以不用在顶端加小圆点。

式（3.4.1）关于复阻抗的定义同样适用于线性无源二端网络。图 3.4.1(a)所示由 R、L、C 构成的无源二端网络 N，在正弦电源激励下处于稳态。设端口电压相量为 $\dot{U}=U\angle\varphi_u$，端口电流相量为 $\dot{I}=I\angle\varphi_i$，则定义端口电压相量和电流相量之比为该无源二端网络的入端等效阻抗，即

$$Z=\frac{\dot{U}}{\dot{I}}=\frac{U\angle\varphi_u}{I\angle\varphi_i}=\frac{U}{I}\angle\varphi_u-\varphi_i=|Z|\angle\varphi_Z \tag{3.4.5}$$

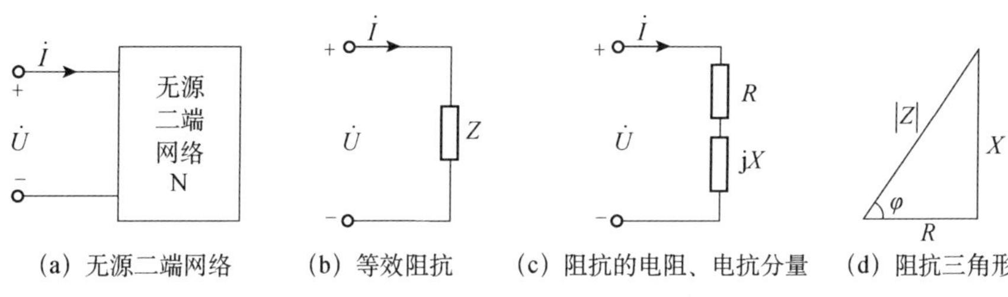

(a) 无源二端网络　(b) 等效阻抗　(c) 阻抗的电阻、电抗分量　(d) 阻抗三角形

图 3.4.1　无源二端网络的复阻抗

式（3.4.5）中，$|Z|$称为阻抗模，φ_Z称为阻抗角。由式（3.4.5）可得到阻抗模和电压、电流有效值之间的关系以及阻抗角与电压、电流初相角之间的关系为

$$|Z|=\frac{U}{I} \tag{3.4.6}$$

$$\varphi_Z=\varphi_u-\varphi_i \tag{3.4.7}$$

式（3.4.6）、式（3.4.7）表明，阻抗模等于二端网络的电压、电流有效值之比，阻抗角等于电压和电流的相位差。因此，阻抗既反映了二端网络端口电压与电流有效值之间的关系，又反映了它们的相位关系，是正弦稳态交流电路中的一个重要参数。

复阻抗的电路符号同电阻，如图 3.4.1(b)所示。

$Z=|Z|\angle\varphi_Z$为复阻抗 Z 的极坐标形式，也可以将它转化为直角坐标下的代数形式

$$Z=|Z|\angle\varphi_Z=|Z|\cos\varphi_Z+\mathrm{j}|Z|\sin\varphi_Z=R+\mathrm{j}X \tag{3.4.8}$$

在式（3.4.8）中，R 称为复阻抗 Z 的电阻分量，对应复阻抗的实部；X 称为复阻抗 Z 的电抗分量，对应复阻抗的虚部。因此，**无源二端网络可用一个电阻 R 和一个电抗 X 串联的电路等效**，如图 3.4.1(c)所示。

阻抗模$|Z|$、电阻分量 R 及电抗分量 X 可构成一个直角三角形，称之为阻抗三角形，如图 3.4.1(d)所示，可以看出

$$|Z|=\sqrt{R^2+X^2},\ \ \varphi_Z=\arctan\frac{X}{R},\ \ R=|Z|\cos\varphi_Z,\ \ X=|Z|\sin\varphi_Z \tag{3.4.9}$$

对不含受控源的无源二端网络，$R\geqslant0$，X 可正可负，故 $|\varphi_Z|\leqslant90°$。

- 如果 $X>0$，则阻抗角 $\varphi_Z>0$，端口电压超前电流，电路呈感性（感性阻抗），可以用一个电阻和一个电感的串联来等效。

● 如果$X<0$，则阻抗角$\varphi_Z<0$，端口电压滞后电流，电路呈容性（容性阻抗），可以用一个电阻和一个电容的串联来等效。

● 如果$X=0$，则阻抗角$\varphi_Z=0$，端口电压和电流同相，电路呈电阻性（电阻性阻抗），可以用一个电阻元件来等效。

例 3.4.1 图 3.4.2(a)所示无源二端网络的端口电压、电流分别为$u=20\sqrt{2}\sin 1\,000t\text{V}$，$i=2\sqrt{2}\sin(1\,000t-60°)\text{A}$。求该二端网络的等效复阻抗以及该网络由两个元件串联的等效电路和元件的参数值。

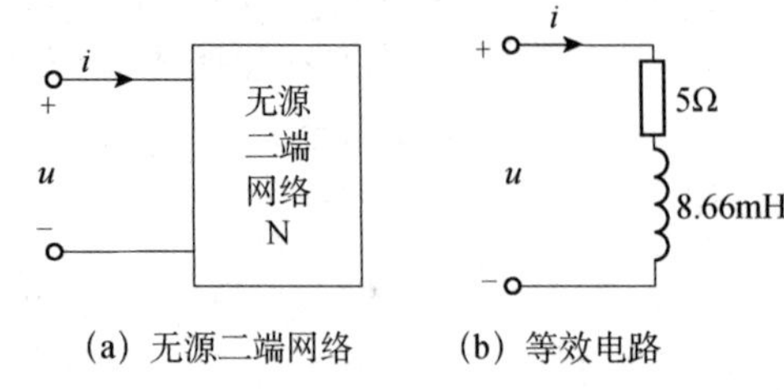

（a）无源二端网络　（b）等效电路

图 3.4.2　例 3.4.1 图

解：由已知得：$\dot{U}=20\angle 0°\text{V}$，$\dot{I}=2\angle -60°\text{A}$

二端网络的等效复阻抗为：$Z=\dfrac{\dot{U}}{\dot{I}}=\dfrac{20\angle 0°}{2\angle -60°}=10\angle 60°=5+\text{j}8.66\Omega$

该二端网络可以等效为一个电阻和电感串联的电路，其参数为：$R=5\Omega$，感抗$X_L=8.66\Omega$，对应的电感$L=\dfrac{X_L}{\omega}=8.66\text{mH}$。等效电路如图 3.4.2(b)所示。

同样，可定义端口电流相量和电压相量之比为无源二端网络的复导纳，用Y表示，即

$$Y=\frac{\dot{I}}{\dot{U}}=\frac{1}{Z}=\frac{I}{U}\angle\varphi_i-\varphi_u=|Y|\angle\varphi_Y=G+\text{j}B \tag{3.4.10}$$

其中，G为复导纳Y的电导分量，B为Y的电纳分量。

电阻、电容及电感元件的复导纳分别为

$$Y_R=\frac{1}{R}=G,\quad Y_L=\frac{1}{\text{j}\omega L},\quad Y_C=\text{j}\omega C$$

由于二端网络的复阻抗和复导纳一般与频率有关，所以网络的端口性质（如感性、容性、电阻性）以及等效电路的参数也会随着频率的变化而变化。

在正弦交流电路中，复阻抗的连接形式多种多样，其中最常用的是串联和并联。

图 3.4.3(a)所示为两个复阻抗串联的电路。根据 KVL 可写出

$$\dot{U}=\dot{U}_1+\dot{U}_2=Z_1\dot{I}+Z_2\dot{I}=(Z_1+Z_2)\dot{I}$$

由复阻抗的定义可知它的等效复阻抗Z为

$$Z=\frac{\dot{U}}{\dot{I}}=\frac{(Z_1+Z_2)\dot{I}}{\dot{I}}=Z_1+Z_2 \tag{3.4.11}$$

其等效电路见图 3.4.3(b)。两个复阻抗上的电压分别为

$$\dot{U}_1=\frac{Z_1}{Z_1+Z_2}\dot{U}\ ,\quad \dot{U}_2=\frac{Z_2}{Z_1+Z_2}\dot{U} \tag{3.4.12}$$

式（3.4.12）为两个复阻抗的串联分压公式。

图 3.4.4(a)所示为两个复阻抗并联的电路。根据 KCL 可写出

$$\dot{I}=\dot{I}_1+\dot{I}_2=\frac{\dot{U}}{Z_1}+\frac{\dot{U}}{Z_2}=\left(\frac{1}{Z_1}+\frac{1}{Z_2}\right)\dot{U} \tag{3.4.13}$$

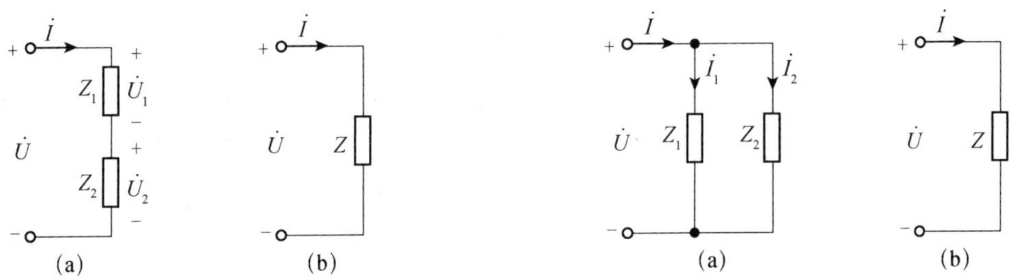

图 3.4.3　复阻抗串联　　　　图 3.4.4　复阻抗并联

由复阻抗的定义可知它的等效复阻抗 Z 为

$$Z=\frac{\dot{U}}{\dot{I}}=\frac{\dot{U}}{\left(\frac{1}{Z_1}+\frac{1}{Z_2}\right)\dot{U}}=\frac{1}{\frac{1}{Z_1}+\frac{1}{Z_2}}=\frac{Z_1Z_2}{Z_1+Z_2} \tag{3.4.14}$$

其等效电路见图 3.4.4(b)。两个复阻抗上的电流分别为

$$\dot{I}_1=\frac{Z_2}{Z_1+Z_2}\dot{I}\text{ ，}\quad \dot{I}_2=\frac{Z_1}{Z_1+Z_2}\dot{I} \tag{3.4.15}$$

式（3.4.15）为两个复阻抗的并联分流公式。

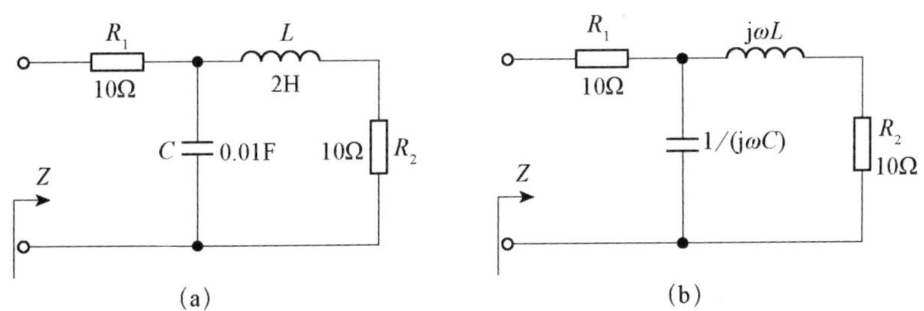

图 3.4.5　例 3.4.2 图

例 3.4.2　图 3.4.5(a)所示正弦交流电路，已知 ω=10rad/s。试求电路的输入阻抗 Z。

解：画出原电路的相量模型，如图 3.4.5(b)所示，由串并联关系可得输入阻抗为

$$Z=R_1+\frac{1}{\mathrm{j}\omega C}//(R_2+\mathrm{j}\omega L)=R_1+\frac{(R_2+\mathrm{j}\omega L)\frac{1}{\mathrm{j}\omega C}}{R_2+\mathrm{j}\omega L+\frac{1}{\mathrm{j}\omega C}}$$

当 ω=10rad/s 时， $\mathrm{j}\omega L=\mathrm{j}20\Omega$， $\frac{1}{\mathrm{j}\omega C}=\frac{1}{\mathrm{j}0.1}=-\mathrm{j}10\Omega$

代入数据得

$$Z=10+\frac{(10+\mathrm{j}20)(-\mathrm{j}10)}{10+\mathrm{j}20-\mathrm{j}10}=15-\mathrm{j}15\Omega$$

因为 $X<0$，所以它为容性负载。对于端口来说，此网络相当于一个 15Ω 的电阻与一个容抗 X_C=15Ω（对应的 $C=1/150\text{F}$）的电容相串联的电路。

相量法的创始人

3.4.2 正弦稳态电路的相量法分析

相量法视频

相量法课件

KCL、KVL和元件的伏安关系（VCR）是分析正弦交流电路的基本依据。对于线性电阻电路，其形式为

$$\sum i=0，\ \sum u=0，\ u=Ri$$

对于正弦稳态电路，其相量形式为

$$\sum \dot{I}=0，\ \sum \dot{U}=0，\ \dot{U}=Z\dot{I}$$

两者在形式上完全相同。可见，线性电阻电路的各种分析方法和电路定理完全适用于正弦稳态电路的相量法分析。

运用相量法分析正弦稳态电路的一般步骤如下：

（1）画出电路的相量模型。保持电路结构不变，将电路中所有的元件用复阻抗表示，即 $R\to R$，$L\to \mathrm{j}\omega L$，$C\to 1/(\mathrm{j}\omega C)$；所有的电压、电流用相量表示，即 $u\to\dot{U}$，$i\to\dot{I}$，这样就得到该时域电路所对应的相量模型。

（2）将直流电阻电路中的电路定律、定理及各种分析方法推广到正弦稳态电路中，建立相量形式的代数方程，求出相量值。

（3）将相量变换为正弦量。

可以看出，**相量法实质上是一种"变换"，它通过相量把时域中求解微分方程的正弦稳态解"变换"为在频域中求解复数代数方程的解**。

下面举例说明相量法在正弦稳态电路分析中的应用。

例 3.4.3 图3.4.6(a)所示电路，已知 $i_{\mathrm{S}}=10\sqrt{2}\sin 10t\mathrm{A}$，$R$=10Ω，$L$=1H，求电流 i_R 和 i_L。

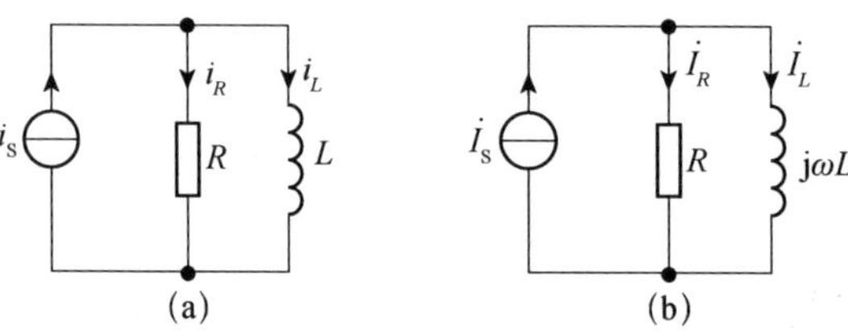

图 3.4.6 例 3.4.3 图

解：画出相量模型，如图3.4.6(b)所示，由式（3.4.15）可得

$$\dot{I}_R=\frac{\mathrm{j}\omega L}{R+\mathrm{j}\omega L}\dot{I}_{\mathrm{S}}=\frac{\mathrm{j}10}{10+\mathrm{j}10}\cdot 10\angle 0^\circ=5\sqrt{2}\angle 45^\circ\mathrm{A}$$

$$\dot{I}_L=\frac{R}{R+\mathrm{j}\omega L}\dot{I}_{\mathrm{S}}=\frac{10}{10+\mathrm{j}10}\cdot 10\angle 0^\circ=5\sqrt{2}\angle -45^\circ\mathrm{A}$$

根据相量写出对应的电流瞬时值表达式

$$i_R=10\sin(10t+45^\circ)\mathrm{A}，\ i_L=10\sin(10t-45^\circ)\mathrm{A}$$

例 3.4.4 图3.4.7(a)所示电路，已知 $i(t)=5\sqrt{2}\sin(10^6t+15^\circ)\mathrm{A}$，$R$=5Ω，$C$=0.2μF，求 $u_{\mathrm{S}}(t)$ 及各元件上的电压瞬时值表达式。

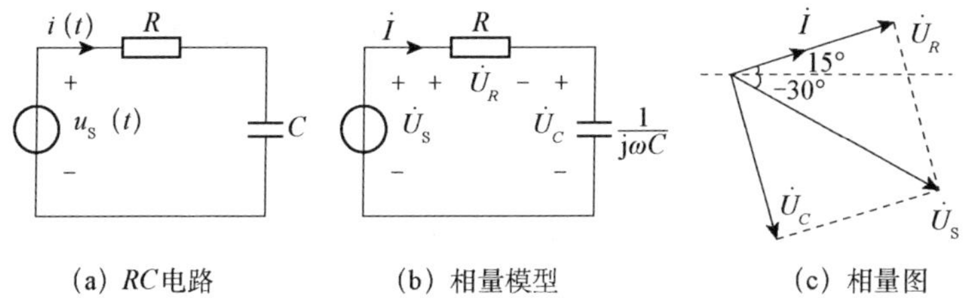

(a) RC电路　(b) 相量模型　(c) 相量图

图 3.4.7　例 3.4.4 图

解：（1）画出电路的相量模型，如图 3.4.7(b)所示，其中

$$\dot{I}=5\angle 15°\text{A}\text{，}\ \frac{1}{\text{j}\omega C}=-\text{j}5\Omega$$

（2）电路复阻抗为

$$Z=R+\frac{1}{\text{j}\omega C}=5-\text{j}5=5\sqrt{2}\angle-45°\Omega$$

由欧姆定律的相量形式得

$$\dot{U}_\text{S}=Z\dot{I}=5\sqrt{2}\angle-45°\times 5\angle 15°=25\sqrt{2}\angle-30°\text{V}$$

$$\dot{U}_R=R\dot{I}=5\times 5\angle 15°=25\angle 15°\text{V}$$

$$\dot{U}_C=\frac{1}{\text{j}\omega C}\dot{I}=-\text{j}5\times 5\angle 15°=5\angle-90°\times 5\angle 15°=25\angle-75°\text{V}$$

（3）将相量转换为正弦量

$u_\text{S}=50\sin(10^6t-30°)\text{V}$；$u_R=25\sqrt{2}\sin(10^6t+15°)\text{V}$；$u_C=25\sqrt{2}\sin(10^6t-75°)\text{V}$

相量图如图 3.4.7(c)所示，它反映了 $\dot{U}_R+\dot{U}_C=\dot{U}_\text{S}$ 这一关系。

例 3.4.5　正弦稳态电路如图 3.4.8(a)所示，已知 $u=120\sqrt{2}\sin(1\,000t)\text{V}$，$R$=15Ω，$L$=30mH，$C$=83.3μF。试求电流 i，并画相量图。

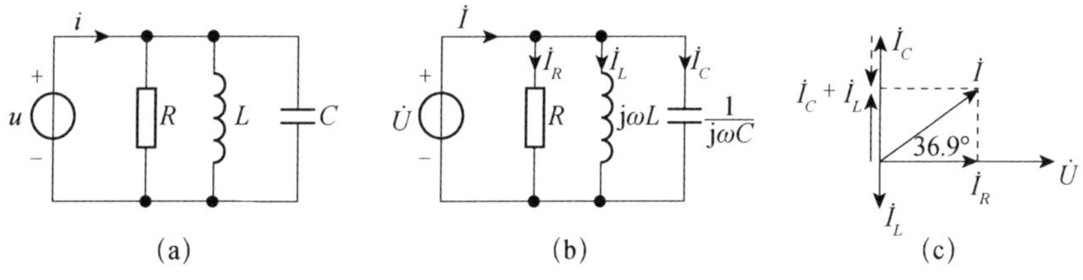

(a)　(b)　(c)

图 3.4.8　例 3.4.5 图

解：（1）画出电路的相量模型如图 3.4.8(b)所示。其中

$$\dot{U}=120\angle 0°\text{V}\text{；}\ \text{j}\omega L=\text{j}30\Omega\text{；}\ \frac{1}{\text{j}\omega C}=-\text{j}12\Omega$$

（2）【方法一】先求电路的等效复阻抗，再根据欧姆定律的相量形式求电流相量。

电路复阻抗为：$Z=\dfrac{1}{\dfrac{1}{R}+\dfrac{1}{\text{j}\omega L}+\text{j}\omega C}=\dfrac{60}{4+\text{j}3}=\dfrac{60}{5\angle 36.9°}=12\angle-36.9°\Omega$

由欧姆定律的相量形式，得：$\dot{I}=\dfrac{\dot{U}}{Z}=\dfrac{120\angle 0°}{12\angle-36.9°}=10\angle 36.9°\text{A}$

【方法二】先由 R、L、C 元件 VCR 的相量形式求各支路电流相量，再根据 KCL 的相量形式求得总支路电流相量。

由元件 VCR 得各支路电流相量为

$$\dot{I}_R=\frac{\dot{U}}{R}=\frac{120\angle0^\circ}{15}=8\angle0^\circ=8\text{A}$$

$$\dot{I}_L=\frac{\dot{U}}{\text{j}\omega L}=\frac{120\angle0^\circ}{\text{j}30}=4\angle-90^\circ=-\text{j}4\text{A}$$

$$\dot{I}_C=\text{j}\omega C\dot{U}=\frac{120\angle0^\circ}{-\text{j}12}=10\angle90^\circ=\text{j}10\text{A}$$

由 KCL 的相量形式，得

$$\dot{I}=\dot{I}_R+\dot{I}_L+\dot{I}_C=8-\text{j}4+\text{j}10=8+\text{j}6=10\angle36.9^\circ\text{A}$$

（3）最后将相量转换为正弦量：$i=10\sqrt{2}\sin(1000t+36.9^\circ)\text{A}$

各电压、电流的相量图如图 3.4.8(c)所示，它反映了 $\dot{I}_R+\dot{I}_C+\dot{I}_L=\dot{I}$ 这一关系。从图中还可以看出，电流 $\dot{I}$、$\dot{I}_R$、$\dot{I}_L+\dot{I}_C$ 不在同一个方向，它们构成了直角三角形。显然，电流有效值不满足 KCL，即 $I\neq I_R+I_L+I_C$。

各电流有效值满足以下关系

$$I=\sqrt{I_R^2+(I_C-I_L)^2} \tag{3.4.16}$$

同理，对于图 3.4.9(a)所示的 RLC 串联电路，以电流为参考相量（假设 $X_L>X_C$），得相量图如图 3.4.9(b)所示，显然电压 $\dot{U}$、$\dot{U}_R$、$\dot{U}_L+\dot{U}_C$ 不在同一个方向，它们构成了直角三角形，并称之为电压三角形。因此，电压有效值不满足 KVL，即 $U\neq U_R+U_L+U_C$，各电压有效值满足以下关系

$$U=\sqrt{U_R^2+(U_L-U_C)^2} \tag{3.4.17}$$

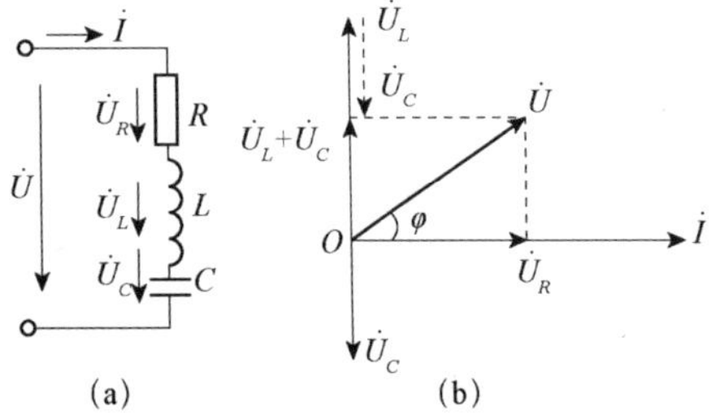

图 3.4.9 *RLC* 串联电路

3.4 测试题

3.4 测试题讲解视频

3.4 测试题讲解课件

3.5 正弦交流电路的功率

正弦交流电路功率视频

正弦交流电路功率课件

本节讨论正弦交流电路的功率问题。在正弦交流电路中，由于储能元件的存在，使得功率的变化规律出现了在电阻电路中没有的现象，即能量在电源和电路之间的往返交换现象。因此，对正弦交流电路中功率的分析比直流电阻电路要复杂得多，需要引入一些新的概念。下面分别介绍正弦交流电路的

瞬时功率、平均功率（有功功率）、无功功率和视在功率的概念及其计算。

3.5.1　瞬时功率

图 3.5.1(a)所示线性无源二端网络，设端口正弦电压 u 和电流 i 分别为

$$u=\sqrt{2}U\sin(\omega t+\varphi_u)\ ;\quad i=\sqrt{2}I\sin(\omega t+\varphi_i)$$

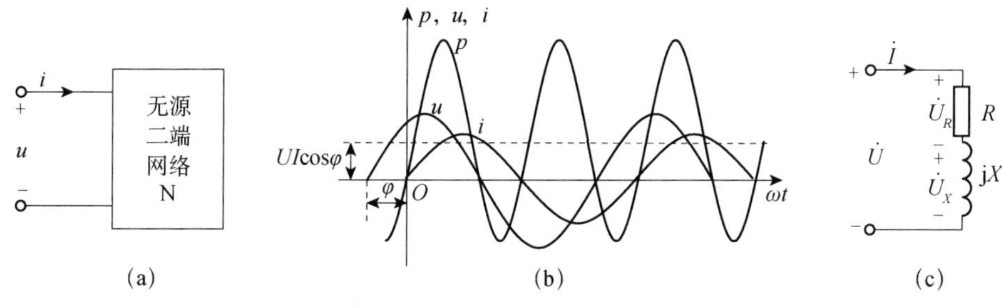

图 3.5.1　瞬时功率

则该网络吸收的瞬时功率为

$$p=ui=UI\cos(\varphi_u-\varphi_i)-UI\cos(2\omega t+\varphi_u+\varphi_i)=UI\cos\varphi-UI\cos(2\omega t+\varphi_u+\varphi_i)\qquad(3.5.1)$$

式中，$\varphi=\varphi_u-\varphi_i$，电压、电流和瞬时功率的波形如图 3.5.1(b)所示，瞬时功率的单位为瓦特（W）。由式（3.5.1）可知，瞬时功率包括一个恒定分量 $UI\cos\varphi$ 和一个正弦分量 $UI\cos(2\omega t+\varphi_u+\varphi_i)$。从图 3.5.1(b)所示的波形图可以看出，当 u、i 同号时，瞬时功率 $p>0$，说明网络在这期间吸收能量；当 u、i 异号时，瞬时功率 $p<0$，说明网络在这期间释放能量。由此可见，**电源和无源二端网络之间有能量往返交换的过程**。这是因为网络内部包含储能元件的缘故。

瞬时功率实际意义不大，因为它每时每刻都在变化，不便于测量，所以工程上通常引用平均功率的概念。

3.5.2　平均功率和功率因数

平均功率也叫有功功率，它是瞬时功率在一个周期内的平均值，用大写字母 P 表示，即

$$P=\frac{1}{T}\int_0^T p\mathrm{d}t=\frac{1}{T}\int_0^T[UI\cos\varphi-UI\cos(2\omega t+\varphi_u+\varphi_i)]\mathrm{d}t=UI\cos\varphi\qquad(3.5.2)$$

由式（3.5.2）可知，平均功率不仅与电压、电流的有效值有关，还和电压、电流的相位差 φ 有关。式中，**$\cos\varphi$ 定义为电路的功率因数**，常用 λ 表示，即 $\lambda=\cos\varphi$，故 φ 又称功率因数角。**对无源二端网络来说，φ 就等于阻抗角**。若无源二端网络内部不含受控源，则 $-90°\leqslant\varphi\leqslant 90°$，所以 $0\leqslant\cos\varphi\leqslant 1$。

平均功率 $UI\cos\varphi$ 表示电路实际消耗的功率，是瞬时功率中的恒定分量部分，它反映电路消耗电能的速率，单位为瓦特（W）。

（1）对于纯电阻电路，因为电压与电流同相，故 $\varphi=0°$，可得电阻的平均功率为

$$P=UI\cos 0°=UI=I^2R=\frac{U^2}{R}\qquad(3.5.3)$$

$P\geqslant 0$，说明电阻总在消耗功率，这一点也可从电阻元件的瞬时功率中看出。电阻元件的

瞬时功率为

$$p = ui = \sqrt{2}U\sin(\omega t + \varphi_u) \times \sqrt{2}I\sin(\omega t + \varphi_i) \overset{\varphi_u=\varphi_i}{=} UI[1-\cos 2(\omega t + \varphi_i)] \tag{3.5.4}$$

可见，p 以 2ω 角频率按正弦规律变化，且始终≥0，说明电阻总在吸收功率。瞬时功率在一个周期内的平均值即为平均功率，可得 $P = \frac{1}{T}\int_0^T p\mathrm{d}t = UI$ 。

（2）对于纯电感电路，因为电压超前电流 $90°$ ，故 $\varphi = 90°$ ，可得电感的平均功率为

$$P = UI\cos 90° = 0 \tag{3.5.5}$$

说明电感在一个周期内不消耗平均功率，这一点也可以从电感元件的瞬时功率中看出。电感元件的瞬时功率为

$$p = ui = \sqrt{2}U\sin(\omega t + \varphi_u) \times \sqrt{2}I\sin(\omega t + \varphi_i) \overset{\varphi_u=\varphi_i+\frac{\pi}{2}}{=} UI\sin 2(\omega t + \varphi_i) \tag{3.5.6}$$

p 以 2ω 角频率按正弦规律变化，可正可负。$p>0$ 时表明电感吸收能量；$p<0$ 时表明电感释放能量。在电流的第一个和第三个 1/4 周期内，电流绝对值增大，即磁场能量 $\frac{1}{2}Li^2$ 在增大，电感从电源吸收电能，并转化为磁能储存在磁场中；在电流的第二个和第四个 1/4 周期内，电流绝对值减小，磁场能量在减小，电感释放出原来储存的能量。

由式（3.5.6）也可以看出，**电感的平均功率为 0，说明电感本身不消耗电能。在一个周期内，电感从电源吸收的能量一定等于它归还给电源的能量**。

（3）对于纯电容电路，因为电压滞后电流 $90°$ ，故 $\varphi = -90°$ ，可得电容的平均功率为

$$P = UI\cos(-90°) = 0 \tag{3.5.7}$$

说明电容在一个周期内也不消耗平均功率，当然也可以从电容元件的瞬时功率中看出。电容元件的瞬时功率为

$$p = ui = \sqrt{2}U\sin(\omega t + \varphi_u) \times \sqrt{2}I\sin(\omega t + \varphi_i) \overset{\varphi_u=\varphi_i-\frac{\pi}{2}}{=} UI\sin 2(\omega t + \varphi_u) = -UI\sin 2(\omega t + \varphi_i) \tag{3.5.8}$$

p 以 2ω 角频率按正弦规律变化，可正可负。在电流的第一个和第三个 1/4 周期内，电压绝对值减小，即电容存储的电场能量 $\frac{1}{2}Cu^2$ 在减小，电容放电，此时电容发出功率，所以 $p<0$。在电流的第二个和第四个 1/4 周期内，电压绝对值增大，电容充电，此时电容吸收功率，所以 $p>0$。

由式（3.5.8）也可以看出，**电容的平均功率为 0，说明电容本身不消耗电能。在一个周期内，电容从电源吸收的能量一定等于它归还给电源的能量**。

（4）如果是由 R、L、C 组成的线性无源二端网络，电压和电流的相位差为 φ，则平均功率的一般表达式为 $P = UI\cos\varphi$ 。

前面已述，图 3.4.1(a)所示的线性无源二端网络可以等效为复阻抗 $Z = |Z|\angle\varphi = R + \mathrm{j}X$ ，即等效为一个电阻和一个电抗串联的电路，如图 3.4.1(c)所示。因为 $U = I|Z|$，所以平均功率还可以进一步写为

$$P = UI\cos\varphi = (I|Z|)I\cos\varphi = I^2|Z|\cos\varphi = I^2R \tag{3.5.9}$$

其中 R 为复阻抗的电阻分量，即复阻抗的实部。

平均功率满足功率守恒定律，即无源二端网络吸收的平均功率等于其内部各电阻元件吸收的平均功率之和（因电感和电容的平均功率为 0），即

$$P = \sum P_R \tag{3.5.10}$$

3.5.3　无功功率

平均功率（有功功率）反映了电路消耗电能的速率。在正弦交流电路中，电容和电感虽然不消耗电能，但是它们与外电路存在能量交换的过程。这种能量交换的速率可以用无功功率来衡量。无功功率用大写字母Q表示，其定义为

$$Q = UI\sin\varphi \tag{3.5.11}$$

因为**无功功率只反映储能元件与外电路之间进行能量交换的速率，它对外并不真正做功，**所以形象地称为“无功”，但并非是“无用”的功率。为了区别于有功功率，无功功率的单位为乏（var）。

（1）对于电阻元件来说，由于电压与电流同相，$\varphi = 0°$，故无功功率$Q=0$，说明电阻不会和外界交换能量，电阻只会消耗能量。

（2）对于电感元件来说，电压与电流的相位差为90°，即$\varphi = 90°$，故其无功功率为

$$Q = UI\sin\varphi = UI = I^2 X_L = \frac{U^2}{X_L} \tag{3.5.12}$$

可见，电感的无功功率$Q> 0$。电感的平均功率虽为零，但电感与外电路有能量交换，所以无功功率并不为零，它实际上就是电感瞬时功率（式（3.5.6））的幅值，表明了电感与外电路进行能量交换的速率。

（3）对于电容元件来说，电压与电流的相位差为−90°，即$\varphi = -90°$，故其无功功率为

$$Q = UI\sin\varphi = -UI = -I^2 X_C = -\frac{U^2}{X_C} \tag{3.5.13}$$

显然，电容的无功功率$Q< 0$。

要注意，无功功率只反映储能元件与外电路之间进行能量交换的速率，所以其正负是没有意义的。电感的无功功率大于 0，电容的无功功率小于 0，意味着电感和电容之间的无功功率可以相互补偿（即电感的磁场能量和电容的电场能量相互交换），两者无功功率的差额才由外电路提供。这一点由式（3.5.6）和式（3.5.8）也可以看出，电感元件与电容元件的瞬时功率相差一个负号，说明它们和外电路进行能量交换的过程刚好相反。

（4）对于由R、L、C组成的线性无源二端网络来说，若电压和电流的相位差为φ，其无功功率的一般表达式为$Q = UI\sin\varphi$。它表明了二端网络与外电路进行能量交换的速率。对于感性负载，因为$0° < \varphi < 90°$，所以$Q > 0$；对于容性负载，因为$-90° < \varphi < 0°$，所以$Q < 0$。

根据电压、电流和阻抗之间的关系，无功功率还可以写成

$$Q = UI\sin\varphi = |Z| I^2 \sin\varphi = I^2 X \tag{3.5.14}$$

其中X为复阻抗的电抗分量，即复阻抗的虚部。

无功功率也满足功率守恒定律，无源二端网络吸收的无功功率等于其内部各电感和电容元件吸收的无功功率之和（因电阻的无功功率为 0），即

$$Q = Q_L + Q_C \tag{3.5.15}$$

电路的无功功率为电感和电容所吸收无功功率的代数和，这说明电路中有一部分能量在电感和电容之间自行交换，两者的差值才由外电路来提供。

3.5.4 视在功率

视在功率和复功率视频

视在功率和复功率课件

在正弦交流电路中，**二端网络的端口电压有效值 U 和端口电流有效值 I 的乘积定义为该二端网络的视在功率**，用大写字母 S 表示，即

$$S = UI \tag{3.5.16}$$

视在功率的单位为伏安（VA）。视在功率虽然一般不等于电路实际消耗的功率，但这个概念在电气工程中却有着实际意义。通常用视在功率表示电力设备的额定容量。因为一般的用电设备都有其安全运行的额定电压、额定电流及额定功率的限制。对于像电灯泡、电烙铁这样的电阻性用电设备，它们的功率因数为 1，因此可以根据其额定电压和额定电流确定其额定功率；但对于像发电机、变压器等电力设备，它们在运行时其功率因数是由外电路来决定的。因此，在未指定其运行时功率因数的情况下，是无法标明其额定平均功率的。所以，通常以其额定视在功率作为该电力设备的额定容量。

正弦交流电路的有功功率 P、无功功率 Q 和视在功率 S 之间的关系为

$$\begin{cases} P = UI\cos\varphi = S\cos\varphi \\ Q = UI\sin\varphi = S\sin\varphi \\ S = \sqrt{P^2 + Q^2} \end{cases} \tag{3.5.17}$$

由式（3.5.17）可以看出，**有功功率、无功功率和视在功率构成一个直角三角形，称为功率三角形**，如图 3.5.2 所示。显然，功率三角形和阻抗三角形为相似三角形。

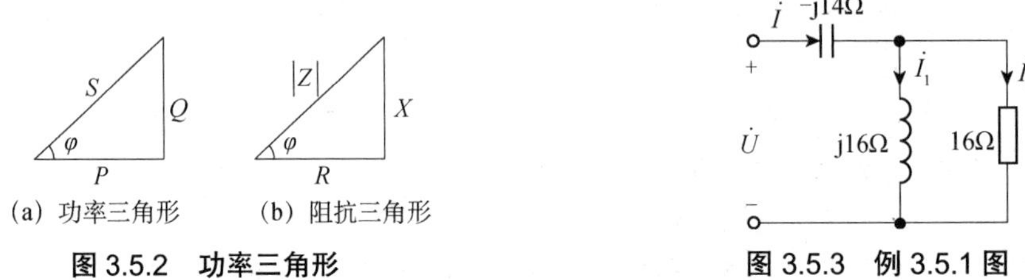

图 3.5.2 功率三角形

图 3.5.3 例 3.5.1 图

例 3.5.1 正弦稳态电路的相量模型如图 3.5.3 所示，已知端口电压 U=100V，试求该网络吸收的有功功率、无功功率、视在功率和功率因数。

解：设 $\dot{U} = 100\angle 0°\text{V}$ ，由串并联关系可得输入阻抗

$$Z = -\text{j}14 + \text{j}16 // 16 = -\text{j}14 + \frac{\text{j}16 \times 16}{\text{j}16 + 16} = 8 - \text{j}6 = 10\angle -36.9°\Omega$$

故

$$\dot{I} = \frac{\dot{U}}{Z} = \frac{100\angle 0°}{10\angle -36.9°} = 10\angle 36.9°\text{A}$$

$$\dot{I}_1 = \frac{16}{16 + \text{j}16} \times \dot{I} = 5\sqrt{2}\angle -8.1°\text{A}$$

$$\dot{I}_2 = \frac{\text{j}16}{16 + \text{j}16} \times \dot{I} = 5\sqrt{2}\angle 81.9°\text{A}$$

功率因数角即阻抗角：$\varphi = -36.9°$ 。

【方法一】根据定义式求各功率

$$P = UI\cos\varphi = 100\times10\times\cos(-36.9°) = 800\text{W}$$

$$Q = UI\sin\varphi = 100\times10\times\sin(-36.9°) = -600\,\text{var}$$

$$S = UI = 100\times10 = 1\,000\text{VA}$$

$$\lambda = \cos\varphi = 0.8（容性）$$

【方法二】根据各功率的物理意义求解

$$P = I_2^2R = 50\times16 = 800\text{W}$$

$$Q = Q_L + Q_C = X_LI_1^2 - X_CI^2 = 16\times50 - 14\times100 = -600\,\text{var}$$

$$S = \sqrt{P^2+Q^2} = 1\,000\text{VA}$$

$$\lambda = \frac{P}{S} = 0.8（容性）$$

【方法三】根据公式（3.5.9）及公式（3.5.15）求解

$$P = I^2R = 10^2\ \times8 = 800\text{W}$$

$$Q = I^2X = 10^2\times(-6) = -600\ \text{var}$$

$$S = \sqrt{P^2+Q^2} = 1\ 000\text{VA}$$

$$\lambda = \frac{P}{S} = 0.8（容性）$$

例 3.5.2　图 3.5.4 为三表法测量感性负载等效阻抗的电路。已知电压表、电流表、功率表的读数分别为 36V、10A 和 288W，各表均为理想仪表，求感性负载的等效阻抗 Z。若电路角频率 $\omega = 314\,\text{rad/s}$，求负载的等效电阻和等效电感。

解：功率表的读数表示平均功率（有功功率），所以 P=288W。

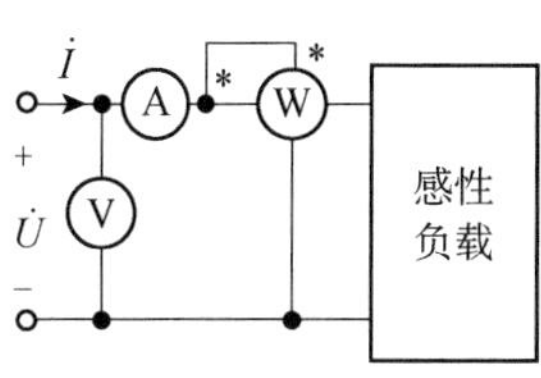

图 3.5.4　例 3.5.2 图

【方法一】根据各功率的物理意义

$$S = UI = 36\times10 = 360\text{VA}$$

$$Q = \sqrt{S^2-P^2} = \sqrt{360^2-288^2} = 216\,\text{var}$$

因　$P = I^2R$，$Q = Q_L = I^2X_L$

故　$R = \dfrac{P}{I^2} = \dfrac{288}{100} = 2.88\Omega$，$X_L = \dfrac{Q}{I^2} = \dfrac{216}{100} = 2.16\Omega$

$$\therefore L = \frac{X_L}{\omega} = \frac{2.16}{314} = 6.88\text{mH}$$

【方法二】根据各功率定义式

由 $P = UI\cos\varphi$ 得：　　$\cos\varphi = \dfrac{P}{UI} = \dfrac{288}{36\times10} = 0.8$

$|Z| = \dfrac{U}{I} = \dfrac{36}{10} = 3.6\Omega$　故 $R = |Z|\cos\varphi = 3.6\times0.8 = 2.88\Omega$

$X_L = |Z|\sin\varphi = 3.6\times0.6 = 2.16\Omega$ ➡ $L = \dfrac{X_L}{\omega} = \dfrac{2.16}{314} = 6.88\text{mH}$

【方法三】根据阻抗的关系

$$R = \frac{P}{I^2} = \frac{288}{100} = 2.88\Omega，\ |Z| = \frac{U}{I} = \frac{36}{10} = 3.6\Omega$$

因 $|Z| = \sqrt{R^2+(\omega L)^2}$，故 $\omega L = \sqrt{|Z|^2-R^2} = \sqrt{3.6^2-2.88^2} = 2.16\Omega$

$$\therefore L = \frac{X_L}{\omega} = \frac{2.16}{314} = 6.88\text{mH}$$

3.5.5 电路功率因数的提高

功率因数的提高视频

功率因数的提高课件

前面介绍了正弦交流电路中各种功率的概念，知道了电源在额定容量 S_N 下，究竟向电路提供多大的平均功率，取决于负载的功率因数 λ。例如，额定容量为 10^5kVA 的发电机，工作于额定电压、额定电流的情况下，当负载功率因数 $\lambda = 1$ 时，其输出功率为 10^5kW；而当负载功率因数 $\lambda = 0.6$ 时，其输出功率就只能达到 60 000kW。可见，为了充分利用电力设备的容量，应适当提高电路的功率因数。

另外，输电线上的电流 $I = \dfrac{P}{U\cos\varphi}$，当电源电压 U 和输送功率 P 一定时，功率因数越低，线路上的电流越大，则线路上的功率损耗也就越大。

因此，**为了提高电力设备的效率及减少输电线路上的损耗，应设法提高电路的功率因数**。

实际上，大多数的家用负载和工业负载都是感性负载，且功率因数较低。如日光灯电路的功率因数通常在 0.45～0.6 之间，电冰箱的功率因数在 0.55 左右。为了保证设备原有的工作状态不受影响，**提高电路功率因数的常用方法是在感性负载两端并联电容（称为补偿电容）**，以减少电源和负载之间的能量互换，即减小无功功率。具体电路如图 3.5.5(a)所示，感性负载用电阻 R 和电感 L 的串联来表示。

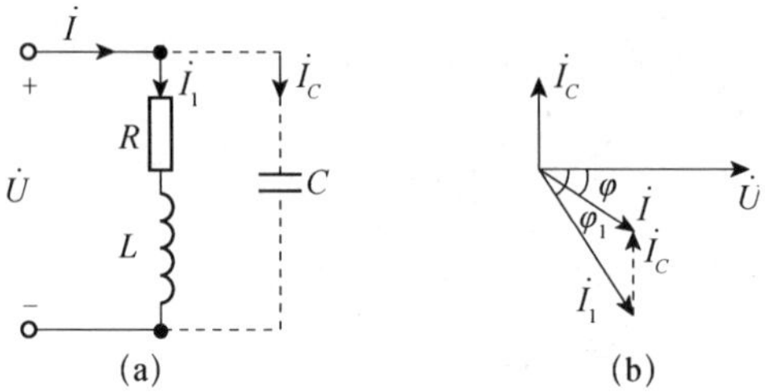

无功补偿节能降耗

图 3.5.5 并联电容提高功率因数

并联电容前，端口电流 $\dot{I} = \dot{I}_1$，滞后于电压 $\dot{U}$，端口电压、电流的相位差为 φ_1，$\cos\varphi_1$ 即为电路原来的功率因数。并联电容 C 后，端口电流 $\dot{I} = \dot{I}_1 + \dot{I}_C$，因为电容的电流 $\dot{I}_C$ 超前电压 $\dot{U}$ 90°，使得电流 $\dot{I}$ 逆时针旋转，如图 3.5.5(b)所示，端口电压 $\dot{U}$ 和端口电流 $\dot{I}$ 的相位差减小到 φ，$\cos\varphi$ 即为电路当前的功率因数。因为 $\varphi < \varphi_1$，所以 $\cos\varphi > \cos\varphi_1$。即并联电容后，电路的功率因数得到了提高。下面讨论功率因数从 $\cos\varphi_1$ 提高到 $\cos\varphi$ 所需并联的电容值。

因为电容不消耗有功功率，所以并联电容前后整个电路的有功功率不变，即

$$P = UI_1\cos\varphi_1 = UI\cos\varphi$$

可得

$$I_1 = \frac{P}{U\cos\varphi_1},\quad I = \frac{P}{U\cos\varphi}$$

由图 3.5.5(b)可得

$$I_C = I_1\sin\varphi_1 - I\sin\varphi = \left(\frac{P}{U\cos\varphi_1}\right)\sin\varphi_1 - \left(\frac{P}{U\cos\varphi}\right)\sin\varphi = \frac{P}{U}(\tan\varphi_1 - \tan\varphi)$$

又因　$I_C = \dfrac{U}{X_C} = \omega CU$，由此可得

$$C = \frac{P}{\omega U^2}(\tan\varphi_1 - \tan\varphi) \tag{3.5.18}$$

上述利用电容进行补偿的结果是使电路仍呈感性。值得注意的是，如果并联的电容过大，使得I_C过大，导致电路呈容性，功率因数反而会下降，但成本却增加了。另外，一般不考虑将功率因数补偿到 1。因为功率因数大于 0.9 以后，再增加 C 值对减小线路电流的作用也无明显效果，但会增加成本。因此，一般供用电规则是：高压供电的企业平均功率因数不低于 0.95，其他单位不低于 0.9，对于功率因数不符合要求的用户将增收无功电费。

补偿容量的计算公式也可由图 3.5.6 所示的功率三角形得出：

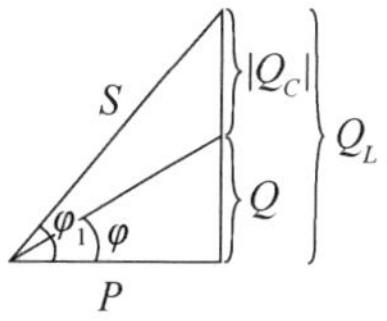

图 3.5.6　功率三角形

并联电容前，电路的无功功率仅为电感消耗的无功功率 Q_L，由功率三角形可知$Q_L = P\tan\varphi_1$。

并联电容后，电路的无功功率为 Q，显然$Q = Q_L + Q_C$。$\because Q_C < 0 \quad \therefore Q < Q_L$。并联电容后电路的无功功率减小，表示电源与电路之间的能量交换减小。这是因为负载所需的无功功率一部分由电容来供给，使得电源的容量得到充分利用。由功率三角形可得$Q = P\tan\varphi$，故由电容提供的无功功率为：

$$Q_C = Q - Q_L = P\tan\varphi - P\tan\varphi_1$$

又因为电容的无功功率$Q_C = -\dfrac{U^2}{X_C} = -\omega CU^2$，故所需并联的电容值

$$C = \frac{P}{\omega U^2}(\tan\varphi_1 - \tan\varphi)$$

例 3.5.3　已知交流发电机的额定容量 S=10kVA，U=220V，f=50Hz。所接负载为日光灯，功率因数为 0.6，总功率 P=8kW。

（1）试问负载电流是否会超过发电机电流的额定值？

（2）欲将线路功率因数提高到 0.9，应并联多大的电容？

（3）功率因数提高到 0.9 以后，负载电流是多少？

（4）此时由电容器提供的无功功率为多少？

解：（1）发电机额定电流为：I=S/U=10 000/220=45.5A

日光灯电路总电流为：$I_L = \dfrac{P}{U\cos\varphi_1} = \dfrac{8\,000}{220 \times 0.6} = 60.6\text{A}$

可见，负载总电流已超过发电机的额定电流。

（2）由感性负载的功率因数$\cos\varphi_1 = 0.6$　　得$\varphi_1 = \arccos 0.6 = 53.1°$

目标功率因数$\cos\varphi_2 = 0.9$　　得$\varphi_2 = \arccos 0.9 = 25.8°$

由式（3.5.20）可得需并联的电容为

$$C = \frac{P}{\omega U^2}(\tan\varphi_1 - \tan\varphi_2) = \frac{8\,000}{314 \times 220^2}(\tan 53.1° - \tan 25.8°) = 447\mu\text{F}$$

（3）功率因数提高到 0.9 以后，负载电流

$$I' = \frac{P}{U\cos\varphi_2} = \frac{8\,000}{220 \times 0.9} = 40.4\text{A}$$

此电流小于发电机的额定电流 45.5A，发电机尚有余力再接一些负载，因此提高了它的利用率。

（4）未接电容时电路的无功功率为

$$Q_1 = P\tan\varphi_1 = 8\ 000 \times \tan 53.13° = 10.7\text{kvar}$$

并联电容后电路的无功功率为

$$Q_2 = P\tan\varphi_2 = 8\ 000 \times \tan 25.84° = 3.9\text{kvar}$$

由电容提供的无功功率为

$$Q_C = Q_2 - Q_1 = 3.9 - 10.7 = -6.8\text{kvar}$$

由此可见，并联电容后，电源供给的电流和无功功率均减小了。

3.5 测试题

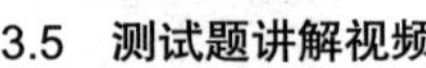

3.5 测试题讲解视频

3.5 测试题讲解课件

3.6 谐振电路

串联谐振视频

串联谐振课件

在正弦交流电路中，因容抗和感抗随电路的频率变化，故复阻抗 Z 是频率的函数。当激励源的频率发生变化时，电路中的响应，即电压、电流的大小和相位也会随之发生变化。

对于含有电容和电感的单口网络，在一定条件下端口呈现电阻性，即端口电压和端口电流同相，则称此电路发生了谐振。 谐振是正弦交流电路在特定条件下所产生的一种特殊物理现象。谐振在电工和电子技术中得到了广泛应用，但它也可能给电路系统造成危害。

3.6.1 串联谐振

RLC 串联电路如图 3.6.1(a)所示，其中激励源是角频率为 ω 的正弦电压源，该电路的等效复阻抗为

$$Z = R + \text{j}\omega L - \text{j}\frac{1}{\omega C} = R + \text{j}\left(\omega L - \frac{1}{\omega C}\right) = |Z|\angle\varphi$$

阻抗的模 $|Z| = \sqrt{R^2 + (\omega L - \frac{1}{\omega C})^2}$，阻抗角 $\varphi = \arctan\dfrac{\omega L - \dfrac{1}{\omega C}}{R}$。

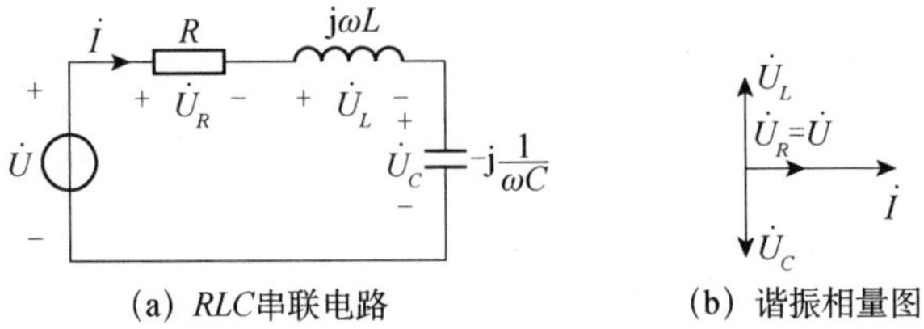

(a) *RLC*串联电路　　(b) 谐振相量图

图 3.6.1　*RLC* 串联谐振

当感抗和容抗大小相等，即$\omega L = \dfrac{1}{\omega C}$时，$Z = R$，阻抗角$\varphi = 0^\circ$。此时，电路的外加电压和电流同相位，电路对外呈电阻性。串联电路发生的这种现象称为串联谐振。

对 RLC 串联电路，发生谐振的条件是

$$\omega L = \frac{1}{\omega C} \tag{3.6.1}$$

由式（3.6.1）可知，调节电路参数 L、C 或电源频率 f，都有可能使电路发生谐振。在电路参数 L、C 一定的情况下，改变信号源的频率，使它等于回路的固有谐振频率，则电路发生串联谐振。电路的谐振角频率及谐振频率为

$$\omega_0 = \frac{1}{\sqrt{LC}}；\quad f_0 = \frac{1}{2\pi\sqrt{LC}} \tag{3.6.2}$$

谐振角频率ω_0仅取决于电路的参数 L 和 C。除了改变激励频率使电路发生谐振外，实际上经常通过改变电感 L 或者电容 C，使得电路对某个所需频率发生谐振。这种调节电路本身的参数以达到选取所需信号的过程，称为调谐。收音机电路就是通过调节电容 C 的值，使输入回路对某一信号源频率发生串联谐振，从而实现选台。

串联谐振具有下列特征：

（1）电源电压和电流同相，等效阻抗$Z = R$，呈电阻性，阻抗角$\varphi = 0^\circ$。

（2）阻抗模$|Z|$达到最小值，在输入电压一定时，电路电流达到最大值 I_0，即

$$|Z| = |Z|_{\min} = R,\quad I = I_0 = \frac{U}{|Z|} = \frac{U}{R}$$

（3）电感电压$\dot{U}_L$和电容电压$\dot{U}_C$大小相等，相位相反，即$\dot{U}_L = -\dot{U}_C$，电源电压$\dot{U} = \dot{U}_R + \dot{U}_L + \dot{U}_C = \dot{U}_R$，谐振时各电压的相量图如图 5.6.1(b)所示。

（4）电感电压U_L和电容电压U_C可能远大于电源电压 U。因为

$$U_L = U_C = \omega_0 L I_0 = \omega_0 L \frac{U}{R} = \frac{\omega_0 L}{R} U$$

当$\omega_0 L = \dfrac{1}{\omega_0 C} >> R$时，$U_L$和$U_C$都将远大于电源电压 U，所以串联谐振又称电压谐振。

将谐振时的电感电压U_L或电容电压U_C与电源电压 U 之比定义为谐振电路的品质因数，用大写字母 Q 表示，即

$$Q = \frac{U_L}{U} = \frac{U_C}{U} = \frac{\omega_0 L}{R} = \frac{1}{\omega_0 CR} = \frac{1}{R}\sqrt{\frac{L}{C}} \tag{3.6.3}$$

则

$$U_L = U_C = QU \tag{3.6.4}$$

由式（3.6.3）知，品质因数 Q 是由电路的 R、L、C 参数值决定的无量纲的量，它表示谐振时电容或电感电压是电源电压的 Q 倍。在电感 L 和电容 C 值一定的情况下，电阻值越小，品质因数越高。

在电力工程中，一般应避免发生串联谐振引起电感或电容上的过电压，以防击穿电容器和电感线圈的绝缘。相反，在无线电技术中，常利用串联电压谐振来获得较高的电压。

（5）电感的无功功率和电容的无功功率完全补偿，电路总的无功功率为零。

谐振时电感和电容进行着磁场能量与电场能量的互相转换，不与电源交换能量，电源供给电路的能量全部被电阻消耗。

谐振电路的通频带Δf与品质因数 Q 满足$Q=\dfrac{f_0}{\Delta f}$，即 Q 值越大，通频带越窄，选择性越好。

例 3.6.1 有一电感线圈，R=1Ω，L=2mH 和 C=80μF 的电容器串联，接在电压为 10V 且频率可调的交流电源上。试求电路的谐振频率 f_0、品质因数 Q、谐振电流 I_0 以及谐振时的电容电压 U_C 和线圈端电压 U_{RL}。

解：谐振频率为：$f_0=\dfrac{1}{2\pi\sqrt{LC}}=\dfrac{1}{2\pi\sqrt{2\times10^{-3}\times80\times10^{-6}}}=398\text{Hz}$

品质因数为：　$Q=\dfrac{1}{R}\sqrt{\dfrac{L}{C}}=\sqrt{\dfrac{2\times10^{-3}}{80\times10^{-6}}}=5$

谐振电流为：　$I_0=\dfrac{U}{R}=\dfrac{10}{1}=10\text{A}$

电容电压为：　$U_C=QU=5\times10=50\text{V}$

线圈端电压为：$U_{RL}=\sqrt{U_L^2+U_R^2}=\sqrt{U_C^2+U^2}=\sqrt{50^2+10^2}=51\text{V}$

3.6.2 并联谐振

并联谐振视频

并联谐振课件

图 3.6.2(a)所示为一个角频率为ω的正弦电流源激励下的 RLC 并联谐振电路，电路输入端口的等效导纳为

$$Y=\frac{1}{R}+\text{j}\omega C+\frac{1}{\text{j}\omega L}=\frac{1}{R}+\text{j}\left(\omega C-\frac{1}{\omega L}\right)$$

如果ω、L、C满足一定的条件，使得导纳 Y 的虚部为零，此时$Y=\dfrac{1}{R}$，电路呈电阻性，端口电压$\dot{U}$与激励电流源$\dot{I}_\text{S}$同相，此时称电路发生了并联谐振。

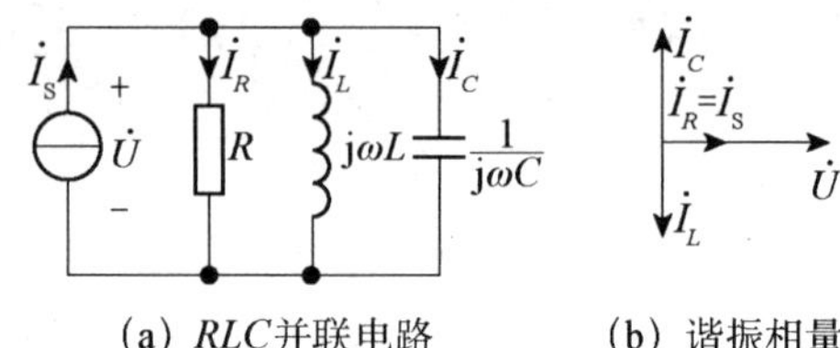

（a）RLC并联电路　　（b）谐振相量

图 3.6.2　RLC 并联谐振

显然，在电路参数 L、C 一定的情况下，发生并联谐振的条件为

$$\text{Im}[Y]=\omega C-\frac{1}{\omega L}=0$$

可得并联谐振的角频率和频率分别为

$$\omega_0=\frac{1}{\sqrt{LC}}；\quad f_0=\frac{1}{2\pi\sqrt{LC}} \tag{3.6.5}$$

并联谐振具有下列特征：

（1）电路的等效导纳$Y=\dfrac{1}{R}$，呈电阻性，导纳模$|Y|$达到最小值，阻抗模$|Z|$最大。

（2）在一定的电流源激励下，电路的电压相量$\dot{U}=\dot{U}_0=\dfrac{\dot{I}_\text{S}}{Y}=Z\dot{I}_\text{S}=R\dot{I}_\text{S}$。因为谐振时阻抗模$|Z|$最大，即为电阻 R，所以端口电压和激励电流同相，且端口电压值达到最大，为 RI_S。若激励源是电压源，因为谐振时导纳最小，则电路端口总电流最小。

（3）电感和电容上的电流大小相等，相位相反。激励电流相量$\dot{I}_\text{S}=\dot{I}_R+\dot{I}_C+\dot{I}_L=\dot{I}_R$，电阻的电流就等于电流源的电流。并联谐振下各电流的相量图如图 3.6.2(b)所示。

（4）谐振时电感电流 I_L 和电容电流 I_C 可能比总电流 I_S 大很多倍。

定义并联谐振的品质因数 Q 为

$$Q = \frac{I_L}{I_S} = \frac{I_C}{I_S} = \frac{R}{\omega_0 L} = \omega_0 RC = R\sqrt{\frac{C}{L}}$$

即有 $I_L = I_C = QI_S$，谐振时电感和电容电流是电流源电流的 Q 倍。电阻越大，Q 值越大。如果 $Q >> 1$，则电感和电容上的电流将远大于电流源的电流。因此，并联谐振又叫电流谐振。

对比串联谐振和并联谐振，当 L 和 C 值一定时，在串联谐振电路中，R 越小，品质因数越高，而在并联谐振电路中，R 越大，品质因数越高。为了得到高 Q 值，一般要求串联谐振电路中的电阻值尽量小，而并联谐振电路中的并联电阻值尽量大。实际信号源都具有内阻，接入电路会影响电路的等效电阻，因此，一般低内阻的信号源宜采用串联谐振电路，而高内阻的信号源宜采用并联谐振电路。

对于不是上述 RLC 串联电路和 RLC 并联电路两种情况的其他电路，在满足一定条件的情况下也可能会发生谐振。一般可以通过写出电路的复阻抗或复导纳的表达式，然后令其虚部等于零，就可求得电路的谐振频率。

例 3.6.2　工程上广泛采用具有电阻的电感线圈和电容组成的并联谐振电路，如图 3.6.3 所示。已知电感线圈的 R=25Ω，L=25μH，电容器 C=100pF，电流源 $I_S = 1\text{A}$。试求电路的谐振频率 f_0、谐振时的等效阻抗 Z_0，并求谐振时电路两端电压 U_0。

图 3.6.3　例 3.6.2 图

解：电路等效复导纳为

$$Y = \frac{1}{R + \mathrm{j}\omega L} + \mathrm{j}\omega C = \frac{R}{R^2 + (\omega L)^2} + \mathrm{j}\left[\omega C - \frac{\omega L}{R^2 + (\omega L)^2}\right]$$

当 $\mathrm{Im}[Y] = \omega C - \dfrac{\omega L}{R^2 + (\omega L)^2} = 0$ 时，电路发生并联谐振，故谐振角频率为

$$\omega_0 = \sqrt{\frac{L - CR^2}{L^2 C}} = \frac{1}{\sqrt{LC}} \cdot \sqrt{1 - \frac{CR^2}{L}} \approx \frac{1}{\sqrt{LC}} = 2 \times 10^7\ \text{rad/s}$$

一般情况下，电感线圈的电阻 $R << \sqrt{\dfrac{L}{C}}$，故该电路的谐振角频率接近于理想的 LC 并联电路谐振角频率 $\dfrac{1}{\sqrt{LC}}$。

谐振频率：　$f_0 = \dfrac{\omega_0}{2\pi} = \dfrac{1}{2\pi\sqrt{LC}} = 3.18\text{MHz}$

谐振复阻抗：　$Z_0 = \dfrac{1}{Y_0} = \dfrac{R^2 + (\omega_0 L)^2}{R} \approx \dfrac{L}{RC} = 10\text{k}\Omega$，为电阻性。

谐振时的端电压：　$U_0 = Z_0 I_S = 10\text{kV}$

3.6　测试题

3.6 测试题讲解视频

3.6　测试题讲解课件

3.7 三相电路

三相电路是由三相电源和三相负载所组成的电路整体的总称。三相电路在发电、输电和用电等方面比单相电路有许多优点，故从 19 世纪末出现以来，已经成为电力生产、变送和应用的主要形式。本节介绍三相电源的产生与特点、三相电源和三相负载的连接、三相电路的分析、三相电路功率的计算及测量，重点讨论对称三相电路的分析。

3.7.1 三相电源

三相电源视频　　三相电源课件

1. 三相电源的产生

在电力工业中，三相交流电源通常是由三相发电机组产生的。图 3.7.1 是三相同步发电机的原理图。发电机主要由定子和转子组成，定子是固定的，在定子内侧面、空间相隔 120°的槽内装有 3 个完全相同的绕组 A—X、B—Y、C—Z。转子是一个磁极，当转子按图 3.7.1 所示方向以恒定的角速度 ω 旋转时，在 3 个定子绕组中便感应出**频率相同、振幅相等、相位依次相差 120°的 3 个正弦电压。这样的 3 个正弦电压源便构成一组对称的三相电源**。

发电机中各个绕组对称位置的始端分别用 A、B、C 表示，尾端分别用 X、Y、Z 表示，并设各绕组电压的参考方向都是由始端指向尾端。对称三相电源的电路符号如图 3.7.2 所示，它们的电压瞬时值表达式分别为

$$u_A = \sqrt{2}U\sin\omega t;\ \ u_B = \sqrt{2}U\sin(\omega t - 120°);\ \ u_C = \sqrt{2}U\sin(\omega t + 120°) \tag{3.7.1}$$

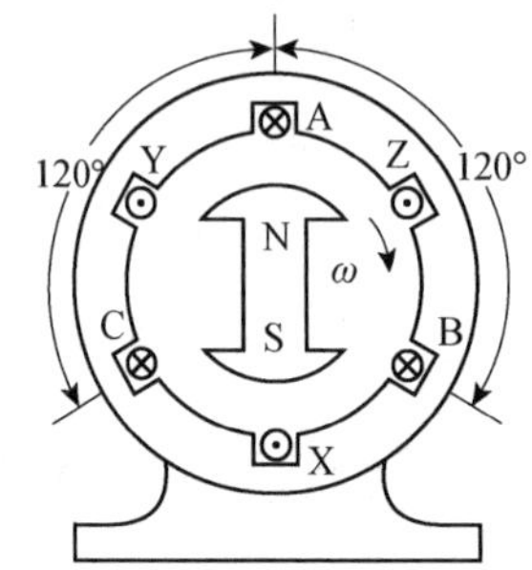

图 3.7.1　三相同步发电机原理图

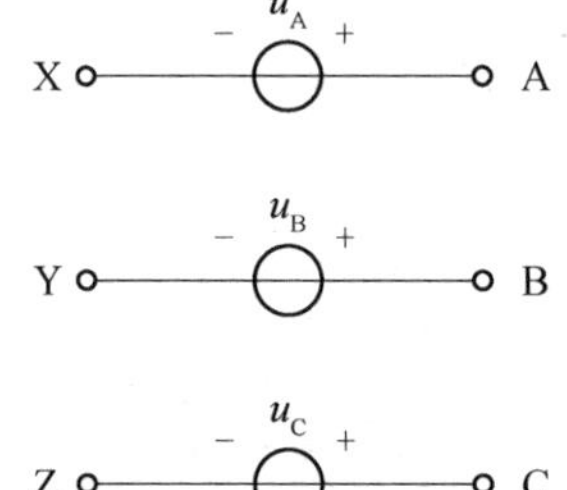

图 3.7.2　对称三相电源

电工学家钟兆林

这 3 个正弦电压的相量形式分别为

$$\dot{U}_A = U\angle 0°;\ \ \dot{U}_B = U\angle -120°;\ \ \dot{U}_C = U\angle 120° \tag{3.7.2}$$

对称三相电源的波形图和相量图如图 3.7.3 和图 3.7.4 所示。

由式（3.7.1）可得：**对称三相电源的电压瞬时值之和等于零**，即 $u_A + u_B + u_C = 0$。故 **3 个电压相量之和亦为零**，即 $\dot{U}_A + \dot{U}_B + \dot{U}_C = 0$。这是对称三相电源的重要特点。

对称三相电源中的每一相电压经过同一值（如正最大值）的先后次序称为相序。对上述对称三相电源，u_A 超前 u_B120°，u_B 超前 u_C120°，如图 3.7.4 所示，则称它们的相序为正序或顺序。若将 u_B 和 u_C 互换，此时 u_A 滞后 u_B120°，u_B 滞后 u_C120°，相量图如图 3.7.5 所示，则称它们的相序为负序或逆序。以后如果不加说明，就默认为正序。

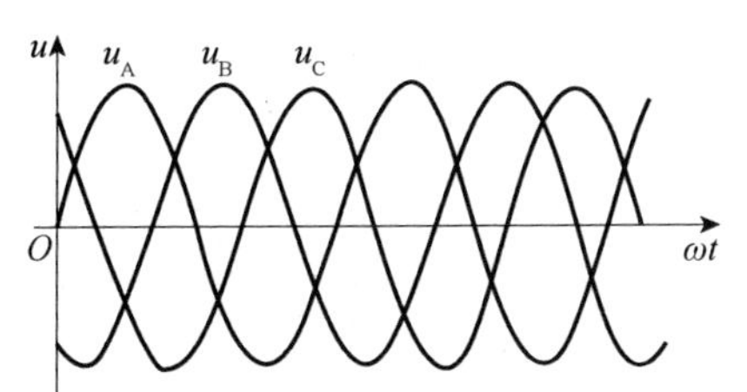

图 3.7.3　对称三相电源的波形图

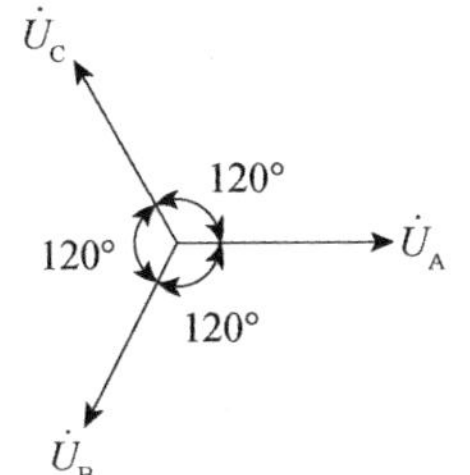

图 3.7.4　对称三相电源的相量图

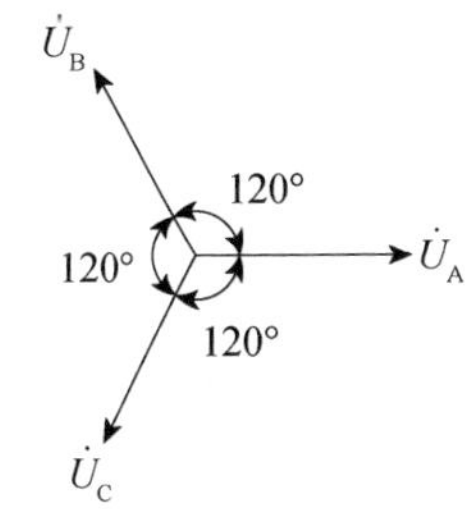

图 3.7.5　负序相量图

相序在三相电配电系统中是非常重要的，相序决定了与电源相连接的电动机的转动方向。如果想要电动机改变转向，只要对调三相接线中的任意两条线即可实现。

2. 三相电源的连接

三相电源有两种连接方式：星形（Y 形）联结和三角形（△形）联结。

图 3.7.6 所示为三相电源的星形联结。它是把三相电源的负极 X、Y、Z 连在一起，这一连接点称为中性点或中点。从中点引出的导线称为中线（俗称零线），从 3 个电源正极引出的三根导线称为相线（俗称火线）。

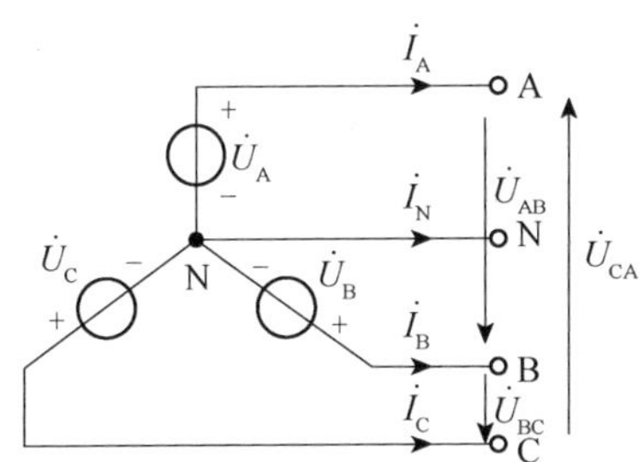

图 3.7.6　三相电源星形联结

相线之间的电压称为线电压，如 $\dot{U}_{AB}$、$\dot{U}_{BC}$、$\dot{U}_{CA}$，**线电压的有效值用 U_L 表示**；**相线与中线之间的电压**（每相电源或每相负载的电压）**称为相电压**，如 $\dot{U}_A$、$\dot{U}_B$、$\dot{U}_C$，相电压的有效值用 U_P 表示。**相线上流过的电流称为线电流**，其有效值用 I_L 表示；**流经每相电压源或负载的电流称为相电流**，其有效值用 I_P 表示。通常下标“P”表示“相”，下标“L”表示“线”。

由上述定义可知：**星形联结时，线电流等于相电流**。

下面讨论星形联结时线电压与相电压之间的关系，由 KVL 可得

$$\dot{U}_{AB}=\dot{U}_A-\dot{U}_B=\dot{U}_A-\dot{U}_A\angle-120°=\sqrt{3}\dot{U}_A\angle30°$$

$$\dot{U}_{BC}=\dot{U}_B-\dot{U}_C=\dot{U}_B-\dot{U}_B\angle-120°=\sqrt{3}\dot{U}_B\angle30°$$

$$\dot{U}_{CA}=\dot{U}_C-\dot{U}_A=\dot{U}_C-\dot{U}_C\angle-120°=\sqrt{3}\dot{U}_C\angle30°$$

由此可知，**对称三相电源星形联结时，线电压的大小为相电压的 $\sqrt{3}$ 倍**，即 $U_L=\sqrt{3}U_P$；**相位上线电压超前相应的相电压 30°**，即 $\dot{U}_{AB}$ 超前 $\dot{U}_A$ 30°，$\dot{U}_{BC}$ 超前 $\dot{U}_B$ 30°，$\dot{U}_{CA}$ 超前 $\dot{U}_C$ 30°。写成相量形式为 $\dot{U}_L=\sqrt{3}\dot{U}_P\angle30°$。

三相电源星形联结时线电压和相电压的相量图如图 3.7.7 所示，也可以用图 3.7.8 表示。

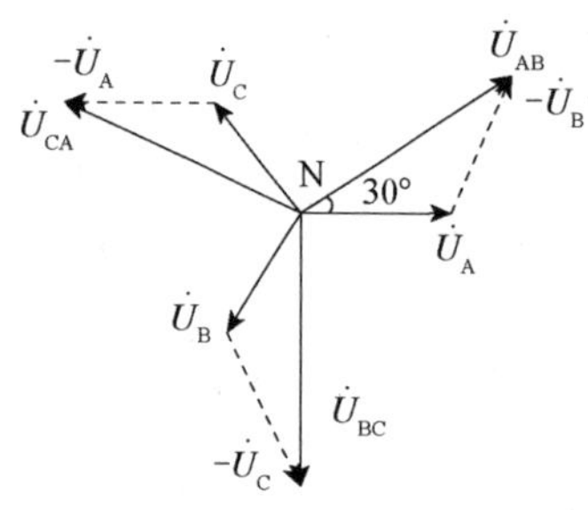

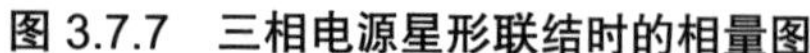
图 3.7.7 三相电源星形联结时的相量图

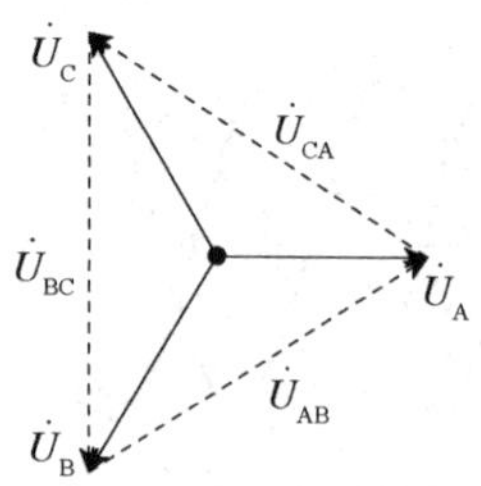

图 3.7.8 三相电源星形联结时的相量图的另一种表示

三相电源作星形联结时，可以得到线电压和相电压两种电压，对用户较为方便。例如星形联结电源相电压为 220V 时，则线电压为 $220\sqrt{3}$=380V，这样就给用户提供了 220V 和 380V 两种电压。通常将 380V 电压供动力负载用，如三相电动机；而 220V 的电压供照明或其他负载用。

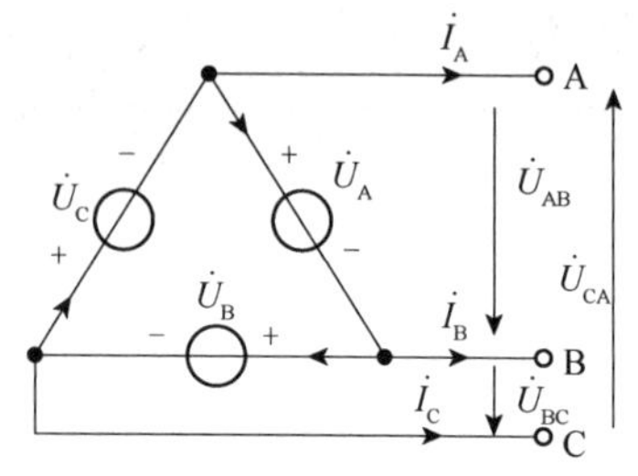

图 3.7.9 三相电源三角形联结

图 3.7.9 为三相电源的三角形联结。它是把三个电压源首尾依次相接，形成一个闭合回路，再从三个连接点引出三根相线接负载。电源三角形联结时的线电压、相电压、线电流和相电流的概念与星形联结相同，但三角形联结没有中线。当接法正确时，由于 $\dot{U}_A+\dot{U}_B+\dot{U}_C=0$，三角形联结的三相电源环路内部不会出现环路电流。但是当接法不正确时，由于电源内阻很小，三个电压源构成的闭合回路中就会出现很大的环路电流，甚至烧毁电源！

显然，**三相电源三角形联结时，线电压等于相电压**。

注意，**工程上所说的三相电路的电压均指线电压**。凡三相设备（包括电源和负载）铭牌上所标的额定电压都是指线电压。如低压三相四线制中，380V/220V 表示线电压为 380V，而相电压是线电压的 $1/\sqrt{3}$，即 220V。

3.7.2 对称三相电路

对称三相电路视频

对称三相电路课件

三相负载也有星形（Y 形）和三角形（△形）两种连接方式。负载的连接方式取决于它的额定电压，若三相电路的电压为 380V/220V（表示线电压为 380V，相电压为 220V），则额定电压为 220V 的三相负载应作星形联结，而额定电压为 380V 的三相负载应作三角形联结。

若三相负载复阻抗完全相同，即满足 $Z_A=Z_B=Z_C$，则为对称三相负载，否则为不对称三相负载。三相用电设备一般都是对称三相负载，如三相电动机、三相电炉等。**对称三相电路是由对称三相电源和对称三相负载通过对称三相输电线路连接而成**。三相电路实际上是正弦交流电路的特例，正弦交流电路的分析方法在三相电路中完全适用。对称三相电路还有一些特殊规律，了解并利用这些规律可以使三相电路的分析计算大为简化。

1. 负载 Y 形联结

图 3.7.10 所示电路为对称三相负载 Y 形联结，电源中点 N 与负载中点 N'的连接线称为中

线，有中线的三相制称为三相四线制。设中线阻抗为 Z_N，取电源中点 N 为参考节点，由节点电压法可得

$$\dot{U}_{N'N}=\frac{\frac{\dot{U}_A}{Z}+\frac{\dot{U}_B}{Z}+\frac{\dot{U}_C}{Z}}{\frac{1}{Z}+\frac{1}{Z}+\frac{1}{Z}+\frac{1}{Z_N}}=\frac{\frac{1}{Z}(\dot{U}_A+\dot{U}_B+\dot{U}_C)}{\frac{3}{Z}+\frac{1}{Z_N}}$$

由于 $\dot{U}_A+\dot{U}_B+\dot{U}_C=0$，所以 $\dot{U}_{N'N}=0$

若将中线断开，即 Z_N=∞，仍有 $\dot{U}_{N'N}=0$。由此可知：**负载 Y 形联结的对称三相电路中，不论有无中线，也不论中线阻抗多大，负载中性点与电源中性点始终是等电位的**。因此，在分析这类电路时，可以用一根理想导线将 N、N'短接，这样每一相就成为独立的电路。以 A 相为例，其等效电路如图 3.7.11 所示。

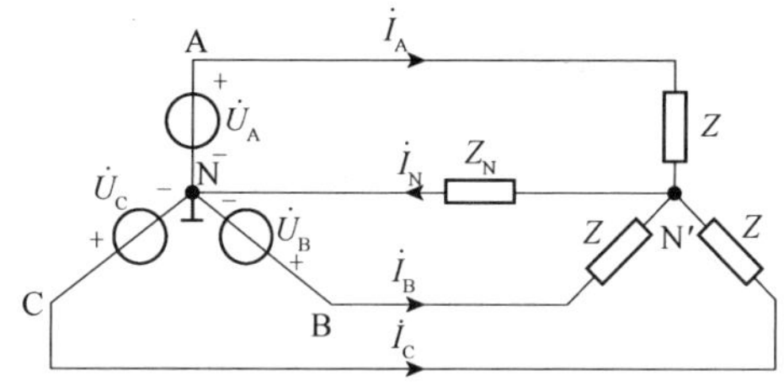

图 3.7.10　对称三相负载 Y 形联结

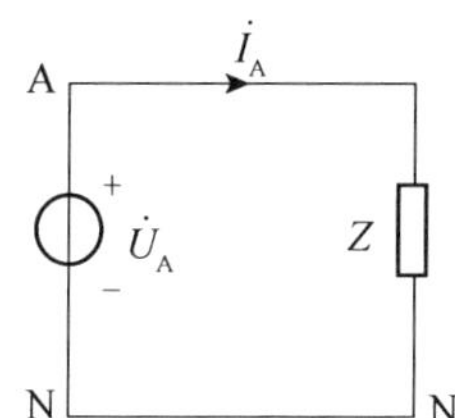

图 3.7.11　A 相等效电路

负载 Y 形联结时，线电流等于相电流。由图 3.7.11 可得 A 相电流

$$\dot{I}_A=\frac{\dot{U}_A}{Z} \tag{3.7.3}$$

根据对称性，可直接写出 B、C 两相的电流

$$\dot{I}_B=\dot{I}_A\angle-120° \tag{3.7.4}$$

$$\dot{I}_C=\dot{I}_A\angle120° \tag{3.7.5}$$

且中线电流 $\dot{I}_N=\dot{I}_A+\dot{I}_B+\dot{I}_C=0$。

例 3.7.1　对称三相电路如图 3.7.12(a)所示，已知线电压为 380V，负载阻抗 Z=（6+j8）Ω，端线阻抗 Z_L=（4+j2）Ω，中线阻抗 Z_N =（1+j1）Ω。求负载端的相电流和相电压。

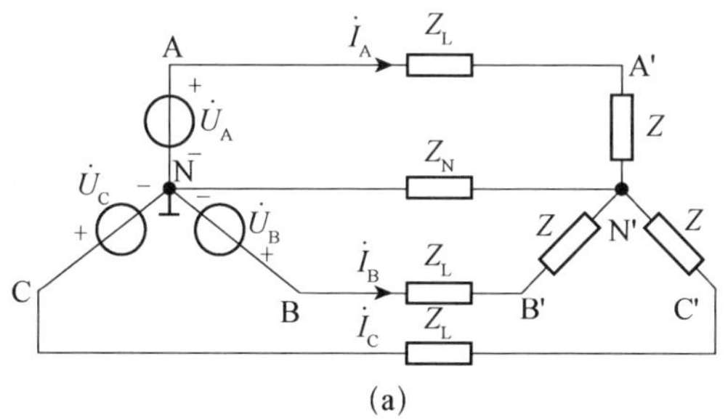

(a)

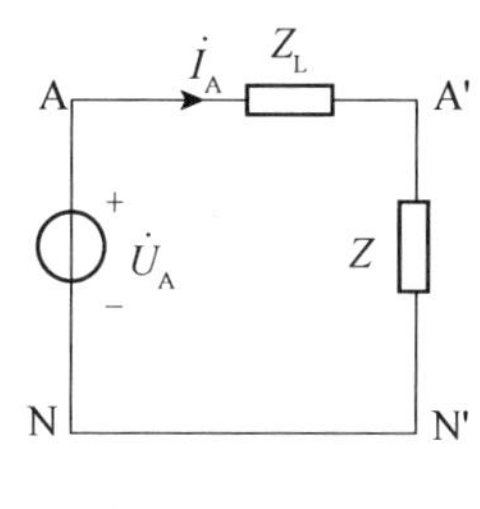

(b) A相等效电路

图 3.7.12　例 3.7.1 图

解：根据对称三相电路负载 Y 形联结时 $\dot{U}_{N'N}=0$，可以用一根理想导线将 N、N'短接，则 A 相等效电路如图 3.7.12(b)所示。设 $\dot{U}_A=\frac{\dot{U}_{AB}}{\sqrt{3}}\angle-30°=220\angle0°\text{V}$，则 A 相的相电流（即线电

流）为

$$\dot{I}_{A}=\frac{\dot{U}_{A}}{Z_{L}+Z}=\frac{220\angle0°}{6+j8+4+j2}=\frac{220\angle0°}{10\sqrt{2}\angle45°}=11\sqrt{2}\angle-45°\text{A}$$

A 相负载的相电压为

$$\dot{U}_{A'N'}=\dot{I}_{A}\cdot Z=11\sqrt{2}\angle-45°\cdot(6+j8)=110\sqrt{2}\angle8°\text{V}$$

根据对称性，可写出其他两相的计算结果，即

$$\dot{I}_{B}=11\sqrt{2}\angle-165°\text{A};\ \dot{I}_{C}=11\sqrt{2}\angle75°\text{A}$$

$$\dot{U}_{B'N'}=110\sqrt{2}\angle-112°\text{V};\ \dot{U}_{C'N'}=110\sqrt{2}\angle128°\text{V}$$

由此例可以看出，由于存在端线阻抗，负载上的电压不再等于电源电压。这个结论在电力系统远距离输电中有现实意义。为了使用户端的电力设备能够工作在额定电压，发电厂的出厂电压必须略高于用电设备的额定电压。

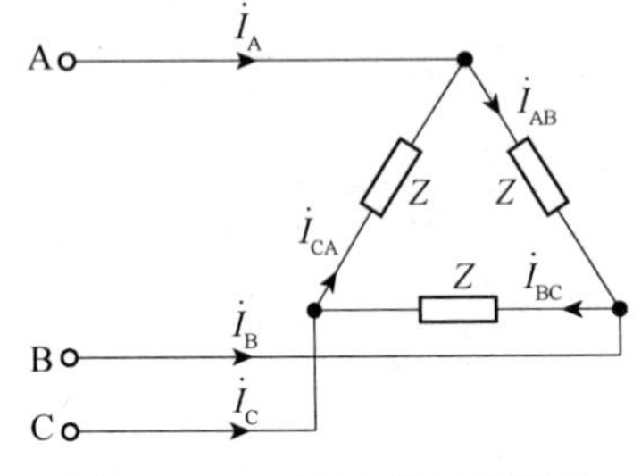

图 3.7.13　对称负载△形联结

2. 负载△形联结

图 3.7.13 所示电路为对称三相负载△形联结，此时**相电压等于线电压**，相电流 $\dot{I}_{AB}=\frac{\dot{U}_{AB}}{Z}$；$\dot{I}_{BC}=\frac{\dot{U}_{BC}}{Z}$；$\dot{I}_{CA}=\frac{\dot{U}_{CA}}{Z}$，显然相电流对称。

根据 KCL 可得线电流 $\dot{I}_A$、$\dot{I}_B$、$\dot{I}_C$ 为

$$\dot{I}_{A}=\dot{I}_{AB}-\dot{I}_{CA}=\dot{I}_{AB}-\dot{I}_{AB}\angle120°=\sqrt{3}\dot{I}_{AB}\angle-30°$$

$$\dot{I}_{B}=\dot{I}_{BC}-\dot{I}_{AB}=\dot{I}_{BC}-\dot{I}_{BC}\angle120°=\sqrt{3}\dot{I}_{BC}\angle-30°$$

$$\dot{I}_{C}=\dot{I}_{CA}-\dot{I}_{BC}=\dot{I}_{CA}-\dot{I}_{CA}\angle120°=\sqrt{3}\dot{I}_{CA}\angle-30°$$

由此可知，**对称三相负载△形联结时，线电流是相电流的 $\sqrt{3}$ 倍，即 $I_L=\sqrt{3}I_P$，且在相位上线电流滞后相应的相电流 30°**，即 $\dot{I}_A$ 滞后 $\dot{I}_{AB}$ 30°，$\dot{I}_B$ 滞后 $\dot{I}_{BC}$ 30°，$\dot{I}_C$ 滞后 $\dot{I}_{CA}$ 30°，写成相量形式为 $\dot{I}_L=\sqrt{3}\dot{I}_P\angle-30°$。

若考虑端线阻抗 Z_L，则可将△形联结负载转换为等效的 Y 形联结负载，如图 3.7.14 所示。然后用抽单相的方法来求出 A 相线电流，再根据△形联结方式下线电流与相电流的关系，求出原电路中的相电流。

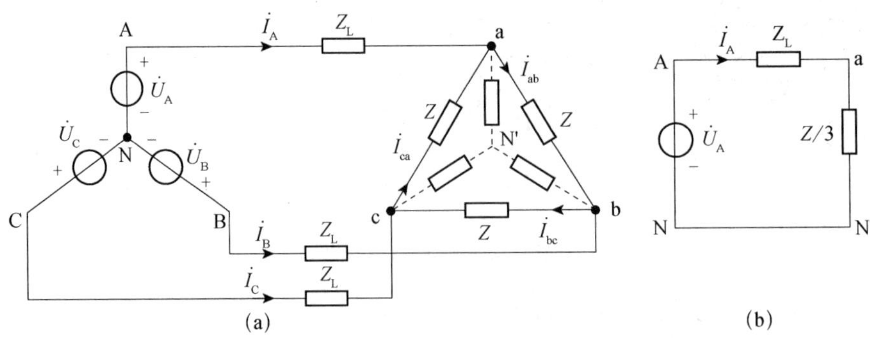

图 3.7.14　△形联结负载转换为 Y 形联结负载

3.7.3　不对称三相电路

不对称三相电路是指电源、负载及三相输电线中至少有一个部分不对称的三相电路。实际三相电路中，三相电源通常是对称的，三相输电线路阻抗是相等的，所以三相负载不对称的情况最为常见。

三相负载可以分为两类，一类负载必须接在三相电源上才能工作，如三相交流电动机、大功率三相电阻炉等，称为三相对称负载；另一类负载如照明设备、家用电器等小功率单相负载，只需由单相电源供电即可工作。三相电路中不对称情况是大量存在的。首先，三相电路中有许多小功率单相负载，很难把它们设计成完全对称的三相电路；其次，对称三相电路发生断路、短路等故障时，电路也将变得不对称。有的电气设备或仪器正是利用不对称三相电路的某些特性而工作的，如相序指示器。

不对称的三相电路不能按照对称三相电路抽单相的方法进行分析，必须采用正弦交流电路的一般分析方法，如应用 KCL、KVL 和节点电压法等进行分析。

1. 负载 Y 形联结

图 3.7.15 所示为不对称三相四线制电路，由于中线的存在（假设中线阻抗可忽略不计），使得$\dot{U}_{\mathrm{N'N}}=0$，所以各相负载上的相电压仍然对称，负载都能正常工作。

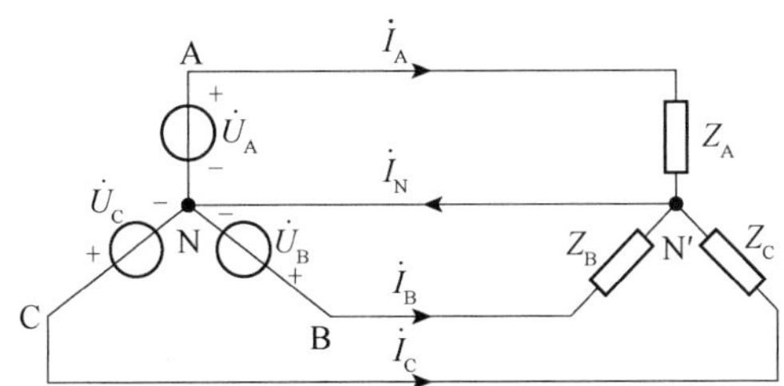

图 3.7.15　不对称三相四线制电路

各相电流可以分别按下式计算

$$\dot{I}_{\mathrm{A}}=\frac{\dot{U}_{\mathrm{A}}}{Z_{\mathrm{A}}};\quad \dot{I}_{\mathrm{B}}=\frac{\dot{U}_{\mathrm{B}}}{Z_{\mathrm{B}}};\quad \dot{I}_{\mathrm{C}}=\frac{\dot{U}_{\mathrm{C}}}{Z_{\mathrm{C}}} \tag{3.7.6}$$

注意，此时各相负载的相电流不再对称，所以中线电流$\dot{I}_{\mathrm{N}}=\dot{I}_{\mathrm{A}}+\dot{I}_{\mathrm{B}}+\dot{I}_{\mathrm{C}}\neq 0$。

若不对称三相负载作 Y 形联结时，中线断开，如图 3.7.16(a)所示。由节点电压法可得

$$\dot{U}_{\mathrm{N'N}}=\frac{\dfrac{\dot{U}_{\mathrm{A}}}{Z_{\mathrm{A}}}+\dfrac{\dot{U}_{\mathrm{B}}}{Z_{\mathrm{B}}}+\dfrac{\dot{U}_{\mathrm{C}}}{Z_{\mathrm{C}}}}{\dfrac{1}{Z_{\mathrm{A}}}+\dfrac{1}{Z_{\mathrm{B}}}+\dfrac{1}{Z_{\mathrm{C}}}} \tag{3.7.7}$$

由于 Z_{A}、Z_{B}、Z_{C} 不相等，所以一般来说$\dot{U}_{\mathrm{N'N}}\neq 0$。即中线断开将导致负载中点 N′与电源中点 N 之间产生电压$\dot{U}_{\mathrm{N'N}}$。从图 3.7.16(b)的相量关系可以看出，**N′点和 N 点不重合，这一现象称为中性点位移**。此时各相负载上的相电压分别为

$$\dot{U}_{\mathrm{AN'}}=\dot{U}_{\mathrm{A}}-\dot{U}_{\mathrm{N'N}};\quad \dot{U}_{\mathrm{BN'}}=\dot{U}_{\mathrm{B}}-\dot{U}_{\mathrm{N'N}};\quad \dot{U}_{\mathrm{CN'}}=\dot{U}_{\mathrm{C}}-\dot{U}_{\mathrm{N'N}} \tag{3.7.8}$$

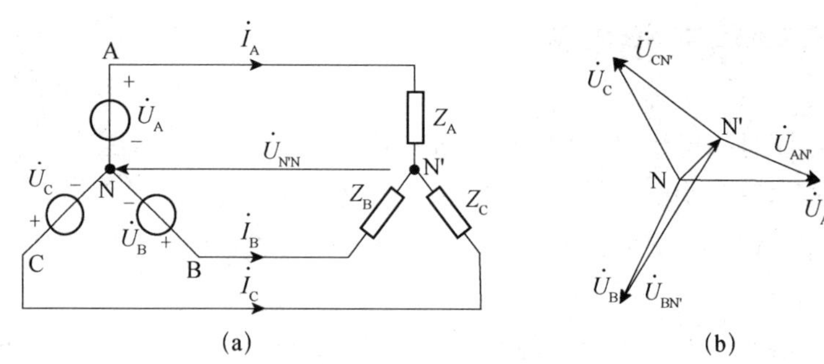

图 3.7.16　不对称负载 Y 形联结且无中线

中性点位移电压$\dot{U}_{N'N}$越大，意味着负载各相电压的不对称程度越大。当$\dot{U}_{N'N}$过大时，可能使某一相负载的电压过低，导致电器不能正常工作，而另外两相的电压过高，可能超过额定电压，导致用电设备烧毁。所以在三相制供电系统中总是力图使电路的三相负载对称分配。在低压电网中，由于单相电器（如照明设备、家用电器等）占很大的比例，而且用户用电情况变化不定，三相负载一般不可能完全对称，所以必须**采用三相四线制，且使中线阻抗$Z_N \approx 0$，以保证$\dot{U}_{N'N} \approx 0$。这样可使电路在不对称的情况下，保证各相负载的相电压等于电源的相电压，保证负载正常工作，且各相负载的工作互不影响**。为此，工程上要求中线安装牢固，且中线上不能装设开关和熔断器。

例 3.7.2　电路如图 3.7.15 所示，已知$\dot{U}_A = 220\angle 0°\text{V}$，三相负载$Z_A$=48.4Ω，$Z_B$=242Ω，$Z_C$=48.4Ω，中线阻抗可忽略不计，试求$\dot{I}_A$、$\dot{I}_B$和$\dot{I}_C$。若取消中线，此时各相电流又为多少？

解： 由于中线阻抗可忽略不计，所以$\dot{U}_{N'N}$=0。各相负载相电压对称，相电流可按照式（3.7.6）计算。对 A 相：

$$\dot{I}_A = \frac{\dot{U}_A}{Z_A} = \frac{220\angle 0°}{48.4} = 4.55\angle 0°\text{A}$$

同理$\dot{I}_B = \frac{\dot{U}_B}{Z_B} = \frac{220\angle -120°}{242} = 0.91\angle -120°\text{A}$；　$\dot{I}_C = \frac{\dot{U}_C}{Z_C} = \frac{220\angle 120°}{48.4} = 4.55\angle 120°\text{A}$

中线电流：　$\dot{I}_N = \dot{I}_A + \dot{I}_B + \dot{I}_C = 3.65\angle 60°\text{A}$

若中线断开，则由节点电压法可得中性点位移电压为

$$\dot{U}_{N'N} = \frac{\frac{\dot{U}_A}{Z_A} + \frac{\dot{U}_B}{Z_B} + \frac{\dot{U}_C}{Z_C}}{\frac{1}{Z_A} + \frac{1}{Z_B} + \frac{1}{Z_C}} = 80.3\angle 60°\text{V}$$

可见，中性点位移电压不为零。此时各相负载上的相电压为

$$\dot{U}_{AN'} = \dot{U}_A - \dot{U}_{N'N} = 220\angle 0° - 80.3\angle 60° = 193\angle -21°\text{V}$$

$$\dot{U}_{BN'} = \dot{U}_B - \dot{U}_{N'N} = 220\angle -120° - 80.3\angle 60° = 300\angle -120°\text{V}$$

$$\dot{U}_{CN'} = \dot{U}_C - \dot{U}_{N'N} = 220\angle 120° - 80.3\angle 60° = 193\angle 141°\text{V}$$

各相电流为

$$\dot{I}_A = \frac{\dot{U}_{AN'}}{Z_A} = \frac{193\angle -21°}{48.4} = 4\angle -21°\text{A}$$

$$\dot{I}_{\mathrm{B}}=\frac{\dot{U}_{\mathrm{BN'}}}{Z_{\mathrm{B}}}=\frac{300\angle-120°}{242}=1.2\angle-120°\mathrm{A}$$

$$\dot{I}_{\mathrm{C}}=\frac{\dot{U}_{\mathrm{CN'}}}{Z_{\mathrm{C}}}=\frac{193\angle141°}{48.4}=4\angle141°\mathrm{A}$$

显然，在这种情况下各相负载的相电压都不再等于其额定工作电压，电路不能正常工作。

2. 负载△形联结

图 3.7.17 所示电路为不对称负载△形联结的情况，由于每一相负载都接在两根相线之间，所以各相负载的相电压就等于线电压，显然相电压对称。各相电流可分别计算如下

$$\dot{I}_{\mathrm{AB}}=\frac{\dot{U}_{\mathrm{AB}}}{Z_{\mathrm{AB}}}；\quad \dot{I}_{\mathrm{BC}}=\frac{\dot{U}_{\mathrm{BC}}}{Z_{\mathrm{BC}}}；\quad \dot{I}_{\mathrm{CA}}=\frac{\dot{U}_{\mathrm{CA}}}{Z_{\mathrm{CA}}} \tag{3.7.9}$$

显然，相电流不再对称。由 KCL 可求得各线电流

$$\dot{I}_{\mathrm{A}}=\dot{I}_{\mathrm{AB}}-\dot{I}_{\mathrm{CA}}；\quad \dot{I}_{\mathrm{B}}=\dot{I}_{\mathrm{BC}}-\dot{I}_{\mathrm{AB}}；\quad \dot{I}_{\mathrm{C}}=\dot{I}_{\mathrm{CA}}-\dot{I}_{\mathrm{BC}} \tag{3.7.10}$$

可见，不对称负载采用△形联结时，相电压仍然对称，但是 3 个相电流因负载不同而不再对称，线电流也不再对称，且线电流不再为相电流的 $\sqrt{3}$ 倍。

例 3.7.3　图 3.7.18 所示电路，三相电源对称。当开关 S 闭合时，电流表的读数均为 5A，求开关 S 打开后各电流表的读数。

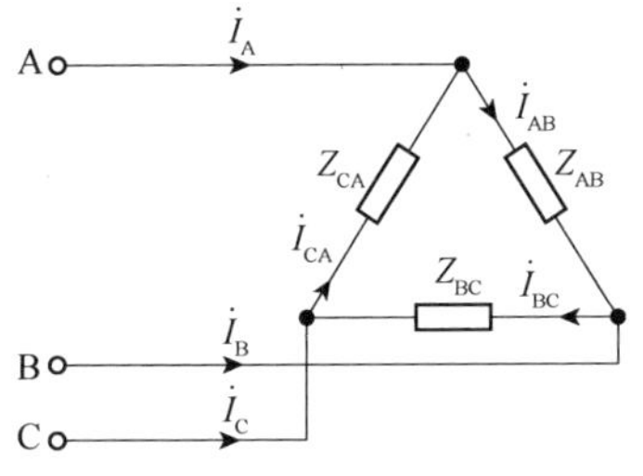

图 3.7.17　不对称负载△联结

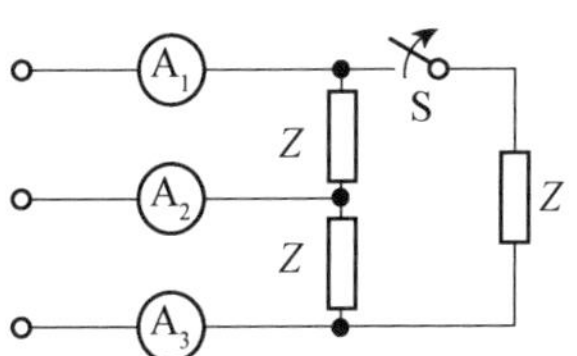

图 3.7.18　例 3.7.3 图

解： 开关 S 闭合时，电路为负载△形联结的对称三相电路。电流表的读数表示线电流，所以相电流为 $5/\sqrt{3}=2.89\mathrm{A}$。开关 S 打开后，电流表 A_2 中的电流与负载对称时的电流相同，而 A_1、A_3 中的电流相当于负载对称时的相电流。所以电流表 A_2 的读数为 5A，电流表 A_1、A_3 的读数为 2.89A。

3.7.4　三相电路的功率

三相电路的功率视频

三相电路的功率课件

1. 有功功率

在三相电路中，三相负载吸收的总有功功率等于各相负载吸收的有功功率之和，即

$$P=P_{\mathrm{A}}+P_{\mathrm{B}}+P_{\mathrm{C}}=U_{\mathrm{PA}}I_{\mathrm{PA}}\cos\varphi_{\mathrm{A}}+U_{\mathrm{PB}}I_{\mathrm{PB}}\cos\varphi_{\mathrm{B}}+U_{\mathrm{PC}}I_{\mathrm{PC}}\cos\varphi_{\mathrm{C}} \tag{3.7.11}$$

式中，φ_{A}、φ_{B} 和 φ_{C} 分别表示 A 相、B 相和 C 相的相电压与相电流的相位差，即各相负载的阻抗角。当三相负载对称时，各相有功功率均相等，则式（3.7.11）可表示为

$$P=3P_P=3U_PI_P\cos\varphi \tag{3.7.12}$$

式中，P_P、U_P、I_P、$\cos\varphi$ 分别表示一相的有功功率、相电压、相电流以及负载的功率因数。由于在三相电路中，测量线电压和线电流较为方便，因此在计算三相有功功率时，常用线电压和线电流表示。

当对称负载作星形联结时，$U_L=\sqrt{3}U_P$，$I_L=I_P$，三相有功功率的计算公式为

$$P=3\cdot\frac{U_L}{\sqrt{3}}I_L\cos\varphi=\sqrt{3}U_LI_L\cos\varphi$$

当对称负载作三角形联结时，$U_L=U_P$，$I_L=\sqrt{3}I_P$，三相有功功率的计算公式为

$$P=3U_L\cdot\frac{I_L}{\sqrt{3}}\cos\varphi=\sqrt{3}U_LI_L\cos\varphi$$

综上所述，对称三相负载不论星形联结还是三角形联结，三相有功功率均可表示为

$$P=3U_PI_P\cos\varphi=\sqrt{3}U_LI_L\cos\varphi \tag{3.7.13}$$

注意，式（3.7.12）和式（3.7.13）中的 φ 都表示相电压与相电流的相位差，也就是负载的阻抗角。

2. 无功功率

在三相电路中，三相负载的总无功功率等于各相负载的无功功率之和，即

$$Q=Q_A+Q_B+Q_C=U_{PA}I_{PA}\sin\varphi_A+U_{PB}I_{PB}\sin\varphi_B+U_{PC}I_{PC}\sin\varphi_C \tag{3.7.14}$$

在对称三相电路中，各相无功功率相等，则式（3.7.14）可表示为

$$Q=3Q_P=3U_PI_P\sin\varphi=\sqrt{3}U_LI_L\sin\varphi \tag{3.7.15}$$

3. 视在功率

三相电路的视在功率为

$$S=\sqrt{P^2+Q^2} \tag{3.7.16}$$

在对称三相电路中，P、Q 可分别用式（3.7.13）和式（3.7.15）表示，则有

$$S=3U_PI_P=\sqrt{3}U_LI_L \tag{3.7.17}$$

例 3.7.4 三相电炉的 3 个电阻，可以接成星形联结，也可以接成三角形联结，常以此来改变电炉的功率。已知线电压为 380V，三相电炉的 3 个电阻都为 43.32Ω，求把它们接成星形联结和三角形联结时的功率各为多少？

解：（1）接成三角形联结，则 $U_P=U_L=380\text{V}$，故

相电流为 $I_P=\dfrac{U_P}{R}=\dfrac{380}{43.32}=8.77\text{A}$

线电流为 $I_L=\sqrt{3}I_P=15.193\text{A}$

三相功率为 $P=\sqrt{3}U_LI_L\cos\varphi=\sqrt{3}\times380\times15.193\times1=10\ 000\text{W}$

（2）接成星形联结，则 $U_P=U_L/\sqrt{3}=220\text{V}$，$I_P=I_L$，故

线电流为 $I_L=I_P=\dfrac{U_P}{R}=\dfrac{220}{43.32}=5.08\text{A}$

三相功率为 $P=\sqrt{3}U_LI_L\cos\varphi=\sqrt{3}\times380\times5.08\times1=3342.6\text{W}$

由此可见，同一负载接成三角形联结时的功率是接成星形联结时的 3 倍。

4. 瞬时功率

对称三相电路中，各相瞬时功率可表示为

$$p_A = u_A i_A = U_{Pm}\sin\omega t \cdot I_{Pm}\sin(\omega t-\varphi) = U_P I_P[\cos\varphi - \cos(2\omega t-\varphi)]$$

$$p_B = u_B i_B = U_{Pm}\sin(\omega t-120°)\ I_{Pm}\sin(\omega t-120°-\varphi) = U_P I_P[\cos\varphi - \cos(2\omega t-240°-\varphi)]$$

$$p_C = u_C i_C = U_{Pm}\sin(\omega t+120°)\ I_{Pm}\sin(\omega+120°-\varphi) = U_P I_P[\cos\varphi - \cos(2\omega t+240°-\varphi)]$$

p_A、p_B、p_C 中都含有一个交变分量，它们的振幅相等，相位上互差 120°。显然，这 3 个交变分量之和恒为零，故得

$$p_A + p_B + p_C = 3U_P I_P\cos\varphi = 3P_P = P$$

上式表明，对称三相电路的瞬时功率是不随时间变化的常量，其值等于三相电路的平均功率，这种性质称为瞬时功率平衡。三相制是一种平衡制，这是三相制的优点之一。对电动机而言，由于瞬时功率平衡，它所产生的转矩也是恒定的，这样可避免电动机运转时的振动。

5. 三相功率的测量

三相电路的有功功率可以用功率表（又称瓦特表）来测量。测量方法随三相电路的连接形式以及负载是否对称而有所不同。

对于三相四线制电路，如果三相负载不对称，则需要用 3 个功率表分别测出各相负载的有功功率，然后求其总和，如图 3.7.19 所示。如果负载对称，则只需用一个功率表接入任何一相，其读数的 3 倍即为三相总功率。

对于三相三线制电路，无论负载采用的是三角形联结还是星形联结，也无论负载是否对称，都可以采用两个功率表来测量三相总功率。测量电路如图 3.7.20 所示，其连接方法是两功率表的电流线圈分别串入任意两相中（图中分别是 A、B 两相），电压线圈的*端（即同名端）分别与电流线圈的*端接在一起，而电压线圈的非*端共同接到第三根相线上（图中为 C 线）。可以证明，**两功率表读数的代数和等于被测的三相总功率**。这种用两个功率表测量三相总功率的方法称**二瓦计法**。

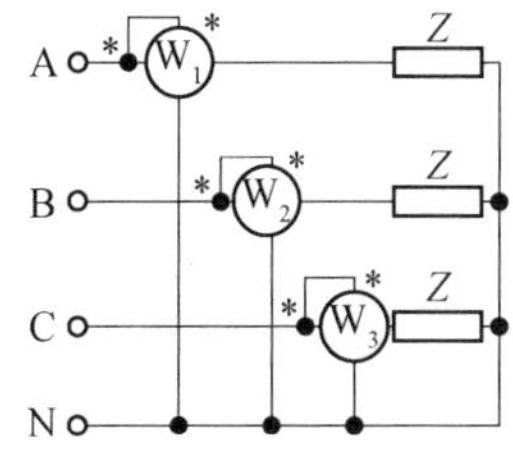

图 3.7.19 三表法测量三相总功率

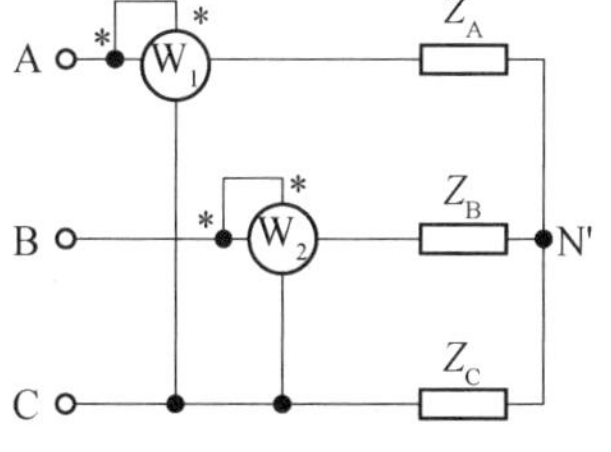

图 3.7.20 二表法测量三相总功率

3.7 测试题

3.7 测试题讲解视频

3.7 测试题讲解课件

3.8 工程应用实例

日光灯电路视频

日光灯电路课件

3.8.1 日光灯电路

日光灯电路是日常生活中常用的电路，日光灯有多种形式，发光原理也略有不同。目前最普通的日光灯电路由灯管、镇流器和启辉器组成。灯管内有灯丝、灯头，玻璃管被抽成真空后，充入少量惰性气体并注入微量的液态水银，其内壁涂有一层匀薄的荧光粉。两端灯丝上涂有可发射电子的物质，灯头与管内灯丝相连。镇流器是一个具有铁芯的电感线圈。启辉器内有一个充有氖气的氖泡，氖泡内有两个电极，一个是固定电极，另一个是由两片热膨胀系数相差较大的金属片辗压而成的可动电极。图 3.8.1 为日光灯的电路图。

当日光灯电路接通电源后，因灯管尚未导通，故电源电压全部加在启辉器两端，使氖泡的两电极之间发生辉光放电，可动电极的双金属片因受热膨胀而与固定电极接触，于是电源、镇流器、灯丝和启辉器构成一个闭合回路，所通过的电流使灯丝得到预热而发射电子。由于启辉器两极闭合，两极间电压为零，辉光放电消失，管内温度降低。于是双金属片自动复位，使两极断开。断开的瞬间使电路的电流突然消失，此时镇流器就会产生一个比电源电压高得多的感应电动势，连同电源电压一起加在灯管的两端，使灯管内的惰性气体电离而引起弧光放电，产生大量紫外线，灯管内壁的日光灯粉吸收紫外线后，辐射出可见光，日光灯就开始正常工作。

日光灯正常工作后，镇流器起分压和限流作用，灯管两端电压也稳定在额定工作电压范围内。由于这个电压小于启辉器的电离电压，所以启辉器的两极是断开的。因此，日光灯电路可看成由日光灯管和镇流器串联的电路。其电路模型如图 3.8.2 所示。其中 R_1 为日光灯管电阻，R_2 串联 L_2 为镇流器的电路模型。

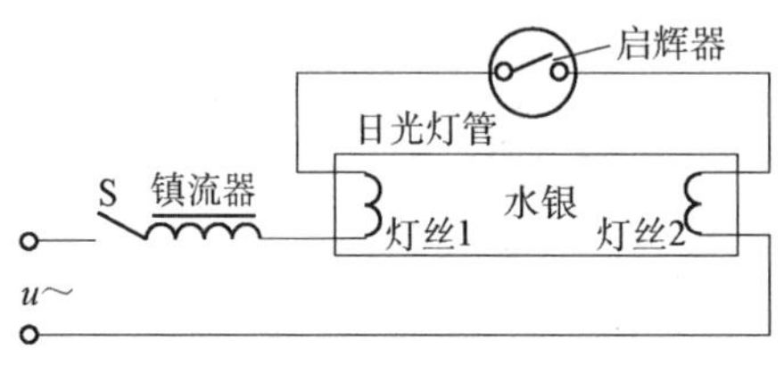

图 3.8.1 日光灯电路

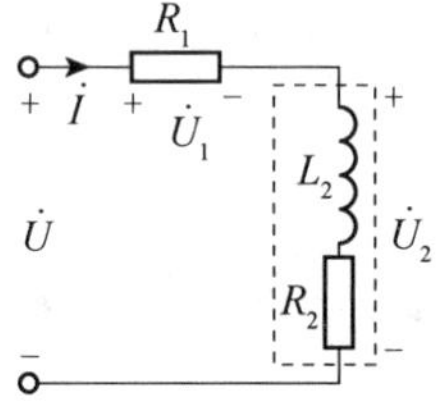

图 3.8.2 日光灯电路模型

例 3.8.1 图 3.8.2 所示日光灯电路，已知交流电源电压 U=220V，频率为 50Hz。现测得电流 I=0.25 A，日光灯的端电压 U_1=132.5V，镇流器的端电压 U_2=153V，计算日光灯管的电阻 R_1、镇流器的电阻 R_2 和电感 L_2。

解：由欧姆定律可得 $R_1=U_1/I=132.5/0.25=530\Omega$

镇流器等效阻抗为 $Z_{镇}=R_2+\mathrm{j}\omega L_2$

$$|Z_{镇}|=\sqrt{{R_2}^2+(\omega L_2)^2}=\frac{U_2}{I}=\frac{153}{0.25}=612\Omega \qquad (1)$$

电路总的复阻抗为 $Z=(R_1+R_2)+\mathrm{j}\omega L_2$

$$|Z|=\sqrt{(R_1+R_2)^2+(\omega L_2)^2}=\frac{U}{I}=\frac{220}{0.25}=880\Omega \qquad (2)$$

联立求解方程（1）和（2），得 $R_2=120\Omega$，$L_2=1.91\mathrm{H}$

3.8.2　收音机调谐电路

串联谐振电路普遍地应用在收音机的调谐和电视机的选台技术上。图 3.8.3(a)为收音机调谐电路。它由天线线圈 L、输出线圈 L' 和可变电容 C 组成。天线可接收各电台发射的不同频率的电磁波，并在线圈 L 中感应出相应的电动势 e_1、e_2、e_3……，其等效电路如图 3.8.3(b)所示。调节电容 C，使得电路在某一电台的信号频率下发生串联谐振，此时回路中该频率的电流最大，在电感线圈两端得到最大的电压输出。而其他频率的信号虽然也在电路中出现，但是它们没有达到谐振，所以在回路中引起的电流很小，可以忽略不计。这样就将该电台的信号与其他电台的信号区分开来，从而达到选台的目的。输出线圈 L'与 L 有磁的耦合，调谐后的信号 e'由输出线圈 L' 取出。再经过后续的放大、检波等处理，就可以通过扬声器播放该电台的节目了。下面举例加以说明。

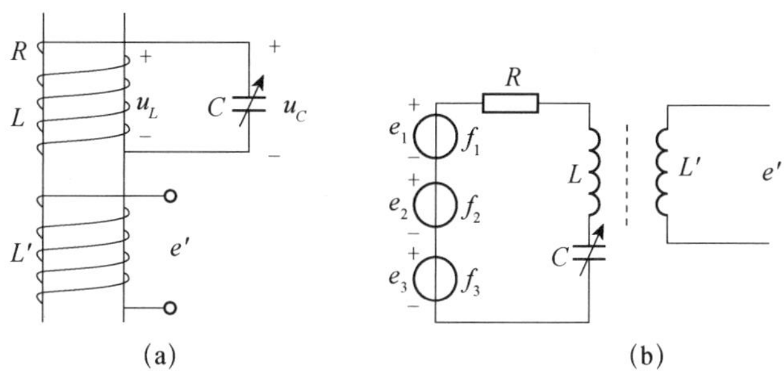

图 3.8.3　收音机调谐电路

已知一接收器的电路参数为 L=250μH，R=20Ω。假设有 3 个电台：北京台、中央台和北京经济台，它们的频率分别为 820kHz、640kHz 和 1026kHz，U_1=U_2=U_3=10mV。当调节电容使得 C=150pF 时，计算可得此时谐振角频率 $\omega_0=\dfrac{1}{\sqrt{LC}}=5.16\times10^6\,\text{rad/s}$，对应的谐振频率 f_0=820 kHz，此时收听到的是北京台的节目。可以进一步计算出，当 C=150pF 时三种不同频率下的感抗、容抗和电抗，从而计算各频率信号在电路中产生的电流值，具体计算结果如下：

	北京台	中央台	北京经济台
f（kHz）	820	640	1026
ωL	1290	1000	1612
$\dfrac{1}{\omega C}$	1290	−1660	1034
X	0	−660	577
$I=U/\|Z\|$（μA）	I_0=0.5	I_1=0.015	I_2=0.017

画出电流随频率变化的曲线，如图 3.8.4 所示。此时 $\dfrac{I_1}{I_0}=3\%$，$\dfrac{I_2}{I_0}=3\%$，说明中央台和北京经济台的信号在电路中产生的电流仅为北京台信号产生电流的 3%，完全可以忽略，所以只收听到 820kHz 的节目，而不会发生“串台”现象。

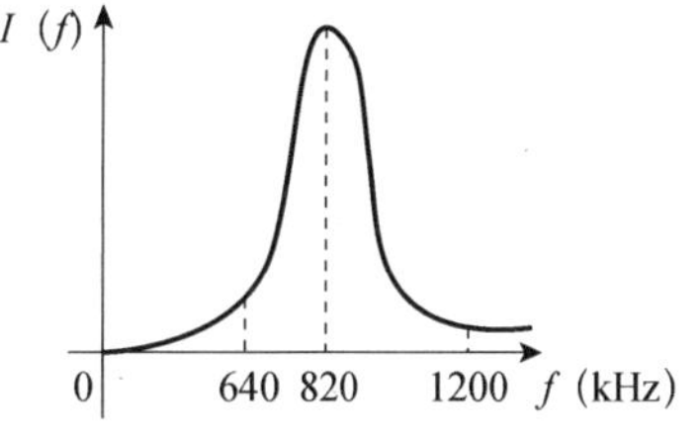

图 3.8.4　电流随频率变化的曲线

3.8.3 按键式电话机电路

滤波器应用视频

滤波器应用课件

在电子工程中，滤波器被广泛地应用着。如电视机天线接收到的信号中，既有图像信号，又有伴音信号，这两种信号的频率不同，需要滤波器将它们分开才能送到“视频通道”和“伴音通道”中去。又如按键式电话机的按键信号，也是通过滤波器进行识别的。

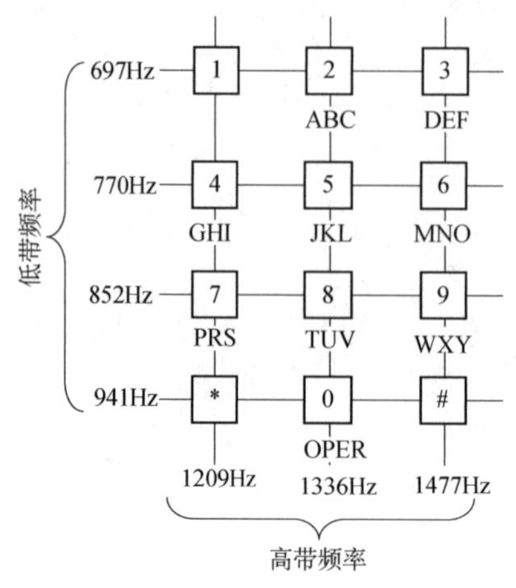

图 3.8.5 按键式电话机拨号的频率设置

图 3.8.5 为按键式电话机的按键面板，一共有 12 个按键，以 4 行 3 列排列。每一行对应一个低带频率，每一列对应一个高带频率。当按下某个按键时，就会同时产生与该键对应的行和列两个频率的正弦音频信号。例如按下按键“5”，就产生频率为 770Hz 和 1336Hz 的两个正弦音频信号。按键拨打电话时，这一组信号就传送到电话局的检测系统，通过检测这一组信号的频率对按键进行解码。

图 3.8.6 为检测系统的方框图。将信号放大后，通过低通滤波器和高通滤波器将其中的低频信号和高频信号分开。其中低通滤波器的截止频率略高于 1000Hz，高通滤波器的截止频率略低于 1200Hz。再将低通滤波器和高通滤波器的输出通过限幅器限幅，分别送入低音组带通滤波器和高音组带通滤波器进行识别。每个带通滤波器只允许通过一个规定的频率。当滤波器输出有效信号时，检测器就会输出一个直流信号。根据检测出的低频信号和高频信号的具体频率值，就可以完成对按键的解码。

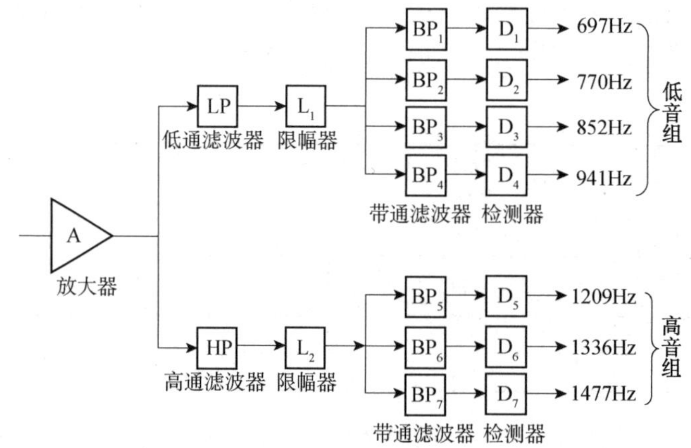

图 3.8.6 检测系统方框图

3.8.4 音箱分频电路

滤波器的另一个典型应用是音箱分频电路，它将音频放大器与低音扬声器和高音扬声器耦合起来，如图 3.8.7(a)所示。

音箱分频电路由一个 RC 高通滤波器和一个 RL 低通滤波器所组成。它将高于某个预定频率 f_C 的信号送到高音喇叭（高频扬声器）中去，而低于 f_C 的信号送到低音喇叭（低频扬声器）中去。这些扬声器的设计使其适应某种频率响应，例如，低音喇叭设计成重现频率小于 3kHz 的声音信号，而高音喇叭则重现 3kHz 到 20kHz 的音频信号。两种扬声器合起来能重现全部音频范围的信号并能给出最优的频率响应。

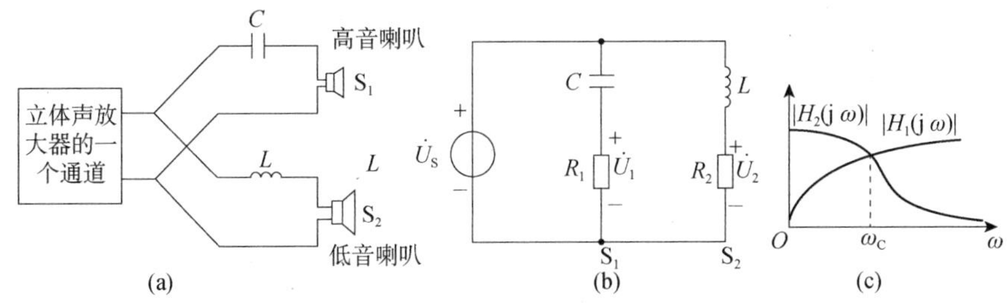

图 3.8.7　音箱分频电路

将放大器用一个电压源等效、扬声器用电阻等效，则音箱分频电路等效如图 3.8.7(b)所示。可得高通滤波器的网络函数为

$$H_1(\mathrm{j}\omega)=\frac{\dot{U}_1}{\dot{U}_\mathrm{S}}=\frac{R_1}{R_1+\dfrac{1}{\mathrm{j}\omega C}}=\frac{\mathrm{j}\omega R_1C}{1+\mathrm{j}\omega R_1C}$$

其幅频特性为

$$H_1(\mathrm{j}\omega)|=\frac{\omega R_1C}{\sqrt{1+(\omega R_1C)^2}}$$

低通滤波器的网络函数为

$$H_2(\mathrm{j}\omega)=\frac{\dot{U}_2}{\dot{U}_\mathrm{S}}=\frac{R_2}{R_2+\mathrm{j}\omega L}$$

其幅频特性为

$$H_2(\mathrm{j}\omega)|=\frac{R_2}{\sqrt{R_2^{\ 2}+(\omega L)^2}}$$

只要选择合适的 R_1、R_2、L 和 C 的值，就可以使两个滤波器具有相同的转折频率。幅频特性曲线如图 3.8.7(c)所示。

不失真分压器视频　不失真分压器课件

3.8.5　不失真分压器

在实际工程中，当用示波器或其他信号检测仪器对输入信号进行测量时，通常要求输入信号不失真地送入测量仪器。但示波器等测量仪器的输入端总有输入电阻和输入电容或寄生电容。当信号通过测量线直接进入测量设备时，信号会受到这类电阻和电容的影响。为了改善测量效果，一般需要外加一个 RC 补偿网络。

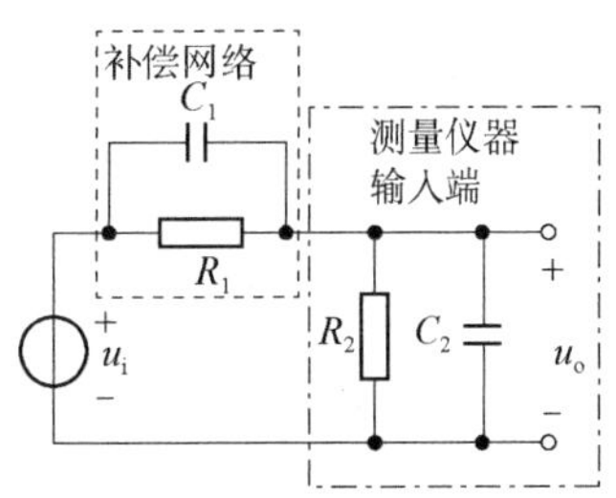

图 3.8.8　不失真分压器

电路如图 3.8.8 所示，其中 R_2 和 C_2 为测量仪器输入端所呈现的电阻和电容，R_1 和 C_1 为在被测信号和测量仪器之间加

入的补偿网络。加入这个补偿网络的目的就是使输出电压对输入电压而言不产生失真。

根据复阻抗的串联分压，可得

$$\frac{\dot{U}_o}{\dot{U}_i}=\frac{R_2//\dfrac{1}{j\omega C_2}}{R_1//\dfrac{1}{j\omega C_1}+R_2//\dfrac{1}{j\omega C_2}}=\frac{\dfrac{R_2}{1+j\omega R_2C_2}}{\dfrac{R_1}{1+j\omega R_1C_1}+\dfrac{R_2}{1+j\omega R_2C_2}}$$

当 $R_1C_1=R_2C_2$ 时，$\dfrac{\dot{U}_o}{\dot{U}_i}=\dfrac{R_2}{R_1+R_2}$。此时输出电压 u_o 只对输入电压 u_i 衰减常数倍，而无波形的畸变。衰减的倍数仅由电阻 R_1 和 R_2 决定，和频率无关，这种补偿为最佳补偿。此时的电路称为不失真分压器，又称衰减器。

下面介绍不失真分压器在示波器探头中的应用。示波器的输入阻抗可以等效为输入电阻 R_i（通常为 1MΩ）和输入电容 C_i（通常为几十皮法）的并联。示波器的输入端通过电缆接于被测电路中，电缆也有分布电容，用 C_0 表示（可达几百皮法）。所以，示波器的输入阻抗和电缆的分布电容 C_0 就成了被测电路的负载，并接在测试点上，如图 3.8.9 所示。当频率较高时，容抗会急剧下降，所以无法实现对高频信号的测量。

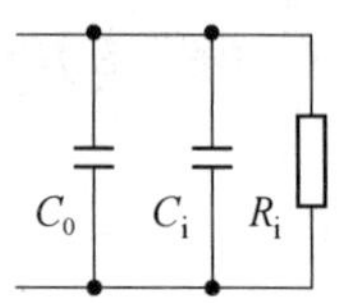

图 3.8.9　示波器的输入阻抗

为了配合示波器的使用，在输入端加了一个探头。示波器探头的结构如图 3.8.10(a)所示，在金属屏蔽的外壳里，装有电阻、电容并联的电路，此并联电路的一端接探针，另一端经电缆接插头，等效电路如图 3.8.10(b)所示。其中，R_i 为示波器的输入电阻，C_i 为输入电容，C_0 为包括电缆在内的分布电容，C_X 为调整补偿电容。

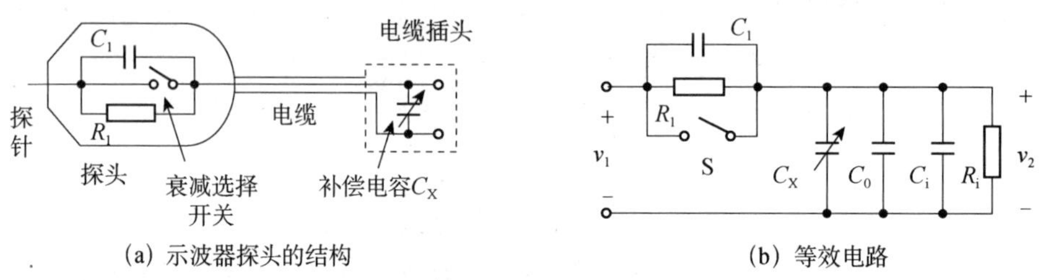

图 3.8.10　不失真分压器在示波器探头中的应用

探头上面有一个衰减选择开关，有×1 和×10 两种选择。×1 挡表示信号没有经过衰减进入示波器，而×10 挡表示信号衰减 10 倍进入示波器。当选择×1 挡时，开关闭合；当选择×10 挡时，开关断开，RC 并联电路和后级的这部分电路一起构成了不失真分压器。令 $C_2=C_i+C_0+C_x$，调节补偿电容 C_x，使参数满足 $R_1C_1=R_iC_2$ 时，分压比为

$$\frac{v_2}{v_1}=\frac{R_i}{R_1+R_i}=\frac{1}{k}$$

可见分压比 k 的大小仅决定于电阻 R_1 和 R_i，与频率无关。当探头选择×10 挡时，k 就等于 10。此时，从探针处看过去的输入电阻为 $R=R_1+R_i=kR_i$，输入电容为 $C=C_2/k$，即接入×10 的探头后，输入电阻将增大 10 倍，而输入电容将减小到原来的 1/10，所以对被测电路的影响就要小得多。当被测信号频率较高或者被测电路的节点是高阻节点时，探头都要打到×10 挡。

3.8.6　相序测定电路

三相电源的相序在电力工程中非常重要，它会对某些用电设备产生直接影响。例如，调换相序就会改变三相电动机的转向。图 3.8.11 所示为两种常见的相序测定，分别为电容式和电感式。对图 3.8.11(a)所示的电容式电路，假设两个灯泡型号相同，且电容的容抗与灯泡的电阻大致相等。如果接电容的一相设为 A 相，那么灯泡亮的为 B 相，灯泡暗的为 C 相。对图 3.8.11(b)所示的电感式电路，同样地，假设两个灯泡型号相同，且电路电感的感抗与灯泡的电阻大致相当，如果接电感的一相设为 A 相，那么灯泡暗的为 B 相。

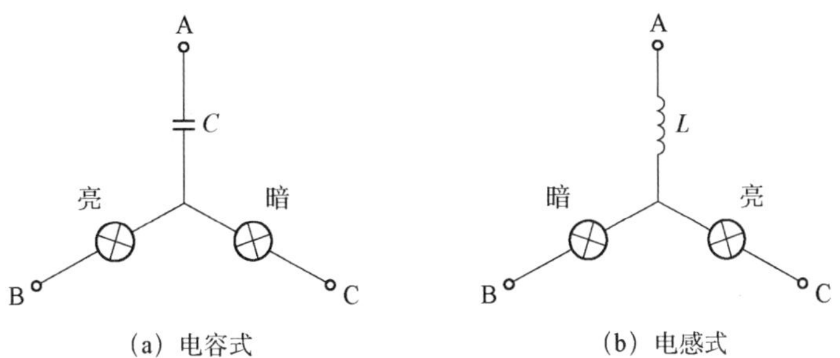

图 3.8.11　相序测定电路

下面以电容式电路为例，介绍它的相序测定原理。电路如图 3.8.12 所示，其中 $1/(\omega C)=R$。显然此电路为星形联结的不对称三相电路，并且无中线。

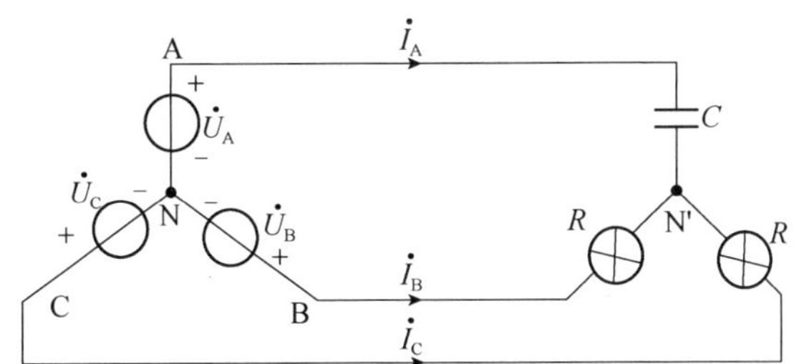

图 3.8.12　星形联结的不对称三相电路

设三相电源 $\dot{U}_A=U\angle 0°\text{V}$，$\dot{U}_B=U\angle -120°\text{V}$，$\dot{U}_C=U\angle 120°\text{V}$，则中点位移电压为

$$\dot{U}_{N'N}=\frac{j\omega C\dot{U}_A+\dot{U}_B/R+\dot{U}_C/R}{j\omega C+1/R+1/R}=\frac{j\dot{U}_A+\dot{U}_B+\dot{U}_C}{2+j1}$$

$$=\frac{(-1+j)\dot{U}_A}{2+j1}=0.632\angle 108.4°\dot{U}_A=0.632U\angle 108.4°\text{V}$$

B 相、C 相白炽灯所承受的相电压分别为

$$\dot{U}_{BN}=\dot{U}_B-\dot{U}_{N'N}=U\angle -120°-0.632U\angle 108.4°=1.5U\angle -101.5°\text{V}$$

$$\dot{U}_{CN'}=\dot{U}_C-\dot{U}_{N'N}=U\angle 120°-0.632U\angle 108.4°=0.4U\angle 138.4°\text{V}$$

根据上述计算结果可以看出：B 相的相电压远高于 C 相的相电压，因此 B 相灯泡的亮度远大于 C 相灯泡。即在指定了电容所在的那一相为 A 相后，灯光较亮的为 B 相，较暗的为 C 相，由此可以确定三相电路的相序。对电感式相序测定电路的工作原理请读者自行分析。

第 3 章小结视频 1

第 3 章小结课件 1

1. 正弦量的三要素

正弦电流的数学表达式为$i = I_{\mathrm{m}}\sin(\omega t+\varphi_i)$，式中，振幅$I_{\mathrm{m}}$、角频率$\omega$和初相$\varphi_i$称为正弦量的三要素。

正弦量的振幅I_{m}和有效值I满足：$I_{\mathrm{m}}=\sqrt{2}I$

正弦量的角频率ω和周期T、频率f之间满足：$\omega=\dfrac{2\pi}{T}=2\pi f$

设两个同频正弦量i_1和i_2，它们的初相分别为φ_1和φ_2，则它们的相位差等于初相之差，即$\varphi=\varphi_1-\varphi_2$，规定$|\varphi|\leqslant 180°$。若$\varphi>0$，则称$i_1$超前$i_2$；若$\varphi<0$，则称$i_1$滞后$i_2$；若$\varphi=0$，则称$i_1$和$i_2$同相。

2. 正弦量的相量表示

$$i = I_{\mathrm{m}}\sin(\omega t+\varphi_i)\rightarrow \dot{I}=I\mathrm{e}^{\mathrm{j}\varphi_i}=I\angle\varphi_i$$

相量的模表示正弦量的有效值，相量的辐角表示正弦量的初相。

3. 基尔霍夫定律的相量形式

第 3 章小结视频 2

第 3 章小结课件 2

KCL 的相量形式：$\sum\dot{I}=0$

KVL 的相量形式：$\sum\dot{U}=0$

4. 元件伏安关系的相量形式（见表 3-1）

表 3-1　R、L、C 元件伏安关系的相量形式

元件	瞬时值 VCR	相量形式 VCR	有效值关系	相位关系	相量模型	相量图
电阻 R	$u_R=R\cdot i_R$	$\dot{U}_R=R\dot{I}_R$	$U_R=RI_R$	$\varphi_u=\varphi_i$ 电压电流同相	$\dot{I}_R$　R　+　−　$\dot{U}_R$	+j　$\dot{U}_R$　$\dot{I}_R$　$\varphi_u=\varphi_i$　+1　O
电感 L	$u_L=L\dfrac{\mathrm{d}i_L}{\mathrm{d}t}$	$\dot{U}_L=\mathrm{j}\omega L\dot{I}_L$	$U_L=\omega LI_L$	$\varphi_u=\varphi_i+\dfrac{\pi}{2}$ 电压超前电流 90°	$\dot{I}_L$　$\mathrm{j}\omega L$　+　−　$\dot{U}_L$	+j　$\dot{U}_L$　$\dot{I}_L$　φ_u　φ_i　+1　O
电容 C	$i_C=C\dfrac{\mathrm{d}u_C}{\mathrm{d}t}$	$\dot{U}_C=\dfrac{1}{\mathrm{j}\omega C}\dot{I}_C$	$U_C=\dfrac{1}{\omega C}I_C$	$\varphi_u=\varphi_i-\dfrac{\pi}{2}$ 电压滞后电流 90°	$\dot{I}_C$　$\dfrac{1}{\mathrm{j}\omega C}$　+　−　$\dot{U}_C$	+j　$\dot{I}_C$　φ_i　+1　O　φ_u　$\dot{U}_C$

5. 阻抗与导纳

一个无源二端网络可以等效成一个阻抗或导纳。阻抗定义为

$$Z=\frac{\dot{U}}{\dot{I}}=\frac{U\angle\varphi_u}{I\angle\varphi_i}=\frac{U}{I}\angle\varphi_u-\varphi_i=|Z|\angle\varphi$$

其中$|Z|$称为阻抗模，φ称为阻抗角。显然$|Z|=\dfrac{U}{I}$，$\varphi=\varphi_u-\varphi_i$

阻抗 Z 可以转化为直角坐标下的代数形式

$$Z=|Z|\angle\varphi=|Z|\cos\varphi+\mathrm{j}|Z|\sin\varphi=R+\mathrm{j}X$$

极坐标形式和代数形式的转换关系为

$$|Z|=\sqrt{R^2+X^2},\ \varphi=\arctan\frac{X}{R},\ R=|Z|\cos\varphi,\ X=|Z|\sin\varphi$$

对不含受控源的无源单口而言，$R\geqslant0$，X 可正可负，故$|\varphi|\leqslant\dfrac{\pi}{2}$。

若 $X>0$，阻抗角 $\varphi>0$，端口电压超前电流，阻抗呈感性；
若 $X<0$，阻抗角 $\varphi<0$，端口电压滞后电流，阻抗呈容性；
若 $X=0$，阻抗角 $\varphi=0$，端口电压和电流同相，阻抗呈电阻性。

6. 正弦稳态电路的相量分析法

KCL、KVL 和元件的伏安关系（VCR）是分析电路的基本依据。

对于正弦稳态电路，其相量形式为：$\sum\dot{I}=0$，$\sum\dot{U}=0$，$\dot{U}=Z\dot{I}$

运用相量法对正弦稳态电路进行分析时，先把电压、电流用相量表示，R、L、C 元件用阻抗或导纳表示，得到电路的相量模型。再利用 KCL、KVL 和元件伏安关系的相量形式以及直流电阻电路中的电路定律、定理及各种分析方法，建立相量形式的代数方程，求出相量值，再将相量变换为所求的正弦量。

相量法实质上是一种“变换”，它通过相量把时域下求解微分方程的正弦稳态解，“变换”为频域下求解复数代数方程的解。

7. 正弦交流电路的功率

任一二端网络的有功功率（平均功率）P、无功功率 Q 和视在功率 S 分别为

$$P=UI\cos\varphi;\quad Q=UI\sin\varphi;\quad S=UI$$

式中，$\cos\varphi$ 称为电路的功率因数，φ 为端口电压和端口电流的相位差。对无源二端网络来说，φ 就等于阻抗角。

有功功率、无功功率和视在功率之间的关系为

$$\begin{cases}P=UI\cos\varphi=S\cos\varphi\\Q=UI\sin\varphi=S\sin\varphi\\S=\sqrt{P^2+Q^2}\end{cases}$$

注意：有功功率、无功功率是守恒的，而视在功率不守恒。

提高电路功率因数的常用方法是在感性负载两端并联电容。

8. 谐振

谐振是指包含电容和电感的一端口网络，在一定条件下端口电压和端口电流同相的电路

状况。常见的有 RLC 串联谐振和 RLC 并联谐振，如表 3-2 所示。

表 3-2　RLC 串联谐振和 RLC 并联谐振

	RLC 串联谐振	RLC 并联谐振
谐振角频率	$\omega_0=\dfrac{1}{\sqrt{LC}}$	$\omega_0=\dfrac{1}{\sqrt{LC}}$
谐振时阻抗（导纳）	$Z=R+\mathrm{j}\omega_0 L-\mathrm{j}\dfrac{1}{\omega_0 C}=R$	$Y=\dfrac{1}{R}+\mathrm{j}\omega_0 C+\dfrac{1}{\mathrm{j}\omega_0 L}=\dfrac{1}{R}$
品质因数	$Q=\dfrac{\omega_0 L}{R}=\dfrac{1}{\omega_0 CR}$	$Q=\dfrac{R}{\omega_0 L}=\omega_0 RC$
电路特点	阻抗最小；电流最大；电阻呈阻性；电感电压和电容电压大小相等、方向相反，为总电压的 Q 倍	导纳最小；阻抗最大；电路呈阻性；电感电流和电容电流大小相等、方向相反，为总电流的 Q 倍

9. 三相电路

由三相电源供电的电路称为三相电路。对称三相电源的特点是振幅和频率相同、相位依次相差 120°。三相电源有 Y 形和△形两种连接方式，三相负载也有以上两种连接方式。由对称三相电源和对称三相负载组成的电路为对称三相电路。对称三相电路的计算可采用抽单相的方法，通常先求出 A 相的电压和电流，再根据对称关系写出其他两相的电压和电流。

第 3 章综合测试题

第 3 章综合测试题讲解视频

第 3 章综合测试题讲解课件

习　题　3

3.1　已知某正弦电流的有效值为 1A，频率为 50Hz，初相为 30°。试写出该电流的瞬时值表达式，并画出波形图。

3.2　计算下列各正弦量的相位差，并说明它们的超前、滞后关系。

（1）$u_1=4\sin(60t+10°)\text{V}$ 和 $u_2=8\sin(60t+100°)\text{V}$

（2）$i_1=-15\cos(20t-30°)\text{A}$ 和 $i_2=10\cos(20t+45°)\text{A}$

（3）$u=5\sin(314t+5°)\text{V}$ 和 $i=7\cos(314t-20°)\text{A}$

（4）$u=10\sin(100\pi t+60°)\text{V}$ 和 $i=2\sin(100t-30°)\text{A}$

3.3　写出下列正弦量所对应的有效值相量。

（1）$u=5\sqrt{2}\sin\omega t\text{V}$　　（2）$u=5\sqrt{2}\sin(\omega t+60°)\text{V}$

（3）$u=5\sqrt{2}\cos(\omega t-210°)\text{V}$　　（4）$u=-5\sqrt{2}\sin(\omega t+120°)\text{V}$

3.4　写出下列电压、电流相量所代表的正弦电压和电流，设频率为 50Hz。

（1）$\dot{U}_{\mathrm{m}}=10\angle-10°\mathrm{V}$　　　（2）$\dot{U}=(-6-\mathrm{j}8)\mathrm{V}$

（3）$\dot{I}_{\mathrm{m}}=(-5-\mathrm{j}5)\mathrm{A}$　　　（4）$\dot{I}=-30\mathrm{A}$

3.5　已知 $i_1=10\sqrt{2}\cos(\omega t+45°)\mathrm{A}$，$i_2=10\sqrt{2}\sin\omega t\mathrm{A}$，$i=i_1+i_2$，求 i，并绘出它们的相量图。

3.6　已知一线圈电感 L=1H，电阻可以忽略，设流过线圈的电流 $i=\sqrt{2}\sin(314t-60°)\mathrm{A}$。（1）试用相量法求通过线圈的电压 u；（2）若电流频率为 f=5kHz 时，重新计算线圈的电压 u。

3.7　指出下列各式是否正确。

（1）$u=\omega Li$；　（2）$u=\mathrm{j}\omega Li$；　（3）$\dot{U}=\mathrm{j}\omega LI$；　（4）$u=Li$；

（5）$U=\omega LI$；　（6）$u=L\dfrac{\mathrm{d}i}{\mathrm{d}t}$；　（7）$\dfrac{\dot{U}_C}{\dot{I}_C}=\mathrm{j}\omega C$；　（8）$X_C=\dfrac{U_C}{I_C}$；

3.8　求题 3.8 图所示电路的等效阻抗，并说明阻抗性质。

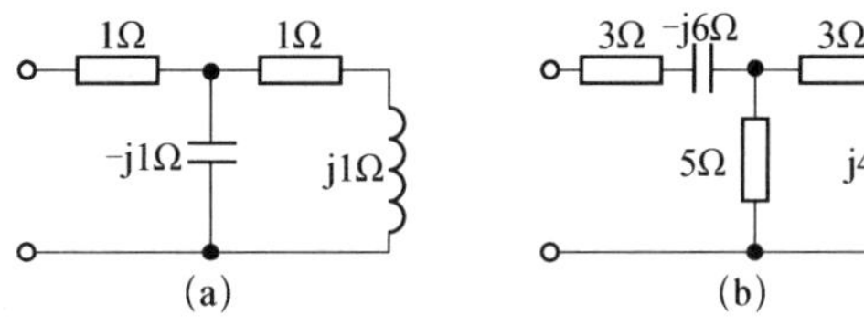

题 3.8 图

3.9　在题 3.9 图所示的正弦稳态交流电路中，电压表 V_1、V_2、V_3 的读数分别为 80V、180V、120V，求电压表 V 的读数。

3.10　在题 3.10 图所示电路中，正弦电源的频率为 50Hz 时，电压表和电流表的读数分别为 100V 和 15A；当频率为 100Hz 时，读数为 100V 和 10A。试求电阻 R 和电感 L。

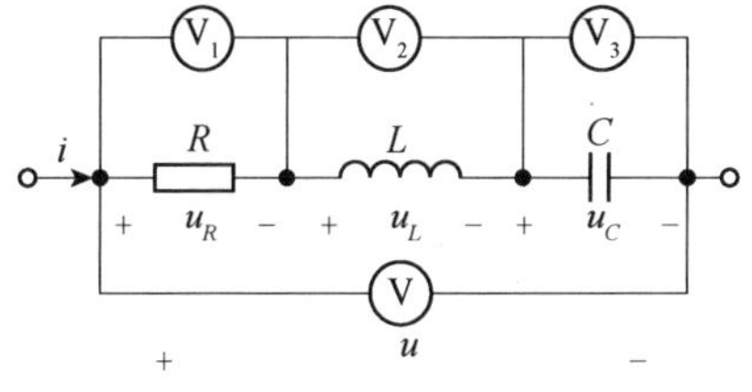

题 3.9 图

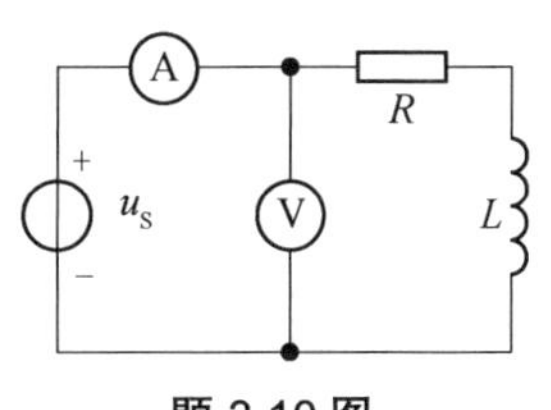

题 3.10 图

3.11　RLC 串联电路如题 3.11 图所示，已知 $u_{\mathrm{S}}=10\sin 2t\mathrm{V}$，$R$=2Ω，$L$=2H，$C$=0.25F，用相量法求电流 i 及各元件电压 u_R、u_L 和 u_C，并作相量图。

3.12　RLC 并联电路如题 3.12 图所示，已知 i_{S}=3sin2tA，R=1Ω，L=2H，C=0.5F，试求电压 u，并作相量图。

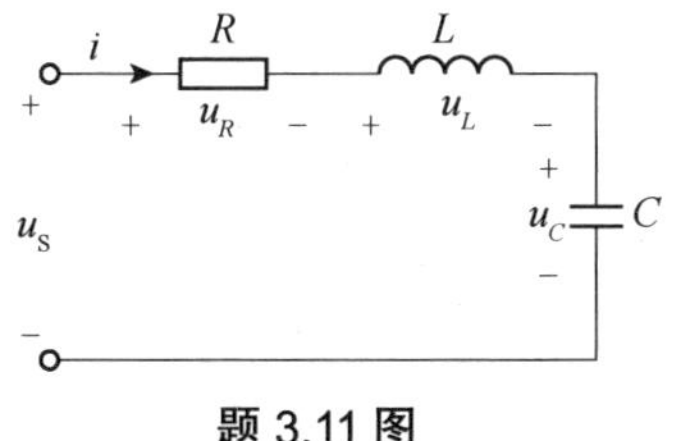

题 3.11 图

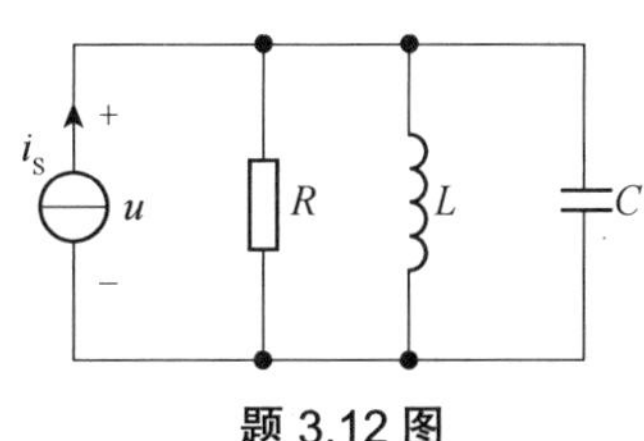

题 3.12 图

3.13　正弦交流电路如题3.13图所示，已知R_1=10000Ω，R_2=10Ω，L=500mH，C=10μF，$u_S=100\sqrt{2}\sin 314t\text{V}$，试求各支路电流。

3.14　题3.14图所示正弦稳态电路中，$u_S=4\sqrt{2}\sin(3t+45°)$ V，R_1=2Ω，R_2=2Ω，$L=\frac{1}{3}$H，$C=\frac{1}{6}$F，试求电流i、i_1和i_2。

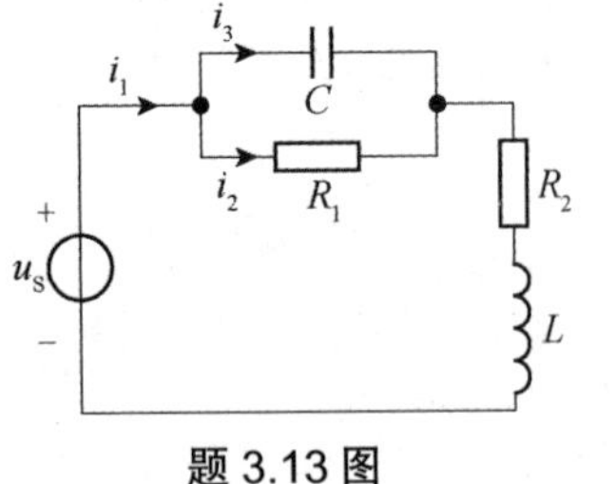

题3.13图

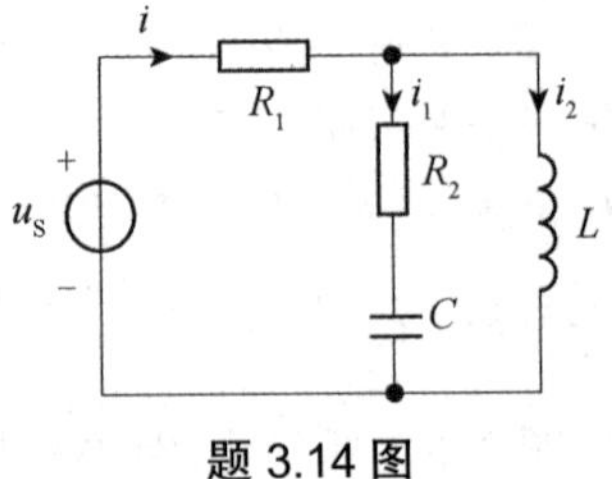

题3.14图

3.15　RLC串联电路中，已知正弦交流电源$u_S=220\sqrt{2}\sin 314t\text{V}$，$R$=10Ω，$L$=300mH，$C$=50μF，求电源发出的平均功率、无功功率及视在功率。

3.16　正弦稳态交流电路如题3.16图所示，已知R=100Ω，L=0.4H，C=5μF，电源电压$u_S=220\sqrt{2}\sin 500t\text{V}$，求电源发出的有功功率、无功功率及视在功率。

3.17　三表法测量线圈参数的电路如题3.17图所示。已知电压表、电流表、功率表读数分别为50V、1A和30W，交流电的频率$f=50$ Hz，求线圈的等效电阻和等效电感。

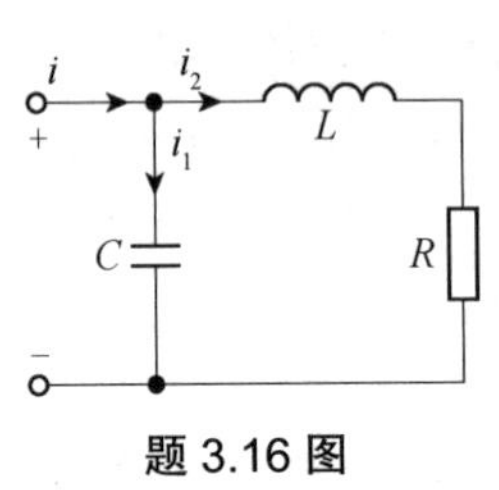

题3.16图

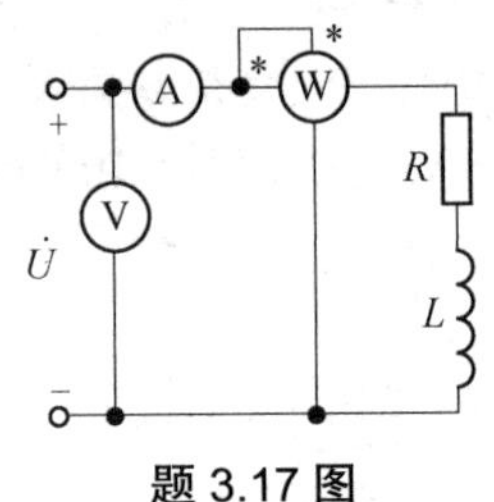

题3.17图

3.18　已知一台2kW的异步电动机，功率因数为0.6（感性），接在220V、50Hz的电源上，若要把电路的功率因数提高到0.9，问需要并联多大的补偿电容？并联电容前后电路的端口电流各为多少？

3.19　在题3.19图所示RLC串联电路中，R=10Ω，L=160μH，C=250pF，外加正弦电压U_S=1mV，试求该电路的谐振频率f_0、品质因数Q和谐振时的电压U_R、U_C和U_L。

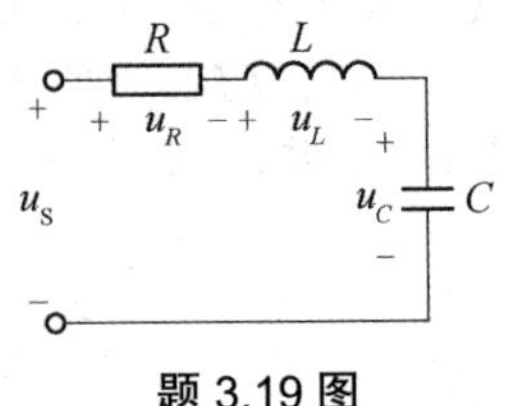

题3.19图

3.20　一半导体收音机的输入电路为RLC串联电路，其中输入信号电压的有效值U_S=100μV，R=10Ω，L=300μH。当收听频率f=540kHz的电台广播时，求可变电容C、电路的品质因数Q、电路电流I_0和输出电压U_{L0}。

3.21　试求题 3.21 图所示电路的并联谐振角频率 ω_0。

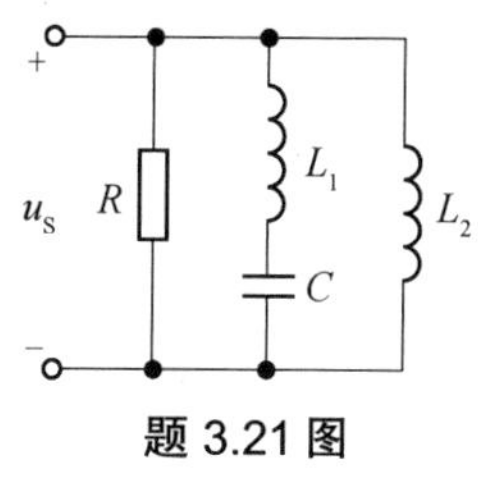

题 3.21 图

3.22　对称三相电源，已知相电压 $\dot{U}_A = 100\angle -150°V$，求相电压 $\dot{U}_B$、$\dot{U}_C$，并画出相量图。

3.23　三相四线制电路，已知线电压 $\dot{U}_{AB} = 380\angle 0°V$，对称三相负载 $Z = 10\angle 60°\Omega$，求各相电流。

3.24　对称三相电路，已知线电压为 380V，△形联结负载阻抗 Z=20+j20Ω，求线电流和相电流。

3.25　已知 Y 形联结负载的各相阻抗为 Z=30+j45Ω，所加对称的线电压为 380V。试求此负载的功率因数和三相总功率 P。

习题解析

第 4 章思维导图　第 4 章讨论区

第 4 章　半导体器件

半导体器件是近代电子技术的重要组成部分，由于它具有体积小、重量轻、使用寿命长、输入功率小和功率转换效率高等优点，所以得到了广泛的应用。本章介绍半导体基础知识、PN 结及其单向导电性，重点介绍半导体二极管、晶体管的结构、工作原理、特性曲线和主要参数。

4.1　半导体基础知识

半导体基础知识视频　半导体基础知识课件

4.1.1　本征半导体

自然界的物质，根据导电能力的不同可分为导体、绝缘体和半导体三大类。导电能力很强的物质为导体，金属一般都是导体，如铜、铝、银等；导电能力很弱的物质为绝缘体，如橡皮、陶瓷、塑料等；导电能力介于导体和绝缘体之间的物质为半导体，如锗、硅、硒、砷化镓等。半导体材料之所以受到人们的高度重视，并获得如此广泛的应用，是因为很多半导体的导电能力在不同条件下有很大的差别。**温度、光照及掺杂等因素都会改变半导体材料的导电能力。**

完全纯净的半导体称为本征半导体。常用的半导体材料硅和锗均为四价元素，在硅或锗的单晶体结构中，原子在空间排列成很有规律的空间点阵（称为晶格），晶格结构如图 4.1.1 所示。由于晶格中原子之间的距离很近，所以价电子不仅会受到所属原子核的作用，还受到相邻原子核的吸引，使得一个价电子为相邻的原子核所共有，形成共价键。晶体中共价键的结构示意图如图 4.1.2 所示。

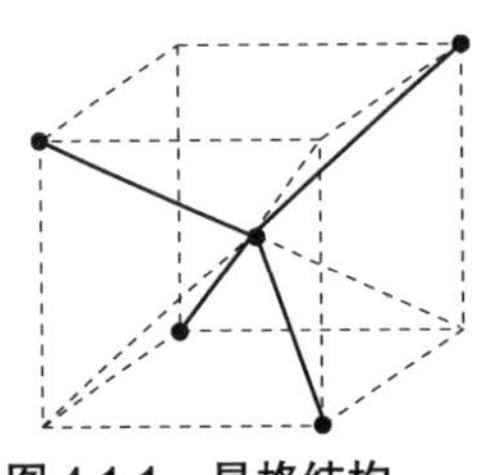

图 4.1.1　晶格结构

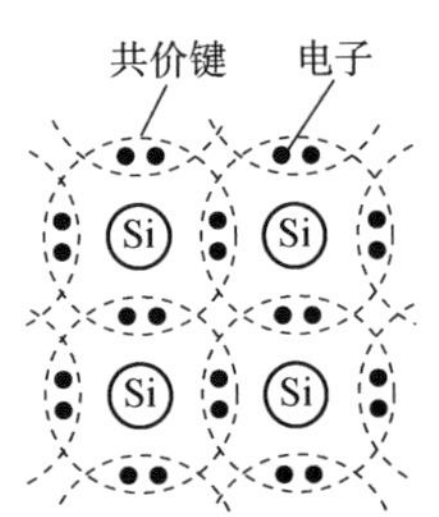

图 4.1.2　共价键示意图

本征半导体在绝对零度（约-273℃）时，共价键中的价电子不能脱离共价键的束缚，所以半导体中没有能够自由移动的带电粒子，即没有载流子，此时半导体与绝缘体一样没有导电能力。当外界给半导体施加能量时（如光照或升温），一些共价键中的价电子会挣脱共价键的束缚成为**自由电子**。这样在共价键中就留下一个空位，称为**空穴**，这种现象称为**本征激发**。由于电子带负电荷，空穴表示缺少一个负电荷，所以可把空穴看成是一个带正电的粒子。

在自由电子和空穴成对产生的同时，运动中的自由电子也有可能去填补空穴，使自由电子和空穴成对消失，这种现象称为复合。在一定温度下，自由电子和空穴的产生与复合都在不停地进行，最终处于一种动态平衡状态，此时半导体中的自由电子和空穴的浓度不再变化。注意，在任何时候，**本征半导体中的自由电子和空穴的数目总是相等的**，所以称它们为电子-空穴对。**空穴的出现是半导体区别于导体的一个重要特性。**

在外电场的作用下，一方面，带负电荷的自由电子做定向移动，形成电子电流；另一方面，价电子填补空穴，产生空穴的定向移动，形成空穴电流。因此**半导体中有两种载流子：自由电子和空穴**。载流子数量的多少是衡量半导体导电能力的标志。当温度升高时，本征半导体的载流子数量增多，故导电能力加强。因此，**温度是影响半导体性能的一个重要的外部因素。**半导体材料的这种特性称为热敏性，此外还有光敏性和掺杂性。

4.1.2　杂质半导体

常温下，本征半导体中载流子的浓度很低，因而导电能力很弱，而且其导电能力与温度密切相关，无法满足电路正常工作的需求。为了改善本征半导体的导电性能并使其具有可控性，需要在本征半导体中掺入微量的其他元素，如磷、砷、硼、铟等，这种**掺有杂质的半导体称为杂质半导体**。根据掺入杂质性质的不同，可分为 N 型半导体与 P 型半导体。

1. N 型半导体

在本征半导体中掺入微量的五价元素（如磷），可得 N 型半导体，N 型半导体示意图如图 4.1.3 所示。五价磷原子取代晶体中某些位置上的四价硅原子后，多出一个价电子不受共价键的束缚。在常温下这个价电子很容易摆脱磷原子核的束缚成为自由电子，而磷原子因失去电子成为不能移动的正离子。由于掺入的磷原子能提供自由电子，所以称其为施主杂质。尽管杂质的含量很低，但每个杂质原子都可以提供一个自由电子，由此产生的自由电子的数量比本征激发产生的电子-空穴对要多得多。因此，**在 N 型半导体中，自由电子为多数载流子，简称多子；空穴为少数载流子，简称少子。**自由电子导电成为这种半导体的主要导电方式，由于自由电子带负电，故称其为 N 型半导体。通过控制掺入杂质的多少，就可以方便地控制自由电子的数量。

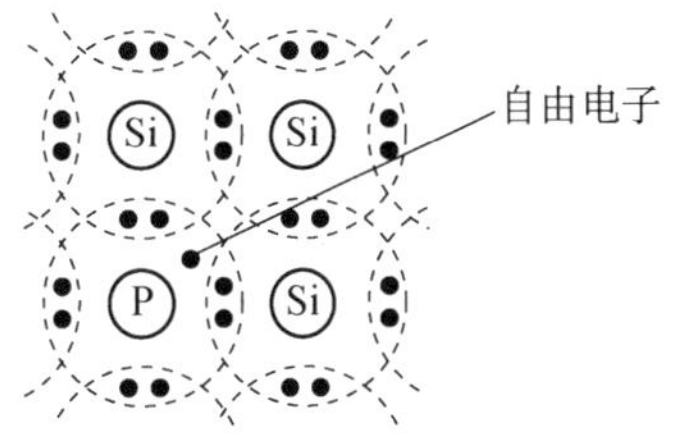

图 4.1.3　N 型半导体示意图

2. P 型半导体

在本征半导体中掺入微量的三价元素（如硼），可得 P 型半导体，P 型半导体示意图如图 4.1.4 所示。三价硼原子取代晶体中某些位置上的四价硅原子后，在形成共价键时出现了空穴。在室温下，这些空穴能够吸引邻近的价电子来填充，硼原子因获得电子成为不能移动的

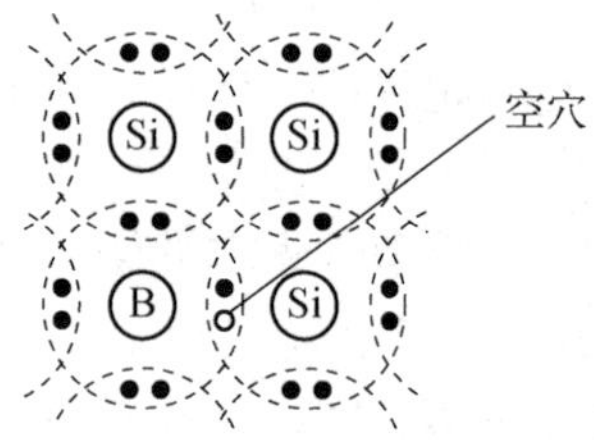

图 4.1.4　P 型半导体示意图

负离子。由于掺入的硼原子能接受电子，所以称其为受主杂质。尽管杂质的含量很低，但每个杂质原子都能产生一个空穴，由此产生的空穴的数量要比本征激发产生的电子-空穴对要多得多。所以，**在 P 型半导体中，空穴是多子，自由电子是少子**。空穴导电成为这种半导体的主要导电方式，由于空穴带正电，故称其为 P 型半导体。

综上所述，无论是 P 型半导体还是 N 型半导体，由掺杂引起的多子的浓度远大于本征激发产生的少子的浓度，所以在显著提高导电能力的同时，也减小了温度带来的影响。要注意，无论哪一种杂质半导体，对外都呈现电中性。

4.1.3　PN 结

PN 结视频

PN 结课件

在一块本征硅上，采用不同的掺杂工艺使其一边形成 N 型半导体，另一边形成 P 型半导体，那么**在两种半导体的交界面附近将形成极薄的空间电荷区，称为 PN 结**。PN 结是构成半导体器件的基础。

1. PN 结的形成

P 型半导体和 N 型半导体结合在一起时，由于交界面两侧多子和少子的浓度有很大的差别，所以 N 区的自由电子必然向 P 区扩散，而 P 区的空穴也要向 N 区扩散。在扩散运动的过程中，自由电子与空穴复合，这样在交界面附近，多子的浓度骤然下降，出现了由不能移动的带电离子组成的空间电荷区。在 N 区一侧出现正离子区，在 P 区一侧出现负离子区，如图 4.1.5 所示。在空间电荷区内，多子已扩散到对方区域并且被复合掉了，或者说消耗尽了，所以空间电荷区又称耗尽层。

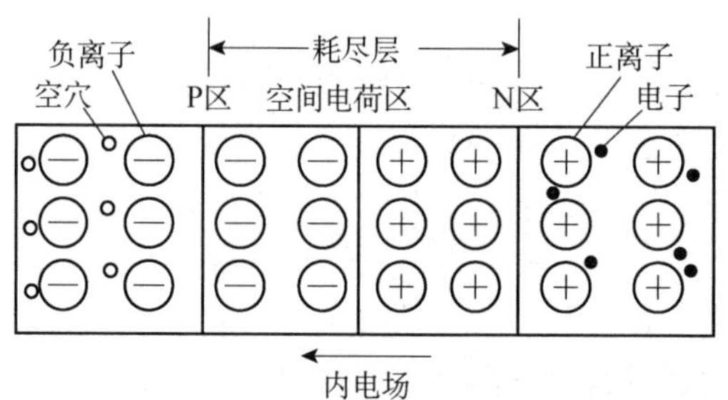

图 4.1.5　PN 结的形成

在空间电荷区形成了一个由 N 区指向 P 区的电场，称为内电场。随着扩散的进行，空间电荷区加宽，内电场加强。显然，内电场会阻止多子的扩散运动，但对少子（P 区的自由电子和 N 区的空穴）越过空间电荷区进入对方区域起着推动作用。少子在内电场的作用下有规则的运动称为**漂移运动**。少子漂移运动的方向正好与多子扩散运动的方向相反。从 N 区漂移到 P 区的空穴填补了原来交界面上 P 区失去的空穴，而从 P 区漂移到 N 区的自由电子填补了原来交界面上 N 区失去的电子，所以漂移运动使空间电荷区变窄。

最终，**扩散运动和漂移运动达到动态平衡，空间电荷区的宽度将保持不变，这个空间电荷区就是 PN 结。**

2. PN 结的单向导电性

PN 结在没有外加电压时，其内部的扩散运动和漂移运动处于动态平衡，PN 结内无电流流过。PN 结的基本特性——单向导电性只有在外加电压时才会显示出来。

1）外加正向电压

当外加电压使 P 区电位高于 N 区电位时，称 PN 结外加正向电压（或称正向偏置，简称正偏），如图 4.1.6 所示。此时外电场与内电场方向相反，在外电场的作用下，多子被推向耗尽层，从而使耗尽层变窄，内电场被削弱，有利于多子的扩散而不利于少子的漂移。随着电源电压值的上升，外电场从小于内电场到等于内电场，最后大于内电场，此时由多子的扩散运动形成较大的正向电流。在正常工作范围内，只要稍微增大 PN 结外加的正向电压，便会引起正向电流迅速上升，说明 PN 结呈现的正向电阻很小，即 PN 结导通。

2）外加反向电压

当外加电压使 P 区电位低于 N 区电位时，称 PN 结外加反向电压（或称反向偏置，简称反偏），如图 4.1.7 所示。此时外电场方向与内电场方向一致，使耗尽层变宽，阻止多子的扩散，但有助于少子的漂移，少子的漂移形成了反向电流。由于少子的浓度很低，所以反向电流很小，一般为 μA 数量级。这表明 PN 结外加反向电压时呈现的反向电阻很大，可近似认为 PN 结外加反向电压时不导电，即 PN 结截止。

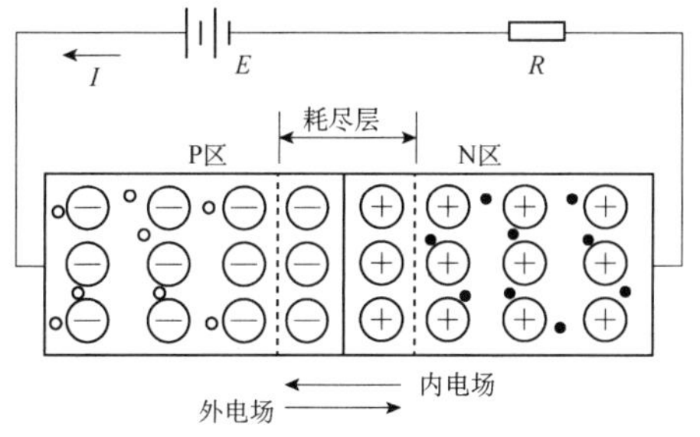

图 4.1.6 外加正向电压时的 PN 结

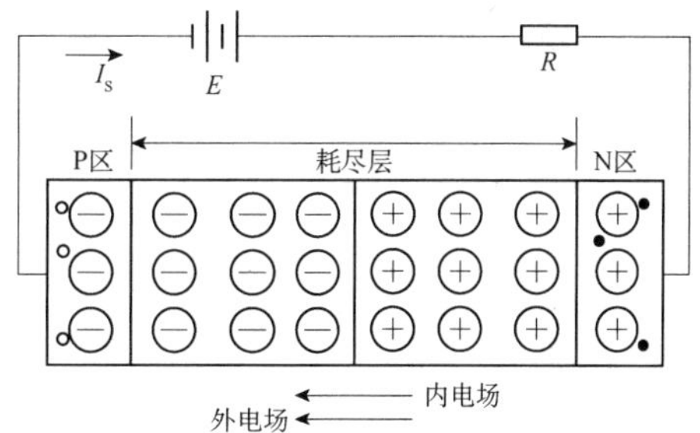

图 4.1.7 外加反向电压时的 PN 结

因为少子是由本征激发产生的，所以其数量主要取决于温度，几乎与外加电压无关。在一定温度下，由本征激发产生的少子的数量是一定的，所以反向电流的值也趋于恒定，又称反向饱和电流。

综上所述，**PN 结正偏时导通，形成较大的正向电流；反偏时截止，电流几乎为零，这种特性称为 PN 结的单向导电性**。二极管、晶体管及其他各种半导体器件的工作特性，都是以 PN 结的单向导电性为基础的。

当 PN 结外加的反向电压超过某一数值时，流过 PN 结的反向电流会急剧增加，将这种现象称为 PN 结的反向击穿。

此外，PN 结在一定条件下还具有电容效应，根据其产生原因不同分为势垒电容和扩散电容。当 PN 结外加的反向电压变化时，空间电荷区的宽度也随之变化，即耗尽层的电荷量随外加电压的变化而增大或减小，这种现象与电容器的充放电过程相同，耗尽层宽窄变化所等效的电容称为势垒电容。当 PN 结外加正向电压时，在 PN 结的扩散区内，电荷的积累和释放过程与电容器的充放电过程相同，这种电容效应称为扩散电容。

4.1 测试题

4.2 半导体二极管

4.2.1 二极管的结构与类型

半导体二极管是利用 PN 结的单向导电性构成的一种重要的半导体器件。在 PN 结的两端引出两个电极，并将其封装在金属或塑料管壳内就构成了二极管。从 P 区引出的电极为阳极(a)，从 N 区引出的电极为阴极（k）。二极管一般用字母 D 表示，其电路符号如图 4.2.1(b)所示。

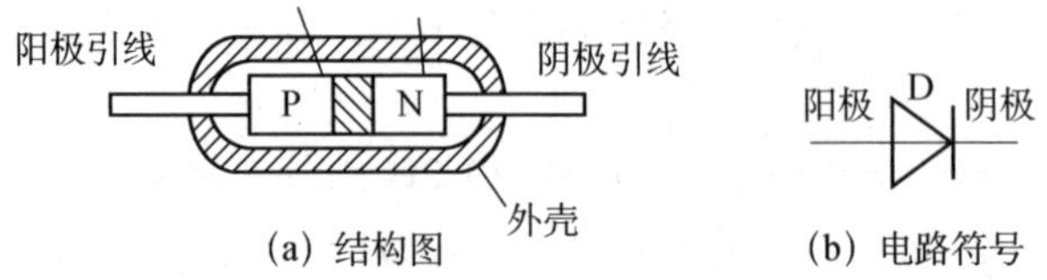

图 4.2.1 半导体二极管的结构和符号

二极管的种类很多，分类方法也不同。按制造所用材料可分为硅二极管和锗二极管；按用途可分为普通二极管、稳压二极管、整流二极管和发光二极管等；按结构可分为点接触型二极管、面接触型二极管和平面型二极管。

4.2.2 二极管的伏安特性

二极管的伏安特性是指二极管两端的电压 u 与流过二极管的电流 i 之间的关系，可以用 u-i 平面上的一条曲线来描述，如图 4.2.2 所示。

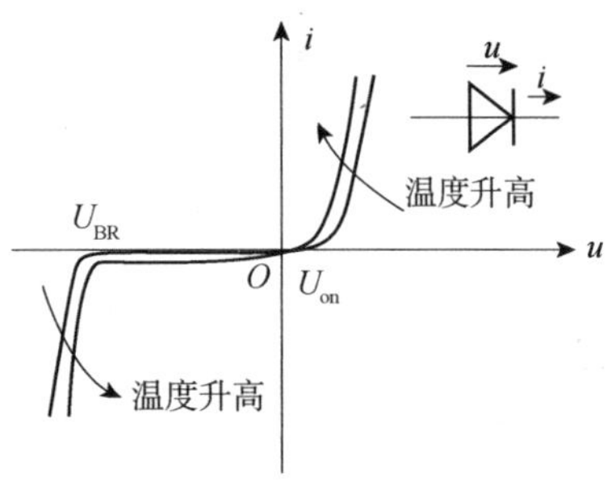

图 4.2.2 二极管伏安特性

1. 正向特性

由图 4.2.2 可知，当二极管的外加正向电压小于 U_{on} 时，外电场不足以克服内电场，多子的扩散仍受较大阻碍，所以二极管的正向电流很小，几乎为零。当正向电压大于 U_{on} 时，二极管才开始导通，故 U_{on} 称为**死区电压或开启电压**。常温下硅管的 $U_{on}\approx0.5\text{V}$，锗管的 $U_{on}\approx0.1\text{V}$。

当正向电压超过 U_{on} 后，二极管的电流随正向电压的增大按指数规律增长，二极管呈现很小的电阻。二极管导通后其端电压几乎不变，称为正向导通压降。**硅管的正向导通压降为 0.6～0.8V（常取 0.7V），锗管为 0.2～0.3V（常取 0.3V）**。

2. 反向特性

当二极管外加反向电压时，反向电流很小。**当反向电压在一定范围内变化时，反向电流基本不变，称为反向饱和电流 I_S**。小功率硅二极管的反向饱和电流一般小于 0.1μA，锗二极管通常为几十微安。反向饱和电流越小，说明二极管的单向导电性越好。

当二极管外加的反向电压达到击穿电压 U_{BR} 时，反向电流会急剧增大，此时二极管被**反向击穿**。各类二极管的反向击穿电压大小不同，一般为几十伏到几百伏。二极管反向击穿后电流很大，电压又很高，所以常因功耗过大、温度过高而烧毁。

二极管的伏安特性受温度影响较大，温度升高时，正向特性曲线向左移，反向特性曲线向下移，如图 4.2.2 所示。在室温附近，温度每升高 1℃，正向导通压降减小 2～2.5mV；温度每升高 10℃，反向饱和电流约增加 1 倍。

4.2.3　二极管的主要参数

器件的参数是对器件特性的定量描述，掌握器件的主要参数是正确使用和合理选择器件的必要条件。二极管的主要参数如下。

① **最大整流电流** I_F：指二极管长时间工作允许通过的最大正向平均电流。实际使用时不允许超过此值，并要保证规定的散热条件，否则二极管会因过热而烧毁。

② **最高反向工作电压** U_{RM}：指二极管在使用时允许施加的最高反向电压，一般取反向击穿电压的一半作为 U_{RM}。使用时不能超过此值，否则有反向击穿的危险。

③ **反向饱和电流** I_R：指二极管反偏时（未击穿）的反向电流值。此值越小，二极管的单向导电性越好。此值与温度有关，在高温运行时此值较大，应加以注意。

④ **最高工作频率** f_M：指保证二极管具有单向导电性能的最高工作频率，其大小由结电容决定。当工作频率超过此值时，二极管的单向导电性将明显变差。

4.2.4　二极管的电路模型

二极管的伏安特性是非线性的，这给实际电路的分析计算带来许多不便。因此，在工程上常常将其分段线性化，建立线性模型或者线性等效电路，然后再用线性电路的分析方法分析二极管电路。通常有以下两种处理方法。

1. 理想二极管模型

理想二极管的伏安特性曲线如图 4.2.3(a)所示，即忽略二极管的正向导通压降、死区电压和反向电流，把它们都当作零处理。理想二极管的电路模型如图 4.2.3(b)所示。显然，**理想二极管在正偏时，因其管压降为零，可视为短路；在反偏时因其电流为零，可视为开路**，所以**理想二极管可等效为一个开关**，等效电路如图 4.2.3(c)所示。在实际电路中，当电源电压远大于二极管的正向导通压降时，利用此模型近似分析是可行的。

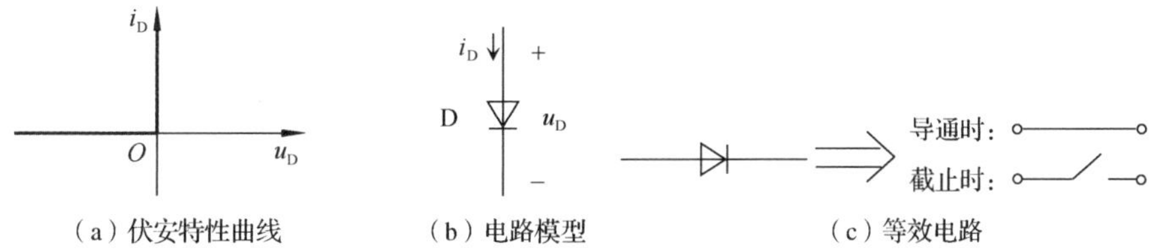

（a）伏安特性曲线　（b）电路模型　（c）等效电路

图 4.2.3　理想二极管的伏安特性曲线、电路模型及等效电路

2. 恒压降模型

当二极管导通后，其正向导通压降变化不大，即几乎不随电流变化，所以在近似计算时用恒定电压降代替可以得到比用理想模型更高的分析精度。恒压降模型的伏安特性曲线、电路模型及等效电路如图 4.2.4 所示。

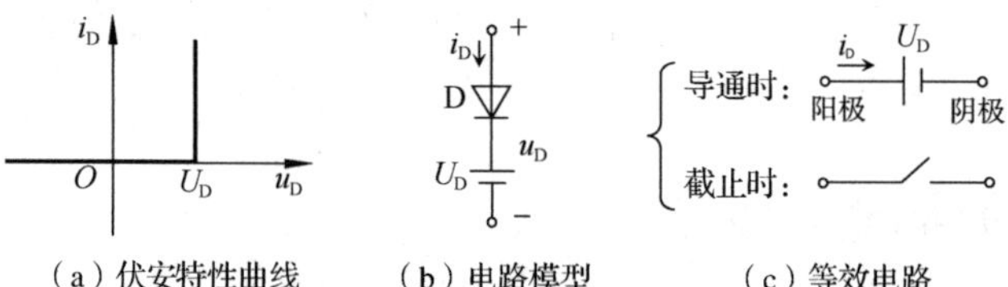

（a）伏安特性曲线（b）电路模型（c）等效电路

图 4.2.4　恒压降模型的伏安特性曲线、电路模型及等效电路

由图 4.2.4(a)可知，当加在二极管上的正向电压大于正向导通压降 U_D 时，二极管导通。导通后管压降恒定，始终为 U_D，且不随电流变化，所以可将二极管等效成电压为 U_D 的恒压源。硅二极管的 $U_D \approx 0.7V$；锗二极管的 $U_D \approx 0.3V$。当加在二极管上的正向电压小于正向导通压降 U_D 时，二极管截止，相当于开关断开。

例 4.2.1　硅二极管电路如图 4.2.5 所示，分别用合适的二极管模型计算 3 个电路中的电压 U_{AB}。

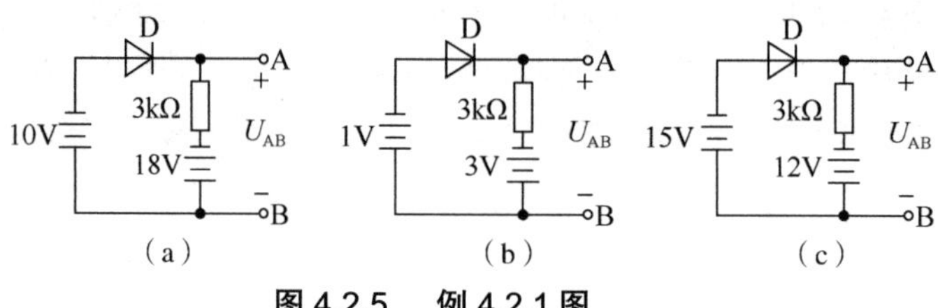

（a）（b）（c）

图 4.2.5　例 4.2.1 图

解： 在分析二极管电路时，首先要判断二极管的工作状态。具体方法是将二极管断开，计算二极管的正向电压（设参考方向阳极为+，阴极为-）。若正向电压＞死区电压，则二极管导通；反之，则二极管截止。

（1）在图 4.2.5(a)所示电路中，将二极管断开后，外加的正向电压为 18-10=8V，远大于硅二极管的死区电压（约 0.5V），故二极管导通。此时可用理想二极管模型分析该电路。理想二极管导通相当于开关闭合，等效电路如图 4.2.6(a)所示，由此求得 U_{AB}=-10V。

（2）在图 4.2.5(b)所示电路中，将二极管断开后，外加的正向电压为 3-1=2V，大于硅二极管的死区电压（约 0.5V），故二极管导通。由于回路的等效电压源（2V）还不到硅二极管正向导通压降（0.7V）的 3 倍，采用理想二极管模型会产生较大误差，所以采用恒压降模型。等效电路如图 4.2.6(b)所示，由此求得 U_{AB}= -1.7V。

（3）在图 4.2.5(c)所示电路中，将二极管断开后，外加的正向电压为 12-15= -3V，此时二极管因反偏而截止，相当于开关断开。等效电路如图 4.2.6(c)所示，求得 U_{AB}=-12V。

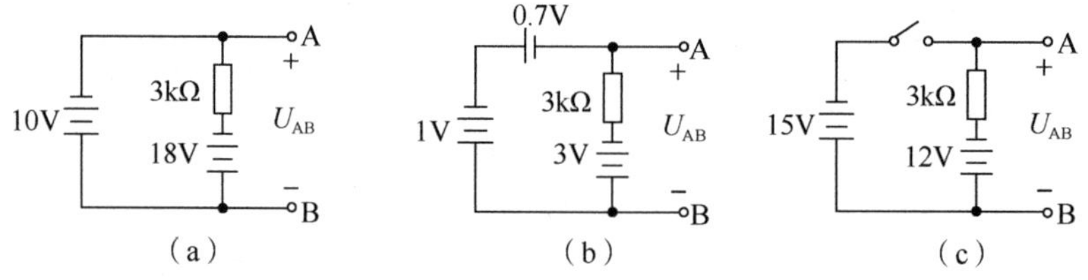

（a）（b）（c）

图 4.2.6　等效电路

例 4.2.2　理想二极管电路如图 4.2.7(a)所示，试判断这两个二极管的工作状态，并求电压 U_{AB} 的值。

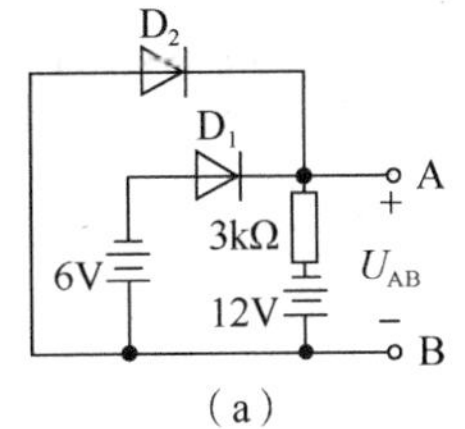

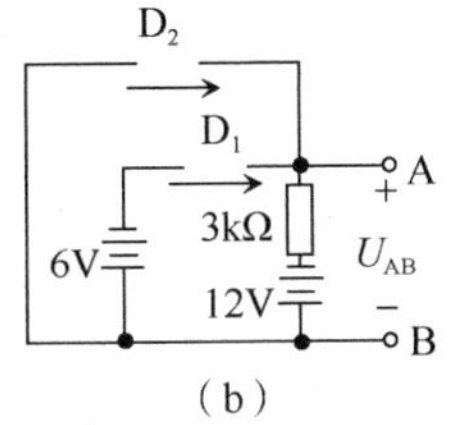

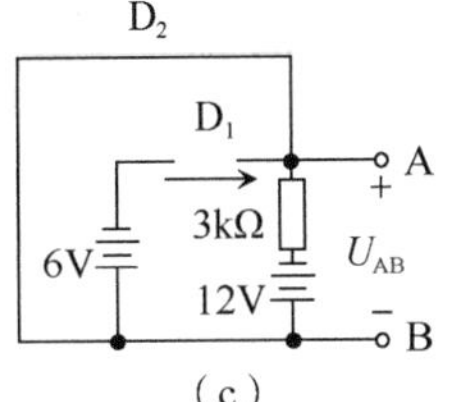

图 4.2.7　例 4.2.2 图

解：当电路中有两个或两个以上的二极管时，先将所有二极管断开，计算每个二极管的正向电压。**正向电压大的二极管优先导通，然后在此基础上判断其余的二极管是否导通。**

将图 4.2.7(a)中的两个二极管断开后，如图 4.2.7(b)所示，由此求得 D_1 上的正向电压为 −6+12=6V；D_2 上的正向电压为 12V。

因为 D_2 上承受的正向电压大，所以 D_2 导通。理想二极管的正向导通压降为 0，所以 D_2 导通后可以用短路代替，其等效电路如图 4.2.7(c)所示。此时 D_1 上的正向电压变为−6V，所以 D_1 截止，由此求得 $U_{AB}=0$。

4.2.5　二极管的应用电路

二极管应用电路视频

二极管应用电路课件

二极管的应用范围很广，利用二极管的单向导电性可以组成各种应用电路，如整流电路、限幅电路、开关电路等。

1. 整流电路

所谓整流，就是将交流电压变成单方向的脉动直流电压的过程，下面举例说明。

例 4.2.3　理想二极管电路如图 4.2.8(a)所示，已知输入电压 $u_i=10\sin\omega t$V，要求画出输出电压 u_o 的波形。

解：图中二极管为理想二极管，其死区电压和导通压降都为零，故可得：

当 $u_i>0$ 时，二极管处于正偏导通状态，可视为短路，此时 $u_o=u_i$；

当 $u_i<0$ 时，二极管处于反偏截止状态，可视为开路，此时 $u_o=0$。

由此可得输出电压 u_o 的波形，如图 4.2.8(b)所示。显然，输出电压为单方向的脉动直流电压，实现了整流。又因为电阻 R 上只得到半个周期的正弦波，故称为半波整流电路。

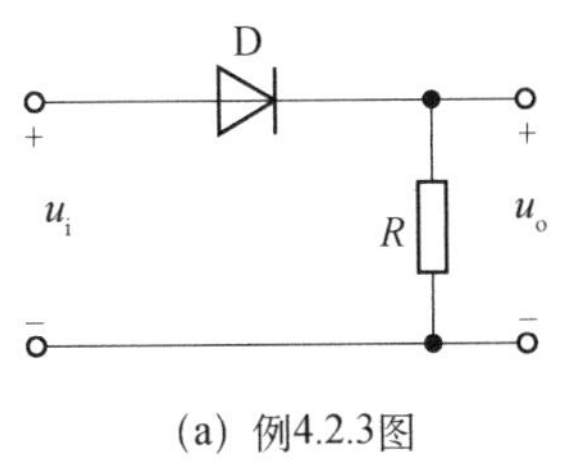

(a) 例4.2.3图

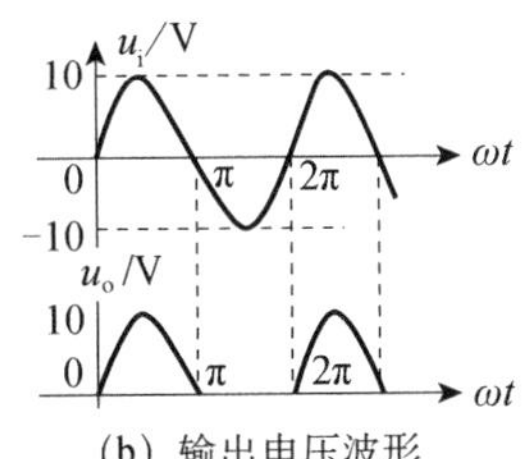

(b) 输出电压波形

图 4.2.8　例 4.2.3 图

2. 限幅电路

在电子技术中，经常用限幅电路对各种信号进行处理。**所谓限幅就是让信号在预置的电平范围内有选择地传输一部分，**下面举例说明。

例 4.2.4 一限幅电路如图 4.2.9 所示，已知 $u_i=4\sin\omega t$V，U_{REF}=2V。试画出输出电压 u_o 的波形及电压传输特性曲线 $u_o=f(u_i)$。

解：由于输入电压幅值不大，且参考电压 U_{REF}=2V，因此作用于二极管两端的电压不高，此时应考虑二极管的导通压降，宜采用恒压降模型分析。

当 $u_i<2.7$V 时，二极管反偏截止，可视为开路，故 $u_o=u_i$；

当 $u_i>2.7$V 时，二极管正偏导通，等效为 0.7V 的电压源，故 u_o=2.7V。

由此可得 u_o 波形如图 4.2.10(a)所示，电压传输特性如图 4.2.10(b)所示。

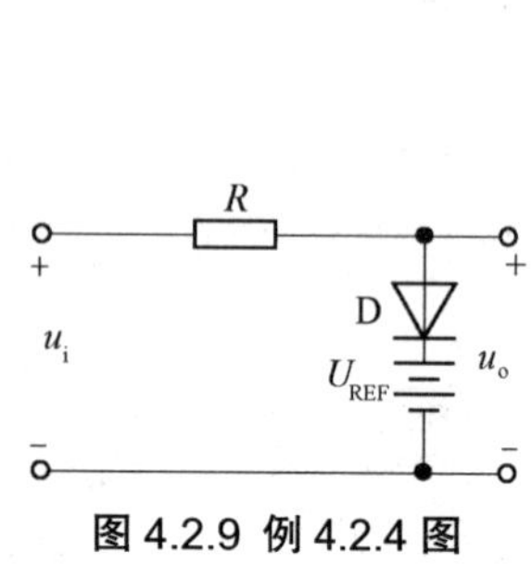

图 4.2.9 例 4.2.4 图

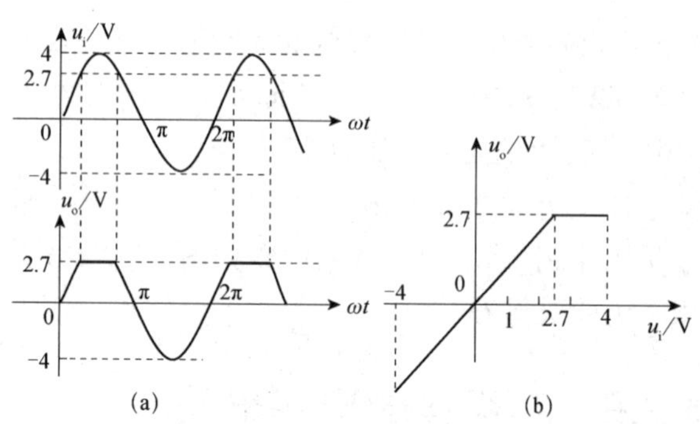

图 4.2.10 u_o 波形及电压传输特性曲线

3. 开关电路

在开关电路中，利用二极管的单向导电性以接通或断开电路，这在数字电路中得到广泛的应用。下面举例说明。

例 4.2.5 硅二极管构成的开关电路如图 4.2.11 所示。u_{i1}、u_{i2} 分别为 0V 或 5V，求在 u_{i1}、u_{i2} 的不同输入组合下，输出电压 u_o 的值。

解：当 u_{i1}=0V，u_{i2}=5V 时，D_1 导通，D_2 截止，所以 u_o=0.7V。依此类推，将 u_{i1} 和 u_{i2} 的所有输入组合及对应的输出电压 u_o 列于表 4-1 中。

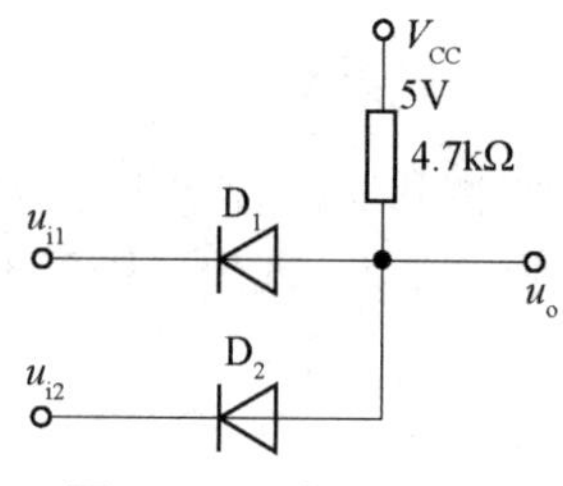

图 4.2.11 例 4.2.5 图

表 4-1 例 4.2.5 表

u_{i1}/V	u_{i2}/V	二极管工作状态		u_o/V
		D_1	D_2	
0	0	导通	导通	0.7
0	5	导通	截止	0.7
5	0	截止	导通	0.7
5	5	截止	截止	5

由表 4-1 可知，在输入电压 u_{i1} 和 u_{i2} 中，只要有 1 个为低电平（0），输出即为低电平（0.7V）；只有当两输入电压均为高电平（5V）时，输出才为高电平（5V）。这种关系在数字电路中称为“与”逻辑。

4.2.6　其他类型的二极管

其他类型二极管视频

其他类型二极管课件

1. 稳压二极管

稳压二极管（简称稳压管）是用特殊工艺制造的面接触型硅二极管，它利用二极管的反向击穿特性实现稳压。稳压二极管的符号和伏安特性曲线如图 4.2.12 所示。稳压二极管具有很陡的反向击穿特性，所以击穿后反向电流在很大的范围内变化时，其两端的电压几乎不变，这就是它的“稳压”特性。在稳压二极管中发生的击穿多为齐纳击穿，故稳压二极管又称齐纳二极管。

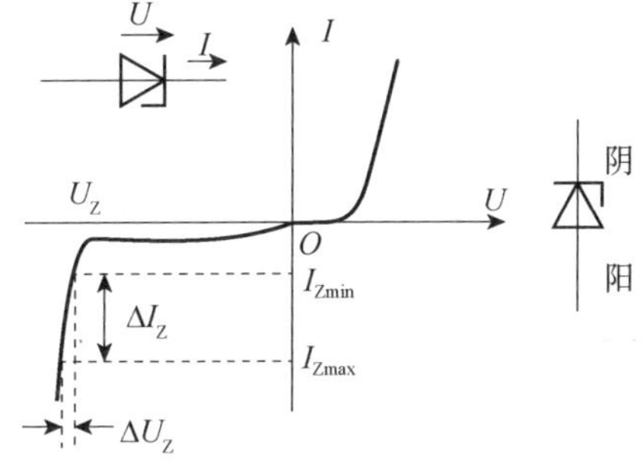

图 4.2.12　稳压二极管的伏安特性和符号

普通二极管在使用时要避免出现反向击穿，而**稳压二极管正是利用二极管在反向击穿时产生的“稳压”特点制成的特殊二极管**。稳压二极管工作于反向击穿状态时，只要采取措施控制反向击穿电流，就能避免稳压二极管因过热而烧毁。稳压二极管的主要参数如下。

① **稳定电压** U_Z：通常规定为稳压二极管的击穿电压。由于制造工艺的原因，使得特性具有离散性，即同一型号的稳压二极管，其 U_Z 值不尽相同。

② **最小稳定电流** I_{Zmin}：稳压二极管在电压稳定范围内的最小电流。若电流小于此值，则稳压二极管工作于反向截止状态，没有稳压作用。

③ **最大稳定电流** I_{Zmax}：稳压二极管允许的最大工作电流。超过此值，稳压管将因过热而烧毁。

④ **动态电阻** r_z：稳压二极管反向击穿的特性曲线并非与纵轴完全平行，r_z 用来衡量反向击穿曲线与纵轴的平行程度，其定义为

$$r_z = \frac{\Delta U_Z}{\Delta I_Z}$$

由图 4.2.12 可知，r_z 越小，则由 ΔI_z 引起的 ΔU_z 越小，即稳压效果越好。

⑤ **最大允许耗散功率** P_{ZM}：可用稳定电压 U_Z 与最大稳定电流 I_{Zmax} 的乘积表示，即

$$P_{ZM}=U_Z \cdot I_{Zmax}$$

稳压二极管正常工作的条件有两个，一是工作在反向击穿状态，二是稳压二极管中的电流要满足 $I_{Zmin} \leqslant I_Z \leqslant I_{Zmax}$。

例 4.2.6　图 4.2.13 所示的稳压电路，已知输入电压 U_i=10V，限流电阻 R=2kΩ，负载电阻 R_L=2kΩ。稳压二极管的稳定电压 U_Z =6V，最小稳定电流 I_{Zmin}=5mA，最大允许耗散功率 P_{ZM}=90mW。问此时稳压二极管能否稳压，并求输出电压 U_o。

解：先求出稳压二极管的最大稳定电流：$I_{Zmax}=P_{ZM}/U_Z$=15mA

稳压二极管正常工作时，其工作电流要满足 $I_{Zmin} \leqslant I_Z \leqslant I_{Zmax}$，即要求 $5mA \leqslant I_Z \leqslant 15mA$。

假设稳压二极管能正常稳压，则 $U_o=U_Z$=6V，此时 $I_o=U_Z/R_L$= 3mA；I_R=（U_i-U_o）/R=2mA

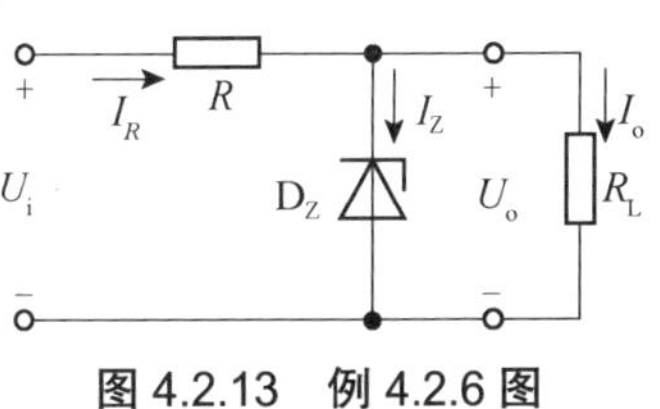

图 4.2.13　例 4.2.6 图

由 KCL 求得稳压二极管的电流：$I_Z=I_R-I_o$=−1mA。显然不

满足 5mA≤I_Z≤15mA 的电流条件，因此假设错误，说明此时稳压二极管不能稳压。它只能工作在截止状态，可视为开路。输出电压 U_o 可由电阻的串联分压公式求得，即

$$U_o = \frac{R_L}{R+R_L}U_i = \frac{2}{2+2}\times 10 = 5V$$

显然，要使该电路能够稳压，则应减小限流电阻 R 的值。

2. 发光二极管

发光二极管（LED）是一种将电信号转换成光信号的半导体器件。它的基本结构是一个 PN 结，采用碳化硅、砷化镓与磷砷化镓等半导体材料制造而成。当发光二极管正向导通时，会发出一定波长与颜色的光束。其发光的颜色由所用的材料决定，有红、黄、绿、橙等颜色。目前许多仪器的数字显示器、公共场所的广告牌均由发光二极管制成。发光二极管的电路符号如图 4.2.14(a)所示，其伏安特性和普通二极管相似，但是正向导通压降较大，约为 1.5～2V。

3. 光电二极管

光电二极管是一种将光信号转换为电信号的器件。它的基本结构也是一个 PN 结，但是该 PN 结工作于反向偏置状态。光电二极管的管壳上有一个窗口，可以使光线照射到 PN 结上，反向电流随光照强度的增大而增大。利用该特性可以进行光照强度的测量，光电二极管的电路符号如图 4.2.14(b)所示。

4. 变容二极管

变容二极管是利用 PN 结的势垒电容随外加反向电压变化的特性制成的，主要用于高频电路中的振荡器、调谐电路等，其电路符号如图 4.2.14(c)所示。

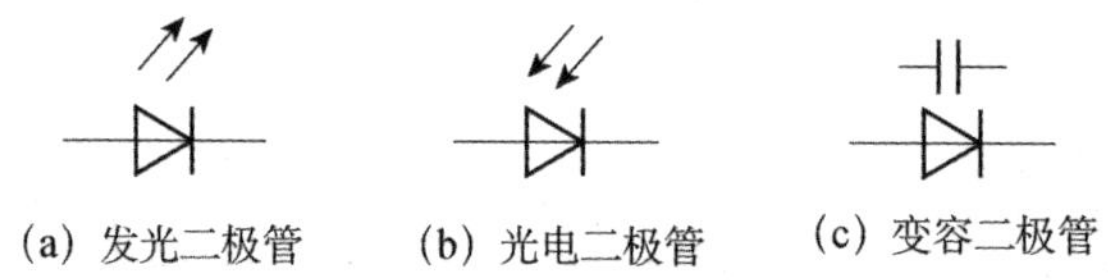

图 4.2.14　几种特殊二极管

4.2　测试题

4.3　双极型晶体管

晶体管视频

晶体管课件

一个 PN 结可构成具有单向导电性的二极管，两个 PN 结可构成具有电流控制作用的双极型晶体管（Bipolar Junction Transistor，BJT）或具有电压控制作用的单极型晶体管。在工程应用中，经常把双极型晶体管称为半导体三极管或晶体管，把单极型晶体管称为场效应管（Field Effect Transistor，FET）。

双极型晶体管（以下统称为晶体管）因其内部有两种极性的载流子——自由电子和空穴同时参与导电而得名，它具有电流放大作用，是组成各种电子电路的核心器件。

4.3.1　晶体管的结构与特点

晶体管是在一块半导体材料上通过氧化、扩散、光刻等半导体加工工艺形成 2 个 PN 结，并引出 3 根引线制成的。根据结构不同，晶体管可以分成两种类型：NPN 型和 PNP 型。图 4.3.1(a)为在一块 N 型硅片上制造而成的 NPN 型平面管，图 4.3.1(b)为其结构示意图，图 4.3.1(c)是 NPN 型晶体管的电路符号，其中箭头表示发射结加上正偏电压时，发射极电流的实际方向，即箭头方向由 P 指向 N。由图可见，**一个晶体管有 3 个区：发射区、基区与集电区；有 3 个电极：发射极 e、基极 b 与集电极 c；有 2 个 PN 结：发射结与集电结。**

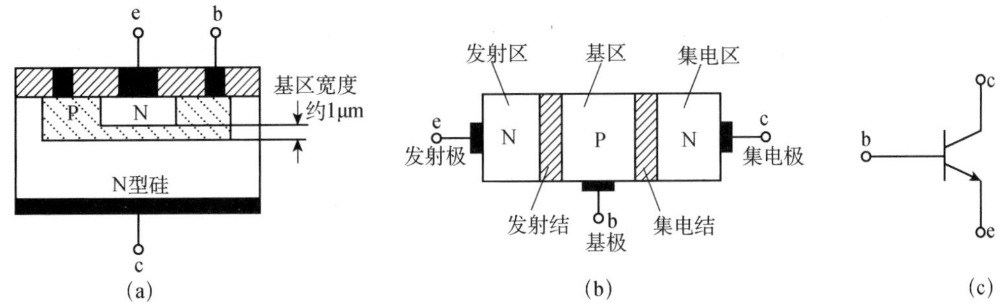

图 4.3.1　NPN 型晶体管的结构和符号

当然，用不同的掺杂方式也可获得图 4.3.2(a)所示结构的晶体管，因为它的发射区和集电区是 P 型半导体，基区是 N 型半导体，3 个区的半导体性质与 NPN 型正好相反，因此电流流动的方向也相反，这种晶体管为 PNP 型。图 4.3.2(b)是 PNP 型晶体管的电路符号。

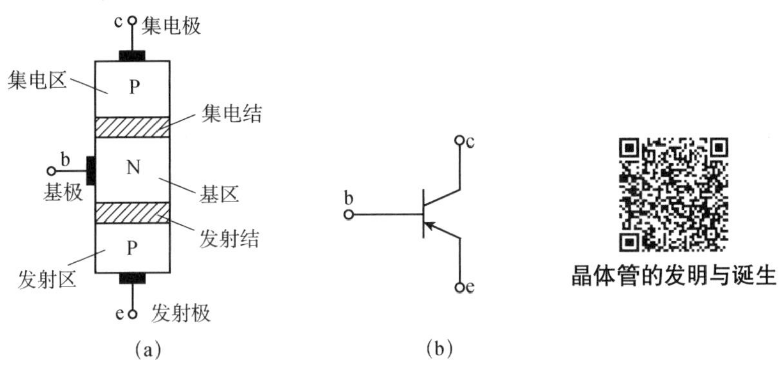

图 4.3.2　PNP 型晶体管的结构与符号

常用的半导体材料有硅和锗，因此晶体管共有 4 种类型，分别为 3A（锗 PNP）、3B（锗 NPN）、3C（硅 PNP）、3D（硅 NPN）。由于硅 NPN 晶体管的应用最广，故无特殊说明时，本书均以 NPN 型硅管为例。

虽然晶体管从结构上看，相当于两个 PN 结背靠背串在一起。但是为了保证晶体管具有电流放大作用，其内部结构在制造工艺上还具有以下特点：

① 发射区掺杂浓度远高于基区、集电区的掺杂浓度。

② 基区很薄（通常只有零点几微米到几微米）。

③ 集电结面积大于发射结面积。

这些特点是保证晶体管具有电流放大作用的内在条件。由此可以看出，集电极 c 与发射极 e 是不能互换的。

4.3.2 晶体管的电流放大原理

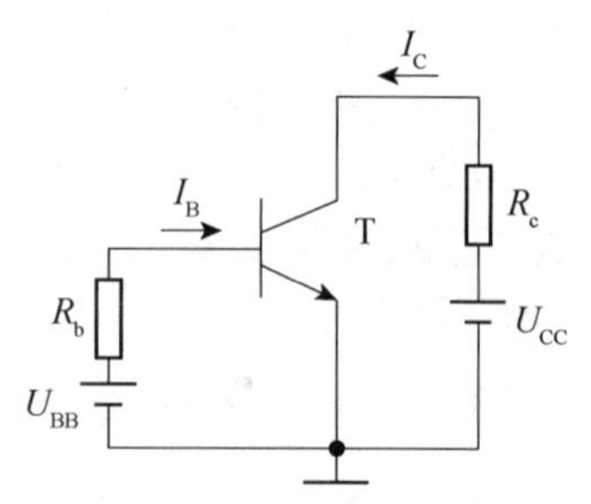

图 4.3.3 晶体管电流放大实验电路

晶体管电流放大实验电路如图 4.3.3 所示，其中，$U_{BB}>1.5V$，$U_{CC}>U_{BB}$，并选择合适的电阻 R_b 和 R_c，以保证发射结正偏（$U_{BE}>0$）、集电结反偏（$U_{BC}<0$）。当改变 R_b 的大小时，I_B 随之改变，同时 I_C 也跟着改变，并且 I_C/I_B 近似等于一个常数（其数值远大于 1）。也就是说，**I_C 具有放大 I_B 的作用，这就是晶体管的电流放大作用**。

1. 晶体管内部载流子的运动

晶体管的电流放大作用是通过其内部载流子的运动形成的。晶体管内部载流子运动与电流分配如图 4.3.4 所示。载流子的运动包括以下 3 个过程。

（1）发射区向基区注入电子

由于发射结正偏，所以载流子的运动以多子的扩散运动为主。发射区的多子（电子）源源不断地越过发射结注入到基区，形成电流 I_{NE}，同时基区的空穴也会扩散到发射区，形成电流 I_{PE}。这两种多子的扩散运动形成的电流之和即为发射极电流 I_E。由于发射区的掺杂浓度远高于基区，故 I_E 以电子电流 I_{NE} 为主，I_{PE} 可忽略不计。

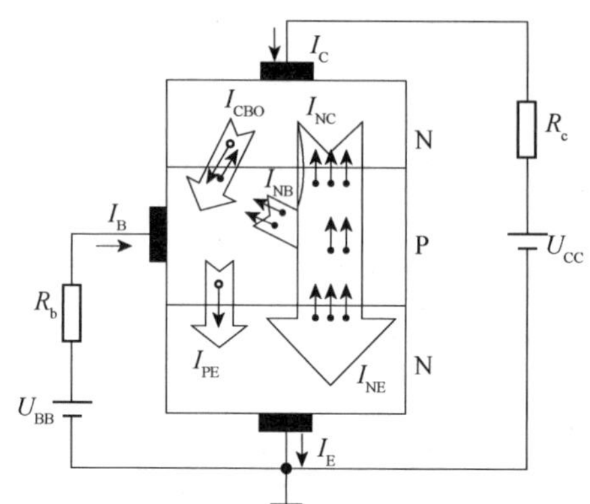

图 4.3.4 晶体管内部载流子运动与电流分配

（2）电子在基区的扩散和复合

电子从发射区注入基区后，由于靠近发射结一侧的电子浓度高于集电结一侧的电子浓度，故电子将继续向集电结扩散。由于基区很薄，掺杂浓度很低，所以在扩散过程中只有很少一部分电子与基区中的空穴复合形成电流 I_{NB}，而绝大部分电子将扩散到集电结的边缘。

（3）集电区收集电子

由于集电结反向偏置，从发射区注入到基区的电子不断地向集电结扩散，在集电结电场的作用下很容易从基区漂移到集电区，形成电流 I_{NC}。同时，由于集电结反偏，所以集电区的少子（空穴）和基区原有的少子（电子）在集电结电场的作用下形成反向饱和电流 I_{CBO}。I_{CBO} 的数值很小，可以忽略不计，但它受温度的影响较大。

由以上分析可知，**晶体管内部有两种载流子参与导电，故称为双极型晶体管**。

2. 晶体管各电极电流之间的关系

晶体管 3 个电极的电流分别为

$$I_B=I_{NB}-I_{CBO} \quad (4.3.1)$$

$$I_C=I_{NC}+I_{CBO} \quad (4.3.2)$$

$$I_E=I_{NB}+I_{NC}=(I_{NB}-I_{CBO})+(I_{NC}+I_{CBO})=I_C+I_B \quad (4.3.3)$$

在这些电流中，I_{NC} 与 I_{NB} 有着一定的比例关系，可定义为

$$\overline{\beta}=\frac{I_{NC}}{I_{NB}} \quad (4.3.4)$$

$\overline{\beta}$ 称为**共发射极直流电流放大系数**。一般 NPN 型晶体管的 $\overline{\beta}$ 为几十倍到几百。

根据式（4.3.1）、式（4.3.2），可得

$$I_C=\overline{\beta}I_B+(1+\overline{\beta})I_{CBO}=\overline{\beta}I_B+I_{CEO} \quad (4.3.5)$$

$(1+\overline{\beta})I_{CBO}$ 又称为穿透电流，用 I_{CEO} 表示，即基极开路时流过集电极和发射极的电流。硅晶体管的 I_{CBO} 和 I_{CEO} 均很小，在近似计算中一般可以忽略。故式（4.3.5）可写为

$$I_C\approx\overline{\beta}I_B \quad (4.3.6)$$

又根据式（4.3.3）可得

$$I_E\approx(1+\overline{\beta})I_B \quad (4.3.7)$$

式（4.3.6）和式（4.3.7）十分重要，是以后估算共射电路中静态工作电流常用的公式。式（4.3.6）与我们前面在实验中观察到的现象一致，它表明了**晶体管具有利用较小的基极电流 I_B 来控制较大的集电极电流 I_C 的功能，这就是晶体管的“电流放大”作用**，其需要的能量由为晶体管提供偏置的直流电源提供（能量不能放大只能转换）。因此，晶体管仅是一个电流控制器件，并不会为电路提供电能。

图 4.3.5　动态交流放大

现在我们将图 4.3.3 改为图 4.3.5，即在 U_{BB}、R_b 串联的支路中再增加一个电压源ΔU_i。显然，ΔU_i 引起了基极电流的变化，即产生了ΔI_B；而基极电流的变化必然引起集电极电流的变化，即产生了ΔI_C。**ΔI_C 与ΔI_B 的比值称为共发射极交流电流放大系数**，用 β 表示：

$$\beta=\Delta I_C/\Delta I_B \quad (4.3.8)$$

β 与 $\overline{\beta}$ 的含义不同，但两者非常接近，故在实际应用中不再加以区别，本教材中也不加区别。

4.3.3　晶体管的共射特性曲线

晶体管的特性曲线视频

晶体管的特性曲线课件

在图 4.3.3 所示电路中，I_B 所在的回路称为输入回路，I_C 所在的回路称为输出回路，显然**发射极是输入回路和输出回路的公共端，因此该电路称为共发射极放大电路，简称共射电路**。此外还有共集电极放大电路和共基极放大电路。

晶体管的共射特性曲线是指在共射接法下各电极电压与电流之间的关系曲线。通常把 I_B 与 U_{BE} 之间的关系曲线称为输入特性曲线，把 I_C 与 U_{CE} 之间的关系曲线称为输出特性曲线。下面讨论 NPN 型晶体管的共射特性曲线。

1. 输入特性曲线

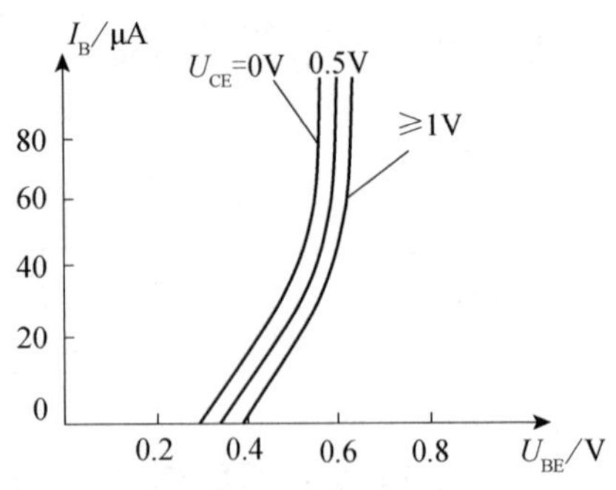

图 4.3.6　晶体管的输入特性曲线

输入特性是指在 U_{CE} 一定时，I_B 和 U_{BE} 之间的关系曲线，即 $I_B = f(U_{BE})\big|_{U_{CE}=常数}$，如图 4.3.6 所示。当 U_{CE}=0 时，相当于两个 PN 结并联，此时输入特性与二极管的伏安特性相似。当 U_{CE} 增大时，曲线向右移，但当 U_{CE} ≥1V 后曲线基本重合。这是因为 U_{CE} 从 0 开始增大时，集电结电场对发射区注入基区的电子吸引力也逐渐增强，使基区内和空穴复合的电子数减少，表现为在相同的 U_{BE} 下对应的 I_B 减小。当 U_{CE}>1V 后，集电结电场已足以将发射区注入基区的电子基本上都收集到集电区，此时即使再增大 U_{CE}，对 I_B 也不再有明显影响，所以曲线基本重合。因为晶体管工作于放大区时 U_{CE} 通常大于 1V，所以一般只需要画出 U_{CE}≥1V 的输入特性曲线。

2. 输出特性曲线

输出特性曲线是当 I_B 为常数时，I_C 和 U_{CE} 之间的关系曲线，即 $I_C = f(U_{CE})\big|_{I_B=常数}$。一个确定的 I_B 对应一条输出特性曲线，所以晶体管的输出特性是一组曲线，如图 4.3.7 所示。通常把输出特性曲线分成以下 3 个区域。

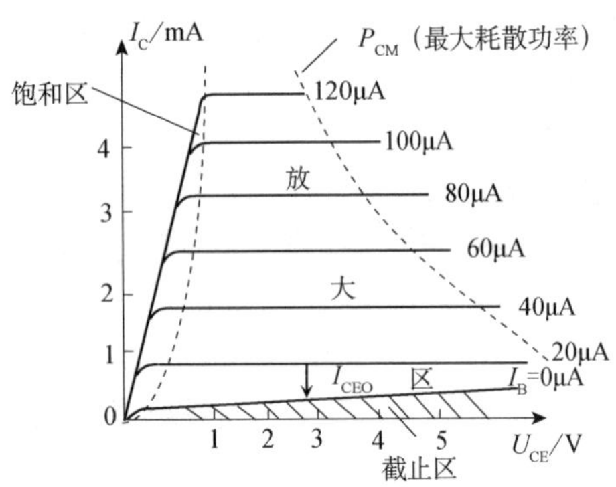

图 4.3.7　晶体管的输出特性曲线

（1）**截止区：I_B=0 所对应的输出特性曲线以下的区域为截止区**。在截止区，U_{BE} 小于死区电压，发射结处于反偏，I_B≈0。此时发射区不再向基区注入载流子，不论 U_{CE} 的大小如何变化，集电极电流 I_C≈0，晶体管处于截止状态，c-e 极之间相当于一个断开的开关。但实际上，在集电结反向电压的作用下，少子的漂移运动使 c-e 极之间有一个很小的穿透电流 I_{CEO} 流过。由于该电流极小，所以一般可以忽略不计。

晶体管工作于截止区的外部条件是发射结和集电结均反偏，此时各电极的电流近似为零。

（2）**饱和区：U_{CE}<U_{BE} 的区域为饱和区，此时发射结和集电结均正偏**。尽管发射结正偏，但是 U_{CE} 很小，削弱了集电结吸收电子的能力，因此 I_B 增大，I_C 却增大不多，晶体管失去了电流控制作用，将这一现象称为饱和。此时 I_C 取决于电源电压和电阻，所以输出特性曲线几乎重合。将饱和时集电极和发射极之间的电压称为晶体管的饱和压降，用 U_{CES} 表示。**硅晶体管的 U_{CES} 约为 0.3V；锗晶体管的 U_{CES} 约为 0.1V**。若忽略饱和压降，此时晶体管的 c-e 极之间相当于一个闭合的开关。

晶体管工作于饱和区的外部条件是发射结和集电结均正偏，此时晶体管失去了电流放大作用，即 $I_C<\beta I_B$。

（3）**放大区：在输出特性曲线上近似水平的部分为放大区**。在放大区，I_C 与 I_B 基本上成正比关系，即 $I_C \approx \overline{\beta} I_B$，因此放大区也称线性区。此时 I_C 几乎不受 U_{CE} 的影响，晶体管的输出回路可等效为一个电流控制的受控电流源。

晶体管工作于放大区的外部条件是发射结正偏，集电结反偏，此时晶体管具有电流放大作用，即 $I_C=\beta I_B$。对于 NPN 型晶体管，发射结正偏应满足 $V_B>V_E$，集电结反偏应满足 $V_B<V_C$，所以 NPN 型晶体管工作于放大区时，各电极电位应满足 $V_C>V_B>V_E$；而当 PNP 型晶体管工作于放大区时，3 个电极的电位应满足 $V_C<V_B<V_E$。

综上所述，**晶体管有 3 种工作状态：放大、饱和、截止**。晶体管只有工作在放大状态时才具有电流放大作用，因此在信号放大电路中，晶体管通常工作于放大状态。**晶体管在饱和状态下因电压 $U_{CE}≈0$，相当于开关“闭合”；在截止状态下因电流 $I_C≈0$，相当于开关“断开”，所以将饱和状态与截止状态统称为开关状态**，主要用于数字电路中。

例 4.3.1　在电路中测得各晶体管的电极电位如图 4.3.8 所示，试判断晶体管的工作状态。

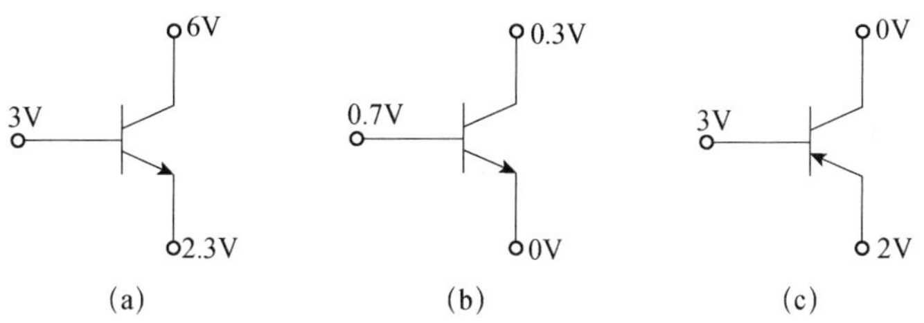

图 4.3.8　例 4.3.1 图

解：图 4.3.8(a)为 NPN 型晶体管，满足发射结正偏，集电结反偏，故为放大状态。

图 4.3.8(b)为 NPN 型晶体管，满足发射结正偏，集电结正偏，故为饱和状态。

图 4.3.8(c)为 PNP 型晶体管，满足发射结反偏，集电结反偏，故为截止状态。

例 4.3.2　已知工作于放大状态的晶体管各引脚的电位如图 4.3.9 所示，试判断晶体管的类型、材料及各引脚所属的电极。

解：（1）确定材料：放大状态下，硅管的发射结导通电压 U_{BE} 约为 0.7V，锗管约为 0.3V。显然图 4.3.9(a)为硅管，图 4.3.9(b)为锗管。

（2）找出集电极，并判断管子类型：图 4.3.9(a)中引脚①和③相差 0.7V，说明引脚②为集电极。因集电极电位最高，故为 NPN 型。同理，图 4.3.9(b)中引脚②和③相差 0.3V，说明引脚①为集电极。因集电极电位最低，故为 PNP 型。

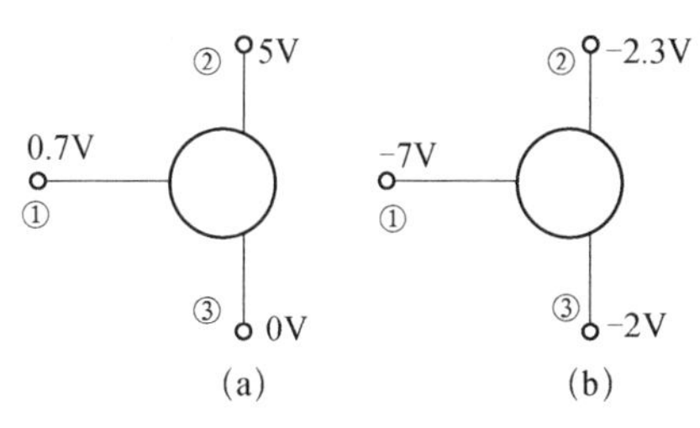

图 4.3.9　例 4.3.2 图

（3）最后确定基极和发射极。因为在放大状态下 NPN 型晶体管满足 $V_C>V_B>V_E$；而 PNP 型则满足 $V_C<V_B<V_E$。由此可判断图 4.3.9(a)中引脚①为基极，引脚③为发射极；图 4.3.9(b)中引脚②为基极，引脚③为发射极。

4.3.4　晶体管的主要参数

晶体管的参数视频

晶体管的参数课件

1. 共射电流放大系数

$\overline{\beta}$ 和 β 分别为共射极接法时的直流与交流电流放大系数。它们之间的区别可通过图 4.3.10 所示的输出特性曲线来说明。$\overline{\beta}$ 是放大区中特性曲线上的某点（如 Q_1 或 Q_2）的直流（静态）电流 I_C 与 I_B 之比；β 则是在同一 U_{CE} 条件下电流变化量 ΔI_C 与 ΔI_B 之比。当 I_{CEO} 可以忽略不

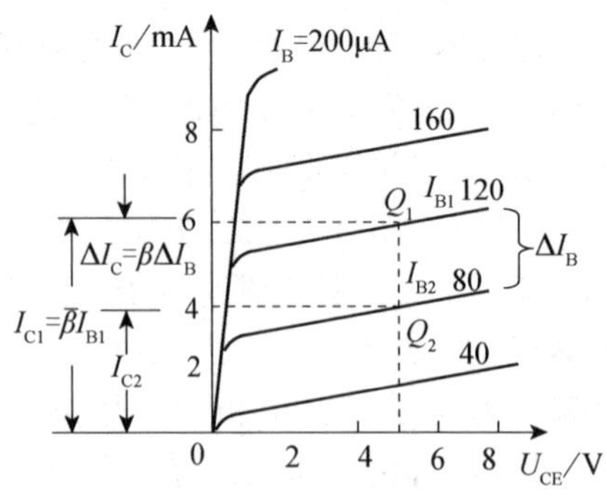

图 4.3.10　$\bar{\beta}$ 与 β 的不同定义

计、特性曲线平行等距时，两者大小相等。

由于制造工艺的分散性，即使同型号的管子，它的 β 也有差异，常用晶体管的 β 值通常在 10～100 之间。β 太小电流放大能力差，但太大也易使管子性能不稳定，一般放大电路采用 β=30～80 的晶体管为宜。

2. 极间反向电流

（1）集电极—基极反向饱和电流 I_{CBO}

I_{CBO} 是指发射极开路，集电结加规定的反向电压时，由基区和集电区的少子形成的集电极反向饱和电流。常温下，小功率硅管的 I_{CBO}<1μA，锗管为几微安到几十微安。I_{CBO} 易受温度影响，I_{CBO} 越小，表明晶体管的温度稳定性越好。显然，硅管的温度稳定性优于锗管。测量 I_{CBO} 的电路如图 4.3.11 所示。

（2）集电极—发射极穿透电流 I_{CEO}

I_{CEO} 是指基极开路，集电极与发射极外加一定电压（U_{CE}>0）时的集电极电流。I_{CEO}=（1+β）I_{CBO}，所以 I_{CBO} 和 β 越大，晶体管的温度稳定性越差。测量 I_{CEO} 的电路如图 4.3.12 所示。

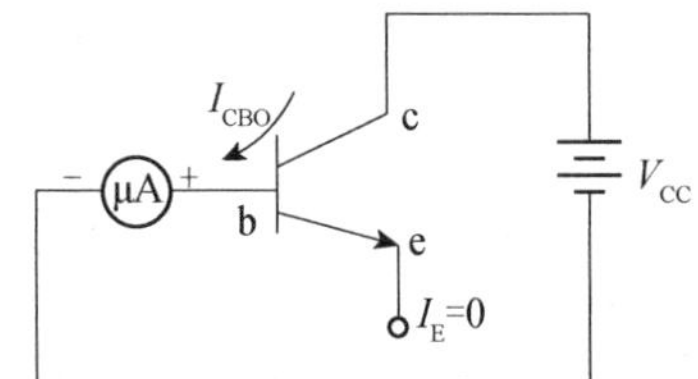

图 4.3.11　测量 I_{CBO} 的电路

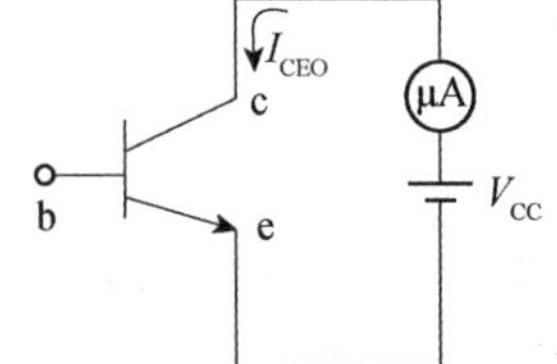

图 4.3.12　测量 I_{CEO} 的电路

3. 极限参数

晶体管的极限参数是管子正常工作时的最大允许值，超过这些极限参数，管子的性能就要变坏，甚至烧毁。

（1）集电极最大允许电流 I_{CM}

集电极电流超过某一定值时，晶体管的参数要发生变化，尤其是 β 值将开始下降。当 β 值下降到其最大值的 2/3 或 1/2 时的集电极电流称为集电极最大允许电流 I_{CM}。如果集电极电流 I_C 稍大于 I_{CM}，虽然不会损坏晶体管，但却使电流放大性能显著降低。

（2）集电极—发射极击穿电压 $U_{(BR)CEO}$

$U_{(BR)CEO}$ 是指当基极开路时，集电极与发射极之间的击穿电压。由于集电结和发射结为串联形式，所以在 U_{CE} 的作用下，集电结处于反偏状态，当 U_{CE} 超过 $U_{(BR)CEO}$ 时，集电结将发生击穿，I_{CEO} 会急剧上升。在实际运用中，$U_{(BR)CEO}$ 通常为电源电压的 1.5～2 倍。

（3）集电极最大允许耗散功率 P_{CM}

晶体管在工作时，集电结加有反向电压，并有一定的集电极电流流过，因此，在集电结上存在一定的功率损耗。功率损耗的计算公式为

$$P_C=U_{CE}\times I_C \tag{4.3.9}$$

P_{CM} 是指因温度上升而引起晶体管参数发生变化，但是不超过规定允许值的集电极最大耗散功率。在正常使用时，P_C 必须小于 P_{CM}，否则晶体管会因过热而烧毁。

综上所述，晶体管在正常工作时应满足 $I_C \leqslant I_{CM}$、$U_{CE} \leqslant U_{(BR)CEO}$ 及 $U_{CE} \times I_C \leqslant P_{CM}$。$I_{CM}$、$U_{(BR)CEO}$、$P_{CM}$ 这 3 个极限参数共同界定了晶体管的安全工作区，如图 4.3.13 所示。

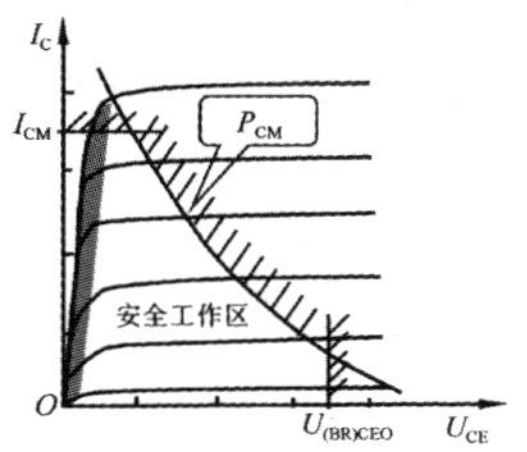

图 4.3.13　晶体管的安全工作区

4.3　测试题

限于篇幅，场效应管作为拓展内容，以二维码形式给出，供读者扫码学习。

拓展内容：场效应管

4.4　工程应用实例

4.4.1　逻辑电平指示电路

图 4.4.1 所示为逻辑电平指示电路，电路用两个发光二极管 D_1（绿色）、D_2（红色）来指示探头输入端是高电平（H）、低电平（L）、开路状态或脉冲串状态。当输入为高电平时，T_1 饱和导通，T_2 截止，D_2 导通发光，即红灯亮；当输入为低电平时，T_2 饱和导通，T_1 截止，D_1 导通发光，即绿灯亮；当输入为频率较低（低于 25Hz）的脉冲串时，T_1 和 T_2 交替导通，所以 D_1 与 D_2 交替导通，即红灯、绿灯交替点亮；当输入脉冲串频率较高时，可看到 D_1 与 D_2 都点亮；当输入开路时，晶体管 T_1 和 T_2 都处于放大状态，两个集电极电位差很小，D_1 与 D_2 都不能导通，因此红灯、绿灯都不亮。

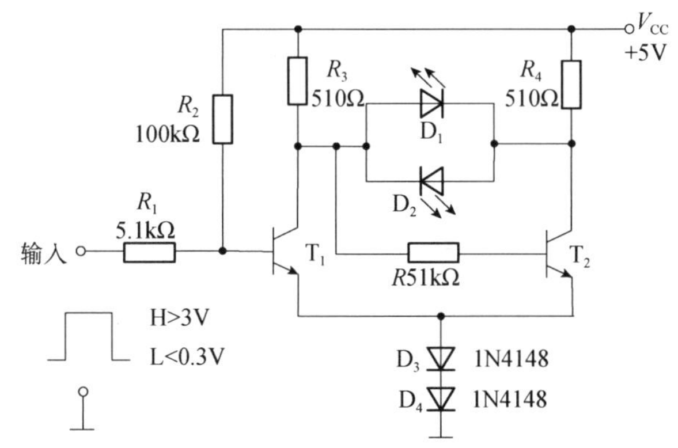

图 4.4.1　逻辑电平指示电路

4.4.2 红外发射/接收电路

图 4.4.2 所示电路是由红外发光二极管 D_1、红外接收二极管 D_2 组成的红外发射/接收电路。红外发射电路输入 u_i 为 $f=40kHz$、幅值为 5V 的脉冲信号，晶体管 T_1、T_2 都工作在开关状态，电路中的 R_2、R_6 为限流电阻。当输入 u_i 为高电平时，T_1 导通，D_1 发光，D_2 接收到信号后导通发光，使得 T_2 发射结正偏而饱和导通，输出为低电平。当输入 u_i 为低电平时，T_1 截止，D_1 熄灭，D_2 因未接收到信号而截止。此时 T_2 的基极电位由 R_5 和 R_4 串联分压决定，T_2 发射结电压不足以使其导通，故 T_2 截止，输出为高电平。该电路可以用于红外报警、计数等装置。

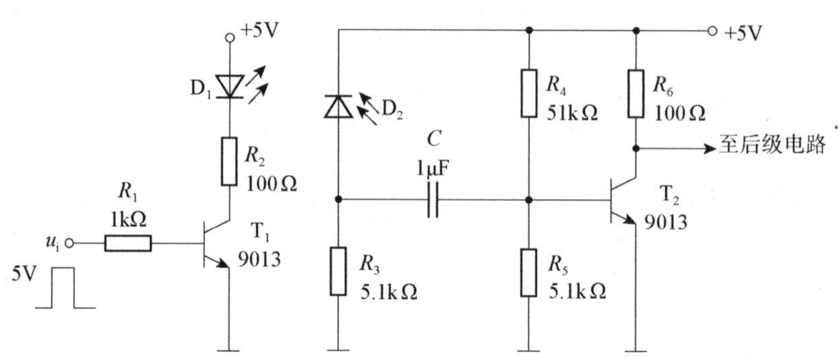

图 4.4.2 红外发射/接收电路

4.4.3 晶体管开关电路

图 4.4.3 所示电路为晶体管开关的典型应用，图中晶体管 T 作为发光二极管的驱动器。驱动电路的作用是用一个小电流信号源驱动大电流设备。

电路的工作原理是当信号源输出为 0V 时，晶体管 T 截止，$I_c \approx 0$，二极管不发光。当信号源输出为+5V 时，晶体管 T 饱和，二极管发光。如果电路的输入 u_i 是频率很低（几赫兹）、幅值为 5V 的方波信号，则可使 LED 闪烁。

电路中的 R_b、R_c 为限流电阻，其阻值的大小要满足既能使晶体管在截止与饱和之间转换，又要使发光二极管在晶体管饱和期间流过的电流足以使其发光，同时又不会损坏二极管。可以通过式（4.4.1）和式（4.4.2）求得。

$$R_c = \frac{V_{CC} - U_D}{I_D}\text{（忽略晶体管饱和压降）} \tag{4.4.1}$$

式中，U_D 为发光二极管的正向导通压降，U_D=1.5～2V，I_D 为发光二极管的导通电流，I_D=5～20mA。为了保证晶体管饱和，电阻 R_b 应取得小一些，可按下式选取

$$R_b = \frac{U_m - U_{BE}}{2I_B} \tag{4.4.2}$$

式中，U_m 为输入电压的最大值，U_{BE} 为晶体管发射结导通电压，$I_B=I_D/\beta$。

图 4.4.4 所示为晶体管开关驱动小型继电器电路，图中晶体管的集电极与直流电源之间接一继电器，由于继电器工作需要在线圈中通过较大的电流（几十毫安～几安），而前端小信号控制电路的输出器件提供的电流往往很小（几毫安左右），所以电路输出信号使用了晶体管开关来驱动继电器工作。图中的 D 为泄流二极管，该二极管的作用是当晶体管由导通变为截止时，继电器线圈中储存的能量通过该二极管泄放，以免损坏晶体管，起到保护晶体管的作用。

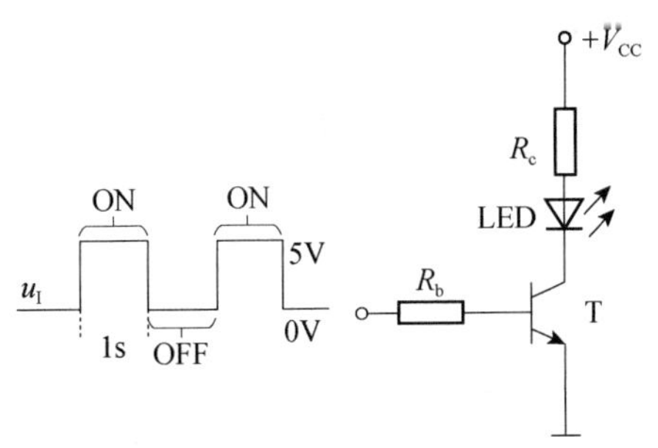

图 4.4.3　晶体管作为 LED 的开关

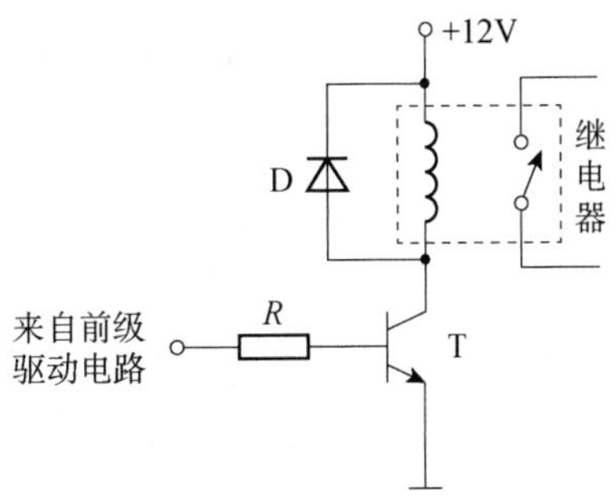

图 4.4.4　晶体管开关驱动小型继电器电路

1. 半导体基础知识

在本征半导体中掺入杂质，一方面可以显著提高半导体的导电性能，另一方面可以减小温度对半导体导电性能的影响。此时，半导体的导电能力主要取决于掺杂浓度。

掺入五价元素，可形成 N 型半导体，它的多子是自由电子，少子是空穴。

掺入三价元素，可形成 P 型半导体，它的多子是空穴，少子是自由电子。

半导体中两种载流子共同参与导电，这是半导体区别于导体导电的重要特点。

2. PN 结的单向导电性

PN 结是构成半导体器件的基础。PN 结具有单向导电性：当 PN 结正偏时导通，形成较大的正向电流；反偏时截止，具有很小的反向电流。

3. 半导体二极管

二极管是非线性器件，它的伏安特性包括正向特性和反向特性两部分。

正向特性：当二极管外加的正向电压小于死区电压时，正向电流近似为零。硅管的死区电压约为 0.5V，锗管约为 0.1V。当外加正向电压大于死区电压时，二极管导通。二极管的导通压降近似为常数，硅管约为 0.7V，锗管约为 0.3V。

反向特性：当二极管外加的反向电压小于击穿电压时，二极管处于截止状态，其反向电流很小，称为反向饱和电流。当二极管外加的反向电压大于击穿电压时，二极管击穿，反向电流急剧上升，二极管失去单向导电性，容易造成管子的永久损坏。

二极管的应用很广泛，可用于整流、检波、限幅、隔离、元件保护等。

4. 晶体管

晶体管的电流放大作用是指集电极电流具有放大基极电流的作用，即 $I_C=\beta I_B$。

晶体管三个工作区域的偏置条件和特点如表 4-2 所示。

表 4-2　晶体管三个工作区域的偏置条件和特点

工作区域	偏置条件	特点
放大区	发射结正偏，集电结反偏	$I_C=\beta I_B$
截止区	发射结反偏，集电结反偏	$I_B\approx0$，$I_C\approx0$
饱和区	发射结正偏，集电结正偏	$I_C<\beta I_B$；$U_{CE}\approx$0.3V 或者 0.1V

第 4 章综合测试题

第 4 章综合测试题讲解视频

第 4 章综合测试题讲解课件

4.1　能否将 1.5V 的干电池以正向接法接到二极管两端？为什么？

4.2　如何使用万用表判断二极管的极性与好坏？

4.3　硅二极管电路如题 4.3 图所示，试判断图中二极管是导通的还是截止的？并计算电压 U_{AO} 的值。

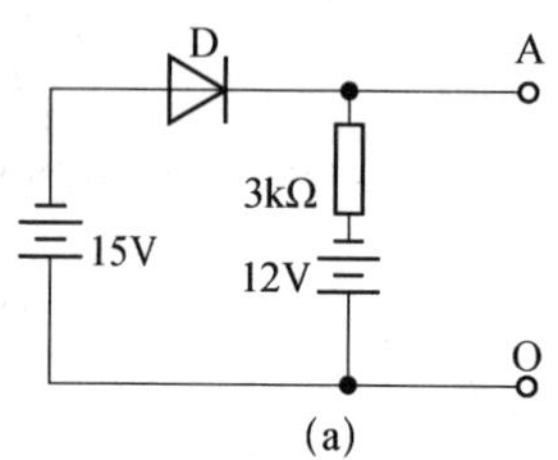

题 4.3 图

4.4　理想二极管电路如题 4.4 图所示，试判断图中二极管是导通的还是截止的？并计算电压 U_{AO} 的值。

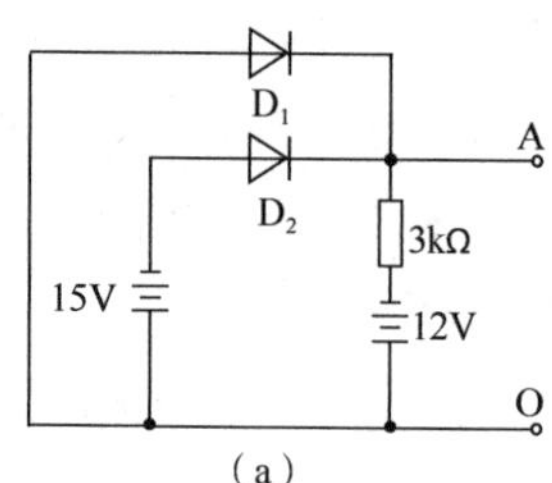

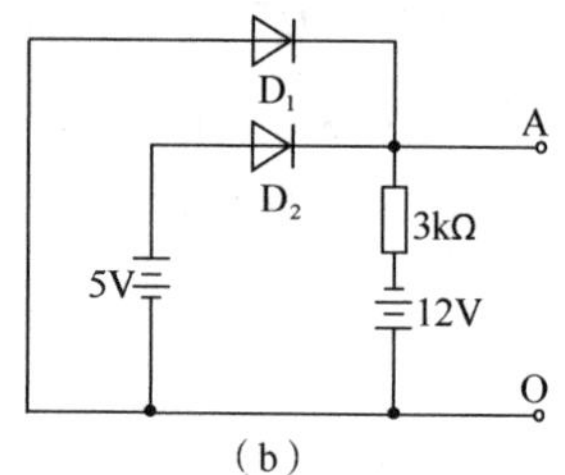

题 4.4 图

4.5　在题 4.5 图所示电路中，已知输入电压 $u_i=10\sin\omega t$（V），试画出输出电压 u_o 的波形及电压传输特性曲线 $u_o=f(u_i)$，假设图中二极管均为理想二极管。

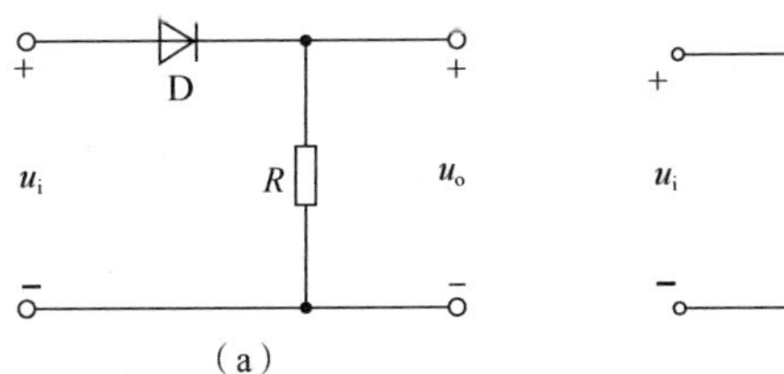

题 4.5 图

4.6　在题 4.6 图所示电路中，已知 u_i=8sinωt（V），二极管的正向导通压降 U_D＝0.7V。试画出输出电压 u_o 的波形及电压传输特性曲线 u_o=f(u_i)。

4.7　在题 4.7 图(a)所示电路中，其输入电压 u_{i1} 和 u_{i2} 的波形如题 4.7 图(b)所示，二极管的正向导通压降 U_D＝0.7V。试画出输出电压 u_o 的波形，并标出幅值。

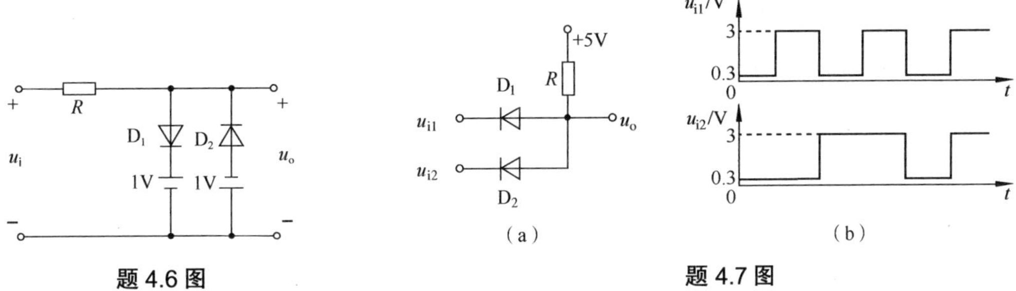

题 4.6 图　　　　题 4.7 图

4.8　电路如题 4.8 图所示，假设各二极管的正向导通压降忽略不计，反向饱和电流为 0.1μA，反向击穿电压为 25V，且击穿后电压基本不随着电流变化，求图中各电路的电流 I。

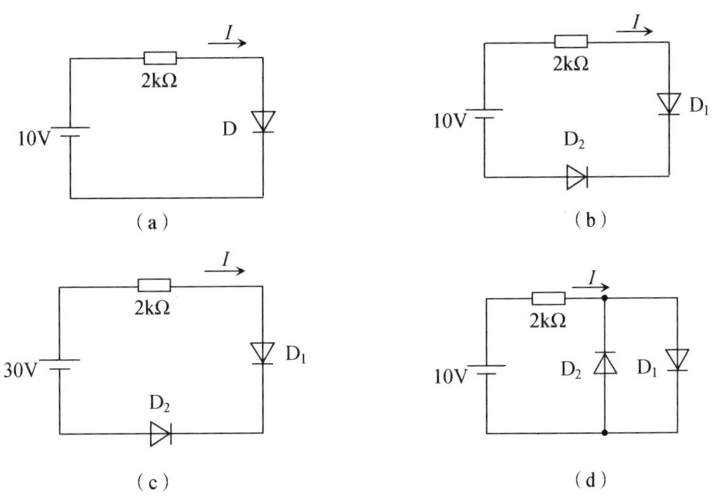

题 4.8 图

4.9　电路如题 4.9 图所示，已知稳压二极管的稳定电压 U_Z=6V，最小稳定电流 I_{Zmin} =5mA，最大允许耗散功率 P_{ZM}=150mW，负载电阻 R_L=600Ω。试求限流电阻 R 的取值范围。

4.10　稳压二极管构成的稳压电路如题 4.10 图所示。已知稳压二极管的稳压值为 6V，最小稳定电流为 10mA，额定功耗为 200mW，限流电阻为 0.5kΩ。试问：

（1）当 U_I=20V，R_L=1kΩ 时，U_o=?

（2）当 U_I=20V，R_L=100Ω 时，U_o=?

（3）当 U_I=20V，R_L 开路时，稳压二极管能否稳压？

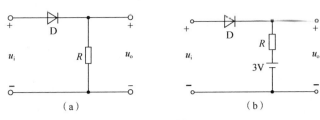

（4）当 U_I=7V，R_L 变化时，稳压二极管能否稳压？

题 4.9 图　　题 4.10 图

4.11　将两个稳压值分别为 6V 和 9V 的稳压二极管串联和并联，共有几种连接方式？其稳压值各为多少？设稳压二极管的正向导通压降为 0.7V。

4.12　电路如题 4.12 图所示，已知 U_I=40V，硅稳压二极管 D_{Z1}、D_{Z2} 的稳压值分别为 7V 和 13V，求各电路的输出电压 U_o。

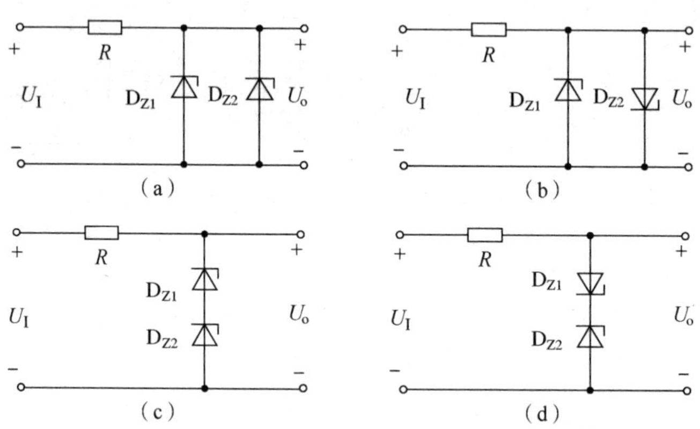

题 4.12 图

4.13　在电路中测得有关晶体管各电极对地的电位，如题 4.13 图所示，试判断各晶体管处于哪种工作状态，并简要说明理由。

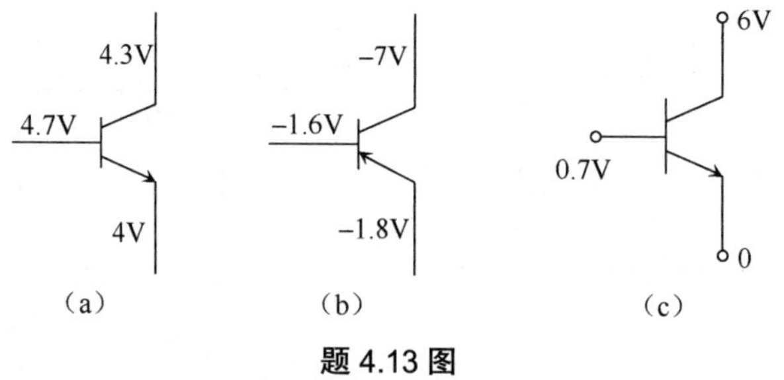

题 4.13 图

4.14　在一个工作正常的放大电路中，测得某晶体管的 3 个引脚对地的电位分别为–9V、–6V、–6.2V，试判断各引脚所属的电极，晶体管是锗晶体管还是硅晶体管，是 NPN 型晶体管还是 PNP 型晶体管？

习题解析

4.15　有两个晶体管，一个晶体管的 β=180，I_{CEO}=300μA；另一个晶体管的 β=60，I_{CEO}=15μA，其他参数大致相同。当作为放大信号用时，你认为选择哪一个合适？为什么？

第 5 章思维导图

第 5 章讨论区

第 5 章　基本放大电路

本章重点讨论由晶体管组成的共射极放大电路的工作原理、分析方法以及静态工作点的稳定问题，并介绍由晶体管组成的共集、共基放大电路和多级放大电路。

5.1　放大的概念和放大电路的性能指标

放大的概念和放大电路的性能指标视频

放大的概念和放大电路的性能指标课件

5.1.1　放大的概念

放大电路是指将电信号（电压、电流）不失真地进行放大的电路。各种电子仪器、设备都需要将信号放大，以便推动执行元件工作。例如，将传声器传送出的微弱的电压信号放大之后可以使扬声器还原出比较大的声音；将传感器送出的微弱电信号放大以后经过处理能够实现自动控制等，因此放大电路是电子设备中最重要且最基本的组成部分。

从表面上看，放大电路是将输入信号的幅度由小变大，但实质上是**实现能量的控制和转换**。即**在输入信号的作用下，通过放大电路将直流电源提供的能量转换成负载获得的能量，从而使负载获得的能量大于信号源提供的能量**。因此，电路放大的基本特征是功率放大，即负载上总可以获得比输入信号大得多的电压或电流，有时兼而有之。

能够控制能量的器件称为有源器件，因此放大电路中必须包含有源器件才能实现信号的放大。晶体管就是这种有源器件，它是构成放大电路的核心器件。

5.1.2　放大电路的性能指标

一个放大电路质量的优劣需要用若干项性能指标来衡量。在测试指标时，一般在放大电路的输入端加上一个正弦测试电压，如图 5.1.1(a)所示。放大电路的主要技术指标有以下几项。

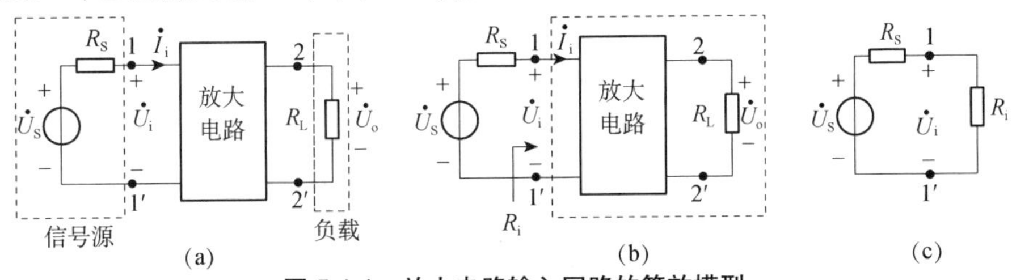

图 5.1.1　放大电路输入回路的等效模型

1. 放大倍数

放大倍数定义为输出信号与输入信号之比，又分电压放大倍数和电流放大倍数。

电压放大倍数定义为

$$A_u = \frac{\dot{U}_o}{\dot{U}_i} \tag{5.1.1}$$

其中，$\dot{U}_o$ 是输出信号 u_o 的有效值相量，$\dot{U}_i$ 是输入信号 u_i 的有效值相量。

电流放大倍数定义为

$$A_i = \frac{\dot{I}_o}{\dot{I}_i} \tag{5.1.2}$$

其中，$\dot{I}_o$ 是输出信号 i_o 的有效值相量，$\dot{I}_i$ 是输入信号 i_i 的有效值相量。

放大倍数是衡量一个放大电路放大能力的指标。放大倍数越大，则电路的放大能力越强。

2. 输入电阻

从放大电路的输入端口（1-1′）看进去，包括负载在内，整个电路可等效为一个电阻，这个电阻就是放大电路的输入电阻 R_i，如图 5.1.1(b)所示。**R_i 等于输入电压和输入电流之比**，即

$$R_i = \frac{U_i}{I_i} \text{或} R_i = \frac{\dot{U}_i}{\dot{I}_i} \tag{5.1.3}$$

因此，放大电路输入回路可等效为图 5.1.1(c)所示电路。根据电阻的串联分压，可得输入电压与信号源电压之间满足 $\dot{U}_i = \frac{R_i}{R_S + R_i}\dot{U}_S$。

输入电阻是衡量一个放大电路向信号源索取电流大小的指标。输入电阻越大，放大电路向信号源索取的电流就越小，信号源内阻 R_S 上的电压降越小，因此放大电路输入端得到的电压 $\dot{U}_i$ 与信号源电压 $\dot{U}_S$ 越接近。理想情况下，R_i=∞，则 $\dot{U}_i = \dot{U}_S$。

3. 输出电阻

任何放大电路从负载端（2−2′）看进去就是一个线性有源二端网络，如图 5.1.2(a)所示，可利用戴维南定理将其等效为一个实际电压源。因此，放大电路的输出回路可等效为图 5.1.2(b)所示电路。其中，A_{uo} 为负载开路时的电压放大倍数；$A_{uo}\dot{U}_i$ 为放大电路的开路电压；**R_o 为从放大电路输出端看进去的戴维南等效电阻，即放大电路的输出电阻**。

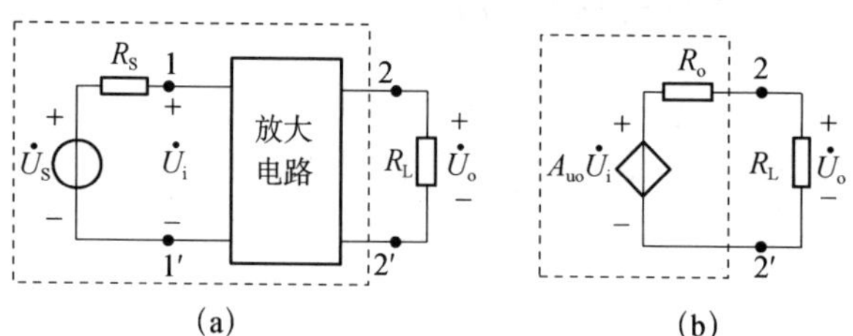

图 5.1.2 放大电路输出回路的等效模型

输出电阻 R_o 可用外加电压法求得，即将信号源用短路代替（保留其内阻 R_s），将负载 R_L 断开，在输出端外加端口电压 $\dot{U}_o$，得到相应端口电流 $\dot{I}_o$，两者之比就是输出电阻，即

$$R_o = \frac{\dot{U}_o}{\dot{I}_o}\bigg|_{\dot{U}_S = 0} \tag{5.1.4}$$

由图 5.1.2(b)可知，接上负载 R_L 时，输出电压 $\dot{U}_o = \frac{R_L}{R_o + R_L} A_{uo}\dot{U}_i$。显然，由于 R_o 的存在，接上负载后，输出电压会下降。在开路电压和负载电阻都相同的情况下，R_o 越小，输出电压下降的幅度越小，输出电流就越大，即可以带更多的负载。因此，**输出电阻是衡量一个放大电路带负载能力的指标**。输出电阻越小，放大电路的输出电压越稳定，带负载能力越强。理想情况下，R_o=0，此时放大电路就等效为一个理想电压源，输出电压最稳定。

综上所述，放大电路的等效电路模型如图 5.1.3 所示。

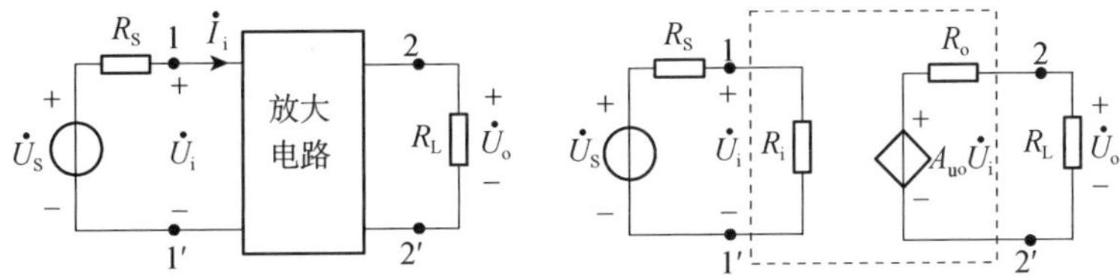

图 5.1.3　放大电路的等效电路模型

4. 通频带

通频带是衡量一个放大电路对不同频率信号放大能力的指标。通常放大电路的输入信号不是单一频率的正弦信号。在放大电路中，由于耦合电容、晶体管极间电容及其他电抗元件的存在，使得电压放大倍数在信号频率较高和较低时，不但数值下降，还会产生相移。可见，**放大倍数是频率的函数，这种特性称为放大电路的频率特性**。其中电压放大倍数的模$|A_u|$与频率的关系称为幅频特性，单级阻容耦合共射放大电路的幅频特性如图 5.1.4 所示。

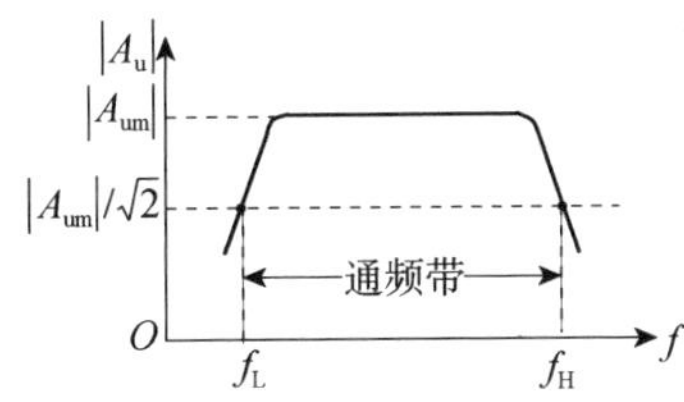

图 5.1.4　放大电路通频带

由图 5.1.4 可知，在中频段，电压放大倍数的模最大，且不随频率变化，用$|A_{um}|$表示。随着频率的升高或降低，电压放大倍数都会减小。当$|A_u|$下降到$|A_{um}|/\sqrt{2}$时，对应的两个频率分别称为下限截止频率 f_L 和上限截止频率 f_H。将 f_L 和 f_H 之间的频率范围称为**通频带**。通频带越宽，表示放大电路能在更大的信号频率范围内对信号进行不失真的放大。

5.1　测试题

5.2　基本放大电路的组成及工作原理

放大电路的组成视频

放大电路的组成课件

基本放大电路是指由一个放大管构成的简单放大电路，又称单管放大电路，它是构成多级放大电路的基础。本节以 NPN 型晶体管构成的单管共射放大电路为例，阐明放大电路的组成及工作原理。

5.2.1 单管共射放大电路的组成

为了保证放大电路具备正常的信号放大作用，在组成上必须满足下述条件：

（1）晶体管必须工作在放大状态，即满足发射结正偏，集电结反偏。

（2）输入、输出信号要有耦合通路，即输入信号能够送至放大电路的输入端；放大后的信号能够输出至负载。

根据以上条件可得单管共射放大电路，如图 5.2.1 所示。其中图 5.2.1(a)是完整画法，图 5.2.1(b)是简化画法，即不画出电源符号，只标出其正极性端对地的电位。u_i是待放大的交流输入信号，u_o是负载上所获得的放大后的交流输出信号。图中各元件的作用介绍如下。

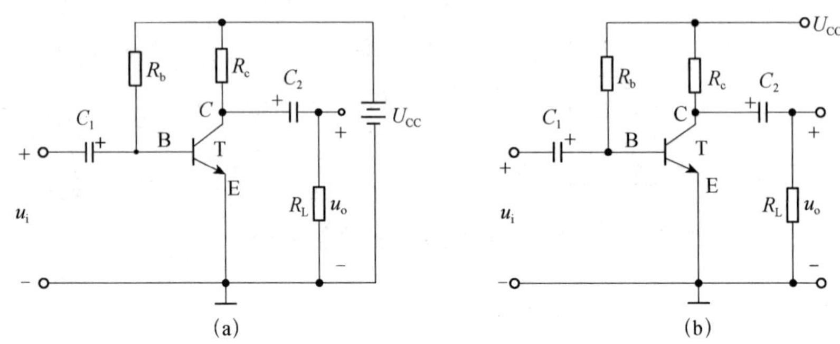

图 5.2.1 单管共射放大电路

（1）晶体管 T：起电流放大作用，是放大电路的核心器件。

（2）直流电源 U_{CC}：起两个作用，一方面与 R_b、R_c 相配合，为晶体管提供合适的直流偏置电压，保证晶体管工作在放大状态；另一方面为输出提供所需能量。U_{CC} 的数值一般为几伏到十几伏。若改用 PNP 型晶体管，则 U_{CC} 的极性与图中相反。

（3）基极偏置电阻 R_b：R_b 和直流电源 U_{CC} 配合，决定了放大电路基极静态偏置电流的大小，这个电流的大小直接影响晶体管的工作状况。R_b 的值一般为几十千欧到几百千欧。

（4）集电极电阻 R_c：它的作用是将晶体管集电极电流的变化量转换为电压的变化量，以实现电压放大。R_c 的值一般为几千欧到几十千欧。

（5）电容器 C_1、C_2：起“隔直流、通交流”的作用，又称隔直电容或耦合电容。在低频放大电路中，输入信号的频率较低，为了降低电容的容抗，其电容量通常都较大，一般都采用电解电容器，它们的电容量在几微法到几十微法之间。电解电容器在连接时要注意极性。由于在放大状态下，NPN 型基极 b 的电位总高于发射极 e 的电位，所以电容 C_1 的右侧为正极，左侧为负极；同时集电极 c 的电位总高于发射极 e 的电位，所以电容 C_2 的左侧为正极，右侧为负极。对 PNP 型管，电容 C_1、C_2 的极性刚好相反。

放大电路在工作时既存在直流量又存在交流量，即交流量、直流量共存。为了便于区分，将它们的代表符号与下标进行如下规定。

U_{BE}、I_B——大写字母，大写下标，表示直流量；

u_{be}、i_b ——小写字母，小写下标，表示交流量的瞬时值；

u_{BE}、i_B ——小写字母，大写下标，表示交流、直流混合量，即 $u_{BE}=U_{BE}+u_{be}$，$i_B=I_B+i_b$；

U_{be}、I_b ——大写字母，小写下标，表示交流量的有效值。

5.2.2　放大电路的工作原理

放大电路的工作原理视频

放大电路的工作原理课件

对于图 5.2.1 所示的放大电路，当未加输入信号，即 u_i=0 时，只有直流电源作用，电路中各处的电压、电流都是不变的直流量，故称电路处于**静态**。**这些电压、电流的静态值**（I_B、U_{BE}、I_C **和** U_{CE}）**与晶体管共射特性曲线上一个确定的点对应，称为静态工作点，用 *Q* 表示**。所以静态工作点也可以用 I_{BQ}、U_{BEQ}、I_{CQ} 和 U_{CEQ} 这 4 个物理量表示。由于电容 C_2 具有隔直作用，所以负载 R_L 上没有电压输出，即 u_o=0。

当输入端加交流信号 u_i 时，电路中各处的电压、电流便处于变动状态，故称电路处于**动态**。交流信号 u_i 通过电容 C_1 耦合到晶体管的发射结上，使发射结的电压在 U_{BE} 的基础上叠加了 u_i，即 $u_{BE}= U_{BE}+u_i$。根据晶体管的输入特性，当发射结的电压发生变化时，基极电流将随之改变。此时基极电流在原来静态值 I_{BQ} 的基础上叠加了一个交流信号 i_b（i_b 为 u_i 引起的变化量），即 $i_B=I_{BQ}+i_b$。由于晶体管的电流放大作用，i_b 的变化会引起 i_c 的更大变化，即 $i_c=\beta i_b$，所以集电极电流同样在原来静态值 I_{CQ} 的基础上叠加了一个交流信号 i_c，即 $i_C=I_{CQ}+i_c$。i_c 的变化会引起电阻 R_c 上电压的变化，u_{CE} 也在原来静态值 U_{CEQ} 的基础上叠加了一个交流信号 u_{ce}。因为 $u_{CE}=U_{CC}-i_C R_c$，所以 u_{ce} 和 i_c 是反相的。动态时各电压、电流的波形如图 5.2.2 所示。由于电容 C_2 具有隔直作用，所以输出电压 u_o 为 u_{CE} 的交流量，即 $u_o=u_{ce}$。显然，输出电压 u_o 与输入电压 u_i 是反相的，即**共发射极放大电路实现了反相放大**。

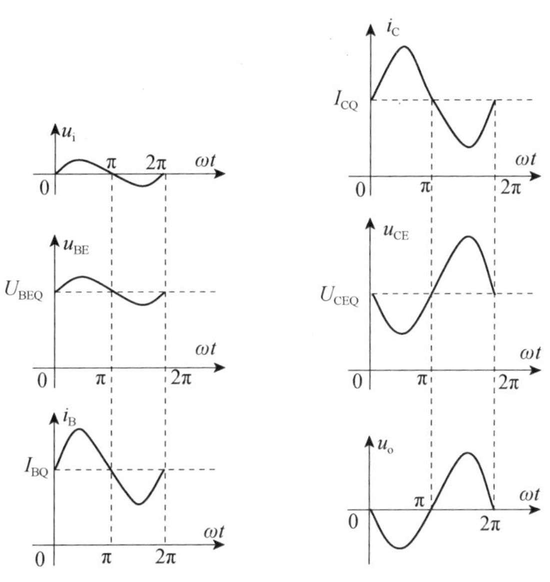

图 5.2.2　动态时各电压、电流的波形

综上分析可知，没有输入信号时，晶体管各电极的电流和电压都是恒定值（I_{BQ}、U_{BEQ}、I_{CQ}、U_{CEQ}）。当加上输入信号 u_i 后，u_{BE}、i_B、i_C、u_{CE} 都在静态直流量的基础上叠加了一个交流量，即

$$\begin{cases} u_{BE} = U_{BEQ} + u_{be} \\ i_B = I_{BQ} + i_b \\ i_C = I_{CQ} + i_c \\ u_{CE} = U_{CEQ} + u_{ce} \end{cases} \tag{5.2.1}$$

因此，**放大电路中的电压、电流包含两个分量：一个是静态工作情况决定的直流量 U_{BEQ}、I_{BQ}、I_{CQ} 和 U_{CEQ}；另一个是由输入信号 u_i 引起的交流量 u_{be}、i_b、i_c 和 u_{ce}**。虽然这些电流、电压的瞬时值是变化的，但它们的方向始终是不变的。

5.2.3　直流通路和交流通路

由前面的分析可知，放大电路中各电压、电流都是在原来静态值的基础上叠加了一个交流量，直流量与交流量共存于放大电路中。其中，直流量是直流电源 U_{CC} 作用的结果；交流量是输入信号 u_i 作用的结果。由于电容对直流、交流的作用不同，所以直流量和交流量流经的通路也不同。为了分析方便，通常将放大电路分解为直流通路和交流通路。

所谓直流通路，就是由直流电源 U_{CC} 作用形成的电流通路。此时输入信号 u_i=0，电容可视为开路。图 5.2.1 中的单管共射放大电路的直流通路如图 5.2.3(a)所示。直流通路通常用于计算静态工作点 Q（I_{BQ}，U_{BEQ}，I_{CQ}，U_{CEQ}）。

所谓交流通路，就是由输入信号 u_i 作用形成的电流通路。此时耦合电容 C_1、C_2 因容抗很小可视为短路，直流电源因内阻近似为零可用短路代替。图 5.2.1 中单管共射放大电路的交流通路如图 5.2.3(b)所示，可进一步等效为图 5.2.3(c)所示电路。交流通路通常用于分析放大电路的动态。

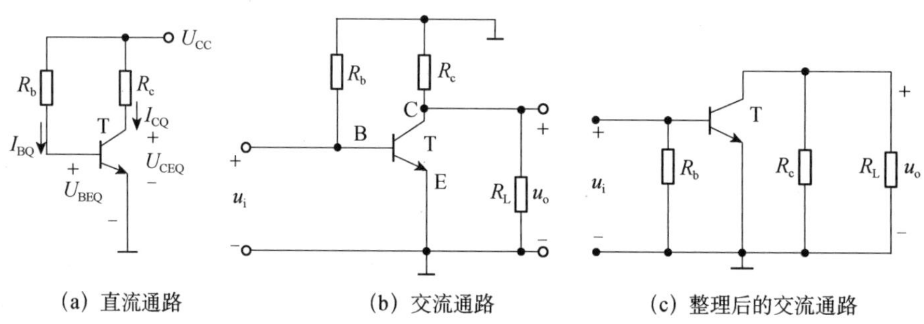

（a）直流通路　　（b）交流通路　　（c）整理后的交流通路

图 5.2.3　单管共射放大电路的直流通路和交流通路

5.2　测试题

5.1～5.2 测试题讲解视频

5.1～5.2 测试题讲解课件

5.3　放大电路的分析

放大电路的静态分析视频

放大电路的静态分析课件

分析放大电路就是在理解放大电路的组成原则和工作原理的基础上，求解放大电路的静态工作点和动态参数。

5.3.1　静态分析

静态分析就是求解放大电路的静态工作点 Q，实际上就是求解晶体管的基极电流 I_{BQ}、基极到发射极的电压 U_{BEQ}、集电极电流 I_{CQ} 和集电极到发射极的电压 U_{CEQ} 这 4 个物理量。

1. 静态工作点的估算法

在图 5.2.3(a)所示的单管共射放大电路的直流通路中，各直流量及其参考方向均已标出。对输入回路列写 KVL 方程：　　$I_{BQ}R_b + U_{BEQ} = U_{CC}$

可得基极电流

$$I_{BQ} = \frac{U_{CC} - U_{BEQ}}{R_b} \tag{5.3.1}$$

晶体管导通后 U_{BEQ} 的变化很小，可视为常数。硅管 U_{BEQ}≈0.7V，锗管 U_{BEQ}≈0.3V。

根据晶体管的电流放大作用，可得集电极电流

$$I_{CQ} = \beta I_{BQ} \tag{5.3.2}$$

对输出回路列写 KVL 方程，可得

$$U_{CEQ} = U_{CC} - I_{CQ}R_c \tag{5.3.3}$$

可见，电路中偏置电阻 R_b、R_c 和电源电压 U_{CC} 一旦确定，晶体管的静态工作点就不再改变，所以图 5.2.1 所示电路为**固定偏置电路**。由于使用估算法时将 U_{BEQ} 视为常数，所以求解静态工作点时只需求解 I_{BQ}、I_{CQ} 和 U_{CEQ}，可表示为 Q（I_{BQ}，I_{CQ}，U_{CEQ}）。

例 5.3.1　图 5.3.1(a)所示电路，已知 U_{CC}=12V，R_b=300kΩ，R_c=3kΩ，晶体管为硅管，β=50。（1）计算放大电路的静态工作点 Q，并判断晶体管的工作区域；（2）当 R_b=100kΩ 时，重新计算放大电路的静态工作点 Q，判断此时晶体管工作于哪个区域？

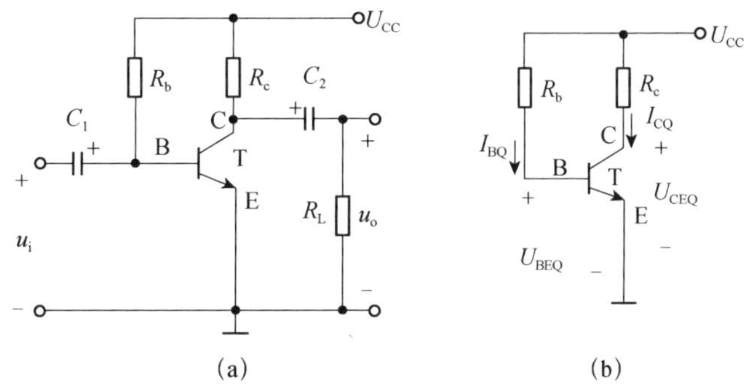

图 5.3.1　例 5.3.1 图

解：（1）画出直流通路，如图 5.3.1(b)所示，由图可得

$$I_{BQ}=\frac{U_{CC}-U_{BEQ}}{R_b}=\frac{12-0.7}{300}=0.038\text{mA}$$
$$I_{CQ}=\beta I_{BQ}=50\times0.038=1.9\text{mA}$$
$$U_{CEQ}=U_{CC}-I_{CQ}R_c=12-1.9\times3=6.3\text{V}$$

静态工作点为 Q（0.038mA，1.9mA，6.3V），此时晶体管工作于放大区。

（2）当 R_b=100kΩ 时，根据直流通路可得

$$I_{BQ}=\frac{U_{CC}-U_{BEQ}}{R_b}=\frac{12-0.7}{100}=0.11\text{mA}$$
$$I_{CQ}=\beta I_{BQ}=50\times0.11=5.5\text{mA}$$
$$U_{CEQ}=U_{CC}-I_{CQ}R_c=12-5.5\times3=-4.5\text{V}$$

U_{CEQ} 不可能为负值，说明此时晶体管没有工作于放大区，而是工作于饱和区。通常硅晶体管的饱和压降为 0.3V，所以 U_{CEQ}=0.3V，再根据输出回路的 KVL 方程求得

$$I_{CQ}=\frac{U_{CC}-U_{CEQ}}{R_c}=\frac{12-0.3}{3}=3.9\text{mA}$$

由此可得静态工作点为 Q（0.11mA，3.9mA，0.3V），晶体管工作于饱和区，此时 $I_{CQ}<\beta I_{BQ}$。

2. 静态工作点的图解法

图解法就是利用晶体管的共射特性曲线，通过作图的方法确定静态工作点的分析方法。

对输入回路列 KVL 方程，可得 I_B 与 U_{BE} 的关系为：$I_B=-\frac{1}{R_b}U_{BE}+\frac{U_{CC}}{R_b}$。它代表一条斜率为$-1/R_b$ 的直线，称为**基极偏置线**，如图 5.3.2(a)所示。同时 I_B 与 U_{BE} 又要满足晶体管的输入伏安特性。显然，基极偏置线与输入特性曲线的交点就是输入回路的静态工作点 Q，其坐标为（U_{BEQ}，I_{BQ}）。

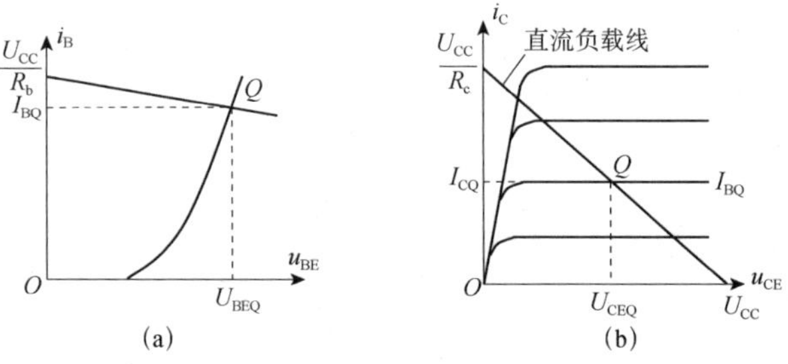

图 5.3.2　静态工作点的图解分析

对输出回路列 KVL 方程，可得 I_C 与 U_{CE} 的关系为：$I_C=-\frac{1}{R_c}U_{CE}+\frac{U_{CC}}{R_c}$。它代表一条斜率为$-1/R_c$ 的直线，称为**直流负载线**，如图 5.3.2(b)所示。同时 I_C 与 U_{CE} 又要满足晶体管的输出伏安特性。显然，直流负载线与对应于 I_{BQ} 的那条输出特性曲线的交点就是输出回路的静态工作点 Q，其坐标为（U_{CEQ}，I_{CQ}）。

由上述可知，**晶体管的输入特性曲线、输出特性曲线与外电路的伏安特性曲线的交点就是静态工作点 Q**。

5.3.2　动态分析

图解法分析放大电路的动态视频

图解法分析放大电路的动态课件

放大电路动态分析的目的是求解放大电路的各项动态参数，如电压放大倍数 A_u、输入电阻 R_i、输出电阻 R_o。动态分析可采用图解法，也可采用微变等效电路分析法。放大电路的动态图解分析如图 5.3.3 所示。

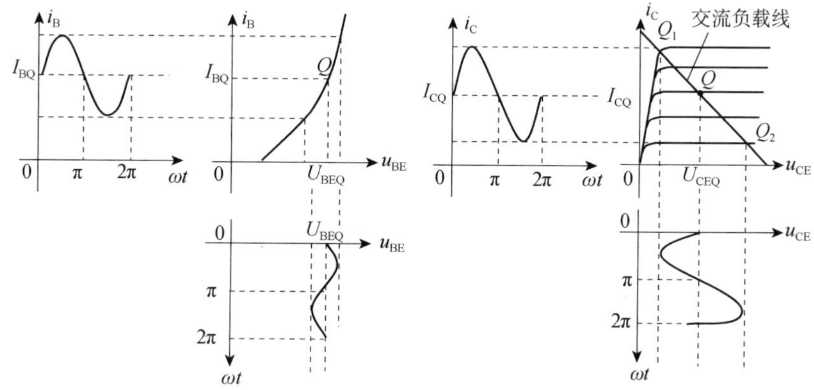

图 5.3.3　放大电路的动态图解分析

1. 图解法分析动态

由图 5.2.3(c)中的交流通路可得 $u_o=u_{ce}=-i_c(R_c//R_L)$

将 $u_{ce}=u_{CE}-U_{CEQ}$，$i_c=i_C-I_{CQ}$ 代入上式，可得

$$i_C-I_{CQ}=-\frac{1}{R_c//R_L}(u_{CE}-U_{CEQ}) \tag{5.3.4}$$

这是一条过 Q（U_{CEQ}，I_{CQ}）点且斜率为-1/（$R_c//R_L$）的直线，它表示加了交流信号后工作点的运动轨迹，故称为**交流负载线**。交流负载线和直流负载线都经过 Q 点，但是斜率不同（交流负载线更陡），作用也不同。**直流负载线用来确定静态工作点，而交流负载线则表示动态时工作点的运动轨迹。**

在放大电路中加交流信号 u_i（设 u_i 为正弦电压）后，晶体管的 u_{BE}、i_B、i_C 和 u_{CE} 都在静态直流量的基础上附加了小的交流信号。此时 $u_{BE}=U_{BEQ}+u_i$，u_{BE} 的变化会引起 i_B 的变化，i_B 的变化会引起 i_C 的更大变化，工作点沿着交流负载线在 Q_1 和 Q_2 之间移动，会引起 u_{CE} 的变化，输出电压 u_o 为 u_{CE} 的交流量。各电压、电流的波形如图 5.3.3 所示。

通过图解分析可以发现，当输入信号有一个较小的变化量时，经过放大后，在输出端可以得到一个较大的变化量，且输出电压 u_o 和输入电压 u_i 是反相的。交流信号的传输过程为

$$u_i\text{增大}\rightarrow u_{BE}\text{增大}\rightarrow i_B\text{增大}\rightarrow i_C\text{增大}\rightarrow u_{CE}\text{减小}\rightarrow|-u_o|\text{增大}$$

2. 静态工作点的位置对输出波形的影响

对一个放大电路最基本的要求就是要保证输出信号能正确反映输入信号的变化，也就是要求输出波形不失真。如果静态工作点设置不当，就可能使动态工作范围进入非线性区而产生严重的非线性失真。

如果放大电路的静态工作点设置过低，靠近截止区，则在输入信号的负半周，工作点会

进入特性曲线的截止区引起**截止失真**。对于 NPN 型晶体管，当发生截止失真时，输出电压的波形将呈现正半周被削平的顶部失真，如图 5.3.4(a)所示。

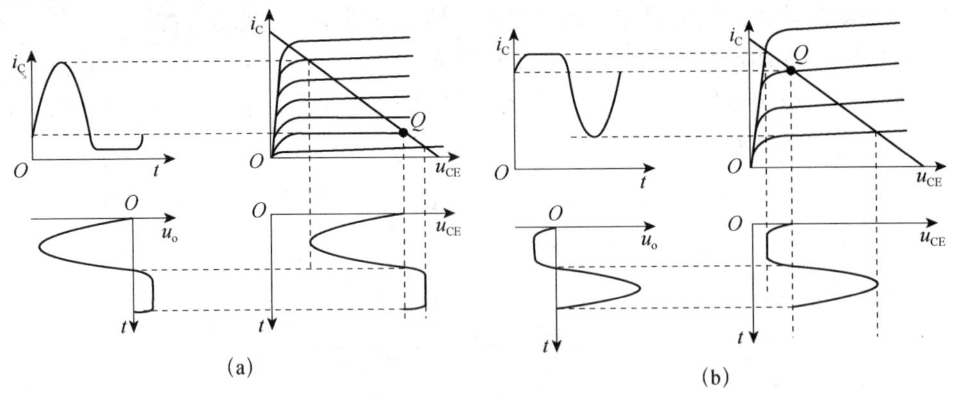

图 5.3.4　静态工作点对输出波形的影响

反之，若静态工作点设置过高，靠近饱和区，则在输入信号的正半周，工作点会进入特性曲线的饱和区引起**饱和失真**。对于 NPN 型晶体管，当发生饱和失真时，输出电压的波形将呈现负半周被削平的底部失真，如图 5.3.4(b)所示。

截止失真和饱和失真统称非线性失真。对于 PNP 型晶体管，当发生截止失真或饱和失真时，输出电压波形的失真情况与 NPN 型晶体管相反。

综上所述，**放大电路要想获得尽可能大的不失真的输出电压幅度，静态工作点应设置在输出特性曲线放大区的中间位置，并且要有合适的交流负载线**。

上面所说的静态工作点设置“过高”、“过低”不是绝对的，它是相对于输入信号而言的。在输入信号大时出现的失真现象，有可能在输入信号小时不存在。图 5.3.4 中设置的静态工作点，不论是靠近截止区还是靠近饱和区，只要输入信号很小，仍然可以得到不失真的输出信号。反之，即使 Q 点设置合适，如果输入信号幅度过大，可能会同时产生截止失真和饱和失真，输出电压的波形将呈现正半周、负半周都被削平的现象。

3. 微变等效电路法分析动态

微变等效电路法视频

微变等效电路法课件

若交流信号幅值较小，则放大电路在动态时的工作点仅在静态工作点附近有微小的变化，因此晶体管始终工作于输入、输出特性曲线的线性区域，可以用一个线性等效电路来代替非线性的晶体管，然后再对等效后的线性电路进行动态分析。这种分析方法称为放大电路的微变等效电路法。

（1）晶体管的微变等效电路

由图 5.3.5(a)可知，当输入信号很小时，晶体管在静态工作点 Q 附近的工作区域可认为是直线，即Δi_B和Δu_{BE}成正比。因此可以用一个线性电阻 r_{be} 来表示输入电压和输入电流之间的关系，如图 5.3.5(d)所示。$r_{be}=\dfrac{\Delta u_{BE}}{\Delta i_B}$，称为**晶体管的交流输入电阻（或动态输入电阻）**。低频小功率晶体管的交流输入电阻可按下式估算

$$r_{be}=300\Omega+(1+\beta)\frac{26(\text{mV})}{I_{EQ}(\text{mA})} \tag{5.3.5}$$

式中，I_{EQ} 为静态发射极电流（$I_{EQ}=I_{CQ}+I_{BQ}$）。r_{be} 的典型值为几百欧至几千欧。

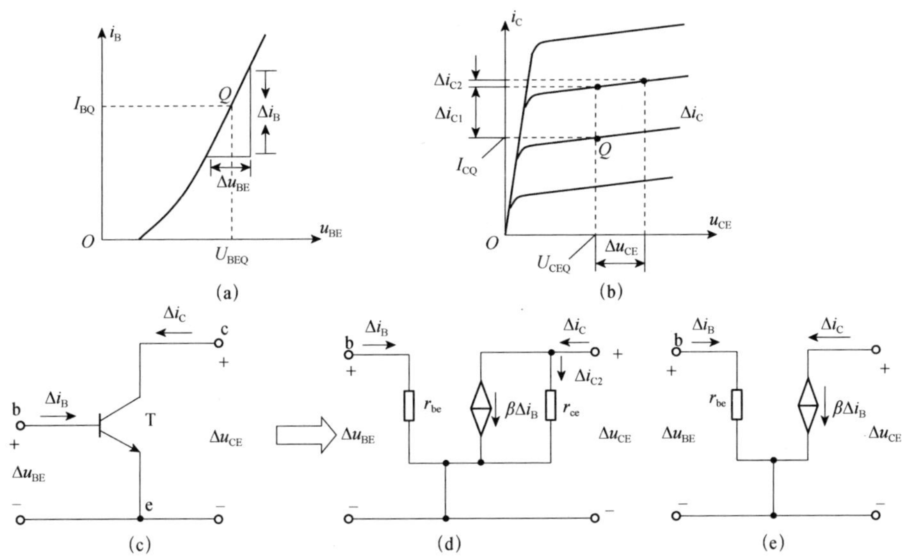

图 5.3.5　晶体管的线性等效电路

从图 5.3.5(b)所示的晶体管输出特性曲线可以看出，在 Q 点附近的微小范围内，特性曲线基本上是水平的，而且相互之间平行等距，说明Δi_C 仅由Δi_B 决定，而与 u_{CE} 无关，即满足$\Delta i_C=\beta\Delta i_B$。所以晶体管的 c、e 间可以用一个大小为 $\beta\Delta i_B$（或 βi_b）的受控电流源来等效，如图 5.3.5(e)所示。实际上 i_C 不仅与 i_B 有关，当 u_{CE} 增大时 i_C 也稍有增大。这种关系可以通过在输出端并联一个电阻 r_{ce} 表示，$r_{ce}=\left.\dfrac{\Delta u_{CE}}{\Delta i_C}\right|_{i_B=\text{常数}}$，此时等效电路如图 5.3.5(d)所示。通常晶体管的输出特性曲线较为平坦，r_{ce} 值较大（大于几十千欧），在多数情况下可不考虑 r_{ce}（即认为 $r_{ce}\to\infty$），故晶体管的线性等效电路通常采用图 5.3.5(e)所示电路。

（2）动态参数计算

用图 5.3.5(e)所示电路来代替图 5.2.3(b)中的晶体管，就可得到单管共射放大电路的微变等效电路，如图 5.3.6 所示。图中的电流与电压均改用正弦量的有效值相量来表示。

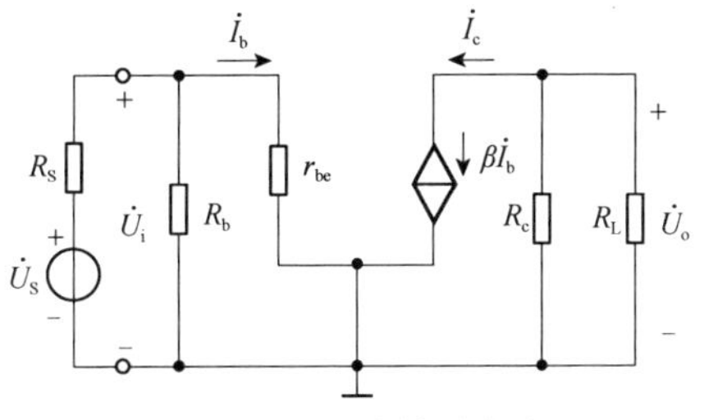

图 5.3.6　微变等效电路

① 电压放大倍数 A_u 的计算。由图 5.3.6 可知

$$\dot{U}_i=\dot{I}_b\cdot r_{be}$$

$$\dot{U}_o=-\dot{I}_c(R_c\,//\,R_L)=-\beta\dot{I}_b(R_c\,//\,R_L)$$

可得电压放大倍数

$$A_u=\frac{\dot{U}_o}{\dot{U}_i}=-\frac{\beta\dot{I}_b(R_c\,//\,R_L)}{\dot{I}_b r_{be}}=-\beta\frac{(R_c\,//\,R_L)}{r_{be}} \tag{5.3.6}$$

式中的负号表示输出电压与输入电压相位相反。

② 输入电阻 R_i 的计算。R_i 是从放大电路的输入端 1-1′看进去的等效电阻，即 $R_i=\dfrac{\dot{U}_i}{\dot{I}_i}$。

由图 5.3.6 可得 $\dot{U}_i=(R_b//r_{be})\cdot\dot{I}_i$，故输入电阻为

$$R_i=R_b//r_{be} \tag{5.3.7}$$

③ 输出电阻 R_o 的计算。将信号源用短路代替（保留其内阻 R_S），将负载 R_L 开路，在 2-2′两端外加一电压 $\dot{U}$，求出流入放大电路的电流 $\dot{I}$，如图 5.3.7 所示，则放大电路的输出电阻 $R_o=\dfrac{\dot{U}}{\dot{I}}$。$\because \dot{U}_S=0$，$\therefore \dot{I}_b=0$，故 $\dot{I}_c=\beta\dot{I}_b=0$，可得输出电阻为

$$R_o=\frac{\dot{U}}{\dot{I}}=R_c \tag{5.3.8}$$

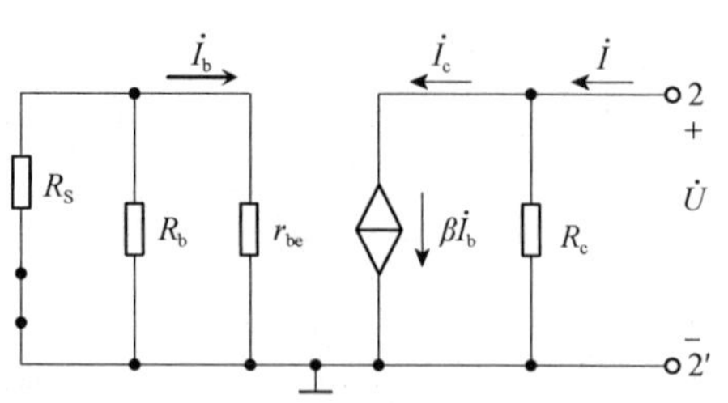

图 5.3.7 放大电路输出电阻的计算电路

例 5.3.2 单管共射放大电路如图 5.3.8(a)所示，已知 U_{CC}=12V，R_b=560kΩ，R_S=1kΩ，R_c=6kΩ，R_L=3kΩ，晶体管为硅管，β=50。（1）画出直流通路，计算静态工作点 Q；（2）画出微变等效电路，计算电压放大倍数 A_u、输入电阻 R_i 和输出电阻 R_o。

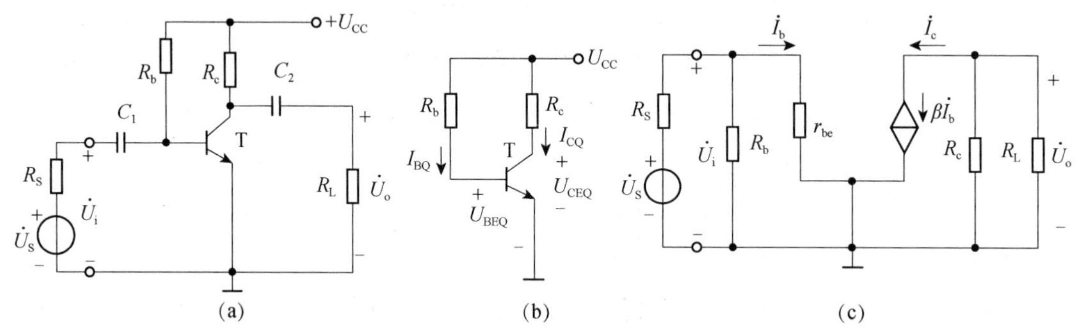

图 5.3.8 例 5.3.2 图

解：（1）直流通路如图 5.3.8(b)所示，静态工作点计算如下

$$I_{BQ}=\frac{U_{CC}-U_{BEQ}}{R_b}=\frac{12-0.7}{560}=0.02\text{mA}$$

$$I_{CQ}=\beta I_{BQ}=50\times0.02=1\text{mA}$$

$$U_{CEQ}=U_{CC}-I_{CQ}\cdot R_c=12-1\times6=6\text{V}$$

（2）微变等效电路如图 5.3.8(c)所示。先计算 r_{be}，由式（5.3.5）可得

$$r_{be}=300+(1+\beta)\frac{26}{I_E}=300+(1+50)\frac{26}{1+0.02}=1\,600\Omega=1.6\text{k}\Omega$$

由式（5.3.6）可得 $$A_u=-\frac{\beta(R_c//R_L)}{r_{be}}=-\frac{50\times(6//3)}{1.6}=-62.5$$

由式（5.3.7）可得 $R_i=R_b//r_{be}=560//1.6\approx1.6\text{k}\Omega$

由式（5.3.8）可得 $R_o=R_c=6\ \text{k}\Omega$

例 5.3.3 在图 5.3.9(a)所示的放大电路中，电容 C_1、C_2 与 C_3 在信号频率范围内容抗均可忽略不计。（1）画出直流通路，写出静态工作点 Q 的计算式；（2）画出交流通路与微变等效电路，写出电压放大倍数 A_u、输入电阻 R_i 和输出电阻 R_o 的表达式。

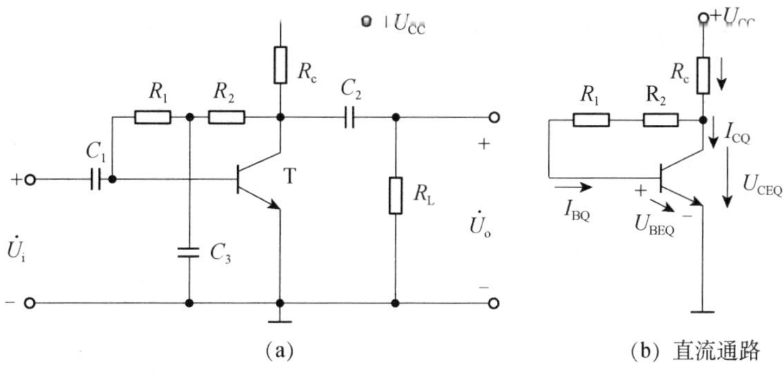

图 5.3.9　例 5.3.3 图

解：(1) 放大电路的直流通路如图 5.3.9(b)所示，电容 C_1、C_2、C_3 均视为开路。对输入回路列写 KVL 方程，可得：$U_{CC} = R_c(I_{BQ} + I_{CQ}) + (R_1 + R_2)\ I_{BQ} + U_{BEQ}$

将 $I_{CQ} = \beta I_{BQ}$ 代入上式，整理可得

$$I_{BQ} = \frac{U_{CC} - U_{BEQ}}{R_1 + R_2 + (1+\beta)R_c}$$

其中 U_{BEQ}=0.7V（硅管）或 U_{BEQ}=0.3V（锗管）。根据晶体管的电流放大作用，可得

$$I_{CQ} = \beta I_{BQ}$$

对输出回路列写 KVL 方程，可得

$$U_{CEQ} = U_{CC} - (I_{CQ} + I_{BQ})R_c$$

(2) 将 C_1、C_2、C_3 视为短路，并将直流电源 U_{CC} 用短路代替，可得放大电路的交流通路，如图 5.3.10(a)所示。再将晶体管用线性等效电路代替，可得放大电路的微变等效电路，如图 5.3.10(b)所示。各动态参数的计算式如下

$$A_u = \frac{\dot{U}_o}{\dot{U}_i} = -\frac{\dot{I}_c(R_2 // R_c // R_L)}{\dot{I}_b r_{be}} = -\frac{\beta(R_2 // R_c // R_L)}{r_{be}}$$

$$R_i = \frac{\dot{U}_i}{\dot{I}_i} = R_1 // r_{be}$$

$$R_o = R_2 // R_c$$

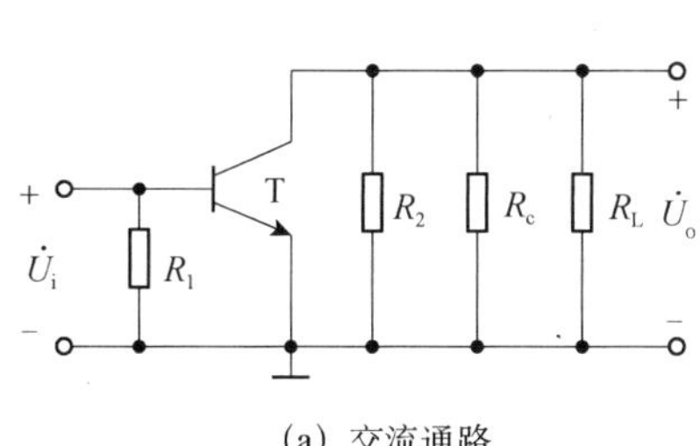

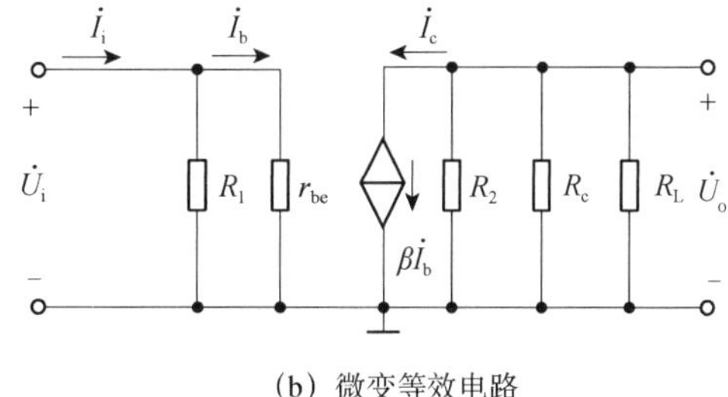

图 5.3.10　交流通路与微变等效电路

5.3　测试题

5.3　测试题讲解视频

5.3　测试题讲解课件

5.4 放大电路静态工作点的稳定

静态工作点的稳定视频

静态工作点的稳定课件

通过前面的讨论可知，静态工作点的位置对放大电路来说非常重要。它不仅关系到波形失真，而且对电压放大倍数也有较大影响，所以在设计或调试放大电路时，为获得较好的性能，必须先设置一个合适的 Q 点。但是放大电路的静态工作点常因外界条件的变化而发生变动，如温度变化、电源电压波动、管子老化等，其中影响最大的是温度变化。本节讨论温度对静态工作点的影响以及具有稳定静态工作点作用的分压偏置放大电路。

5.4.1 温度对静态工作点的影响

晶体管是对温度非常敏感的元件，温度变化时将影响管子内部载流子的运动，从而使晶体管的参数（U_{BE}、I_{CBO} 和 β）发生变化。其中，U_{BE} 随温度升高而减小，通常温度每升高 1℃，U_{BE} 减小 2～2.5mV；I_{CBO} 随温度升高按指数规律迅速增加，通常温度每升高 10℃，I_{CBO} 约增加一倍；β 随温度升高而增大，通常温度每升高 1℃，β 增加 0.5%～1.0%。

在图 5.2.1 所示的固定偏置放大电路中，由于 $I_{BQ}=\dfrac{U_{CC}-U_{BE}}{R_b}$，当温度升高时，$U_{BE}$ 减小，所以 I_{BQ} 将增大。同时，$I_{CQ}=\beta I_{BQ}+(1+\beta)I_{CBO}$，当温度升高时，$I_{CBO}$ 和 β 都增大，所以 I_{CQ} 增加，导致静态工作点上移，靠近饱和区。同理，当温度降低时，I_{CQ} 减小，静态工作点下移，靠近截止区。当工作点变动太大时，晶体管就有可能到达饱和区或截止区，使输出电压波形出现失真，同时还会影响放大电路的动态性能。因此在实际电路中必须采取措施稳定静态工作点，也就是要设法使 I_{CQ} 维持稳定。

5.4.2 分压偏置放大电路

1. 电路组成

为了减小或消除温度升高对 I_{CQ} 的影响，必须设计一个电路，对 I_{CQ} 的增大产生一个控制作用，使 I_{CQ} 的增加值被抵消或减小，从而实现静态工作点的基本稳定。具有稳定静态工作点作用的分压偏置放大电路如图 5.4.1(a)所示，它的直流通路如图 5.4.1(b)所示。与图 5.2.1 所示的固定偏置放大电路相比，分压偏置放大电路有两个不同点。

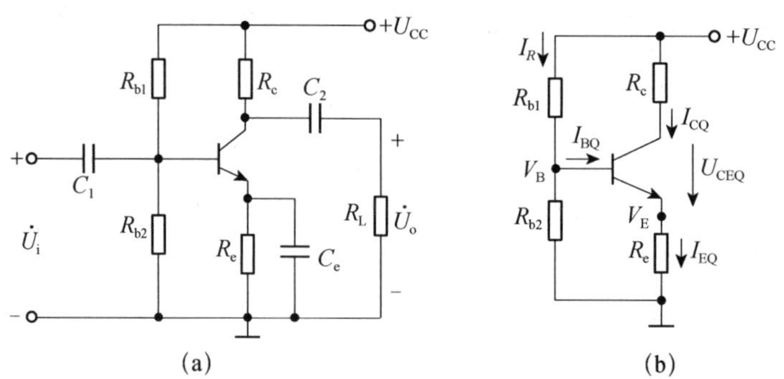

图 5.4.1 分压偏置放大电路及其直流通路

其一，在晶体管的基极上接入两个分压电阻 R_{b1} 与 R_{b2}，当设计电路使 $I_R>>I_{BQ}$ 时，R_{b1} 与 R_{b2} 可近似看作串联，使得基极的电位 V_B 由这两个电阻对 U_{CC} 的分压决定，几乎不受温度变化的影响，所以称该电路为分压偏置放大电路。

其二，在发射极串联一个电阻 R_e，使发射极的电位 V_E（即 R_e 上的电压 U_{Re}）随 I_E（$I_E \approx I_C$）的变化而变化。因为 V_B 基本稳定，由 $U_{BE}=V_B-V_E$ 可知，当 I_C 因温度升高而增大时，I_E 增大，V_E 也随之增大，就会使 U_{BE} 减小。显然，U_{BE} 的减小将导致 I_B 的减小，I_B 又控制着 I_C，使之朝减小的方向变化，从而抑制了 I_C 的增大，使 I_C 基本保持稳定（会略有增大）。这个由 R_e 产生的控制过程，可表示为

$$\text{温度上升} \rightarrow I_C(I_E)\uparrow \rightarrow V_E(V_E = I_E R_e)\uparrow \rightarrow U_{BE}(U_{BE} = V_B - V_E)\downarrow$$

$$I_C\downarrow \longleftarrow I_B\downarrow \longleftarrow$$

可见这个过程的实质是将输出回路的电流变化，经发射极电阻 R_e 转换为电压变化，再反馈到输入回路控制基射电压 U_{BE} 的变化。这个将电路输出量引回电路输入环节的过程称为反馈。输出电流 I_C 的增大会导致输入电压 U_{BE} 的减小，从而牵制输出电流的增大，故称为负反馈。

综上所述，**V_B 的稳定与负反馈的引入是静态工作点稳定的关键**。若 V_B 的稳定性越好、负反馈的作用越强，则静态工作点对温度的稳定性就越好。必须指出，当放大电路加入交流信号时，R_e 的负反馈作用会使电压放大倍数大大下降。为此，通常在 R_e 两端并联一个大电容 C_e（其值约为 50～200μF）。由于 C_e 对交流相当于短路，它消除了 R_e 对交流量的影响，所以称为**旁路电容**。加了旁路电容 C_e 后，负反馈只对直流量起作用，对交流量不起作用，这种反馈称为直流反馈。直流反馈只影响放大电路的静态性能指标，并不直接影响放大电路的动态性能指标。

2. 分压偏置放大电路的分析

（1）静态工作点计算

分压偏置放大电路的直流通路如图 5.4.1(b)所示。通常设计电路使 $I_R>>I_{BQ}$，所以电阻 R_{b1} 与 R_{b2} 可近似看作串联，根据分压公式可得基极 b 的电位

$$V_B \approx \frac{R_{b2}}{R_{b1}+R_{b2}} \cdot U_{CC} \tag{5.4.1}$$

发射极电流（近似等于集电极电流）为

$$I_{CQ} \approx I_{EQ} = \frac{V_B - U_{BEQ}}{R_e} \tag{5.4.2}$$

根据晶体管的电流放大作用，可得：$I_{BQ} = \dfrac{I_{CQ}}{\beta}$ （5.4.3）

对输出回路列写 KVL 方程，可得

$$U_{CEQ} = U_{CC} - I_{CQ} \cdot R_c - I_{EQ} \cdot R_e \approx U_{CC} - I_{CQ}(R_c + R_e) \tag{5.4.4}$$

（2）动态参数计算

分压偏置放大电路的微变等效电路如图 5.4.2 所示，由图可得

① 放大倍数 A_u：$A_u = \dfrac{\dot{U}_o}{\dot{U}_i} = \dfrac{-\dot{I}_c(R_c // R_L)}{\dot{I}_b r_{be}} = -\beta \dfrac{R_c // R_L}{r_{be}}$ （5.4.5）

② 输入电阻 R_i：$R_i = \dfrac{\dot{U}_i}{\dot{I}_i} = R_{b1} // R_{b2} // r_{be}$ （5.4.6）

③ 输出电阻 R_o：$R_o = R_c$ （5.4.7）

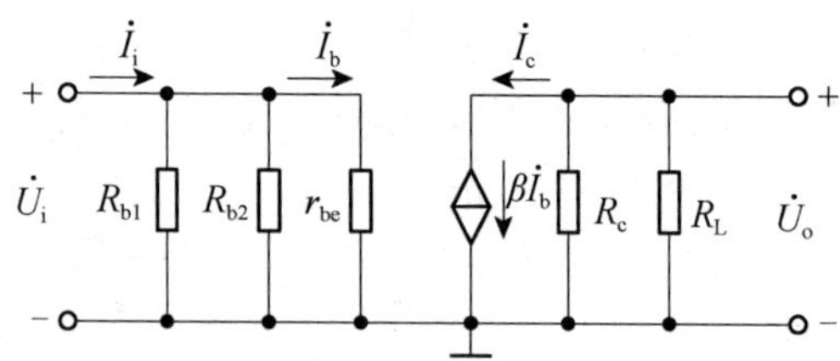

图 5.4.2　分压偏置放大电路的微变等效电路

例 5.4.1　在图 5.4.1 所示电路中，已知 R_{b1}=8.0kΩ，R_{b2}=2.7kΩ，R_c=3kΩ，R_e=1.5kΩ，R_L=3kΩ，U_{CC}=12V，晶体管 β=50，U_{BEQ}=0.7V。试计算：（1）放大电路的静态工作点；（2）电压放大倍数 A_u、输入电阻 R_i 和输出电阻 R_o；（3）若电容 C_e 断开，重新计算静态工作点和动态参数。

解：（1）按照式（5.4.1）～式（5.4.4）计算静态工作点

$$V_B = \frac{R_{b2}}{R_{b1}+R_{b2}}U_{CC} = \frac{2.7}{8+2.7}\times 12 \approx 3\text{V}$$

$$I_{CQ} \approx I_{EQ} = \frac{V_B - U_{BEQ}}{R_e} = \frac{3-0.7}{1.5} = 1.5\text{mA}$$

$$I_{BQ} = \frac{I_{CQ}}{\beta} = 0.03\text{mA}$$

$$U_{CEQ} \approx U_{CC} - I_{CQ}(R_c + R_e) = 12 - 1.5\times(3+1.5) = 5.25\text{V}$$

（2）按照式（5.4.5）～式（5.4.7）计算动态参数

$$r_{be} = 300 + (1+\beta)\frac{26}{I_{EQ}} = 300 + 51\times\frac{26}{1.5} = 1.18\text{k}\Omega$$

$$A_u = -\beta\frac{R_c//R_L}{r_{be}} = -50\times\frac{1.5}{1.18} = -63.5$$

$$R_i = R_{b1}//R_{b2}//r_{be} = 8//2.7//1.18 \approx 0.74\text{k}\Omega$$

$$R_o = R_c = 3\text{k}\Omega$$

（3）断开电容 C_e，对静态工作点没有任何影响，但是对动态参数会有影响，因为此时 R_e 对交流信号也有负反馈作用。电容 C_e 断开后的微变等效电路如图 5.4.3 所示。

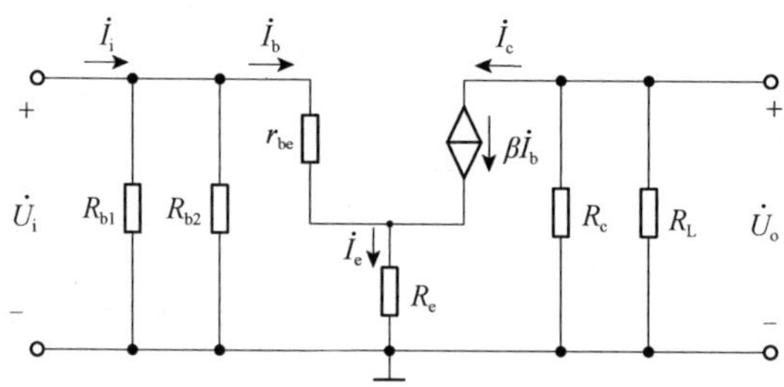

图 5.4.3　电容 C_e 断开后的微变等效电路

电压放大倍数：$A_u = \dfrac{\dot{U}_o}{\dot{U}_i} = \dfrac{-\dot{I}_c\cdot(R_c//R_L)}{\dot{I}_b r_{be} + \dot{I}_e R_e} = \dfrac{-\beta\dot{I}_b\cdot(R_c//R_L)}{\dot{I}_b r_{be} + (1+\beta)\dot{I}_b R_e} = -\beta\dfrac{R_c//R_L}{r_{be}+(1+\beta)R_e} = -0.965$

输入电阻：　$R_i = R_{b1}//R_{b2}//[r_{be}+(1+\beta)R_e] = 1.95\text{k}\Omega$

输出电阻：　$R_o = R_c$=3kΩ

可见，当电容 C_e 断开时，电路引入了交流负反馈，它会影响放大电路的动态参数，具体表现为使 $|\dot{A}_u|$ 大大降低、输入电阻增大、输出电阻不变。

5.4　测试题

5.4　测试题讲解视频

5.4　测试题讲解课件

5.5　单管放大电路其他接法简介

共集电极放大电路视频

共集电极放大电路课件

晶体管的 3 个电极均可作为输入回路和输出回路的公共端，前面介绍的共发射极放大电路，信号从基极输入、从集电极输出，发射极是输入回路和输出回路的公共端。此外还有两种接法，一种是以集电极为公共端的共集电极放大电路，另一种是以基极为公共端的共基极放大电路。这 3 种放大电路也称为晶体管放大电路的 3 种组态，其结构示意图如图 5.5.1 所示。

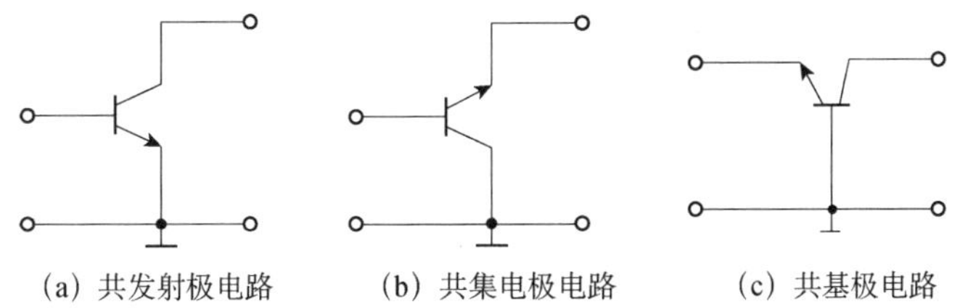

（a）共发射极电路　　（b）共集电极电路　　（c）共基极电路

图 5.5.1　晶体管放大电路的 3 种组态

5.5.1　共集电极放大电路

1. 电路组成

共集电极放大电路如图 5.5.2(a)所示，其直流通路和交流通路如图 5.5.2(b)和图 5.5.2(c)所示。由图 5.5.2(c)可知，集电极 c 交流接地，输入信号 $\dot{U}_i$ 加在基极 b 和集电极 c 之间，输出信号 $\dot{U}_o$ 取自发射极 e 和集电极 c 之间，显然集电极 c 是公共端，所以此电路为共集电极放大电路。由于输出电压是从发射极引出的，故又称**射极输出器**。

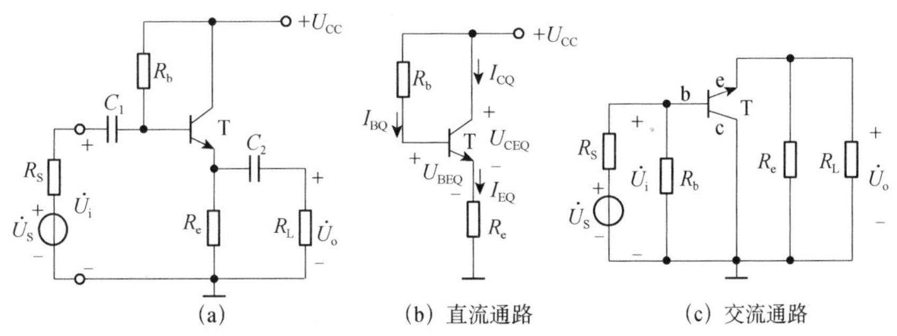

（a）　　（b）直流通路　　（c）交流通路

图 5.5.2　共集电极放大电路

2. 静态参数计算

由图 5.5.2(b)可得

$$U_{CC}=I_{BQ}R_b+U_{BEQ}+(1+\beta)I_{BQ}R_e$$

$$\therefore\quad I_{BQ}=\frac{U_{CC}-U_{BEQ}}{R_b+(1+\beta)R_e} \tag{5.5.1}$$

$$I_{CQ}=\beta I_{BQ} \tag{5.5.2}$$

$$U_{CEQ}=U_{CC}-I_{EQ}R_e\approx U_{CC}-I_{CQ}R_e \tag{5.5.3}$$

3. 动态参数计算

由图 5.5.2(b)所示交流通路可画出其微变等效电路，如图 5.5.3(a)所示，可求得

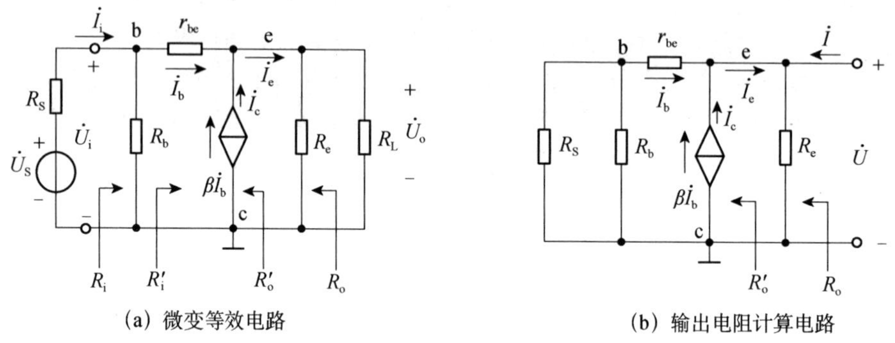

(a) 微变等效电路　　(b) 输出电阻计算电路

图 5.5.3　微变等效电路和输出电阻计算电路

（1）**电压放大倍数** A_u

$$A_u=\frac{\dot{U}_o}{\dot{U}_i}=\frac{(1+\beta)\dot{I}_b(R_e//R_L)}{r_{be}\dot{I}_b+(1+\beta)\dot{I}_b(R_e//R_L)}=\frac{(1+\beta)(R_e//R_L)}{r_{be}+(1+\beta)(R_e//R_L)} \tag{5.5.4}$$

上式表明，共集电极放大电路的电压放大倍数小于 1，但接近于 1，且输出电压 $\dot{U}_o$ 与输入电压 $\dot{U}_i$ 同相，故又称**射极跟随器**。

（2）**输入电阻** R_i

$$R_i'=\frac{\dot{U}_i}{\dot{I}_b}=r_{be}+(1+\beta)(R_e//R_L)$$

$$R_i=R_b//R_i'=R_b//[r_{be}+(1+\beta)(R_e//R_L)] \tag{5.5.5}$$

由于 R_b 和 $(1+\beta)(R_e//R_L)$ 都较大，所以共集电极放大电路的输入电阻较高，可达几十千欧到几百千欧。

（3）**输出电阻** R_o

根据放大电路输出电阻的计算方法，将信号源 $\dot{U}_S$ 用短路代替，再从输出端用外加电压法求解。计算电路如图 5.5.3(b)所示，由此可得

$$R_o'=\frac{\dot{U}}{-\dot{I}_e}=\frac{-(r_{be}+R_S//R_b)\dot{I}_b}{-(1+\beta)\dot{I}_b}=\frac{r_{be}+R_S//R_b}{1+\beta}$$

$$R_o=\frac{\dot{U}}{\dot{I}}=R_e//R_o'=R_e//\frac{r_{be}+R_S//R_b}{1+\beta} \tag{5.5.6}$$

共集电极放大电路的输出电阻较低，可以小到几十欧姆。

由上述分析可知，**共集电极放大电路的输入电阻大、输出电阻小，因此从信号源索取的电流小且带负载能力强，所以常用于多级放大电路的输入级、输出级或中间缓冲级（隔离级）。**

例 5.5.1　在图 5.5.2(a)所示的共集电极放大电路中，R_b=300kΩ，R_e=4.7kΩ，R_L=9.1kΩ，R_S=0.5kΩ，U_{CC}=12V，晶体管的 U_{BEQ}=0.7V，β=50。试计算该电路的静态工作点、输入电阻 R_i、输出电阻 R_o 和电压放大倍数 A_u。

解：（1）计算静态工作点

$$I_{BQ}=\frac{U_{CC}-U_{BEQ}}{R_b+(1+\beta)R_e}=\frac{12-0.7}{300+51\times4.7}=20.9\mu A$$

$$I_{CQ}=\beta I_{BQ}=50\times0.0209=1.05mA$$

$$U_{CEQ}=U_{CC}-I_{CQ}R_e=12-1.05\times4.7=7.07V$$

（2）计算输入电阻 R_i

$$r_{be}=300+(1+\beta)\frac{26}{I_{EQ}}=300+51\times\frac{26}{51\times0.0209}=1.54k\Omega$$

$$R_i=R_b//[r_{be}+(1+\beta)(R_e//R_L)]=300//[1.54+51\times(4.7//9.1)]=104k\Omega$$

计算输出电阻 R_o

$$R_o=R_e//\frac{r_{be}+R_S//R_b}{1+\beta}=4.7//\frac{1.54+0.5//300}{51}=4.7//0.04\approx40\Omega$$

计算电压放大倍数 A_u

$$A_u=\frac{(1+\beta)(R_e//R_L)}{r_{be}+(1+\beta)(R_e//R_L)}=\frac{51\times(4.7//9.1)}{1.54+51\times(4.7//9.1)}=0.99$$

5.5.2　共基极放大电路

共基极放大电路视频

共基极放大电路课件

图 5.5.4(a)所示为共基极放大电路，它的交流通路如图 5.5.4(b)所示。从交流通路可以看出，输入电压 $\dot{U}_i$ 加在射极和基极之间，输出电压 $\dot{U}_o$ 从集电极与基极之间取出，故基极是输入回路与输出回路的公共端。

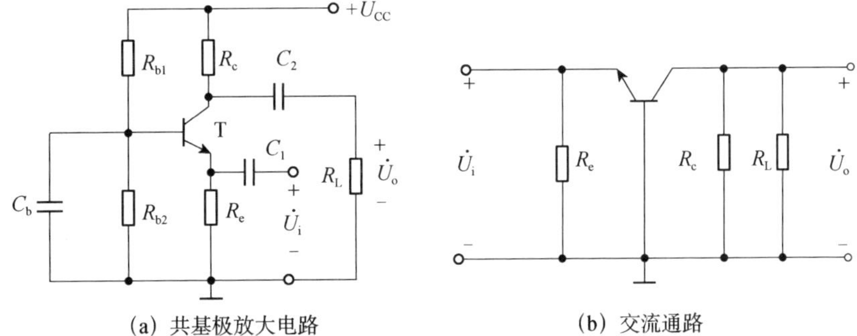

(a) 共基极放大电路　　(b) 交流通路

图 5.5.4　共基极放大电路及其交流通路

该电路采用了分压直流偏置电路，其直流通路以及静态工作点的计算方法与共射分压偏置放大电路（见图 5.4.1(a)）完全相同，也具有静态工作点稳定的特点，这里不再重复。

由图 5.5.4(b)的交流通路可画出其微变等效电路，如图 5.5.5 所示，求得

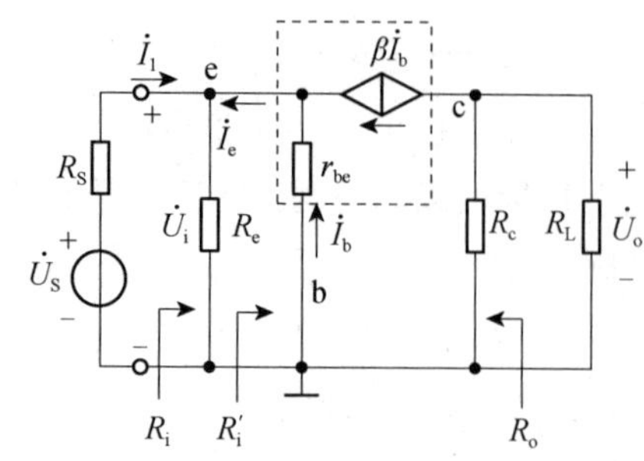

图 5.5.5　共基极放大电路的微变等效电路

（1）**电压放大倍数 A_u**

$$A_u=\frac{\dot{U}_o}{\dot{U}_i}=\frac{-\beta\dot{I}_b(R_c//R_L)}{-\dot{I}_b r_{be}}=\beta\frac{R_c//R_L}{r_{be}} \tag{5.5.7}$$

由上式可知，共基极放大电路的电压放大倍数与共发射极放大电路的电压放大倍数的表达式相同，但没有负号，说明**共基极放大电路的输出电压与输入电压的相位相同，为同相放大**。

（2）**输入电阻 R_i**

$$R_i'=-\frac{\dot{U}_i}{\dot{I}_e}=-\frac{-\dot{I}_b r_{be}}{(1+\beta)\dot{I}_b}=\frac{r_{be}}{1+\beta}$$

$$R_i=R_e//R_i'=R_e//\frac{r_{be}}{1+\beta} \tag{5.5.8}$$

由于 $\beta>>1$，因此**共基极放大电路的输入电阻很小**，它比共射极放大电路的输入电阻约减小（$1+\beta$）倍。这是共基极放大电路的缺点。

（3）**输出电阻 R_o**

$$R_o=R_c \tag{5.5.9}$$

5.5.3　晶体管放大电路 3 种接法的性能比较

晶体管放大电路 3 种接法有各自的特点，它们的主要特点及应用大致归纳如下。

（1）共发射极放大电路：具有较大的电压放大倍数和电流放大倍数，同时输入电阻和输出电阻适中，通常用于多级放大电路的中间级，以实现信号的有效放大。

（2）共集电极放大电路：输入电阻最大，输出电阻最小，电压放大倍数是接近 1 但小于 1 的正数，具有电压跟随的特点，常用于多级放大电路的输入级、输出级及中间缓冲级。

（3）共基极放大电路：输入电阻最小，电压放大倍数、输出电阻与共发射极放大电路相当，频率特性好，常用于高频放大电路，在无线电工程中应用较多。

限于篇幅，场效应管放大电路作为拓展内容，以二维码形式给出，供读者扫码学习。

5.5　测试题

拓展内容：场效应管放大电路

5.6　多级放大电路简介

多级放大电路视频

多级放大电路课件

前面介绍的放大电路都是由单个晶体管构成的，所以统称为单管放大电路。在工程应用中，对放大电路的要求可能同时包括放大倍数、输入电阻、输出电阻等多个方面，单管放大电路一般不能同时满足这些要求，所以大多数实用放大电路往往由多个基本放大电路级联组成，这种放大电路称为多级放大电路。

多级放大电路的级与级之间、放大电路与信号源之间、负载与放大电路之间的连接方式称为耦合。**常用的耦合方式有直接耦合、阻容耦合和变压器耦合**。阻容耦合和变压器耦合适用于交流信号的放大，其中阻容耦合一般用于前置级。变压器耦合用于功率输出级。直接耦合方式不仅适用于交流信号的放大，还适用于直流信号和缓慢变化信号的放大。由于变压器体积庞大，另外经变压器耦合后信号易产生畸变，所以功率电路中已很少采用，本节只讨论前两种级间耦合方式。

5.6.1　阻容耦合多级放大电路

1. 电路特点

图 5.6.1 所示的是两级阻容耦合放大电路，输入信号经过电容 C_1 连接到第一级，两级放大电路之间通过电容 C_2 连接，第二级放大电路与负载之间通过电容 C_3 连接。

由于电容的隔直作用，使得前、后级的静态工作点相互独立，互不影响，故各级静态工作点可单独设置，这给分析、设计和调试电路带来很大方便。而且，只要耦合电容的容量足够大（通常取几十微法至几百微法），在一定频率范围内，容抗近似为零，就可使前一级的输出信号几乎无损失地传送到后一级的输入端。但是，当信号频率较低时，耦合电容上的信号衰减就不能忽略了，所以**阻容耦合多级放大电路只能放大交流信号，不能放大直流信号和变化缓慢的信号**。

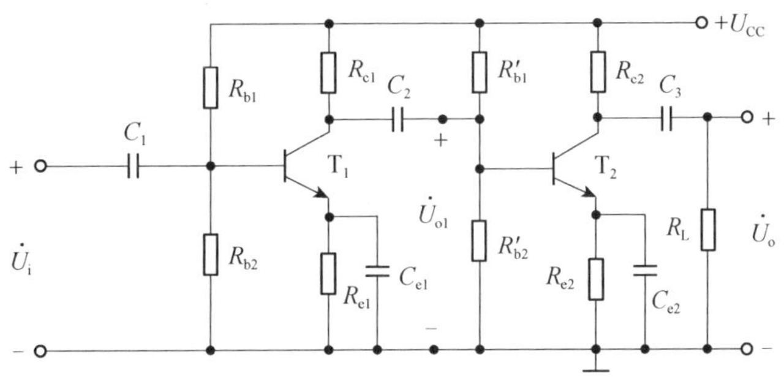

图 5.6.1　两级阻容耦合放大电路

由于耦合电容的容量较大（通常取几十微法至上百微法），这在目前集成电路制作工艺中几乎无法实现。因而，**阻容耦合不适用于集成电路，只能用于分立元件放大电路**。

2. 动态分析

多级放大电路的动态性能指标和单管放大电路相同，有电压放大倍数、输入电阻和输出电阻。分析交流性能时，各级是相互联系的。即前一级的输出电压就是后一级的输入电压，而后一级放大电路的输入电阻就是前一级放大电路的负载电阻。

对于一个 n 级放大电路，其电压放大倍数 A_u 为

$$A_u=\frac{\dot{U}_o}{\dot{U}_i}=\frac{\dot{U}_{o1}}{\dot{U}_i}\frac{\dot{U}_{o2}}{\dot{U}_{o1}}\cdots\frac{\dot{U}_o}{\dot{U}_{o(n-1)}}=\frac{\dot{U}_{o1}}{\dot{U}_i}\frac{\dot{U}_{o2}}{\dot{U}_{i2}}\cdots\frac{\dot{U}_o}{\dot{U}_{in}}=A_{u1}A_{u2}A_{u3}\cdots A_{un} \tag{5.6.1}$$

即**多级放大电路的电压放大倍数为各级电压放大倍数的乘积**。**计算各级电压放大倍数时必须要考虑到后级的输入电阻对前级的负载效应**，即**后级的输入电阻就是前级放大电路的负载**。若不计负载效应，各级的电压放大倍数仅是空载时的放大倍数。

根据输入、输出电阻的定义，**多级放大电路的输入电阻就是第一级的输入电阻，输出电阻就是最后一级的输出电阻**。

例 5.6.1 在图 5.6.1 所示两级阻容耦合放大电路中，已知 U_{CC}=12V，R_{b1}=21kΩ，R_{b2}=13kΩ，R'_{b1}=21kΩ，R'_{b2}=10kΩ，R_{c1}=3.4kΩ，R_{c2}=2.7kΩ，R_{e1}=3kΩ，R_{e2}=2kΩ，R_L=4.7kΩ，$C_1=C_2=C_3$=50μF，$C_{e1}=C_{e2}$=100μF。如果晶体管的 $\beta_1=\beta_2$=50，r_{be1}=1.2kΩ，r_{be2}=0.9kΩ，试求两级放大电路的电压放大倍数、输入电阻和输出电阻。

解： 图 5.6.1 所示电路的微变等效电路如图 5.6.2 所示。第二级输入电阻也就是第一级的负载电阻

$$R_{i2}=R'_{b1}//R'_{b2}//r_{be2}=0.794\text{k}\Omega$$

第一级电压放大倍数

$$A_{u1}=\frac{\dot{U}_{o1}}{\dot{U}_i}=-\frac{\beta_1(R_{c1}//R_{i2})}{r_{be1}}=-\frac{50\times(3.4//0.794)}{1.2}=-26.8$$

第二级电压放大倍数

$$A_{u2}=\frac{\dot{U}_o}{\dot{U}_{o1}}=-\frac{\beta_2(R_{c2}//R_L)}{r_{be2}}=-\frac{50\times(2.7//4.7)}{0.9}=-95$$

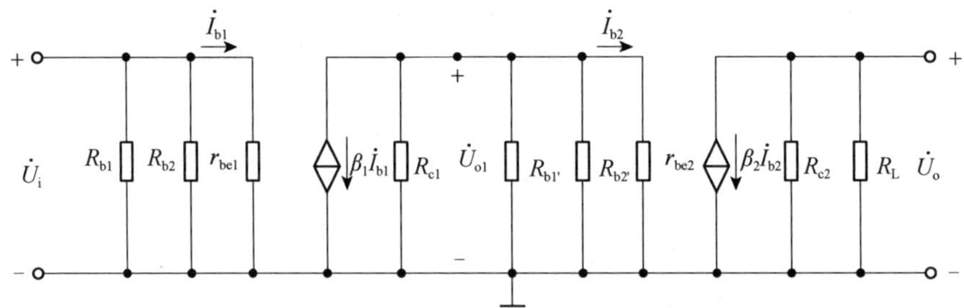

图 5.6.2 两级阻容耦合放大电路的微变等效电路

两级电压放大倍数

$$A_u=\frac{\dot{U}_o}{\dot{U}_i}=A_{u1}\cdot A_{u2}=(-26.8)\times(-95)=2546$$

输入电阻 $R_i = R_{i1} = R_{b1} // R_{b2} // r_{be1} \approx 1.2\text{k}\Omega$

输出电阻 $R_o = R_{o2} = R_{c2} = 2.7\text{k}\Omega$

5.6.2 直接耦合多级放大电路

图 5.6.3 所示为两级直接耦合放大电路，即把前一级的输出信号直接接到后一级的输入端。**直接耦合的优点是既能放大交流信号，还能放大变化缓慢的信号以及直流信号，同时便于集成化**。但直接耦合也带来了一些新的特殊问题，主要有以下两个方面。

1）**电平配合问题**

由于直接耦合多级放大电路的各级之间无耦合电容或耦合变压器的隔直作用，所以前后级之间直流通路相连，各级静态工作点相互影响，这给分析、设计和调试电路造成了困难。

2）**零点漂移问题**

如果将一个放大电路的输入端对地短路，即 u_i=0，并调整电路使输出电压 u_o 也等于零，从理论上讲，输出电压将一直保持零值。但是直接耦合多级放大电路的输出电压会偏离零值，并且缓慢地发生不规则的变化。这种现象称为零点漂移现象，如图 5.6.4 所示，简称零漂。

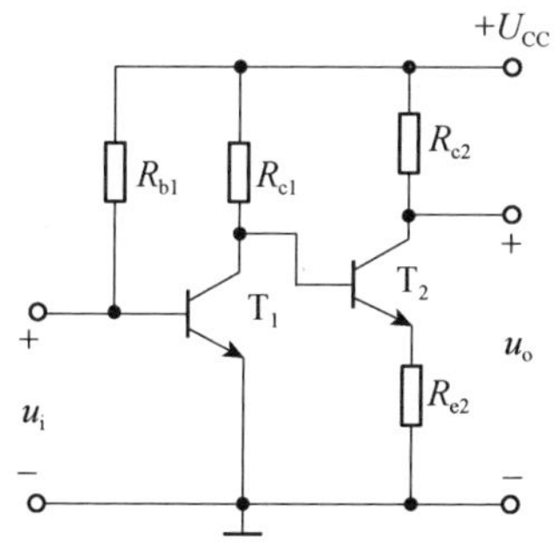

图 5.6.3 直接耦合放大电路

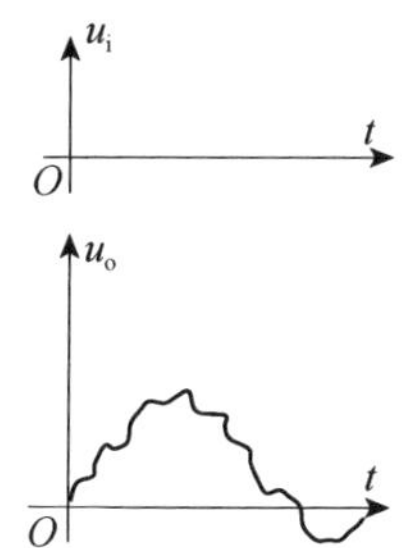

图 5.6.4 零点漂移现象

对于晶体管来说，引起零漂的主要原因是温度的变化，所以又称为温漂。当温度变化时，晶体管的参数将发生波动，导致放大电路的静态工作点也随之缓慢变化。在直接耦合多级放大电路中，任何一级（特别是第一级）工作点的漂移都将逐级传送下去并不断放大，到了输出级，即使其静态输出电压原来已经调为零，此刻也将产生可观的输出。

零漂对放大电路的影响主要有两个方面：一是使静态工作点严重偏离，甚至不能正常工作；二是零漂信号在输出端叠加在被放大的输入信号上，干扰有效信号甚至淹没有效信号，使有效信号无法判别，从而使电路失去原有的放大作用。

克服零漂的措施主要有两个方面：一是从外部消除温度的影响，如将电路处于恒温系统中（当然只适用于一些特殊要求的场合）；二是从电路内部采取措施加以抑制。例如，在分立元件电路中选用高质量的硅管；利用热敏元件及二极管对偏置电路进行温度补偿；采用新的电路结构——差分放大电路。最后一种措施特别有效而且容易实现，同时还具有许多其他优点，所以在集成运算放大电路的输入级基本上都采用差分放大电路的结构形式。差分放大电路的内容将在下一章中详细介绍。

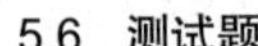
5.6　测试题

5.5 和 5.6 测试题讲解视频

5.5 和 5.6 测试题讲解课件

5.7　工程应用实例

5.7.1　助听器电路

图 5.7.1 所示电路为一款助听器的电路，当耳聋患者使用时，戴上耳塞式耳机，并将插头插入助听器的耳机插孔（XS）内，电路即自动通电工作。对着驻极体传声器说话，耳机里能听到宏亮的声音。拔出插头，助听器即自动断电停止工作。

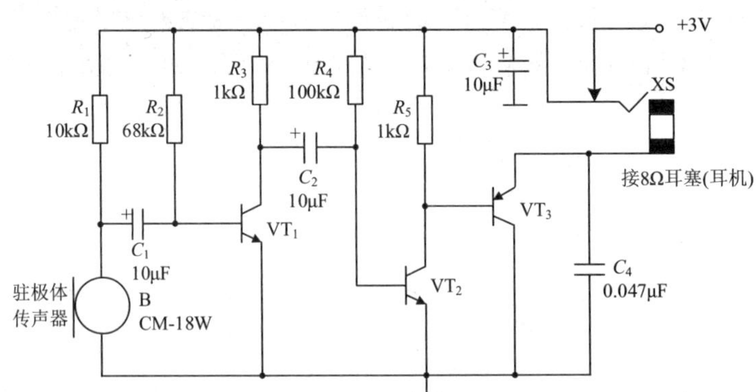

图 5.7.1　助听器电路原理图

图 5.7.1 所示的助听器电路实质上是一个由晶体管 VT_1、VT_2 和 VT_3 构成的多级音频放大器。VT_1 与外围阻容元器件组成了典型的阻容耦合放大电路，担任前置音频电压的放大；VT_2、VT_3 组成两级直接耦合式功率放大电路，其中 VT_3 接成射极输出形式，它的输出阻抗较低，以便与 8Ω 低阻耳机相匹配。

驻极体传声器（MIC）接收到声波信号后，输出相应的微弱电信号。该信号经电容 C_1 耦合到 VT_1 的基极进行放大，放大后的信号由集电极输出，再经 C_2 耦合到 VT_2 进行第二级放大，最后信号由 VT_3 的发射极输出，并通过插孔 XS 送至耳机放音。

电路中 C_4 为旁路电容，其主要作用是旁路掉输出信号中形成噪声的各种谐波成分，以改善耳机的音质。C_3 为滤波电容，主要用来减小电池的交流内阻（实际上为整机音频电流提供良好的通路），可有效防止电池快报废时电路产生的自激振荡，并使耳机发出的声音更加清晰响亮。

5.7.2　声光控路灯电路

图 5.7.2 所示电路为一实用的声光控路灯电路。该电路由电源电路、控制电路和驱动电路等组成。

220V 市电经照明灯 EL 和整流桥 D_1～D_4 整流，获得的直流电压一路直接加至驱动管 T_4 和电力电子器件 T_5，另一路经电阻 R_{11}、电容 C_1 和稳压管 D_Z，将电压稳定在 8.2V，为晶体管 T_1～T_3 组成的声、光电路供电。B 为压电陶瓷片，它与 T_1 等构成声控信号放大电路。RG 为光敏电阻，它与 T_2 等构成光控电路。

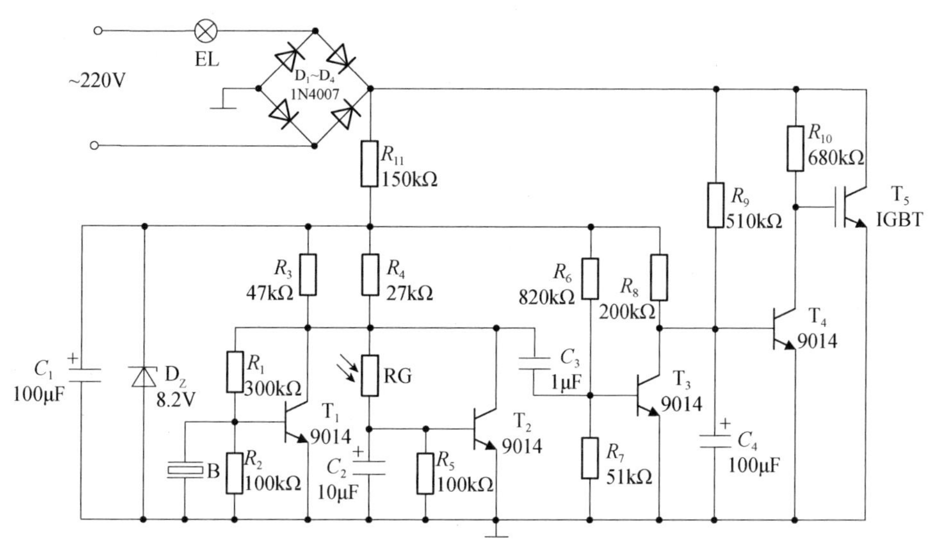

图 5.7.2　声光控路灯电路

白天有光照时，RG 的阻值很小，T_2 处于饱和状态。由于 T_2 的集电极与 T_1 的集电极是并联的，所以 T_1 不能输出声控信号。T_3、C_4 和驱动管 T_4 等组成带延时的触发电路。当 T_3 的基极没有声、光控触发信号（白天）时，由于 R_6 阻值很大，所以 T_3 处于截止状态，T_4 处于饱和状态，T_5 关断，照明灯不亮。

夜间，光敏电阻 RG 阻值变大，T_2 截止，失去对 T_1 的控制，整个电路处于待机状态。此时如果压电陶瓷片 B 拾取到行人的击掌声或脚步声，就会立即输出电信号，经 T_1 放大再经 C_3 耦合，触发 T_3 导通，T_3 产生一个负跳变信号，C_4 通过 T_3 的 c、e 间迅速放电，促使 T_4 截止，T_5 栅极因获得高电平而导通，照明灯 EL 立即点亮。与此同时，整流电路输出的电压也迅速下降，T_3 基极上的触发电压消失，T_3 集电极仍会保持低电位而使 T_5 维持导通。在照明灯 EL 点亮后通过 R_9、C_4 缓慢充电，当 C_4 充电到一定值时，T_4 又进入导通状态，T_5 再次截止，照明灯 EL 熄灭，电路返回等待状态，直至下次被触发。

由以上分析可知，电路触发后，EL 点亮时间与 C_4 的容量有关。如果要延长灯亮时间，可适当加大 C_4 的容量。

1. 放大电路的组成

放大电路是电子线路中最重要的基本电路。放大电路的组成原则是：直流通路必须保证晶体管有合适的静态工作点；交流通路必须保证输入信号能够送至放大电路的输入端；放大后的输出信号能够传送至负载。

2. 放大电路的分析

分析放大电路的方法是“先静态，后动态”。

静态分析用于确定放大电路的静态工作点 Q（I_{BQ}，U_{BEQ}，I_{CQ}，U_{CEQ}）。分析方法有估算法和图解法。估算法是通过对放大电路的直流通路列电路方程，求解静态工作点的分析方法；图解法则是利用晶体管的特性曲线，采用作图的方法确定静态工作点的分析方法。

动态分析用于研究放大电路的性能指标。分析方法有图解法和微变等效电路法。图解法利用晶体管的特性曲线对放大电路的动态工作过程进行分析，常用于放大电路的非线性失真和动态工作范围等方面的定性分析。微变等效电路法是在小信号的条件下，把晶体管等效成线性电路的分析方法，通常用于计算放大电路的动态参数，如电压放大倍数、输入电阻和输出电阻。

3. 静态工作点稳定电路

在固定偏置放大电路中，静态工作点会随着温度的变化而上下移动，容易使放大电路产生非线性失真。为了稳定静态工作点，采用分压偏置放大电路。利用基极电位的稳定及发射极电阻的负反馈作用，使集电极电流的变化受到抑制，从而达到稳定静态工作点的目的。

4. 晶体管基本放大电路的 3 种组态

晶体管基本放大电路分为共发射极放大电路、共集电极放大电路和共基极放大电路 3 种组态，其特点各不相同，有着各自不同的应用场合。共发射极放大电路主要用于信号的放大；共集电极放大电路主要用于多级放大电路的输入级、输出级及中间缓冲级；共基极放大电路主要用于高频信号的放大。

5. 多级放大电路

为了使放大电路的性能满足实际应用的需求，通常要采用由多个单级放大电路组成的多级放大电路。多级放大电路最常见的耦合方式有直接耦合、阻容耦合和变压器耦合。直接耦合主要用于集成电路，其特点是可以放大任何频率的信号，但各级的静态工作点会相互影响，并且存在零漂现象。阻容耦合和变压器耦合主要用于分立元件电路中，其特点是各级的静态工作点相互独立，但不能放大直流信号和低频信号。

多级放大电路的电压放大倍数等于各级的电压放大倍数之积；输入电阻为第一级电路的输入电阻；输出电阻就是最后一级的输出电阻。

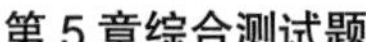

第 5 章综合测试题

第 5 章综合测试题讲解视频

第 5 章综合测试题讲解课件

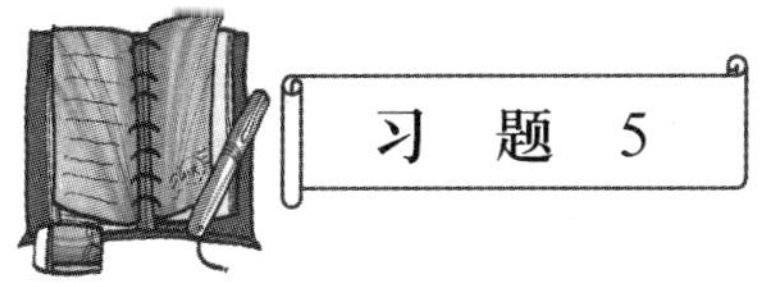

5.1　在题 5.1 图的各个电路中，哪些电路有放大作用？哪些电路不能正常工作？并简要说明原因。

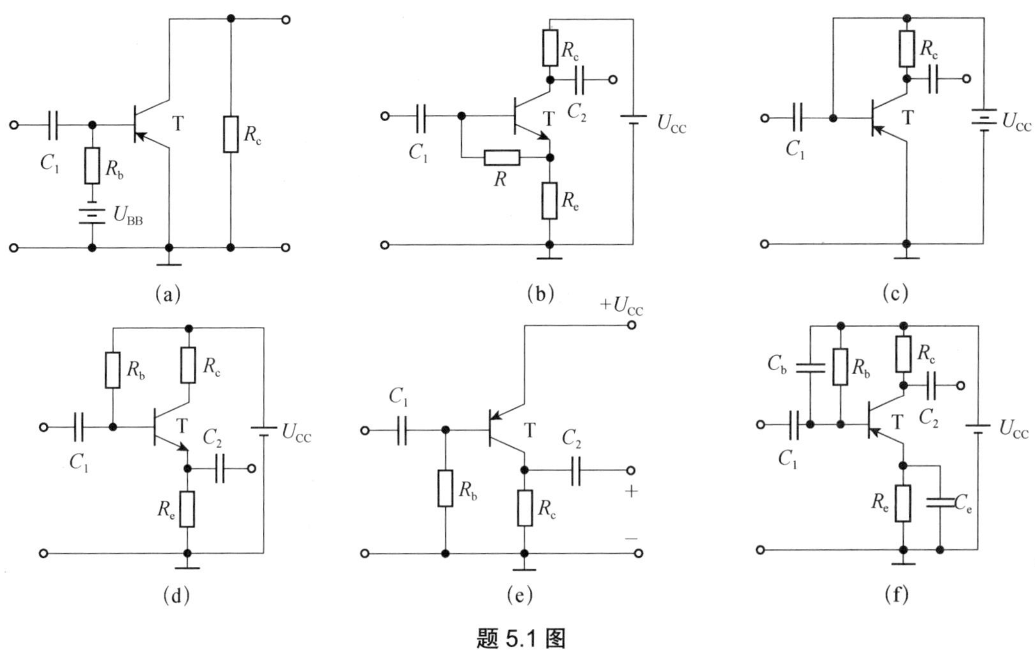

题 5.1 图

5.2　判断题 5.2 图所示的两个电路有无错误？若有错误请予改正。

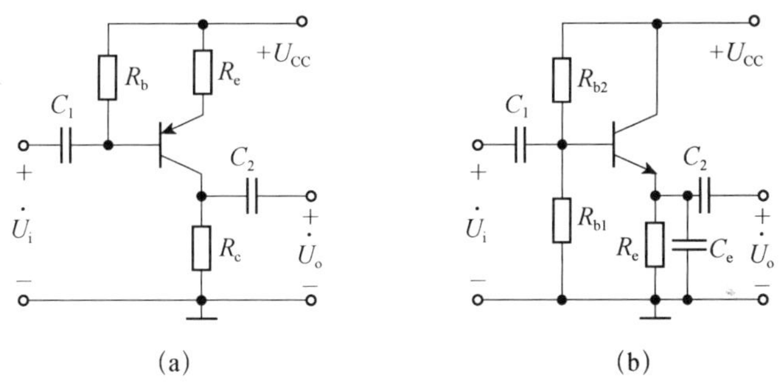

题 5.2 图

5.3　题 5.3 图所示放大电路，已知 U_{CC}=12V，R_c=2kΩ，晶体管为硅管，β=60。（1）若 R_b=220kΩ，求 I_{CQ} 和 U_{CEQ}；（2）若希望静态时 U_{CEQ} 为 9V，求 R_b 的值。

5.4　放大电路如题 5.4 图所示，已知 R_b=120kΩ，R_c=1.5kΩ，$|U_{CC}|$=16V，晶体管型号为 3AX21（锗管），β=40。（1）在图上标出 U_{CC} 和 C_1、C_2 的极性；（2）计算静态工作点（I_{BQ}、I_{CQ}、U_{CEQ}）；（3）如果原来的晶体管坏了，换上一只β=80 的晶体管，问此时电路能否正常工作？为什么？

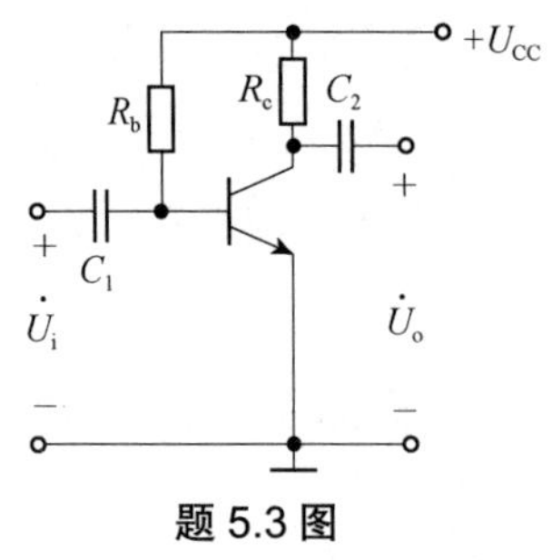

题 5.3 图

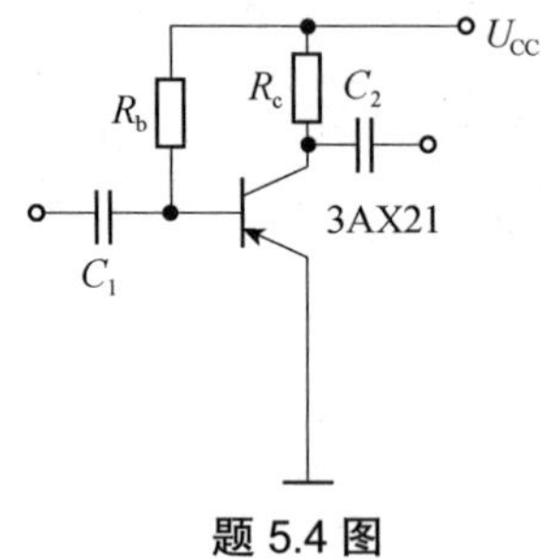

题 5.4 图

5.5 放大电路如题 5.5 图(a)所示，晶体管为硅管，其输出特性如题 5.5 图(b)所示。

（1）用图解法确定静态工作点，从图上查出 I_{CQ}、U_{CEQ} 的数值。

（2）若 U_{CC} 及 R_b 不变，将 R_c 改为 4kΩ，重作直流负载线，问静态工作点如何变化？

（3）若 U_{CC} 及 R_c 不变，将 R_b 改为 140kΩ，问静态工作点怎样变化？

（4）若 R_c 及 R_b 不变，将 U_{CC} 改为 9V，重作直流负载线，并求静态工作点。

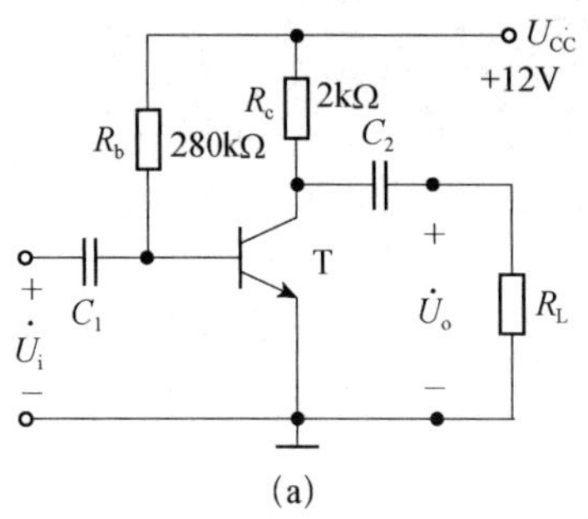

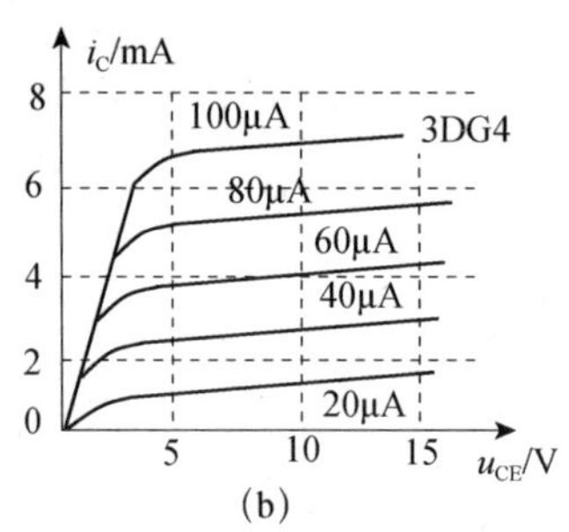

题 5.5 图

5.6 在题 5.6 图所示的放大电路中，已知晶体管为硅管，β=50。（1）画出直流通路，计算静态工作点 Q；（2）画出交流通路和微变等效电路，计算电压放大倍数 A_u、输入电阻 R_i 和输出电阻 R_o。

5.7 在题 5.6 图所示的放大电路中，当改变电路参数和输入信号时，用示波器观察输出电压 u_o，发现有如题 5.7 图(a)、(b)、(c)和(d)所示的四种波形，要求：

（1）指出它们有无失真。如有失真，属于何种类型（饱和或截止）？

（2）分析造成上述波形失真的原因，并提出改进措施。

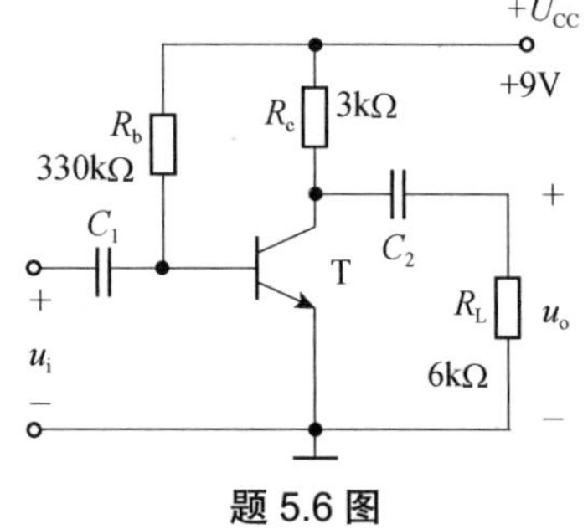

题 5.6 图

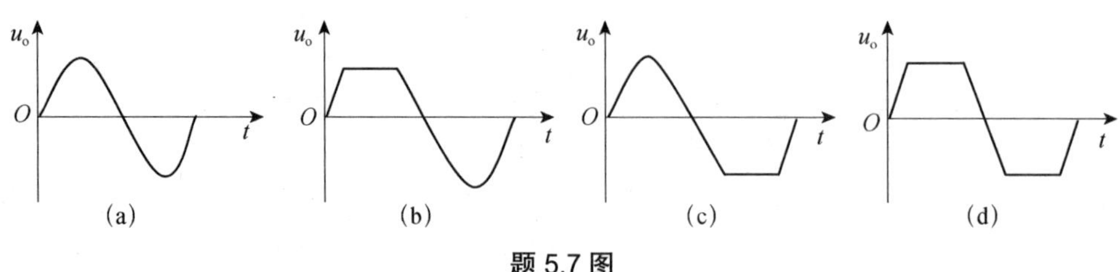

题 5.7 图

5.8 在题 5.8 图中，已知 R_b=300kΩ，R_c=5.5kΩ，晶体管的β=100，$U_{BE}\approx$0.7V，C_1、C_2 的

容抗可忽略。试计算（1）静态工作点；（2）电压放大倍数 A_u；（3）如加入输入信号的幅值，则首先出现什么性质的失真（饱和还是截止）？为减小失真应改变哪个电阻元件的阻值？增大还是减小？

5.9　在题 5.9 图所示电路中，已标出正常工作时晶体管各电极的直流电位值。当电路发生故障时，测得各电极的直流电位为 V_C=3.5V，V_B=4V，V_E=3.3V。试问：

（1）此时晶体管工作于哪个区域（放大、饱和或截止）？

（2）产生故障的原因是哪个电阻元件的开路或短路？

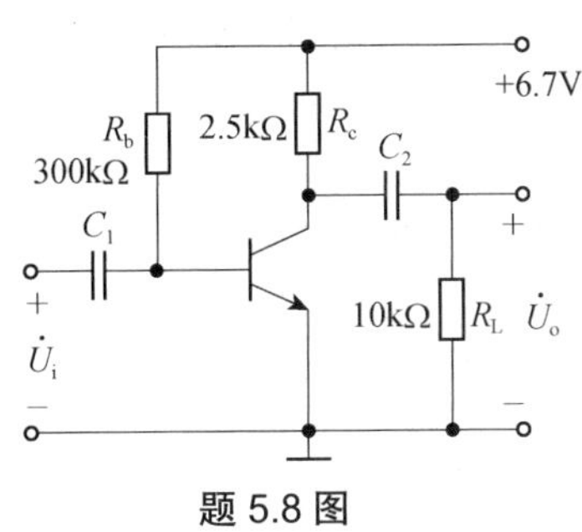

题 5.8 图

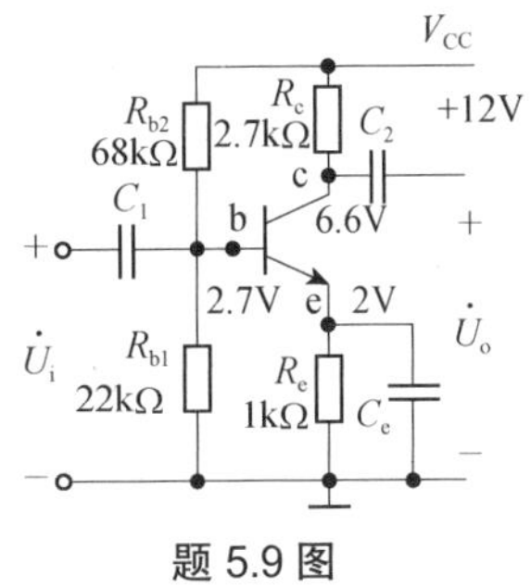

题 5.9 图

5.10　测得某放大器的开路输出电压为 1V，当接上 27kΩ 负载时，输出电压降到 0.7V，求放大器的输出电阻 R_o。

5.11　放大电路如题 5.11 图所示，已知晶体管为硅管，β=50。（1）画出直流通路，计算静态工作点 Q；（2）画出交流通路和微变等效电路，计算电压放大倍数 A_u、输入电阻 R_i 和输出电阻 R_o。

5.12　题 5.12 图所示放大电路，已知晶体管的 β=100，$U_{BE}\approx$0.7V。（1）求静态工作点 Q；（2）画出微变等效电路；（3）求电压放大倍数 $A_u=\dfrac{\dot{U}_o}{\dot{U}_i}$；（4）求源电压放大倍数 $A_{uS}=\dfrac{\dot{U}_o}{\dot{U}_S}$；（5）求输入电阻 R_i 和输出电阻 R_o。

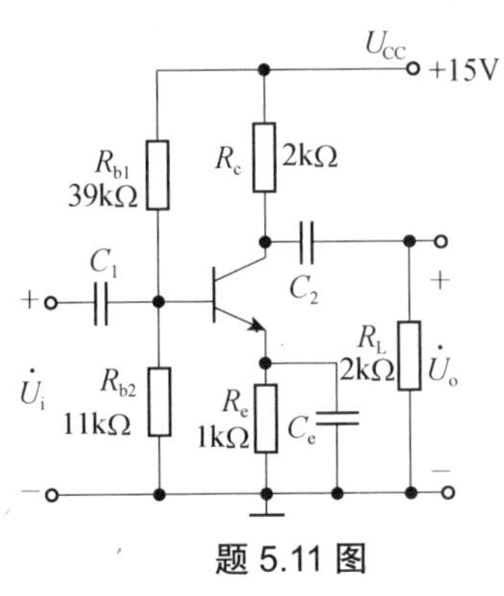

题 5.11 图

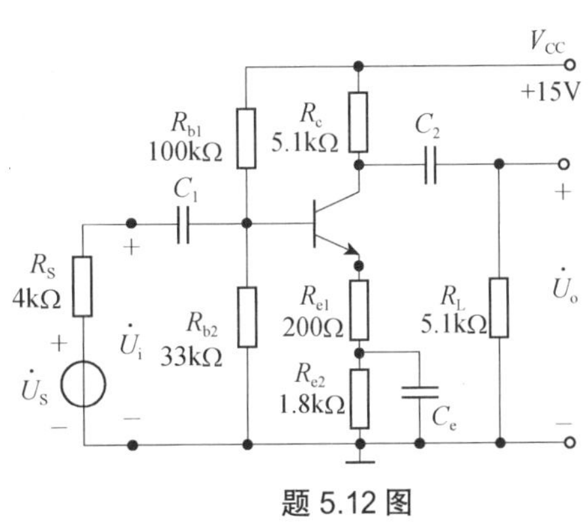

题 5.12 图

5.13　在题 5.13 图所示的射极输出器中，已知晶体管的 β=50，$U_{BE}\approx$0.7V，其他元件数值已在图中标出。（1）计算静态工作点 Q；（2）画出微变等效电路，并计算电压放大倍数 A_u；（3）计算输入电阻 R_i 和输出电阻 R_o。

5.14　题 5.14 图所示是一共基极放大电路。已知 U_{CC}=12V，R_{b1}=10kΩ，R_{b2}=20kΩ，

R_c=5.6kΩ，R_e=3.3kΩ，R_L=5.6kΩ，晶体管的 U_{BE}≈0.7V，β=50。（1）计算静态工作点 Q；（2）画出电路的交流通路和微变等效电路，计算输入电阻 R_i 和输出电阻 R_o；（3）计算电压放大倍数 A_u，并说明 $\dot{U}_o$ 和 $\dot{U}_i$ 的相位关系。

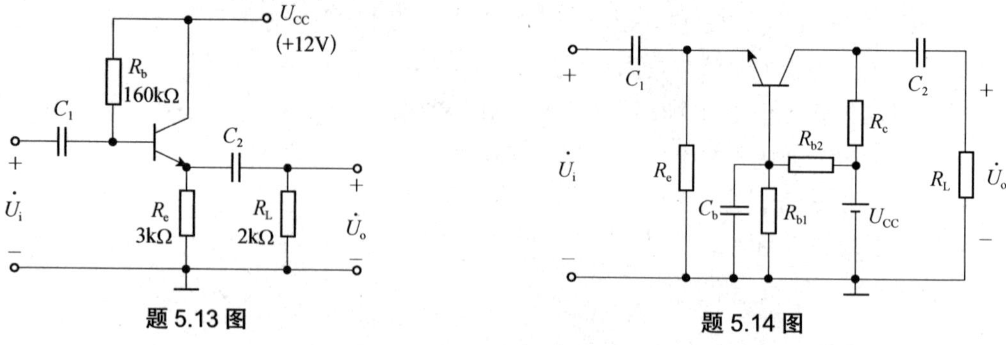

题 5.13 图　　题 5.14 图

5.15　画出题 5.15 图所示电路的交流通路和微变等效电路。

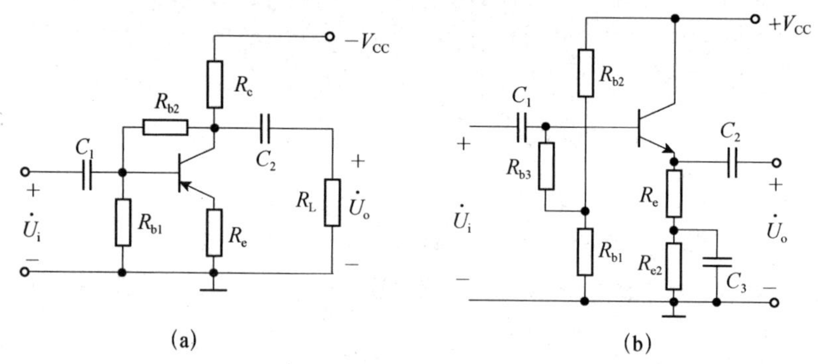

题 5.15 图

5.16　在题 5.16 图所示的两级阻容耦合放大电路中，设晶体管 T_1、T_2 的参数为 β_1=β_2=50，U_{BE1}=U_{BE2}=0.7V。求（1）各级放大电路的静态工作点；（2）总的电压放大倍数 A_u；（3）输入电阻 R_i 和输出电阻 R_o。

5.17　在题 5.17 图所示电路中，晶体管 β 均为 100，且 r_{be1}=5kΩ，r_{be2}=1.5kΩ。试求：（1）输入电阻 R_i 和输出电阻 R_o。（2）总的电压放大倍数 A_u。

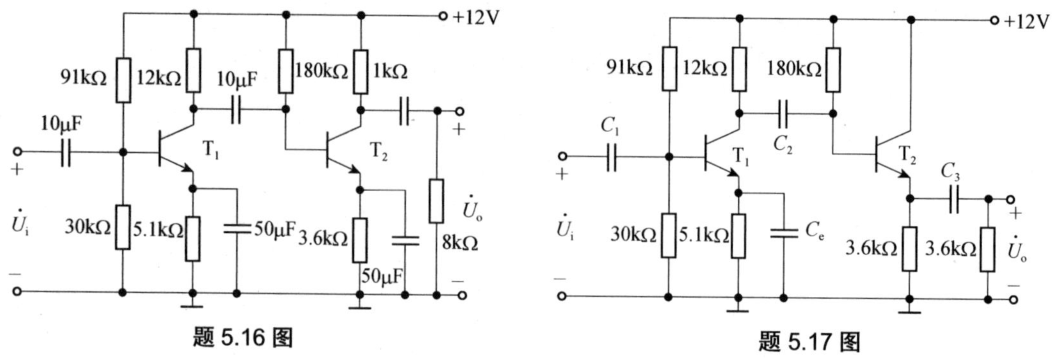

题 5.16 图　　题 5.17 图

5.18　题 5.18 图所示两个放大电路 I 和 II 的特性完全相同，电压放大倍数 A_{u1}=A_{u2}=50，R_{o1}=R_{i2}=1kΩ，如果把它们直接相连，试求总的电压放大倍数 A_u。

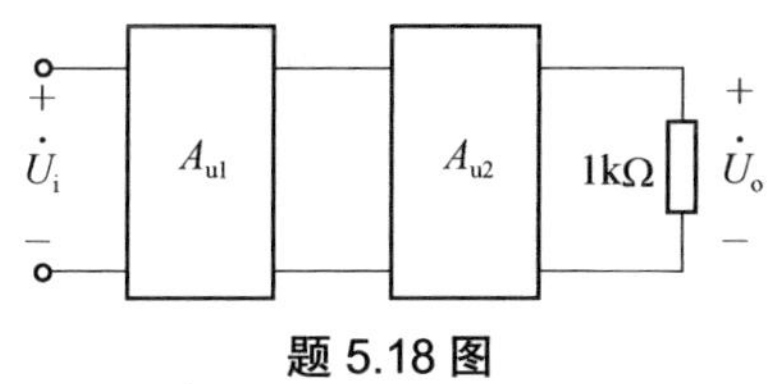

题 5.18 图

5.19　【项目设计】设计一个能够对埋设在墙内或地板下的 220V 电源线断线情况进行检测的装置，使用直流电源供电，利用发光二极管做指示。当装置靠近电源线周围时发光二极管点亮，若墙内没有导线或已经断线时，发光二极管熄灭。根据上述要求，试设计出电路并确定基本元件参数，并阐明工作原理。

提示：该题目可使用场效应管、晶体管、发光二极管等元器件。带电的电缆产生的电场辐射可视为一个内阻非常高的低频（50Hz）信号源。电路设计思路是可用场效应管将埋设电缆是否断线产生的电场变化转换为电压的变化，经过晶体管放大，由发光二极管的亮暗反映出埋设电缆断线处。该项目的组成可参考题 5.19 图。

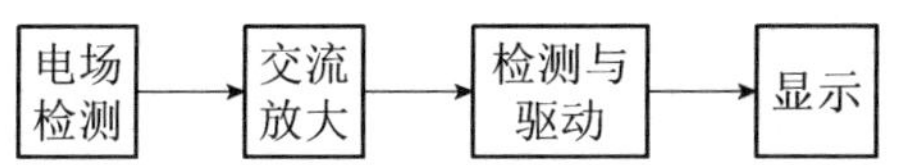

题 5.19 图　埋设电缆断线检测仪框图

5.20　【项目设计】设计一个触摸式防盗报警装置，使用直流电源供电。触摸感应器为一小金属片，当有人触摸它一次时，蜂鸣器发声，持续发出报警信号，直到断开电源为止。根据上述要求，试设计出电路并确定基本元件参数，并阐述工作原理。

提示：该题目可使用场效应管、晶体管、可控硅等元器件来实现。电路设计思路是可用场效应管将人体感应信号转换为电压的变化，经过晶体管放大，触发可控硅，再接通报警电路。该项目的组成可参考题 5.20 图。

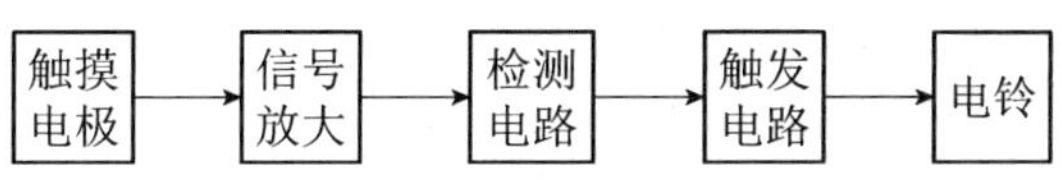

题 5.20 图　触摸式防盗报警器框图

习题解析

第 6 章思维导图

第 6 章讨论区

第 6 章　集成运算放大器及其应用

前面几章介绍的电路都是分立元件电路，也就是由各种单个元器件连接起来的电路。分立元件电路具有可靠性差和体积庞大这两个致命弱点。随着微电子技术的发展，各种集成电路层出不穷。集成电路就是把整个电路的各个元器件及其相互之间的连接同时制造在一块半导体芯片上，组成不可分割的整体。

与分立元件电路相比，集成电路具有体积小、可靠性高、成本低等优点。模拟集成电路中最主要的代表器件就是集成运算放大器。集成运算放大器的应用十分广泛，它既能放大交流信号，也能放大直流信号，还可以制成各种函数关系的运算电路、信号处理电路等实用电路。本章将介绍集成运算放大器的组成、特性、反馈方式及各种应用电路。

6.1　集成运算放大器概述

集成运放简介视频

集成运放简介课件

6.1.1　集成运算放大器的组成

集成运算放大器（简称集成运放）是由集成工艺制成的具有高电压放大倍数的直接耦合的多级放大电路。集成运放的种类很多，电路也各不相同，但从总体上看，都可归纳为以下 4 个组成部分，即输入级、中间级、输出级和偏置电路，如图 6.1.1 所示。

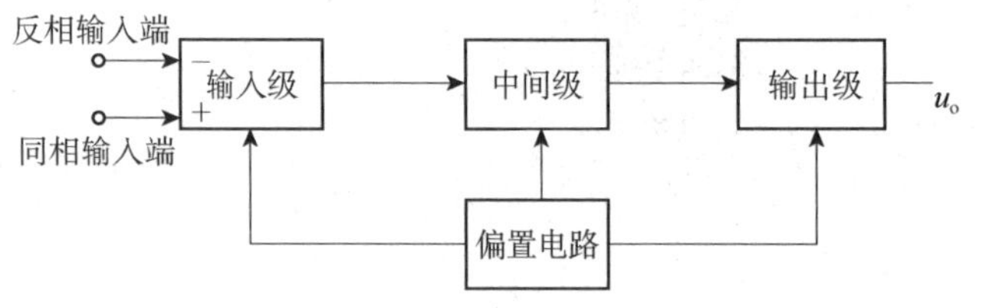

图 6.1.1　集成运放的组成框图

集成电路的发明者

——基尔比

输入级是提高运放质量的关键，要求其输入电阻大，并能有效抑制零漂。通常采用差分放大电路，提供同相和反相两个输入端。中间级的任务是进行电压放大，要求提供足够大的电压放大倍数，通常由若干级共射放大电路组成。输出级的任务是给负载提供足够大的功率，同时要求其输出电阻低，以便获得较强的带负载能力，通常采用互补对称功率放大电路或共集放大电路。偏置电路的作用是为各级放大电路设置合适的静态工作点，提供稳定和合适的偏置电流，通常采用恒流源电路。

差分放大电路视频

差分放大电路课件

1. 差分放大电路

（1）差分放大电路的基本结构

图 6.1.2 所示为典型的差分放大电路。它由两个元件参数完全相同的单管放大电路组成，是一种理想的对称电路。电路有 2 个输入端，输入电压 u_{i1} 和 u_{i2} 分别经电阻 R_b 接到 T_1 和 T_2 的基极，输出电压 u_o 从两管的集电极取出。由于制作工艺上的原因，左右两边电路总有些不对称。通过对电位器 R_P 的调节，可以使得放大电路在静态时输出电压 u_o=0，所以 R_P 称为调零电位器。电阻 R_e 是 T_1 与 T_2 两管的公共射极电阻，它的作用是稳定静态工作点，抑制零漂。通常用等效内阻极大的电流源 I_o 来代替电阻 R_e，以便更有效地抑制零漂。负电源（$-U_{EE}$）主要用来补偿射极电阻 R_e 或电流源 I_o 两端的直流压降，扩大放大电路的动态工作范围。

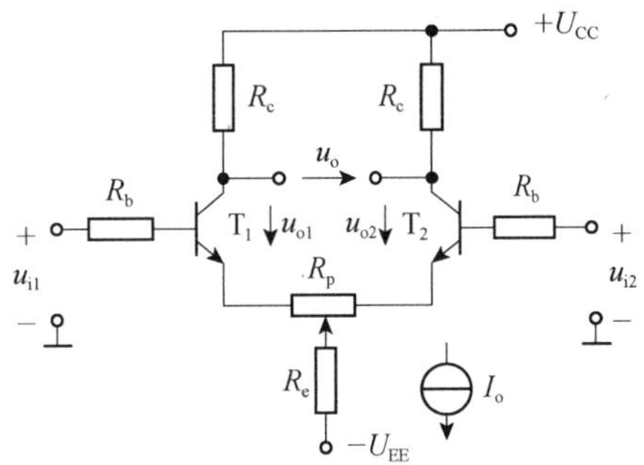

图 6.1.2　差分放大电路

（2）工作原理

差分放大电路的动态分析视频

差分放大电路的动态分析课件

静态时，$u_{i1}=u_{i2}=0$，由于电路结构参数完全对称，两个晶体管的集电极对地的电压必然相等，即 $u_{c1}=u_{c2}$，因此输出电压 $u_o=u_{c1}-u_{c2}=0$。

对差分放大电路而言，输入信号有以下三种情况：

① **共模输入信号。若两个输入信号大小相等，且极性相同，即 $u_{i1}=u_{i2}$，这种输入方式称为共模输入，所对应的信号为共模信号**，用 u_{ic} 表示，即 $u_{i1}=u_{i2}=u_{ic}$。对于共模信号，它们引起的两个晶体管的集电极电流与电压的变化量必然在大小与方向上均相同，故输出电压 $u_o=u_{c1}-u_{c2}=0$。这说明差分放大电路对共模信号无放大作用，即共模电压放大倍数 $A_{uc}=u_o/u_{ic}=0$。差分放大电路正是利用这一点来抑制零漂的。因为放大电路所处环境的温度发生变化，就相当于在电路的输入端加入了一定数值的共模输入信号，温度变化所起的作用与共模输入信号所起的作用在机理与效果上是完全相同的。可见，**一个完全对称的理想差分放大电路对共模输入信号的放大作用为零，即对零漂的抑制能力为无穷大。**

由于实际电路不可能做到完全对称，为提高电路对零漂的抑制作用，可以通过减小各单管放大电路本身的零漂来实现，发射极公共电阻 R_e 正好能起到这一作用。当温度变化或输入共模信号时，两个晶体管的集电极电流将产生相同的变化，使得流过电阻 R_e 的电流为各管集电极电流的 2 倍，即电阻 R_e 对每个晶体管的作用效果相当于 $2R_e$ 的效果，所以 R_e 负反馈作用的效果会更明显，这一过程可表示如下：

温度 $T(℃)\uparrow\rightarrow I_{C1}(I_{C2})\uparrow\rightarrow I_E\uparrow\rightarrow V_E\uparrow\rightarrow U_{BE1}(U_{BE2})\downarrow\rightarrow I_{B1}(I_{B2})\downarrow\rightarrow I_{C1}(I_{C2})\downarrow$

由此可见，**R_e 的存在使每管的静态工作点趋于稳定，即每管的零漂得到了抑制**。R_e 越大，抑制零漂的效果越强。但是随着 R_e 的增大，所需的电源 U_{CC}、U_{EE} 的值也会随之增大，这在工程技术上往往很难做到。此外，集成电路也无法制作大电阻，因此，**在差分电路中常用电流源 I_o 来代替电阻 R_e**。这是因为电流源的交流等效电阻极大，理想时为无穷大，而它两端的直流压降却不高。

② **差模输入信号。若两个输入信号大小相等，但极性相反，即 u_{i1}=$-u_{i2}$，这种输入方式为差模输入。**在差模输入方式下，**两输入端的信号之差称为差模输入信号，用 u_{id} 表示，即 u_{id}=u_{i1}−u_{i2}。**在差模信号作用下，由于电路对称，必将使两管的集电极对地的电压产生大小相等、方向相反的变化量，即 u_{c1}=$-u_{c2}$，因此输出电压 u_o=u_{c1}−u_{c2}=$2u_{c1}$。差模电压放大倍数

$$A_{ud}=\frac{u_o}{u_{id}}=\frac{u_{c1}-u_{c2}}{u_{i1}-u_{i2}}=\frac{2u_{c1}}{2u_{i1}}=\frac{u_{c1}}{u_{i1}} \tag{6.1.1}$$

可见，差模电压放大倍数和单管放大倍数相同。这说明该电路对差模信号有放大作用。也就是说，在实际电路中，只要将待放大的有用信号 u_i 分解为一对差模信号，即令 u_i= u_{i1}−u_{i2}，分别从左右两边输入便可得到放大。由于其输出信号是对两输入信号之差的放大效果，故称这种电路为差分放大电路。

对差分放大电路而言，差模信号是有用的信号，要求对它具有较大的电压放大倍数；而共模信号则是零点漂移或干扰等原因产生的无用的附加信号，对它的电压放大倍数愈小愈好。为了衡量差分放大电路放大差模信号和抑制共模信号的能力，通常把差分放大电路的差模电压放大倍数 A_{ud} 与共模电压放大倍数 A_{uc} 的比值作为评价其性能优劣的主要指标，称为共模抑制比 K_{CMR}，即

$$K_{CMR}=|A_{ud}/A_{uc}| \tag{6.1.2}$$

显然 K_{CMR} 越大越好。在电路完全对称的理想情况下，$K_{CMR}\to\infty$。但实际上，电路完全对称是办不到的，所以 K_{CMR} 不可能为无穷大。

③ **任意输入信号。**如果是两个数值和极性为任意的输入信号，则可将此种信号分解为共模信号和差模信号两部分，其中共模信号等于两个输入信号的平均值，差模信号等于两个输入信号的差值，即

$$u_{ic}=\frac{1}{2}(u_{i1}+u_{i2}) \tag{6.1.3}$$

$$u_{id}=u_{i1}-u_{i2} \tag{6.1.4}$$

此时

$$u_{i1}=u_{ic}+\frac{1}{2}u_{id} \tag{6.1.5}$$

$$u_{i2}=u_{ic}-\frac{1}{2}u_{id} \tag{6.1.6}$$

如果差分放大电路是对称的，则对输入信号中的共模分量不起作用，只对差模分量起放大作用。

（3）输入和输出方式

前述差分放大电路的信号输入和输出方式为双端输入和双端输出，根据使用情况的不同，也可以采用单端输入（一端对地输入）或单端输出（一端对地输出）。因此，差分放大电路的输入和输出方式共有 4 种：双端输入-双端输出、双端输入-单端输出、单端输入-双端输出、单端输入-单端输出，如图 6.1.3 所示。

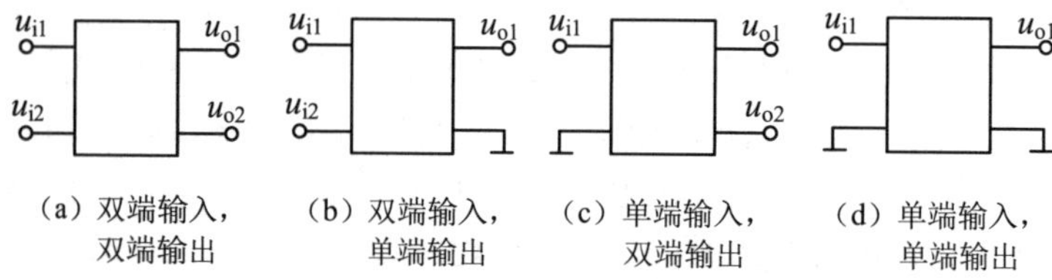

（a）双端输入，双端输出　（b）双端输入，单端输出　（c）单端输入，双端输出　（d）单端输入，单端输出

图 6.1.3　差分放大电路的输入和输出方式

对图 6.1.3(c)所示的单端输入，$u_{i1}=u_i$，$u_{i2}=0$，可以将其分解为共模信号和差模信号两种分量，其中共模输入电压为 $u_{ic}=\dfrac{u_{i1}+u_{i2}}{2}=\dfrac{u_i}{2}$；差模输入电压为 $u_{id}=u_{i1}-u_{i2}=u_i$。此时 $u_{i1}=\dfrac{u_i}{2}+\dfrac{u_i}{2}$；$u_{i2}=\dfrac{u_i}{2}-\dfrac{u_i}{2}$。电路等效于在两输入端同时输入了一对共模信号和一对差模信号，所以单端输入也就等效于双端输入。

差分放大电路的差模电压放大倍数与输出的方式有关。当接成双端输出时，差模电压放大倍数相当于单管放大电路的放大倍数。当接成单端输出时，则相当于单管放大倍数的一半。

限于篇幅，电流源电路、复合管电路和功率放大电路作为拓展内容，以二维码形式给出，读者可自行扫码学习。

拓展内容：电流源电路

拓展内容：复合管电路

拓展内容：功率放大电路

2. 双极型集成运放 F007

F007 是通用型集成运放产品，它是第二代集成运放的典型代表，国外型号是 μA741。其内部电路结构如图 6.1.4 所示。由图可知，电路包括 4 个组成部分：输入级、中间级、输出级和偏置电路。

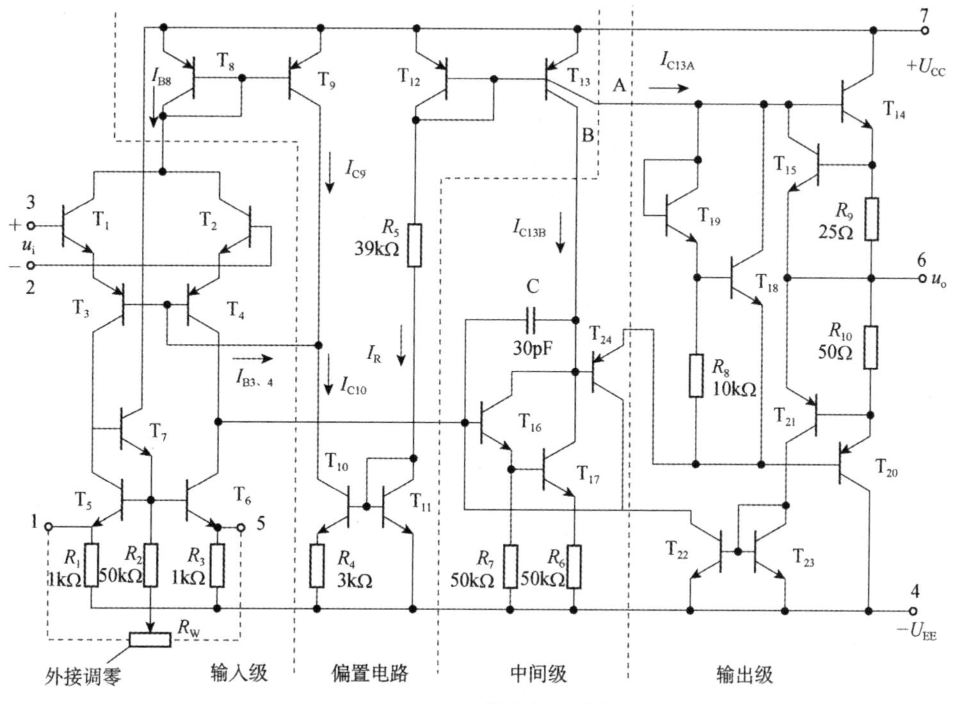

图 6.1.4 F007 的内部电路结构

集成运放 F007 的外形和引脚图如图 6.1.5 所示。其中，引脚 3 为同相输入端（IN_+），当信号由此端与地之间输入时，输出信号与输入信号的相位相同。引脚 2 为反相输入端（IN_-），当信号由此端与地之间输入时，输出信号与输入信号的相位相反。引脚 6 为输出端（OUT），引脚 7 和引脚 4 分别为正、负电源端（E_+、E_-），引脚 1 和引脚 5 为外接调零电位器（通常为 10kΩ）的两个端子，引脚 8 为空引脚。

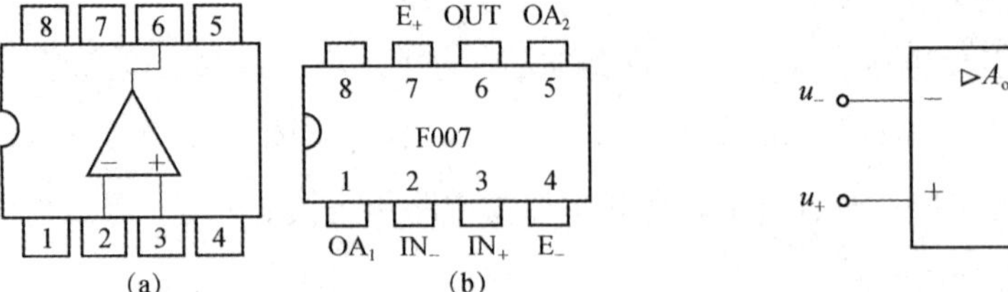

图 6.1.5 集成运放 F007 的外形和引脚图　　　　图 6.1.6 集成运放的图形符号

图 6.1.6 为集成运放的图形符号，“▷”表示放大器；A_{od} 表示运放的开环电压放大倍数。集成运放的图形符号中通常只标出两个输入端和一个输出端。在两个输入端中，标“+”的为同相输入端，标“-”的为反相输入端，u_+、u_-、u_o 均表示对“地”的电压。

6.1.2 集成运算放大器的主要性能指标

集成运放的性能指标是正确选择和使用运放的重要依据，下面介绍几种主要参数。

1. 开环差模电压放大倍数 A_{od}

A_{od} 是指集成运放无外接反馈时的差模电压放大倍数，即运放开环时差模输出电压与差模输入电压之比：

$$A_{od}=u_{od}/u_{id} \tag{6.1.7}$$

A_{od} 是决定运算精度的主要因素，其值越大，运算精度则越高。通常用 $20\lg|A_{od}|$ 表示开环差模电压增益，单位为分贝（dB）。一般运放为 60～120dB，高精度运放可达 140dB。

2. 共模抑制比 K_{CMR}

共模抑制比是指运放的差模电压放大倍数与共模电压放大倍数之比，即

$$K_{CMR}=|A_{od}/A_{oc}| \text{ 或 } K_{CMR}=20\lg|A_{od}/A_{oc}|\text{(dB)} \tag{6.1.8}$$

共模抑制比反映了运放抑制零漂的能力，其值越大越好。一般运放的典型值为 80～100dB，高质量运放可达 160dB。

3. 差模输入电阻 R_{id} 和输出电阻 R_o

R_{id} 是指输入差模信号时运放的输入电阻，其值越大越好。R_{id} 越大，运放从信号源取用的电流越小。F007 的 R_{id} 约为 2MΩ。

输出电阻 R_o 反映运放带负载的能力。R_o 越小越好，典型值为几十欧姆至几百欧姆。

4. 最大输出电压 $\pm U_{OM}$

最大输出电压是指在一定的电源电压下，集成运放的最大不失真输出电压值。一般略低

于正、负电源电压。例如集成运放 F007，当电源电压为±15V 时，集成运放的最大输出电压约为±13～±14V。

5. 最大差模输入电压 U_{idm}

最大差模输入电压 U_{idm} 是指集成运放的反相输入端和同相输入端之间能够承受的最大电压。若超过这个限度，可能会造成输入级晶体管的反向击穿。若输入级由 NPN 型晶体管构成，其 U_{idm} 约为±5V，若输入级含有横向 PNP 型晶体管，则 U_{idm} 可达±30V 以上。

6. 输入失调电压 U_{io}

输入失调电压 U_{io} 是指为了使运放在输入为零时的输出也为零，而在输入端所加的补偿电压。U_{io} 越小越好，一般为 1～5mV。对于高精度运放，U_{io} 小于±0.5mV。

7. 输入失调电流 I_{io}

输入失调电流是指运放在输入为零时，两个输入端静态基极电流的差值。其值越小越好，一般为几十纳安至几百纳安。

除上述指标外，还有转换速率 S_R、输入偏置电流 I_{iB}、静态功耗 P_C 等，这里不再一一介绍。前面介绍的运放 F007，它的开环差模电压增益约为 100dB；共模抑制比约为 90dB；差模输入电阻为 2MΩ；输入失调电流约为 0.05μA。由于其性能指标适中，价格便宜，所以得到广泛的应用。

在模拟电路中，通常将运放当作一个标准器件使用，这就像晶体管那样，可以用一个等效的电路模型去代替不同型号的集成运放。集成运放的低频等效电路模型如图 6.1.7 所示。运放从输入端看进去等效为一个电阻，即差模输入电阻 R_{id}；运放从输出端看进去等效为一个实际电压源，其中电压源的电压值为 $A'_{od}u_{id}$（A'_{od} 表示运放在负载开路时的开环差模电压增益，假设共模电压放大倍数为零），R_o 为运放的输出电阻。

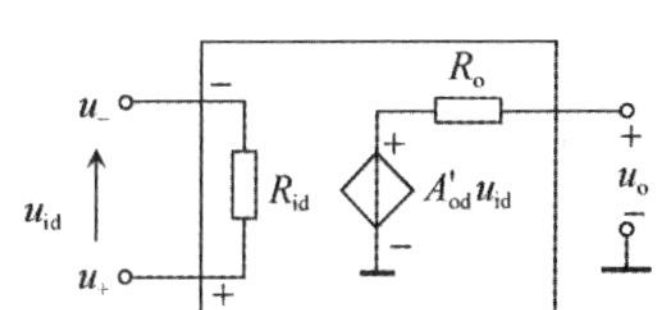

图 6.1.7　集成运放的等效电路

6.1　测试题

6.2　理想运算放大器

6.2.1　理想化条件

所谓理想运放就是把运放的各项性能指标理想化，即认为开环差模电压增益 $A_{od}=\infty$，差模输入电阻 $R_{id}=\infty$，输出电阻 $R_o=0$，共模抑制比 $K_{CMR}=\infty$，输入失调电压、失调电流以及它们的零漂都为 0。理想运放的电路符号如图 6.2.1 所示，图中的∞表示理想运放的开环电压放大倍数为无穷大。

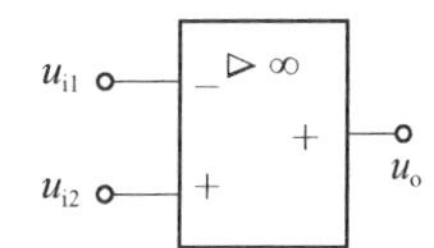

图 6.2.1　理想运放的符号

随着半导体集成工艺水平的日趋完善，当前集成运放的性能指标已非常接近理想状态，所以用理想运放代替实际运放引起的误差在工程中是允许的。因此，若无特别说明，后面均将集成运放作为理想运放进行讨论。

6.2.2 理想运放的两种工作状态

理想运放的两种工作状态视频

理想运放的两种工作状态课件

集成运放的输出电压 u_o 和输入电压 u_{id}（$u_{id}=u_+-u_-$）的关系曲线称为电压传输特性曲线，如图 6.2.2 所示。图中$\pm U_{OM}$表示集成运放的最大输出电压，U_{OM} 通常略小于电源电压值。从图 6.2.2 中可以看出，集成运放的工作区域包括线性区和非线性区。运放工作在不同区域，表现出来的特性也不相同。下面分别加以讨论。

（1）**线性工作状态**

当运放工作在线性区时（即线性工作状态），输出 u_o 与 u_{id} 存在线性放大关系，即

$$u_o=A_{od}u_{id}=A_{od}(u_+-u_-) \tag{6.2.1}$$

传输特性曲线线性区的斜率取决于开环差模电压放大倍数 A_{od} 的大小。由于 A_{od} 很大，所以线性区很窄。对于理想运放，$A_{od}=\infty$，所以 $u_{id}=u_+-u_-=u_o/A_{od}\approx 0$，即

$$u_+=u_- \tag{6.2.2}$$

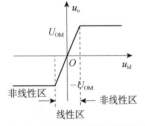

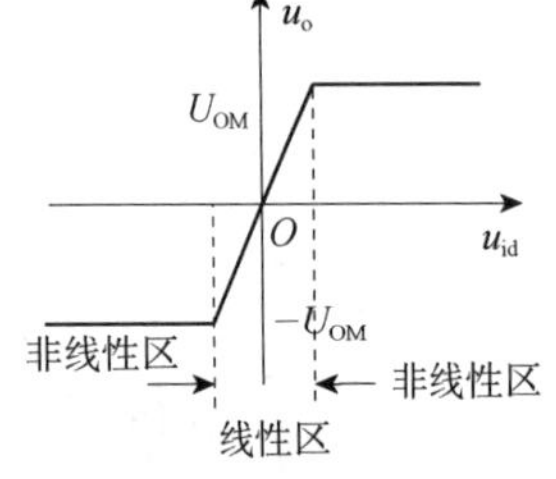

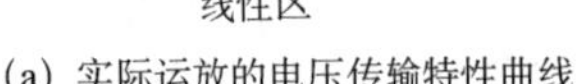

（a）实际运放的电压传输特性曲线

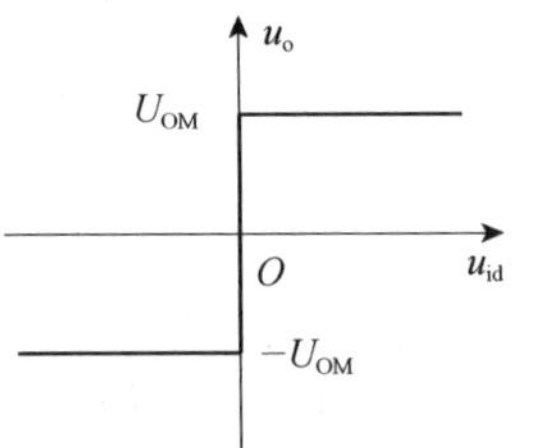

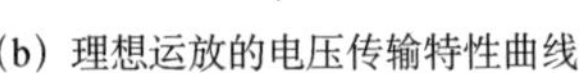

（b）理想运放的电压传输特性曲线

集成电路的发展

图 6.2.2　集成运放的电压传输特性曲线

式（6.2.2）表明：**理想运放线性应用时，反相输入端与同相输入端的电位相等**，如同将这两点短路一样，但事实上这两点并未真正被短路，因此常将此特点称为“**虚短**”。

因为理想运放的差模输入电阻 $R_{id}=\infty$，结合图 6.1.7 所示的运放等效电路可知，此时运放两个输入端的电流均为零，即

$$i_+=i_-=0 \tag{6.2.3}$$

运放反相输入端和同相输入端的电流均为零，如同这两点被断开一样，但实际上并非真正断开，这一特点称为“**虚断**”。

“虚短”和“虚断”是理想运放工作在线性区的两个重要特点，也是分析运放线性应用电路的基本依据。

（2）**非线性工作状态**

当运放的工作信号超出线性放大的范围，输出电压 u_o 与输入电压 u_{id} 不再满足式（6.2.1），即输出电压 u_o 不再随输入电压 u_{id} 线性增长，u_o 达到饱和，如图 6.2.2 所示的传输特性曲线的水平直线部分。集成运放工作在非线性区时（即非线性工作状态），也有两个重要特点：

① 输出电压 u_o 只有$\pm U_{OM}$两种取值（$\pm U_{OM}$为运放的最大输出电压），即

$$u_o = \begin{cases} +U_{OM} & \text{当} u_+ > u_- \\ -U_{OM} & \text{当} u_+ < u_- \end{cases} \tag{6.2.4}$$

在非线性工作状态下，运放的差模输入电压 u_{id} 可能很大，此时 $u_- \neq u_+$，即“虚短”现象不再存在。

② 由于理想运放的差模输入电阻 $R_{id}=\infty$，所以“虚断”仍成立，即 $i_+=i_-=0$。

综上所述，理想运放在不同工作状态下，其表现出的特点也不相同。因此在分析各种应用电路时，首先要判断运放的工作状态。

6.2　测试题

因为集成运放的 A_{od} 通常很大，所以如果不采取措施，即使在输入端加一个很小的电压，都有可能使输出电压达到饱和。为了保证运放工作在线性区，必须在电路中引入一定深度的负反馈，以减小直接施加在运放两个输入端的净输入电压。

6.3　放大电路中的反馈

反馈的基本概念视频

反馈的基本概念课件

反馈在电子电路中的应用极为广泛，它可以使电子电路的性能发生改变。可以说，几乎所有实际应用的电子电路中都引入了反馈。

6.3.1　反馈的基本概念

电路中的反馈就是将放大电路的输出量（电压或电流）的部分或全部，通过一定的电路形式（反馈网络）引回到输入端，从而影响电路输入量的过程。显然，反馈是信号的反向传输过程，体现了输出信号对输入信号的反作用。通常**将引入了反馈的放大电路称为闭环放大电路，而未引入反馈的放大电路称为开环放大电路。**

反馈放大电路的结构框图如图 6.3.1 所示，图中 A 为不含反馈的基本放大电路，F 是将输出信号引回到输入端的电路，称为反馈网络。箭头表示信号的传递方向，信号在基本放大电路中为正向传递，在反馈网络中为反向传递。即输入信号只通过基本放大电路到达输出端，而不是通过反馈网络到达输出端；反馈信号只能通过反馈网络到达输入端，而不是通过基本放大电路到达输入端。

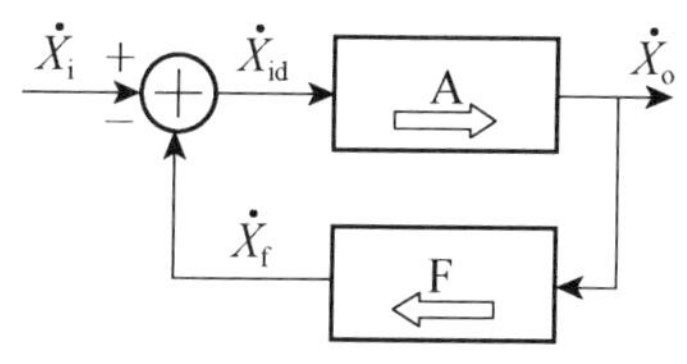

图 6.3.1　反馈放大电路的结构框图

在图 6.3.1 中 $\dot{X}_i$ 表示输入信号；$\dot{X}_o$ 表示输出信号；$\dot{X}_f$ 表示反馈信号；$\dot{X}_{id}$ 表示净输入信号；⊕表示信号叠加。输入信号 $\dot{X}_i$ 和反馈信号 $\dot{X}_f$ 经过叠加后得到净输入信号 $\dot{X}_{id}$。“+”和“−”表示 $\dot{X}_i$ 与 $\dot{X}_f$ 参与叠加时的规定正方向，即 $\dot{X}_{id}=\dot{X}_i-\dot{X}_f$。

注意，净输入信号 $\dot{X}_{id}$ 可以是电压，也可以是电流。当输入信号 $\dot{X}_i$ 和反馈信号 $\dot{X}_f$ 分别接至放大电路的不同输入端时，净输入信号 $\dot{X}_{id}$ 是电压，此时 $\dot{X}_i$、$\dot{X}_f$ 也是电压；当输入信号 $\dot{X}_i$ 和反馈信号 $\dot{X}_f$ 接至放大电路的同一个输入端时，净输入信号 $\dot{X}_{id}$ 是电流，此时 $\dot{X}_i$、$\dot{X}_f$ 也是电流。

由图 6.3.1 可知，放大电路的放大倍数（又称开环增益）$A=\dot{X}_o/\dot{X}_{id}$；反馈网络的反馈系数 $F=\dot{X}_f/\dot{X}_o$，可求得闭环放大倍数（又称闭环增益）A_f 为

$$A_f=\frac{\dot{X}_o}{\dot{X}_i}=\frac{\dot{X}_o}{\dot{X}_{id}+\dot{X}_f}=\frac{\dot{X}_o/\dot{X}_{id}}{1+\dfrac{\dot{X}_f}{\dot{X}_o}\cdot\dfrac{\dot{X}_o}{\dot{X}_{id}}}=\frac{A}{1+AF} \tag{6.3.1}$$

式（6.3.1）反映了反馈放大电路的基本关系，其中$|1+AF|$是描述反馈强弱的物理量，称为**反馈深度**。

6.3.2 反馈的分类与判断

判断电路有无引入反馈,关键是要看该电路的输出回路与输入回路之间是否存在反馈通路。反馈通路可以是连接在输入回路与输出回路之间的元件，也可以是输入回路与输出回路共有的元件。

例如，对图 6.3.2(a)所示电路，输出端与同相、反相输入端均无通路，因此电路无反馈。对图 6.3.2(b)所示电路，电阻 R_2 将输出端与反相输入端相连接，此时运放的净输入量不仅取决于输入信号，还与输出信号有关，表明电路引入了反馈。在图 6.3.2(c)所示电路中，表面上看电阻 R 将输出端与同相输入端相连接，但由于同相输入端接地，输出电压 u_o 对输入信号没有任何影响，所以电路无反馈。

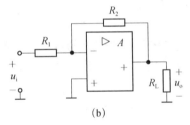

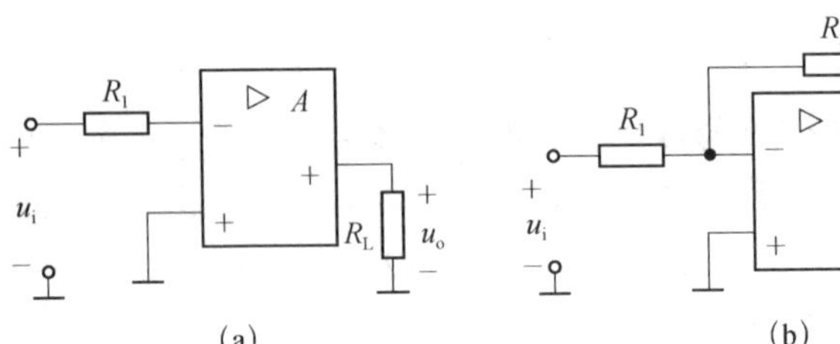

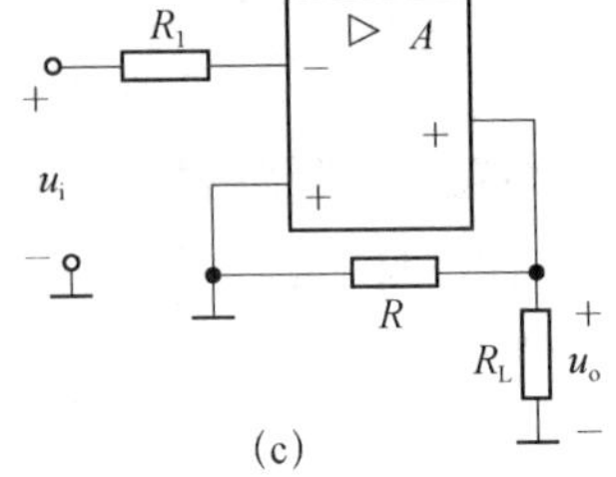

图 6.3.2 有无反馈的判断

下面介绍反馈的各种分类及判断方法。

交直流反馈判断视频

交直流反馈判断课件

1. 直流反馈和交流反馈

存在于直流通路的反馈称为直流反馈。直流反馈影响放大电路的静态性能，如直流负反馈常用于稳定静态工作点。

存在于交流通路的反馈称为交流反馈。交流反馈影响放大电路的动态性能，如改变电压放大倍数、输入电阻、输出电阻和通频带宽等。

既存在于直流通路，又存在于交流通路中的反馈称为交直流反馈。

判断反馈是交流反馈还是直流反馈的方法是看交流通路和直流通路中有无反馈通路。

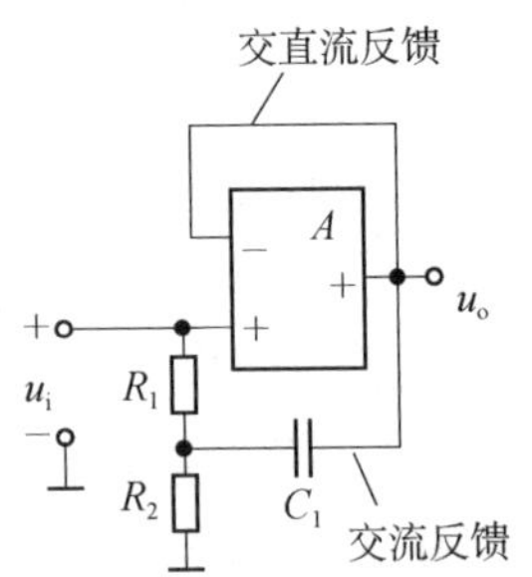

图 6.3.3 交直流反馈的判断

例如，对图 6.3.3 所示电路，引回到反相输入端的反馈通路

不论直流通路还是交流通路都存在，所以为交直流反馈。而电容 C_1 引入的反馈只有在交流通路中存在，在直流通路中由于电容相当于断路，反馈不复存在，所以为交流反馈。

2. 正反馈和负反馈

根据引入反馈后对净输入信号的影响效果不同，反馈可分为正反馈与负反馈。如果反馈信号 $\dot{X}_f$ 削弱了净输入信号 $\dot{X}_{id}$，则为负反馈；如果反馈信号 $\dot{X}_f$ 增强了净输入信号 $\dot{X}_{id}$，则为正反馈。显然**判断正负反馈的依据就是看引入反馈后净输入信号是增强了还是削弱了**。通常采用**瞬时极性法**进行判断，具体步骤如下所示。

（1）将反馈网络的输出端断开，假设输入信号在某一时刻对地的瞬时极性为“+”。

（2）根据放大电路的相位关系，从输入端沿着正向通路到输出端逐级标出电路中各相关节点的瞬时极性，再经过信号反向传输的反馈网络，确定从输出回路到输入回路的反馈信号极性或者相关支路电流的瞬时流向。

反馈极性及判断视频

反馈极性及判断课件

（3）最后判断反馈信号是增强了净输入信号还是削弱了净输入信号，如果增强了净输入信号，则为正反馈；如果削弱了净输入信号，则为负反馈。

例 6.3.1　判断如图 6.3.4 所示电路引入的是正反馈还是负反馈。

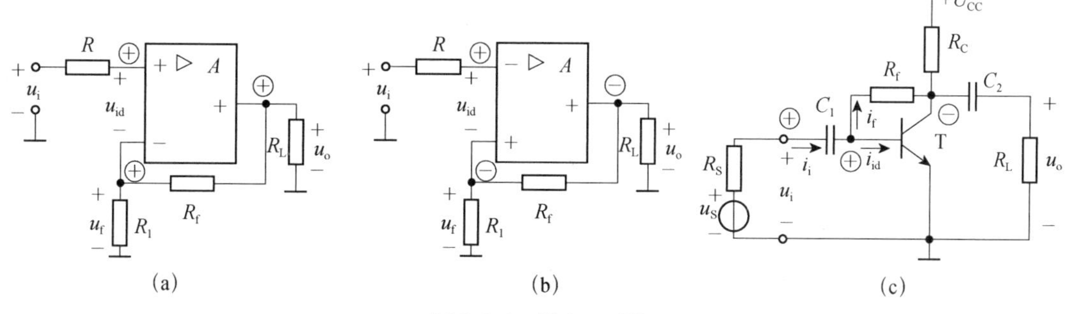

图 6.3.4　例 6.3.1 图

解：对图 6.3.4(a)所示电路，假设在某一时刻，集成运放同相输入端的输入信号 u_i 对地的瞬时极性为“+”，由于集成运放的输出信号和同相输入端的输入信号在相位上相同，所以输出电压 u_o 的瞬时极性也为“+”。通过 R_f、R_1 构成的反馈网络使反馈电压 u_f 的瞬时极性也为“+”（R_f、R_1 串联分压）。此时净输入电压 $u_{id}=u_i-u_f$，u_i 减去一个正值使得净输入电压比无反馈时减小了，说明电路引入了负反馈。

对图 6.3.4(b)所示电路，假设在某一时刻，集成运放反相输入端的输入信号 u_i 的瞬时极性为“+”，由于集成运放的输出信号和反相输入端的输入信号在相位上相反，所以输出电压 u_o 的瞬时极性为“−”。通过 R_f、R_1 构成的反馈网络使反馈电压 u_f 的瞬时极性也为“−”（R_f、R_1 串联分压）。此时净输入电压 $u_{id}=u_i-u_f$，u_i 减去一个负值使得净输入电压比无反馈时增大了，说明电路引入了正反馈。

通过以上两例可知，**对于单个集成运放，若通过纯电阻网络将反馈引回到反相输入端，**

则为负反馈；若将反馈引回到同相输入端，则为正反馈。注意，该结论不适用于多级运放构成的反馈电路。

对图 6.3.4(c)所示电路，电阻 R_f 将电路的输出信号引回输入端，所以是反馈元件。由于输入信号和反馈信号接至放大电路的同一个输入端（都接到基极），所以净输入信号是电流 i_{id}。假设在某一时刻，输入信号 u_i 的瞬时极性为“+”，则基极的瞬时极性也为“+”。根据共发射极放大电路输出对输入反相放大的特点，可得集电极的瞬时极性为“−”，由此可以判断反馈电流 i_f 的真实方向为由“+”到“−”，即由下向上。由于净输入电流为 $i_{id}=i_i-i_f$，显然 i_f 起到分流的作用，所以反馈的结果使净输入电流减小，说明电路引入了负反馈。

由上述分析可知，引入负反馈后削弱了净输入信号 $\dot{X}_{id}$，使得在相同的外加输入信号 $\dot{X}_i$ 作用下产生的输出 $\dot{X}_o$ 变小了，说明**引入负反馈使放大倍数减小**，即 $|A_f|<|A|$。同理，**引入正反馈使放大倍数增大**，即 $|A_f|>|A|$。

3. 电压反馈和电流反馈

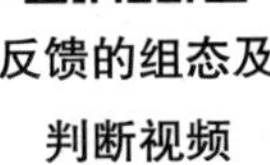

反馈的组态及判断视频

反馈的组态及判断课件

根据输出端取样对象的不同，反馈可分为电压反馈和电流反馈。若**反馈信号取自输出电压，称为电压反馈**，其特点是反馈信号 x_f 与输出电压 u_o 成正比，即 $x_f=Fu_o$；若**反馈信号取自输出电流，称为电流反馈**，其特点是反馈信号 x_f 与输出电流 i_o 成正比，即 $x_f=Fi_o$。

通常**采用输出短路法判断电路引入的是电压反馈还是电流反馈**。先假设输出电压 $u_o=0$，即将放大电路的负载短路，然后看反馈信号是否还存在。如果输出短路后反馈信号消失，说明反馈信号与输出电压成正比，为电压反馈；如果输出短路后反馈信号仍存在，说明反馈信号与输出电压无关，为电流反馈。

对图 6.3.5(a)所示电路，将 R_L 短路（即令 $u_o=0$）后的交流通路如图 6.3.5(b)所示，由图可知，此时 R_f 不再是输出、输入之间的联系通道，反馈不复存在，因此 R_f 引入的是电压反馈。

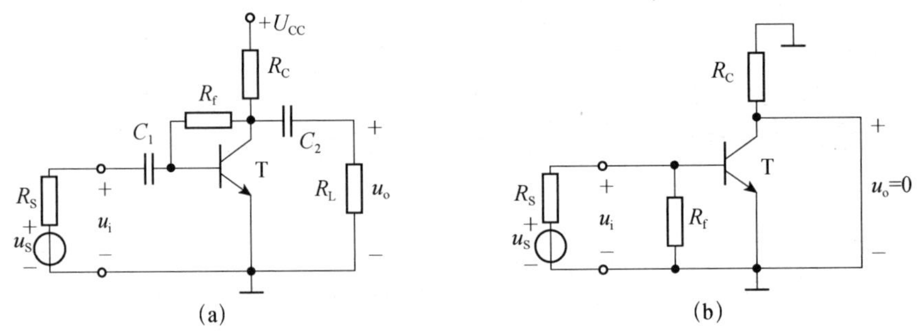

图 6.3.5 电压反馈示例 1

对图 6.3.6(a)所示电路，把 R_L 短路，即令 $u_o=0$，电路等效为图 6.3.6(b)所示，此时反馈不复存在，所以为电压反馈。

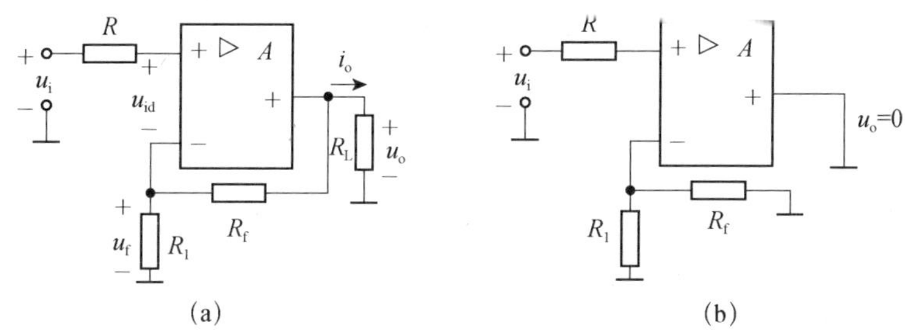

图 6.3.6 电压反馈示例 2

对图 6.3.7(a)所示电路，把 R_L 短路，即令 u_o=0，电路等效为图 6.3.7(b)所示。由图可知，此时反馈仍然存在，所以为电流反馈。

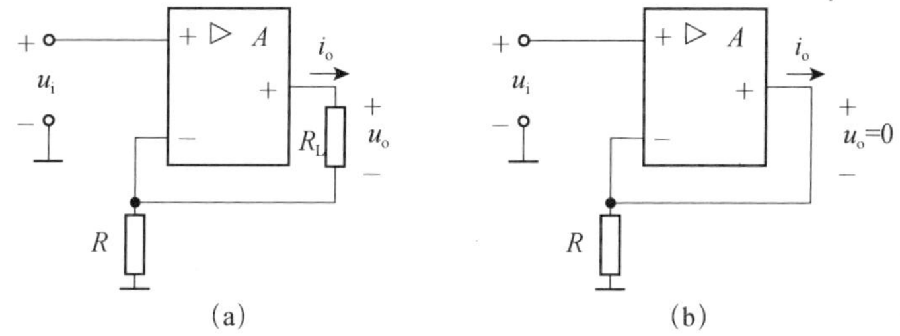

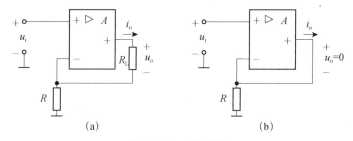

图 6.3.7 电流反馈

4. 串联反馈和并联反馈

根据反馈信号在输入端连接方式的不同，反馈可分为串联反馈和并联反馈。

如果反馈信号和输入信号均以电压形式出现，那么它们在输入回路必然以串联的方式连接，此反馈为串联反馈，此时净输入电压 $u_{id} = u_i - u_f$。从电路结构上看，**串联反馈的反馈信号和输入信号接在放大电路的不同输入端**。

如果反馈信号和输入信号均以电流形式出现，那么它们在输入回路必然以并联的方式连接，此反馈为并联反馈，此时净输入电流 $i_{id} = i_i - i_f$。从电路结构上看，**并联反馈的反馈信号和输入信号接在放大电路的同一个输入端**。

例如，对图 6.3.4(c)所示的电路，输入信号接到基极，反馈信号也接到基极，所以该反馈为并联反馈，此时反馈信号以电流形式出现，净输入电流 $i_{id} = i_i - i_f$。

又如，对图 6.3.6(a)所示的电路，输入信号接到集成运放的同相输入端，反馈信号接到集成运放的反相输入端，所以该反馈为串联反馈，此时反馈信号以电压形式出现，净输入电压 $u_{id} = u_i - u_f$。

串并联反馈对信号源内阻的要求是不同的。**为使反馈效果好，串联负反馈希望信号源内阻尽可能小，而并联负反馈希望信号源内阻尽可能大。**

根据以上分析可知，反馈有多种类型，在实际放大电路中常用的是负反馈。负反馈主要用于改善放大电路的性能，正反馈主要用于振荡电路。对交流负反馈来说，根据反馈信号在输出端取样方式以及在输入端叠加形式的不同，共有 4 种组态，分别是电压串联负反馈、电压并联负反馈、电流串联负反馈和电流并联负反馈。

例 6.3.2 指出图 6.3.8(a)所示电路的级间反馈是正反馈还是负反馈；是直流反馈还是交流反馈。若是交流负反馈，判断反馈的组态。

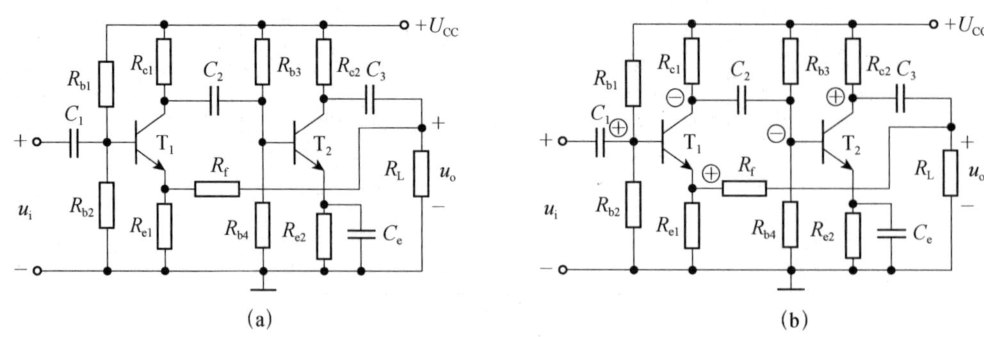

图 6.3.8　例 6.3.2 图

解：图示电路为两级放大电路，电阻 R_f 将第二级电路的输出返回到第一级电路的输入端，所以 R_f 引入了级间反馈。直流时，电容 C_3 相当于断路，级间反馈通路不存在，说明该反馈为交流反馈。采用“瞬时极性法”判断反馈的极性，如图 6.3.8(b)所示。由图可知，引入反馈后净输入信号变小了，所以为负反馈。

下面判断反馈的组态：用“输出短路法”判断是电压反馈还是电流反馈。将 R_L 短路，即令 u_o=0，此时反馈不复存在，所以为电压反馈。由于反馈信号和输入信号接在放大电路输入端的不同电极上，所以为串联反馈。由此可知，级间反馈的组态为电压串联负反馈。

图 6.3.8(a)所示电路除了级间反馈外，还存在本级反馈。电阻 R_{e1} 为第一级的本级反馈，为交直流负反馈，反馈组态是电流串联型。电阻 R_{e2} 为第二级的本级反馈，由于交流时电容 C_2 相当于短路，反馈不存在，所以 R_{e2} 引入了直流负反馈。

6.3.3　负反馈对放大电路性能的影响

对于负反馈放大电路，$\dot{X}_f$ 和 $\dot{X}_{id}$ 同是电压或电流，且同相，故 AF 为正实数，$1+AF>1$，因此，由式（6.3.1）可知，$|A_f|<|A|$，故放大电路引入负反馈后，虽然闭环增益下降了，但是它能改善放大电路其他方面的性能，这也是引入负反馈的目的。

1. 提高放大倍数的稳定性

负反馈对电路性能的影响视频

负反馈对电路性能的影响课件

式（6.3.1）给出：$A_f=\dfrac{A}{1+AF}$

A_f 对 A 求导，可得 $\mathrm{d}A_f=\dfrac{(1+AF)-AF}{(1+AF)^2}\mathrm{d}A=\dfrac{\mathrm{d}A}{(1+AF)^2}$

两边同除以 A_f 得

$$\frac{\mathrm{d}A_f}{A_f}=\frac{\mathrm{d}A}{(1+AF)A}=\frac{1}{1+AF}\frac{\mathrm{d}A}{A} \tag{6.3.2}$$

从式（6.3.2）可以看出，**引入负反馈后，放大倍数的稳定性提高了(1+*AF*)倍**。因而，在由于各种原因引起放大倍数变化时，可采用负反馈手段使放大倍数相对稳定。当然，这种稳定是以降低放大倍数为代价换取的。

当 $1+AF>>1$ 时，称电路引入了深度负反馈，此时

$$A_f = \frac{A}{1+AF} \approx \frac{1}{F} \tag{6.3.3}$$

上式表明，**在深度负反馈下，闭环放大倍数仅取决于反馈系数 F**。当反馈网络由稳定的线性元件构成时，闭环放大倍数将有很高的稳定性。

2. 减小非线性失真

由于电路中存在非线性器件，必然存在一定的非线性失真，所以即使输入信号 X_i 是纯正弦波，输出 X_o 也不是理想的正弦波。

假设在电路开环时输出为正半周幅值大、负半周幅值小的失真波形，如图 6.3.9(a)所示。现在引入如图 6.3.9(b)所示的负反馈，若反馈网络由线性元件组成，则反馈信号 $\dot{X}_f$ 也是正半周幅值大、负半周幅值小的波形。经过叠加后使净输入信号（$\dot{X}_{id} = \dot{X}_i - \dot{X}_f$）成为正半周幅值略小、负半周幅值略大的波形（预失真），再经过放大电路非线性的校正，使输出信号的正半周幅值、负半周幅值趋于对称，近似为正弦波，从而改善了输出波形的非线性失真。

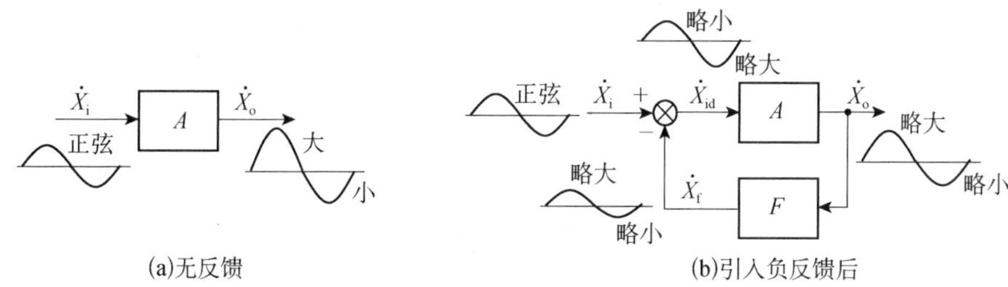

图 6.3.9　负反馈减小非线性失真

可以证明，在输入信号不变的情况下，引入负反馈后，电路的非线性失真减小到原来的 $1/(1+AF)$。需要注意的是，**负反馈只能减小反馈环内产生的失真，如果输入信号本身就存在失真，则负反馈不起作用**。负反馈还可以在一定程度上抑制环内噪声与干扰。

3. 展宽通频带

根据通频带的定义（见 5.1 节），当放大倍数随着频率的变化下降 3dB 或下降到原放大倍数的 70.7%时的频率范围为通频带。在未加负反馈时，当放大倍数的变化率 $\frac{dA}{A} = 1 - 0.707 = 0.293$（即下降 3dB）时，由式（6.3.2）可知，$\frac{dA_f}{A_f} < \frac{dA}{A}$，所以此时 $\frac{dA_f}{A_f}$ 尚未达到 0.293。若要使 $\frac{dA_f}{A_f}$ 达到 0.293，则还要将频率点向两边移，这样通频带就展宽了，如图 6.3.10 所示。图中 f_{bw} 为开环时的通频带，f_{bwf} 为引入负反馈后的通频带，显然 $f_{bwf} > f_{bw}$。

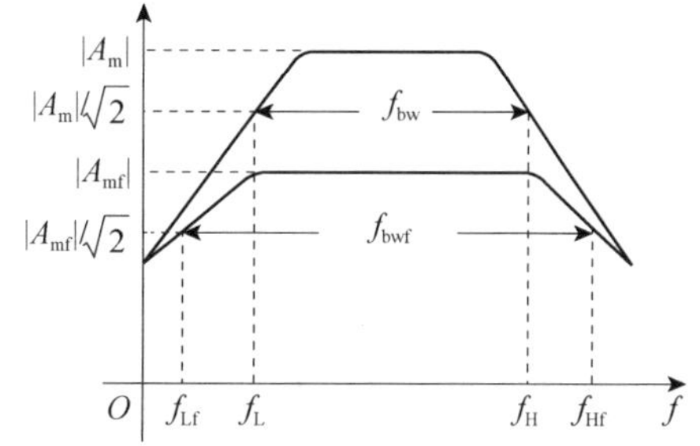

图 6.3.10　负反馈展宽放大电路通频带

可以证明：　　$f_{bwf} = (1+AF)f_{bw}$

4. 对输入电阻的影响

负反馈对输入电阻的影响取决于反馈网络在输入回路的连接方式，即是串联负反馈还是并联负反馈。

在串联负反馈中，由于在输入端反馈网络和基本放大电路是串联的，所以输入电阻会增大。可以证明，**引入串联负反馈后，闭环输入电阻增大到开环输入电阻的（1+AF）倍**。

在并联负反馈中，由于在输入端反馈网络和基本放大电路是并联的，所以输入电阻会减小。可以证明，**引入并联负反馈后，闭环输入电阻减小到开环输入电阻的1/（1+AF）倍**。

5. 对输出电阻的影响

负反馈对输出电阻的影响，只决定于反馈在输出端的取样方式，即是电压负反馈还是电流负反馈。

电压负反馈具有稳定输出电压的作用，所谓输出电压稳定是指当负载电阻变动时，可维持输出电压基本不变，这就近似于内阻很小的恒压源。内阻越小，输出电压越稳定，这个内阻就是放大电路的输出电阻。所以引入电压负反馈后，闭环输出电阻 R_{of} 小于开环输出电阻 R_o。可以证明，**引入电压负反馈后，闭环输出电阻减小为开环输出电阻的1/（1+AF）倍**。

电流负反馈具有稳定输出电流的作用，即在负载变化时可维持输出电流基本不变，这就近似于内阻很大的恒流源。内阻越大，输出电流越稳定，这个内阻就是放大电路的输出电阻。所以引入电流负反馈后，闭环输出电阻 R_{of} 大于开环输出电阻 R_o。可以证明，**引入电流负反馈后，闭环输出电阻增大为开环输出电阻的（1+AF）倍**。

综上所述，引入负反馈使放大电路的许多性能得到一定程度的改善，而且反馈组态不同，产生的影响也不同。研究负反馈的目的之一是在设计放大电路时，能够根据需要正确地引入合适的反馈。在放大电路中引入负反馈时，一般需要遵循以下原则：

（1）要稳定静态工作点，应引入直流负反馈；要改善动态性能，应引入交流负反馈。

（2）根据信号源的特点决定是引入串联负反馈还是引入并联负反馈。若信号源内阻很小，为了使反馈效果好，应引入串联负反馈；若信号源内阻很大，为了使反馈效果好，应引入并联负反馈。

（3）为了增大放大电路的输入电阻，减小放大电路输入端向信号源索取的电流，应引入串联负反馈；为了减小放大电路的输入电阻，使电路获得更大的输入电流，应引入并联负反馈。

（4）根据负载需求决定是引入电压负反馈还是引入电流负反馈。要输出稳定电压（减小输出电阻，提高带负载的能力），应引入电压负反馈；要输出稳定电流（增大输出电阻），应引入电流负反馈。

（5）从信号转换关系上看，要使输出电压受输入电压控制，应引入电压串联负反馈；要使输出电压受输入电流控制，应引入电压并联负反馈；要使输出电流受输入电压控制，应引入电流串联负反馈；要使输出电流受输入电流控制，应引入电流并联负反馈。

（6）要稳定电压增益，应引入电压串联负反馈；要稳定电流增益，应引入电流并联负反馈；要想获得一个电流控制的电压源，应引入电压并联负反馈；要想获得一个电压控制的电流源，应引入电流串联负反馈。

例6.3.3 在如图6.3.11所示电路中，为了实现下列性能要求，应如何通过 R_f 接入负反馈？

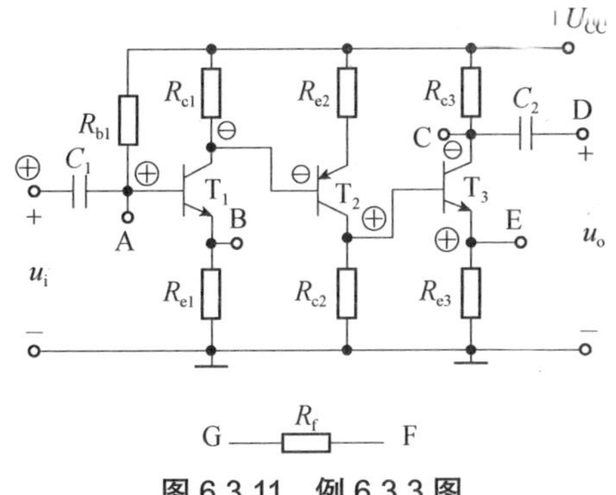

图 6.3.11　例 6.3.3 图

（1）稳定静态工作点；

（2）当输出端接上负载后，输出电压 u_o 基本上不随负载的变化而变化；

（3）通过 R_{c3} 的电流基本不随电路参数的变化而变化；

（4）希望放大电路输入端向信号源索取的电流小。

解：这是一个三级放大电路，要使反馈效果好，需要引入级间反馈，通过 R_f 把最后一级的输出返回到第一级的输入。假设在某一时刻 u_i 的瞬时极性为“+”，标出电路中各相关节点的瞬时极性如图 6.3.11 所示。

（1）要稳定静态工作点，应引入直流负反馈。可将 F 点与 C 点连接、G 点与 A 点连接；或者将 F 点与 E 点连接、G 点与 B 点连接，均可构成直流负反馈，达到稳定静态工作点的目的。

（2）要使输出电压 u_o 稳定，应引入电压负反馈。为了引入电压负反馈，F 点只能和 C 点或 D 点连接；为了保证引入负反馈，此时 G 点必须与 A 点连接。该反馈组态为电压并联负反馈。

（3）要使通过 R_{c3} 的电流基本不随着电路参数的变化而变化，即要求输出电流稳定，应引入电流负反馈。为了引入电流负反馈，F 点只能和 E 点连接；为了保证引入负反馈，此时 G 点必须与 B 点连接。该反馈组态为电流串联负反馈。

（4）希望放大电路输入端向信号源索取的电流小，即要提高放大电路的输入电阻，应引入串联负反馈，此时 G 点必须与 B 点连接，为了保证引入负反馈，F 点只能与 E 点连接。

6.3　测试题

6.3 测试题讲解视频

6.3　测试题讲解课件

6.4　集成运算放大器的线性应用

反相比例运算电路视频

反相比例运算电路课件

集成运算放大器的应用十分广泛，从目前电子技术应用的范畴看，在中、低频信号放大、信号处理中几乎都用到集成运放。集成运放可构成模拟信号运算电路、信号发生电路和各种信号处理（如滤波、限幅、比较、变换等）电路。

集成运放的工作区域包括线性区和非线性区。一般而言，判断运放工作区域最直接的方法是看电路中引入反馈的极性。**若为负反馈，则运放工作在线性区；若为正反馈或者无反馈（即开环），则运放工作在非线性区。**在分析集成运放构成的不同功能电路时，要根据运放的不同工作区域，分别应用运放线性和非线性工作状态时的特点。

本节介绍的运放线性应用电路，都是基于运放工作在线性区的两个基本特点——“虚短”（即 $u_+=u_-$）和“虚断”（即 $i_+=i_-=0$）来进行分析的。

6.4.1 运算电路

集成运放的一个重要应用就是实现模拟信号运算。集成运放外加深度负反馈时，可以实现比例、加减、积分、微分等数学运算功能，这种电路称为运算电路。

1. 比例运算电路

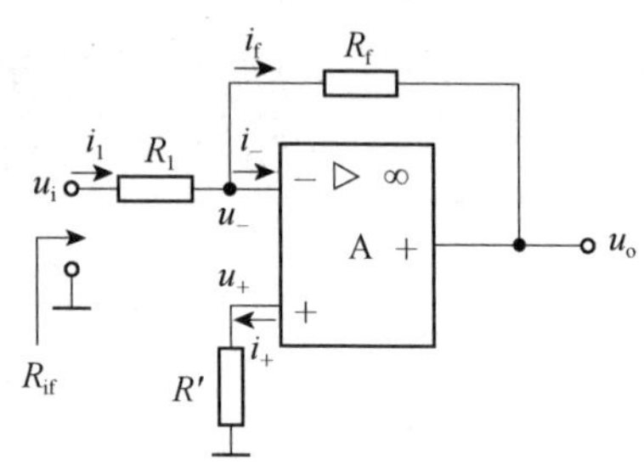

图 6.4.1 反相比例运算电路

将输入信号按一定比例放大的电路称为比例运算电路。由于集成运放有两个输入端，根据输入信号所加输入端的不同，比例运算电路可分为反相比例运算电路与同相比例运算电路。

（1）反相比例运算电路

反相比例运算电路如图 6.4.1 所示。输入电压 u_i 通过电阻 R_1 接到运放的反相输入端，R_f 为反馈电阻，它引入了电压并联负反馈。同相输入端经平衡电阻 R' 接地，平衡电阻的作用是使运放的两个输入端对地的等效电阻相等，以保证静态时运放输入级差分放大电路的对称性，故 $R'=R_1//R_f$。

下面利用理想运放线性工作时的两个特点进行分析。由“虚断”可得：$i_1=i_f$ 及 $u_+=0$（因为 R' 上的电流 i_+ 为 0）。由“虚短”可得：$\boldsymbol{u_+=u_-=0}$，这说明反相比例运算电路中的反相输入端与同相输入端的电位不仅相等，而且均等于零，如同这两点接地一样，但又不是真正接地（也不允许接地），故称为**“虚地”**。因 $u_+=u_-=0$，所以运放输入端的共模输入电压很小，近似为零，这样对运放的共模抑制比没有特殊要求。

由 $i_1=i_f$ 可得：$\dfrac{u_i-u_-}{R_1}=\dfrac{u_--u_o}{R_f}$，又因为 $u_-=0$，得：$\dfrac{u_i}{R_1}=-\dfrac{u_o}{R_1}$，整理得

$$u_o=-\frac{R_f}{R_1}\cdot u_i \tag{6.4.1}$$

式（6.4.1）表明，输出电压 u_o 与输入电压 u_i 成比例，式中的负号表示两者相位相反。其比例系数也就是闭环电压放大倍数

$$A_{uf}=\frac{u_o}{u_i}=-\frac{R_f}{R_1} \tag{6.4.2}$$

可见，闭环电压放大倍数只取决于 R_f 与 R_1 的值，与集成运放本身参数无关。因此，只要精确选择 R_f 与 R_1，就可准确地实现比例运算，而且可以通过调节这两个电阻的阻值来获得不同的电压放大倍数。

由于反相输入端“虚地”，故闭环输入电阻 $R_{if}=u_i/i_1=R_1$，即反相比例电路的输入电阻受 R_1 的限制而不可能太高。这是因为电路引入了并联负反馈的缘故，并联负反馈会减小输入电阻。

由式（6.4.1）可知，输出电压和负载无关，说明电路具有很强的带负载能力，也就意味着放大电路的输出电阻很小（近似为零）。这是因为电路引入了深度电压负反馈的缘故，电压负反馈会减小输出电阻。

同相比例运算电路视频

同相比例运算电路课件

（2）**同相比例运算电路**

同相比例运算电路如图 6.4.2 所示，输入电压 u_i 经电阻 R' 接至同相输入端，R_f、R_1 引入了电压串联负反馈。图中 R' 为平衡电阻，且 $R'=R_1//R_f$。

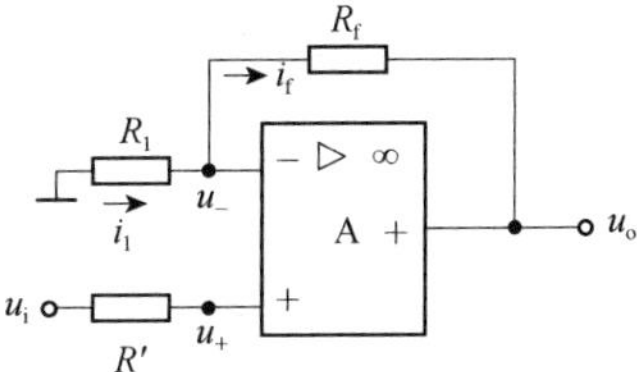

图 6.4.2　同相比例运算电路

因为 $i_-=0$，所以 $i_1=i_f$

即 $\dfrac{0-u_-}{R_1}=\dfrac{u_- - u_o}{R_f}$，可得 $u_o=\left(1+\dfrac{R_f}{R_1}\right)u_-$

又因为 $u_-=u_+=u_i$，可得输出电压为

$$u_o=\left(1+\frac{R_f}{R_1}\right)u_i \tag{6.4.3}$$

式（6.4.3）表明，输出电压 u_o 与输入电压 u_i 成比例，且相位相同。其比例系数即为闭环电压放大倍数

$$A_{uf}=\left(1+\frac{R_f}{R_1}\right) \tag{6.4.4}$$

和反相比例运算电路一样，同相比例运算电路的电压放大倍数也只与电阻 R_f 和 R_1 有关，而与集成运放本身参数无关，故其精度和稳定性都很高。调节这两个电阻的阻值就可获得不同的电压放大倍数。

因为存在“虚断”，故同相比例运算电路的输入电阻为∞（实际输入电阻可高达 100MΩ 以上），这是它优于反相比例运算电路的地方。由于电路引入了电压负反馈，故输出电阻近似为零。此外，$u_+=u_-=u_i$，说明同相输入端与反相输入端存在共模电压，其值约等于输入电压 u_i。因此，同相比例电路要求运放具有较高的共模电压范围以及良好的共模抑制能力，这是它的缺点。

若令图 6.4.2 中的 $R_1=\infty$（也可同时令 $R_f=0$），则得到图 6.4.3 所示的电路。根据式（6.4.4），图 6.4.3(a)、(b)两种电路的电压放大倍数 $A_{uf}=1$，表示电路的输出电压和输入电压相同，即 $u_o=u_i$，故称为**电压跟随器**。由于它具有输入电阻高与输出电阻低的特点，故常用作缓冲器或阻抗变换器，其作用与晶体管构成的射极输出器相类似。

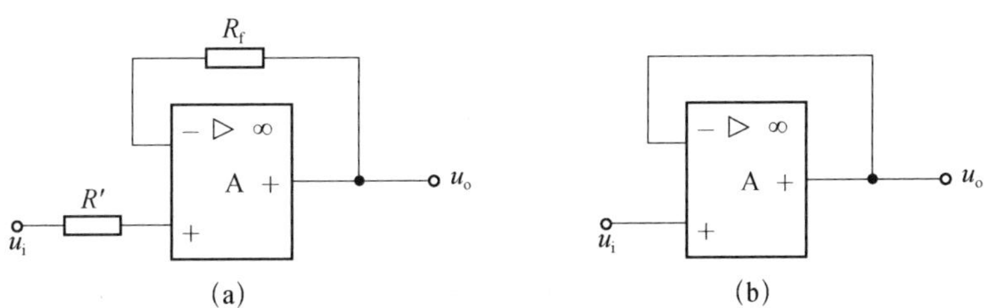

图 6.4.3　电压跟随器

2. 加减运算电路

实现多个输入信号按各自的比例求和或求差的电路统称为加减运算电路。若所有输入信号均作用于集成运放的同一个输入端，则实现加法运算；若一部分输入信号作用于集成运放的同相输入端，而另一部分输入信号作用于反相输入端，则实现加减运算。

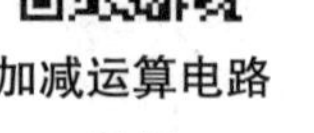

加减运算电路
视频

加减运算电路
课件

（1）反相加法运算电路

多个输入电压同时加到运放的反相输入端，输出电压实现了对多个输入电压按不同比例的反相求和运算，这种电路称为反相加法运算电路（又称反相加法器），如图 6.4.4 所示。图中 R'为平衡电阻，且 $R'=R_1//R_2//R_3//R_f$。

因为 $i_-=0$，由 KCL 可得： $i_f=i_1+i_2+i_3$

又因为 $u_-=u_+=0$，所以 $\frac{0-u_o}{R_f}=\frac{u_{i1}}{R_1}+\frac{u_{i2}}{R_2}+\frac{u_{i3}}{R_3}$ ，整理可得

$$u_o=-\left(\frac{R_f}{R_1}u_{i1}+\frac{R_f}{R_2}u_{i2}+\frac{R_f}{R_3}u_{i3}\right) \tag{6.4.5}$$

反相加法运算电路的主要特点与反相比例运算电路类似，而且由于“虚地”的特点，当改变其中某一路输入端的电阻时，只改变该路输入电压与输出电压之间的比例关系，而不会影响其他输入电压和输出电压的比例关系。例如，当调节电阻 R_1 时，只改变式（6.4.5）中 u_{i1} 前的比例系数，而不会改变 u_{i2} 和 u_{i3} 前的比例系数，因此调节比较灵活方便。实际应用时可适当增加或减少输入端的个数，以适应不同的需要。

（2）同相加法运算电路

多个输入电压同时加到运放的同相输入端，输出电压实现了对多个输入电压按不同比例的同相求和运算，这种电路称为同相加法运算电路（又称同相加法器），如图 6.4.5 所示。为了满足两个输入端静态电阻相等的条件，应有 $R//R_f=R_1//R_2//R_3//R_4$。

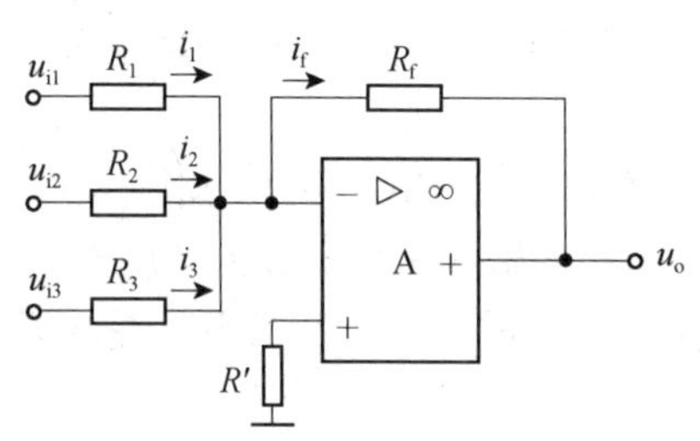

图 6.4.4 反相加法运算电路

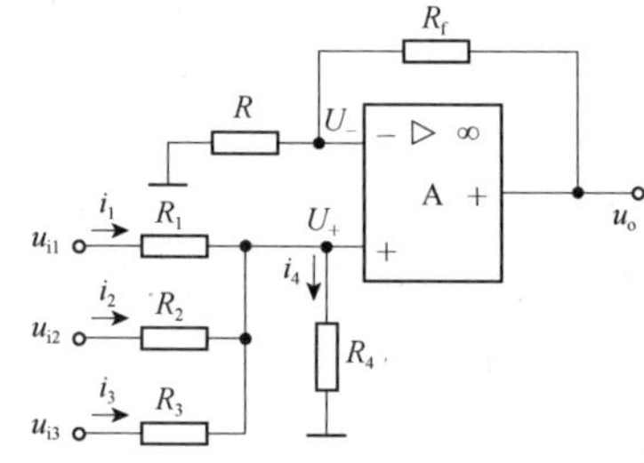

图 6.4.5 同相加法运算电路

因为 $i_+=0$，所以 $i_1+i_2+i_3=i_4$，即 $\frac{u_{i1}-u_+}{R_1}+\frac{u_{i2}-u_+}{R_2}+\frac{u_{i3}-u_+}{R_3}=\frac{u_+}{R_4}$，整理可得

$$u_+=(R_1//R_2//R_3//R_4)(\frac{u_{i1}}{R_1}+\frac{u_{i2}}{R_2}+\frac{u_{i3}}{R_3})=R_P(\frac{u_{i1}}{R_1}+\frac{u_{i2}}{R_2}+\frac{u_{i3}}{R_3})$$

式中，$R_P=R_1//R_2//R_3//R_4$；又因为 $u_o=(1+\frac{R_f}{R})u_+$，所以输出电压为

$$u_o = (1+\frac{R_f}{R})\ R_P(\frac{u_{i1}}{R_1}+\frac{u_{i2}}{R_2}+\frac{u_{i3}}{R_3}) \tag{6.4.6}$$

因为 $R_P=R_1//R_2//R_3//R_4= R//R_f$，所以有

$$\begin{aligned} u_o &= (1+\frac{R_f}{R})\ (R//R_f)\ (\frac{u_{i1}}{R_1}+\frac{u_{i2}}{R_2}+\frac{u_{i3}}{R_3}) =(\frac{R+R_f}{R})\ (\frac{RR_f}{R+R_f})\ (\frac{u_{i1}}{R_1}+\frac{u_{i2}}{R_2}+\frac{u_{i3}}{R_3}) \\ &=\frac{R_f}{R_1}u_{i1}+\frac{R_f}{R_2}u_{i2}+\frac{R_f}{R_3}u_{i3} \end{aligned} \tag{6.4.7}$$

式（6.4.7）与式（6.4.5）只差一个负号，表示输出电压是各输入电压按不同比例的求和，因此图 6.4.5 所示电路又称同相比例求和电路。

必须注意，式（6.2.9）只有在 $R//R_f=R_1//R_2//R_3//R_4$ 的条件下才成立。当需要改变某一个输入电压前的比例系数时，不仅要改变这一路输入端的电阻，同时必须改变其他电阻以满足平衡条件。与反相加法运算电路相比，同相加法运算电路的调试比较麻烦。此外，由于输入端存在共模电压，所以对集成运放的共模抑制比要求较高。因此，同相加法运算电路不如反相加法运算电路的应用广泛。在实际应用中，若需要进行同相加法运算，可以在反相加法运算电路后加一级反相比例运算电路。

（3）**减法运算电路**

减法运算电路是指能实现输出电压与两输入电压之差成比例的运算电路，又称减法器，如图 6.4.6 所示。从结构上看，它有两个输入信号，一个加在同相输入端，另一个加在反相输入端，所以减法运算电路是反相输入与同相输入叠加的电路。为了保证两个输入端的静态电阻相等，应有 $R_1//R_f=R_2//R_3$。下面利用叠加定理计算输出电压 u_o。

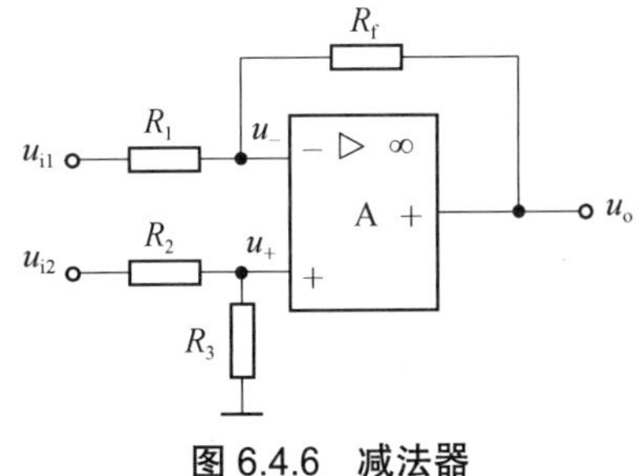

图 6.4.6　减法器

u_{i1} 单独作用（令 u_{i2}=0）时为反相比例运算电路，此时输出电压 $u_o' = -\frac{R_f}{R_1}u_{i1}$；$u_{i2}$ 单独作用（令 u_{i1}=0）时为同相比例运算电路，此时输出电压 $u_o'' = \left(1+\frac{R_f}{R_1}\right)u_+$。

根据“虚断”的特点可知，R_2 和 R_3 相当于串联，u_+等于 u_{i2} 在 R_3 上的分压，即

$$u_+ = \frac{R_3}{R_2+R_3}u_{i2}$$

根据叠加定理，输出电压等于各输入信号单独作用产生的输出电压之和，即

$$u_o = u_o' + u_o'' = -\frac{R_f}{R_1}u_{i1} + \left(1+\frac{R_f}{R_1}\right)\left(\frac{R_3}{R_2+R_3}\right)u_{i2} \tag{6.4.8}$$

若取 $R_1=R_2$，$R_3=R_f$，则有

$$u_o = \frac{R_f}{R_1}(u_{i2}-u_{i1}) \tag{6.4.9}$$

可见，电路对 u_{i2} 和 u_{i1} 的差值实现了比例运算，故又称为差分比例运算电路。

在电子测量、数据采集和工业控制等许多应用领域中，放大电路要处理的信号往往是悬浮的电压信号，且内阻较大。在信号的获取过程中，往往伴有较大的共模干扰信号，这时就要求放大电路应具有较大的输入电阻、较高的共模抑制比和很强的带负载能力，并且具有将

双端输入变成单端输出的功能。图 6.4.7 所示的三运放精密差分放大电路具有以上功能，而且该电路的电压增益十分稳定。

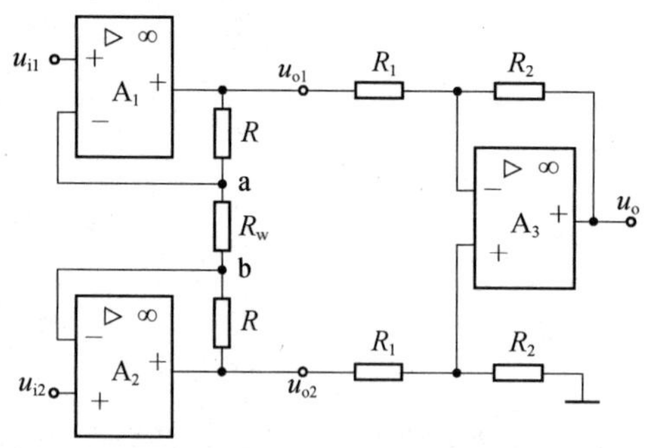

图 6.4.7　三运放精密差分放大电路

运算电路举例视频

运算电路举例课件

在图 6.4.7 中，A_1、A_2 选用相同型号、参数一致的集成运放，且均采取同相输入。对于共模干扰信号，有 $u_{i1}=u_{i2}=u_{ic}$。根据“虚短”特性，有 $u_a=u_b=u_{ic}$，此时 R_W 上的电流为 0，A_1、A_2 均构成电压跟随器，$u_{o1}=u_{o2}=u_{ic}$。A_3 组成差分比例运算电路，在电路参数严格对称的情况下，$u_o=\dfrac{R_2}{R_1}(u_{o2}-u_{o1})=0$，说明该电路对共模干扰信号有很强的抑制能力。

对于差模信号 $u_{id}=u_{i1}-u_{i2}$，根据“虚短”的特点可知，$u_a=u_{i1}$，$u_b=u_{i2}$。

根据“虚断”的特点可知，R、R_W、R 可视为串联。由于串联电阻的电流相等，所以

$$\frac{u_{o1}-u_{o2}}{2R+R_W}=\frac{u_a-u_b}{R_W}=\frac{u_{i1}-u_{i2}}{R_W}$$

可得：

$$u_{o2}-u_{o1}=\frac{2R+R_W}{R_W}(u_{i2}-u_{i1})$$

对 A_3 组成的差分比例运算电路，有

$$u_o=\frac{R_2}{R_1}(u_{o2}-u_{o1})$$

所以输出电压为

$$u_o=\frac{R_2}{R_1}\left(1+\frac{2R}{R_W}\right)(u_{i2}-u_{i1})$$

电压增益为

$$A_u=\frac{u_o}{u_{id}}=\frac{u_o}{u_{i1}-u_{i2}}=-\frac{R_2}{R_1}\left(1+\frac{2R}{R_W}\right)$$

由以上分析可知，该电路为差分放大电路，即只有当两个输入信号有差值时才有输出电压，而且电压增益可调。在实际应用中，一般 R、R_1、R_2 为固定电阻，R_W 为可变电阻串联一个合适阻值的固定电阻，通过调节可变电阻可以调节电压增益。串联固定电阻的目的是防止将 R_W 调节到零值。

该电路的两个输入均接在同相端，所以输入电阻高。由于电路的对称性，它们的漂移和失调都有相互抵消的作用，所以共模抑制比较大。该电路结构简单，精度较高，目前已经有很多单片的集成电路广泛应用于测量等领域。

（4）**加减运算电路**

同时实现加法与减法运算的电路为加减运算电路，又称加减器，如图 6.4.8 所示。它实际上是反相加法器与同相加法器的组合，可应用叠加定理求得其输出与输入电压之间的关系。

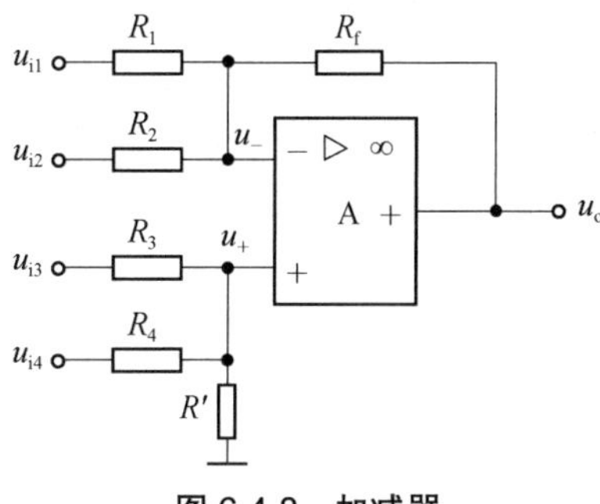

图 6.4.8　加减器

当 u_{i1} 与 u_{i2} 一起作用，而 u_{i3} 与 u_{i4} 均为零时，电路为反相加法运算电路，此时输出电压为

$$u_o' = -\left(\frac{R_f}{R_1}u_{i1} + \frac{R_f}{R_2}u_{i2}\right)$$

当 u_{i3} 与 u_{i4} 一起作用，而 u_{i1} 与 u_{i2} 均为零时，电路为同相加法运算电路，此时输出电压为

$$u_o'' = \left(1 + \frac{R_f}{R_1 // R_2}\right)u_+$$

根据“虚断”的特点可得　$u_+ = (R_3 // R_4 // R')\left(\frac{u_{i3}}{R_3} + \frac{u_{i4}}{R_4}\right)$

由叠加定理可得输出电压

$$u_o = u_o' + u_o'' = -\left(\frac{R_f}{R_1}u_{i1} + \frac{R_f}{R_2}u_{i2}\right) + \left(1 + \frac{R_f}{R_1 // R_2}\right)(R_3 // R_4 // R')\left(\frac{u_{i3}}{R_3} + \frac{u_{i4}}{R_4}\right) \quad (6.4.10)$$

若取 $R_1=R_2=R_3=R_4=R_f=R'$，式（6.4.10）可整理得

$$u_o = u_{i3} + u_{i4} - u_{i2} - u_{i1} \quad (6.4.11)$$

例 6.4.2　在图 6.4.9 中，A_1、A_2 为理想运放，试求 u_o 与 u_{i1}、u_{i2}、u_{i3} 的关系。

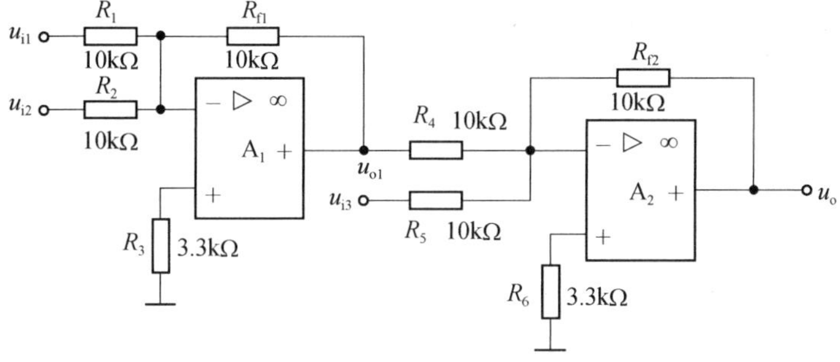

图 6.4.9　例 6.4.2 图

解：该电路是由两个反相加法运算电路级联而成的。由反相加法运算电路可知

$$u_{o1} = -\left(\frac{R_{f1}}{R_1}u_{i1} + \frac{R_{f1}}{R_2}u_{i2}\right); \quad u_o = -\left(\frac{R_{f2}}{R_4}u_{o1} + \frac{R_{f2}}{R_5}u_{i3}\right)$$

代入数据整理得　$u_o = \frac{R_{f2}}{R_4}\left(\frac{R_{f1}}{R_1}u_{i1} + \frac{R_{f1}}{R_2}u_{i2}\right) - \frac{R_{f2}}{R_5}u_{i3} = u_{i1} + u_{i2} - u_{i3}$

可见，这是一种双运放构成的加减运算电路。与图 6.4.5 相比，虽然多用了一个运放，但它容易调整，且输入共模电压为零。

例 6.4.3 试用理想运放设计一个能实现 $u_o=3u_{i1}+0.5u_{i2}-4u_{i3}$ 的运算电路。

解：这是一个加减运算电路，因为没有限制运放的个数，所以电路的实现方法有多种。

方法 1：采用单运放构成的加减运算电路。根据相位关系可知，u_{i1}、u_{i2} 应该从集成运放的同相输入端输入，u_{i3} 应该从集成运放的反相输入端输入，其电路结构如图 6.4.10(a)所示。

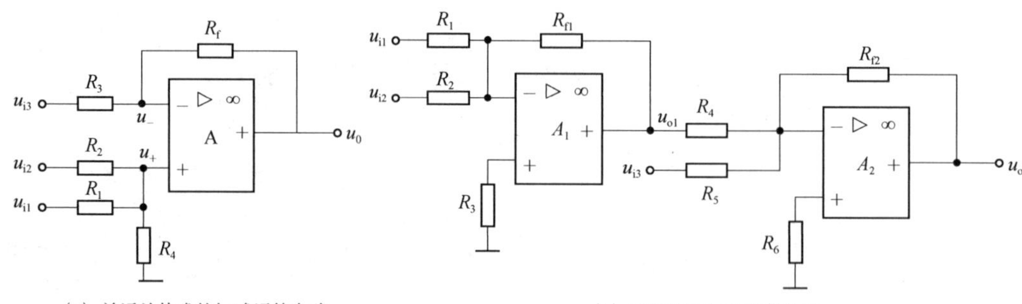

(a) 单运放构成的加减运算电路　　(b) 两级反相加法运算电路

图 6.4.10　例 6.4.3 图

若电阻满足 $R_1//R_2//R_4=R_3//R_f$，由式（6.2.13）可得

$$u_o=\frac{R_f}{R_1}u_{i1}+\frac{R_f}{R_2}u_{i2}-\frac{R_f}{R_3}u_{i3}$$

求得 $R_f=3R_1=0.5R_2=4R_3$。若取 $R_f=60\ \text{k}\Omega$，则 $R_1=20\ \text{k}\Omega$，$R_2=120\ \text{k}\Omega$，$R_3=15\ \text{k}\Omega$。

由 $R_1//R_2//R_4=R_3//R_f$，可得平衡电阻 $R_4=40\ \text{k}\Omega$。

方法 2：采用两级反相加法运算电路。其规律是将系数为负的信号从第二级反相端输入，将系数为正的信号从第一级反相端输入。设第一级要实现的运算为 $u_{o1}=-3u_{i1}-0.5u_{i2}$；第二级要实现的运算为 $u_o=-u_{o1}-4u_{i3}$，则最终实现 $u_o=3u_{i1}+0.5u_{i2}-4u_{i3}$。根据这个思路画出电路图，如图 6.4.10(b)所示。

由 $u_{o1}=-\left(\frac{R_{f1}}{R_1}u_{i1}+\frac{R_{f1}}{R_2}u_{i2}\right)=-3u_{i1}-0.5u_{i2}$，可得 $R_{f1}=3R_1$，且 $R_{f1}=0.5R_2$。若取 $R_{f1}=30\ \text{k}\Omega$，则 $R_1=10\ \text{k}\Omega$；$R_2=60\ \text{k}\Omega$，平衡电阻 $R_3=R_1//R_2//R_{f1}=6.7\text{k}\Omega$。

由 $u_o=-\left(\frac{R_{f2}}{R_4}u_{o1}+\frac{R_{f2}}{R_5}u_{i3}\right)=-u_{o1}-4u_{i3}$，可得 $R_{f2}=R_4$；且 $R_{f2}=4R_5$。若取 $R_{f2}=40\ \text{k}\Omega$，则 $R_4=40\ \text{k}\Omega$；$R_5=10\ \text{k}\Omega$，平衡电阻 $R_6=R_4//R_5//R_{f2}=6.7\text{k}\Omega$。

积分微分运算电路视频

积分微分运算电路课件

3. 积分与微分运算电路

电容的电压和电流之间有微分和积分关系，可以利用它来构成积分和微分运算电路。

（1）积分运算电路

积分运算电路如图 6.4.11 所示，它是将反相比例运算电路中的反馈电阻 R_f 用电容 C 替代得到的。根据“虚断”的特点可得 $i_C=i_1$，$u_+=0$；根据“虚短”的特点可得 $u_-=u_+=0$。所以 $i_1=u_i/R$，$i_C=C\frac{\mathrm{d}u_C}{\mathrm{d}t}=C\frac{\mathrm{d}(0-u_o)}{\mathrm{d}t}$，可得输出电压为

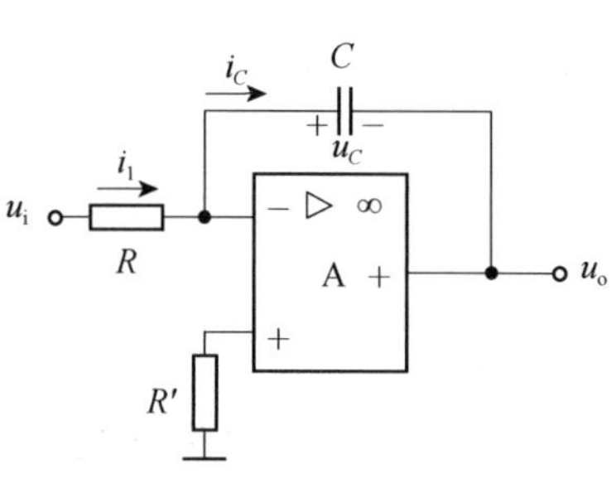

图 6.4.11　积分运算电路

$$u_o = -\frac{1}{RC}\int u_i \mathrm{d}t \tag{6.4.12}$$

即实现了输出对输入信号的积分运算。

当输入 u_i 为阶跃信号时，输出将反相积分，此时电容恒流充电，输出电压随时间线性变化，经过一定时间后输出饱和，其波形如图 6.4.12(a)所示。

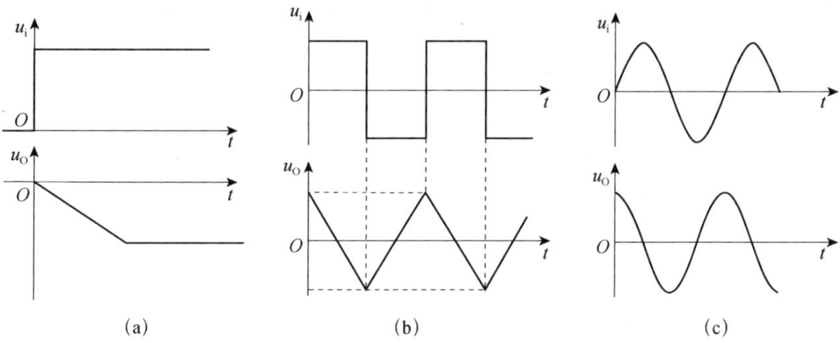

图 6.4.12　积分运算电路的应用

积分电路是模拟运算中的重要单元，不仅在模拟计算机中大量使用，而且在各种脉冲电路、振荡电路、有源滤波以及自动控制中都有着广泛的应用。积分电路的主要作用有：

① 在电子开关中用于延迟，如图 6.4.12(a)所示。

② 波形变换；例如将输入的方波变为三角波，如图 6.4.12(b)所示。

③ 移相；将输入的正弦波相移 90°，如图 6.4.12(c)所示。

（2）微分运算电路

微分是积分的逆运算，因此只要将积分运算电路中的电阻与电容互换位置，就得到了微分运算电路，如图 6.4.13 所示。

因为 i_-=0，所以 i_f=i_C；又因为 u_-=u_+=0，所以 $i_f = \frac{-u_o}{R}$；$i_C = C\frac{\mathrm{d}u_C}{\mathrm{d}t} = C\frac{\mathrm{d}u_i}{\mathrm{d}t}$；

可得输出电压与输入电压间的关系为

$$u_o = -RC\frac{\mathrm{d}u_i}{\mathrm{d}t} \tag{6.4.13}$$

上式表明，输出电压正比于输入电压对时间的微分。

微分运算电路最显著的特点是输出电压 u_o 只与输入电压 u_i 的变化率有关，而与 u_i 本身数值无关。若输入 u_i 为矩形脉冲，如图 6.4.14 所示，则输出端只有在输入信号发生跳变的 t_1 与 t_2 时刻才会产生尖脉冲的电压输出。可见，微分电路可将矩形波变成尖脉冲输出。微分电路在自动控制系统中可用作加速环节，例如电动机出现短路故障时起加速保护作用，可以迅速降低其供电电压。

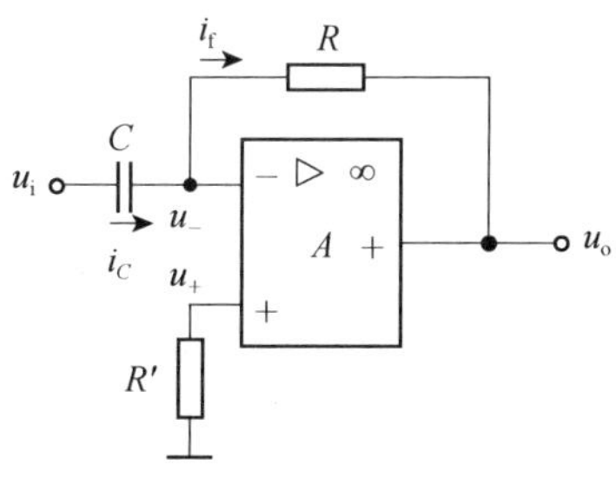

图 6.4.13　微分运算电路

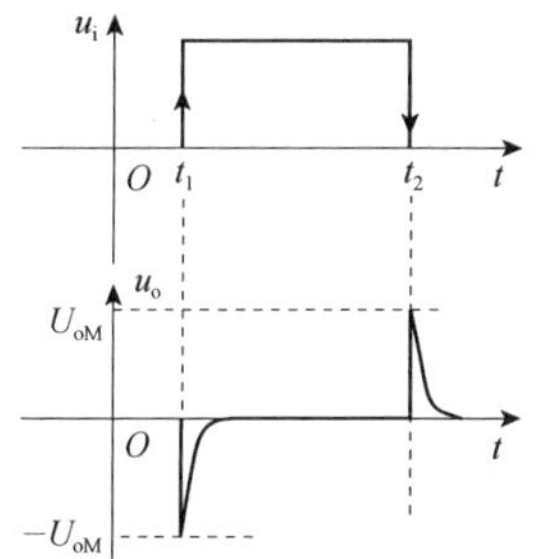

图 6.4.14　微分电路的波形变换作用

6.4.2 有源滤波器

滤波器是指让指定频率范围内的信号能够顺利通过，而对指定频率范围以外的信号起衰减或削弱作用的电路。滤波器常在自动测量、控制系统和无线电通信中用于信号处理，如数据传送、选频以及干扰的抑制等。

有源滤波器视频

有源滤波器课件

滤波器按照选择频率的不同可分为低通滤波器、高通滤波器、带通滤波器、带阻滤波器等，各种理想滤波器的幅频特性如图 6.4.15 所示。

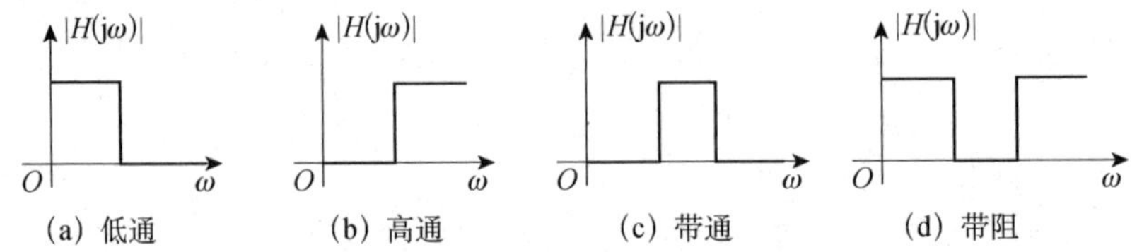

图 6.4.15 各种理想滤波器的幅频特性

仅由电阻、电容、电感等无源元件构成的滤波器称为无源滤波器，图 6.4.16 所示 RC 电路就是一个简单的无源滤波器。图 6.4.16(a)中，输出电压取自电容 C。由于高频时电容的容抗很小，相当于短路，低频时容抗很大，相当于开路，所以输入电压中的高频信号被滤除，而低频信号被保留，故为低通滤波电路。图 6.4.16(b)中，输出电压取自电阻 R。根据电容“通高频、阻低频”的特性，输入电压中的高频信号能顺利通过，而低频信号被抑制，故为高通滤波电路。无源滤波电路结构简单，但是存在许多缺点，如通带放大倍数低，带负载能力差，即负载变化时通带放大倍数和截止频率都会发生变化，幅频特性不理想等。

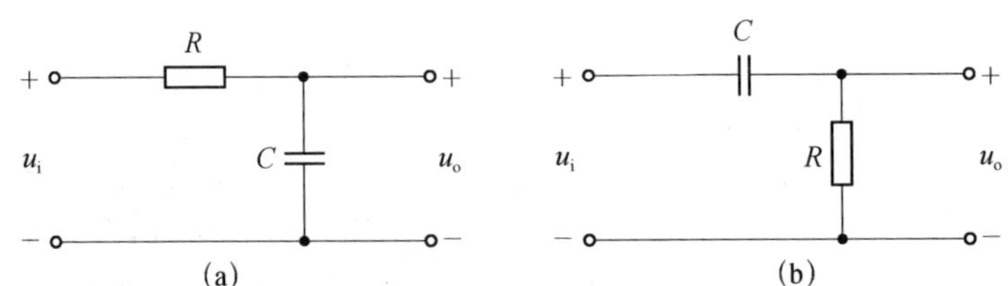

图 6.4.16 无源滤波器

含有集成运放等有源元件的滤波电路称为有源滤波器。有源滤波器具有体积小、效率高、频率特性好等优点，但它只适用于信号处理，不适用于高电压大电流的场合。

1. 有源低通滤波器

图 6.4.17(a)为一阶有源低通滤波器。将一个 RC 低通滤波电路接在运放的同相输入端，运放的输出端和反相输入端之间通过电阻 R_f 引入深度的电压串联负反馈，因此运放工作在线性区。

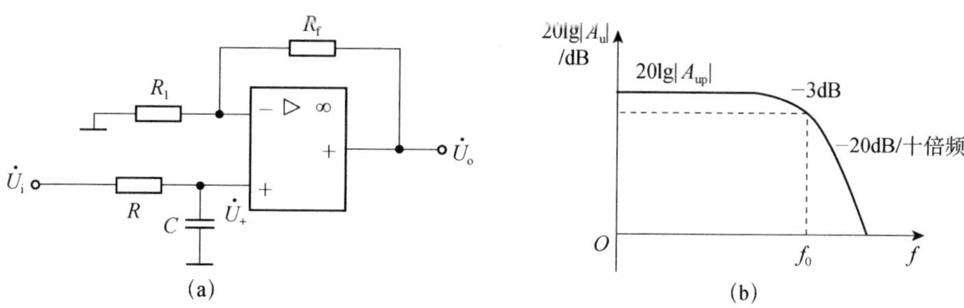

图 6.4.17　一阶有源低通滤波电路

由图可得 $\dot{U}_+$ 与 $\dot{U}_i$ 的关系式为 $\dot{U}_+=\dfrac{\dfrac{1}{\mathrm{j}\omega C}}{R+\dfrac{1}{\mathrm{j}\omega C}}\dot{U}_i=\dfrac{1}{1+\mathrm{j}\omega RC}\dot{U}_i$

$\dot{U}_o$ 与 $\dot{U}_+$ 的关系为　　$\dot{U}_o=\left(1+\dfrac{R_f}{R_1}\right)\dot{U}_+$

可得输出电压为

$$\dot{U}_o=\left(1+\frac{R_f}{R_1}\right)\frac{1}{1+\mathrm{j}\omega RC}\dot{U}_i$$

令 $f_0=\dfrac{1}{2\pi RC}$，则电压放大倍数为

$$A_u=\frac{\dot{U}_o}{\dot{U}_i}=\frac{1+\dfrac{R_f}{R_1}}{1+\mathrm{j}\dfrac{f}{f_0}}=\frac{A_{up}}{1+\mathrm{j}\dfrac{f}{f_0}} \tag{6.4.14}$$

其中 $A_{up}=\left(1+\dfrac{R_f}{R_1}\right)$。由式（6.4.14）可知，当输入信号频率 $f=0$ 时，电压放大倍数最大，为 A_{up}。一般情况下，$A_{up}>1$，说明有源低通滤波电路具有放大的功能。由于电路引入了深度电压负反馈，输出电阻近似为零，因此电路带负载后，$\dot{U}_o$ 与 $\dot{U}_i$ 的关系不变，即 R_L 不影响电路的频率特性。当 $f=f_0$ 时，$|A_u|=\dfrac{1}{\sqrt{2}}A_{up}$，可得通带截止频率为 $f_p=f_0=\dfrac{1}{2\pi RC}$。由式（6.4.14）可画出电路的幅频特性，如图 6.4.17(b)所示。可以看出，当 $f>f_0$ 时，其衰减斜率为−20dB/十倍频，这是一阶低通滤波器的特点。而理想低通滤波器则在 $f>f_0$ 时，放大倍数立即下降为 0。

一阶低通滤波器的电路结构简单，但它的幅频特性最大衰减斜率只有−20dB/十倍频，与理想滤波器相差甚远。为了改善滤波效果，使之更接近于理想情况，可利用多个 RC 环节构成多阶低通滤波器。具有两个 RC 环节的电路称为二阶低通滤波器，具有三个 RC 环节的电路称为三阶低通滤波器。阶数越高，滤波器的频率特性越接近理想情况。图 6.4.18(a)所示电路为二阶低通滤波器，图 6.4.18(b)所示为不同 Q（品质因数）值下的幅频特性。由图可知，二阶低通滤波器的幅频特性比一阶的好。

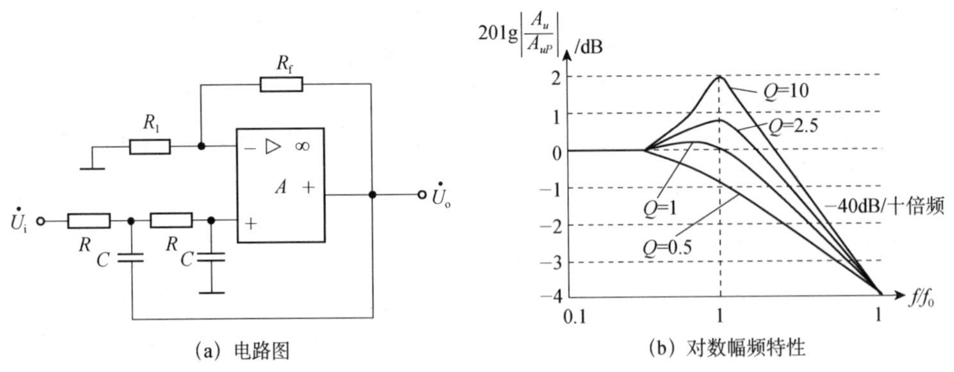

（a）电路图　　（b）对数幅频特性

图 6.4.18　二阶有源低通滤波器

2. 有源高通滤波器

将图 6.4.17(a)所示一阶有源低通滤波器中的电阻 R 和电容 C 互换位置，就成为一阶有源高通滤波器，如图 6.4.19(a)所示。

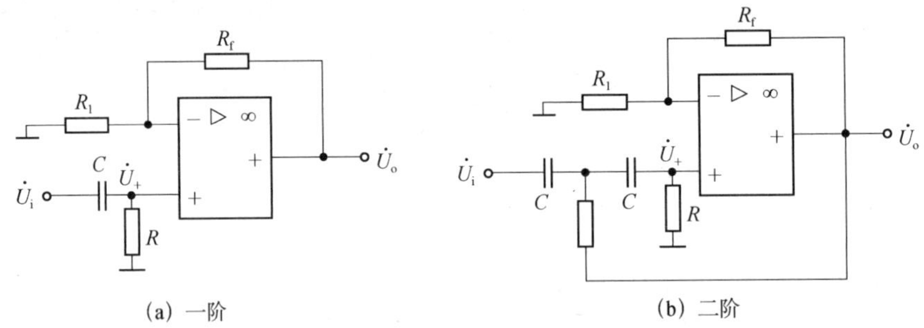

（a）一阶　　（b）二阶

图 6.4.19　有源高通滤波器

和一阶有源低通滤波器的分析类似，可以得出一阶有源高通滤波器的下限截止频率为 $f_0=\dfrac{1}{2\pi RC}$。对于低于截止频率的低频信号，$|A_u|<0.707|A_{um}|$。一阶有源高通滤波器带负载能力强，但是存在过渡带较宽、滤波性能较差的特点。为改善滤波效果，可以采用二阶滤波，图 6.4.19(b)所示为二阶有源高通滤波器。

6.4　测试题

6.4　测试题讲解视频

6.4　测试题讲解课件

6.5　集成运算放大器的非线性应用

单限电压比较器视频

单限电压比较器课件

集成运放在开环或引入正反馈时，将工作在非线性状态。运放非线性应用时有两个基本特点：①输出仅存在正、负两个饱和值：当 $u_+>u_-$时，$u_o=U_{oM}$；当 $u_+<u_-$时，$u_o=-U_{oM}$（$\pm U_{oM}$为运放输出的正、

负最大值）；②由于运放差模输入电阻 $r_{id}=\infty$，“虚断”现象（即 $i_-=i_+=0$）仍然存在。本节介绍集成运放在非线性工作状态下的两种典型电路，即电压比较器和波形发生器。

6.5.1　电压比较器

电压比较器的功能是比较两个电压的大小。例如将一个连续变化的输入信号电压 u_i 与另一个不变的参考电压 U_R（又称基准电压）作比较：当 u_i 大于或小于 U_R 时，比较器都只输出一个正的或负的恒定电压值（又称高电平或低电平），而当 u_i 变得正好与 U_R 相等时，输出电压就将从高电平跳变到低电平或从低电平跳变到高电平。人们从输出电压跳变的情况，就可判断出输入电压与参考电压的相对大小。给定不同的参考电压，就可鉴别出不同大小的输入电压值，这就是电压比较器的基本功能。

电压比较器的类型较多，从传输特性来分，有单限电压比较器、滞回电压比较器、窗口电压比较器与三态电压比较器等。借助于电压比较器可构成多种非正弦波信号发生器，所以它在测量、控制、信号处理与发生等电路中应用十分广泛。

1. 单限电压比较器

图 6.5.1(a)所示为同相单限电压比较器，因为电路无反馈，所以运放工作在非线性状态。由图可知：$u_+=u_i$，$u_-=U_R$。显然，当 $u_i>U_R$ 时，$u_o=+U_{oM}$；当 $u_i<U_R$ 时，$u_o=-U_{oM}$；当 $u_i=U_R$ 时，输出 u_o 产生跳变，由此可得其电压传输特性，如图 6.5.1(b)所示。通常**将输出电压 u_o 跳变时（此时 $u_+=u_-$）所对应的输入电压值称为阈值电压或门槛电压**，用 U_{th} 表示。显然，该电路的阈值电压 $U_{th}=U_R$。因为电路只有一个阈值电压，所以在 u_i 做单向连续变化的过程中，u_o 只产生一次跳变，故称为单限电压比较器。

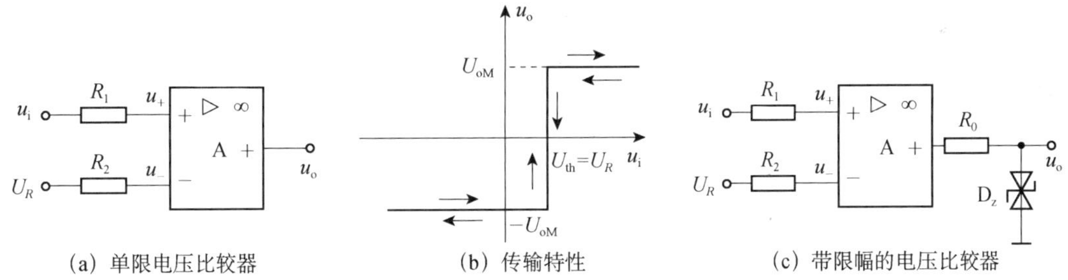

（a）单限电压比较器　（b）传输特性　（c）带限幅的电压比较器

图 6.5.1　单限电压比较器及其电压传输特性

如果希望电压比较器能输出负载所要求的电压值，可在输出回路加限幅措施，如图 6.5.1(c)所示，在输出端接双向稳压管 D_z 与 R_0，R_0 为限流电阻。选取不同稳压值的稳压管，就可获得不同电平的输出电压。

当 $U_R=0$ 时，此时阈值电压 $U_{th}=0$，则 u_i 过零时输出电压发生跳变，故称为过零电压比较器。过零电压比较器可以将输入的正弦波转换为方波。

单限电压比较器电路结构简单，但是抗干扰能力差。如果 u_i 恰好处于阈值电压附近，电路又存在干扰与零漂时，则输出电压 u_o 就会不断地在高、低电平之间跳变，失去了稳定工作状态，这在实际应用中是十分有害的。因此，它不能用于干扰严重的场合。

2. 滞回电压比较器

滞回电压比较器视频

滞回电压比较器课件

为了克服单限电压比较器抗干扰能力差的缺点，可进一步引入正反馈，得到图 6.5.2(a)所示的滞回电压比较器。对于该电路的分析，可从以下几个步骤入手。

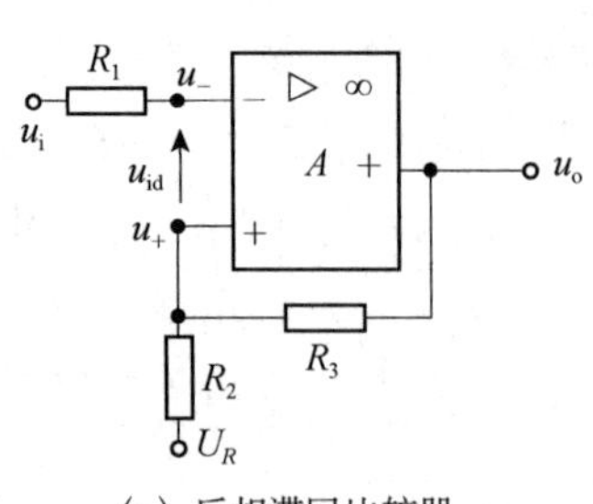

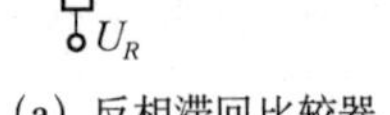
(a) 反相滞回比较器

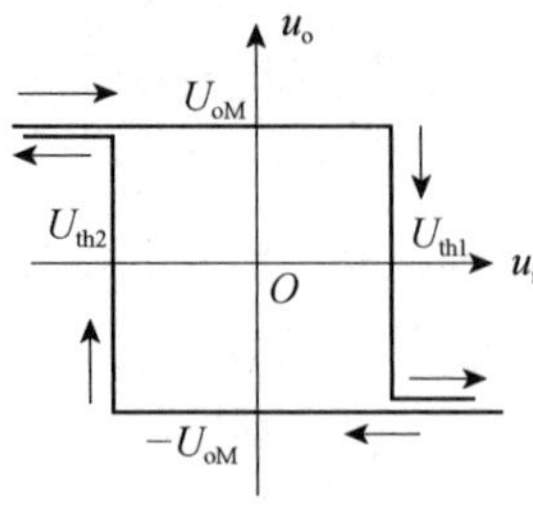

(b) 传输特性

图 6.5.2　滞回电压比较器及其电压传输特性

（1）阈值计算

由于电路中引入了正反馈，故运放工作在非线性状态。此时 $u_-=u_i$，u_+可由叠加定理求得：$u_+=\frac{R_2}{R_2+R_3}u_o+\frac{R_3}{R_2+R_3}U_R$。其中第一项是输出电压 u_o 单独作用产生的 u_+'；第二项是 U_R 单独作用产生的 u_+''。因为运放在非线性状态下的输出电压 u_o 可以为$+U_{oM}$，也可以为$-U_{oM}$，这样 u_+就有相应的两个值，分别为

$$u_{+1}=\frac{R_2}{R_2+R_3}U_{oM}+\frac{R_3}{R_2+R_3}U_R \tag{6.5.1}$$

$$u_{+2}=\frac{R_2}{R_2+R_3}(-U_{oM})+\frac{R_3}{R_2+R_3}U_R \tag{6.5.2}$$

根据 $u_-=u_+$的条件计算阈值，显然此电路有两个阈值电压，分别为

$$U_{th1}=u_{+1}=\frac{R_2}{R_2+R_3}U_{oM}+\frac{R_3}{R_2+R_3}U_R \tag{6.5.3}$$

$$U_{th2}=u_{+2}=\frac{R_2}{R_2+R_3}(-U_{oM})+\frac{R_3}{R_2+R_3}U_R \tag{6.5.4}$$

因为 $U_{oM}>(-U_{oM})$，所以 $U_{th1}>U_{th2}$（通常将大的阈值电压标记为 U_{th1}）。

（2）跳变过程与传输特性

这里有两个过程：一是 u_i 由负值向正值连续增加的正向过程；二是 u_i 由正值向负值连续减小的负向过程。需要判断的是，在这两个过程中输出电压 u_o 在哪一个阈值发生跳变，以及如何跳变。

在正向过程中，当 u_i 足够低且低于两个阈值中的最小值时，必有 $u_-<u_+$，此时输出 u_o 为$+U_{oM}$，所对应的阈值电压为 U_{th1}。因此，当 u_i 由负值增加到 U_{th1} 时，$u_-=u_+$，u_o 必将从$+U_{oM}$跳变至$-U_{oM}$。这个跳变一经完成，阈值电压就随之变为 U_{th2}。因为 $U_{th2}<U_{th1}$，所以 u_i 再增加，输出 u_o 也不会再发生跳变。

在负向过程中，当 u_i 高于两个阈值中的最大值时，必有 $u_->u_+$，此时输出 u_o 为$-U_{oM}$，所对应的阈值为 U_{th2}。因此，当 u_i 由正值减小到 U_{th2} 时，$u_-=u_+$，u_o 必将从$-U_{oM}$跳变至$+U_{oM}$。同

样，当这个跳变完成之后，阈值电压就变成 U_{th1} 了。因 $U_{th1}>U_{th2}$，所以 u_i 再减小，u_o 也不会再发生跳变。

根据这两个跳变过程，得出图 6.5.2(b)所示的传输特性曲线。因为 $U_{th1}\neq U_{th2}$，所以该传输特性具有滞回的特点，滞回比较器的名称即由此而来。**将 U_{th1} 与 U_{th2} 之差定义为回差电压或门限宽度**，用 ΔU_{th} 表示，即

$$\Delta U_{th}=U_{th1}-U_{th2}=\frac{R_2}{R_2+R_3}[U_{oM}-(-U_{oM})]=\frac{R_2}{R_2+R_3}\cdot 2U_{oM} \tag{6.5.5}$$

（3）优缺点

滞回电压比较器的最大优点是抗干扰能力强。例如在正向过程中，当 u_o 由 U_{oM} 跳变到 $-U_{oM}$ 以后，u_i 即使因干扰而减小甚至低于 U_{th1} 时，u_o 也不会因此而跳变，仍保持为低电平 $-U_{oM}$，因为此时的阈值已变为 U_{th2} 了。只要出现的负向干扰不超过比较器的门限宽度，它的工作完全是稳定的，在负向过程中也如此。显然，ΔU_{th} **越大，抗干扰能力就越强**。

滞回电压比较器的缺点是灵敏度较低。所谓灵敏度，就是比较器对输入电压的分辨能力。例如在单限电压比较器中，只要输入电压达到阈值电压，输出电压就会产生跳变，做出反应，所以灵敏度很高。而在滞回电压比较器中，当 u_i 处在两个阈值之间时，u_o 不会产生跳变，电路不会做出响应，故灵敏度低。而且，ΔU_{th} 越大，其灵敏度越低。在实际使用中，可以根据需要适当选择参数以兼顾两者。

例 6.5.1 图 6.5.3(a)所示为同相滞回电压比较器，R_0 与 D_Z 为输出限幅电路。输入电压 u_i 为正弦波，如图 6.5.3(b)所示，试求其电压传输特性，并画出输出电压 u_o 的波形。

解：（1）阈值计算：已知 U_{oM}=6V，$u_-=U_R$=1V，故有

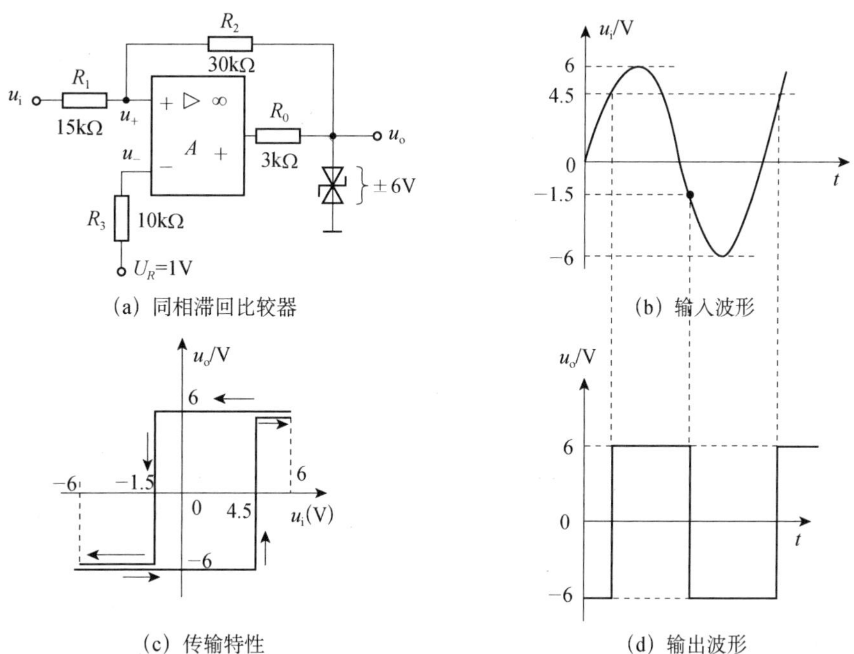

图 6.5.3 例 6.5.1 图

$$u_{+1}=\frac{R_1}{R_1+R_2}U_{oM}+\frac{R_2}{R_1+R_2}u_i$$

$$u_{+2}=\frac{R_1}{R_1+R_2}(-U_{oM})+\frac{R_2}{R_1+R_2}u_i$$

根据运放跳变的临界条件，可求得它的两个阈值。设u_{+1}=u_-时的阈值为U_{th2}，则有

$$U_R=\frac{R_1}{R_1+R_2}U_{oM}+\frac{R_2}{R_1+R_2}U_{th2}，\ 即1=\frac{15}{45}\times 6+\frac{30}{45}\times U_{th2}$$

$$\therefore\ U_{th2}=-1.5\text{V}\ (对应于U_{oM})$$

设u_{+2}=u_-时的阈值为U_{th1}，则有

$$U_R=\frac{R_1}{R_1+R_2}\cdot(-U_{oM})+\frac{R_2}{R_1+R_2}\cdot U_{th1}\quad 即\quad 1=\frac{15}{45}\times(-6)+\frac{30}{45}\times U_{th1}$$

$$\therefore\ U_{th1}=4.5\text{V}\quad (对应于-U_{oM})$$

（2）跳变过程判断

当u_i<U_{th2}=−1.5V 时，因u_+<u_-，故u_o=−U_{oM}=−6V。因对应于−U_{oM}的阈值为U_{th1}=4.5V，所以当u_i正向增加到 4.5V 时，u_o将由−U_{oM}跳变至U_{oM}=6V。之后u_i再增加，u_o均将保持U_{oM}而不会再变。这是正向跳变过程。

当u_i>U_{th1}=4.5V 时，因u_+>u_-，故u_o=U_{oM}=6V。因对应于U_{oM}的阈值为U_{th2}=−1.5V。所以当u_i负向减小到−1.5V 时，u_o将由U_{oM}跳变至−U_{oM}=−6V。之后u_i再减小，u_o也不会变化。这是负向跳变过程。

（3）传输特性与输出波形

根据上述分析画出电路的传输特性与输出波形，如图 6.5.3(c)、(d)所示。由波形图可知，滞回电压比较器具有将正弦波（或其他非正弦波）变换为矩形波的作用。

6.5.2 波形发生器

波形发生器的作用是不需要外加输入信号，能够在输出端产生一定频率和幅值的波形，如正弦波、方波、矩形波、三角波、锯齿波等。波形发生器通常由电压比较器、反馈网络、延迟环节或积分环节等组成。

1. 正弦波发生器

正弦波发生器又称自激振荡器，其特点是不需要外加输入信号，能在输出端自动产生一定幅度和频率（1Hz 至 1MHz）的正弦波信号，它是众多电子设备、仪器中必不可少的重要电路。

正弦波发生器视频

正弦波发生器课件

（1）自激振荡的条件

在图 6.5.4 所示电路框图中，先将开关 K 合在 1 端，并且使$\dot{U}_f=\dot{U}_i$。若待电路稳定后将开关 K 合至 2 端，因为$\dot{U}_f=\dot{U}_i$，所以即使没有外加信号$\dot{U}_i$，输出电压$\dot{U}_o$仍可保持不变，此时称电路产生了自激振荡。由此可知，要实现在无输入信号时产生正弦波，必须引入反馈。

当 K 在 1 端时，从图 6.5.4 可得出$\dot{U}_o = A\dot{U}_i$和$\dot{U}_f = F\dot{U}_o = AF\dot{U}_i$。因为$\dot{U}_i = \dot{U}_f$，所以

$$AF=1 \tag{6.5.6}$$

式（6.5.6）就是产生自激振荡的条件。将式（6.5.6）写成极坐标形式

$$AF = |A|\angle\varphi_A \cdot |F|\angle\varphi_F = |AF|\angle(\varphi_A + \varphi_F) \tag{6.5.7}$$

式中φ_A、φ_F分别为放大电路与反馈网络的相移。由上式可得自激振荡的幅值平衡条件与相位平衡条件为

$$|AF| = 1 \tag{6.5.8}$$

$$\varphi_A + \varphi_F = 2n\pi \text{（}n=0，1，2，\cdots\text{）} \tag{6.5.9}$$

式（6.5.8）与式（6.5.9）表明，**要维持稳定的等幅振荡，$|AF|$（回路增益）必须等于 1；并且$\varphi_A+\varphi_F$（闭环相移）必须等于 2π的整数倍，即电路必须引入正反馈**。这是判断电路能否产生自激振荡的两个基本条件。

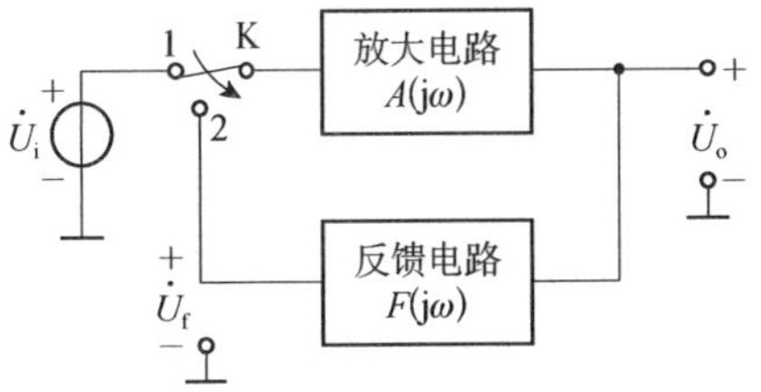

图 6.5.4　正弦波发生电路的框图

（2）**正弦波振荡电路的组成**

图 6.5.4 中，我们先假设给电路输入一个信号，待其产生一定的反馈信号后再将这个输入信号置换掉，使电路最终维持在稳定的振荡中。实际上振荡电路并不需外加信号，而是利用电路中的扰动电压来引起振荡的，如电源接通瞬间电流的突变、管子和回路的内部噪声等。但这种扰动信号十分微弱，如果回路增益始终保持为 1，则电路的输出电压将得不到任何放大而失去实际应用的意义。因此，**振荡电路必须具有一定的放大作用，以便将微小的扰动信号不断地放大，产生具有一定大小的、实际可用的输出电压，这个过程为起振**。显然，实现起振的条件为

$$|AF| > 1 \tag{6.5.10}$$

通常扰动信号并非单一频率的正弦波，它包含着许多不同频率的正弦波成分。因此，需要在电路中设置一个**选频网络**，由它将所需的某一频率f_0的正弦信号挑选出来。

如果放大电路与反馈网络都是线性的，则回路增益将保持恒定，振荡电路的输出电压就会因$|AF|>1$而不断地增大，最后使放大器中的晶体管进入非线性工作区，导致输出波形失真。因此，必须采取措施使回路增益随着输出电压幅度的增大而自动地下降，并逐渐趋近于 1。这样振荡幅度就能稳定下来，电路处于等幅振荡的状态，所以需在电路中增设一个**稳幅环节**。

综上所述，**一个正弦波振荡电路在结构上应包括放大器、反馈网络、选频网络与稳幅环节四个部分**。在某些具体电路中，反馈网络与选频网络虽然合二为一，但它仍应具备这四方面的功能，这是判断一个振荡电路是不是正弦波振荡电路的第一步。第二步要分析电路是否满足相位与幅值两个平衡条件。其中相位条件是首要的，如果在整个频域中没有一个频率能满足相位平衡条件，就不能产生正反馈，则无须考虑幅值平衡条件即可断定该电路不可能产生振荡。

（2）***RC*** **正弦波振荡电路**

最常用的 *RC* 正弦波振荡电路为 *RC* 串并联式正弦波振荡电路，又称文氏电桥振荡器，其电路原理图如图 6.5.5 所示，它由一个 *RC* 串并联网络和一个放大器所组成。这个 *RC* 串并联网络同时具有反馈与选频的作用，是该电路的核心。

① ***RC*** **串并联网络的频率特性**。设 *RC* 网络中串联部分的阻抗为 Z_1，并联部分的阻抗为 Z_2，输出电压为$\dot{U}_o$，反馈电压为$\dot{U}_f$，则它的反馈系数为

$$F = \frac{\dot{U}_f}{\dot{U}_o} = \frac{Z_2}{Z_1 + Z_2} = \frac{R // \frac{1}{j\omega C}}{R + \frac{1}{j\omega C} + R // \frac{1}{j\omega C}} = \frac{1}{3 + j\left(\omega RC - \frac{1}{\omega RC}\right)} \tag{6.5.11}$$

令 $f = f_0 = \frac{1}{2\pi RC}$，则式（6.5.11）可以写为

$$F = \frac{\dot{U}_f}{\dot{U}_o} = \frac{1}{3 + j\left(\frac{f}{f_0} - \frac{f_0}{f}\right)} \tag{6.5.12}$$

显然，当 $f = f_0 = \frac{1}{2\pi RC}$ 时，相移 φ_F 为零，即 $\dot{U}_f$ 与 $\dot{U}_o$ 同相位。此时反馈系数最大，为

$$|F|_{max} = \frac{1}{3} \tag{6.5.13}$$

这就是 RC 串并联网络所体现出来的选频特性，如图 6.5.6 所示。

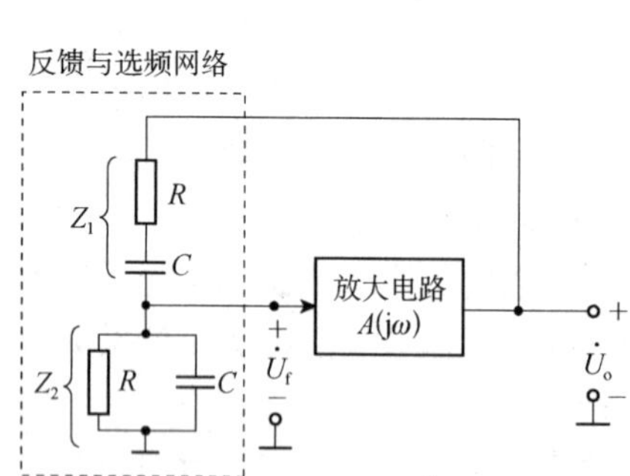

图 6.5.5　RC 串并联振荡电路原理图

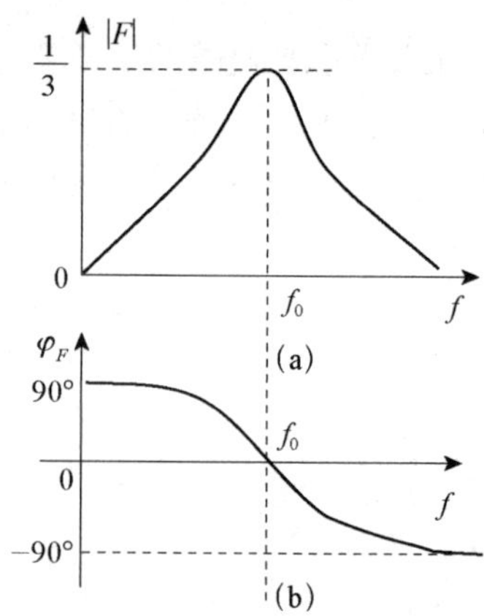

图 6.5.6　RC 网络的频率特性

② **放大器的选择**。因为在 $f=f_0$ 时，RC 串并联网络的 $\varphi_F=0°$，$|F|=1/3$，所以对放大器的要求是输出与输入同相位，且放大倍数不能小于 3。只有这样才能保证自激振荡的相位条件与幅值条件得以满足，并可顺利起振。

图 6.5.7 所示电路即是根据这一原则组成的 RC 正弦波振荡电路。其中集成运放 A 采用同相比例器接法，保证 $\dot{U}_o$ 与 $\dot{U}_i(=\dot{U}_f)$ 同相位。其放大倍数 $A_f=1+R_f/(R_1+R_w)$ 应略大于 3，以保证可靠起振。为此，可利用电位器 R_w 进行调整，使之既易起振，又能保证输出波形良好。

如前所述，在图 6.5.7 所示的电路中还必须采取一定的稳幅措施，才能保证它稳定于等幅振荡状态。常用的稳幅方法有热敏电阻稳幅和二极管稳幅。例如，将图 6.5.7 中的电阻 R_1 改用具有正温度系数的热敏电阻，即可实现稳幅。当输出电压幅值增大时，流经热敏电阻的电流也增大，温度随之升高，其阻值增大，从而使放大倍数降低，输出电压幅值不再增大。反之，当输出电压幅值减小时，热敏电阻中的电流及其阻值减小，放大倍数提高，使输出电压幅值不再减小。同理，将电阻 R_f 改用具有负温度系数的热敏电阻，也可起到稳幅的作用。

图 6.5.8 所示为二极管自动稳幅振荡电路，D_1、D_2 为稳幅二极管。由图可知，这两个二极管将在输出电压的正负两个半周内分别导通。导通后其正向伏安特性具有一定的非线性，若正向电压增大，其正向电阻将减小。因此，当输出电压幅值增大时，处于导通状态的二极管

的正向电压也增大，正向电阻减小，从而使电压放大倍数降低，防止了输出电压幅值的继续增大。

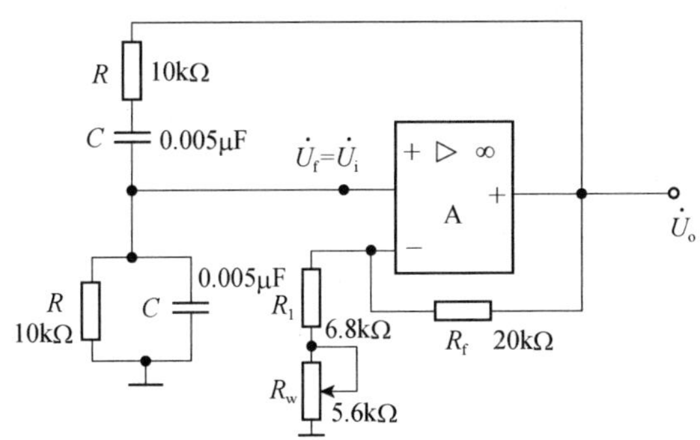

图 6.5.7　*RC* 串并联式正弦波振荡电路

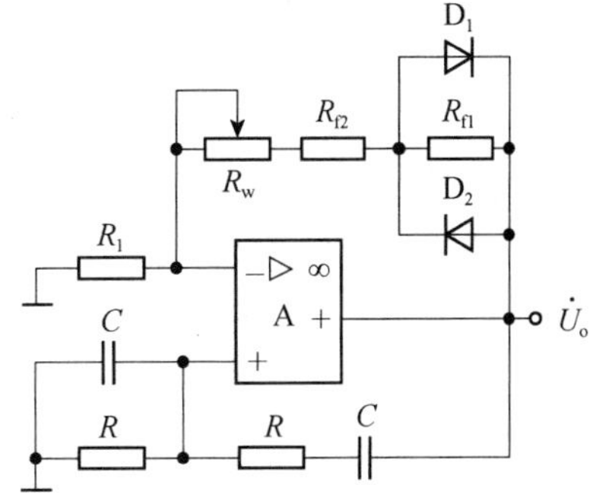

图 6.5.8　二极管自动稳幅振荡电路

图 6.5.7 所示电路的振荡频率为 $f_0=\dfrac{1}{2\pi RC}=\dfrac{1}{2\pi\times10\times10^3\times0.005\times10^{-6}}=3\,185\text{Hz}$

在文氏电桥振荡器中，为了提高频率的稳定性，希望 *RC* 的乘积大些好。因此，它的振荡频率不能做得太高，一般在 1MHz 以下。当需要更高的振荡频率时，宜采用 *LC* 振荡电路。

2. 矩形波发生器

矩形波发生器　　矩形波发生器
视频　　　　　　课件

矩形波是指具有高、低两种电平，且做周期性变化的波形。如果高电平和低电平的时间相等，则称为方波。显然，方波是矩形波的一种特殊情况。

（1）电路组成与工作原理

最基本的方波发生器如图 6.5.9(a)所示，它由一个滞回电压比较器和一个负反馈网络构成。输出端接有双向限幅电路，u_o 的两个输出值被限定为$+U_Z$与$-U_Z$。此时，比较器的两个阈值电压分别为

$$U_{th1}=u_{+1}=\frac{R_2}{R_2+R_3}U_Z;\quad U_{th2}=u_{+2}=-\frac{R_2}{R_2+R_3}U_Z \tag{6.5.14}$$

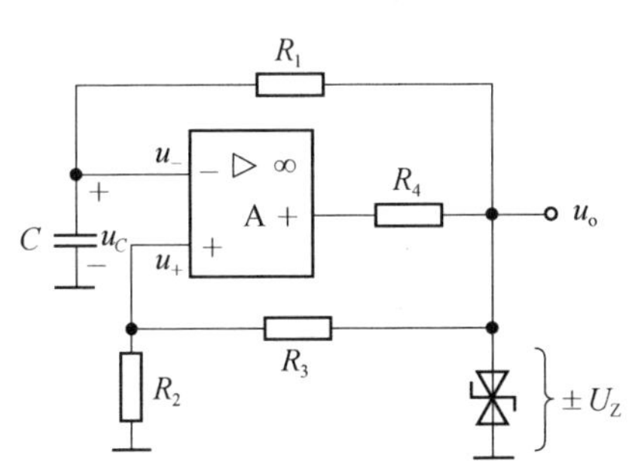

（a）方波发生器电路图

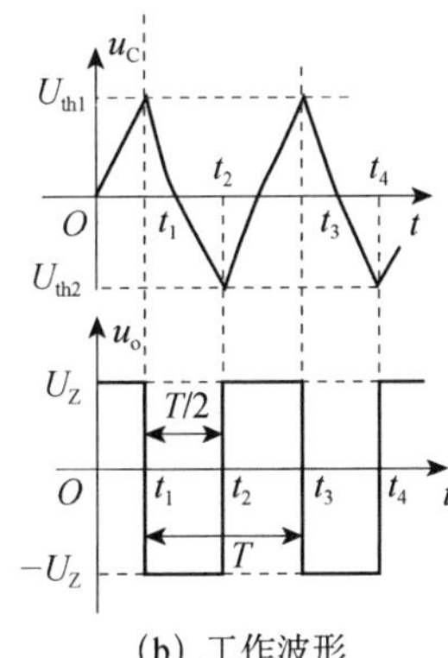

（b）工作波形

图 6.5.9　方波发生器

设 $t=0$ 时 $u_C(0)=0$，$u_o=U_Z$。从此时起，u_o 将通过电阻 R_1 向电容 C 充电，$u_-=u_C$ 从零开始按指数规律上升。在 u_C 低于 U_{th1} 之前，$u_o=U_Z$ 不变。当 u_C 增加到 U_{th1} 时，u_o 即从 U_Z 跳变

至$-U_Z$。这段时间设为t_1，且有$u_C(t_1)=U_{th1}$。

当u_o跳变为$-U_Z$后，相应的阈值电压变为U_{th2}，同时电容C开始放电，u_C将从U_{th1}开始按指数规律下降。在u_C高于U_{th2}之前，$u_o=-U_Z$不变。当u_C下降到U_{th2}时，u_o即从$-U_Z$跳变至U_Z。这段时间设为（t_2-t_1），且有$u_C(t_2)=U_{th2}$。

从t_2时刻开始，电容C又开始充电，u_C将从U_{th2}开始逐渐上升。至t_3时刻，$u_C=U_{th1}$，u_o发生跳变，并重复t_1至t_2的过程，如此周而复始，形成自激振荡，产生一种完全对称的方波输出，如图6.5.9(b)所示。

（2）振荡频率与周期

方波发生器的振荡频率f和周期T取决于电容C的充放电过程，由一阶电路的三要素法不难求得t_1至t_2期间电容C放电时u_C的变化规律

$$u_C = u_- = -U_Z + (U_{th1} + U_Z)e^{-\frac{t-t_1}{R_1 C}} \quad (t_2 \geqslant t \geqslant t_1) \tag{6.5.15}$$

当$t = t_2$时，$u_C(t_2)=U_{th2}$。又$t_2-t_1=T/2$，再将式（6.5.14）代入，求得

$$T = \frac{1}{f} = 2R_1 C\ln\left(1+\frac{2R_2}{R_3}\right) \tag{6.5.16}$$

不难看出，电容C充电过程的时间常数、起始值与稳态值在大小上均与放电过程中的相同，故由充电过程也能求得公式（6.5.16）完全一致的结果。可见，两个半周期内的波形是完全对称的，这是方波输出的特点。

由式（6.5.16）可知，方波的周期与R_1、R_2、R_3及C有关，改变这些参数就可改变频率。实际应用中通常用一个电位器来代替电阻R_1，利用它来调节频率。方波的幅值由限幅电路决定，与频率无关。这是用集成运放来构成方波发生器的优点，也是用数字集成电路难以做到的。

只要使图6.5.9(a)所示电路电容充放电的时间常数不同，则可产生高、低电平持续时间不等的矩形波。图6.5.10(a)所示电路为矩形波发生器，只要调节电位器R_w上b点的位置，就可输出占空比（即高电平维持时间与周期之比）可调而周期不变的矩形波。设$R_{wa}>R_{wc}$，所对应的工作波形如图6.5.10(b)所示。

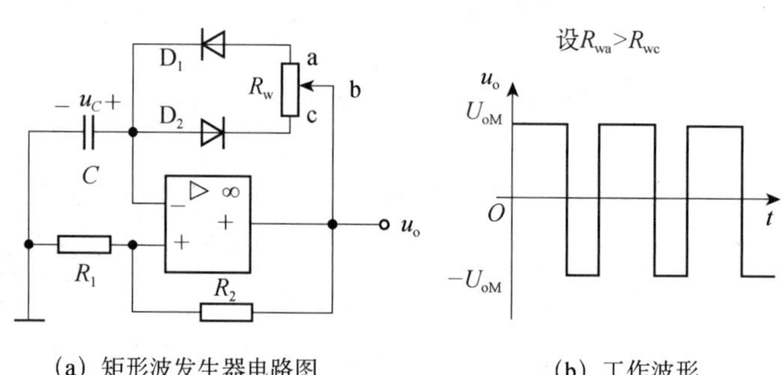

（a）矩形波发生器电路图　　（b）工作波形

图6.5.10　矩形波发生器

（3）三角波发生器

由数学知识可知，方波经过积分可得三角波。因此，只要在上述方波发生器的输出端再加一级积分器，就成了三角波发生器。因它同时又能输出方波，故实际上是一种方波与三角波发生器。

三角波发生器视频

三角波发生器课件

图 6.5.11(a)所示电路就是方波与三角波发生电路，其中集成运放 A_1 组成滞回比较器，A_2 组成反相积分器。与图 6.5.9(a)的方波发生器比较，其主要区别是此电路将 u_{o2} 通过 R_1 反馈至 A_1 的同相端，A_1 的反相端则接地。由 $u_+=u_-=0$ 的条件求得 A_1 比较器的两个阈值电压（参见例 6.5.1）

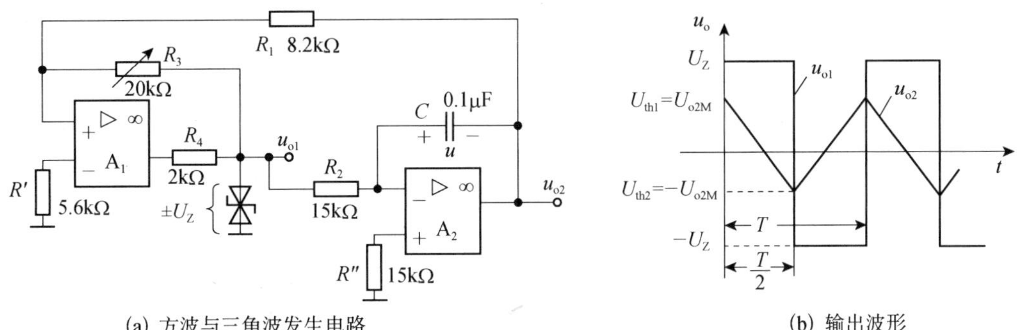

(a) 方波与三角波发生电路　　　(b) 输出波形

图 6.5.11　方波与三角波发生器

$$U_{th2}=-R_1U_Z/R_3 \qquad (u_{o1}=U_Z) \tag{6.5.17}$$

$$U_{th1}=R_1U_Z/R_3 \qquad (u_{o1}=-U_Z) \tag{6.5.18}$$

若 $u_{o1}=U_Z$，则电容 C 充电，u_{o2} 将线性地减小，当 u_{o2} 下降至阈值电压 U_{th2} 时，出现 $u_+=u_-=0$，A_1 产生跳变，u_{o1} 由 U_Z 跳变为$-U_Z$。之后，C 开始放电（或称反向充电），u_{o2} 将线性上升。当 u_{o2} 增大到 U_{th1} 时，又将出现 $u_+=u_-=0$，u_{o1} 又将从$-U_Z$ 跳变至 U_Z。如此周而复始，形成振荡，A_1 输出方波，A_2 输出三角波，如图 6.5.11(b)所示。

显然，该电路输出三角波的正、负最大值（即峰值）就是 U_{th1} 与 U_{th2}，即

$$U_{o2M}=U_{th1}=R_1U_Z/R_3 \qquad (-U_{o2M})=U_{th2}=-R_1U_Z/R_3 \tag{6.5.19}$$

方波的幅值则仍由限幅电路的 U_Z 值决定。

三角波的振荡周期与频率可由积分电路求得。由图 6.5.11(b)可知，在 $T/2$ 时间内 u_{o2} 由 U_{o2M} 线性变化为$-U_{o2M}$，变化量为 $2U_{o2M}$，它应等于电容 C 上电压的变化量，即

$$\frac{1}{R_2C}\int_0^{T/2}U_Z\mathrm{d}t=2U_{o2M}$$

再将式（6.5.19）代入，就可得

$$T=\frac{1}{f}=\frac{4R_1R_2C}{R_3} \tag{6.5.20}$$

由式（6.5.19）及式（6.5.20）可知，三角波的幅值只与 R_1、R_3 及 U_Z 有关；而其周期则与 R_1、R_2、R_3 及 C 有关。所以在实际应用时应先调节电阻 R_1 或 R_3，使三角波的幅值达到所需之值，然后再调节 R_2 或 C，使 T 与 f 达到要求值。

锯齿波实际上是上升与下降斜率不等的三角波，故只要将图 6.5.11(a)电路中的电阻 R_2 改为两个电阻 R_{21}、R_{22} 与两个二极管 D_1、D_2 组成的网络，如图 6.5.12(a)所示，就可使积分器的充放电时间常数不相等，从而使 u_{o2} 输出为锯齿波，同时 u_{o1} 也变成高低电平时间不相等的矩形波，如图 6.5.12(b)所示。

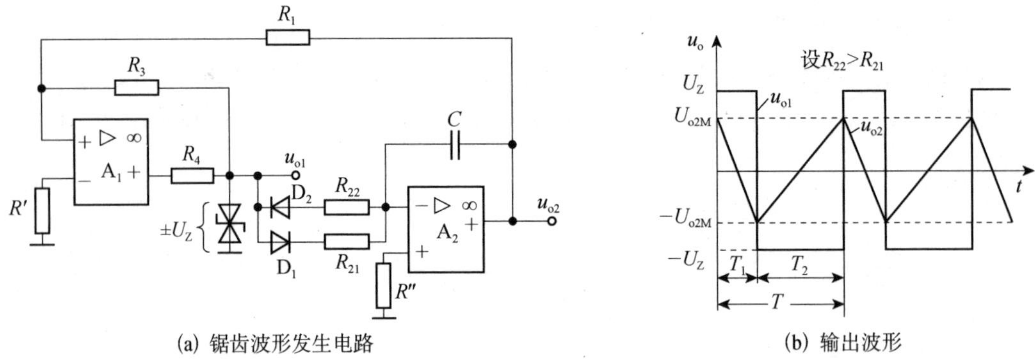

图 6.5.12　锯齿波发生电路

6.5　测试题

6.5　测试题讲解视频

6.5　测试题讲解课件

6.6　工程应用实例

6.6.1　小型温度控制电路

自动温度控制电路在许多场合都有应用，它通过对温度的采集、判断，从而控制相应电路工作。图 6.6.1 所示为小型温度控制电路原理框图。

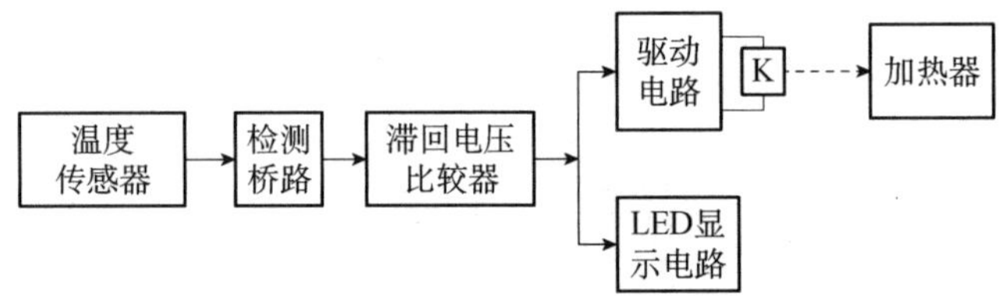

图 6.6.1　小型温度控制电路原理框图

图 6.6.2 所示为一简易的温度控制电路，其中 R_t 为负温度系数的热敏电阻，它与 R_1、R_2、R_3 和 R_W 构成检测桥路，其输出反映温度变化情况。理想运算放大器 A_1 构成差分比例运算电路，其输出电压 $u_{o1}=\dfrac{R_7}{R_6}(u_{i2}-u_{i1})$。理想运算放大器 A_2 构成滞回电压比较器，有两个阈值电压，分别是 $U_{th1}=\dfrac{R_9}{R_8+R_9}U_{om}$ 和 $U_{th2}=\dfrac{R_9}{R_8+R_9}(-U_{om})$。晶体管 VT 构成继电器的驱动电路，用于控制继电器动作，而继电器的吸合和释放将控制加热器的工作。熔断器与加热器的连接如图 6.6.3 所示。

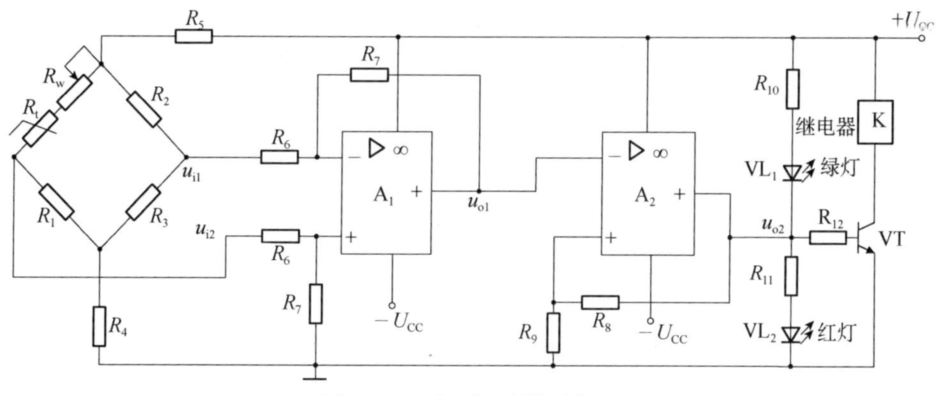

图 6.6.2　小型温度控制电路

此电路的工作原理是：取 $R_1=R_2=R_3$，当温度过低使得 $R_t+R_w>R_3$，则 $u_{i2}<u_{i1}$。经过 A_1 放大后 $u_{o1}<U_{th2}$，则滞回电压比较器 A_2 的输出 u_{o2} 为高电平，晶体管 VT 导通，继电器吸合，使得图 6.6.3 中的开关 K 闭合，加热器通电加热。与此同时，发光二极管 VL_2 导通，发出红光。此后，随着加热器的工作，温度逐渐上升，R_t 阻值减小，使 u_{i2} 增大，u_{o1} 也跟着增大。当 $u_{o1}>U_{th1}$ 时（此时滞回电压比较器的阈值电压为 U_{th1}），则滞回电压比较器 A_2 的输出 u_{o2} 为低电平，晶体管 VT 截止，继电器释放，使得图 6.6.3 中的开关 K 断开，加热器断电，停止加热，温度逐渐下降。与此同时发光二极管 VL_1 导通，发出绿光。温度的下降使 R_t 的阻值增大，导致 u_{i2} 减小，u_{o1} 也跟着减小。当 $u_{o1}<U_{th2}$ 时（此时滞回电压比较器的阈值电压为 U_{th2}），则滞回电压比较器 A_2 的输出 u_{o2} 为高电平，晶体管 VT 导通，继电器吸合，加热器又开始工作。温度逐渐上升，R_t 的阻值逐渐减小，使 u_{i2} 增大，u_{o1} 也随之增大。当增大至 $u_{o1}>U_{th1}$ 时，加热器又断电。上述过程循环反复，自动控制加热器工作状态，从而使温度基本维持在一个稳定的范围内。

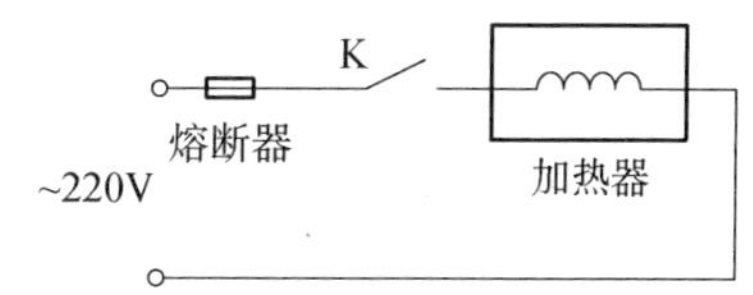

图 6.6.3　继电器与加热器的连接

6.6.2　函数信号发生器

函数信号发生器可以输出正弦波、矩形波和三角波，其原理框图如图 6.6.4 所示。

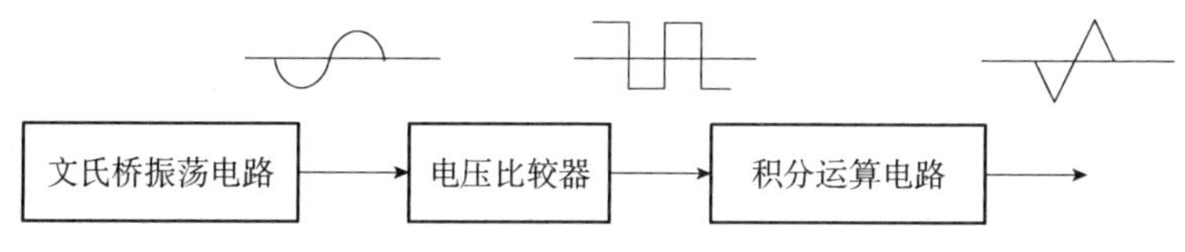

图 6.6.4　函数信号发生器原理框图

正弦波-矩形波-三角波产生电路如图 6.6.5 所示。其中，运算放大器 A_1 及其外围电路构成文氏电桥振荡器，R_1、R_2 为同轴电位器，A_1 输出正弦波的频率为 $f=\dfrac{1}{2\pi R_1C_1}$。

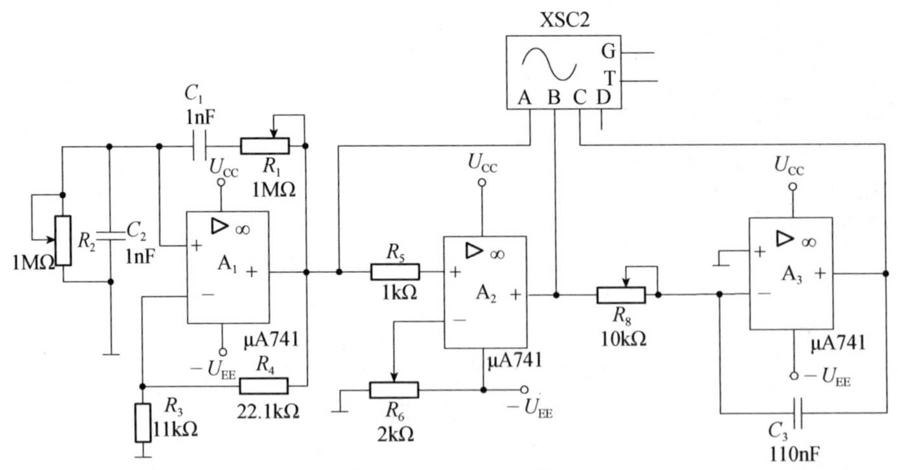

图 6.6.5 正弦波-矩形波-三角波产生电路

运算放大器 A_2 构成单限电压比较器，将输入的正弦波与参考电压进行比较，A_2 的输出为矩形波。调节电位器 R_6 上的触点位置可以改变矩形波的占空比。

运算放大器 A_3 构成积分运算电路，它将输入的矩形波进行积分，输出为三角波。三角波的幅值可通过调节 R_8 来实现。

本章小结

1. 集成运算放大器

集成运算放大器实质上是一个具有高电压放大倍数的直接耦合的多级放大电路。它的内部通常包含 4 个组成部分：输入级、中间级、输出级和偏置电路。

理想运放的开环差模电压增益 $A_{od}=\infty$，差模输入电阻 $R_{id}=\infty$，输出电阻 $R_o=0$，共模抑制比 $K_{CMR}=\infty$，输入失调电压、失调电流以及它们的零漂都为 0。

2. 反馈

反馈就是将放大电路的输出电压或输出电流的一部分或全部，通过反馈网络引回到输入回路的过程。反馈的目的是改善放大电路的性能指标。

按照不同的分类方法，反馈可分为正反馈和负反馈、直流反馈和交流反馈、电压反馈和电流反馈、串联反馈和并联反馈等。交流负反馈有 4 种组态，不同类型的负反馈对放大电路性能的影响是不同的。直流负反馈可以稳定静态工作点，交流负反馈可以影响放大电路的动态性能指标。电压负反馈可以稳定输出电压，减小输出电阻；电流负反馈可以稳定输出电流，增大输出电阻；串联负反馈可以增大输入电阻；并联负反馈可以减小输入电阻。熟练掌握反馈类型及组态的判断方法，是分析和设计负反馈放大电路的基础。

3. 集成运放的工作区

集成运放有两个工作区：线性区和非线性区。它们的工作条件、特点及对应的典型应用电路如表 6-1 所示。

表 6-1　集成运放的工作区

工作区	条件	特点	典型应用电路
线性区	引入负反馈	① 虚短 $u_+=u_-$ ② 虚断 $i_+=i_-=0$	运算电路 滤波电路
非线性区	开环或者引入正反馈	① $u_o=\begin{cases}+U_{oM} & 当u_+>u_- \\ -U_{oM} & 当u_+<u_-\end{cases}$ ② 虚断 $i_+=i_-=0$	电压比较器 波形发生器

第 6 章综合测试题

第 6 章综合测试题讲解视频

第 6 章综合测试题讲解课件

6.1　选择填空题。

（1）集成运放有______个输入端和______个输出端。

A. 1　　B. 2　　C. 3　　D. 4

（2）差分放大电路的特点是______。

A. 抑制差模信号，放大共模信号，放大倍数与共集电极放大电路相当。

B. 放大差模信号，抑制共模信号，放大倍数与共射单管放大电路相当。

C. 放大差模信号，抑制共模信号，放大倍数与两级共射放大电路相当。

D. 抑制差模信号，放大共模信号，放大倍数与共射单管放大电路相当。

（3）共模抑制比 K_{CMRR} 是______之比。

A. 差模输入信号与共模输入信号

B. 差模输出信号与共模输出信号

C. 差模电压放大倍数与共模电压放大倍数

D. 差模电流放大倍数与共模电流放大倍数

（4）因为电流源中流过的电流是恒定的，因此其等效的动态电阻______。

A. 较小　　B. 很小　　C. 可能大可能小　　D. 很大

（5）复合管用于放大电路可以______。

A. 展宽通频带　　B. 减小温漂

C. 减小输入电阻　　D. 提高电流放大系数

（6）为稳定输出电压，应在放大电路中引入______；

为稳定输出电流，应在放大电路中引入______；

为增大输入电阻，应在放大电路中引入______；

为减小输入电阻，应在放大电路中引入______；

为稳定静态工作点，应在放大电路中引入______；

为展宽通频带，应在放大电路中引入______；

A. 直流负反馈　　B. 交流负反馈　　C. 电压负反馈

D. 电流负反馈　　E. 串联负反馈　　F. 并联负反馈

（7）负反馈使放大电路的放大倍数______，但使闭环放大倍数的稳定性提高；

串联负反馈使输入电阻______，而并联负反馈使输入电阻______；

电压负反馈使输出电阻______，而电流负反馈使输出电阻______。

A. 增大　　B. 减小　　C. 可能大可能小　　D. 不变

（8）集成运放引入负反馈后将工作在______状态，此时电路有______两个特点。

A. 线性　　B. 非线性

C.“虚短”和“虚断”　　D.“虚断”和“虚地”

（9）集成运放开环或引入正反馈后将工作在______状态，若 $u_- < u_+$，则 u_o=______；若 $u_- > u_+$，则 u_o=______。

A. 线性　　B. 非线性　　C. $+U_{oM}$　　D. $-U_{oM}$

6.2　题 6.2 图中晶体管的β=100，r_{be}=10.3kΩ。试求：（1）电路的静态工作点 I_{c1}、I_{c2}、U_{c1} 和 U_{c2}；（2）差模电压放大倍数 A_{ud}；（3）差模输入电阻 R_{id} 和输出电阻 R_o。

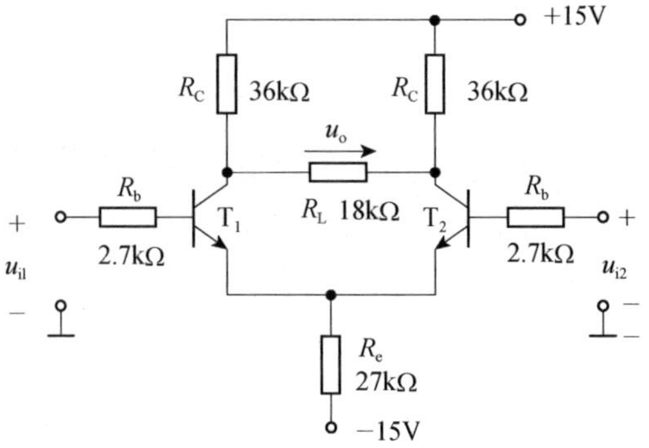

题 6.2 图

6.3　题 6.3 图所示电路中，说明存在哪些反馈支路，并判断哪些是直流反馈，哪些是交流反馈；哪些是负反馈，哪些是正反馈。若为交流负反馈，试判断反馈的组态。

6.4　试判断题 6.4 图所示电路中各级间反馈的极性和组态（对交流负反馈而言）。

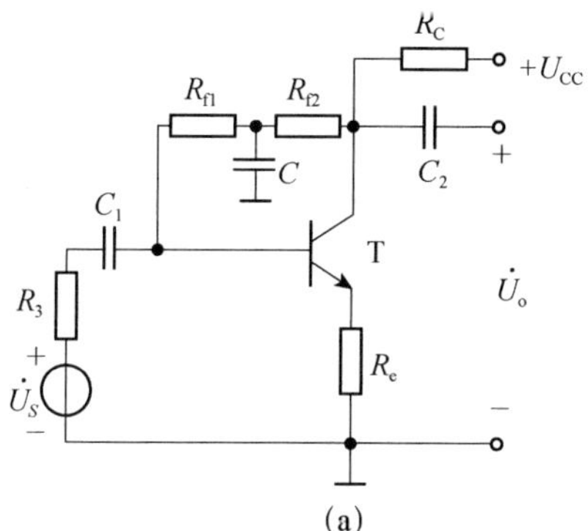

(a)

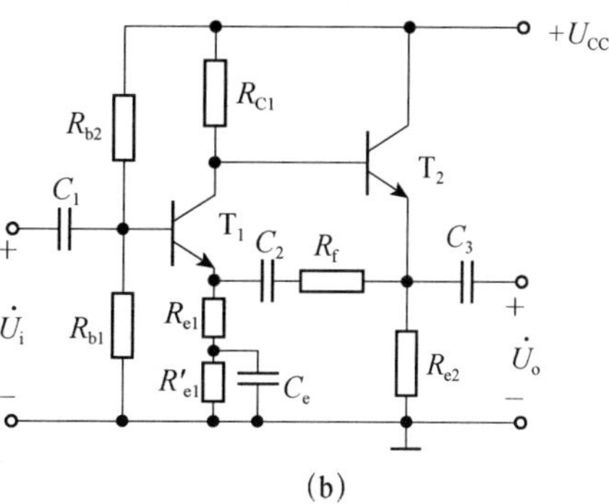

(b)

题 6.3 图

(c)

(d)

(a)

(b)

(c)

(d)

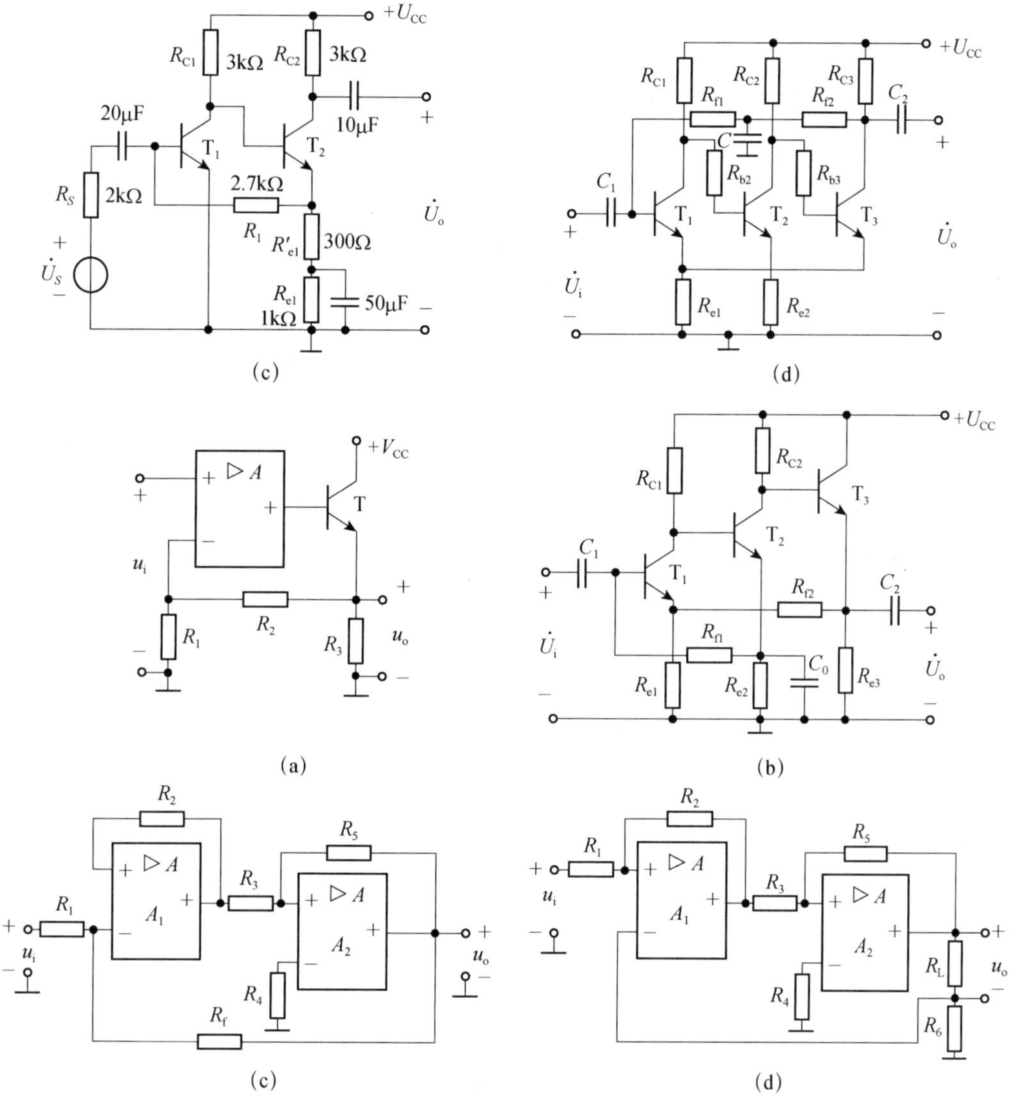

题 6.4 图

6.5 指出题 6.5 图示各电路中有哪些反馈，分别判断它们的极性和组态，并说明其反馈效果是稳定输出电流 i_o，还是稳定输出电压 u_o。

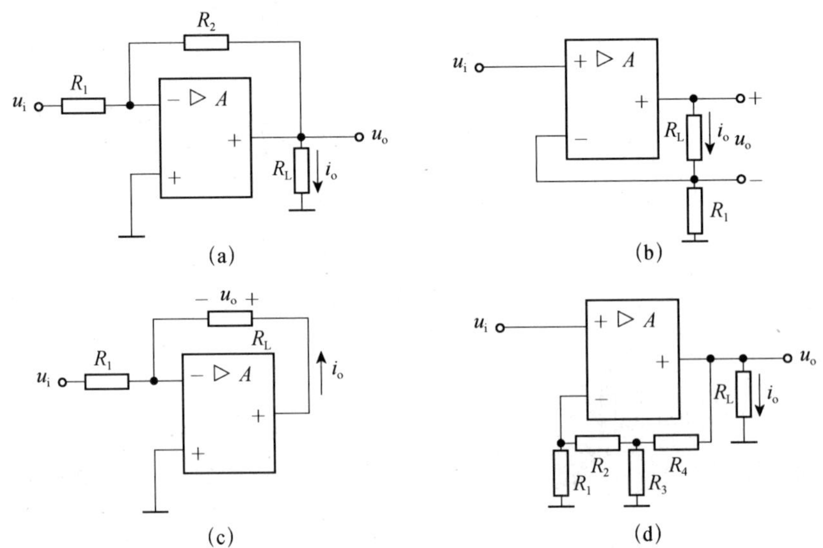

题 6.5 图

6.6 试分析题 6.6 图所示电路中 R_e 的反馈作用：

（1）如果电路从集电极输出，是电压反馈还是电流反馈？

（2）如果从发射极输出是电压反馈还是电流反馈？

6.7 试问题 6.7 图所示电路中有哪些级间反馈？分析这些反馈的极性和组态。如果希望 R_{f1} 只起直流反馈作用，而 R_{f2} 只起交流反馈作用，则电路应怎样进行改接？

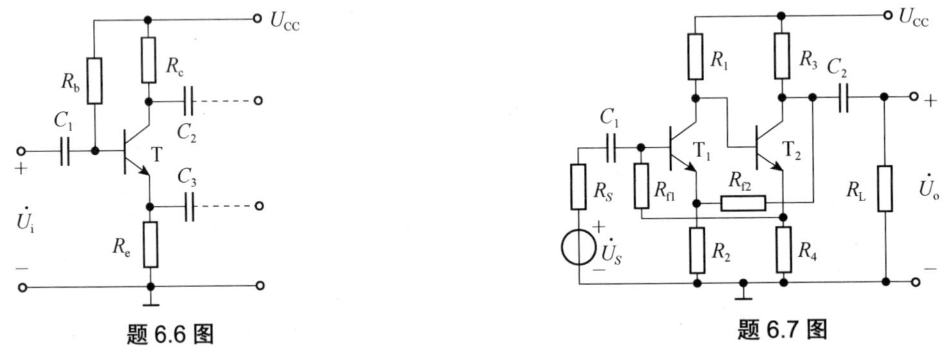

题 6.6 图　　　　题 6.7 图

6.8 在题 6.8 图所示电路中欲达到下列效果，应该如何引入反馈？

（1）希望静态时，电路元件参数的变化对各级静态电流和电压的影响比较小，应引入______反馈，可将反馈电阻 R_f 自______接到______。

（2）希望放大器从信号源索取的电流小，应引入______反馈，可将 R_f 自______接到______。

（3）加入信号后，为使输出电流 I_o 基本不受 R_L 变化的影响，应引入______反馈，可将 R_f 自______接到______。

（4）希望在输出端的负载电阻 R_L 变化时、输出电压 U_o 基本不变，应引入______反馈，可将 R_f 自______接到______。

（5）若信号源内阻 R_S 很小，为有较好的负反馈效果，应引入______反馈，可将 R_f 自______接到______。

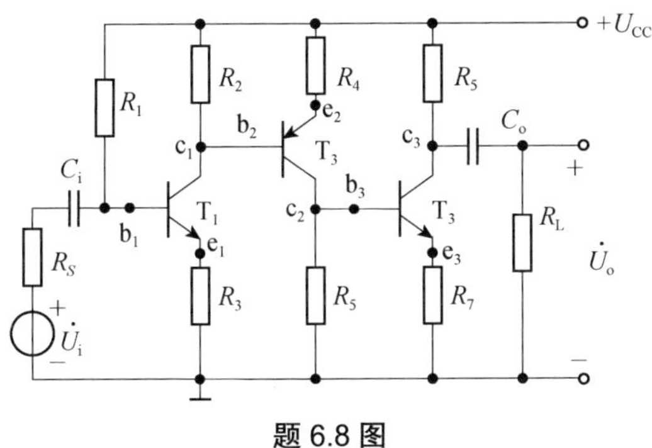

题 6.8 图

6.9　在题 6.9 图示各理想运放的电路中，当 u_i=1V 时，求各电路的 u_o=?

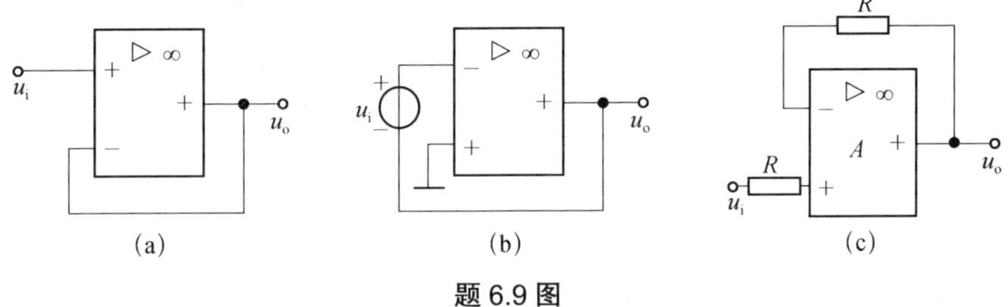

题 6.9 图

6.10　电路如题 6.10 图所示。图中运放为理想元件，试写出 u_o 和 u_i 的关系式。

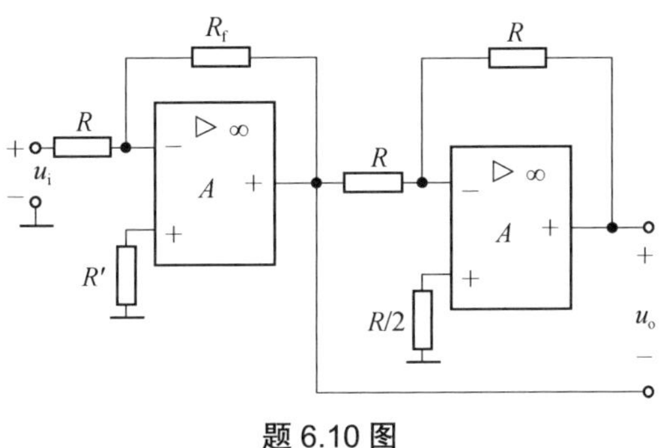

题 6.10 图

6.11　写出题 6.11 图所示电路的输出电压和输入电压之间的关系式。

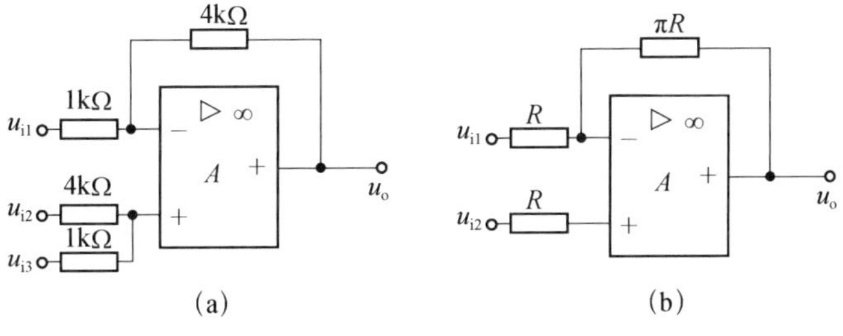

题 6.11 图

6.12　题 6.12 图所示电路，已知 u_i=1V，试计算：（1）开关 S_1、S_2 都合上时的 u_o 值；

（2）开关 S_1、S_2 都断开时的 u_o 值；（3）S_1 合上，S_2 断开时的 u_o 值。

6.13　设题 6.13 图示电路中的运放具有理想特性。已知 R_1=0.5kΩ，R_2=2kΩ，R_3=2kΩ，R_4=4kΩ，试求电路的电压放大倍数 A_{uf}。

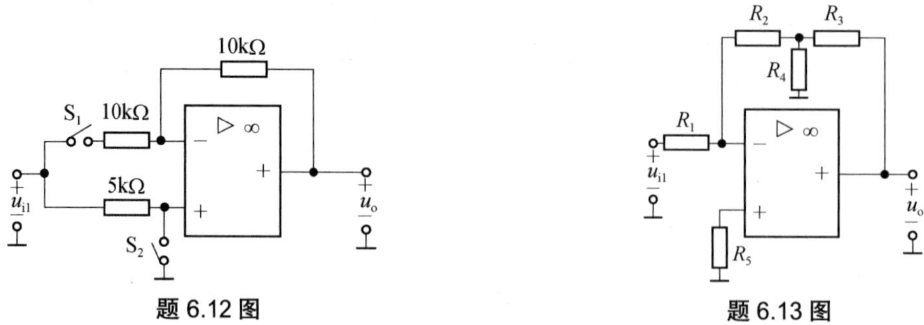

题 6.12 图　　　　题 6.13 图

6.14　试设计一个能实现 $u_o=2u_{i1}-u_{i2}+0.1u_{i3}$ 的运算电路，并要求选用的电阻值在 10～100kΩ 范围内。

6.15　设题 6.15 图示电路中运放具有理想特性。已知 $u_i=2\sin\omega t$ V，试画出电路的输出电压 u_o 的波形，并标明幅度大小。

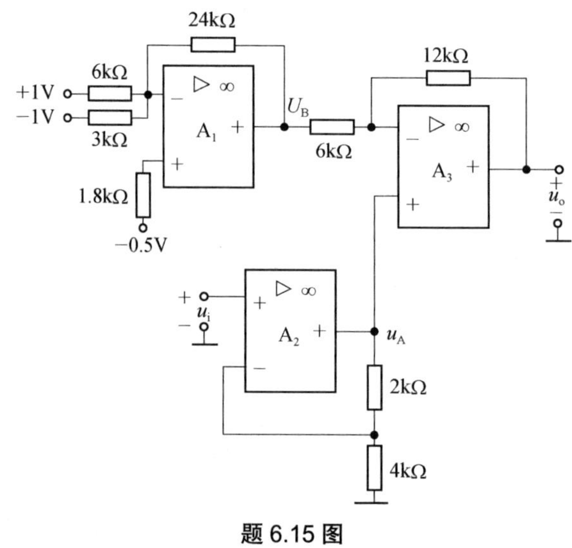

题 6.15 图

6.16　由理想运放组成的积分器如题 6.16 图所示。设输入正弦信号 u_i=2sin628tV，试求输出电压 u_o 的表达式，并画出波形图。

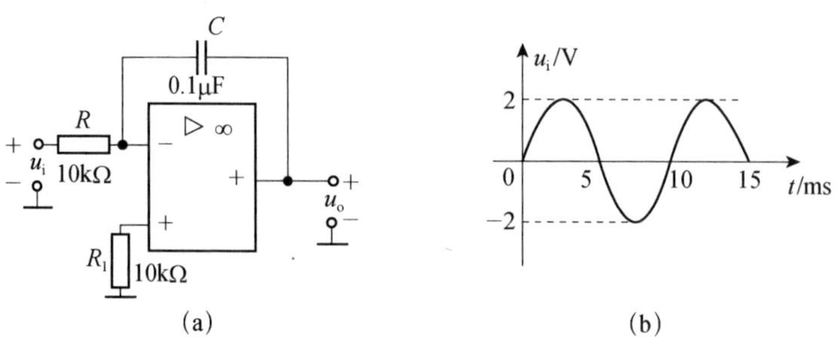

题 6.16 图

6.17　由理想运放构成的同相积分电路和差分积分电路如题 6.17 图所示，试分别推导它们的输出电压与输入电压之间的关系式。

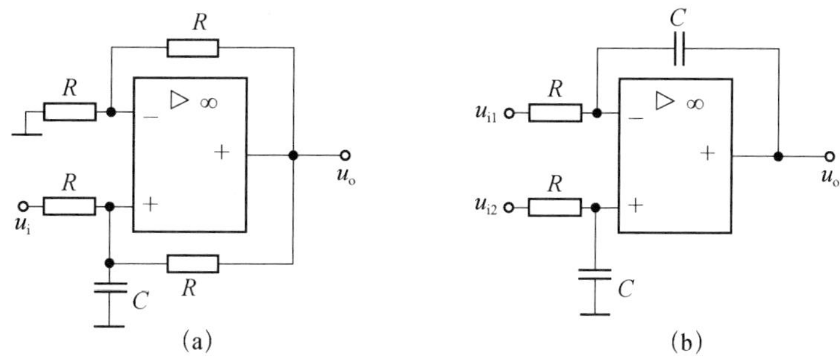

题 6.17 图

6.18　在下列各种情况下，应分别采用哪种类型（低通、高通、带通、带阻）的滤波器。

（1）抑制 50Hz 的干扰；

（2）处理具有 1Hz 固定频率的有用信号；

（3）从输入信号中取出低于 10kHz 的信号；

（4）抑制频率为 50kHz 以上的高频干扰；

（5）从输入信号中取出高于 100kHz 的信号。

6.19　试画出题 6.19 图所示电路的电压传输特性曲线。假设图中 A 为理想运放，所有稳压管的稳压值均为 5.3V，正向导通电压为 0.7V。

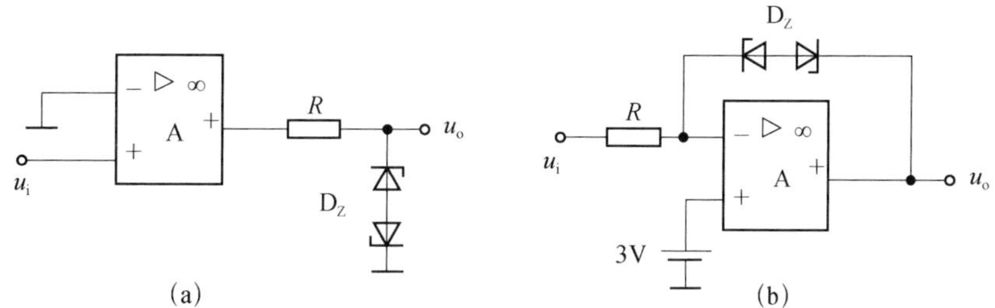

题 6.19 图

6.20　由理想运放组成的电压比较器如题 6.20 图(a)、(b)所示。图中稳压管的稳压值均为 5.3V，正向导通电压为 0.7V。（1）画出它们的电压传输特性；（2）当输入正弦信号 $u_i=5\sin\omega t$V 时，画出它们的输出电压 u_o 波形（和 u_i 对应起来），并在波形图上标出有关电压值。

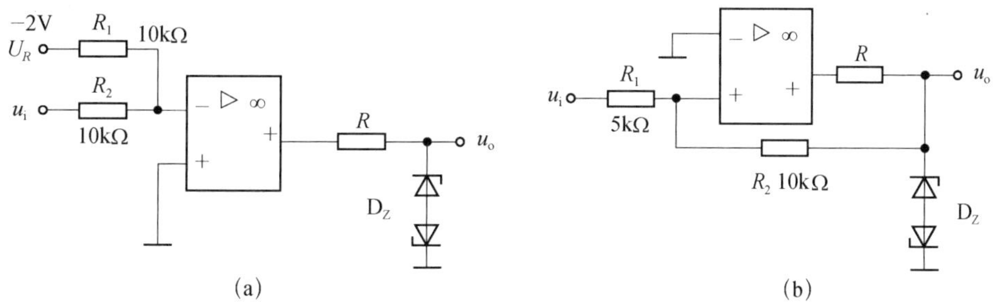

题 6.20 图

6.21　在题 6.21 图所示电路中，R=10kΩ，C=0.01μF。欲使电路产生正弦振荡，对 R_1、R_2

之值有何要求，计算此电路的振荡频率 f_0。

6.22 试标出题 6.22 图所示方波发生器中集成运放的同相输入端和反相输入端，并求方波的振荡频率 f_0。

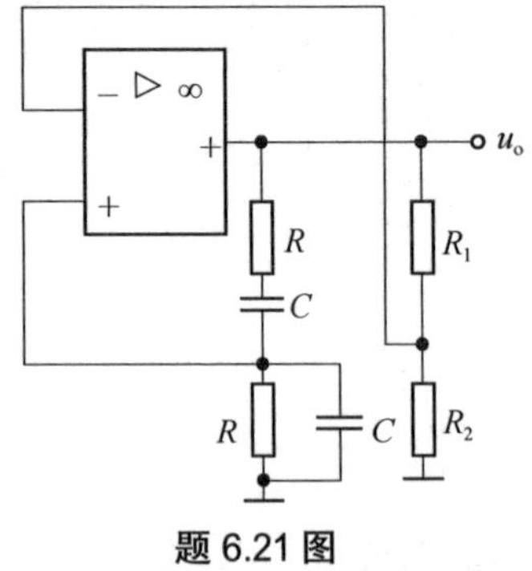

题 6.21 图

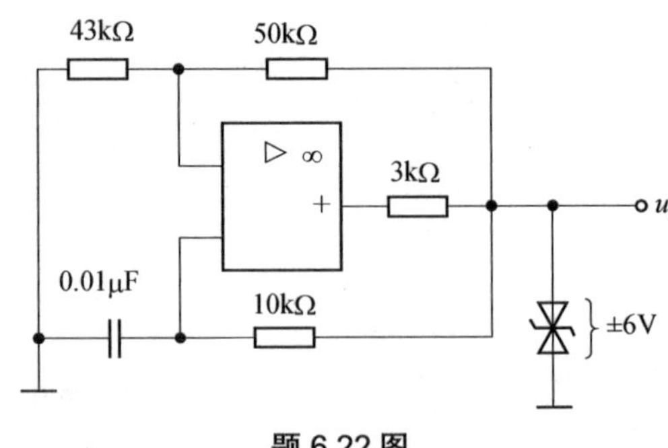

题 6.22 图

6.23 【项目设计】设计一个用于温室大棚的温度信号采集放大电路，温度信号由正温度系数的传感器采集，输出直流电压随温度变化的范围为 5～50mV，要求将该信号放大到 500mV～5V 输出，试按要求查找资料，写出设计思路，画出方框图和具体电路。

6.24 【项目设计】设计一个晶体管 β 值筛选电路，使用一只发光二极管做指示。要求：当被测晶体管 $\beta<150$ 或 $\beta>250$ 时，LED 灯不亮，表示不合格；当 $150<\beta<250$ 时，LED 灯亮，表示合格。试按要求查找资料，进行电路设计并画出电路原理图，并计算和选择元器件参数，并阐述工作原理。

6.25 【项目设计】设计一个电话语音信号带通滤波器。要求：上限截止频率 $f=3400\text{Hz}$，下限截止频率 $f=300\text{Hz}$，阻带衰减速率为−40dB/十倍频，带内增益 $A_u=2$。试设计出相关电路并计算和选择元器件参数。

习题解析

第 7 章思维导图

第 7 章讨论区

第 7 章　直流稳压电源

电子设备一般都需要直流电源供电，这些直流电源少数直接利用干电池、直流发电机或其他直流能源（如太阳能电池等）提供，由于它们的成本高，使用不方便，所以在有交流电网的地方，通常采用将交流电转变为直流电的直流稳压电源。本章主要介绍直流稳压电源的组成及各部分的功能、串联型稳压电路的工作原理以及集成三端稳压器的应用。

7.1　直流稳压电源的组成

直流稳压电源的组成视频

直流稳压电源的组成课件

利用单相交流电获得直流电的直流稳压电源一般由电源变压器、整流电路、滤波电路和稳压电路 4 部分组成，其结构示意图如图 7.1.1(a)所示。各部分功能介绍如下。

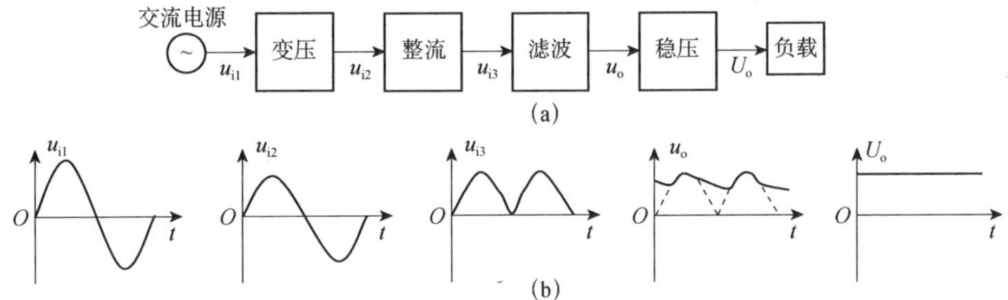

图 7.1.1　直流稳压电源组成框图及各部分输出波形

1. 电源变压器

电子电路所需的直流电压一般为几伏到几十伏，而交流电网提供的正弦交流电压的有效值为 220V，因此需要通过电源变压器降压，得到符合电路需求的交流电压。

2. 整流电路

利用二极管的单向导电性，可将变压器次级交流电压变换成方向不变、大小随时间变化的脉动直流电压。

3. 滤波电路

通过电容、电感等储能元件，滤除单向脉动电压中的交流量，可得到比较平滑的直流电压。

4. 稳压电路

7.1 测试题

稳压电路使输出的直流电压更加稳定，基本不会随负载变化或交流电网电压的波动而变化。

各部分输出电压的波形，如图 7.1.1(b)所示。

7.2 整流电路

整流电路视频

整流电路课件

整流电路的任务是将交流电压转变为单向脉动直流电压。整流电路可分为单相整流电路和三相整流电路两大类。一般直流稳压电源都采用单相整流电路，它是利用二极管的单向导电性实现整流作用的。

7.2.1 单相桥式整流电路的结构

第 4 章的例 4.2.3 中的电路是一个半波整流电路，负载上只得到了半个周期的单向脉动直流电压，其电压的直流量小、电源利用率低。为了提高变压器的效率，减小输出电压的脉动，在小功率直流电源中，应用最多的是单相桥式整流电路，如图 7.2.1(a)所示。它由 4 个整流二极管 D_1～D_4 组成。由于 4 个二极管接成电桥形式，故称这种整流电路为桥式整流电路。通常把图 7.2.1(a)画成图 7.2.1(b)的形式。

为了便于分析，假设图 7.2.1(a)中所有二极管均为理想器件，即正向导通压降和反向电流都为 0。所以二极管导通时可视为短路，二极管截止时可视为开路。

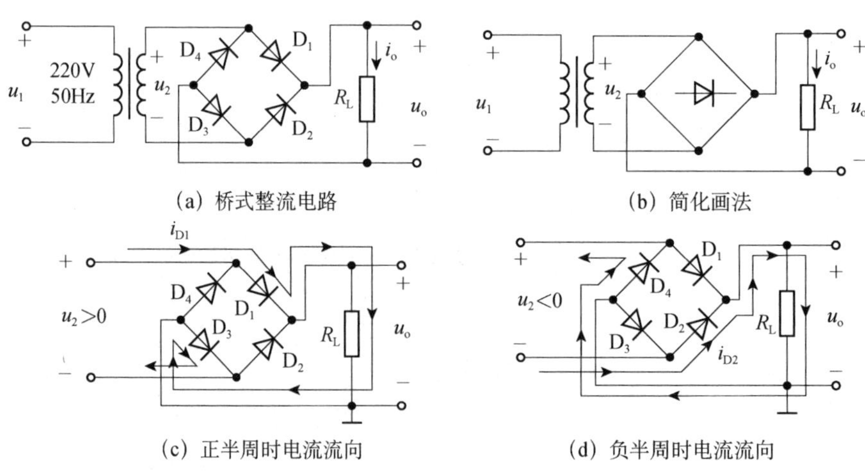

(a) 桥式整流电路　　(b) 简化画法

(c) 正半周时电流流向　　(d) 负半周时电流流向

图 7.2.1　单相桥式整流电路

当 u_2 为正半周时，电压的真实极性为上“+”下“−”。由图 7.2.1(c)可知，二极管 D_1、D_3 因正偏而导通，D_2、D_4 因反偏而截止，所以电流 i_{D1} 沿图 7.2.1(c)中实线方向通过负载电阻 R_L。此时 D_2、D_4 承受的反向电压均为 u_2。

当 u_2 为负半周时，电压的真实极性为下“+”上“−”。由图 7.2.1(d)可知，二极管 D_2、D_4 因正偏而导通，D_1、D_3 因反偏而截止，电流 i_{D2} 沿图 7.2.1(d)中实线方向流经负载电阻 R_L。此时 D_1、D_3 承受的反向电压也为 u_2。

显然，在整个周期内，负载电阻 R_L 上均有电流通过，且方向都是由 R_L 的上端流向下端，所以**负载电压 u_o 是一个方向不变、大小变化的脉动直流电压**。在忽略二极管正向导通压降的情况下，单相桥式整流电路的输出电压 u_o 和输出电流 i_o 的波形如图 7.2.2 所示。

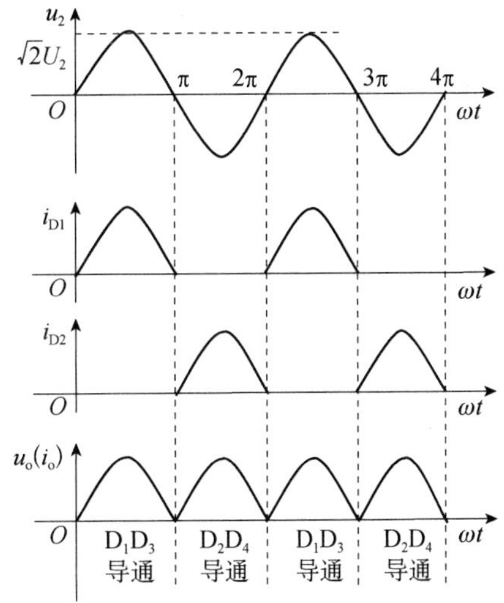

图 7.2.2　单相桥式整流电路的波形图

7.2.2　主要参数

利用傅里叶级数对图 7.2.2 中输出电压 u_o 的波形进行分解，可得

$$u_o=\sqrt{2}U_2\left(\frac{2}{\pi}-\frac{4}{3\pi}\cos 2\omega t-\frac{5}{15\pi}\cos 4\omega t-\cdots\right) \tag{7.2.1}$$

由此可求得以下基本参数。

（1）**输出电压平均值** $U_{o(AV)}$

式（7.2.1）中的恒定分量即为输出电压 u_o 的平均值，可得

$$U_{o(AV)}=\frac{2\sqrt{2}U_2}{\pi}=0.9U_2 \tag{7.2.2}$$

（2）**输出电流平均值** $I_{o(AV)}$

$$I_{o(AV)}=\frac{U_{o(AV)}}{R_L}=0.9\frac{U_2}{R_L} \tag{7.2.3}$$

（3）**二极管的电流平均值** $I_{D(AV)}$

由于 4 个二极管成对、交替地导电，其电流波形如图 7.2.2 所示。因此流过每个二极管的平均电流是输出电流的一半，即

$$I_{D(AV)}=\frac{1}{2}I_{o(AV)}=0.45\frac{U_2}{R_L} \tag{7.2.4}$$

考虑到电网电压的波动范围为±10%，所选整流二极管的最大整流电流 I_F 应大于 $1.1I_{D(AV)}$。

（4）**二极管的最高反向电压** U_{RM}

由图 7.2.1(c)可知，当 u_2 为正半周时，D_1、D_3 导通，D_2、D_4 截止，电压 u_2 同时加在 D_2、D_4 两端，因此 D_2、D_4 所承受的最高反向电压就是 u_2 的峰值电压，即

$$U_{RM}=\sqrt{2}U_2 \tag{7.2.5}$$

同理，当 u_2 为负半周时，D_1、D_3 承受的最高反向电压也是 $\sqrt{2}U_2$。考虑到电网电压的波动范围为±10%，所选整流二极管的最高反向工作电压应大于 1.1 U_{RM}。

（5）**整流输出电压的脉动系数** S

脉动系数是衡量整流器输出波形平滑程度的一项重要指标。用脉动系数大的整流电压向

电子设备供电，将引起严重的市电干扰。脉动系数的定义为

$$S=\frac{\text{最低次谐波分量的幅值}}{\text{输出电压的平均值}}$$

对于桥式整流电路而言，根据式（7.2.1）可知，它的最低谐波是二次谐波（2ω），其幅值为$\frac{4\sqrt{2}U_2}{3\pi}$，故可求得 S 为

$$S=\frac{\frac{4\sqrt{2}U_2}{3\pi}}{\frac{2\sqrt{2}U_2}{\pi}}=\frac{2}{3}\approx 0.67 \tag{7.2.6}$$

可见，整流输出电压中交流量的比例还是很高的，需要通过滤波电路滤除其交流量。

例 7.2.1　在如图 7.2.1(a)所示的单相桥式整流电路中，要求输出电压平均值 $U_{o(AV)}$=100V，输出电流平均值 $I_{o(AV)}$=4A。（1）试选择整流二极管；（2）若 D_2 因故开路，输出电压平均值将变为多少？（3）若 D_2 接反，电路将会出现何种现象？

解：（1）变压器次级电压有效值为

$$U_2=\frac{U_{o(AV)}}{0.9}=\frac{100}{0.9}\approx 111\text{V}$$

流过二极管的电流平均值为

$$I_{D(AV)}=I_{o(AV)}/2=4/2=2\text{A}$$

二极管承受的最高反向电压为

$$U_{RM}=\sqrt{2}U_2=1.41\times 111=157\text{V}$$

考虑到电网电压的波动范围为±10%，所以选择整流二极管时，要求允许通过的最大整流电流应大于 $1.1I_{D(AV)}$=2.2A，允许承受的最高反向工作电压应大于 $1.1U_{RM}$=172.7V。据此可选用 2CZ12C 型二极管，其最大整流电流为 3A，最高反向工作电压为 300V，满足电路的参数要求。

（2）若 D_2 因故开路，则在 u_2 的负半周无法构成电流通路，输出电压为 0。负载电阻上只获得半个周期的电压，电路成为半波整流电路。此时输出电压平均值为正常工作时的一半，即 50V。

（3）若 D_2 接反，则在 u_2 的正半周，变压器次级绕组将被 D_1、D_2 直接短路，二极管和变压器将因电流过大而烧毁。

由于单相桥式整流电路应用普遍，现已生产出集成的硅桥堆，就是将 4 个整流二极管集成在一个硅片上，对外引出 4 根线，硅桥堆如图 7.2.3 所示。注意，使用时引脚不能接错，否则可能会发生短路，烧坏整流桥。

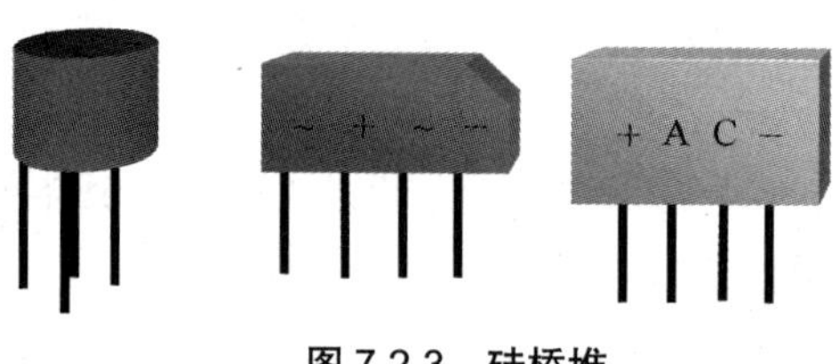

图 7.2.3　硅桥堆

7.2　测试题

7.3　滤波电路

滤波电路视频

滤波电路课件

经整流后的电压仍有较大的脉动成分，为了将其中的交流成分尽可能滤除，使之变为平滑的直流电，必须在其后加上一个低通滤波电路。在直流电源电路中，滤波电路多由无源的电抗元件构成，常用的有电容滤波电路、*RC*-π 型滤波电路和 *LC*-π 型滤波电路。

7.3.1　电容滤波电路

1. 工作原理

桥式整流电容滤波电路及其波形如图 7.3.1 所示。设电路接通时，变压器次级电压 u_2 处于正半周，且电容上的电压值位于 *a* 点。由于此时 $u_2<u_C$，所以 4 个二极管均截止，滤波电容向负载电阻放电，电容电压 u_C（即输出电压 u_o）按指数规律衰减。由于放电时间常数通常较大，所以 u_C 下降很慢。

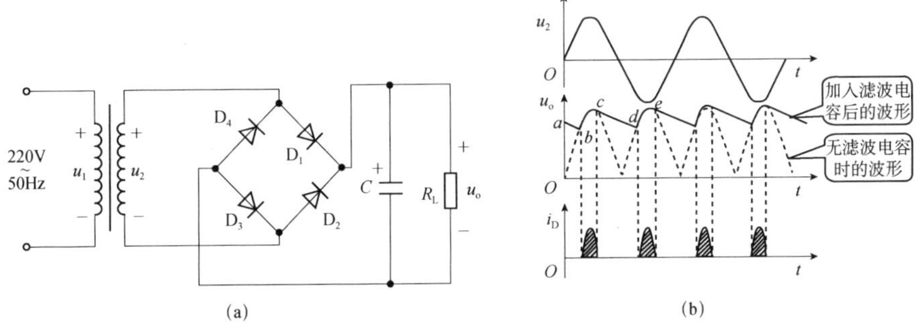

图 7.3.1　桥式整流电容滤波电路及其波形

u_C 下降的同时，变压器次级电压 u_2 按正弦规律上升。在 *b* 点，$u_2>u_C$，D_1、D_3 因正偏而导通，电源 u_2 开始向负载 R_L 供电，同时对电容充电。由于二极管的正向导通压降和变压器的等效电阻都很小（假设为零），所以可近似认为 $u_C\approx u_2$，这样 u_C 迅速上升至 U_{2m}（峰值）。此后，u_2 按正弦规律下降，u_2 下降的速度比 u_C 快，所以在 *c* 点 $u_2<u_C$，D_1、D_3 因反偏而截止（D_2、D_4 已截止）。随后，电容向负载电阻 R_L 放电，u_C 按指数规律下降。只要 *C* 足够大，放电时间常数 $\tau=R_LC$ 就很大，u_C 下降的速度就会很慢。在 *d* 点，u_2 负半周开始出现 $|u_2|>u_C$，使得 D_2、D_4 开始导通，u_2 通过 D_2、D_4 向负载 R_L 供电，同时对电容充电，u_C 迅速上升至 U_{2m}（峰值）。在 *e* 点，$|u_2|<u_C$，D_2、D_4 截止，电容向负载电阻放电。重复上述过程，输出电压的波形如图 7.3.1(b)所示。由图可知，此时输出电压 u_o 的脉动程度比没有接入滤波电容时要小得多，所以输出电压的平均值得到了提高。

2. 电容滤波电路的特点

（1）提高了输出电压平均值 $U_{o(AV)}$，且放电的时间常数 R_LC 越大，电容的放电速度越慢，输出电压的脉动越小，其平均值 $U_{o(AV)}$ 就越大。因此，在 R_L 一定的情况下，为了获得足够平滑的输出电压，C 应取得大一些。在实际工作中，通常根据下式选择滤波电容的容量。

对于桥式整流：

$$R_L C \geqslant (3\sim5)T/2 \tag{7.3.1}$$

对于半波整流：

$$R_L C \geqslant (3\sim5)T \tag{7.3.2}$$

式中，T 为电网电压的周期。一般选择容量为几十至几千微法的电解电容，考虑到电网电压的波动范围为±10%，其耐压值应大于 $1.1\sqrt{2}U_2$，且必须按照电容的正、负极性将其接入电路。

当电容的容量足够大，满足上述条件时，工程上电容滤波电路的输出电压平均值一般按照下列经验公式进行估算。

对于半波整流电容滤波：

$$U_{o(AV)} \approx U_2 \tag{7.3.3}$$

对于桥式整流电容滤波：

$$U_{o(AV)} \approx 1.2U_2 \tag{7.3.4}$$

（2）负载电阻 R_L 的阻值变化对输出电压平均值 $U_{o(AV)}$ 的影响较大，即外特性较差。

输出电压平均值 $U_{o(AV)}$ 随输出电流平均值 $I_{o(AV)}$ 的变化规律称为外特性。对图 7.3.1(a)所示的电路而言，当 $R_L=\infty$，即负载电流为 0 时，电容无放电回路，其两端电压始终等于电源电压 u_2 的峰值，所以输出电压平均值 $U_{o(AV)}=\sqrt{2}\,U_2$。当 R_L 逐渐减小时，$I_{o(AV)}$ 逐渐增大，电容放电速度加快，u_o 的脉动加大，故 $U_{o(AV)}$ 下降。说明电容滤波电路的输出电压平均值随负载电流的增大（负载电阻的减小）而减小。

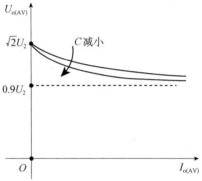

另外，当负载电流一定时，输出电压平均值随电容的减小而减小。这是因为电容越小，放电时间常数越小，电容放电速度加快，u_o 的脉动加大，故 $U_{o(AV)}$ 下降。当 C=0 时，相当于无滤波，此时输出电压平均值就等于桥式整流电路的输出电压平均值，为 $0.9U_2$。由此可得电容滤波电路的外特性如图 7.3.2 所示。

图 7.3.2　电容滤波电路的外特性

（3）二极管中有较大的冲击电流通过。由图 7.3.1(a)可知，只有当电容的端电压小于电源电压$|u_2|$时，二极管才能导通。显然，二极管的导通时间比没有电容滤波时短很多。所以在二极管导通时会出现较大的电流冲击，二极管的电流波形如图 7.3.1(b)所示。通常时间常数越大，二极管的导通时间越短，冲击电流也越大。尤其是电源刚接通的瞬间，电容端电压为 0，相当于短路，此时会有一个很大的冲击电流流过二极管，其瞬时值达到正常工作时的好几倍，容易损坏二极管。因此，在选择整流二极管时，其最大整流电流 I_F 应留有充分的余量，一般取 $I_F=(2\sim3)I_{D(AV)}$。

桥式整流电容滤波电路中流过二极管的平均电流近似等于负载平均电流的一半，即

$$I_{D(AV)} \approx \frac{1}{2}I_{o(AV)} = \frac{1}{2}\frac{U_{o(AV)}}{R_L}$$

桥式整流电容滤波电路中，二极管承受的最高反向电压和无电容滤波一样，仍为 $\sqrt{2}U_2$。

综上所述，电容滤波电路结构简单、输出电压平均值较高、输出电压脉动较小，但外特性较差，且二极管中存在电流冲击，故只适用于负载电流较小或者负载电流变化不大的场合。

例 7.3.1 桥式整流电容滤波电路如图 7.3.1(a)所示。已知交流电源频率为 50Hz，负载电阻 R_L=120Ω，要求输出直流电压为 30V。（1）估算变压器次级电压 U_2；（2）选择整流二极管；（3）确定滤波电容的大小。

解：（1）根据式（7.3.4）可得变压器次级电压的有效值为

$$U_2 = \frac{U_{o(AV)}}{1.2} = \frac{30}{1.2} = 25V$$

（2）负载平均电流为

$$I_{o(AV)} = \frac{U_{o(AV)}}{R_L} = \frac{30V}{120\Omega} = 250mA$$

整流二极管平均电流为

$$I_{D(AV)} = \frac{1}{2} I_{o(AV)} = 125mA$$

二极管承受的最高反向电压为

$$U_{RM} = \sqrt{2} U_2 \approx 35.36V$$

由以上数据，再结合电网电压±10%的波动范围应选择 2CP21 型二极管，其最大整流电流为 300mA，最高反向工作电压为 100V。

（3）根据式（7.3.1），求得 $C \approx 5\frac{T}{2R_L} = 5 \times \frac{0.02}{2\times 120} \approx 417\mu F$，耐压值>$1.1\sqrt{2}U_2$=38.9V，所以选择标准值为 470μF，耐压 50V 的电解电容。

7.3.2 π 型滤波电路

以上介绍的电容滤波电路结构简单、使用方便，但是当要求输出电压脉动非常小时，就必须选择容量很大的电容，这样既不经济，安装也不方便。为了进一步滤除纹波，可以采用 π 型滤波电路。常用的 π 型滤波电路有 *RC*-π 型滤波电路和 *LC*-π 型滤波电路，如图 7.3.3 所示。

在图 7.3.3(a)所示的 *RC*-π 型滤波电路中，整流电路输出的脉动电压相当于经过了两次电容滤波，因此输出电压更加平滑。*R* 和 *C* 越大，滤波效果越好。但 *R* 过大，其直流压降也要增大，在同样数值的交流输入电压下，负载 R_L 上得到的输出电压会降低，所以只适用于负载电流较小的场合。

用电感线圈 *L* 代替上述电路中的电阻 *R*，就构成了 *LC*-π 型滤波电路，如图 7.3.3(b)所示。由于电感线圈的直流电阻小、交流感抗大，因此可克服 *RC*-π 型滤波电路的缺点，取得更好的滤波效果。由于电感线圈的体积大、价格贵，所以一般用于负载电流较大且对滤波要求较高的场合。

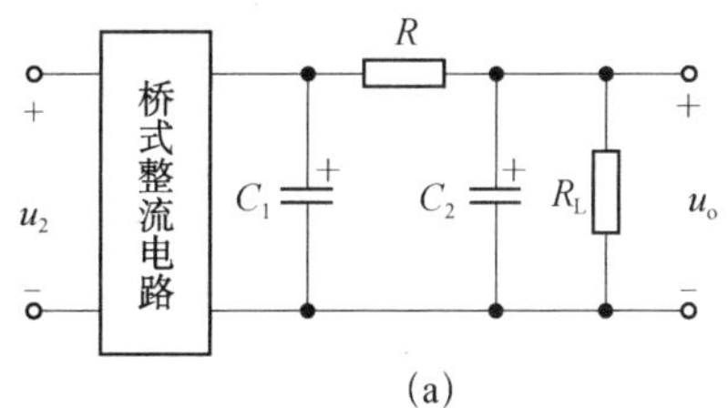

(a)

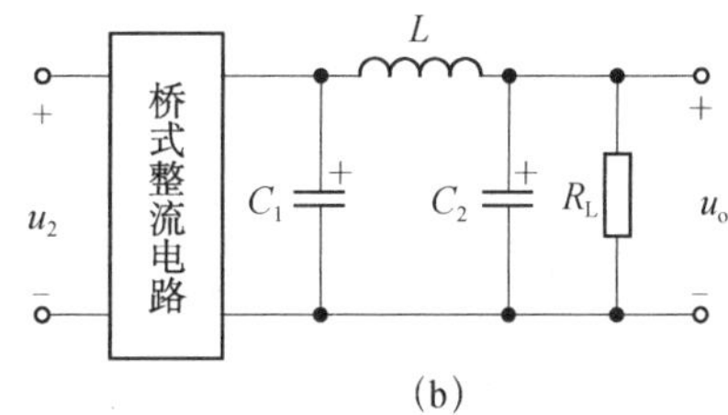

(b)

图 7.3.3 π 型滤波电路

7.3 测试题

7.4 稳压电路

稳压电路视频

稳压电路课件

经过整流滤波后的直流电压虽然已较为平滑，但是当电网电压波动或者负载发生变化时，输出电压也会随之变化。精密的电子仪器、自动控制、计算装置等都要求由稳定的直流电源供电，因此还必须设计稳压电路，以得到稳定的直流电压。

7.4.1 稳压二极管稳压电路

在第 4 章中我们学习了稳压二极管并且知道，当它反向击穿时，流过的电流可以在较大的范围内变化，而其两端的电压几乎不变。利用稳压二极管的这一特性，只要在负载 R_L 两端并联一个稳压二极管 D_Z，再加上一个与之匹配的限流电阻 R，就可以构成最简单的稳压电路，如图 7.4.1 所示。只要使稳压二极管的工作电流在最小稳定工作电流和最大稳定工作电流之间，稳压二极管两端的电压就始终为 U_Z，这样负载 R_L 上就可得到一个平直的输出电压 U_o，即 $U_o=U_Z$。由于稳压二极管和负载并联，所以这个电路又称为并联式稳压电路。

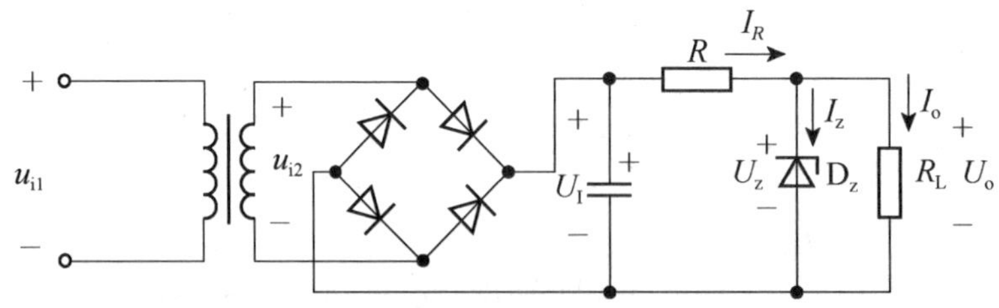

图 7.4.1 稳压二极管稳压电路

我们从以下两个方面讨论电路的稳压原理。

（1）如果输入电压 U_I 不变，而负载电阻 R_L 的阻值减小，此时负载上的电流 I_o 增大，限流电阻 R 上的电流 $I_R=I_o+I_Z$ 也有增大的趋势，这将引起输出电压 U_o（$U_o=U_I-I_RR$）下降。由稳压二极管的反向击穿特性可知，如果 U_Z 略有下降，则稳压二极管的电流 I_Z 将显著减小。I_Z 的减小量将补偿 I_o 所需的增加量，使 I_R 基本不变，这样输出电压保持稳定。

（2）如果负载电阻 R_L 的阻值保持不变，而电网电压的波动引起输入电压 U_I 升高时，电路的传输作用将引起输出电压 U_o（$U_o=U_I-I_RR$）增大。由稳压二极管的反向击穿特性可知，如果 U_Z 略有增大，则稳压二极管的电流 I_Z 将显著增大，这会使电阻 R 上的电流 I_R（$I_R=I_o+I_Z$）也增大，所以电阻 R 上的电压 U_R 也增大，U_R 的增加量可以抵消 U_I 的增加量，使输出电压 U_o 基本不变，从而达到了稳定输出电压的目的。

由此可见，**稳压二极管稳压电路是依靠稳压二极管的反向击穿特性，即反向击穿时电压的微小变化引起电流较大变化的特性，并通过限流电阻的电压调节作用实现稳压的**。

该电路选择稳压二极管的原则一般是

$$U_Z=U_o \tag{7.4.1}$$

$$I_{Zmax}=(1.5\sim3)I_{omax} \tag{7.4.2}$$

$$U_I=(2\sim3)U_o \tag{7.4.3}$$

式（7.4.3）中，U_I 为稳压电路的输入电压，也就是整流滤波电路的输出电压平均值。

例 7.4.1 稳压二极管稳压电路如图 7.4.1 所示。交流电压经整流滤波后 $U_I = 45V$，负载电阻 R_L 由开路变到阻值为 3kΩ。要求输出直流电压 U_o=12V，试选择稳压二极管 D_Z，并确定限流电阻 R 的取值范围。设电网电压的波动范围为±10%。

解：根据输出电压 U_o=12V 的要求，可得负载电流的最大值为 $I_{omax} = \frac{U_o}{R_L} = \frac{12V}{3k\Omega} = 4mA$。

查阅手册后选择 2CW60 型稳压二极管，其稳定电压 U_Z 为 11.5~12.5V，I_{Zmax}=19mA，I_{Zmin}=5mA，即正常工作时稳压二极管的电流要满足 5mA≤I_Z≤19mA。

当输入电压达到最大值，即 $1.1U_I$，且负载电流最小（负载电阻 R_L 开路）时，流过稳压二极管的电流 I_Z 最大。显然，这个最大电流不能超过 19mA，即

$$I_{Zmax} = I_{Rmax} - I_{omin} = \frac{1.1U_I - U_Z}{R} - 0 = \frac{1.1 \times 45 - 12}{R} \leqslant 19mA$$

求得： $R \geqslant 1.98k\Omega$

当输入电压达到最小值，即 $0.9U_I$，且负载电流最大（R_L=3kΩ）时，流过稳压二极管的电流 I_Z 最小，这个最小的电流不能小于 5mA，即

$$I_{Zmin} = I_{Rmin} - I_{omax} = \frac{0.9U_I - U_Z}{R} - \frac{U_Z}{R_{Lmin}} = \frac{0.9 \times 45 - 12}{R} - \frac{12}{3} \geqslant 5mA$$

求得： $R \leqslant 3.16k\Omega$

由此可得限流电阻 R 的阻值取值范围为

$$1.98k\Omega \leqslant R \leqslant 3.16k\Omega$$

稳压二极管稳压电路结构简单，但输出电压不可调，且当电网电压波动较大或者负载电流变化范围较大时无法实现稳压，所以只适用于输出电压固定、负载电流较小且变化范围不大的场合。

7.4.2 串联反馈式稳压电路

为了进一步稳定输出电压并且实现输出电压可调，通常采用串联反馈式稳压电路。**串联反馈式稳压电路由调整元件、取样电路、比较放大电路和基准电压 4 部分组成**。串联型稳压电路的典型结构框图如图 7.4.2 所示，U_I 为来自整流滤波电路的直流输出电压。实际的串联型稳压电路如图 7.4.3 所示，晶体管 T_1 为大功率调整管，由于它与负载电阻 R_L 串联，故称该电路为串联型稳压电路。

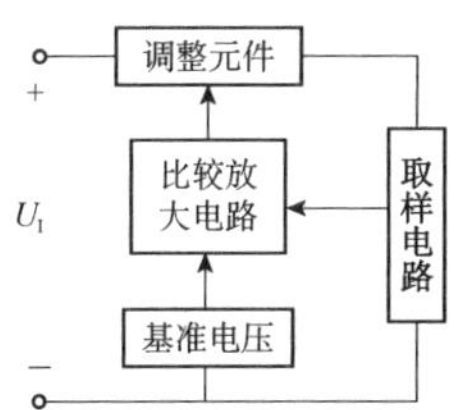

图 7.4.2 串联反馈式稳压电路结构框图

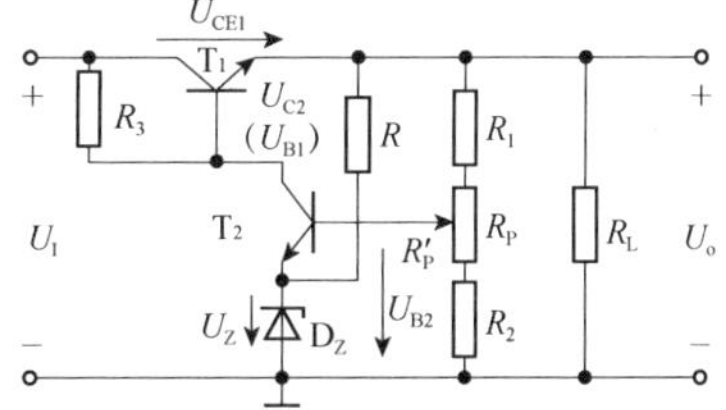

图 7.4.3 实际的串联反馈式稳压电路

1. 电路的组成及各部分的作用

（1）取样电路：由电阻 R_1、R_P 和 R_2 构成的分压电路组成，它将输出电压 U_o 的一部分取出作为取样电压 U_{B2}，送到比较放大电路。

（2）基准电压：稳压二极管 D_Z 和电阻 R 构成的稳压电路为电路提供了一个稳定的基准电压 U_Z，作为调整、比较的标准。

（3）比较放大电路：由 T_2 和 R_3 构成的放大电路组成，其作用是将取样电压 U_{B2} 和基准电压 U_Z 的差值放大后去控制大功率调整管 T_1。

（4）调整元件：由工作在线性放大区的大功率调整管 T_1 组成，T_1 的基极电位 U_{B1} 受比较放大电路的输出电压 U_{C2} 控制，从而调整 T_1 的管压降 U_{CE1}，补偿输出电压 U_o 的变化，达到自动稳定输出电压的目的。

2. 电路的工作原理

图 7.4.3 中串联型稳压电路的自动稳压过程如下：当输入电压 U_I 升高或者负载电阻 R_L 的阻值增大时，输出电压 U_o 会随之升高。从取样电路取出的电压 U_{B2} 也增大，它与基准电压 U_Z 比较后，其差值 U_{BE2}（$U_{BE2}=U_{B2}-U_Z$）由比较放大电路进行放大。因为 T_2 的基极电位升高，发射极电位不变，所以 U_{BE2} 增大，引起基极电流 I_{B2} 增大、I_{C2} 也增大，其输出端电压 U_{C2}（U_{B1}）将下降，使大功率调整管 T_1 的基极电流 I_{B1} 减小，则 I_{C1} 也减小，U_{CE1} 增大。因为 $U_o=U_I-U_{CE1}$，所以输出电压 U_o 下降。这样输出电压 U_o 基本不变，从而达到稳压的效果。稳压过程可表述如下

$$U_o\uparrow \rightarrow U_{B2}\uparrow \rightarrow U_{BE2}\uparrow \rightarrow I_{B2}\uparrow \rightarrow I_{C2}\uparrow$$
$$U_o\downarrow \leftarrow U_{CE1}\uparrow \leftarrow I_{C1}\downarrow \leftarrow I_{B1}\downarrow \leftarrow U_{C2}(U_{B1})\downarrow$$

当输入电压 U_I 减小或负载电阻 R_L 的阻值减小时，调整过程与上述过程相反。

3. 输出电压的调节范围

通过取样电路的 R_P 可调节输出电压 U_o 的大小。取样电压为

$$U_{B2}=\frac{R_P'+R_2}{R_1+R_P+R_2}U_o \tag{7.4.4}$$

比较放大电路输入的偏差信号（U_{B2} 与 U_Z 之差）就是 T_2 的发射极电压 U_{BE}，有 $U_{B2}\approx U_Z+U_{BE}$，这样就可求得输出电压为

$$U_o=\frac{R_1+R_P+R_2}{R_P'+R_2}(U_Z+U_{BE}) \tag{7.4.5}$$

当 R_P 的滑动端在最上端时，$R_P'=R_P$，阻值最大，此时输出电压最小，即

$$U_{omin}=\frac{R_1+R_P+R_2}{R_P+R_2}(U_Z+U_{BE}) \tag{7.4.6}$$

当 R_P 的滑动端在最下端时，$R_P'=0$，阻值最小，此时输出电压最大，即

$$U_{omax}=\frac{R_1+R_P+R_2}{R_2}(U_Z+U_{BE}) \tag{7.4.7}$$

由此可得输出电压的调节范围为

$$\frac{R_1+R_P+R_2}{R_P+R_2}(U_Z+U_{BE})\leqslant U_o\leqslant\frac{R_1+R_P+R_2}{R_2}(U_Z+U_{BE}) \tag{7.4.8}$$

由上述稳压过程可以看出，图 7.4.3 中的电路引入了电压串联负反馈。比较放大电路的电压放大倍数越大，反馈越深，稳压效果越好。若将图 7.4.3 中的共发射极放大电路用集成运放代替，可以明显改善稳压效果。由集成运放作比较放大电路的串联型稳压电路如图 7.4.4 所示。图 7.4.4 中，集成运放的反相输入端接 R_P 的活动端，同相输入端接基准电压 D_Z，利用 U_I 为集成运放单电源供电。

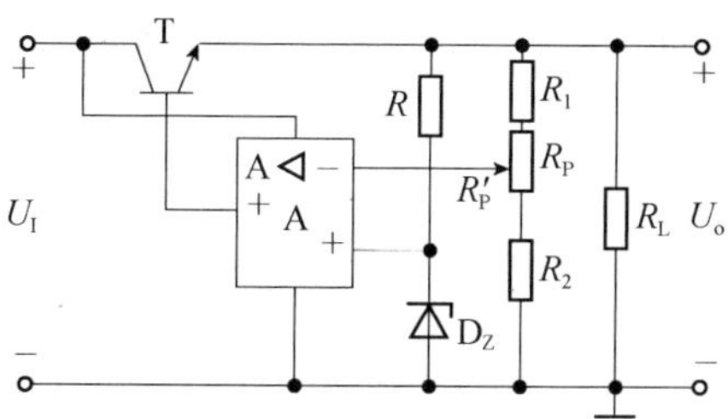

图 7.4.4　由集成运放作比较放大电路的串联型稳压电路

通过调节电阻 R_P 可调节输出电压 U_o 的大小，输出电压的调节范围为

$$\frac{R_1+R_P+R_2}{R_P+R_2}U_Z \leqslant U_o \leqslant \frac{R_1+R_P+R_2}{R_2}U_Z$$

7.4.3　集成三端稳压器

集成三端稳压器视频

集成三端稳压器课件

1. 外形与分类

集成稳压器是将串联型稳压电路中各种元器件及引线集成在同一片硅片上封装而成的。最常用的集成稳压器对外有 3 个接线端——输入端、输出端与公共端，故称为集成三端稳压器。集成三端稳压器因体积小、可靠性高、稳压性能好、使用灵活等优点，在各种电子仪器与设备中得到广泛的应用。

按照输出类型来划分，集成三端稳压器可分为固定输出型和可调输出型。

固定输出型集成三端稳压器包括 W78 和 W79 两个系列。前者输出固定的正电压，后者输出固定的负电压。它们的输出电压有 5V、6V、9V、12V、15V、18V 和 24V，共 7 个等级，分别用末尾两位数字表示。例如，W7805 表示输出电压为 5V，W7912 表示输出电压为−12V。其额定电流通常用 78 或 79 后面所加的字母来表示，L 表示 0.1A，M 表示 0.5A，没有字母则表示 1.5A。不同型号、不同封装的集成稳压器，其三端对应的引脚不同。塑料封装的 W78 系列与 W79 系列集成三端稳压器的外形及引脚排列如图 7.4.5 所示。

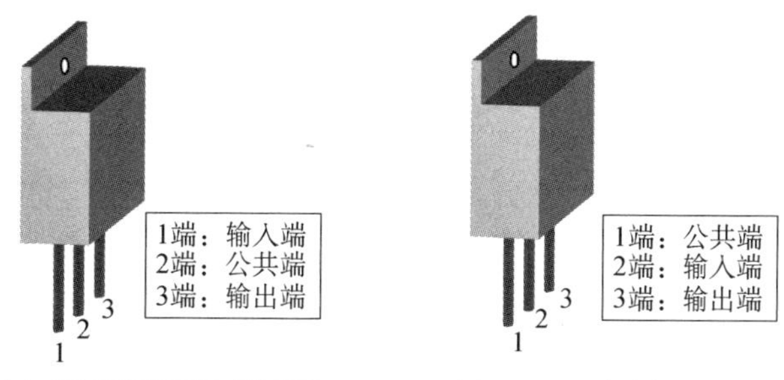

（a）W7800系列稳压器外形　（b）W7900系列稳压器外形

图 7.4.5　塑料封装的 W78 系列与 W79 系列集成三端稳压器的外形及引脚排列

可调输出型集成三端稳压器的输出电压，可通过少数外接元件，即可得到在较大范围内连续可调的输出电压，有 W117、W217、W317、W137、W237、W337 等系列。

2. 固定输出型集成三端稳压器的典型应用

集成稳压器的应用十分广泛，特别是与集成运放结合可以组成不同功能与不同用途的电路，以满足不同使用场合的需要。下面以 W78 与 W79 系列的固定输出型集成三端稳压器为例，介绍几种典型的应用电路。

（1）基本应用电路

直接用稳压器进行稳压的电路，称为基本应用电路。图 7.4.6(a)所示为单电源输出的稳压电路。为保证稳压器正常工作，通常 U_i 要比 U_o 高出 3V 以上。当稳压器距离整流滤波电路比较远时，必须在输入端并联电容器 C_1，以抵消线路的电感效应，防止电路产生自激振荡。C_2 则用以滤除输出端的高频信号。图 7.4.6(b)所示为正、负双电源输出的稳压电路，其中的 U_i 应为单电压输出时的两倍。为确保稳压器工作安全可靠，实际负载的最大电流不应超过稳压器最大输出电流，一般只用其 1/2～2/3。

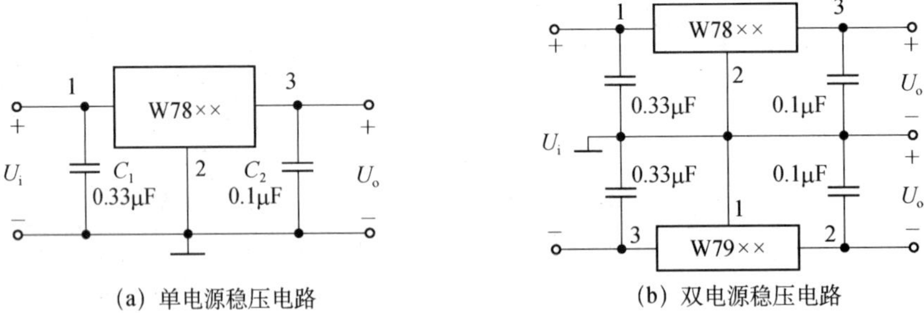

(a) 单电源稳压电路　　(b) 双电源稳压电路

图 7.4.6　基本应用电路

（2）输出电压与输出电流扩展电路

当集成三端稳压器自身的输出电压或输出电流不能满足要求时，可通过外接电路来进行扩展。图 7.4.7(a)所示为输出电压扩展电路，其输出电压可通过 R_2 来调节。其中，运放组成电压跟随器，R_1、R_2 与 R_3 组成取样电路。设稳压器 3 端和 2 端间的输出电压为 $U_{\times\times}$，根据“虚短”的特性可得

$$U_{\times\times}=\frac{R_1+R_2'}{R_1+R_2+R_3}U_o$$

由此可求得

$$U_o=\frac{R_1+R_2+R_3}{R_1+R_2'}U_{\times\times} \tag{7.4.9}$$

可见，当调节电阻使 $R_2'=0$ 时，U_o 达到最大值，为：$U_{omax}=\dfrac{R_1+R_2+R_3}{R_1}U_{\times\times}$

当调节电阻使 $R_2'=R_2$ 时，U_o 达到最小值，为：$U_{omin}=\dfrac{R_1+R_2+R_3}{R_1+R_2}U_{\times\times}$

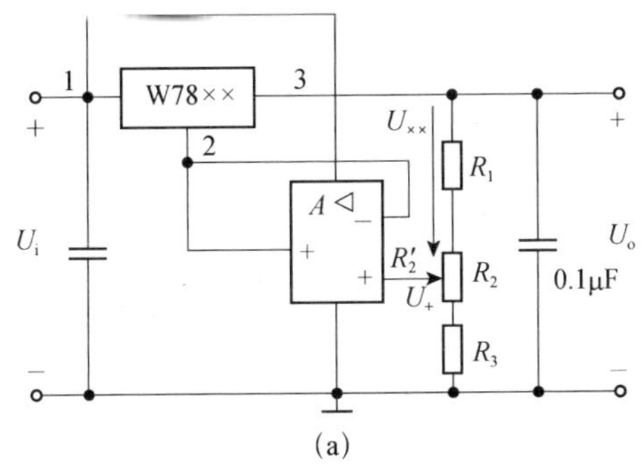

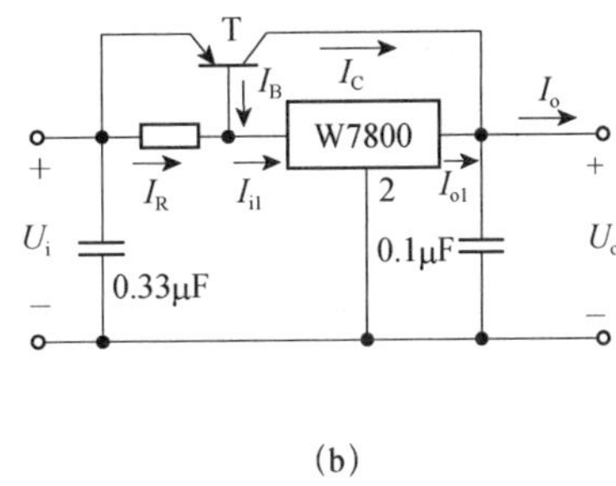

图 7.4.7　输出电压、电流扩展电路

适当选取这些电阻就可获得所需的电压值，但 R_1、R_2、R_3 的数值不宜过小，以免影响输出电流，增大其上的损耗。

图 7.4.7(b)所示为输出电流扩展电路。T 为功率管，输出电流 I_o 的大部分由它提供，即 $I_o=I_C+I_{o1}$，输出电压 U_o 仍等于稳压器本身的输出电压。设晶体管 T 的电流放大系数为 β，且 $I_{i1}\approx I_{o1}$，则可按式（7.4.10）选取电阻

$$R=\frac{U_{BE}}{I_R}=\frac{U_{BE}}{I_{i1}-I_B}=\frac{U_{BE}}{I_{o1}-I_C/\beta} \tag{7.4.10}$$

（3）**恒流源电路**

图 7.4.8 所示为稳压器组成的恒流源电路。因 $I_R=U_{××}/R$ 为恒定值，故负载上的电流 $I_o=I_R+I_W$，也为恒定值，与负载电阻 R_L 无关。

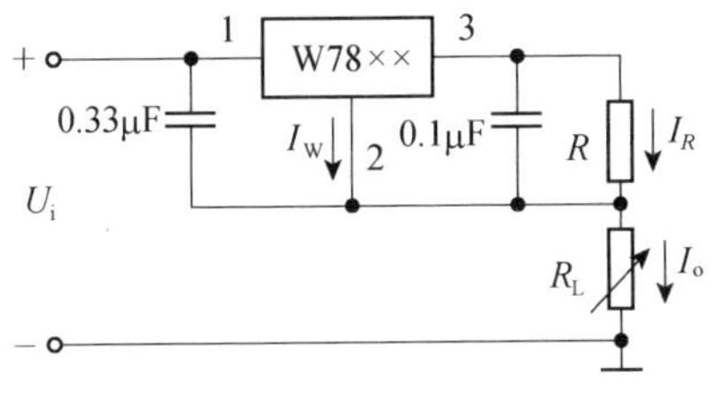

图 7.4.8　恒流源电路

中国特高压输电

7.4　测试题

7.5　工程应用实例

7.5.1　一种常用的单片机电源电路

图 7.5.1 所示电路是由桥式整流电路、电容滤波电路、三端集成稳压器 7805 组成的具有+5V 输出的电源电路。该电路的特点是停电时电路能自动切换成由电池（+9V）供电，使电子设备仍有+5V 工作电源，所以特别适合用作单片机电源。因为单片机（微控制器）常用于生产现场作控制电路，生产现场若突然断电就会造成单片机运行数据丢失，使用该电源后即使断电也不受影响。

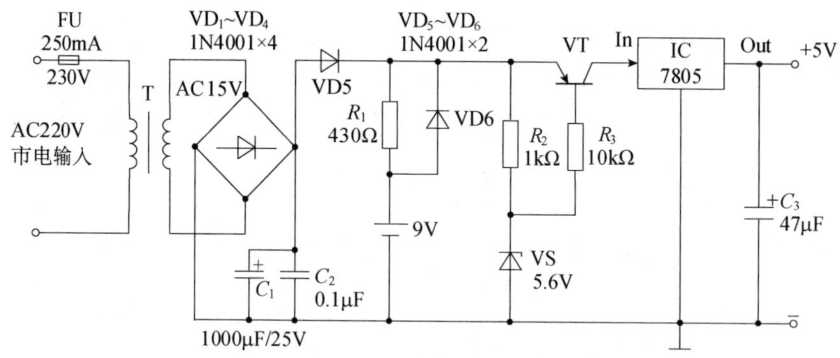

图 7.5.1　直流稳压电源电路

下面分析其工作原理：当 220V 交流市电正常时，电源电压经变压器 T 变压后，从二次侧输出约 15V 交流低压。该电压经 VD_1～VD_4 桥式整流、C_1 滤波，得到的电压经隔离二极管 VD_5 后分为两路：一路通过 VT 管到 IC 稳压，得到 5V 直流电压；另一路通过电阻 R_1 对镍镉电池（9V）进行充电，充电电流约为 40mA。

一旦停电，电容 C_1 放电为 0V，此时镍镉电池自动给电路供电，完成后备电源的功能。二极管 VD_5 起隔离作用，在交流市电停电时，阻止电池电流流向整流桥堆。稳压管 VS（5.6V）的作用是防止电池（+9V）过放电，即当电池放电下降到约为 6V 时，因 VS 的作用，VT 截止，电池放电停止。

7.5.2　电子三分频扩音机系统简介

扩音机是生活中一种常见的电子系统，从电路角度来看，它实质上是一个音频功率放大器。电子分频扩音机电路组成框图如图 7.5.2 所示，包括麦克风放大器、电子三分频器、功率放大和保护、电源电路等，其主要电路单元的功能如下。

低噪声麦克风放大器：由晶体管构成的低噪声放大器，用于放大麦克风信号。

测试信号发生器：用于产生系统测试的音频信号源。

电子分频器：由有源滤波器构成，用于分离不同频率范围的音频信号。

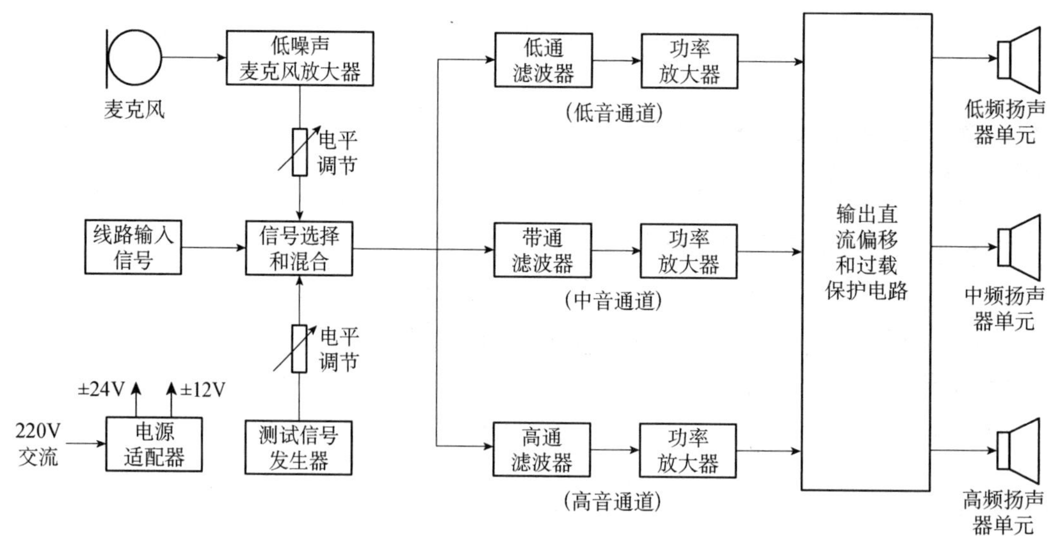

图 7.5.2　电子三分频扩音机电路组成框图

集成功率放大器：提供音频功率放大，推动扬声器。

过载保护电路：在电路出现异常时，保护功率放大器和扬声器。

电源电路：将交流市电转换为扩音机各级电路需要的直流电源，为整机电路提供电能。

扩音机电源电路如图 7.5.3 所示，它采用线性稳压电源结构，输入 220V 市电经过电源开关和保险丝后进入电源变压器 B1，降压后变换成 20V 交流电压。再经过整流桥整流后输出给电源滤波电路，C_{44}～C_{46}、C_{56}～C_{58} 构成平滑滤波电路，经过滤波后输出约±24V 直流电压。为了给前级小信号电路提供稳定的工作电压，采用了集成三端稳压器 IC_7 和 IC_8 将±24V 稳压成±12V。R_{57}、D_5 构成电源工作指示电路，C_{47}、C_{48}、C_{59}、C_{60} 用于吸收电路的浪涌电流，减少了整流桥各二极管所承受的冲击电流，R_{59} 为额定保护电压为 400V 的压敏电阻，供电电压正常时，其处于开路状态。当遭受雷击或其他原因使输入电压超过 400V 时使其瞬间击穿，吸收了浪涌电压，保护了扩音机不被电压冲击损坏。为保证有足够的电源供应，电源变压器容量应大于 100V・A，在进行 PCB 电路板设计时，主电流回路走线应粗而短，发热器件也需要加散热片。

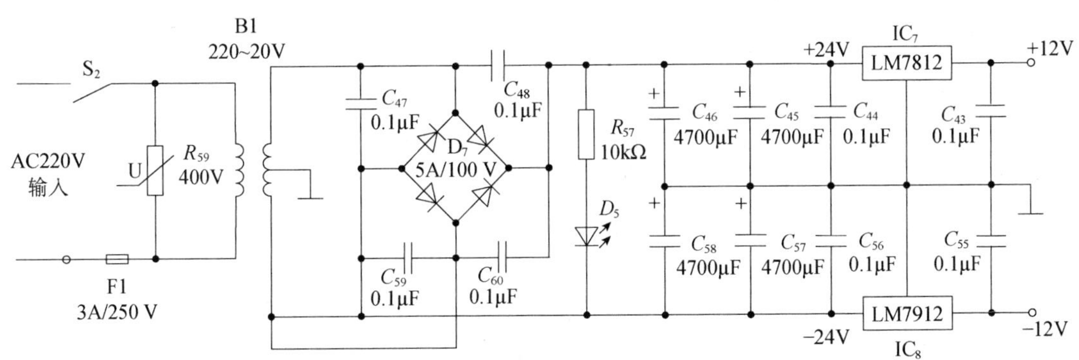

图 7.5.3 扩音机电源电路

1. 直流稳压电源概述

直流稳压电源是所有电子设备中的重要组成部分，它可将电网交流电压转换为稳定的直流电压。直流稳压电源通常由电源变压器、整流电路、滤波电路和稳压电路 4 部分组成。

2. 整流电路

整流是指将交流电压转变为单向脉动直流电压，利用二极管的单向导电性可实现整流，目前广泛采用单相桥式整流电路。

在桥式整流电路中，若变压器次级电压有效值为 U_2，则输出电压平均值为 $U_{o(AV)}=0.9U_2$，输出电流平均值为 $I_{o(AV)}=0.9U_2/R_L$。流过二极管的平均电流为 $I_{D(AV)}=0.45U_2/R_L$，二极管承受的

最高反向电压为 $U_{RM}=\sqrt{2}U_2$。这些参数是选择整流二极管的重要依据。

3. 滤波电路

为了将整流电路输出电压的交流成分尽可能滤除，使之变为平滑的直流电压，还需要在其后加上一个低通滤波电路，常用电容滤波电路。滤波电容的选取应满足：$R_LC \geqslant (3\sim5)T/2$；耐压值大于 $\sqrt{2}\,U_2$；电路输出电压平均值 $U_{o(AV)} \approx 1.2U_2$。

4. 稳压电路

为了使输出电压不受电网电压的波动及负载变化的影响，常需接入稳压电路。

稳压管稳压电路结构简单，但输出电压不可调，且当电网电压波动较大或者负载变化范围较大时无法实现稳压，所以只适用于小电流输出和输出电压固定的场合。另外还需要注意，限流电阻的选择应使稳压二极管工作于反向击穿区。

常用的稳压电路是串联反馈式稳压电路。它通常由调整元件、取样电路、比较放大电路和基准电压 4 部分组成，其中，调整元件工作于线性放大区，通过控制调整管的管压降 U_{CE} 调整输出电压，是带有电压负反馈的闭环控制系统。

5. 集成三端稳压器

集成三端稳压器分为固定输出型集成三端稳压器和可调输出型集成三端稳压器两大类，W78（W79）系列为正（负）固定输出型集成三端稳压器；W117、W217、W317 系列为可调输出型集成三端稳压器。

第 7 章综合测试题

第 7 章综合测试题讲解视频

第 7 章综合测试题讲解课件

7.1　请选择正确的答案。

（1）整流的目的是_____（A.将交流变为直流；B.将高频变为低频；C.将正弦波变为方波），可以用_____（A.二极管；B.电容；C.集成运放）实现。

（2）滤波的目的是_____（A.将交流变为直流；B.将高频变为低频；C.将交直流混合量中的交流成分去掉），可以用_____（A.二极管；B.高通滤波电路；C.RC 低通滤波电路）实现。

（3）在单相桥式整流电路中，构成整流桥需要 4 个二极管，若有 1 个二极管的阳极与阴极接反了，则输出_____（A.只有半周波；B.全波整流波形；C.无波形，且变压器或整流管可能烧毁）；若有 1 个二极管开路，则输出_____（A.只有半周波；B.全波整流波形；C.无波形，且变压器或整流管可能烧毁）。

（4）稳压电路具有稳定______（A.输出电流；B.输入电压，C.输出电压）的作用。因此，（A.无论输入电压发生多大的变化；B.当输出电流从 0 变到∞时；C.当输入电压和输出电流在一定范围内变化时），仍能保持______（A.输出电流；B.输入电压；C.输出电压）的稳定。

7.2　桥式整流电路如题 7.2 图所示，已知变压器次级电压 U_2=100V，R_L=3kΩ。试求：

（1）输出电压平均值 $U_{o(AV)}$；

（2）流过 R_L 的电流平均值 $I_{o(AV)}$；

（3）流过二极管的电流平均值 $I_{D(AV)}$及二极管承受的最高反向电压 U_{RM}。

7.3　单相整流电路如题 7.3 图所示，图中标出了变压器的副边电压（有效值）和负载电阻的数值。若忽略管子的正向导通压降和变压器内阻。试求：（1）R_{L1}、R_{L2} 两端的输出电压平均值 $U_{o1(AV)}$、$U_{o2(AV)}$和输出电流平均值 $I_{o1(AV)}$、$I_{o2(AV)}$；（2）二极管 D_1、D_2 和 D_3 的电流平均值和承受的最高反向电压。

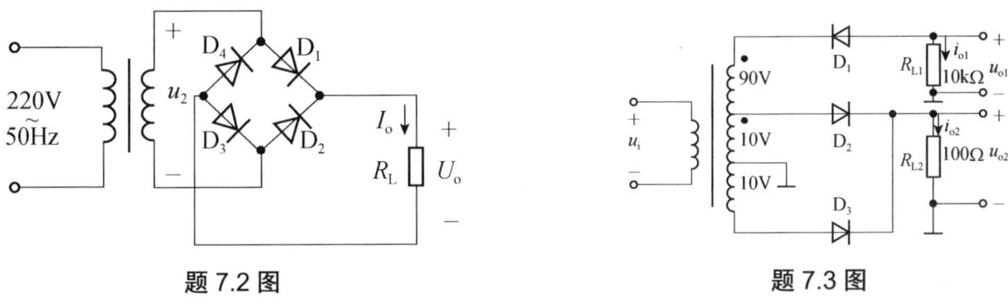

题 7.2 图　　　　题 7.3 图

7.4　桥式整流电容滤波电路如题 7.4 图所示，要求输出电压平均值 $U_{o(AV)}$=25V，输出电流平均值 $I_{1(AV)}$=200mA。试问：

（1）输出电压为正电压还是负电压，电容 C 的正负极如何连接？

（2）计算电容 C 的电容量，并确定其耐压值。

（3）每个整流管流过的平均电流为多少，所承受的最高反向电压为多少？

7.5　桥式整流电容滤波电路如题 7.5 图所示，滤波电容 C=470μF，R_L=1.5kΩ。

（1）要求输出电压 U_o=12V，问 U_2 为多少？

（2）若电容 C 的值增大，U_o是否变化？

（3）改变 R_L 的阻值对 U_o 有无影响？若 R_L 的阻值增大，U_o 将如何变化？

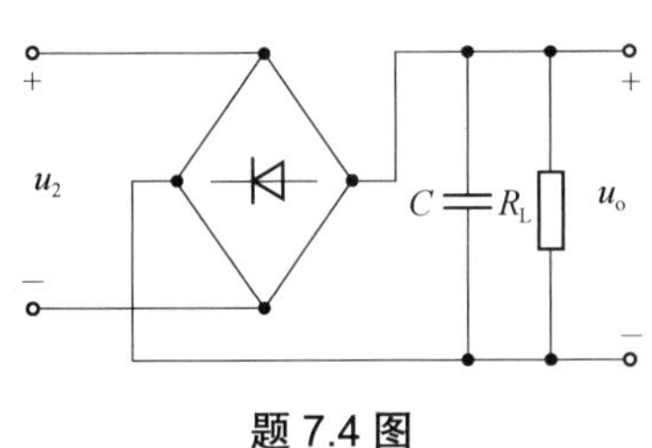

题 7.4 图

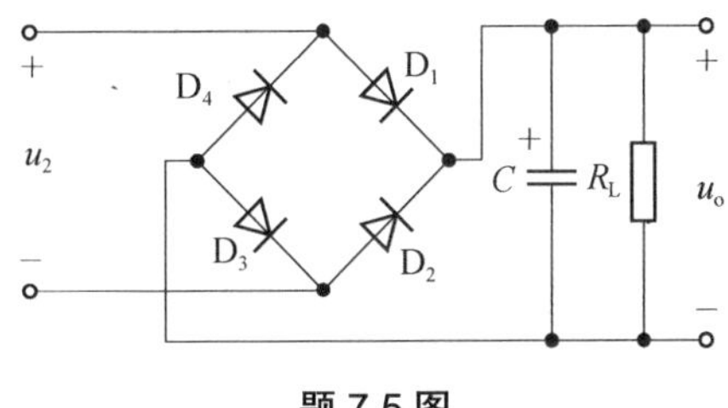

题 7.5 图

7.6　在题 7.5 图所示的桥式整流电容滤波电路中，设 u_2 的有效值 U_2=20V。现在用直流电压表测得输出电压平均值 $U_{o(AV)}$分别为下列各值，试分析哪个是合理的？哪些出了故障？并指出故障原因。（1）$U_{o(AV)}$=28V；（2）$U_{o(AV)}$=18V；（3）$U_{o(AV)}$=24V；（4）$U_{o(AV)}$=9V；（5）$U_{o(AV)}$=20V。

7.7　比较题 7.7 图中的 3 个电路，哪个滤波效果最好？哪个滤波效果最差？哪个无滤波作用？

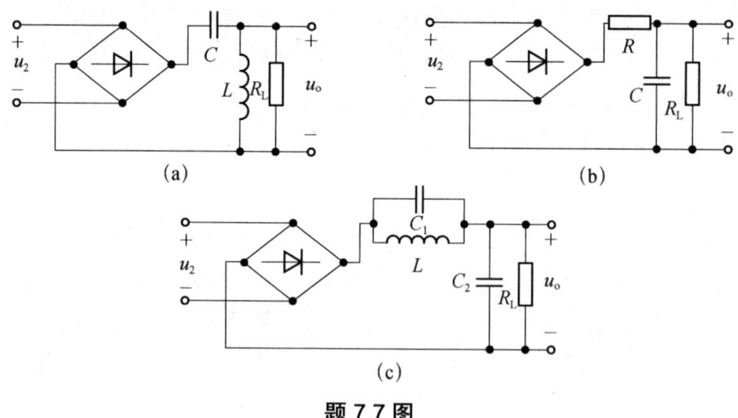

题 7.7 图

7.8　在题 7.8 图所示的电路中，已知变压器次级电压的有效值 U_2=18V，C=100μF，稳压二极管 D_Z 的稳压值 U_Z=5V，I_o 在 10～30mA 变化。若电网波动使 U_2 变化±10%。试问：（1）要使 I_Z 不小于 5mA，所需 R 值应不大于多少？（2）按以上选定的 R 值（取标称值），计算 I_Z 的最大值 I_{Zmax}。

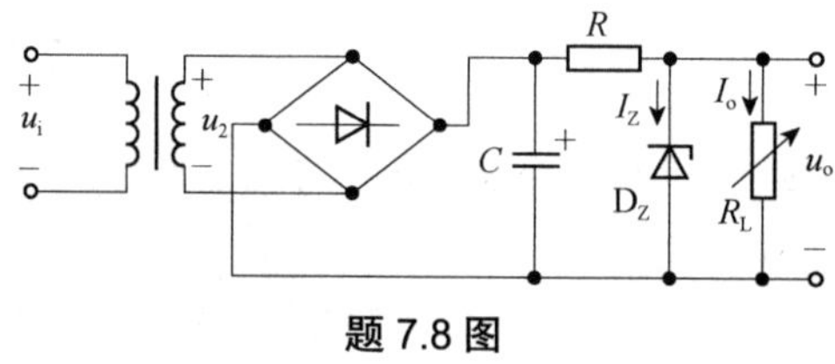

题 7.8 图

7.9　在题 7.9 图所示的电路中，要求改正其中的错误，使电路能正常工作。

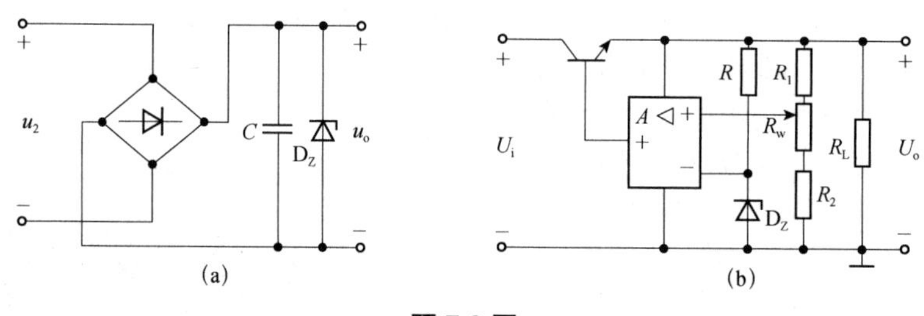

题 7.9 图

7.10　由理想运放组成的基准电压源如题 7.10 图所示，它的内阻小、带负载能力强，并且稳压二极管由输出电压供电，因此提高了电压稳定度。已知 D_Z 的稳压值 U_Z=6.2V，要求输出电压 U_o=9V，工作电源 I_Z=5mA，取样电路中电流 I_1=1mA，求 R_1、R_2 和 R_3。

7.11　由可调输出型集成三端稳压器 W317 组成的电池充电电路如题 7.11 图所示。W317 的 2 端为输入端，3 端为输出端，1 端为调整端。已知 3 端和 1 端之间的电压为 1.25V，电阻 R=24Ω，试求充电电流 I_o。

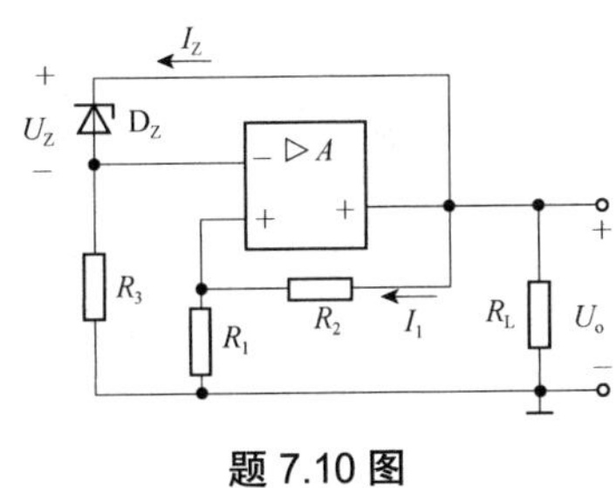

题 7.10 图

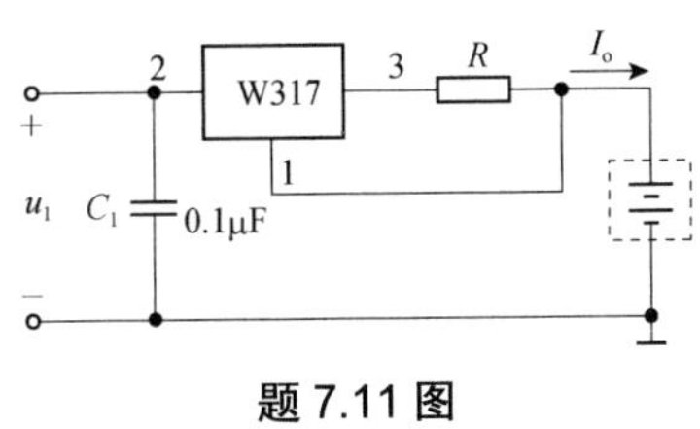

题 7.11 图

7.12　由固定输出型集成三端稳压器 W7805 组成的稳压电源如题 7.12 图所示，试计算输出电压 U_o 的调节范围。

7.13　扩大 W78 系列固定输出型集成三端稳压器输出电流的电路如题 7.13 图所示，假设晶体管 T 的电流放大系数 β、稳压器的输出电压 $U_{\times\times}$、输出电流 I 和 R 的阻值均已知，试求输出电流 I_o 的表达式。

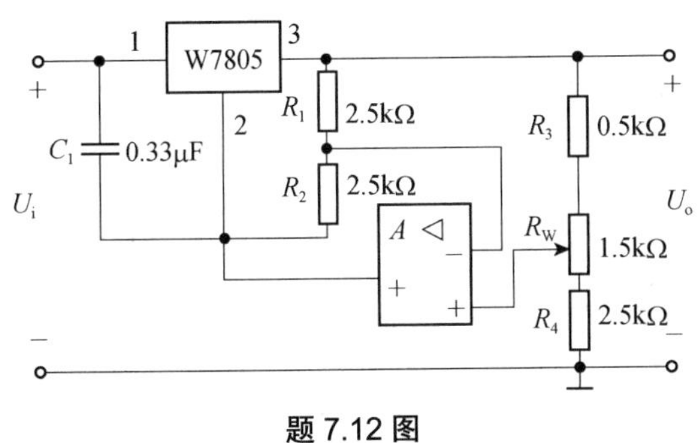

题 7.12 图

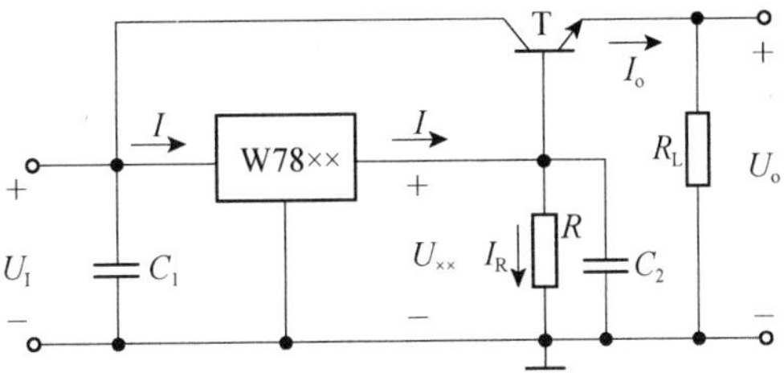

题 7.13 图

7.14　在如题 7.14 图所示的电路中，已知 U_I=30V，稳压二极管的稳压值 U_Z=6V，R_1=3kΩ，R_2=1.5kΩ，求输出电压的调节范围。

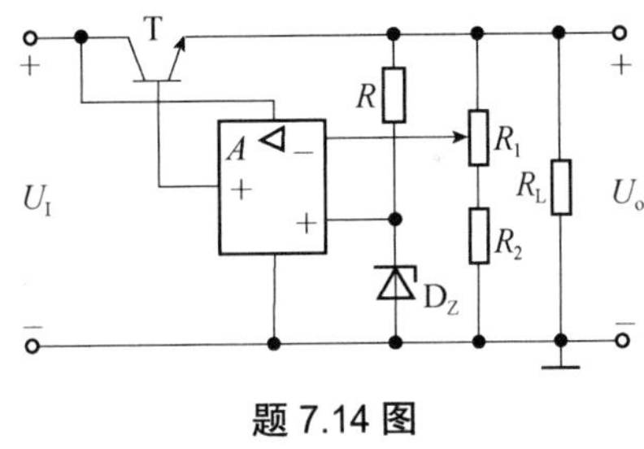

题 7.14 图

7.15　设计一个直流稳压电源，其输入为 220V、50Hz 的交流电源，输出电压为 15V，最大输出电流为 0.5A，由桥式整流滤波电路和集成三端稳压器构成，设集成三端稳压器的输入、输出的电压差为 5V。

（1）设计电路，并确定集成三端稳压器的型号；

（2）确定电源变压器的变比、整流二极管和滤波电容的参数。

7.16　设计一个可调电流源，该电流源输入电压为 12V，在带 20Ω 负载下，输出电流可以通过一个电位器在 100～500mA 之间连续调整，请查找相关资料，写出详细的设计过程，画出电路图，并考虑进一步提高效率的技术措施。

习题解析

第 8 章思维导图

第 8 章讨论区

第 8 章　逻辑代数基础

逻辑代数又称为布尔代数，是英国数学家乔治·布尔（George Boole）于 19 世纪创立的，它是分析和设计逻辑电路的基本数学工具。

本章介绍逻辑代数的基本概念、基本运算规律，重点在于逻辑函数的表示方法及化简方法的讲述。

布尔与布尔代数

8.1　数字电路概述

8.1.1　模拟信号和数字信号

数字电路概述视频

数字电路概述课件

自然界中存在两类物理量，一类物理量在时间和幅值上均连续变化，这类物理量称为模拟量，如温度、气压、速度和质量等，这些物理量属于非电量。使用传感器可将这些非电量转换为相对应的电压、电流等电学量，转换后的电学量称为模拟信号。图 8.1.1(a)所示为常见的模拟信号，其特点是没有跳变沿。用于传递和处理模拟信号的电路称为模拟电路。在模拟电路中主要讨论输出、输入信号间的大小、相位、失真等方面的问题。

另一类物理量的变化在时间上和数量上都是不连续的，如原子的个数、原子的衰变等，称为数字量，表示数字量的信号称为数字信号。数字信号通常可用数字波形来表示，当波形中只有两个离散值时，数字波形就可称为脉冲波形，脉冲波形所对应的信号可称为脉冲信号。图 8.1.1(b)所示为脉冲信号。用于传递和处理数字信号的电路称为数字电路。在数字电路中主要讨论输出、输入之间的逻辑关系。

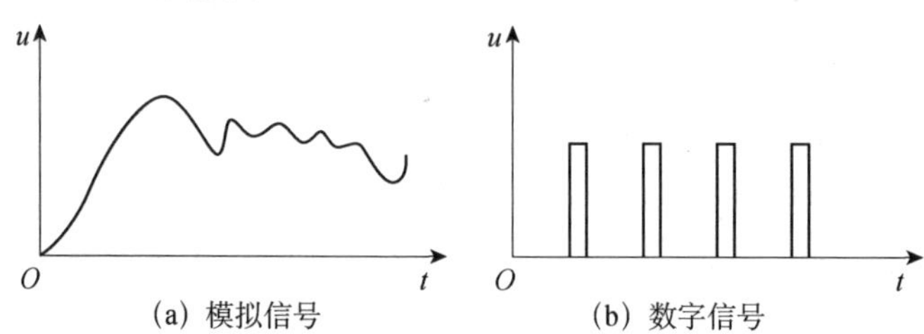

(a) 模拟信号　(b) 数字信号

图 8.1.1　模拟信号与数字信号

8.1.2　数字电路的特点

与模拟电路相比，数字电路具有以下特点。

（1）数字信号常用二进制数来表示。每位数有两个数码，即 0 和 1。将实际中彼此联系又相互对立的两种状态，例如电压的有和无、电平的高和低、开关的通和断、灯泡的亮和灭等抽象出来用 0 和 1 来表示，称为逻辑 0 和逻辑 1。在电路上，可用电子器件的开关特性来实现，由此形成数字信号，所以数字电路又可称为数字逻辑电路。

（2）在数字电路中，半导体器件通常工作在开关状态，即饱和或截止状态。而模拟电路中，器件通常工作在放大状态。

（3）数字电路讨论的重点是电路输出与输入的逻辑关系，即逻辑功能。而模拟电路讨论的重点是电路对输入信号的放大和变换功能。

（4）数字电路的基本单元是逻辑门和触发器，而模拟电路的基本单元是放大器。

（5）数字电路的分析工具是逻辑代数，通常用功能表、真值表、逻辑表达式和波形图等表达电路的功能。而模拟电路采用的分析法是图解法和微变等效电路法。

（6）数字电路对元件的精度要求不高，允许有较大的误差，只要在工作时能够可靠地区分 0 和 1 两种状态就可以了。因此，数字电路便于集成化、系列化生产。它具有使用方便、可靠性高、价格低廉等特点。

8.1.3　数制与码制

超级计算机

数制与码制视频

数制与码制课件

1. 数制

多位数码中每一位的构成方法以及从低位到高位的进位规则称为数制。在我们熟悉的十进制数制中，0、1、2、…、9 为数码，其进位规则为“逢十进一”。除十进制外，生活中也存在其他进制，如八进制、二进制、十六进制等。一个 N 进制数 D 的十进制展开式，可由下式表示

$$D=\Sigma K_i \times N^i \tag{8.1.1}$$

其中，N 为基数，K_i 为第 i 位数的数码，i 为由 0 开始的自然数，N^i 为第 i 位的权。例如十进制数 2987 可表示为

$$2\,987=2\times 10^3+9\times 10^2+8\times 10^1+7\times 10^0$$

其中基数为 10，各位数的数码分别为 2、9、8、7，各位数码的权分别为 10^3、10^2、10^1、10^0。数字系统中广泛采用二进制，在二进制数中每一位有 0、1 两个可能的数码，低位和相邻高位间的进位关系是“逢二进一”，基数为 2，各位数码的权分别为 2^3、2^2、2^1、2^0。例如：

$$(1011)_2=1\times 2^3+0\times 2^2+1\times 2^1+1\times 2^0=(11)_{10}$$

除了二进制外，计算机中还常用八进制与十六进制，例如：

$$(765)_8 = 7\times 8^2 + 6\times 8^1 + 5\times 8^0$$

$$(3\text{FA})_{16} = 3\times 16^2 + 15\times 16^1 + 10\times 16^0$$

因为在十六进制中需要 16 个数码，而阿拉伯数字只有 10 个，故以 A、B、C、D、E、F 来表示其余的 6 个数码，它们分别与十进制的 10、11、12、13、14、15 相对应。

2. 码制

在数字系统中，为了便于对信息的变换、处理和传输，常用某一种二进制代码组合来代表各种符号、数字和信息，这一过程称为编码，编制代码时所遵循的规则称为码制。

（1）二–十进制编码：用 4 位二进制代码表示 1 位十进制数的编码为二–十进制编码，简称 BCD 码。1 位十进制数有 0～9 十个数码，而 4 位二进制数共有 16 种组合，可以指定其中的任意 10 种组合来表示十进制的 10 个数，因此 BCD 编码方案很多，常用的有 8421、2421、5421、余 3 码、格雷码等，如表 8.1.1 所示。

表 8.1.1　几种常见的 BCD 代码

十进制数	编码种类				
	8421 码	余 3 码	2421 码	5421 码	格雷码
0	0000	0011	0000	0000	0000
1	0001	0100	0001	0001	0001
2	0010	0101	0010	0010	0011
3	0011	0110	0011	0011	0010
4	0100	0111	0100	0100	0110
5	0101	1000	1011	1000	0111
6	0110	1001	1100	1001	0101
7	0111	1010	1101	1010	0100
8	1000	1011	1110	1011	1100
9	1001	1100	1111	1100	1101
权	8421		2421	5421	

8421BCD 码是最常用的一种 BCD 码，它和自然二进制码的组成相似，4 位的权值从高到低依次是 8、4、2、1，但它只选取了 4 位自然二进制码 16 个组合中的前 10 个组合，即 0000～1001。

2421BCD 码和 5421BCD 码从高位到低位的权值分别是 2、4、2、1 和 5、4、2、1，这两种码的编码方案都不唯一。由于 8421BCD 码、2421BCD 码和 5421BCD 码每一位都有固定的权，所以为有权码。

余 3 码由 8421 码加 3（0011）得到。格雷码又称循环码，它有两个显著特点：一是相邻性，二是循环性。相邻性是指任意两个相邻的代码间只有 1 位的状态不同；循环性是指首尾的两个代码也具有相邻性。余 3 码和格雷码由于每一位没有固定的权，所以为无权码。

（2）字符码：字符码是对字母、符号等编码的代码。目前使用比较广泛的是 ASCII 码，即美国信息交换标准代码。

8.2　逻辑运算与逻辑函数

8.1　测试题

8.2.1　逻辑代数的基本概念

数字电路研究的是输出与输入之间的因果关系，即逻辑关系，逻辑代数就是专门讨论逻辑运算关系的一门学科。在逻辑代数中，逻辑关系一般由逻辑函数来描述，如将输入变量用 A、B、C 表示，输出变量用 F 表示，则可将输出与输入之间的逻辑关系记为 $F=f(A,B,C)$。这里的输入、输出变量为逻辑变量，取值只有 0 和 1，表示两种不同的逻辑状态，如开和关、高和低等，输出与输入之间的逻辑关系以“与”、“或”、“非”为基本运算形式。

8.2.2　三种基本逻辑运算及其门电路

三种基本逻辑运算视频　　三种基本逻辑运算课件

在逻辑代数中，最基本的逻辑运算有三种：“与”逻辑、“或”逻辑、“非”逻辑。实际应用中遇到的逻辑问题尽管千变万化，但它们都可以用这三种基本的逻辑运算复合而成。用以实现各种逻辑运算的电子电路称为门电路。

1.“与”逻辑

在图 8.2.1 所示电路中，只有当串联的开关 A、B 都合上时，电灯 F 才发光。即**只有当决定某一事件的所有条件均满足时，事件才会发生，这种因果关系称为“与”逻辑**。“与”逻辑的表达式为

$$F=A\cdot B \text{ 或 } F=AB \tag{8.2.1}$$

“与”逻辑也叫逻辑乘。其运算规则是

$$0\cdot 0=0,\ 0\cdot 1=0,\ 1\cdot 0=0,\ 1\cdot 1=1 \tag{8.2.2}$$

实现“与”逻辑的门电路称为“与”门，其逻辑符号如图 8.2.2 所示。

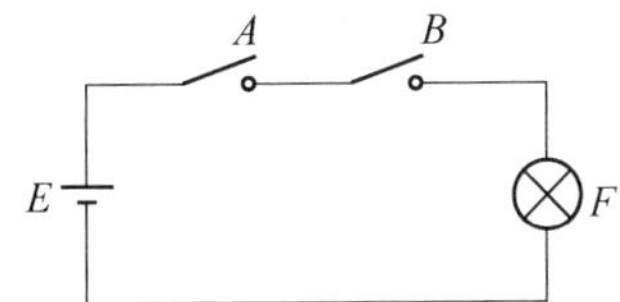

图 8.2.1　“与”逻辑电路示意图

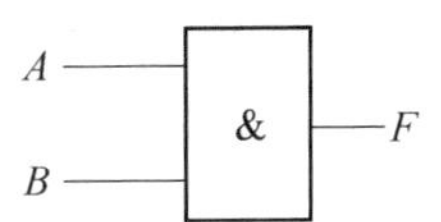

图 8.2.2　“与”门逻辑符号

2.“或”逻辑

在图 8.2.3 所示电路中，电灯改由并联开关 A、B 控制，因此只要有任意一个开关闭合，电灯都将发光。这种**在决定事件诸多条件中只要有一个满足，事件就会发生的逻辑关系称为“或”逻辑**。“或”逻辑的表达式为

$$F=A+B \tag{8.2.3}$$

“或”逻辑也称为逻辑“加”，其运算规则是

$$0+0=0,\ 0+1=1,\ 1+0=1,\ 1+1=1 \tag{8.2.4}$$

实现“或”逻辑的门电路称为“或”门，其逻辑符号如图 8.2.4 所示。

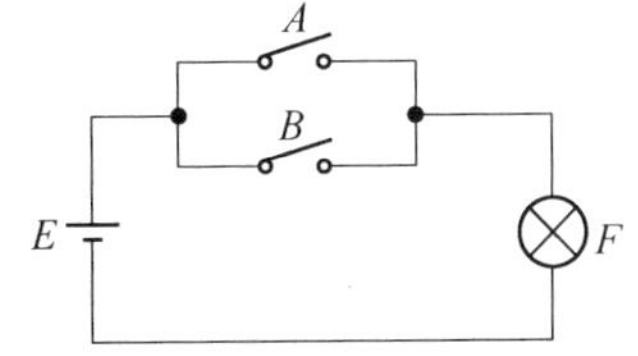

图 8.2.3　“或”逻辑电路示意图

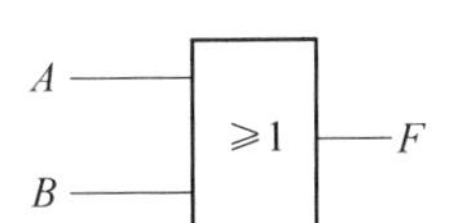

图 8.2.4　“或”门逻辑符号

3. “非”逻辑

在图 8.2.5 所示电路中，当开关合上（即条件成立），则电灯熄灭（即事件不发生）；而开关断开（即条件不成立），则电灯发光（即事件发生）。这种**事件的结果总是与事件的条件相反，它们之间存在否定的逻辑关系，即为“非”逻辑。**

“非”运算也称为“反”运算，可表示为

$$F=\overline{A} \tag{8.2.5}$$

称 A 为原变量，$\overline{A}$ 为反变量。其运算规则为

$$\overline{0}=1，\overline{1}=0 \tag{8.2.6}$$

实现“非”逻辑的门电路称为“非”门，其逻辑符号如图 8.2.6 所示。

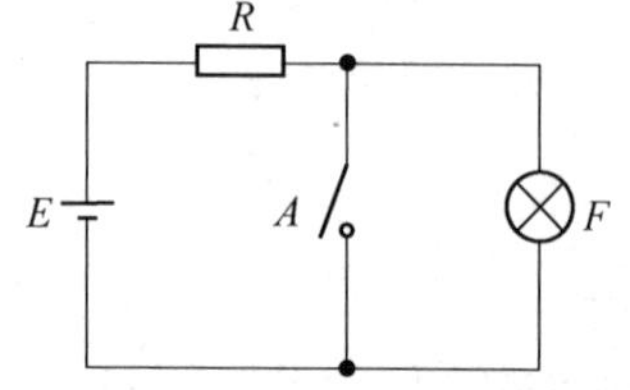

图 8.2.5　“非”逻辑电路示意图

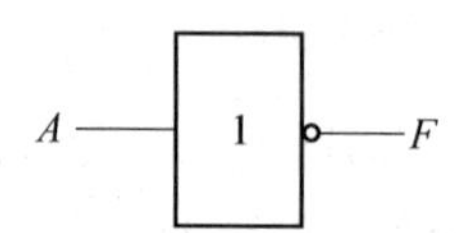

图 8.2.6　“非”门逻辑符号

8.2.3　常用复合逻辑运算

常用复合逻辑运算视频

常用复合逻辑运算课件

由以上三种基本逻辑运算可以组合成各种复合逻辑运算。下面介绍几种常见的复合逻辑运算。

1. “与非”逻辑

“与非”的逻辑关系可用图 8.2.7(a)表示，它是由“与”运算与“非”运算复合而成的。“与非”逻辑的函数式为

$$F=\overline{AB} \tag{8.2.7}$$

其逻辑功能可概括为**“有 0 出 1，全 1 出 0”**。逻辑符号如图 8.2.7(b)所示。

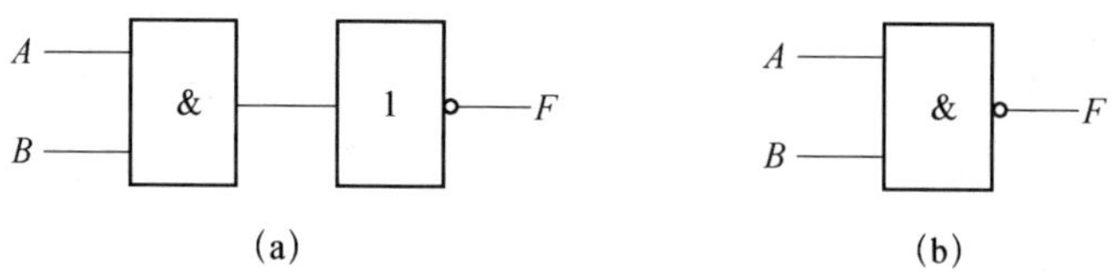

图 8.2.7　“与非”逻辑与逻辑符号

2. “或非”逻辑

“或”运算与“非”运算构成“或非”逻辑，其逻辑关系与符号如图 8.2.8 所示，逻辑表达式为

$$F=\overline{A+B} \tag{8.2.8}$$

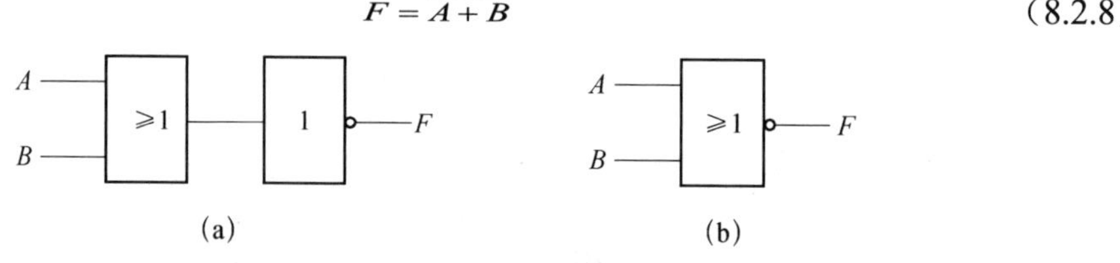

图 8.2.8　“或非”逻辑与逻辑符号

其逻辑功能可概括为“**有 1 出 0，全 0 出 1**”。

3.“与或非”逻辑

“与或非”逻辑由“与”、“或”、“非”三种逻辑复合而成，如图 8.2.9(a)所示，图 8.2.9(b)所示为逻辑符号，其逻辑表达式为

$$F = \overline{AB + CD} \tag{8.2.9}$$

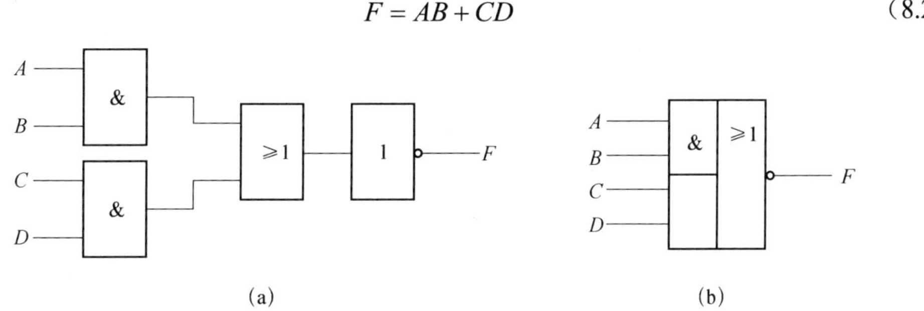

图 8.2.9　“与或非”逻辑与逻辑符号

4.“异或”逻辑与“同或”逻辑

“异或”逻辑的逻辑关系如图 8.2.10(a)所示，逻辑符号如图 8.2.10(b)。根据图 8.2.10(a)可得其函数式为

$$F = \overline{A}B + A\overline{B} = A \oplus B \tag{8.2.10}$$

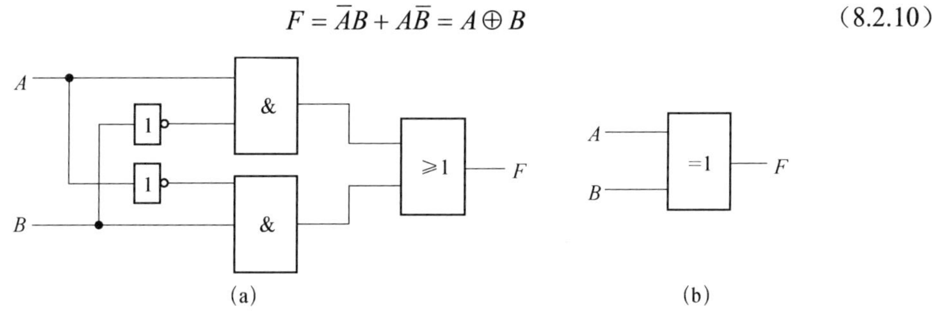

图 8.2.10　“异或”逻辑与逻辑符号

表 8.2.1 为其真值表。由真值表可概括两个变量的“异或”运算规律为：“**相异出 1，相同出 0**”。

“同或”逻辑的真值表如表 8.2.2 所示，“同或”逻辑的表达式为

$$F = \overline{A}\,\overline{B} + AB = A \odot B \tag{8.2.11}$$

表 8.2.1　“异或”逻辑真值表

A	B	F
0	0	0
0	1	1
1	0	1
1	1	0

表 8.2.2　“同或”逻辑真值表

A	B	F
0	0	1
0	1	0
1	0	0
1	1	1

两个变量的“同或”运算规律为：“**相异出 0，相同出 1**”。图 8.2.11 所示为“同或”逻辑符号。

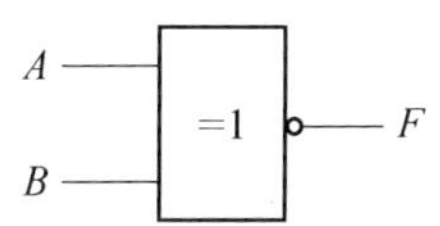

图 8.2.11　“同或”逻辑符号

由表 8.2.1 和表 8.2.2 可知，两个变量的“同或”是“异或”的“非”运算：$A \odot B = \overline{A \oplus B}$，即 $\overline{A}\,\overline{B} + AB = \overline{\overline{A}B + A\overline{B}}$

但要注意：$A\odot B\odot C = A\oplus B\oplus C$（请读者自行验证）。

根据“同或”和“异或”运算的规律，还可得到一些运算的公式：

（1）$A\oplus A=0$；$A\oplus\overline{A}=1$；$A\oplus 1=\overline{A}$；$A\oplus 0=A$

（2）$A\odot A=1$；$A\odot\overline{A}=0$；$A\odot 1=A$；$A\odot 0=\overline{A}$

（3）$A\oplus(B\oplus C)=(A\oplus B)\oplus C$

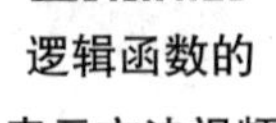

逻辑函数的表示方法视频

逻辑函数的表示方法课件

8.2.4 逻辑函数的表示方法

逻辑函数常用的表示方法有真值表、逻辑表达式、逻辑图、波形图和卡诺图（详见8.4.3小节）五种方式。虽然各种表示方式的特点不同，但它们都能表示输出变量与输入变量之间的逻辑关系，并可以相互转换。

1. 真值表

将 n 个输入变量的 2^n 个状态及其对应的输出函数值列成一个表格称作真值表。例如，设计一个三人（A、B、C）表决使用的逻辑电路，当多数人赞成（设赞成为“1”）时表决结果 F 有效，输出为1，否则 F 为0。根据上述要求，输入有 $2^3=8$ 个不同状态，把8种输入状态下对应的输出状态值列成表格，可得到真值表如表8.2.3所示。

表 8.2.3 三人表决电路真值表

A	*B*	*C*	*F*
0	0	0	0
0	0	1	0
0	1	0	0
0	1	1	1
1	0	0	0
1	0	1	1
1	1	0	1
1	1	1	1

2. 逻辑表达式

逻辑表达式的形式有多种，“与或”式是最基本的表达形式，由“与或”式可以转换成其他各种形式。

（1）标准“与或”式

由真值表可以方便地写出标准“与或”式。即在真值表中，找出那些使函数值为1的变量取值组合，在变量取值组合中，变量值为1的写成原变量（字母上无非号的变量），为0的写成反变量（字母上带非号的变量），这样对应于使函数值为1的每一种变量取值组合，都可写出唯一的乘积项（也叫与项）。只要将这些乘积项加（或）起来，即可得到函数的标准“与或”式。显然从表8.2.3可得到

$$F=\overline{A}BC+A\overline{B}C+AB\overline{C}+ABC \tag{8.2.12}$$

表达式中的与项是标准与项，也叫最小项，所以**标准“与或”式也称为最小项之和的形式。**在最小项中，每一个变量都以原变量或反变量的形式作为一个因子出现且仅出现一次。对于具有 n 个变量的逻辑函数，共有 2^n 种取值组合，也就有 2^n 个最小项。

（2）最小项的性质

① **对输入变量的任一取值组合，仅有一个最小项的值为1。**

② **全体最小项之和恒为1。**

③ **任意两个最小项的乘积为0。**

为了表述方便，最小项通常用 m_i 表示，下标 i 是使该最小项为1时的变量取值组合对应的十进制值。如最小项 $A\overline{B}\overline{C}$，在 A=1，B=C=0时取值为1，故可用 m_4 表示，即 $m_4=A\overline{B}\overline{C}$。

同理，式（8.2.12）可表示为

$$F(A, B, C)=m_3+m_5+m_6+m_7=\Sigma_m(3, 5, 6, 7) \tag{8.2.13}$$

（3）同一逻辑函数可以有几种不同形式的逻辑表达式

除“与或”式外，还有“与非-与非”式、“或与”式、“或非-或非”式、“与或非”式。不同的表达式将用不同的门电路来实现，而且各种表达形式之间可以相互转换。如某一逻辑函数 F，其最简表达式可表示如下。

“与或”表达式：$F_1 = AB + \overline{A}C$

“或与”表达式：$F_2 = (\overline{A} + B)\ (A + C)$

“与非—与非”表达式：$F_3 = \overline{\overline{AB}\ \overline{\overline{A}C}}$

“或非—或非”表达式：$F_4 = \overline{\overline{\overline{A} + B} + \overline{A + C}}$

逻辑表达式的优点是书写方便，形式简洁，不会因为变量数目的增多而变得复杂；便于运算和演变，也便于用相应的逻辑符号来实现。其缺点是在反映输出变量与输入变量的对应关系时不够直观。

3. 逻辑图

逻辑图是用逻辑符号表示逻辑关系的图形表示法。上述逻辑函数 F 的不同表达式形式对应逻辑图如图 8.2.12 所示。

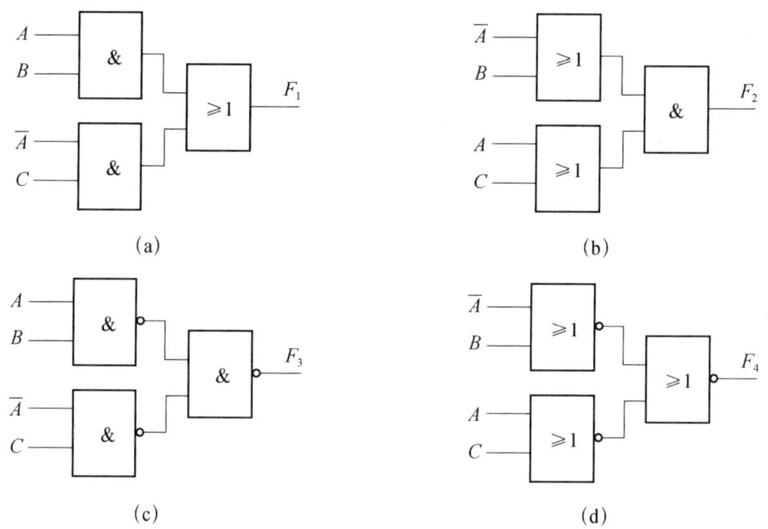

图 8.2.12　同一逻辑函数的不同实现形式

由于逻辑图形符号都有对应的集成电路器件，所以能很方便地将逻辑图实现为具体的硬件电路。

4. 波形图

波形图也叫时序图，它是用变量随时间变化的波形来反映输出、输入间对应关系的一种图形表示法。

画波形图时要特别注意，横坐标是时间轴，纵坐标是变量取值（高、低电平或二进制代码

1 和 0）。由于时间轴相同，变量取值又十分简单，所以在波形图中常略去坐标轴。但在画波形时，务必注意将输出与输入变量的波形在时间上对应起来，以体现输出与输入的逻辑关系。例如，由图 8.2.13(a)得 $F=A+B$，根据给定的 A、B 波形，可对应画出输出的波形如图 8.2.13(b)所示。

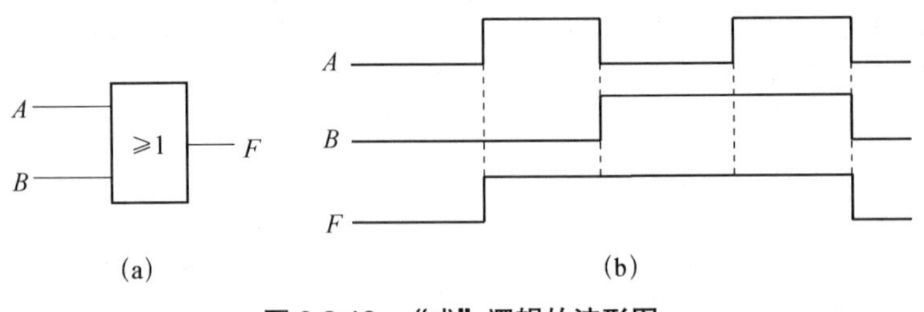

图 8.2.13　“或”逻辑的波形图

8.2　测试题

8.3　集成逻辑门电路

逻辑门电路视频

逻辑门电路课件

分立元件的门电路体积大、可靠性差，而集成门电路不仅微型化、可靠性高、耗电小，而且速度快，便于多级连接。为了正确地使用集成门电路，不仅要掌握其逻辑功能，还要了解它们的特性和主要参数。目前广泛应用的集成逻辑门电路可分为 TTL 和 MOS 两大类。

8.3.1　TTL 集成逻辑门电路

“仙童”半导体公司

1. TTL“与非”门

在 TTL 门电路中，集成“与非”门是常用的门电路。图 8.3.1 所示是 74LS00 的引脚图，一片 74LS00 芯片集成了 4 个二输入“与非”门，各个门的输入端和输出端通过引脚与外部电路连接。不同型号的集成“与非”门芯片，其输入端数及“与非”门的个数可能不同。TTL 集成“与非”门的典型结构如图 8.3.2 所示。下面介绍 TTL 电路的主要电气参数。

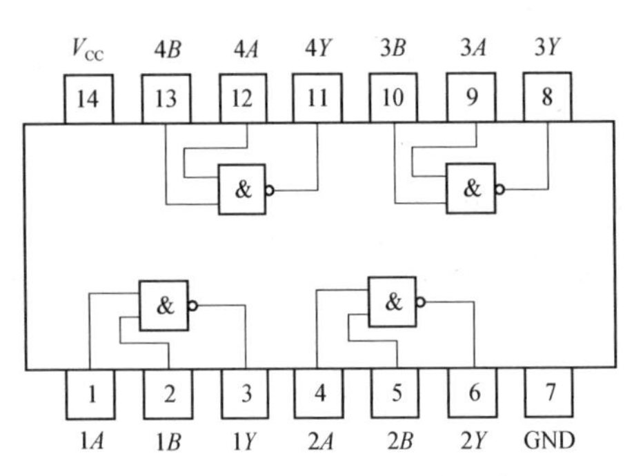

图 8.3.1　74LS00 芯片引脚图

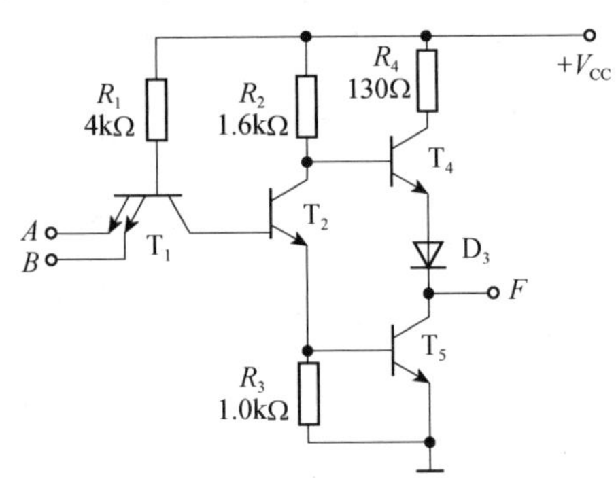

图 8.3.2　TTL“与非”门典型结构

（1）电压传输特性

利用图 8.3.3(a)所示电路，可测得“与非”门输出电压 u_o 与输入电压 u_i 之间的关系曲线，即“与非”门的电压传输特性，如图 8.3.3(b)所示。

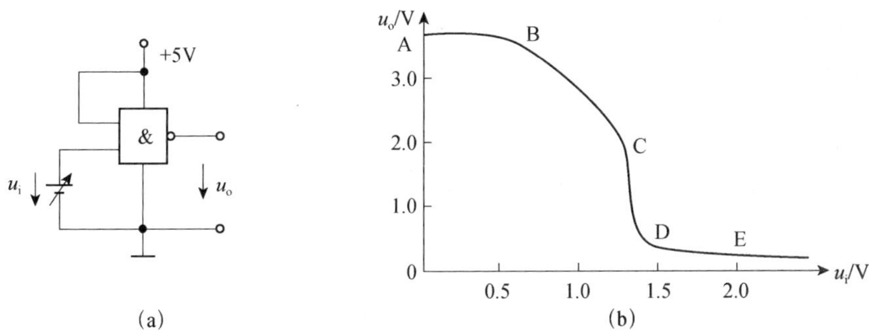

图 8.3.3 “与非”门的电压传输特性

当输入从 0V 开始增加时，在一定范围内输出高电平基本不变。当输入上升到一定数值后，输出很快下降为低电平，如果继续增加输入，输出始终保持低电平。

（2）主要参数

① **输入、输出电平**。在数字系统中，高、低电平是一个离散的概念，即高、低电平有一个变化范围，只要电平在规定的范围内，均能保证电路呈现相应的逻辑值 1 与 0。在 TTL **电路中，高电平 V_H 的典型值为** 3.6V，**低电平 V_L 的典型值为** 0.2V，对于逻辑门的输入、输出它们有不同的极限值，如表 8.3.1 所示。

表 8.3.1 TTL 输入输出电平

名称	参数	
	符号	额定值/V
最大输入低电平	$V_{IL(max)}$	0.8
最小输入高电平	$V_{IH(min)}$	2.0
最大输出低电平	$V_{OL(max)}$	0.4
最小输出高电平	$V_{OH(min)}$	2.4

② **直流噪声容限**。该参数用来表征门电路输入和输出之间保持正常逻辑关系时所能容忍的输入端最大干扰电压。直流噪声容限分为高电平噪声容限 V_{NH} 与低电平噪声容限 V_{NL}。图 8.3.4 表明了为保证电路状态为逻辑 1 所允许的最低输出高电平 $V_{OH(min)}$ 与最低输入高电平 $V_{IH(min)}$，以及为保证电路状态为逻辑 0 所允许的最高输出低电平 $V_{OL(max)}$ 与最高输入低电平 $V_{IL(max)}$，处于转换区的电平是不允许的。由于在电路结构中，前级门的输出即为后级门电路的输入，所以高电平噪声容限 V_{NH} 定义为

$$V_{NH} = V_{OH(min)} - V_{IH(min)} \tag{8.3.1}$$

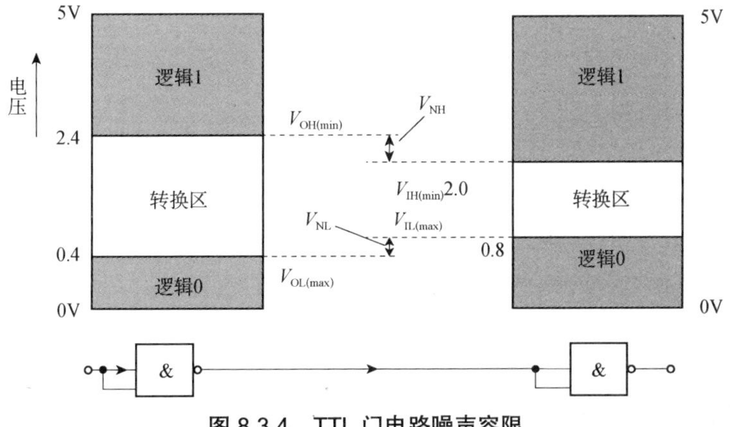

图 8.3.4 TTL 门电路噪声容限

低电平噪声容限 V_{NL} 定义为

$$V_{NL} = V_{IL(max)} - V_{OL(max)} \tag{8.3.2}$$

TTL 电路的 V_{NH} 与 V_{NL} 典型值均为 0.4V。

③ **扇出系数**。扇出系数表明数字集成电路驱动负载能力的大小，是数字集成电路的一个非常重要的参数，通常以电路的一个输出端能驱动同类门的入端数来表示。一般 74 系列 TTL“与非”门的扇出系数为 10，74LS 系列的扇出系数为 20。

④ **平均传输延迟时间**。平均传输延迟时间是表征门电路开关速度的参数。图 8.3.5 所示为实际“与非”门输出与输入的响应关系，我们定义输入电压上升到 $0.5U_{IM}$ 至输出电压下降到 $0.5U_{OM}$ 所需时间为导通延迟时间 t_{pdL}，定义输入电压下降到 $0.5U_{IM}$ 至输出电压上升至 $0.5U_{OM}$ 所需时间为截止延迟时间 t_{pdH}，则“与非”门的平均传输延迟时间为

$$t_{pd} = \frac{1}{2}(t_{pdL} + t_{pdH}) \tag{8.3.3}$$

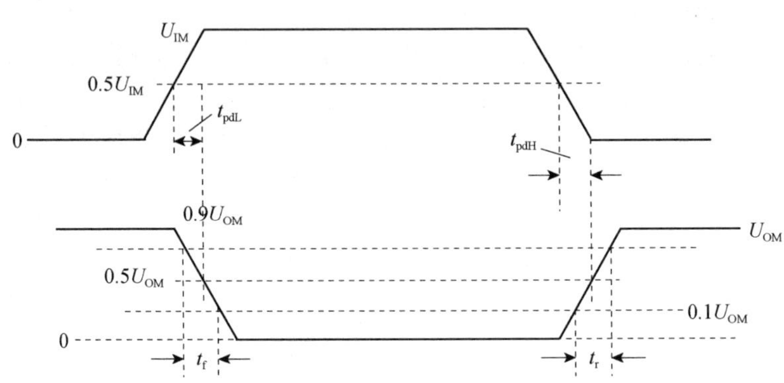

图 8.3.5　门的传输延迟

2. 集电极开路与非门（OC 门）

将一般 TTL“与非”门的输出级开路，形成集电极开路门（即 OC 门），如图 8.3.6(a)所示。图 8.3.6(b)为 OC“与非”门的逻辑符号。OC 门在使用时，需要在电源与输出端之间外加负载电阻 R_L 才能实现高低电平的输出。

特殊门电路视频

特殊门电路课件

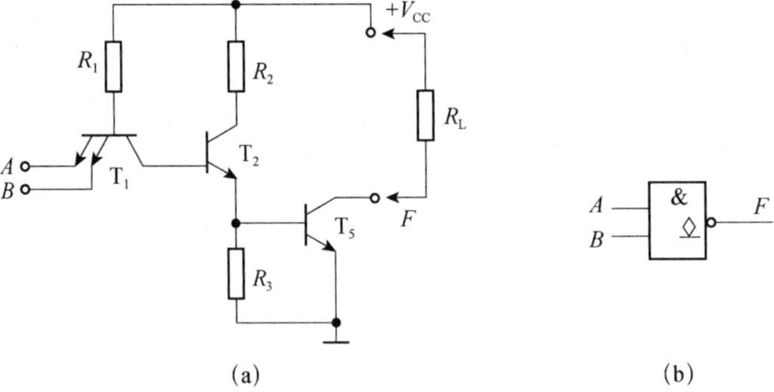

图 8.3.6　OC 门结构与符号

OC 门的主要特点如下。

（1）**实现“线与”**

“线与”指的是把若干个门的输出端并联在一起，实现多个信号之间“与”的逻辑关系，

具体接法如图 8.3.7 所示。即

$$F = F_1 \cdot F_2 \cdot \cdots \cdot F_n \tag{8.3.4}$$

（2）可以直接驱动较大电流的负载

OC 门可以利用不同的外接电压来实现电平转换，或利用 OC 门直接驱动发光二极管、指示灯、继电器等，如图 8.3.8 所示。

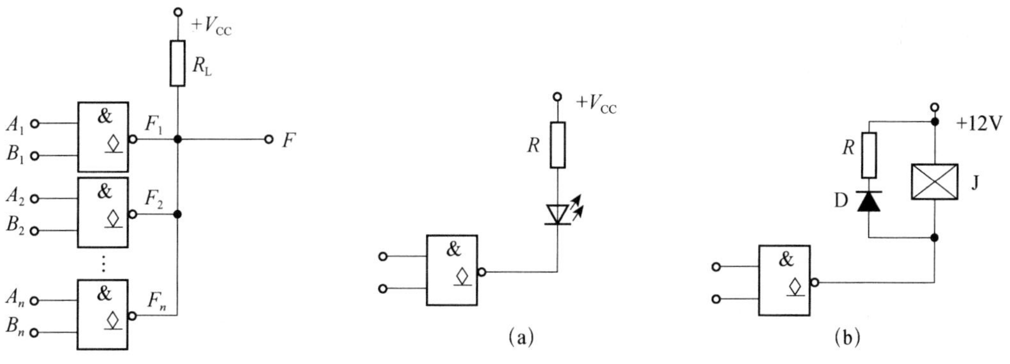

图 8.3.7　OC 门的连接方法

图 8.3.8　OC 门驱动电路结构

3. 三态门

三态门除具有 0、1 这两个状态外，还具有**高阻输出**的第三状态（或称禁止态、悬浮态），这时输出端相当于开路。三态门是在普通“与非”门的基础上增加控制端 E（也称为使能端）而得到的。使能端的控制分为低电平有效与高电平有效两种，逻辑符号如图 8.3.9 所示。其中图 8.3.9(a)为高电平有效三态门，其输出逻辑可表示为

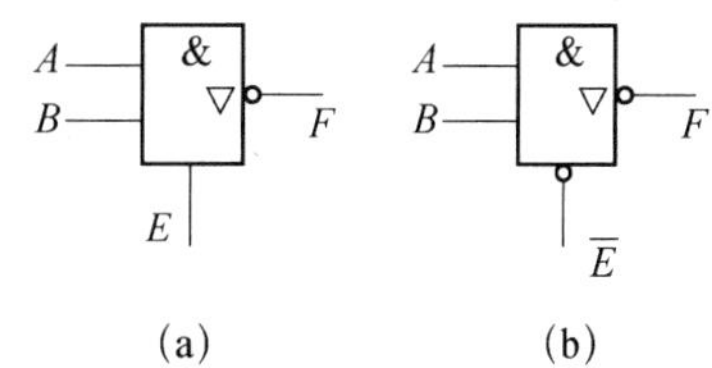

图 8.3.9　三态门的逻辑符号

$$F = \begin{cases} \overline{AB} & E = 1 \\ \text{高阻态} & E = 0 \end{cases} \tag{8.3.5}$$

图 8.3.9(b)为低电平有效三态门，其输出可表示为

$$F = \begin{cases} \overline{AB} & \overline{E} = 0 \\ \text{高阻态} & \overline{E} = 1 \end{cases} \tag{8.3.6}$$

三态门广泛用于实现数据的总线传输，如图 8.3.10 所示。当有若干不同数据要经一条公共路径（即总线）由 A 传到 B 时，可通过三态门将数据全部挂在总线上，因为当使能端 E 作用使得输出为高阻态时，相应的三态门输出相当于开路，即与总线断开。因此只要控制各使能端使其分时作用，就能将不同数据用同一条总线传输，这正是计算机系统普遍采用的数据传输结构。

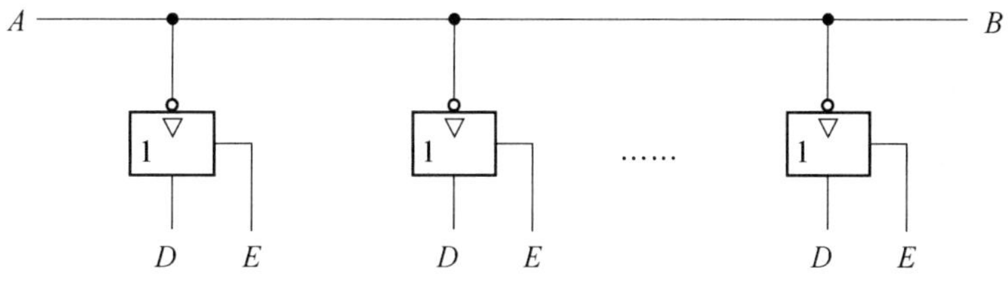

图 8.3.10　三态门实现的总线结构

8.3.2 CMOS 集成逻辑门电路

由于 MOS 集成电路具有输入电阻高、功耗小、带负载能力强、抗干扰能力强、电源电压范围宽、集成度高等优点，所以目前大规模数字集成系统中，广泛使用的集成门电路是 MOS 型集成电路。74HC 系列的 CMOS 器件，其平均传输延迟时间约 9ns，与 TTL 的 74LS 系列传输延迟时间相当，并且 74HC 系列器件的引脚、功能与 74LS 兼容，在应用 74LS 系列器件的场合都可用 74HC 系列代替。与 TTL 电路相似，我们以 CMOS“非”门为典型电路，说明 CMOS 电路参数的特点。

（1）工作电压：CMOS 器件的工作电压为 3～18V。

（2）电压传输特性：图 8.3.11 所示为 CMOS“非”门的电压传输特性。由曲线可见，CMOS“非”门传输特性不仅转折区变化率很大，而且转折区的输入电压（即阈值电压）$V_{TH}=\frac{1}{2}V_{DD}$。这可使 CMOS 门电路获得最大限度的输入端噪声容限，即 CMOS 电路具有较强的抗干扰能力。

（3）输入、输出电压：CMOS“非”门的传输特性具有对称性，即随着电源电压 V_{DD} 的上升，输入、输出电平相应增加，如图 8.3.12 所示，其输入、输出电平参数为

$$V_{OL(max)}=+0.05V$$
$$V_{OH(min)}=V_{DD}-0.05V$$
$$V_{IL(max)}=0.3V_{DD}$$
$$V_{IH(min)}=0.7V_{DD}$$

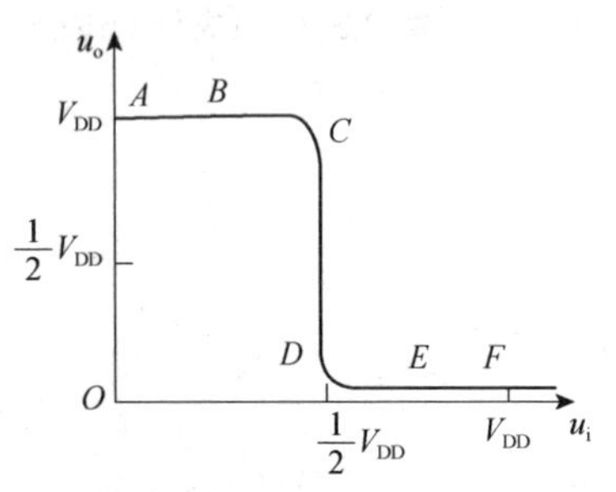

图 8.3.11 CMOS“非”门的电压传输特性

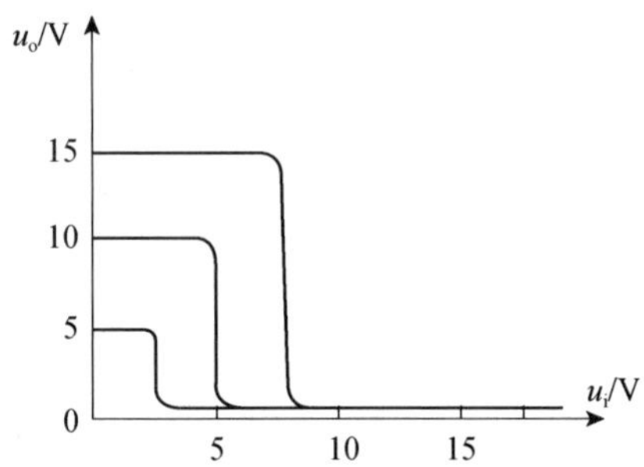

图 8.3.12 CMOS 非门的输入、输出电平

（4）输入噪声容限：与 TTL 电路相同，CMOS 电路的噪声容限也分为低电平噪声容限 V_{NL} 与高电平噪声容限 V_{NH}，即

$$V_{NH}=V_{OH(min)}-V_{IH(min)}\approx 0.3V_{DD} \tag{8.3.7}$$

$$V_{NL}=V_{IL(max)}-V_{OL(max)}\approx 0.3V_{DD} \tag{8.3.8}$$

由此可知 CMOS 的 V_{NH} 与 V_{NL} 相等，且为电源电压的 30%，因此可通过提高电源的电压来提高 CMOS 电路的抗干扰能力，这在 TTL 电路中是无法实现的。

（5）扇出系数：CMOS 电路的输入电流极小，在规定条件下测试时（即 V_{DD}=5V，T_A=25℃），I_{Imax}=0.1μA，实际电路输入电流要小于该值，因此 CMOS 电路具有极大的扇出系数。在实际使用时，若电路的工作频率不太高，则几乎不受限制。

（6）传输延迟时间 t_{pd}：对于 CMOS 门电路，$t_{pd}=t_{pdH}=t_{pdL}$，传输延时典型值为 60ns 左右。

8.3.3　集成门电路使用注意事项

1. 多余输入端的处理

“与非”门的多余输入端应接高电平，“或非”门的多余输入端应接低电平，以保证正常的逻辑功能。具体来说，多余输入端接高电平时，TTL 门电路可有多种处理方式，如悬空（虽然悬空相当于高电平，但容易接收到干扰信号，有时会造成电路的误动作），直接接电源 U_{CC} 或通过 1～3kΩ 电阻接+U_{CC} 等；CMOS 门输入端不允许悬空（防止发生静电击穿），应接电源 U_{DD}。欲接低电平时，TTL 和 CMOS 门均可直接接地。

2. 电源的使用

TTL 门电路对直流电源的要求较高，74LS 系列要求电源电压范围为 4.75～5.25V，电压稳定度高，纹波小；CMOS 门电路的电源电压范围较宽，电源电压选得越大，CMOS 门电路的抗干扰能力越强。

3. 输入电压范围

输入电压的容许范围是$-0.5\text{V}\leqslant u_i\leqslant U_{CC}$（$U_{DD}$）。

4. 输出端的连接

除三态门、OC 门外，TTL 集成门电路的输出端不能并联使用，也不允许直接接电源或地端，否则可能造成器件损坏。

8.3　测试题

8.4　逻辑函数的化简

逻辑函数运算规则视频

逻辑函数运算规则课件

8.4.1　逻辑代数的公式与定理

1. 基本公式

根据逻辑关系的定义或真值表，即可得出逻辑代数的基本运算公式，如表 8.4.1 所示。表中公式大多与普通代数相似，极易证明。但逻辑运算不同于代数运算，所以对表中打*号公式需特别引起注意。

表 8.4.1　基本逻辑运算公式

类别	公式		说明
常量与变量间的等式	1. $A\cdot 0=0$	1′. $A+1=1^*$	0-1 律
	2. $A\cdot 1=A$	2′. $A+0=A$	自等律
	3. $A\cdot\overline{A}=0^*$	3′. $A+\overline{A}=1^*$	互补律

（续表）

类别	公式		说明
变量间的等式	4. $A\cdot B=B\cdot A$	4′. $A+B=B+A$	交换律
	5. $(AB)C=A(BC)$	5′. $(A+B)+C=A+(B+C)$	结合律
	6. $A\cdot(B+C)=A\cdot B+A\cdot C$	6′. $A+B\cdot C=(A+B)(A+C)^*$	分配律
	7. $A\cdot A=A^*$	7′. $A+A=A^*$	重叠律
	8. $\overline{A\cdot B}=\overline{A}+\overline{B}^*$	8′. $\overline{A+B}=\overline{A}\cdot\overline{B}^*$	反演律
	9. $\overline{\overline{A}}=A^*$		还原律

表中公式$\overline{A\cdot B}=\overline{A}+\overline{B}$与$\overline{A+B}=\overline{A}\,\overline{B}$即为著名的**摩根定理**，该定理在逻辑代数的运算中非常重要，读者可用真值表自行证明。

为便于记忆表中公式的列写采用了逻辑代数运算的**对偶定理**，即若两个逻辑式 F、G 相等，则它们的对偶式 F'与 G'也相等。对于任意一个逻辑式 F，如果把其中所有的“+”转换成“·”，“·”转换成“+”，“0”转换成“1”，“1”转换成“0”，而变量不变，这样得到的新函数式 F'，即为 F 的对偶式。例如：

摩根与摩根定理

$F=A\cdot(B+C)$，其对偶式为$F'=A+B\cdot C$

$G=A\cdot B+A\cdot C$，其对偶式为$G'=(A+B)\cdot(A+C)$

根据对偶定理，若 $F=G$，则 $F'=G'$。

逻辑代数中另一个重要的基本定理是**反演定理**。反演定理指出，对于任意一个逻辑式 F，若将其中所有的“·”转换为“+”，“+”转换为“·”，“0”转换为“1”，“1”转换为“0”，原变量变为反变量，反变量变为原变量，这样得到的逻辑式为 F 的反函数$\overline{F}$。

反演定理常用于求已知逻辑函数的反函数。在使用反演定理时需遵循“先括号，然后乘，最后加”的运算次序，不属于单个变量上的反号应保留不变。例如已知函数$F=\overline{A\overline{B}}+C(A+\overline{D})$，则$\overline{F}=(\overline{\overline{A}+B})\overline{C}+\overline{A}D$。摩根定理实际上是反演定理的一种特例。

2. 若干常用的逻辑公式

除了表 8.4.1 中的基本公式以外，表 8.4.2 列出了逻辑运算中的一些常用公式，这些公式运用基本公式或真值表不难加以证明。

表 8.4.2 中公式 12 与公式 13 非常重要，读者应熟记并能灵活运用，如$A+\overline{A}BC=A+BC$及$AB+\overline{A}C+BCDE=AB+\overline{A}C$。下面运用基本公式对公式 12 与公式 13 加以证明。

表 8.4.2 常用逻辑运算公式

公式		说明
10. $AB+A\overline{B}=A$	10′. $(A+B)(A+\overline{B})=A$	合并律 吸收律
11. $A+AB=A$	11′. $A(A+B)=A$	
12. $A+\overline{A}B=A+B*$	12′. $A(\overline{A}+B)=AB$	
13. $AB+\overline{A}C+BC=AB+\overline{A}C^*$	13′. $(A+B)(\overline{A}+C)(B+C)=(A+B)(\overline{A}+C)$	

例 8.4.1 试证明$A+\overline{A}B=A+B$

证： 左端$=A+\overline{A}B=A(B+1)+\overline{A}B=(A+\overline{A})B+A=A+B=$右端

例 8.4.2　试证明 $AB+\overline{A}C+BC=AB+\overline{A}C$

证： 左端 $=AB+\overline{A}C+BC=AB+\overline{A}C+(A+\overline{A})\cdot BC=AB(1+C)+\overline{A}C(1+B)=AB+\overline{A}C=$ 右端

8.4.2　逻辑函数的公式化简法

公式化简法视频

公式化简法课件

同一个逻辑函数可以写成不同的逻辑表达式，逻辑表达式越简单，实现这个逻辑函数需要用到的器件就越少，电路结构也就越简单。因此，通常需要对逻辑函数进行化简。常用的化简方法有公式化简法和卡诺图化简法。公式化简法是运用逻辑代数的基本定律和公式对函数进行代数变换，从而消去多余乘积项和多余因子，以得到最简“与或”函数式。根据所用公式不同可分为以下几种方法。

1. 合并项法

利用公式 $A+\overline{A}=1$，将两项合并成一项，如：

$$F_1=A\overline{B\overline{C}}D+AB\overline{C}D=AD$$

$$F_2=A\overline{B}\,\overline{C}+AB\overline{C}+ABC+A\overline{B}C=A\overline{C}(\overline{B}+B)+AC(B+\overline{B})$$

$$=A\overline{C}+AC=A$$

2. 消去法

利用公式 $A+\overline{A}B=A+B$，消去多余因子。

$$F_1=AB+\overline{A}C+\overline{B}C=AB+(\overline{A}+\overline{B})C=AB+\overline{AB}C=AB+C$$

$$F_2=A\overline{B}+\overline{A}B+ABCD+\overline{A}\overline{B}CD=A\oplus B+CD(AB+\overline{A}\,\overline{B})$$

$$=A\oplus B+CD(\overline{A\oplus B})=\overline{A}B+A\overline{B}+CD$$

3. 吸收法

利用 $A+AB=A$，消去多余项。

$$F_1=A\overline{C}+AB\overline{C}D(E+F)=A\overline{C}$$

$$F_2=A+\overline{\overline{A}\,\overline{CD}}(B+\overline{E}D)+CD=A+(A+CD)(B+\overline{E}D)+CD=A+CD$$

4. 配项法

利用公式 $AB+\overline{A}C+BC=AB+\overline{A}C$，消去多余项或添加多余项后再化简。

$$F=A\overline{B}+AC+ADE+\overline{C}D=A\overline{B}+(AC+\overline{C}D+AD)+ADE$$

$$=A\overline{B}+AC+\overline{C}D+AD(1+E)=A\overline{B}+AC+\overline{C}D+AD=A\overline{B}+AC+\overline{C}D$$

在实际进行逻辑函数的化简时，往往需要将几种方法综合、灵活地应用，才能得到最简结果。

例 8.4.3　将下列逻辑函数化简为最简“与或”表达式。

公式化简法举例视频

公式化简法举例课件

$$F_1=A\overline{B}\,\overline{C}+A\overline{B}C+AB\overline{C}+ABC+\overline{AB}C+A\overline{C}$$

$$F_2=\overline{BC+AB+A\overline{C}}$$

解：$F_1 = A\bar{C}(\bar{B}+B) + AC(\bar{B}+B) + \overline{AB}C + A\bar{C} = A\bar{C} + AC + (\bar{A}+\bar{B})C$

$= A + \bar{A}C + \bar{B}C = A + C + \bar{B}C = A + C$

$F_2 = \overline{BC}\,\overline{AB}\,\overline{A\bar{C}} = (\bar{B}+\bar{C})\,(\bar{A}+\bar{B})\,(\bar{A}+C) = (\bar{A}\bar{B} + \bar{A}\bar{C} + \bar{B} + \bar{B}\bar{C})(\bar{A}+C)$

$= (\bar{A}\bar{C} + \bar{B})(\bar{A}+C) = \bar{A}\bar{C} + \bar{A}\bar{B} + \bar{B}C = \bar{A}\bar{C} + \bar{B}C$

8.4.3 逻辑函数的卡诺图化简法

逻辑函数的化简除了公式法外，还有一种常用的方法为卡诺图化简法。

1. 卡诺图的构成与特点

卡诺图是以方块图的形式表示逻辑函数的输入、输出关系。n 个变量共有 2^n 种输入组合，因此 n 个变量函数的卡诺图具有 2^n 个小方块。图 8.4.1 所示分别为二变量、三变量、四变量卡诺图，方框中所填项为该框代表的最小项。

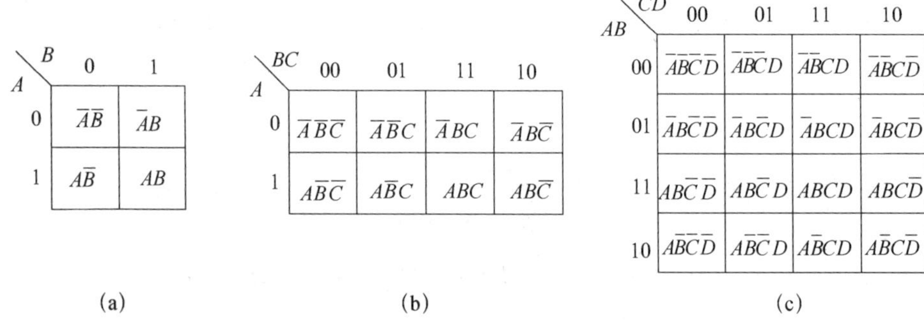

图 8.4.1　不同变量数的卡诺图

在卡诺图中输入变量分两组表示，变量的取值次序按照循环码排列，这种变量的排列方法使得**在卡诺图中几何上相邻的两个小方块所代表的最小项只有一个变量不同**，如图 8.4.1 所示，而这正是利用卡诺图化简逻辑函数的基础。

为了表达的方便与简捷，可将卡诺图中每个小方块按其最小项进行编号，图 8.4.2 所示为二变量、三变量、四变量卡诺图的编号次序。

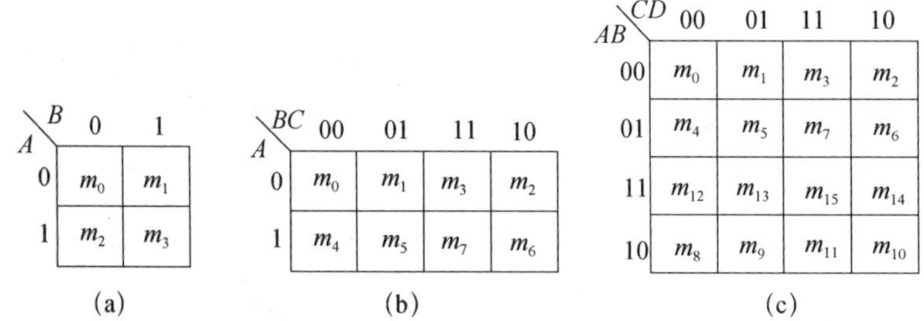

图 8.4.2　卡诺图的最小项编号

2. 卡诺图表示逻辑函数的方法

卡诺图表示逻辑函数的方法与真值表相似，即在逻辑函数中取值为 1 的最小项所对应的

逻辑函数的卡诺图表示视频

逻辑函数的卡诺图表示课件

方框填 1，而取值为 0 的最小项对应的方框填 0。例如逻辑函数 $F = ABC + AB\overline{C} + A\overline{B}C + \overline{A}\,\overline{B}C$，根据最小项的编号规则，该函数可表示为

$$F(A,\ B,\ C) = m_7 + m_6 + m_5 + m_1$$

根据标准函数式与最小项的关系，可知该函数中对应编号为 1、5、6、7 的 4 个最小项取值为 1，其卡诺图如图 8.4.3(a)所示。有时为了简单起见，卡诺图中的 0 可以省略，如图 8.4.3(b)所示。

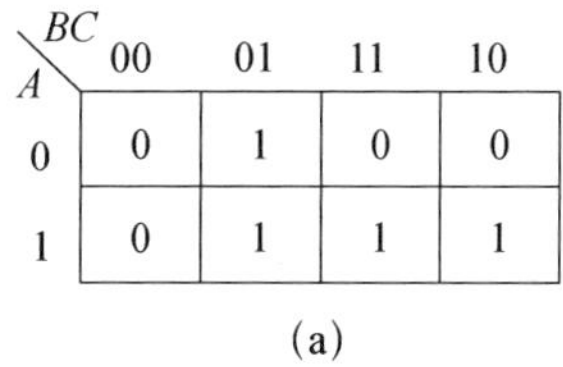

A \ BC	00	01	11	10
0	0	1	0	0
1	0	1	1	1

(a)

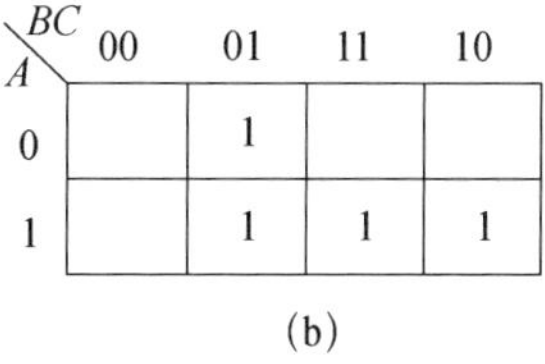

A \ BC	00	01	11	10
0		1		
1		1	1	1

(b)

图 8.4.3　卡诺图表示逻辑函数

例 8.4.4　已知逻辑函数 $F = A\overline{B} + B\overline{C} + C\overline{A}$，试分别用真值表与卡诺图表示。

解：首先利用公式 $A + \overline{A} = 1$，将函数变换成标准“与或”式：

$$F = A\overline{B}(C + \overline{C}) + B\overline{C}(A + \overline{A}) + C\overline{A}(B + \overline{B})$$
$$= A\overline{B}C + A\overline{B}\,\overline{C} + AB\overline{C} + \overline{A}B\overline{C} + \overline{A}BC + \overline{A}\,\overline{B}C$$

整理得：F（A，B，C）$=\Sigma_m$（1，2，3，4，5，6）

则真值表与卡诺图如图 8.4.4 所示。

A	B	C	F
0	0	0	0
0	0	1	1
0	1	0	1
0	1	1	1
1	0	0	1
1	0	1	1
1	1	0	1
1	1	1	0

(a)

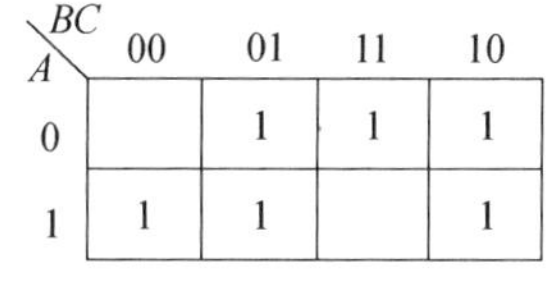

A \ BC	00	01	11	10
0		1	1	1
1	1	1		1

(b)

图 8.4.4　例 8.4.4 图

例 8.4.5　用卡诺图表示函数 $F = A\overline{B}C + (\overline{B} + \overline{C})\ (\overline{B} + \overline{D}) + \overline{A + C + D}$

解：将上式展开为“与或”式，并进行变换

$$F = A\overline{B}C + (\overline{B} + \overline{C})(\overline{B} + \overline{D}) + \overline{A + C + D} = A\overline{B}C + \overline{B} + \overline{C}\,\overline{D} + \overline{A}\,\overline{C}\,\overline{D} = \overline{B} + \overline{C}\,\overline{D}$$
$$= \overline{B}(A + \overline{A})(C + \overline{C})(D + \overline{D}) + \overline{C}\,\overline{D}(\overline{A} + A)(\overline{B} + B)$$

整理得：F（A，B，C，D）$=\Sigma_m$（0，1，2，3，4，8，9，10，11，12）

则 F 的卡诺图如图 8.4.5 所示。

从上面的例子中可以看出，在变量数较多的情况下，采用公式 $A + \overline{A} = 1$ 将函数式变换成标准式的演算过程比较烦琐，且容易出错。我们可按下述步骤填写卡诺图：

（1）先将已知函数变换为“与或”式。

（2）不论函数有几个变量，可根据“与或”式中每一个“与”项取值为1时变量的组合来填写相应小方块，如例8.4.5中的$\overline{B}$项，即可将卡诺图中B为0的所有小方块即m_0、m_1、m_2、m_3、m_8、m_9、m_{10}、m_{11}均填入“1”。

AB \ CD	00	01	11	10
00	1	1	1	1
01	1			
11	1			
10	1	1	1	1

图 8.4.5　例 8.4.5 图

3. 利用卡诺图化简逻辑函数

用卡诺图化简逻辑函数是根据“相邻项可以合并”的原则进行的。

卡诺图化简原理及步骤视频

卡诺图化简原理及步骤课件

如图 8.4.6(a)所示，m_0与m_1几何相邻，则$\overline{A}\overline{B}\overline{C}+\overline{A}\overline{B}C=\overline{A}\overline{B}$

图 8.4.6(b)中，m_5、m_7、m_{13}、m_{15}相邻，则$\overline{A}B\overline{C}D+\overline{A}BCD+AB\overline{C}D+ABCD=BD$

从上述两个例子可见，“相邻”的两项都只有一个变量不同，这样相邻两项可合并为一项，并消去1个因子；同理，相邻4项可合并为一项，并消去2个因子；相邻8项可合并为一项并消去3个因子。依次类推，则相邻的2^n项可合并为一项，并消去n个因子。在卡诺图化简过程中，把相邻且可合并的项用矩形圈圈在一起，就可直接通过观察写出合并结果。

A \ BC	00	01	11	10
0	m_0	m_1	m_3	m_2
1	m_4	m_5	m_7	m_6

(a)

AB \ CD	00	01	11	10
00	m_0	m_1	m_3	m_2
01	m_4	m_5	m_7	m_6
11	m_{12}	m_{13}	m_{15}	m_{14}
10	m_8	m_9	m_{11}	m_{10}

(b)

图 8.4.6　卡诺图的相邻项合并原则

从上面的分析中可以看出，利用卡诺图化简时，圈数越少，圈越大则函数越简单。因此卡诺图化简法的原则是：**以最少的圈数和尽可能大的矩形圈覆盖所有填1的小方块，从而得到最简表达式**。利用卡诺图化简逻辑函数可归纳为以下几个步骤：

（1）画出该逻辑函数的卡诺图。

（2）按照“**最少、最大**”的原则（即矩形圈的个数最少，圈内的最小项个数尽可能多）圈起所有取值为1的相邻项。

（3）对每一个矩形圈写出合并结果，再**将各圈的结果相加即为所求的最简“与或”式**。

在利用卡诺图进行化简时，还需注意以下几点：

① **矩形圈中包括的最小项个数必为** 2^n（n=0，1，2，…），即1、2、4、8、16、…，而不允许为6、10、12等。

卡诺图化简注意事项视频

卡诺图化简注意事项课件

② 卡诺图中4个角与两对边的各项也是相邻的，**卡诺图里上、下或左、右部分中对称的项也是相邻的**。

③ **每圈一个新的矩形圈时，必须包含一个在其他圈中未出现过的最小项**，否则会出现重

复而得不到最简式。

④ 每一个取值为 1 的小方块都可被圈多次，但**不能遗漏，最小圈可只包含一个小方块，**即表示其不能化简。

例 8.4.6 已知函数 F（A，B，C，D）$=\Sigma_m$（0，4，5，8，9，11，13，15），试求其最简“与或”式。

解：先画出函数 F 的卡诺图，按照“最少、最大”原则圈得图 8.4.7(a)。由该图可得：

由 m_0 与 m_8 可圈得 $\overline{B}\,\overline{C}\,\overline{D}$；由 m_4 与 m_5 可圈得 $\overline{A}B\overline{C}$；由 m_9、m_{11}、m_{13}、m_{15} 可圈得 AD，则函数 F 的最简“与或”式为：

$$F(A,B,C,D)=\overline{B}\,\overline{C}\,\overline{D}+\overline{A}B\overline{C}+AD$$

图 8.4.7(b)的圈法虽然也包含了所有项，而且不重复，但它不满足“最少”的原则，故所得的表达式不是最简式。

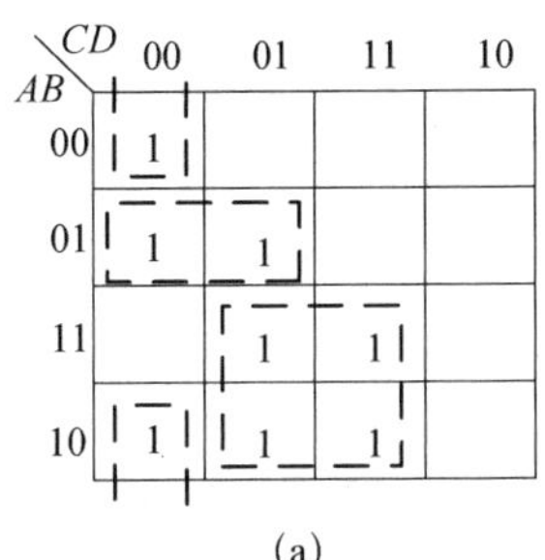
(a)

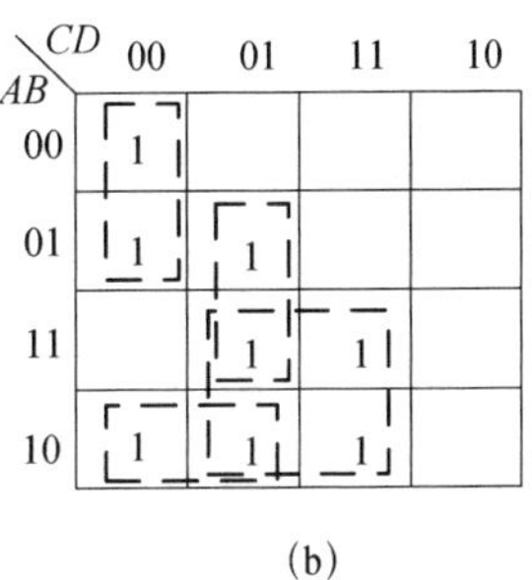
(b)

图 8.4.7 例 8.4.6 图

例 8.4.7 用卡诺图法将函数 $F=A\overline{B}+B\overline{C}\,\overline{D}+ABD+\overline{A}B\overline{C}D+\overline{A}\,\overline{B}\,\overline{D}$ 化简为最简“与或”式。

解：首先根据函数的“与或”式直接填写卡诺图，得 F 的卡诺图如图 8.4.8 所示，合并相邻项可得

$$F=\overline{B}\,\overline{D}+B\overline{C}+AD$$

例 8.4.8 用卡诺图将函数 $F=A+\overline{A}B+\overline{A+B}C+\overline{A+B+C}D$ 化简为最简“与或”式。

解：先将原表达式展开为“与或”式，即

$$F=A+\overline{A}B+\overline{A+B}C+\overline{A+B+C}D=A+\overline{A}B+\overline{A}\,\overline{B}C+\overline{A}\,\overline{B}\,\overline{C}D$$

然后将各项填入卡诺图中，如图 8.4.9 所示，根据“最少、最大”的原则画矩形圈，可得

$$F=A+B+C+D$$

AB \ CD	00	01	11	10
00	1			1
01	1	1		
11	1	1	1	
10	1	1	1	1

图 8.4.8 例 8.4.7 图

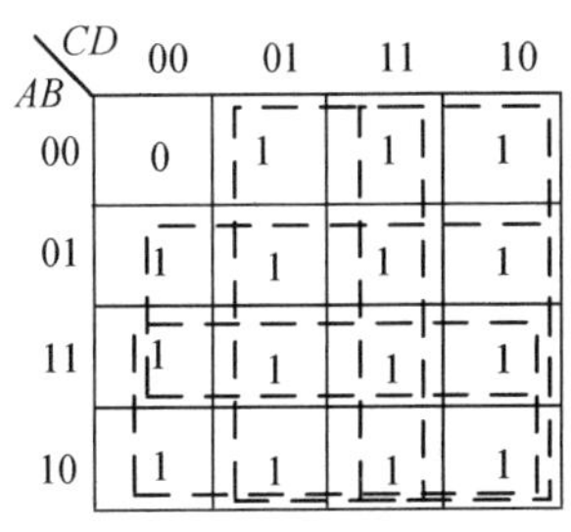

图 8.4.9 例 8.4.8 图

如果卡诺图中 0 项要比 1 项少得多，则圈 0 更容易得出最简结果。因为 $A+\overline{A}=1$，所以将卡诺图中所有取值为 0 的最小项相加，得反函数 $\overline{F}$，即在本例中有

$$\overline{F}=\overline{A}\,\overline{B}\,\overline{C}\,\overline{D}$$

再由摩根定理或反演定理可得

$$F=\overline{\overline{F}}=\overline{\overline{A}\,\overline{B}\,\overline{C}\,\overline{D}}=A+B+C+D$$

8.4 测试题

8.5 具有约束项的逻辑函数

具有约束项的逻辑函数视频

具有约束项的逻辑函数课件

8.5.1 约束项的概念

前述所涉及的逻辑函数对应于其输入变量的所有最小项，都有一个确定的输出值，即为 1 或为 0。但在实际逻辑问题中，有时会出现变量的某种组合不可能出现或不允许出现的情况。例如，有 A、B、C 三只开关控制电梯的上行、下行与停止，设 A=1 时电梯上行，B=1 时电梯下行，而当 C=1 时电梯在某楼层暂停。由于电梯不可能既上行又下行，也不可能上、下行与暂停同时出现，即不允许 A、B、C 中出现两个同时都为 1 的情况。这种在逻辑函数中不会出现的输入变量组合称为约束项，函数 F 称为具有约束项的逻辑函数。

具有约束项的逻辑函数同样可以用真值表、表达式、卡诺图等形式来表示。图 8.5.1 所示为表示电梯运行状态的函数 F（F=0 表示电梯停止运行，F=1 表示电梯处于运行中）的真值表与卡诺图。

A	B	C	F
0	0	0	0
0	0	1	1
0	1	0	1
0	1	1	×
1	0	0	1
1	0	1	×
1	1	0	×
1	1	1	×

(a)

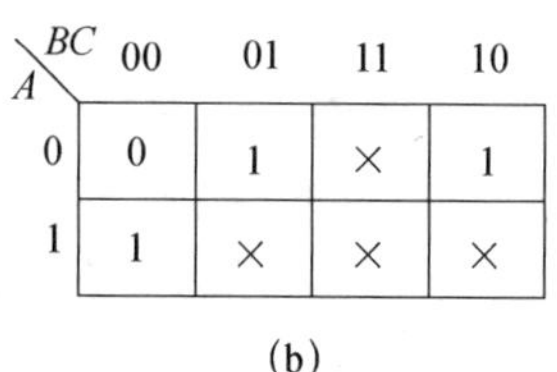

A \ BC	00	01	11	10
0	0	1	×	1
1	1	×	×	×

(b)

图 8.5.1 具有约束项的逻辑函数的表示

当电梯处于运行状态时（上行、下行或暂停）F 为 1，当电梯停止时 F 为 0，将约束项对应的函数输出记为“×”，表示在函数 F 中该项既可取 1 也可取 0。因为这种输入变量组合根本不会出现，则其取值对函数无影响。约束项也常被称为无关项。

在用逻辑式表示具有约束项的逻辑函数时，通常在写出函数式的同时，也列出它的约束条件，如上述电梯运行的函数 F 可由真值表得到

$$\begin{cases}F=\overline{A}\,\overline{B}C+\overline{A}B\overline{C}+A\overline{B}\,\overline{C}\\ \text{约束条件：}\overline{A}BC+A\overline{B}C+AB\overline{C}+ABC=0\end{cases}$$

8.5.2 具有约束项逻辑函数的化简

由于约束项在函数的输入组合中不出现，所以可以利用它们来化简逻辑函数。在用代数法化简时，先将约束项加入，然后再化简，例如对约束条件为 $\overline{A}C+\overline{B}C=0$ 的函数 $F=ABC$，则有

$$F=ABC=ABC+\overline{A}C+\overline{B}C=(AB+\overline{A})C+\overline{B}C=BC+\overline{B}C+\overline{A}C=C$$

即化简后，有

$$\begin{cases}F=C\\ \text{约束条件：}\overline{A}C+\overline{B}C=0\end{cases}$$

也可以用卡诺图化简具有约束项的逻辑函数，如上例函数的卡诺图如图 8.5.2 所示，将“×”在此例中当作“1”，可以得到同样的化简结果。

在利用约束项化简时，必须注意**约束项可以当作“1”，也可以当作“0”**。因此在化简时可视需要把有些约束项当作“1”，有些当作“0”。

例 8.5.1 化简逻辑函数

$$\begin{cases}F=C\overline{D}(A\oplus B)+\overline{A}B\overline{C}+\overline{A}\,\overline{C}D\\ \text{约束条件：}AB+CD+\overline{A}\,\overline{C}D=0\end{cases}$$

解：将函数 F 展开为“与或”式，并画出其卡诺图，如图 8.5.3 所示。

$$F=\overline{A}BC\overline{D}+A\overline{B}C\overline{D}+\overline{A}B\overline{C}+\overline{A}\,\overline{C}D$$

A \ BC	00	01	11	10
0	0	×	×	0
1	0	×	1	0

图 8.5.2 利用约束项化简函数

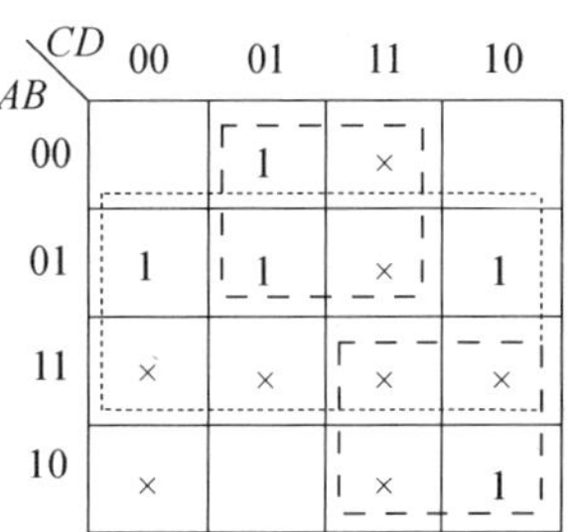

图 8.5.3 例 8.5.1 图

在卡诺图中，除约束项 $A\overline{B}\,\overline{C}\,\overline{D}$ 外，其余约束项均作为“1”，则合并得

$$\begin{cases}F=B+\overline{A}D+AC\\ \text{约束条件：}AB+CD+A\overline{C}\,\overline{D}=0\end{cases}$$

8.5 测试题

8.6 逻辑函数不同表达形式之间的相互转换

逻辑函数不同表达形式之间的转换视频

逻辑函数不同表达形式之间的转换课件

通过前面的分析可以知道，对同一逻辑关系而言，真值表、逻辑表达式、逻辑图、卡诺图、时序图

只不过是同一问题的不同表现形式而已，因此它们是可以相互转换的，下面举例说明。

例 8.6.1 已知逻辑图如图 8.6.1 所示，试写出输出函数 F 的逻辑表达式。

解：已知逻辑图要写出逻辑表达式时，常采用逐级推导法。即根据逻辑关系从逻辑图中的变量输入处开始，依次写出每个门的输入输出逻辑关系。本例中，有

$F_1 = \overline{AB}$

$F_2 = \overline{AF_1} = \overline{A\overline{AB}}$

$F_3 = \overline{BF_1} = \overline{B\overline{AB}}$

$F_4 = \overline{CF_1} = \overline{C\overline{AB}}$

$\therefore F = \overline{F_2F_3F_4} = \overline{\overline{A\overline{AB}}\;\overline{B\overline{AB}}\;\overline{C\overline{AB}}}$

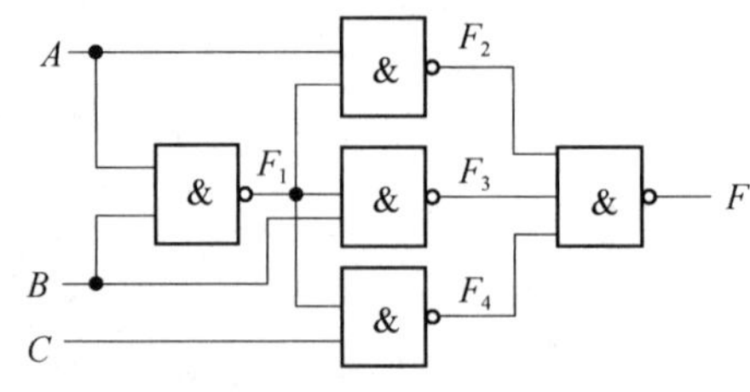

图 8.6.1 例 8.6.1 图

对上式进行化简，得

$$F = A\overline{AB} + B\overline{AB} + C\overline{AB} = \overline{A}B + \overline{A}C + A\overline{B}$$

例 8.6.2 已知逻辑函数的真值表如表 8.6.1 所示，试求其最简“与非”式，并画出逻辑图。

解：由真值表可得

$$F = \overline{A}\,\overline{B}C + \overline{A}B\overline{C} + \overline{A}BC + A\overline{B}C + ABC$$

根据卡诺图（见图 8.6.2(a)）化简得

$$F = C + \overline{A}B = \overline{\overline{C + \overline{A}B}} = \overline{\overline{C}\cdot\overline{\overline{A}B}}$$

逻辑图如图 8.6.2(b)所示。

表 8.6.1 例 8.6.2 表

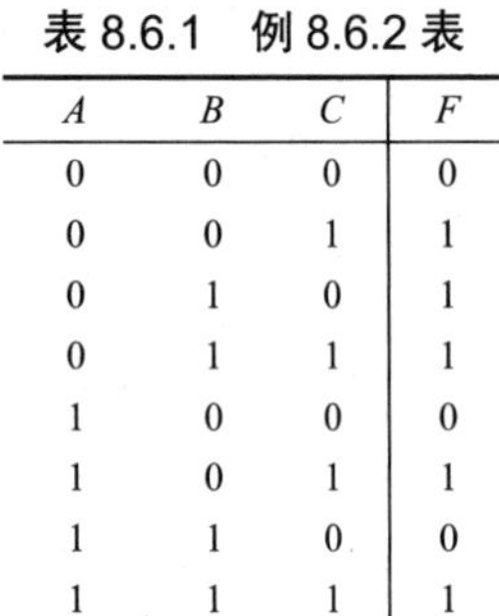

A	B	C	F
0	0	0	0
0	0	1	1
0	1	0	1
0	1	1	1
1	0	0	0
1	0	1	1
1	1	0	0
1	1	1	1

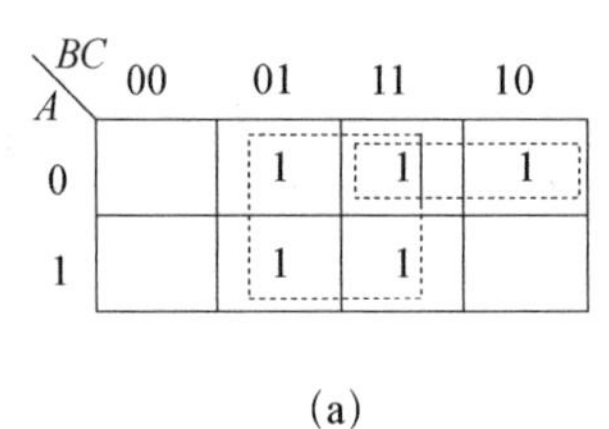

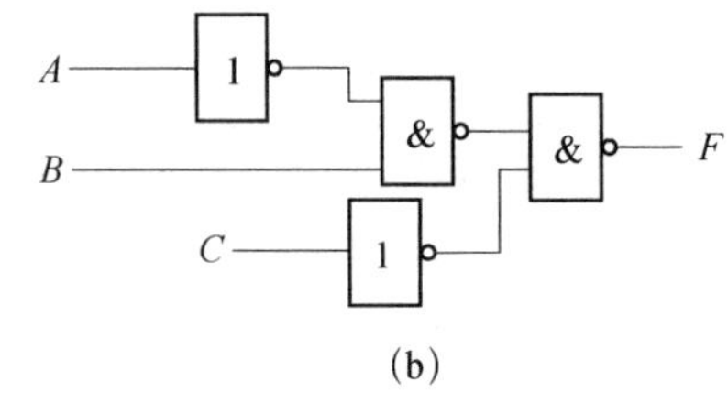

图 8.6.2 例 8.6.2 图

例 8.6.3 分析图 8.6.3 所示电路图的逻辑功能，要求列出真值表。

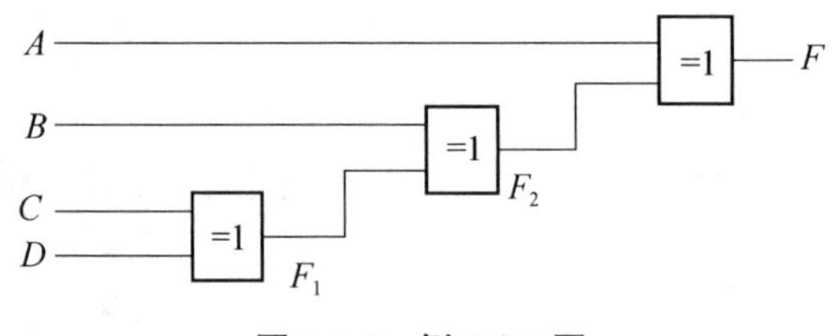

图 8.6.3 例 8.6.3 图

逻辑函数不同表达形式之间的转换举例视频

逻辑函数不同表达形式之间的转换举例课件

解：由逻辑图知 $F_1 = C \oplus D$，$F_2 = B \oplus F_1 = B \oplus C \oplus D$，$F = A \oplus F_2 = A \oplus B \oplus C \oplus D$。根据“异或”运算规则，可得真值表如表 8.6.2 所示。

由真值表可得电路的逻辑功能：当输入有奇数个 1 时输出为 1，否则为 0。故常称这种电路为判奇电路。

表 8.6.2 例 8.6.3 表

A	B	C	D	F_1	F_2	F	A	B	C	D	F_1	F_2	F
0	0	0	0	0	0	0	1	0	0	0	0	0	1
0	0	0	1	1	1	1	1	0	0	1	1	1	0
0	0	1	0	1	1	1	1	0	1	0	1	1	0
0	0	1	1	0	0	0	1	0	1	1	0	0	1
0	1	0	0	0	1	1	1	1	0	0	0	1	0
0	1	0	1	1	0	0	1	1	0	1	1	0	1
0	1	1	0	1	0	0	1	1	1	0	1	0	1
0	1	1	1	0	1	1	1	1	1	1	0	1	0

例 8.6.4 已知逻辑函数 F 的输入输出波形如图 8.6.4(a)所示，试写出它的最简“与或”表达式，并画出逻辑图。

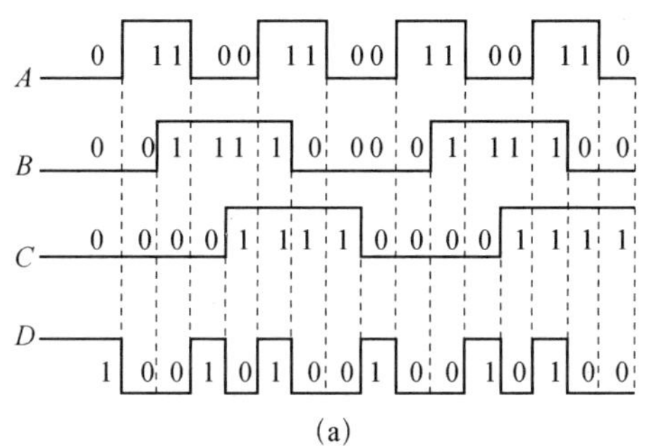

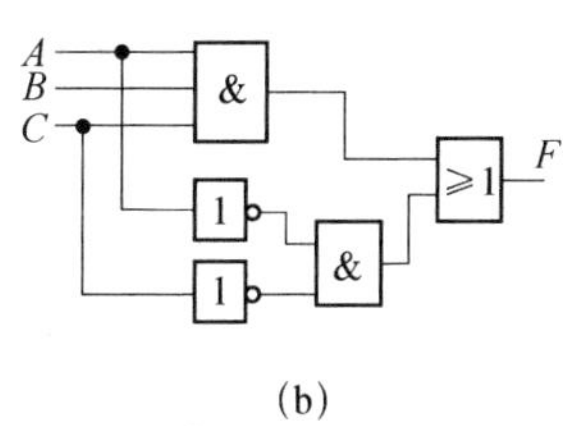

图 8.6.4 例 8.6.4 图

解：由已知输入输出波形，可得逻辑函数的真值表（见表 8.6.3），由真值表可得输出函数的标准“与或”式

$$F = \overline{A}\,\overline{B}\,\overline{C} + \overline{A}B\overline{C} + ABC$$

化简可得

$$F = \overline{A}\,\overline{C}(\overline{B} + B) + ABC$$
$$= \overline{A}\,\overline{C} + ABC$$

逻辑图如图 8.6.4(b)所示。

表 8.6.3 例 8.6.4 表

A	B	C	F
0	0	0	1
0	0	1	0
0	1	0	1
0	1	1	0
1	0	0	0
1	0	1	0
1	1	0	0
1	1	1	1

8.6 测试题

8.7 工程应用实例

8.7.1 声光控节电开关

为了节约用电，公共场所的照明系统常常采用声控装置，在模拟电子技术部分介绍了如何利用晶体管实现声光控电路（详见 5.7.2 节），本节介绍利用“与非”门实现声光控节电开关，电路如图 8.7.1 所示。

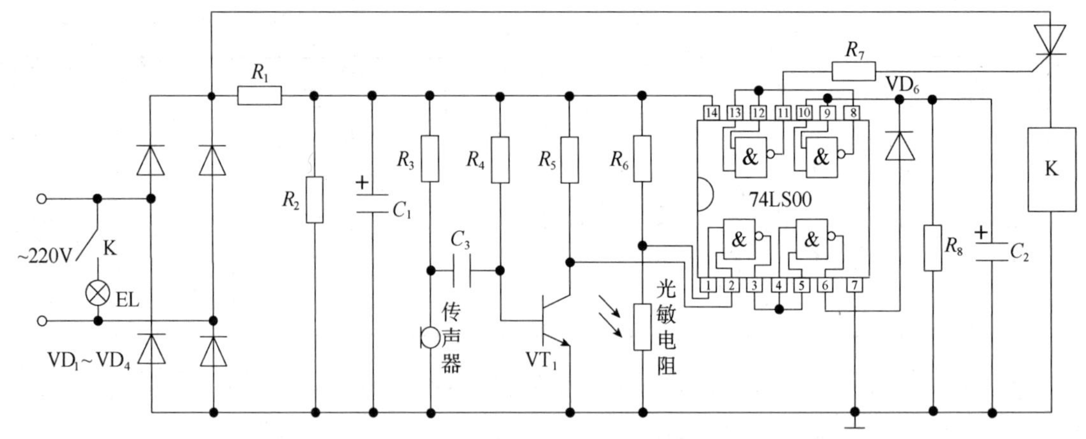

图 8.7.1　声光控节电开关原理图

电路工作原理如下：在白天有光照时，光敏电阻的阻值很小，引脚 1 输入低电平，引脚 3 输出高电平，经三级反相，引脚 11 输出低电平，晶闸管无法触发，所以灯泡不亮。在夜晚无光照并有声音的条件下，光敏电阻的阻值较大，引脚 1 输入高电平，而声音信号经 VT_1 放大，在音频信号的负半周使 VT_1 截止，集电极为高电平，即引脚 2 输入高电平，则引脚 3 输出低电平，经三级反相，使得引脚 11 输出高电平，触发晶闸管，继电器 K 吸合，灯泡 EL 点亮。同时引脚 6 输出对电容 C_2 充电，当引脚 6 变为低电平时，C_2 通过电阻 R_8 放电，实现灯泡延时熄灭。

8.7.2　三人表决控制器

图 8.7.2 所示为三人表决控制器的电路原理图，其工作原理如下：当两个或两个以上的按钮按下时，A、B、C 三点至少有两点处于高电位，也就是芯片 IC_1 上至少有一个两输入的与非门为低电平输出，此时 IC_2 上三输入端的与非门输出为高电平，经过 OC 门后输出低电平，致使发光二极管 LED 正向导通而发光。当无按钮或只有一个按钮按下时，IC_1 上两输入端的与非门均为高电平输出，IC_2 上三输入与非门输出低电平，经 OC 门后输出高电平，则发光二极管截止而不发光。

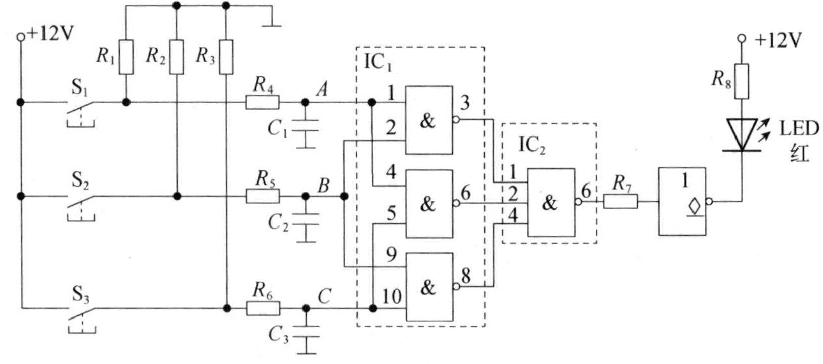

图 8.7.2　三人表决控制器原理图

IC_1 可选用 4-2 输入与非门芯片 74LS00，IC_2 选用双四输入与非门芯片 74LS20，引脚排列如图 8.7.3 所示。

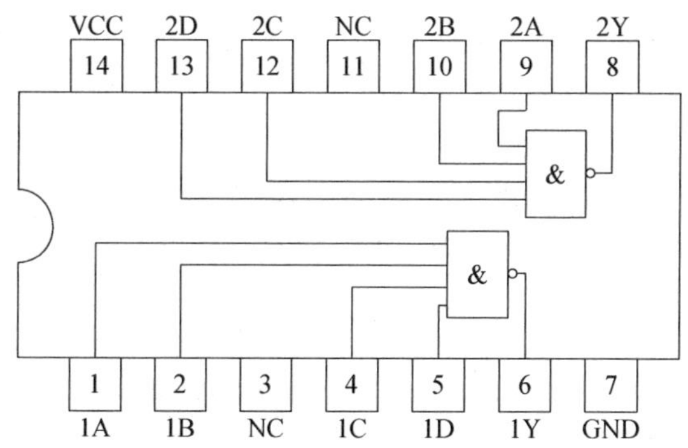

图 8.7.3　74LS20 芯片引脚图

第 8 章测试题讲解视频 1

第 8 章测试题讲解视频 2

第 8 章测试题讲解课件 1

第 8 章测试题讲解课件 2

本章小结

1. 数制与码制

二进制是数字电路的基本计数体制，常用的数制还有十进制、十六进制等。当用数码来表示不同事物时，称这些数码为代码。用来表示十进制数的二进制代码为 BCD 码。常用的 BCD 码有 8421 码、5421 码、2421 码、余三码和格雷码等。

2. 逻辑关系及其表示方法

“与”、“或”、“非”是逻辑代数的三种基本运算，由它们可组合成几种常用复合逻辑：“与非”、“或非”、“异或”、“同或”、“与或非”等。同一逻辑关系可以采用不同的表示形式：逻辑函数式、真值表、逻辑图、波形图和卡诺图。这些表示形式之间可以相互转换。

3. 集成逻辑门

目前数字集成电路中应用最多的是 CMOS 和 TTL 两种。不同的器件性能参数不同，在使用时要注意。OC 门和三态门是特殊的门电路，OC 门可以实现“线与”，三态门输出除了 0、1 外，还有高阻态。

4. 逻辑代数的公式与定理

逻辑代数的公式和定理是进行逻辑运算的基础，要特别注意它和普通代数不同的一些运算规则。

5. 逻辑函数的化简

同一个逻辑函数可以有不同的表达式，由函数值取 1 所对应变量组合的最小项相加所得的表达式称为标准“与或”式，而包含与项最少、每个与项中因子最少的表达式称为最简“与或”式。表达式越简单，实现电路越简单，因此需对逻辑函数进行化简。化简方法包括公式化简法和卡诺图化简法，公式化简法要求对公式比较熟悉且有一定的技巧；卡诺图化简法简单、直观，而且有一定规律可循，但变量数较多时，卡诺图较复杂。

6. 具有约束项的逻辑函数

约束项是逻辑函数中的一个重要概念。在化简具有约束项的逻辑函数时，可视需要把有些约束项当作“1”，有些当作“0”。

第 8 章综合测试题

第 8 章综合测试题讲解视频

第 8 章综合测试题讲解课件

8.1　电路如题 8.1 图所示，设开关闭合为 1，断开为 0，灯亮为 1，灯灭为 0，试写出灯亮的逻辑表达式。

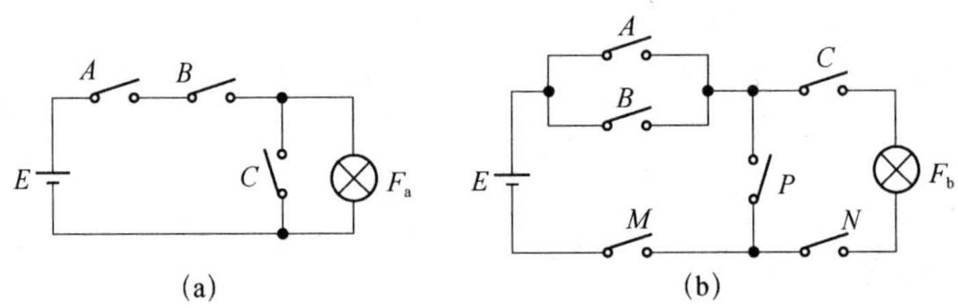

题 8.1 图

8.2　电路如题 8.2 图所示，图中 A、B 为两个单刀双掷开关，试用逻辑表达式写出灯亮的条件。

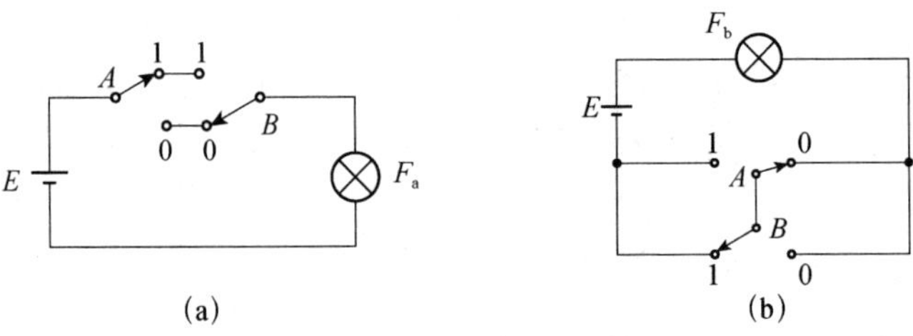

题 8.2 图

8.3 画出题 8.3 图中各逻辑电路在相应输入条件下的输出波形。

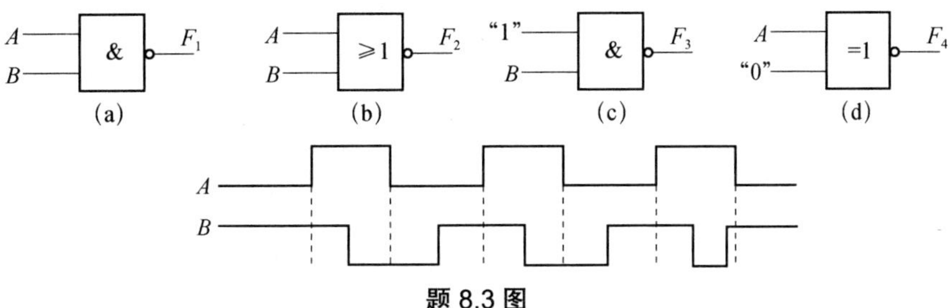

题 8.3 图

8.4 写出题 8.4 图中两个逻辑电路各自的逻辑函数表达式。

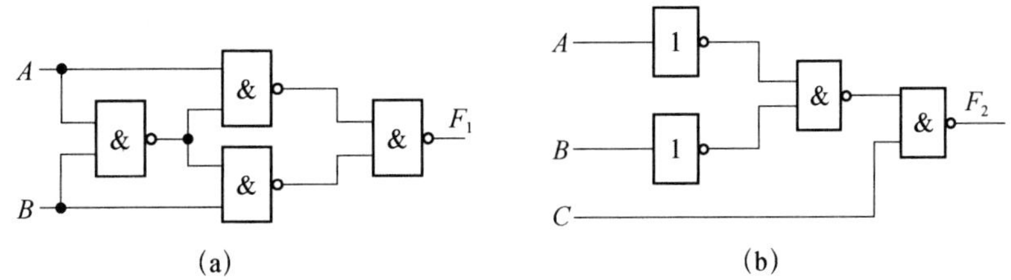

题 8.4 图

8.5 要实现题 8.5 图中各 TTL 门电路输出端所示的逻辑关系，各电路接法是否正确？如不正确，请予更正。

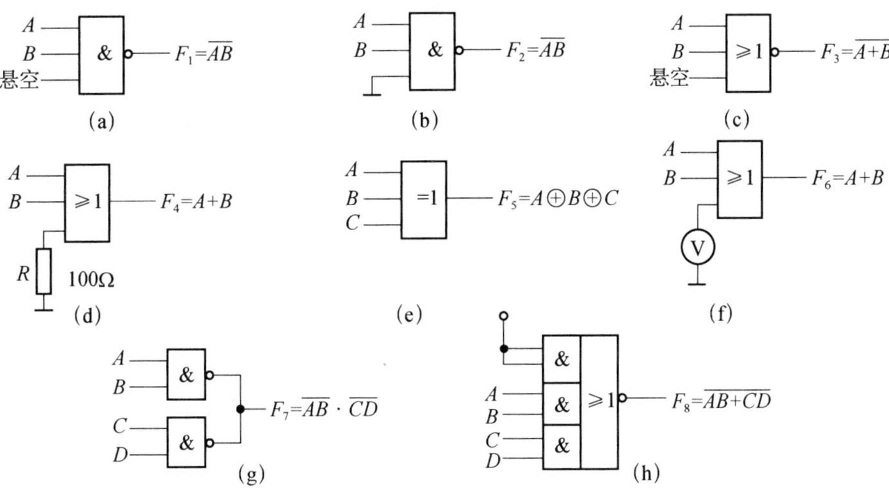

题 8.5 图

8.6 已知 TTL 门的 R_{off}=0.8 kΩ，R_{on}=2kΩ。写出题 8.6 图所示各电路输出函数表达式。

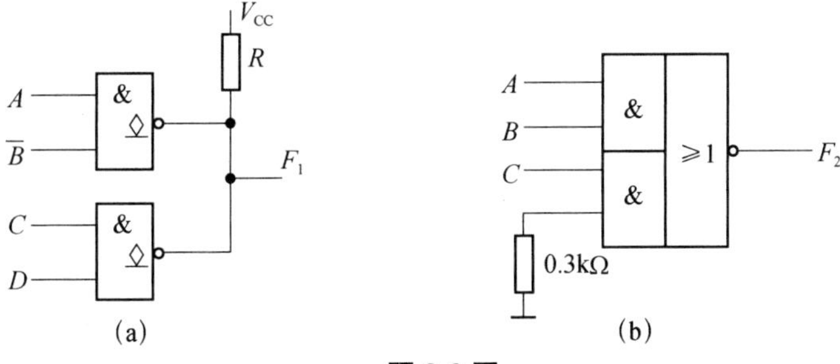

题 8.6 图

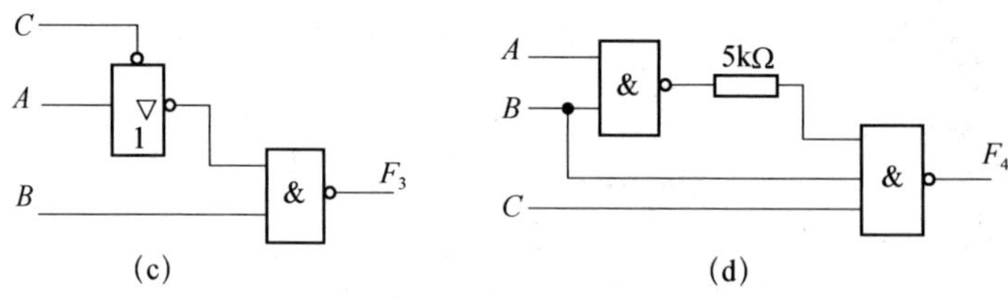

题 8.6 图（续）

8.7　为实现题 8.7 图中输出端表达式的逻辑关系，请合理地将多余端 C 进行处理，图中均为 TTL 门电路。

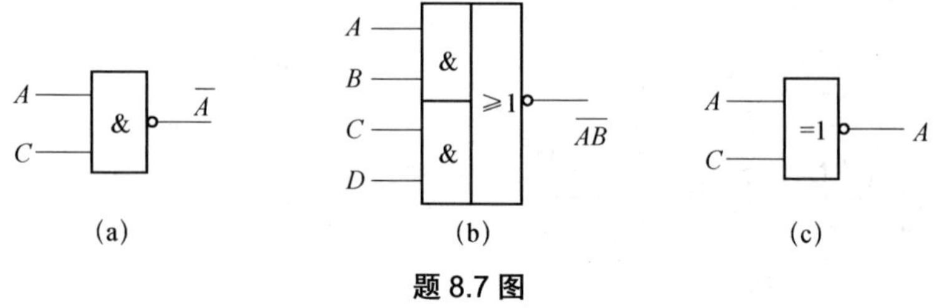

题 8.7 图

8.8　用逻辑代数的基本公式、定律、规则，化简下列逻辑函数式。

（1）$F_1=A\overline{B}+\overline{A}\,\overline{B}C$

（2）$F_2=\overline{A}BC+A\ (\overline{A}C+B\overline{C})$

（3）$F_3=B\ (C+\overline{A}D)+\overline{B}\ (C+\overline{A}D)$

（4）$F_4=\overline{A}\,\overline{B}C\overline{D}+\overline{A}\,\overline{B}CD+A\overline{B}C\overline{D}+A\overline{B}CD$

（5）$F_5=AB+(A\overline{B}+B\overline{A})\ C$

（6）$F_6=A\overline{B}+B\overline{C}+C\overline{D}+D\overline{A}+C\overline{A}+A\overline{C}$

（7）$F_7=A\overline{B}+A+DE+\overline{A+\overline{B}+F}+(\overline{A}+D)\ \overline{\overline{(\overline{A}+B+E)\ \overline{D}}}$

（8）$F_8=\overline{\overline{(A\oplus B)\ (B\oplus C)}\ \overline{\overline{A}}+\overline{\overline{B}}+\overline{(A+C)}}$

8.9　用逻辑代数的公式、定律、规则，将 $\overline{A}B+A\overline{B}+B\overline{C}+\overline{B}C+\overline{C}A+C\overline{A}$ 化简成下列三种等效形式。

（1）$\overline{A}B+\overline{B}C+\overline{C}A$

（2）$A\overline{B}+B\overline{C}+C\overline{A}$

（3）$(A+B+C)(\overline{A}+\overline{B}+\overline{C})$

8.10　试将逻辑函数 $F=AB+\overline{C}D$ 转换为“与非—与非”型、“或与”型、“或非—或非”型。

8.11　用公式法将下列函数化简为最简“与或”式。

（1）$F_1=(A\oplus B)\overline{AB+\overline{A}\,\overline{B}}+AB$

（2）$F_2=\overline{A+B}\ \overline{ABC}\ \overline{\overline{A}C}$

（3）$F_3=\overline{\overline{A\overline{B}+ABC}+A\ (B+A\overline{B})}$

（4）$F_4=A\ (B\oplus C)+ABC+A\overline{B}\,\overline{C}$

（5）$F_5=(A+B)\ (A+\overline{A}\,\overline{B})\ C+\overline{\overline{A}\ (B+\overline{C})}+\overline{A}B+ABC$

（6）$F_6=A+A\overline{B}\,\overline{C}+\overline{A}CD+\overline{C}E+\overline{D}E$

（7） $F_7=(AB+\overline{A}B+A\overline{B})\ (\overline{A}\,\overline{B}+CD)$

（8） $F_8=A+\overline{\overline{B}+\overline{CD}}+\overline{\overline{AD}+\overline{B}}$

8.12 用卡诺图将下列函数化简为最简“与或”表达式。

（1）F_1（A，B，C）$=\Sigma_m$（0，1，2）

（2）F_2（A，B，C）$=\Sigma_m$（0，1，2，3，5，7）

（3）F_3（A，B，C）$=\Sigma_m$（0，1，2，4，6）

（4）F_4（A，B，C，D）$=\Sigma_m$（0，1，2，5，6，7，14，15）

（5）F_5（A，B，C，D）$=\Sigma_m$（2，4，5，6，10，11，13，14，15）

（6）F_6（A，B，C，D）$=\Sigma_m$（1，2，3，4，5，6，7，8，9，10，11，12，13，14）

（7）F_7（A，B，C，D，E）$=\Sigma_m$（1，5，9，11，13，14，15，17，21，25，27，29，30，31）

（8）F_8（A，B，C，D）$=\Sigma_m$（0，2，4，5，6，7，8，9，10，14，15）

8.13 用卡诺图化简下列逻辑函数，写出最简“与或”表达式。

（1） $F_1=\overline{A}B+\overline{A}C+\overline{BC}+AD$

（2） $F_2=A\overline{B}+\overline{A}CD+B+\overline{C}+\overline{D}$

（3） $F_3=C\overline{D}+\overline{A}BCD+\overline{A}\,\overline{B}D+A\overline{C}\,\overline{D}$

（4） $F_4=A\overline{B}+B\overline{C}\,\overline{D}+ABD+\overline{A}B\overline{C}D$

（5） $F_5=(AB+\overline{A}\,\overline{D})\ C+ABC+(A\overline{D}+\overline{A}D)\ B+ACD$

（6） $F_6=AC+AB+B\overline{C}$

（7） $F_7=\overline{A}B\overline{C}+AB\overline{C}+ABC+\overline{B}C\overline{D}$

（8） $F_8=\overline{\overline{A}BD+B\overline{C}\,\overline{D}}$

8.14 指出下列函数 $F_a \sim F_e$ 卡诺图化简结果是否正确？是否最简？如不正确或不是最简，请重新化简并写出最简“与或”表达式。

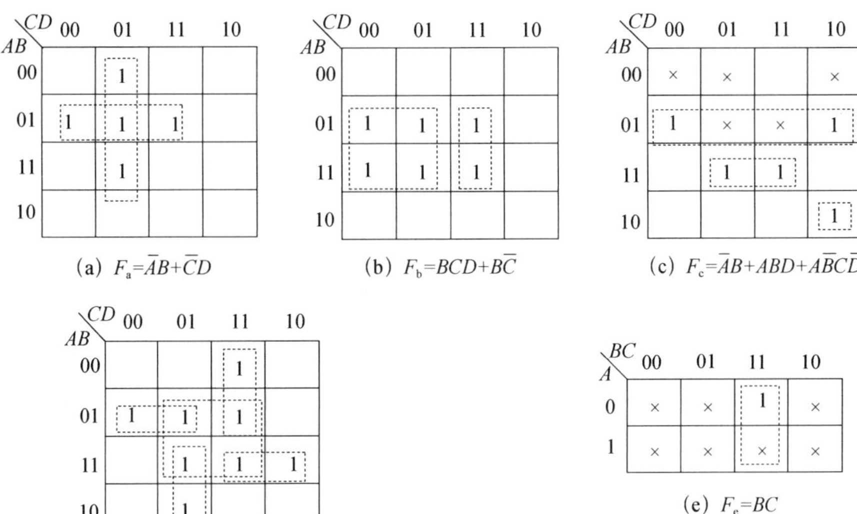

（a） $F_a=\overline{A}B+\overline{C}D$

（b） $F_b=BCD+B\overline{C}$

（c） $F_c=\overline{A}B+ABD+A\overline{B}C\overline{D}$

（d） $F_d=BD+\overline{A}B\overline{C}+\overline{A}CD+ABC+A\overline{C}D$

（e） $F_e=BC$

题 8.14 图

8.15 用卡诺图将下列函数化简为最简“与或”式。

（1）F_1（A，B，C）$=\Sigma_m$（0，1，2，5）$+\Sigma_d$（3，7）

（2）F_2（A，B，C，D）$=\Sigma_m$（1，3，4，9，11，12，14，15）$+\Sigma_d$（5，6，7，13）

（3）$F_3=\overline{A}\,\overline{B}\,\overline{C}+ABC+\overline{A}\,\overline{B}C\overline{D}$，约束条件：$A\oplus B=0$

（4）$F_4=\overline{A+C+D}+\overline{A}\,\overline{B}C\overline{D}+A\overline{B}\,\overline{C}D$，约束条件：$A\overline{B}C\overline{D}+A\overline{B}CD+AB=0$

（5）F_5（A，B，C，D）$=\Sigma_m$（0，2，3，8，9），约束条件：$AB+AC=0$

（6）$F_6=B\overline{C}D+\overline{A}BC\overline{D}+A\overline{B}\,\overline{C}D$，约束条件：$C\odot D=0$

8.16 如题 8.16 图所示的两个逻辑电路，试证明其逻辑功能相同。

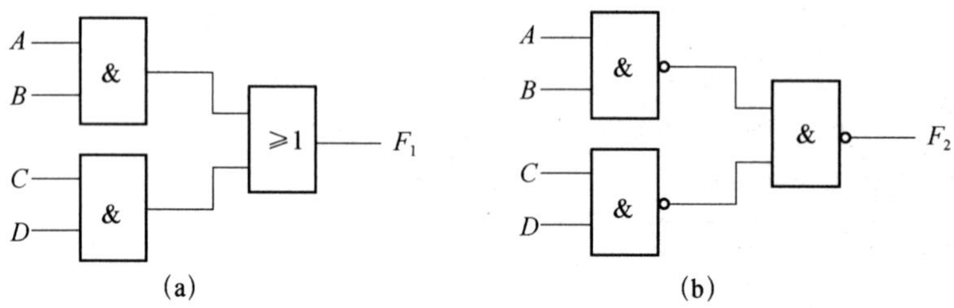

题 8.16 图

8.17 写出题 8.17 图所示各电路的逻辑表达式，化成最简“与或”式，并用“与非”门重新实现。

8.18 利用二输入端“与非”门组成“非”门、“与”门、“或”门、“或非”门和“异或”门，要求列出表达式并画出最简逻辑图。

8.19 已知 A、B、C、D 波形如题 8.19 图所示，试画出函数 F 的波形，已知 $F=(A+\overline{B})(A+B)(\overline{A}+B)(\overline{A}D+C)+\overline{C+\overline{A}+\overline{\overline{B}}}(\overline{B}C\overline{D}+C\overline{D})$。

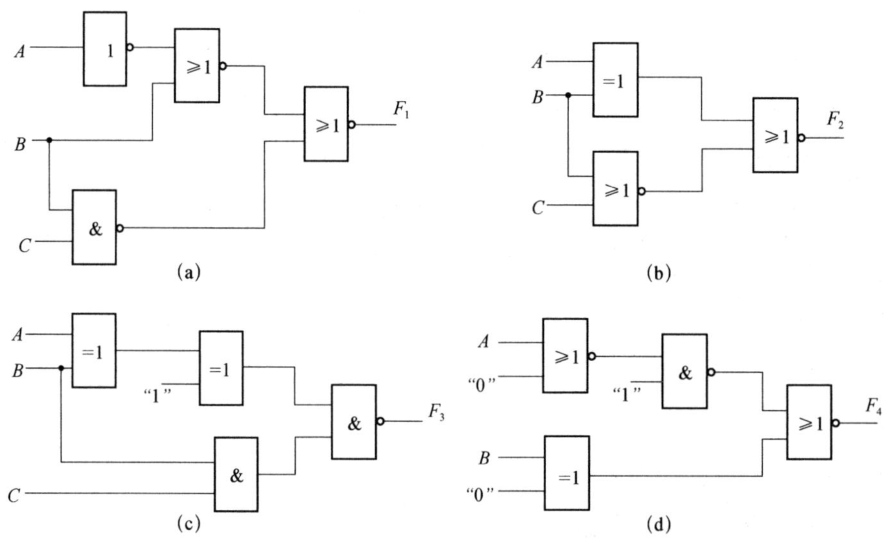

题 8.17 图

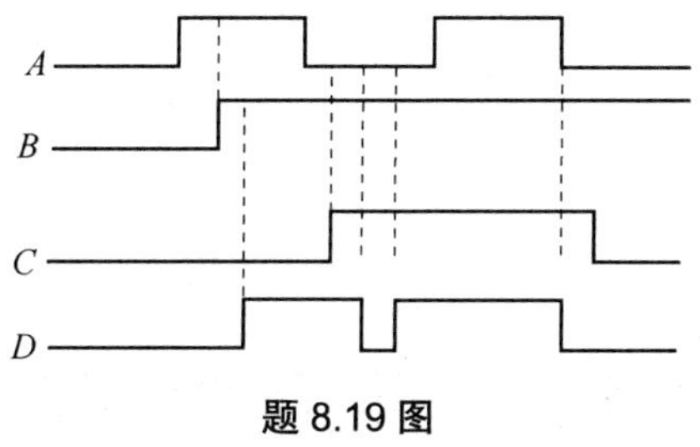

题 8.19 图

8.20 已知逻辑函数真值表如表题 8.20 所示，写出逻辑表达式，化简并用“与非”门实现。

表题 8.20

A	B	C	F	A	B	C	F
0	0	0	×	1	0	0	0
0	0	1	0	1	0	1	0
0	1	0	0	1	1	0	1
0	1	1	1	1	1	1	×

8.21 逻辑电路输入 A、B、C 波形与输出 F 波形如题 8.21 图所示，试分别列出真值表、写出逻辑表达式，并画出逻辑图。

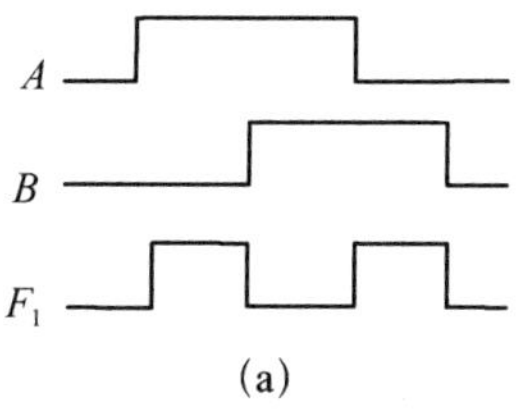

(a)

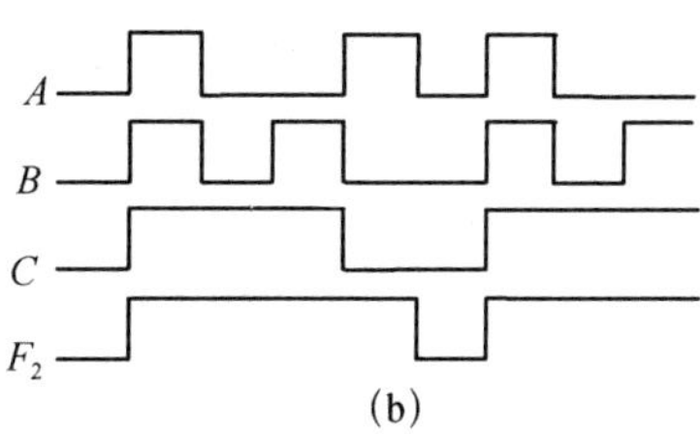

(b)

题 8.21 图

习题解析

第 9 章思维导图

第 9 章讨论区

第 9 章　组合逻辑电路

数字电路按其逻辑功能和结构特点可分为两大类：组合逻辑电路和时序逻辑电路。本章介绍组合逻辑电路的分析和设计、常用中规模组合逻辑集成芯片的功能与应用。

9.1　组合逻辑电路的分析与设计

数字集成电路的发展史

9.1.1　组合逻辑电路的特点

在任何时刻，输出状态只决定于同一时刻各输入状态的组合，而与先前状态无关的逻辑电路称为组合逻辑电路。图 9.1.1 所示是一个多输入、多输出的组合逻辑电路框图，其中 X_1、X_2、…、X_n 为输入变量，F_1、F_2、…、F_m 为输出变量，输出函数的逻辑表达式为

$$\begin{cases} F_1 = f_1(X_1、X_2、\cdots、X_n) \\ F_2 = f_2(X_1、X_2、\cdots、X_n) \\ \qquad\qquad\vdots \\ F_m = f_m(X_1、X_2、\cdots、X_n) \end{cases} \tag{9.1.1}$$

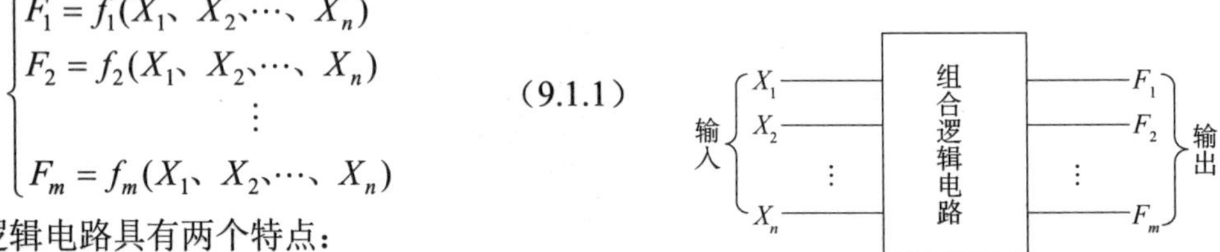

图 9.1.1　组合逻辑电路的结构框图

组合逻辑电路具有两个特点：

（1）**输出与输入之间没有反馈通路。**

（2）**电路中不含记忆元件。**

组合逻辑电路按照集成度可分为小规模、中规模、大规模及超大规模集成电路。小规模集成电路（SSI）仅仅是器件的集成，如各种单元逻辑门；中规模集成电路（MSI）是逻辑部件的集成，如译码器、数据选择器等；而大规模或超大规模集成电路则是一个数字系统或几个数字系统的集成，如单片机等。表 9.1.1 所列为集成电路集成度的大致划分标准。

表 9.1.1　集成电路的划分

种类	规模			
	小规模 SSI	中规模 MSI	大规模 LSI	超大规模 VLSI
TTL	12 门/片以下	13～99 门/片	100～1000 门/片	1000 门以上/片
CMOS	100 元件/片以下	100～1000 元件/片	1000～10000 元件/片	10000 元件/片以上

9.1.2　组合逻辑电路的分析

组合逻辑电路的分析视频

组合逻辑电路的分析课件

组合逻辑电路分析的主要任务就是根据给定的逻辑电路图，找出电路输出与输入之间的逻辑关系。对于由小规模集成电路即单元门电路构成的组合逻辑电路来说，其分析步骤如下：

（1）根据逻辑电路图逐级写出逻辑函数表达式，并化简。

（2）根据逻辑表达式列出真值表。

（3）根据真值表描述电路的逻辑功能。

例 9.1.1　分析图 9.1.2 所示电路的逻辑功能。

解： 首先，从电路的输入开始，逐级写出输出函数，有：

$$F_1 = \overline{AB}$$

$$F_2 = \overline{AF_1} = \overline{A\overline{AB}}$$

$$F_3 = \overline{BF_1} = \overline{B\overline{AB}}$$

$$F = \overline{F_2F_3} = \overline{\overline{A\overline{AB}} \cdot \overline{B\overline{AB}}} = A\overline{AB} + B\overline{AB}$$

$$= A\overline{B} + \overline{A}B = A \oplus B$$

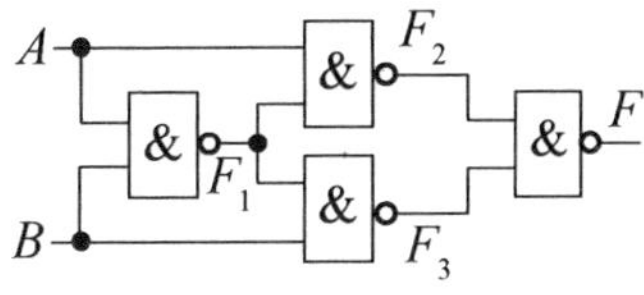

图 9.1.2　例 9.1.1 图

由逻辑表达式可知，该电路实现了“异或”逻辑，其功能是判断两个信号是否相异：若 A 与 B 相异，输出为高电平；若 A 与 B 相同，输出为低电平。

例 9.1.2　分析图 9.1.3 所示电路的逻辑功能。

解：（1）写出输出函数式，并化简

$$F = \overline{\overline{ABC} \cdot A + \overline{ABC} \cdot B + \overline{ABC} \cdot C} = \overline{\overline{ABC} \cdot (A+B+C)} = ABC + \overline{\overline{ABC}}$$

（2）列出真值表，如表 9.1.2 所示。

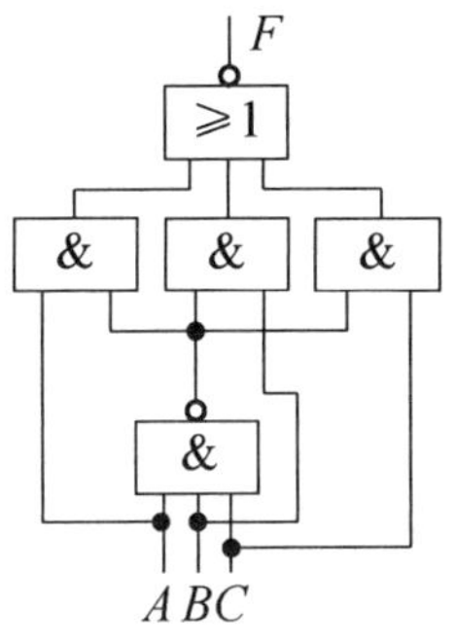

图 9.1.3　例 9.1.2 图

表 9.1.2　例 9.1.2 表

A	B	C	F
0	0	0	1
0	0	1	0
0	1	0	0
0	1	1	0
1	0	0	0
1	0	1	0
1	1	0	0
1	1	1	1

（3）由真值表可以看出，当 A、B、C 全为 0 或全为 1 时，电路输出为 1，否则为 0。这种电路称为“判一致电路”，即利用输出状态的不同来判别输入信号是否一致。

组合逻辑电路的设计视频

组合逻辑电路的设计课件

9.1.3　组合逻辑电路的设计

组合逻辑电路的设计过程与分析过程相反，其任务是根据给定的逻辑问题，设计出能实现其逻辑功能的逻辑电路，并画出由逻辑门或逻辑器件实现的逻辑电路图。用逻辑门实现组

合逻辑电路时要求使用的芯片个数和种类尽可能少，连线尽可能少，具体步骤如下：

（1）分析设计任务，确定输入变量和输出变量，并进行逻辑赋值。

（2）根据功能要求，列出电路真值表。

（3）由真值表写出逻辑表达式并化简。

（4）根据所提供的逻辑门，变换逻辑表达式，并画出逻辑图。

例 9.1.3 分别用“与非”门和“异或”门实现一个组合电路，该电路输入为三位二进制数 A、B、C，输出为 F。其功能是：当输入的三位数码中有奇数个 1 时，输出为 1，否则为 0。

解：（1）分析设计要求，列出真值表，如表 9.1.3 所示。

（2）由真值表得函数式。

$$F=\bar{A}\bar{B}C+\bar{A}B\bar{C}+A\bar{B}\bar{C}+ABC$$

（3）变换逻辑表达式。

若用“与非”门实现，则

$$F=\overline{\overline{\bar{A}\bar{B}C}\;\overline{\bar{A}B\bar{C}}\;\overline{A\bar{B}\bar{C}}\;\overline{ABC}}$$

若用“异或”门实现，则

$$\begin{aligned}F&=(\bar{A}\bar{B}+AB)C+(\bar{A}B+A\bar{B})\bar{C}\\&=\overline{A\oplus B}C+(A\oplus B)\bar{C}\\&=A\oplus B\oplus C\end{aligned}$$

表 9.1.3 例 9.1.3 表

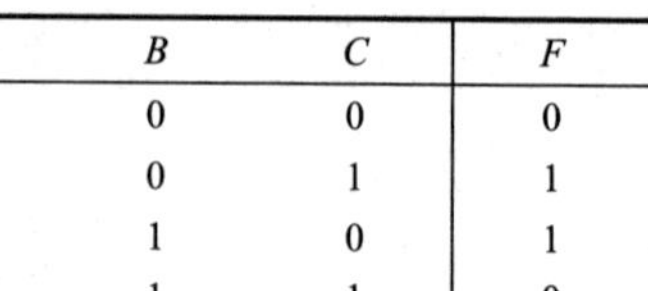

A	B	C	F
0	0	0	0
0	0	1	1
0	1	0	1
0	1	1	0
1	0	0	1
1	0	1	0
1	1	0	0
1	1	1	1

两种门电路实现的电路如图 9.1.4 所示。

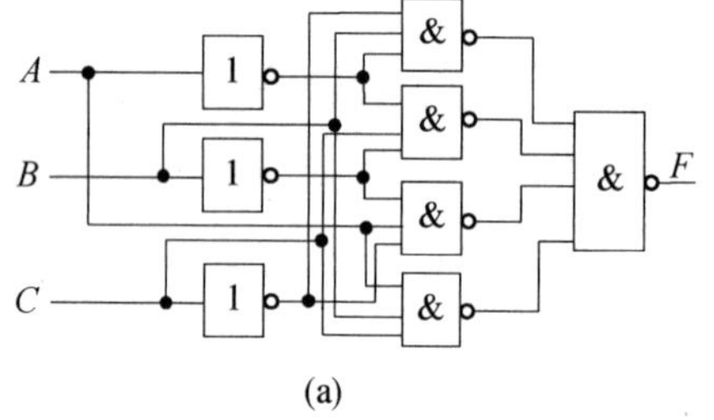

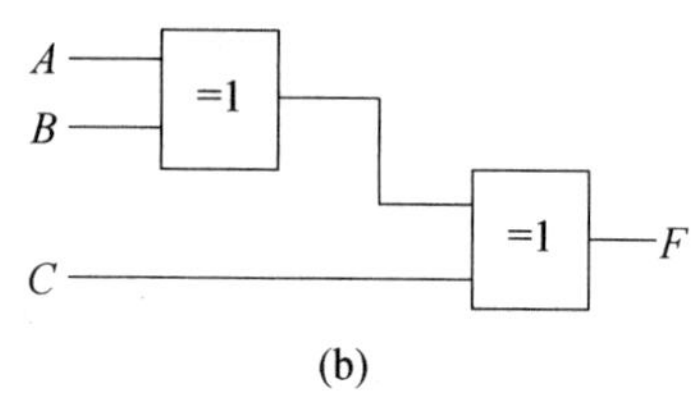

图 9.1.4 例 9.1.3 图

例 9.1.4 某工厂有 3 个用电量相同的车间和一大、一小两台自备发电机，大发电机的供电量是小的两倍。若只有一个车间开工，小发电机便可满足供电要求；若两个车间同时开工，大发电机可满足供电要求；若三个车间同时开工，需大、小发电机同时启动才能满足供电要求。试用“与非”门设计一个控制器，以实现对两个发电机启动的控制。

解：（1）由题意可知，该控制器有三个输入变量和两个输出变量。设 A、B、C 为输入变量，表示三个车间的工作情况：“1”表示开工，“0”表示停工；M、N 为输出变量，分别作为大、小发电机的启动信号：“1”表示启动，“0”表示关闭。

（2）根据题目要求，列出真值表如表 9.1.4 所示。

（3）由真值表写出逻辑表达式。

$$M=\bar{A}BC+A\bar{B}C+AB\bar{C}+ABC$$

$$N=\bar{A}\bar{B}C+\bar{A}B\bar{C}+A\bar{B}\bar{C}+ABC$$

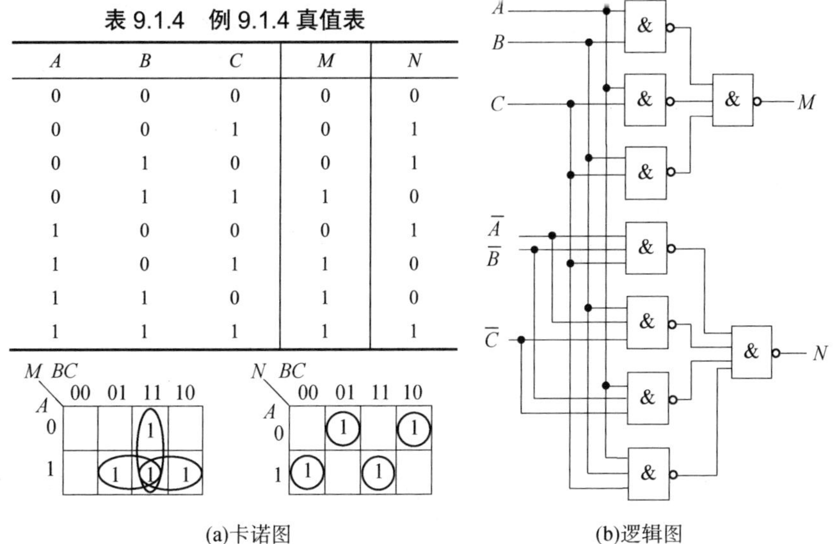

表 9.1.4 例 9.1.4 真值表

A	B	C	M	N
0	0	0	0	0
0	0	1	0	1
0	1	0	0	1
0	1	1	1	0
1	0	0	0	1
1	0	1	1	0
1	1	0	1	0
1	1	1	1	1

(a)卡诺图　　(b)逻辑图

图 9.1.5 例 9.1.4 卡诺图和逻辑图

利用卡诺图化简，如图 9.1.5(a)所示，可得

$$M = BC + AC + AB$$

$$N = \overline{A}\,\overline{B}C + \overline{A}B\overline{C} + A\overline{B}\,\overline{C} + ABC$$

（4）将表达式转换成“与非-与非”形式。

$$M = \overline{\overline{BC + AC + AB}} = \overline{\overline{BC} \cdot \overline{AC} \cdot \overline{AB}}$$

$$N = \overline{\overline{\overline{A}\,\overline{B}C + \overline{A}B\overline{C} + A\overline{B}\,\overline{C} + ABC}} = \overline{\overline{\overline{A}\,\overline{B}C} \cdot \overline{\overline{A}B\overline{C}} \cdot \overline{A\overline{B}\,\overline{C}} \cdot \overline{ABC}}$$

根据逻辑表达式画出如图 9.1.5(b)所示的逻辑电路。这里假设系统能提供所有的原变量和反变量，否则还需增加三个“与非”门以实现 $\overline{A}$、$\overline{B}$、$\overline{C}$。

9.1 测试题

9.2 常用集成组合逻辑电路

组合逻辑电路是数字系统中基本的组成部分。在大量的实际逻辑问题中，人们总结出了许多常用的典型组合逻辑电路单元，制作出标准系列产品，即中、大规模的集成电路，如编码器、译码器、加法器等。下面分别介绍它们的功能及使用方法。

9.2.1 编码器

编码器视频　　编码器课件

1. 编码器的功能与分类

因为数字系统只能处理二值运算(包括数值运算与逻辑运算)，因此需将数字电路处理的各种信息用二值代码表示出来，这个过程就是编码。实现编码的电路称为编码器。编码器是一个多输入、多输出的组合逻辑电路，如图 9.2.1 所示，其中 m 表示输入信息的状态数，n 表示代码的位数，一般情况下它们之间存在 $m \leqslant 2^n$ 的关系。

编码器种类很多，其中常用的有二进制编码器与二−十进制编码器，这两种编码器又分为普通编码器与优先编码器。

2. 二进制编码器

二进制编码器是指用 n 位二进制代码来表示 2^n 个不同的信息，故有 $m=2^n$。如图 9.2.2 所示 4 线-2 线编码器，输出两位二进制代码 B、A 的 4 种组合分别表示 Y_3、Y_2、Y_1、Y_0 四个信息。

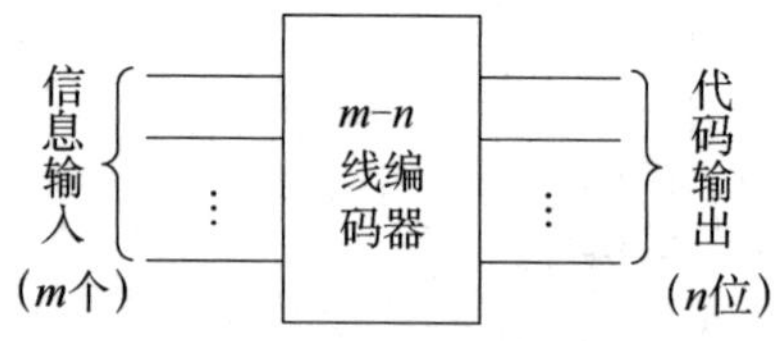

图 9.2.1 编码器结构框图

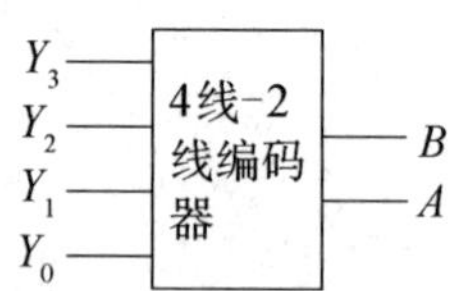

图 9.2.2 4 线-2 线编码器

（1）普通编码器

普通编码器不允许有两个或两个以上输入信号同时为有效电平，因此普通编码器又称为互斥编码器。4 线-2 线编码器的真值表如表 9.2.1 所示。

因编码器输入端数较多，所以可将真值表简化，着重表示代码与信息的对应关系即可。如表 9.2.2 所示为简化真值表，表 9.2.3 为编码表。

表 9.2.1 4 线-2 线二进制编码器真值表

Y_3	Y_2	Y_1	Y_0	B	A
0	0	0	0	×	×
0	0	0	1	0	0
0	0	1	0	0	1
0	0	1	1	×	×
0	1	0	0	1	0
0	1	0	1	×	×
0	1	1	0	×	×
0	1	1	1	×	×
1	0	0	0	1	1
1	0	0	1	×	×
1	0	1	0	×	×
1	0	1	1	×	×
1	1	0	0	×	×
1	1	0	1	×	×
1	1	1	0	×	×
1	1	1	1	×	×

表 9.2.2 4 线-2 线编码器的简化真值表

Y_3	Y_2	Y_1	Y_0	B	A
0	0	0	1	0	0
0	0	1	0	0	1
0	1	0	0	1	0
1	0	0	0	1	1

表 9.2.3 4 线-2 线编码器的编码表

输入	B	A
Y_0	0	0
Y_1	0	1
Y_2	1	0
Y_3	1	1

表 9.2.4 4 线-2 线优先编码器真值表

Y_3	Y_2	Y_1	Y_0	B	A
1	×	×	×	1	1
0	1	×	×	1	0
0	0	1	×	0	1
0	0	0	1	0	0

（2）优先编码器

所谓优先编码指对输入信号分配优先权，在多个信号同时出现时，优先权大的先编码。表 9.2.4 为 4 线-2 线优先二进制编码器的真值表，即 Y_3 优先权最大，其后依次为 Y_2、Y_1、Y_0。

74LS148 为常用 8 线-3 线优先编码器。图 9.2.3 所示为 74LS148 的逻辑符号。表 9.2.5 为芯片的功能表，各引出端功能如下。

表 9.2.5　8 线-3 线优先编码器功能表

$\overline{E}_{I}$	$\overline{7}$	$\overline{6}$	$\overline{5}$	$\overline{4}$	$\overline{3}$	$\overline{2}$	$\overline{1}$	$\overline{0}$	$\overline{C}$	$\overline{B}$	$\overline{A}$	$\overline{CS}$	$\overline{E}_{o}$
1	×	×	×	×	×	×	×	×	1	1	1	1	1
0	1	1	1	1	1	1	1	1	1	1	1	1	0
0	0	×	×	×	×	×	×	×	0	0	0	0	1
0	1	0	×	×	×	×	×	×	0	0	1	0	1
0	1	1	0	×	×	×	×	×	0	1	0	0	1
0	1	1	1	0	×	×	×	×	0	1	1	0	1
0	1	1	1	1	0	×	×	×	1	0	0	0	1
0	1	1	1	1	1	0	×	×	1	0	1	0	1
0	1	1	1	1	1	1	0	×	1	1	0	0	1
0	1	1	1	1	1	1	1	0	1	1	1	0	1

$\overline{0}$～$\overline{7}$：信号输入端，低电平有效，且 $\overline{7}$ 为优先权最高输入端。

$\overline{C}$、$\overline{B}$、$\overline{A}$：代码输出端，反码输出，$\overline{C}$ 为最高位。

$\overline{E}_{I}$：使能输入端，$\overline{E}_{I}$=0，芯片工作。

$\overline{E}_{o}$：使能输出端，低电平输出，使下一级编码器有效。

$\overline{CS}$：优先标志输出端，低电平有效，表明编码器处于工作状态。

$\overline{E}_{o}$ 与 $\overline{CS}$ 端主要用于级联扩展，若 $\overline{E}_{o}$=0，$\overline{CS}$=1 表示本片无有效信号输入；若 $\overline{E}_{o}$=1，$\overline{CS}$= 0 表示本片工作，有效信号输入，且输出优先权最高信号相应的编码。例如，从 $\overline{7}$ 端到 $\overline{0}$ 端的输入状态为 10100111 时，则优先权最高为 6，输出为 110 的反码，即 $\overline{C}\ \overline{B}\ \overline{A}$=001。

3. 二–十进制编码器

实现二–十进制编码的电路称为二–十进制编码器，又称十进制/BCD 编码器，最常用的 BCD 码为 8421BCD 码。

二–十进制编码器也可分为普通编码器与优先编码器。常见的集成十进制编码器是 10 线–4 线优先编码器 74LS147，其逻辑符号如图 9.2.4 所示，表 9.2.6 为功能表。

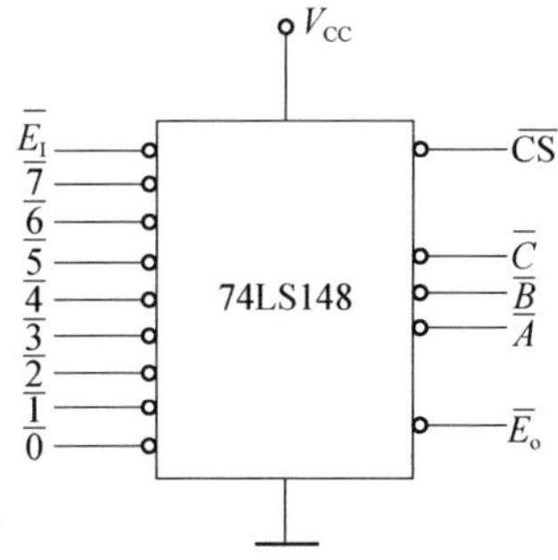

图 9.2.3　8 线-3 线优先编码器

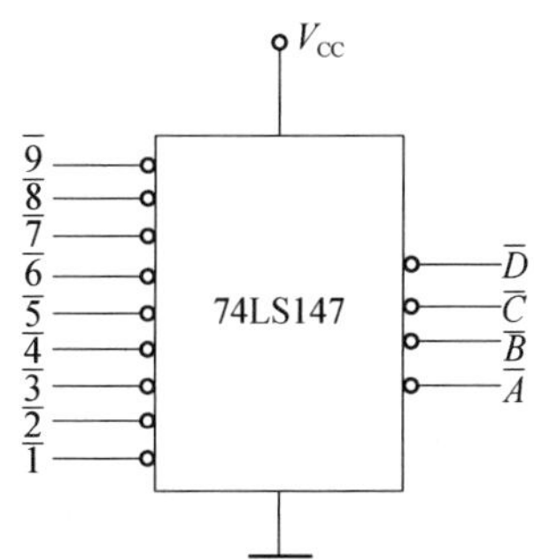

图 9.2.4　74LS147 逻辑符号

表 9.2.6　74LS147 功能表

$\overline{9}$	$\overline{8}$	$\overline{7}$	$\overline{6}$	$\overline{5}$	$\overline{4}$	$\overline{3}$	$\overline{2}$	$\overline{1}$	$\overline{D}$	$\overline{C}$	$\overline{B}$	$\overline{A}$
1	1	1	1	1	1	1	1	1	1	1	1	1
0	×	×	×	×	×	×	×	×	0	1	1	0
1	0	×	×	×	×	×	×	×	0	1	1	1
1	1	0	×	×	×	×	×	×	1	0	0	0
1	1	1	0	×	×	×	×	×	1	0	0	1
1	1	1	1	0	×	×	×	×	1	0	1	0
1	1	1	1	1	0	×	×	×	1	0	1	1
1	1	1	1	1	1	0	×	×	1	1	0	0
1	1	1	1	1	1	1	0	×	1	1	0	1
1	1	1	1	1	1	1	1	0	1	1	1	0

由功能表可见，74LS147 输入低电平有效，且“9”的优先权最高，其输出为 8421BCD 码的反码，例如输入端 $\overline{6}$ 为低电平时，$\overline{D}\,\overline{C}\,\overline{B}\,\overline{A}$=（0110）$_{反码}$=1001。编码器中的 9 个输入端分别对应于十进制数码 1～9，当输入 1～9 全无效时，相当于十进制数“0”输入，输出为 1111，即“0000”的反码。

9.2.2　译码器

译码器工作原理视频

译码器工作原理课件

1. 译码器的功能与分类

译码器也称为解码器，译码的过程实际是一种“翻译”过程，即编码的逆过程。图 9.2.5 所示为译码器结构框图，输入是 *n* 位二值代码，输出是 *m* 个表征代码原意的信息。

译码器按其功能可分为三大类：

（1）变量译码器。将输入二进制代码还原为原始输入信号。例如，两位二进制代码经译码器可还原为 4 个信息，如图 9.2.6 所示，称为 2 线-4 线译码器。

图 9.2.5　译码器结构示意图

图 9.2.6　2 线-4 线译码器

（2）十进制译码器。将 8421BCD 码翻译成 10 个对应的十进制数码的电路称为十进制译码器，也称为二-十进制译码器。

（3）显示译码器。将数字、文字或符号的代码还原成相应数字、文字、符号并显示出来的电路。

2. 变量译码器

变量译码器又称二进制译码器。图 9.2.7 所示为 2 线-4 线译码器 74LS139 的逻辑图与逻辑符号。由逻辑图可知，当使能端 $\overline{E}=0$ 时，输出函数为

$$\overline{Y}_3=\overline{BA}，\quad \overline{Y}_2=\overline{B\overline{A}}，\quad \overline{Y}_1=\overline{\overline{B}A}，\quad \overline{Y}_0=\overline{\overline{B}\,\overline{A}} \tag{9.2.1}$$

可见，**二进制译码器的每一个输出函数对应输入变量的一个最小项，因此又称最小项发生器。**

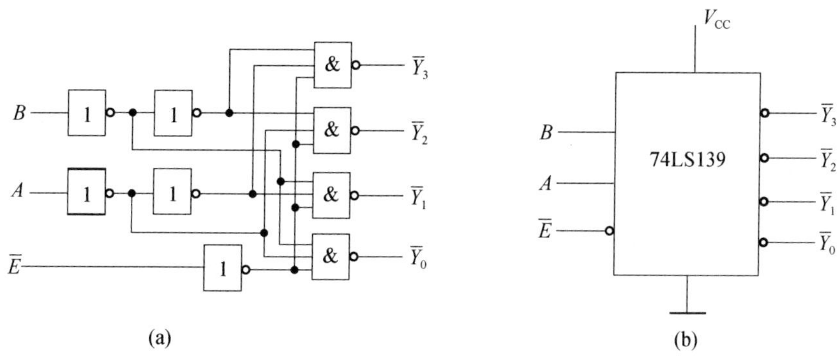

图 9.2.7　74LS139 译码器逻辑图与逻辑符号

表 9.2.7 为 74LS139 的真值表。由真值表可见，对应 *BA* 的一组代码输入，只有一个信息输出为“0”，即每个输出对应一组输入代码，且输出为低电平有效。

中规模集成译码器种类很多，使用较为广泛的是 3 线-8 线译码器 74LS138，其逻辑符号如图 9.2.8 所示，表 9.2.8 为其功能表。

表 9.2.7　74LS139 真值表

输入			输出			
$\overline{E}$	B	A	$\overline{Y_3}$	$\overline{Y_2}$	$\overline{Y_1}$	$\overline{Y_0}$
1	×	×	1	1	1	1
0	0	0	1	1	1	0
	0	1	1	1	0	1
	1	0	1	0	1	1
	1	1	0	1	1	1

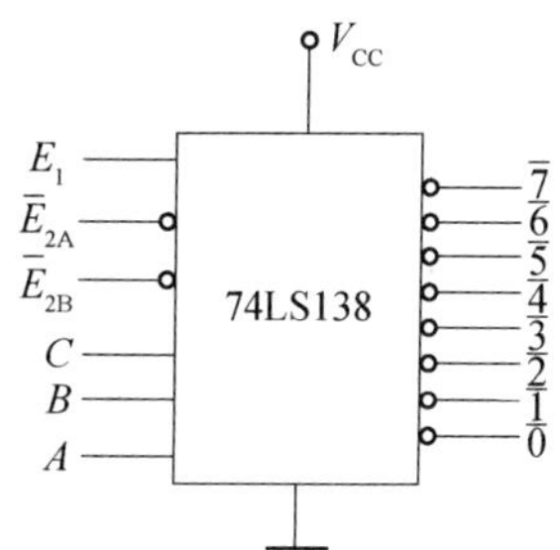

图 9.2.8　74LS138 逻辑符号

表 9.2.8　74LS138 功能表

输入					输出							
E_1	$\overline{E}_{2A}+\overline{E}_{2B}$	C	B	A	$\overline{7}$	$\overline{6}$	$\overline{5}$	$\overline{4}$	$\overline{3}$	$\overline{2}$	$\overline{1}$	$\overline{0}$
0	×	×	×	×	1	1	1	1	1	1	1	1
×	1	×	×	×	1	1	1	1	1	1	1	1
1	0	0	0	0	1	1	1	1	1	1	1	0
1	0	0	0	1	1	1	1	1	1	1	0	1
1	0	0	1	0	1	1	1	1	1	0	1	1
1	0	0	1	1	1	1	1	1	0	1	1	1
1	0	1	0	0	1	1	1	0	1	1	1	1
1	0	1	0	1	1	1	0	1	1	1	1	1
1	0	1	1	0	1	0	1	1	1	1	1	1
1	0	1	1	1	0	1	1	1	1	1	1	1

由功能表可知，74LS138 译码器输出端低电平有效。当使能输入端 E_1=1、$\overline{E}_{2A}$=0、$\overline{E}_{2B}$=0 时，译码器处于工作状态，输出与输入的二进制代码相对应，如 *CBA*=110 时，$\overline{Y_6}$ 输出为低电平。设置使能端的目的是使译码器具有较强抗干扰能力且便于扩展。

图 9.2.9 所示为由两片 74LS138 扩展为一个 4 线-16 线译码器的连接图。由图可见，两片 74LS138 的输入 *C*、*B*、*A* 分别连在一起，作为四线输入的低 3 位，74LS138（1）的 $\overline{E}_{2A}$、$\overline{E}_{2B}$ 与 74LS138（2）的 E_1 连接，作为四线输入的最高位 *D*。当 *D*=0 时，74LS138（1）处于工作状

态，74LS138（2）被禁止，译码输出$\overline{Y}_0 \sim \overline{Y}_7$与$C$、$B$、$A$状态相对应。当$D$=1时，74LS138（2）处于工作状态，74LS138（1）被禁止，译码输出$\overline{Y}_8 \sim \overline{Y}_{15}$与$C$、$B$、$A$状态对应，如$DCBA$=1011，则$\overline{Y}_{11}$为低电平输出。

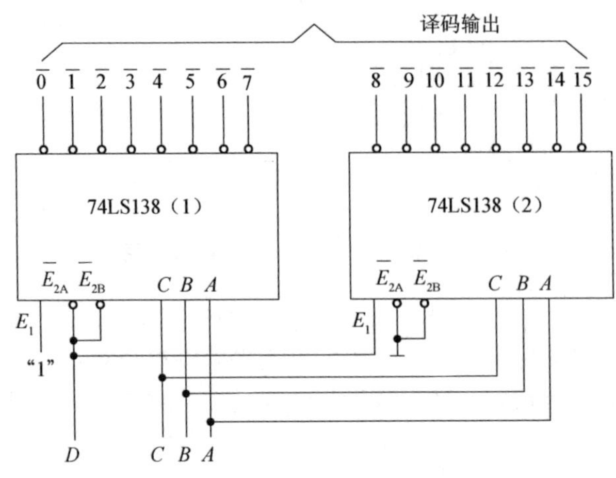

图 9.2.9　74LS138 扩展连接图

由于二进制译码器的输出对应输入变量的所有最小项，所以可用译码器实现组合逻辑函数。下面举例加以说明。

例 9.2.1　设X、Z均为三位二进制数，X为输入，Z为输出。要求二者之间有下述关系：当$2 \leqslant X \leqslant 5$时，$Z=X+2$；$X<2$时，$Z=1$；$X>5$时，$Z=0$。试用一片3线-8线译码器74LS138构成实现上述要求的逻辑电路。

译码器的应用视频

译码器的应用课件

解：按题意列真值表如表9.2.9所示。由真值表可得

$$Z_2 = \overline{X}_2 X_1 \overline{X}_0 + \overline{X}_2 X_1 X_0 + X_2 \overline{X}_1 \overline{X}_0 + X_2 \overline{X}_1 X_0$$

$$Z_1 = X_2 \overline{X}_1 \overline{X}_0 + X_2 \overline{X}_1 X_0$$

$$Z_0 = \overline{X}_2 \overline{X}_1 \overline{X}_0 + \overline{X}_2 \overline{X}_1 X_0 + \overline{X}_2 X_1 X_0 + X_2 \overline{X}_1 X_0$$

令$A_2=X_2$，$A_1=X_1$，$A_0=X_0$，则

$$Z_2 = \overline{A}_2 A_1 \overline{A}_0 + \overline{A}_2 A_1 A_0 + A_2 \overline{A}_1 \overline{A}_0 + A_2 \overline{A}_1 A_0 = \overline{\overline{Y}_2 \overline{Y}_3 \overline{Y}_4 \overline{Y}_5}$$

同理可得：$Z_1 = \overline{\overline{Y}_4 \overline{Y}_5}$；$Z_0 = \overline{\overline{Y}_0 \overline{Y}_1 \overline{Y}_3 \overline{Y}_5}$

逻辑电路如图9.2.10所示。

表 9.2.9　例 9.2.1 真值表

X_2	X_1	X_0	Z_2	Z_1	Z_0
0	0	0	0	0	1
0	0	1	0	0	1
0	1	0	1	0	0
0	1	1	1	0	1
1	0	0	1	1	0
1	0	1	1	1	1
1	1	0	0	0	0
1	1	1	0	0	0

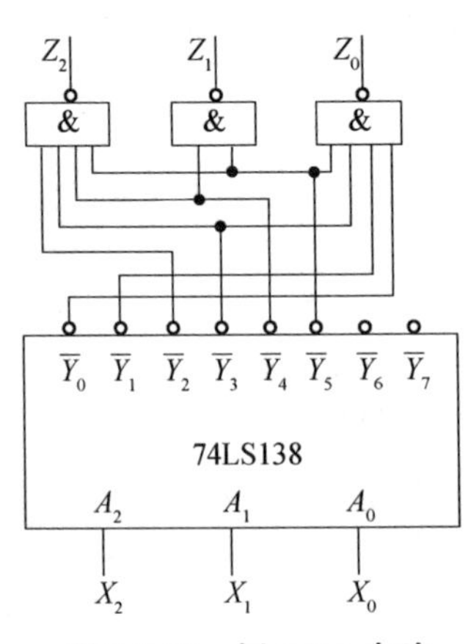

图 9.2.10　例 9.2.1 电路

带使能端的译码器可用作数据分配器，所谓数据分配指在控制信号的作用下，将输入数据在不同输出端输出。下面举例说明。

例 9.2.2　试用一片双 2 线-4 线译码器 74LS139，构成一个两位二进制数 X_1X_0 的数据分配器。

解：2 线-4 线译码器有 4 个输出端，即可以将输入数据分配到 4 个输出端，根据译码器功能表，有

$$\overline{Y}_{31}=\overline{B_1A_1\cdot\overline{\overline{E}}_1}\quad \overline{Y}_{21}=\overline{B_1\overline{A}_1\cdot\overline{\overline{E}}_1}\quad \overline{Y}_{11}=\overline{\overline{B}_1A_1\cdot\overline{\overline{E}}_1}\quad \overline{Y}_{01}=\overline{\overline{B}_1\overline{A}_1\cdot\overline{\overline{E}}_1}$$

$$\overline{Y}_{32}=\overline{B_2A_2\cdot\overline{\overline{E}}_2}\quad \overline{Y}_{22}=\overline{B_2\overline{A}_2\cdot\overline{\overline{E}}_2}\quad \overline{Y}_{12}=\overline{\overline{B}_2A_2\cdot\overline{\overline{E}}_2}\quad \overline{Y}_{02}=\overline{\overline{B}_2\overline{A}_2\cdot\overline{\overline{E}}_2}$$

若令 $\overline{E}_1=X_0$，$\overline{E}_2=X_1$，即将输入数据作为译码器的使能端；令 $A_1=A_2=A_0$，$B_1=B_2=B_0$，作为控制信号，即可实现输入数据的分配输出，图 9.2.11 所示为连线图。例如当 B_0A_0=00 时，有 $\overline{Y}_{01}=\overline{E}_1=X_0$，$\overline{Y}_{02}=\overline{E}_2=X_1$，其余输出端均为 1，则输入数据 X_1X_0 分配到 0 端线输出端，其余类推。

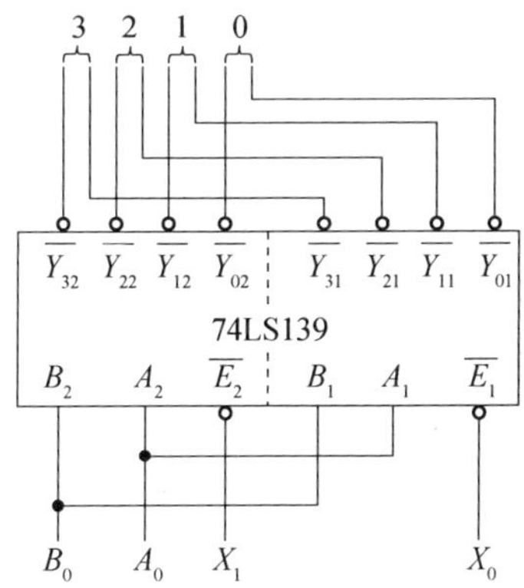

图 9.2.11　例 9.2.2 电路

3. 十进制译码器

74LS42 为常用的十进制译码器，也称为 4 线-10 线译码器，图 9.2.12 所示为逻辑符号，表 9.2.10 为功能表，由功能表可见译码输出为低电平有效，则

$$\begin{cases}\overline{Y}_0=\overline{\overline{D}\,\overline{C}\,\overline{B}\,\overline{A}}，\ \overline{Y}_1=\overline{\overline{D}\,\overline{C}\,\overline{B}A}，\\ \overline{Y}_2=\overline{\overline{D}\,\overline{C}B\overline{A}}，\ \overline{Y}_3=\overline{\overline{D}\,\overline{C}BA}，\\ \overline{Y}_4=\overline{\overline{D}C\overline{B}\,\overline{A}}，\ \overline{Y}_5=\overline{\overline{D}C\overline{B}A}，\\ \overline{Y}_6=\overline{\overline{D}CB\overline{A}}，\ \overline{Y}_7=\overline{\overline{D}CBA}，\\ \overline{Y}_8=\overline{D\overline{C}\,\overline{B}\,\overline{A}}，\ \overline{Y}_9=\overline{D\overline{C}\,\overline{B}A}，\end{cases}\tag{9.2.2}$$

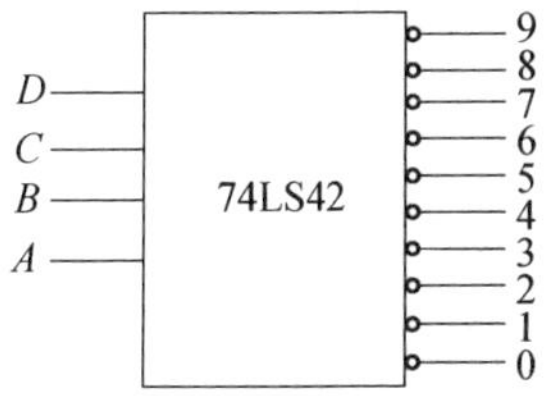

D C B A 74LS42 9 8 7 6 5 4 3 2 1 0

图 9.2.12　74LS42 逻辑符号

当输入代码为非十进制代码，即 1010～1111 时，$\overline{Y}_0$～$\overline{Y}_9$ 均输出高电平，即当输入非法码时，输出不予响应，故也称这种电路为拒绝伪码译码或完全译码电路。

表 9.2.10　74LS42 功能表

输入				输出									
D	C	B	A	$\overline{Y}_0$	$\overline{Y}_1$	$\overline{Y}_2$	$\overline{Y}_3$	$\overline{Y}_4$	$\overline{Y}_5$	$\overline{Y}_6$	$\overline{Y}_7$	$\overline{Y}_8$	$\overline{Y}_9$
0	0	0	0	0	1	1	1	1	1	1	1	1	1
0	0	0	1	1	0	1	1	1	1	1	1	1	1
0	0	1	0	1	1	0	1	1	1	1	1	1	1
0	0	1	1	1	1	1	0	1	1	1	1	1	1
0	1	0	0	1	1	1	1	0	1	1	1	1	1
0	1	0	1	1	1	1	1	1	0	1	1	1	1
0	1	1	0	1	1	1	1	1	1	0	1	1	1
0	1	1	1	1	1	1	1	1	1	1	0	1	1
1	0	0	0	1	1	1	1	1	1	1	1	0	1
1	0	0	1	1	1	1	1	1	1	1	1	1	0
1	0	1	0	1	1	1	1	1	1	1	1	1	1
1	0	1	1	1	1	1	1	1	1	1	1	1	1
1	1	0	0	1	1	1	1	1	1	1	1	1	1
1	1	0	1	1	1	1	1	1	1	1	1	1	1
1	1	1	0	1	1	1	1	1	1	1	1	1	1
1	1	1	1	1	1	1	1	1	1	1	1	1	1

4. 显示译码器

显示译码器是将二进制代码进行译码后，再驱动数码显示器件，以显示代码所表示的信息。目前常用的数码显示器有发光二极管（LED）组成的七段显示数码管和液晶七段显示器等。

（1）LED 数码管

LED 数码管用 7 个发光二极管分段构成字型，亦称分段式显示器。显示时只要根据所需显示字型控制不同的发光二极管发光即可。LED 数码管根据其内部二极管连接方式的不同，分为共阴极与共阳极两种类型，图 9.2.13 所示为 LED 数码管的结构和图形符号。

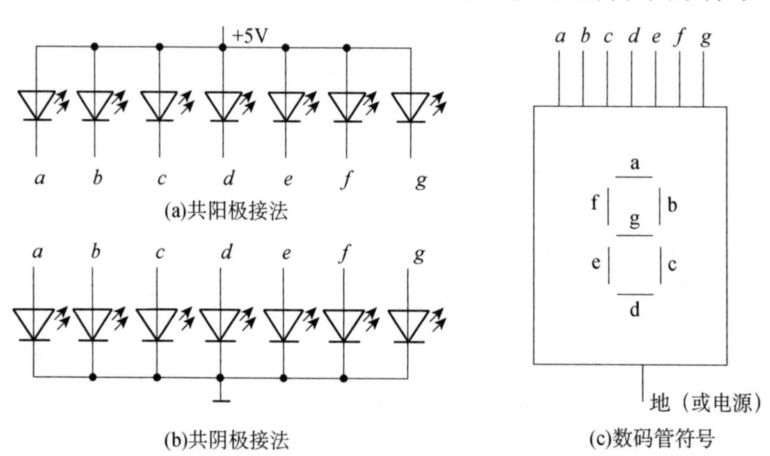

图 9.2.13　LED 数码管的结构与符号

由图 9.2.13 可知，驱动共阳极的译码器输出端低电平有效，而驱动共阴极的译码器输出端则高电平有效。如 74LS48 可驱动共阴极 LED 数码管，而 74LS47 可驱动共阳极 LED 数码管，使用时要注意选配。

（2）显示译码器工作原理

显示译码器是根据代码的含义驱动相应的发光二极管，从而显示对应的信息。74LS48 为驱动共阴极数码管的显示译码器，对应输入的 8421BCD 码，依次显示 0～9 共十个字符，表 9.2.11 为其功能表。

表 9.2.11 74LS48 功能表

输入				输出							
D	C	B	A	a	b	c	d	e	f	g	显示字符
0	0	0	0	1	1	1	1	1	1	0	0
0	0	0	1	0	1	1	0	0	0	0	1
0	0	1	0	1	1	0	1	1	0	1	2
0	0	1	1	1	1	1	1	0	0	1	3
0	1	0	0	0	1	1	0	0	1	1	4
0	1	0	1	1	0	1	1	0	1	1	5
0	1	1	0	0	1	1	1	1	1	1	6
0	1	1	1	1	1	1	0	0	0	0	7
1	0	0	0	1	1	1	1	1	1	1	8
1	0	0	1	1	1	1	1	0	1	1	9

显示译码器的输出结构也各不相同，一般除考虑显示器是低电平驱动还是高电平驱动的外，还需提供一定的驱动电流，以使显示器正常发光。最常用结构为集电极开路输出结构，在这种结构中，使用时需外接电阻，如图 9.2.14 所示。

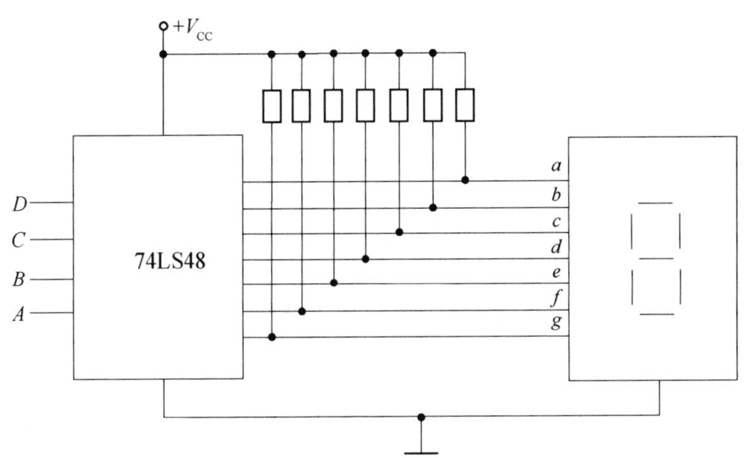

图 9.2.14 数码管的显示驱动

9.2.3 数据选择器

1. 数据选择器功能与结构

数据选择器工作原理视频

数据选择器工作原理课件

数据选择器又称多路转换器或多路开关，其功能是从多个输入的数据中选择其中所需要的一个数据输出。

图 9.2.15(a)为数据选择器的一般图形符号，图中 D_0～D_{m-1} 为数据输入端，A_0～A_{n-1} 为地址输入端，n 位地址可指定 $m=2^n$ 个通道。图 9.2.15(b)为其

功能示意图，即数据选择器相当于一个单刀多掷开关，在“地址”输入的控制下，选择相应的数据输出。图 9.2.16 所示为一个由两位地址控制的四选一数据选择器的逻辑电路结构。

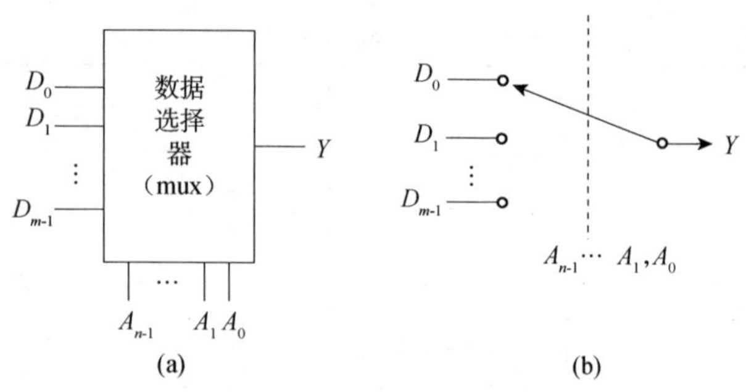

图 9.2.15　数据选择器结构示意图

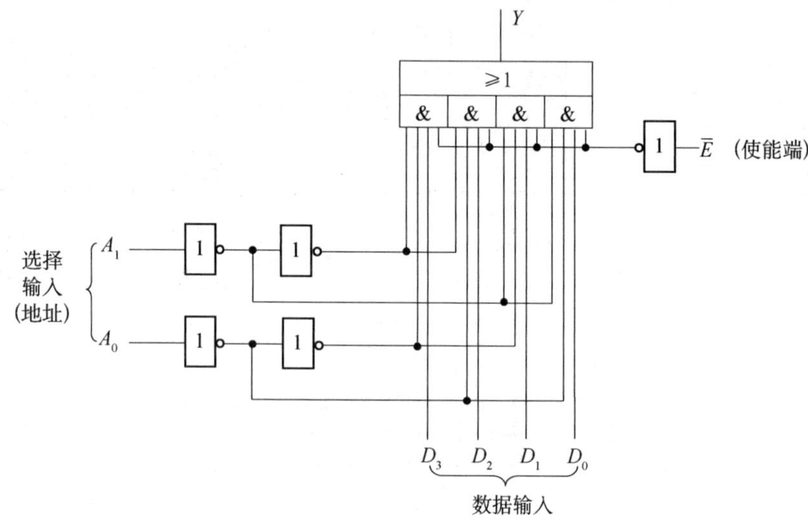

图 9.2.16　四选一数据选择器的逻辑电路结构

表 9.2.12　四选一数据选择器功能表

输入				输出
$\overline{E}$	A_1	A_0	D_3～D_0	Y
1	×	×	×	0
0	0	0	D_3～D_0	D_0
0	0	1	D_3～D_0	D_1
0	1	0	D_3～D_0	D_2
0	1	1	D_3～D_0	D_3

分析图 9.2.16 所示电路，可得输出逻辑函数为

$$Y = \overline{\overline{E}}\ (A_1A_0D_3 + A_1\overline{A}_0D_2 + \overline{A}_1A_0D_1 + \overline{A}_1\overline{A}_0D_0) \tag{9.2.3}$$

可见，当使能端$\overline{E}$有效，即$\overline{E}=0$时，根据地址 A_1A_0 的不同组合，选择相应的数据输出。其功能如表 9.2.12 所示。

2. 集成数据选择器

集成数据选择器种类很多。图 9.2.17 所示为 TTL 型八选一数据选择器 74LS151 的逻辑符号。由图可见，它有 3 个地址输入端 A_2、A_1、A_0，8 个数据输入端 D_7～D_0，还有一个使能输入端$\overline{E}$，两个互补输出端 Y 和$\overline{Y}$。当$\overline{E}=0$时，数据选择器工作，其输出逻辑表达式为

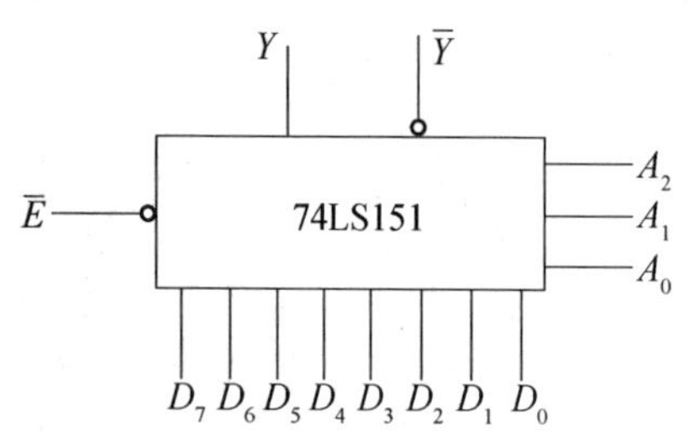

图 9.2.17　74LS151 八选一数选逻辑符号

$$Y=\overline{A}_2\overline{A}_1\overline{A}_0D_0+\overline{A}_2\overline{A}_1A_0D_1+\overline{A}_2A_1\overline{A}_0D_2+\overline{A}_2A_1A_0D_3 \\ +A_2\overline{A}_1\overline{A}_0D_4+A_2\overline{A}_1A_0D_5+A_2A_1\overline{A}_0D_6+A_2A_1A_0D_7 \tag{9.2.4}$$

表 9.2.13 为 74LS151 的功能表。由表可见，当$\overline{E}$=1 时，数据选择器处于禁止状态，输出 Y=0。当$\overline{E}$=0 时，数据选择器工作，根据地址变量的不同，从 D_7～D_0 中选择一个数据输出。例如，当 $A_2A_1A_0$=110 时，则选择输出的数据为 D_6，即 $Y=D_6$，$\overline{Y}=\overline{D_6}$。

表 9.2.13　74LS151 功能表

$\overline{E}$	A_2	A_1	A_0	D_7～D_0	Y	$\overline{Y}$
1	×	×	×	×	0	1
0	0	0	0	D_7～D_0	D_0	$\overline{D}_0$
0	0	0	1	D_7～D_0	D_1	$\overline{D}_1$
0	0	1	0	D_7～D_0	D_2	$\overline{D}_2$
0	0	1	1	D_7～D_0	D_3	$\overline{D}_3$
0	1	0	0	D_7～D_0	D_4	$\overline{D}_4$
0	1	0	1	D_7～D_0	D_5	$\overline{D}_5$
0	1	1	0	D_7～D_0	D_6	$\overline{D}_6$
0	1	1	1	D_7～D_0	D_7	$\overline{D}_7$

图 9.2.18 所示为 CMOS 型双四选一数据选择器 CD4539 的逻辑符号，该芯片集成了两个完全相同的四选一数据选择器。两个数据选择器有相同的地址变量 A_1、A_0，但数据输入端、输出端及使能控制端不相同。表 9.2.14 为其功能表，由功能表可见，当使能端 E=0 时，数据选择器处于禁止状态，输出为“高阻”态。当 E=1 时，数据选择器工作，且有

$$Y_1=\overline{A}_1\overline{A}_0D_{10}+\overline{A}_1A_0D_{11}+A_1\overline{A}_0D_{12}+A_1A_0D_{13} \tag{9.2.5}$$

$$Y_2=\overline{A}_1\overline{A}_0D_{20}+\overline{A}_1A_0D_{21}+A_1\overline{A}_0D_{22}+A_1A_0D_{23} \tag{9.2.6}$$

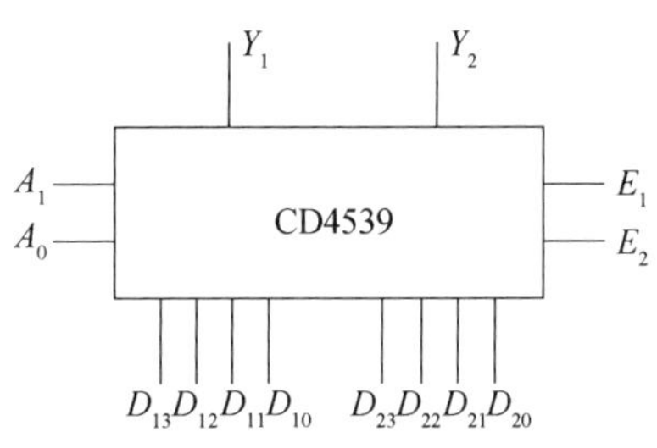

图 9.2.18　CD4539 逻辑符号

表 9.2.14　CD4539 功能表

输入			输出
E_1（E_2）	A_1	A_2	Y_1（Y_2）
0	×	×	高阻
1	0	0	D_{10}（D_{20}）
1	0	1	D_{11}（D_{21}）
1	1	0	D_{12}（D_{22}）
1	1	1	D_{13}（D_{23}）

数据选择器是一种通用性较强的组件。下面举例说明如何利用数据选择器的地址端与数据输入端实现任意组合逻辑函数。

数据选择器的应用视频

数据选择器的应用课件

例 9.2.3　用八选一数据选择器实现下列函数。

（1）$F_1(A, B, C)=A\overline{B}+AC$

（2）$F_2(A, B, C, D)=\Sigma_m(1, 3, 5, 8, 12, 14, 15)$

解： 八选一数据选择器的输出 Y 与数据输入信号 D_7～D_0 及三个地址端 A_2、A_1、A_0 的关系式为

$$Y = A_2A_1A_0D_7 + A_2A_1\overline{A_0}D_6 + A_2\overline{A_1}A_0D_5 + A_2\overline{A_1}\overline{A_0}D_4 + \overline{A_2}A_1A_0D_3 + \overline{A_2}A_1\overline{A_0}D_2 + \overline{A_2}\overline{A_1}A_0D_1 + \overline{A_2}\overline{A_1}\overline{A_0}D_0$$

表达式中包含了 3 个地址变量的所有最小项，而任何组合逻辑函数都可以写成唯一的最小项之和的形式，因此只要对 D_7～D_0 的数据输入端进行正确设置即可实现逻辑函数。

（1）首先将 F_1 化为标准“与或”式，有

$$F_1（A，B，C）= A\overline{B}\,\overline{C} + A\overline{B}C + ABC = m_4 + m_5 + m_7$$

将 F_1 与 Y 比较，如果设 A_2=A、A_1=B、A_0=C，D_4=D_5=D_7=1，D_0=D_1=D_2=D_3=D_6=0，即可实现 Y=F_1。电路图如图 9.2.19 所示。

（2）F_2（A，B，C，D）=Σ_m（1，3，5，8，12，14，15）

$$= \overline{A}\overline{B}\overline{C}D + \overline{A}\overline{B}CD + \overline{A}B\overline{C}D + A\overline{B}\overline{C}\overline{D} + AB\overline{C}\overline{D} + ABC\overline{D} + ABCD \qquad (9.2.7)$$

函数有 4 个变量，可将 F_2 中的 3 个变量作为地址变量，剩下一个变量则作为数据选择器的输入数据。如设 A_2=A，A_1=B，A_0=C，比较 F_2（式（9.2.7））与 Y，可得 $D_0 = D$，$D_1 = D$，$D_2 = D$，$D_3 = 0$，$D_4 = \overline{D}$，$D_5 = 0$，$D_6 = \overline{D}$，$D_7 = 1$

根据以上结果可画出连线图，如图 9.2.20 所示。

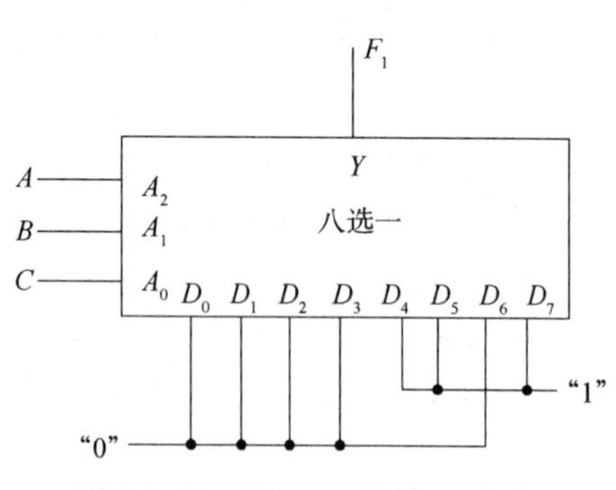

图 9.2.19　例 9.2.3 函数 F_1 电路

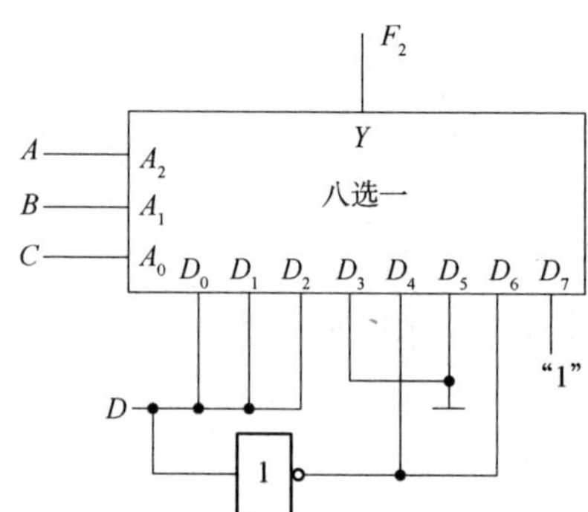

图 9.2.20　例 9.2.3 函数 F_2 电路

我们也可以通过降维卡诺图的方法确定数据输入端的取值。图 9.2.21(a)为函数 F_2 的卡诺图，如果设定 A_2=A，A_1=B，A_0=C，可画出保留 ABC 作为变量的卡诺图，如图 9.2.21(b)所示。对应 ABC 的 8 种取值，可得 F_2 与剩下一个变量 D 的逻辑关系。例如，由图 9.2.21(a)可得，当 A=1、B=0、C=0 时，若 D=0，则 F_2=1；若 D=1，则 F_2=0，所以 F_2=$\overline{D}$。以此类推可得降维卡诺图，如图 9.2.21(b)所示。设 A_2=A，A_1=B，A_0=C，则 D_0=D_1=D_2=D，D_3=D_5=0，D_4=D_6=$\overline{D}$，D_7=1，连线图如图 9.2.20 所示。

AB \ CD	00	01	11	10
00	0	1	1	0
01	0	1	0	0
11	1	0	1	1
10	1	0	0	0

(a)

AB \ C	0	1
00	D	D
01	D	0
11	$\overline{D}$	1
10	$\overline{D}$	0

(b)

图 9.2.21　例 9.2.3 函数 F_2 卡诺图

9.2.4　加法器

加法器视频

加法器课件

1. 加法器的原理

加法器是最基本的运算单元电路，任何复杂的二进制算术运算最终都可按一定规则分解为一系列加法运算的组合，因此加法器是具有广泛用途的运算电路之一。

我们以两个二进制数 A=1101 与 B=1011 的相加为例，考察二进制数的相加过程。二进制运算规则为“逢二进一”，由运算过程可知，除了最后一位相加时仅为被加数与加数相加外，其他位在相加时都必须考虑低位向本位的进位。我们把**不考虑低位进位的加法称为半加，考虑低位进位的加法称为全加，**它们分别可由半加器与全加器来实现。

A：		1	1	0	1	← 被加数
B：		1	0	1	1	← 加数
$+C_{i-1}$		1	1	1	0	← 低位进位
	1	1	0	0	0	

进位 C_i　　和 S

（1）半加器

设被加数和加数分别为 a_i 和 b_i，相加的和为 S_i，进位为 C_i，则一位半加器的真值表如表 9.2.15 所示。由真值表可得

$$S_i = \bar{a}_i b_i + a_i \bar{b}_i = a_i \oplus b_i \tag{9.2.8}$$

$$C_i = a_i b_i \tag{9.2.9}$$

图 9.2.22 所示为一位半加器的电路结构与逻辑符号。

表 9.2.15　半加器真值表

a_i	b_i	S_i	C_i
0	0	0	0
0	1	1	0
1	0	1	0
1	1	0	1

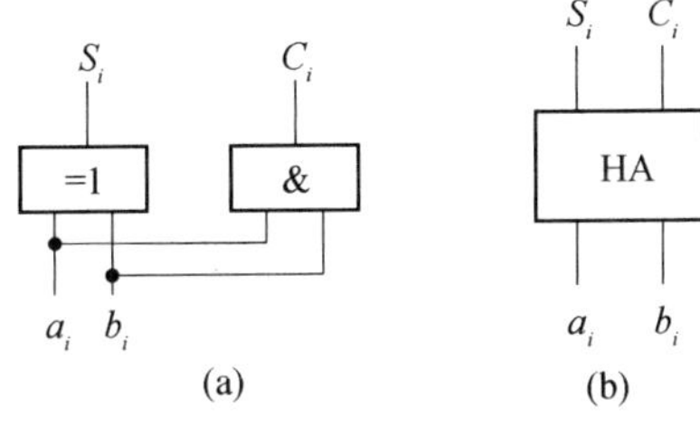

图 9.2.22　半加器的电路结构与逻辑符号

（2）全加器

设 c_{i-1} 为来自低位 $i-1$ 位向第 i 位的进位，则可得实现两个一位二进制数全加运算的真值表如表 9.2.16 所示。全加器的卡诺图如图 9.2.23 所示。

表 9.2.16　全加器真值表

a_i	b_i	c_{i-1}	S_i	C_i
0	0	0	0	0
0	0	1	1	0
0	1	0	1	0
0	1	1	0	1
1	0	0	1	0
1	0	1	0	1
1	1	0	0	1
1	1	1	1	1

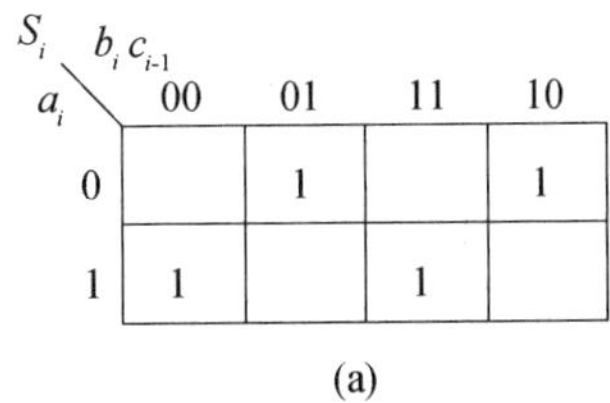

S_i
$b_i c_{i-1}$
a_i
00 01 11 10
0
1
1 1
1 1
(a)

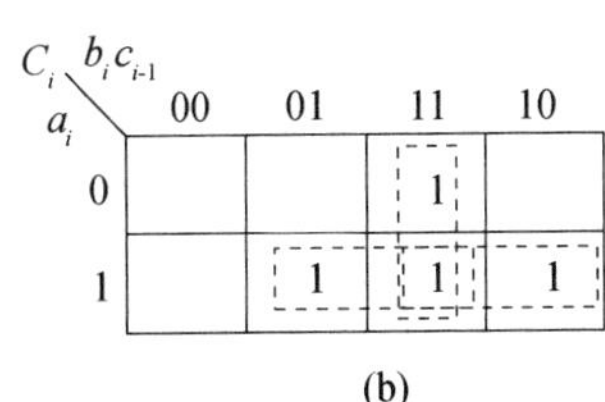

图 9.2.23　全加器卡诺图

由真值表及卡诺图化简可得

全加和： $S_i=\overline{a_i}\,\overline{b_i}c_{i-1}+\overline{a_i}b_i\overline{c_{i-1}}+a_i\overline{b_i}\,\overline{c_{i-1}}+a_ib_ic_{i-1}=a_i\oplus b_i\oplus c_{i-1}$ （9.2.10）

进位： $C_i=a_ib_i+b_i\,c_{i-1}+a_i\,c_{i-1}$ （9.2.11）

图 9.2.24 所示为双全加器 74LS183 中的一个单元电路的内部电路结构及全加器的逻辑符号。

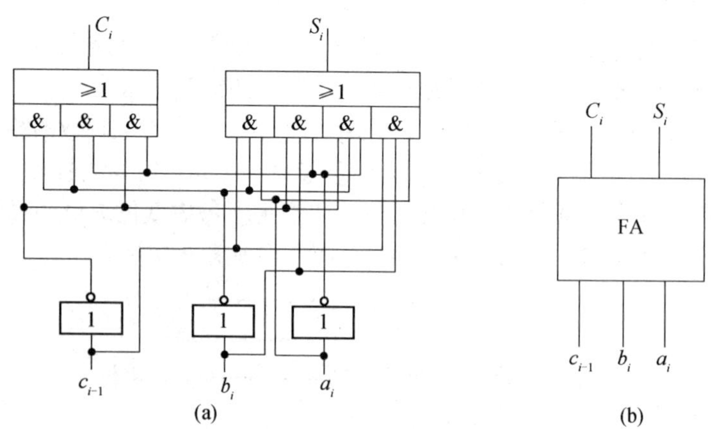

图 9.2.24 全加器的内部电路结构与逻辑符号

2. 多位加法器

将一位全加器级联起来即可实现多位数据相加，其电路即为多位加法器。根据级联时进位方式的不同，多位加法器分为串行进位加法器与并行进位（超前进位）加法器。

（1）串行进位加法器

将若干个一位全加器依次串行连接，并将低位的进位输出直接接到高位的进位输入，便构成了串行进位加法器。图 9.2.25 所示为 4 位串行进位加法器。串行进位加法器线路结构简单，但运算速度较慢。

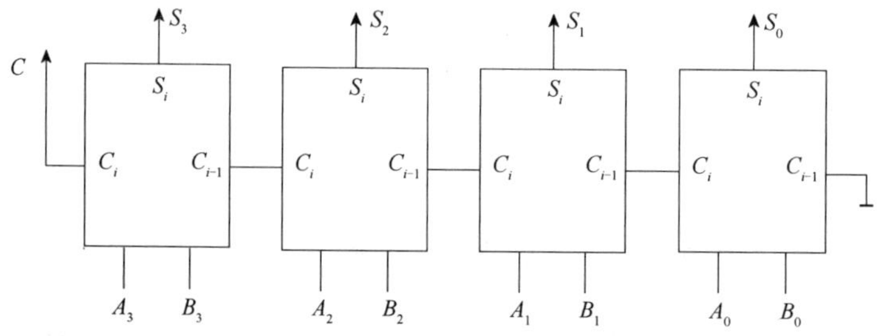

图 9.2.25 4 位串行进位加法器

（2）并行进位加法器

为了提高多位加法的运算速度，必须设法减小或消除由于进位信号逐级传递所耗费的时间，即直接由输入数据产生各位所需的进位信号，称这种进位方式为并行进位，又称“超前进位”。此种加法器运算速度快，但电路结构复杂，需附加产生超前进位的电路，而且随着位数增加，电路的复杂程度急剧上升。74LS83、74LS283 即为具有超前进位功能的 4 位加法器，其运算速度比串行进位加法器快一倍左右。

限于篇幅，组合逻辑电路中的竞争与冒险作为拓展内容，以二维码形式给出，供读者扫码学习。

9.2 测试题

拓展内容：竞争与冒险

EDA 技术

9.3 工程应用实例

9.3.1 水箱水位监测显示电路

由于可实现远程水位的监测与实时监控，水位监测系统已广泛应用于大坝、河流河道、水库、水力发电厂、地下水水位、水池水位监测等。

下面介绍简易水箱水位监测显示电路的设计。设一个水箱高 10m，为了监测水箱水位的变化情况，在水箱内每隔 1m 安装一个监测探头，其中最低的一个监测探头安装在距水箱底 1m 处，最高的一个监测探头安装在距水箱底 9m 处。当水面低于监测探头时，对应的逻辑电平为 1（高电平），当水面高于监测探头时，对应的逻辑电平为 0（低电平），水面高度用一个七段显示数码管来显示。

用一片 10 线-4 线优先编码器 74LS147（功能表如表 9.2.6 所示）、四个非门、一片七段显示译码器 74LS48 和数码管实现的水箱水位监测显示电路如图 9.3.1 所示。

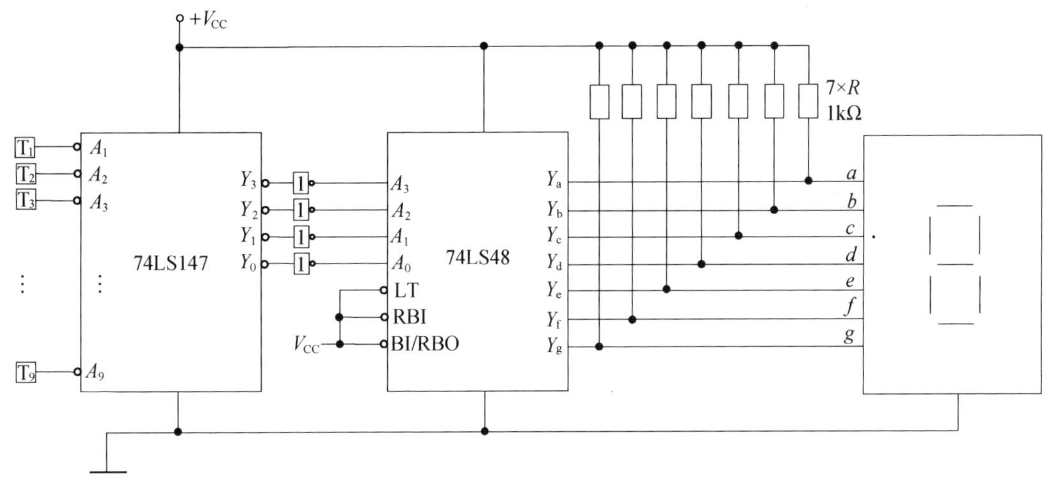

图 9.3.1 水箱水位监测显示电路原理图

图中 T_1～T_9 为水箱水位监测探头，其给出的数据作为优先编码器的输入，优先编码器的输出经非门反相后送给七段显示译码器，译码器输出直接驱动数码管显示水位高度。

编码器输入、编码器输出和译码器输入及显示字符的对应转换真值表如表 9.3.1 所示。

表 9.3.1 编码和译码的对应转换真值表

水位逻辑电平输入									编码输出				译码输入				显示字符
$\overline{A_1}$	$\overline{A_2}$	$\overline{A_3}$	$\overline{A_4}$	$\overline{A_5}$	$\overline{A_6}$	$\overline{A_7}$	$\overline{A_8}$	$\overline{A_9}$	$\overline{Y_3}$	$\overline{Y_2}$	$\overline{Y_1}$	$\overline{Y_0}$	A_3	A_2	A_1	A_0	
1	1	1	1	1	1	1	1	1	1	1	1	1	0	0	0	0	0

（续表）

水位逻辑电平输入									编码输出				译码输入				显示字符
$\overline{A}_1$	$\overline{A}_2$	$\overline{A}_3$	$\overline{A}_4$	$\overline{A}_5$	$\overline{A}_6$	$\overline{A}_7$	$\overline{A}_8$	$\overline{A}_9$	$\overline{Y}_3$	$\overline{Y}_2$	$\overline{Y}_1$	$\overline{Y}_0$	A_3	A_2	A_1	A_0	
0	1	1	1	1	1	1	1	1	1	1	1	0	0	0	0	1	1
×	0	1	1	1	1	1	1	1	1	1	0	1	0	0	1	0	2
×	×	0	1	1	1	1	1	1	1	1	0	0	0	0	1	1	3
×	×	×	0	1	1	1	1	1	1	0	1	1	0	1	0	0	4
×	×	×	×	0	1	1	1	1	1	0	1	0	0	1	0	1	5
×	×	×	×	×	0	1	1	1	1	0	0	1	0	1	1	0	6
×	×	×	×	×	×	0	1	1	1	0	0	0	0	1	1	1	7
×	×	×	×	×	×	×	0	1	0	1	1	1	1	0	0	0	8
×	×	×	×	×	×	×	×	0	0	1	1	0	1	0	0	1	9

9.3.2 血型匹配指示器

人的血型有A、B、AB、O四种，输血时输血者的血型与受血者的血型必须符合图9.3.2中箭头指示的授受关系。

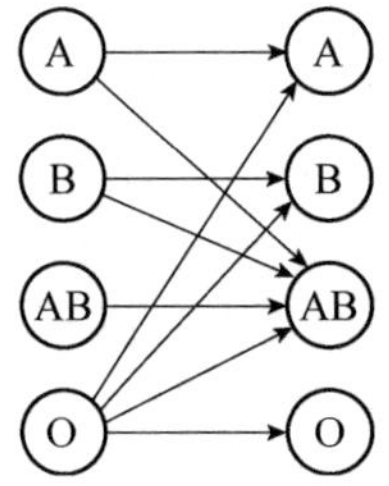

图9.3.2 血型匹配图

用变量 A、B 代表输血者的血型（00为A型血、01为B型血、10为AB型血、11为O型血），变量 C、D 代表受血者的血型（00为A型血、01为B型血、10为AB型血、11为O型血），Y 为输出（0为不匹配、1为匹配），表示输血、受血血型是否匹配的真值表如表9.3.2所示。

表9.3.2 输血、受血血型匹配真值表

A	B	C	D	Y
0	0	0	0	1
0	0	0	1	0
0	0	1	0	1
0	0	1	1	0
0	1	0	0	0
0	1	0	1	1
0	1	1	0	1
0	1	1	1	0
1	0	0	0	0
1	0	0	1	0
1	0	1	0	1
1	0	1	1	0
1	1	0	0	1
1	1	0	1	1
1	1	1	0	1
1	1	1	1	1

由真值表可得

$$Y=\overline{A}\,\overline{B}\,\overline{C}\,\overline{D}+\overline{A}\,\overline{B}C\overline{D}+\overline{A}B\overline{C}D+\overline{A}BC\overline{D}+A\overline{B}C\overline{D}$$
$$+AB\overline{C}\,\overline{D}+AB\overline{C}D+ABC\overline{D}+ABCD$$

利用数据选择器74LS151实现的血型匹配检测电路如图9.3.3所示。开关 S_3（O型）、S_2（AB型）、S_1（B型）、S_0（A型）代表献血者血型，I_3（O型）、I_2（AB型）、I_1（B型）、I_0（A

电路工作原理如下：按下相应的开关，通过编码电路输出对应的血型（真值表中的 A、B、C、D），例如，按下 S_3 和 I_2，输出 $ABCD$ 为1110，数据选择器74LS151输出 Y 为1，绿灯亮，表示血型匹配。若为红灯亮，则表示血型不匹配。

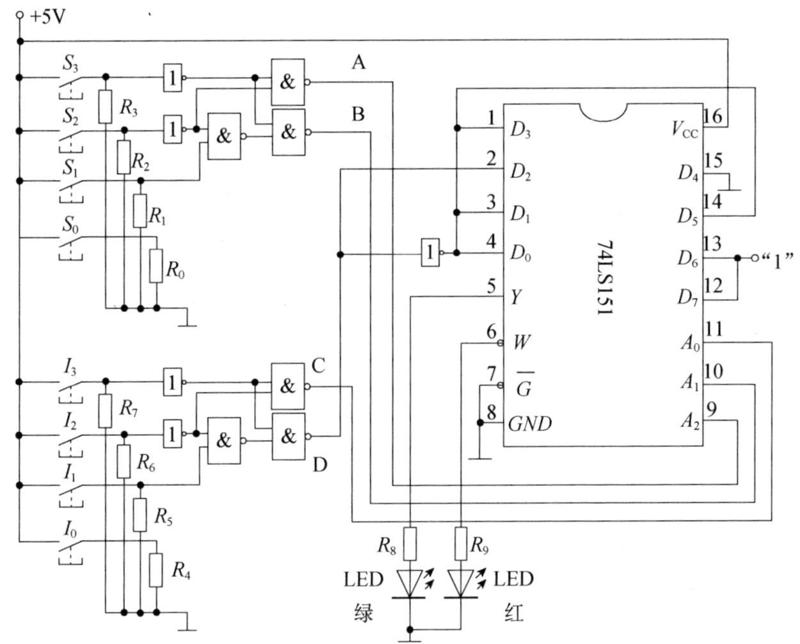

图 9.3.3　血型匹配指示电路原理图

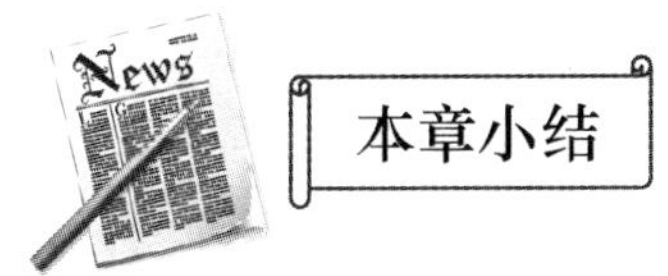

本章小结

1. 组合逻辑电路的特点

组合逻辑电路是数字电路的两大分支之一，组合逻辑电路的输出仅仅取决于该时刻输入信号的状态，而与该时刻之前电路的状态无关。因此电路中不包含具有记忆功能的电路，它是以门电路作为基本单元组成的电路。

2. 组合逻辑电路的分析

组合逻辑电路的分析是根据已知的逻辑图，找出输出变量与输入变量的逻辑关系，从而确定出电路的逻辑功能。

3. 组合逻辑电路的设计

组合逻辑电路的设计是分析的逆过程，它根据已知逻辑功能设计出能够实现该逻辑功能的逻辑图。

4. 常用集成组合逻辑电路

有些组合逻辑功能在各种应用场合经常出现，所以把它们制成了标准化的集成电路器件。常用的芯片包括编码器、译码器、加法器、数据选择器等，在学习时要注意掌握芯片各控制端的作用、逻辑功能及应用。译码器又称为最小项发生器，数据选择器输出表达式中也包含了地址变量的所有最小项，而任意逻辑函数都可以表示为最小项之和的形式，所以可以应用译码器、数据选择器来设计其他逻辑功能的组合逻辑电路。

第 9 章综合测试题

第 9 章综合测试题讲解视频 1

第 9 章综合测试题讲解课件 1

第 9 章综合测试题讲解视频 2

第 9 章综合测试题讲解课件 2

9.1 在题 9.1 图所示电路中，A、B 是数据输入端，K 是控制输入端，试分析在控制输入 K 的不同取值下，数据输入 A、B 和输出间的关系。

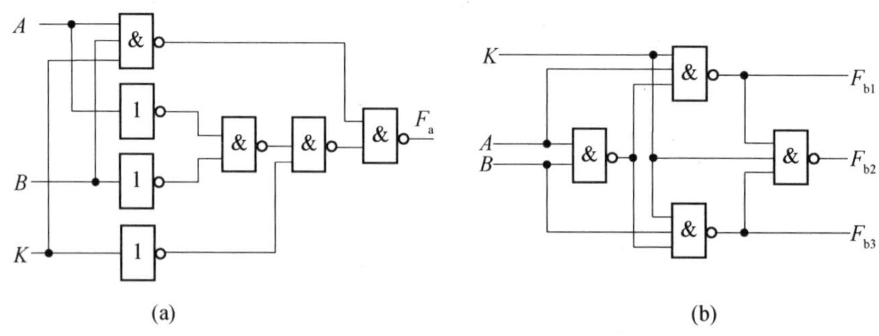

题 9.1 图

9.2 设计一个三变量排队电路。要求：在同一时刻只有一个变量输出，若同时有两个或两个以上变量为 1 时，则按 A、B、C 的优先顺序通过。若 F_A、F_B、F_C 为 1 时分别表示 A、B、C 通过，为 0 则表示不通过，写出函数 F_A、F_B、F_C 的逻辑表达式，并用“与非”门实现。

9.3 试用门电路设计如下功能的组合逻辑电路：

（1）三变量的判奇电路，要求 3 个输入变量中有奇数个为 1 时输出为 1，否则为 0。

（2）2 位二进制数的乘法运算电路，其输入为 A_1、A_0，B_1、B_0，输出为四位二进制数 $D_3D_2D_1D_0$。

9.4 设 X、Y 均为 4 位二进制数，它们分别为一个逻辑电路的输入及输出，要求当 $0 \leqslant X \leqslant 4$ 时，$Y=X$，当 $5 \leqslant X \leqslant 9$ 时，$Y=X+4$，且 $X<10$，设计电路并画出电路图。

9.5 设计一个优先编码器，框图如题 9.5 图所示，输入信号为 $\overline{D}_0 \sim \overline{D}_4$，它们分别代表十进制数 0～4，且低电平有效；输出信号为 3 位二进制数 $Y_2Y_1Y_0$，要求将 $\overline{D}_0 \sim \overline{D}_4$ 编为二进制码，并且当 $\overline{D}_0 \sim \overline{D}_4$ 有多个有效电平时，应优先将最大数码编为二进制码，并用“与非”门实现。

9.6 电路如题 9.6 图所示，每方框均为一个 2 线-4 线译码器，译码输出为低电平有效，$\overline{S}$ 为选通端，工作时为低电平。试写出电路工作时 $\overline{Y}_{10}$、$\overline{Y}_{20}$、$\overline{Y}_{30}$、$\overline{Y}_{40}$ 的逻辑表达式，并说明电路的功能。

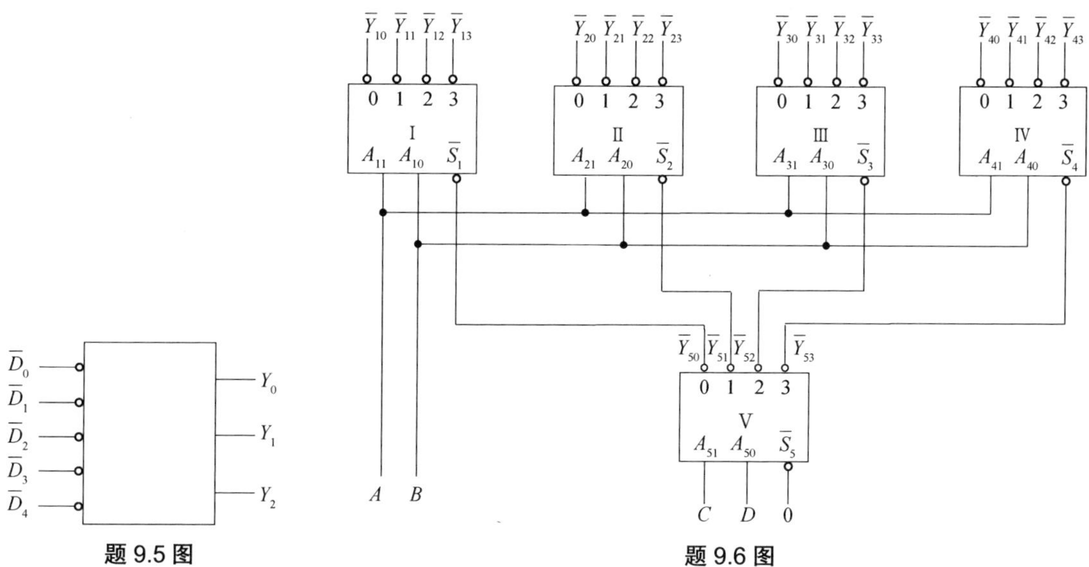

题 9.5 图　　题 9.6 图

9.7 题 9.7 图表示两个 2 线- 4 线译码器，图中 $\overline{S}$ 为使能端，低电平有效。请合理连接（可附加门），使之构成 3 线-8 译码器。

9.8 试用一片 74LS138 与“与非”门实现下列函数。

$$F_1 = \overline{A}C + BC + \overline{A}B$$

$$F_2 = AC + BC + AB$$

$$F_3 = A \oplus B \oplus C$$

9.9 现有一个 4 位二进制数 $X=D_3D_2D_1D_0$，要求对其进行判断，判断电路框图如题 9.9 图所示，要求：当 $D_3D_2D_1D_0$ 中有偶数个 1 时，F_1=1；$D_3D_2D_1D_0$ 中多数为 1 时，F_2=1；X>8 时，F_3=1，试用一片 4 线-16 线译码器（译码器输出低电平有效）及“与非”门设计电路，并画出逻辑图。

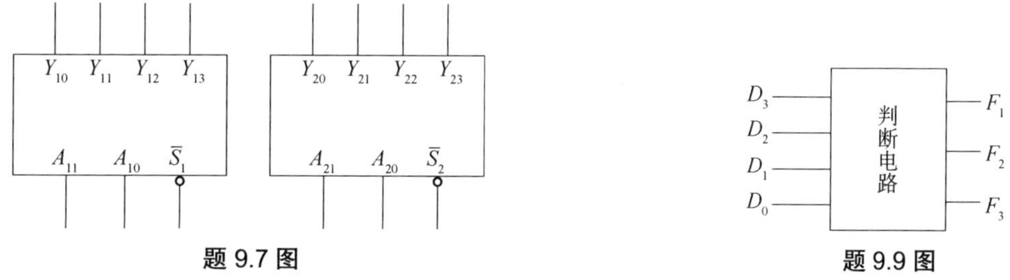

题 9.7 图　　题 9.9 图

9.10 试用一片 3 线-8 线译码器 74LS138 与四输入“与非”门设计一位全减器。

9.11 分析题 9.11 图所示用八选一数据选择器构成的电路，写出其逻辑表达式。

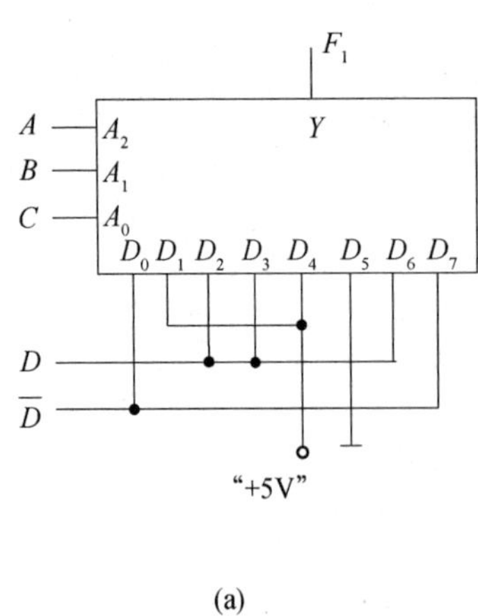

(a)

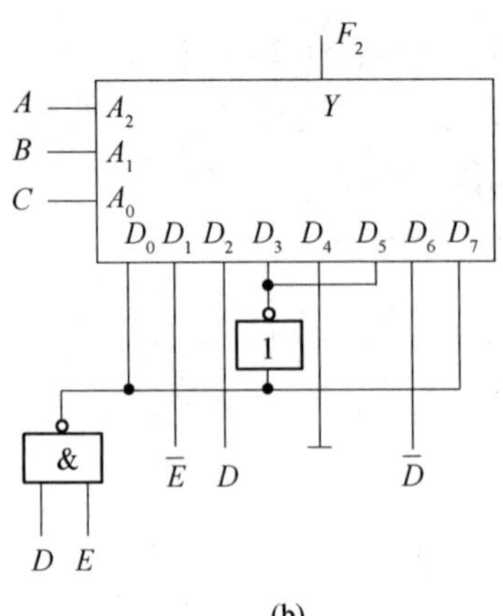

(b)

题 9.11 图

9.12　在题 9.12 图所示电路中，74LS580 为双四选一数据选择器，试分析电路的功能。

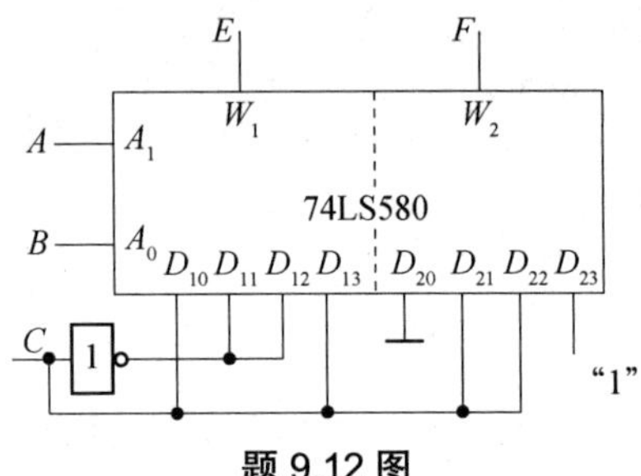

题 9.12 图

9.13　用八选一数据选择器 74LS151 实现下列逻辑函数。

（1）$F_1 = A\overline{B} + \overline{A}\overline{C} + BC$

（2）$F_2 = \Sigma_m$（0，1，2，7）

（3）$F_3 = AB\overline{C} + \overline{A}BC + \overline{B}\overline{C}$

9.14　有三台电动机，规定其中主机 A 必须开机，副机 B 或 C 至少有一台开机，否则指示灯 L 发光报警。试设计一个实现该逻辑功能的逻辑电路。要求：

（1）用最少的“与非”门实现该逻辑电路。

（2）用 3 线-8 线译码器 74LS138 实现该逻辑电路。

（3）用八选一数据选择器 74LS151 实现该逻辑电路。

9.15　设计一个逻辑电路，使它从一个 4 位二进制数中选出能被 4、5、6 整除的数，用八选一数据选择器实现此电路。

9.16　【项目设计】试用数据选择器设计简易数字音频切换电路。

9.17　【项目设计】试用数值比较器 74LS85 设计两路数字温度监测比较电路，A（A_7～A_0）和 B（B_7～B_0）分别表示由温度探头感应温度转换得到的 8 位数字信号。要求用指示灯显示 A 与 B 的大小关系。

9.18　【项目设计】设计两位 BCD 数加/减法器，要求显示计算结果。

习题解析

第 10 章思维导图

第 10 章讨论区

第 10 章　触发器和时序逻辑电路

时序逻辑电路在结构上最大的特点是电路的输出与输入之间存在反馈，所以电路在某一时刻的输出不仅与电路此时的输入信号有关，而且还与电路前一时刻的状态有关，即时序电路具有“记忆”功能。

触发器是构成时序逻辑电路的基本单元。本章首先介绍各种触发器的逻辑功能，再介绍时序逻辑电路的分析、设计方法以及两种常用的时序逻辑电路——计数器和寄存器，最后介绍集成 555 定时器及其应用。

计算机之父–冂·诺伊曼　触发器的概念视频　触发器的概念课件

10.1　触发器

10.1.1　触发器的功能特点

触发器是能够存储一位二进制数码的逻辑单元电路，也称双稳态触发器，它具有以下特点：

（1）具有两个稳定状态，在结构上触发器具有两个互补输出端 Q 和 $\overline{Q}$，通常称 Q=1，$\overline{Q}$=0 为触发器的“1”态；Q=0，$\overline{Q}$=1 为触发器的“0”态或复位状态。

（2）当输入为有效电平时，触发器可以置“1”态或“0”态。

（3）当输入有效电平消失后，触发器能保持原来的状态不变。

10.1.2　触发器的分类及逻辑功能描述

触发器的分类方式很多，如按其内部构成元件的类型可分为 TTL 触发器与 CMOS 触发器；按其逻辑功能可分为 RS 触发器、JK 触发器、D 触发器、T 及 T′触发器等；按其电路结构特点又可分为基本触发器、同步触发器、主从触发器和边沿触发器等。但不管是何种类型的触发器，在使用时，均以其输出、输入之间的逻辑关系为主，因此正确掌握各种触发器输出、输入的逻辑关系，是分析和设计时序电路的基础。

触发器的输出、输入逻辑关系可采用**功能表、特性方程、状态转换图和时序图**等方法来描述。由于触发器的记忆作用，我们通常**用 Q^n 来表示电路当前的状态，称为现态；用 Q^{n+1} 表示在输入信号作用下电路进入的新状态，称为次态，**则触发器输出、输入之间的关系可表

示为

$$Q^{n+1}=f(Q^n,\ X) \qquad (10.1.1)$$

其中 X 为触发器输入变量的集合，触发器的输入变量可以是一个或多个。

10.1.3 RS 触发器

基本 RS 触发器视频

基本 RS 触发器课件

1. 基本 RS 触发器

最基本的触发器是基本 RS 触发器，它是各种触发器的基本构成单元，又称置位-复位触发器。它可由两个“或非”门或者两个“与非”门首尾相连而构成。图 10.1.1(a)所示为由两个“与非”门构成的基本 RS 触发器，图 10.1.1(b)所示为其逻辑符号。它有两个互补输出端 Q 与 $\overline{Q}$，两个输入端分别为**直接置位输入端** $\overline{S}_d$ 与**直接复位输入端** $\overline{R}_d$，两个输出端分别引回到“与非”门的输入端形成反馈。

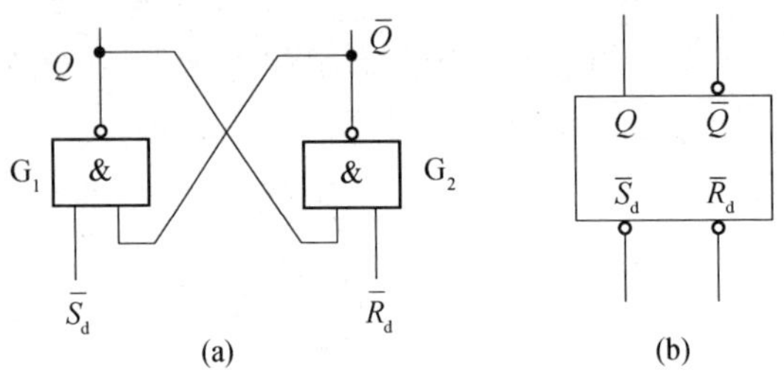

图 10.1.1 基本 RS 触发器的结构与符号

下面根据图 10.1.1(a)分析基本 RS 触发器输出、输入之间的关系。

当 $\overline{S}_d=\overline{R}_d=1$ 时，若触发器现态为 Q^n，则 $Q^{n+1}=Q^n$、$\overline{Q^{n+1}}=\overline{Q^n}$，即此时触发器将保持原来的状态不变，称触发器处于“保持”功能。

当 $\overline{S}_d=0$，$\overline{R}_d=1$ 时，G_1 门因一个输入端为“0”，则不论 $\overline{Q}$ 为“1”还是为“0”，其输出均为“1”，而 G_2 门因 $\overline{R}_d=1$，$Q=1$，故其输出为“0”，即此时有 $Q^{n+1}=1$，$\overline{Q^{n+1}}=0$，这种功能称为置“1”。由于置“1”是触发信号 $\overline{S}_d$ 为有效电平“0”的结果，因此 $\overline{S}_d$ 端称为置“1”端，又称为置位端。

当 $\overline{S}_d=1$，$\overline{R}_d=0$ 时，G_2 门因一个输入端为“0”，则不论 Q 为“1”还是为“0”，其输出均为“1”，而 G_1 门因 $\overline{S}_d=1$，$\overline{Q}=1$，故其输出为“0”，即此时有 $Q^{n+1}=0$，$\overline{Q^{n+1}}=1$，这种功能称为置“0”。由于置“0”是触发信号 $\overline{R}_d$ 为有效电平“0”的结果，因此 $\overline{R}_d$ 端称为置“0”端，又称为复位端。

当 $\overline{S}_d=\overline{R}_d=0$ 时，输入信号均为有效电平，这是不允许的。因为：其一，此时 $Q^{n+1}=1$、$\overline{Q^{n+1}}=1$，破坏了 Q 与 $\overline{Q}$ 互补的约定；其二，当 $\overline{R}_d$、$\overline{S}_d$ 的低电平有效信号同时消失后，Q 与 $\overline{Q}$ 的状态将是不确定的。

基本 RS 触发器的输出/输入关系可用表 10.1.1 所示的特性表来表示，也称为功能表。由表可见基本 RS 触发器具有保持、置“1”、置“0”的功能。

由触发器的功能表还可以得到如表 10.1.2 所示的真值表。由于 RS 触发器的记忆作用，所以触发器的现态 Q^n 也将决定触发器的次态 Q^{n+1}。根据真值表可画出如图 10.1.2 所示的卡诺

图，化简得到触发器的**特性方程**

$$\begin{cases} Q^{n+1} = \overline{\overline{S}_{\mathrm{d}}} + \overline{R}_{\mathrm{d}} Q^n \\ \text{约束条件:} \overline{S}_{\mathrm{d}} + \overline{R}_{\mathrm{d}} = 1 \end{cases} \tag{10.1.2}$$

其中 $\overline{S}_{\mathrm{d}}+\overline{R}_{\mathrm{d}}=1$，即基本 RS 触发器不允许 $\overline{R}_{\mathrm{d}}=\overline{S}_{\mathrm{d}}=0$ 的输入情况，称为基本 RS 触发器的**约束条件。**

表 10.1.1　RS 触发器功能表

输入		输出	功能说明
$\overline{S}_{\mathrm{d}}$	$\overline{R}_{\mathrm{d}}$	Q^{n+1}	
0	0	×	不允许
0	1	1	置“1”
1	0	0	置“0”
1	1	Q^n	保持

表 10.1.2　RS 触发器真值表

$\overline{S}_{\mathrm{d}}$	$\overline{R}_{\mathrm{d}}$	Q^n	Q^{n+1}
0	0	0	×
0	0	1	×
0	1	0	1
0	1	1	1
1	0	0	0
1	0	1	0
1	1	0	0
1	1	1	1

Q^n \ $\overline{R}_{\mathrm{d}}\overline{S}_{\mathrm{d}}$	00	01	11	10
0	×	0	0	1
1	×	0	1	1

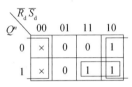

图 10.1.2　Q^{n+1} 的卡诺图

同步 RS 触发器视频

同步 RS 触发器课件

2. 同步 RS 触发器

在数字电路中，为使多个相关的触发器同时工作，必须给电路加上一个统一的控制信号。这个统一的控制信号叫作时钟脉冲信号，简称 CP，这种触发器称为同步触发器。

图 10.1.3(a)所示为同步 RS 触发器的电路结构，它由基本 RS 触发器和时钟控制输入电路组成。图 10.1.3(b)所示为同步 RS 触发器的逻辑符号。

同步 RS 触发器的工作可分为以下两个节拍：

在 CP=0 期间，“与非”门 G_1、G_2 均被封锁，$\overline{S}=\overline{R}=1$，基本 RS 触发器处于保持状态，输入 R、S 信号变化不影响输出状态。

在 CP=1 期间，“与非”门 G_1、G_2 打开，输入信号 S、R 作用于基本 RS 触发器，则输出满足方程 $Q^{n+1}=S+\overline{R}Q^n$，约束条件为 $RS=0$。

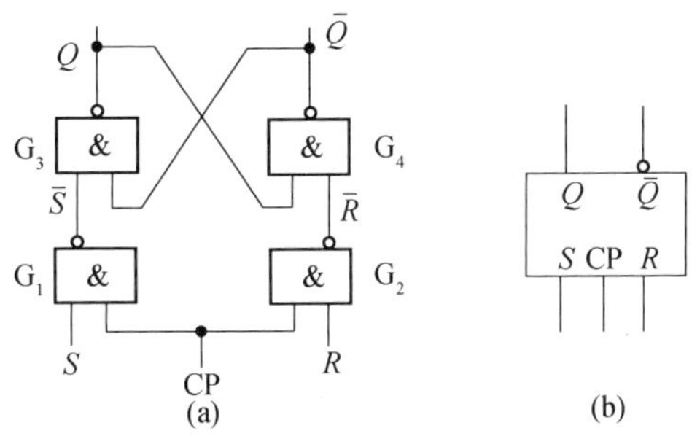

图 10.1.3　同步 RS 触发器

表 10.1.3 为同步 RS 触发器的功能表，其特性方程为

$$\begin{cases} Q^{n+1} = S + \overline{R}Q^n & CP = 1 \\ \text{约束条件：} RS = 0 \end{cases} \tag{10.1.3}$$

同步 RS 触发器的输入信号只有在 CP=1 期间才有效，但同步时序电路往往需要在工作之前确定其初始状态。因此同步触发器的集成产品中均有**异步输入端，也称直接置位与直接复位端，它们可不经过时钟控制，直接将触发器置“1”或置“0”。**图 10.1.4(a)为带异步置位/异步复位端的同步 RS 触发器，图 10.1.4(b)为其逻辑符号。当 $\overline{S_d}$=0，$\overline{R_d}$=1，异步置“1”，故称 $\overline{S_d}$ 为异步置位端；当 $\overline{S_d}$=1，$\overline{R_d}$=0，异步置“0”，故称 $\overline{R_d}$ 为异步复位端。图示触发器的异步输入端因低电平有效，所以不用时需接高电平，即与电源相接。

表 10.1.3　同步 RS 触发器功能表

CP	S	R	Q^{n+1}	说明
0	×	×	Q^n	保持
1	0	0	Q^n	保持
1	0	1	0	置“0”
1	1	0	1	置“1”
1	1	1	×	不允许

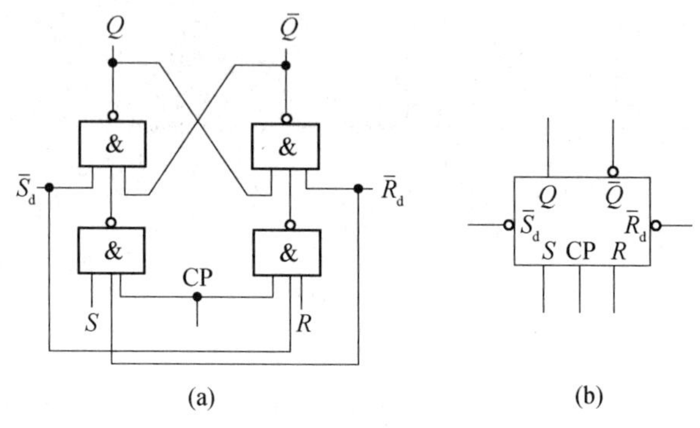

图 10.1.4　带异步输入端的同步 RS 触发器

10.1.4　D 触发器

1. 同步 D 触发器

为避免输入信号可能存在的 $S=R=1$ 的情况，将同步 RS 触发器结构稍作变化，如图 10.1.5(a)所示，此时 $S=D$，$R=\overline{D}$，则约束条件 $RS=0$ 自动满足。由于该触发器只有一个输入信号 D，故称为同步 D 触发器，也称为 D 锁存器。图 10.1.5(b)所示为其逻辑符号。

D 触发器视频

D 触发器课件

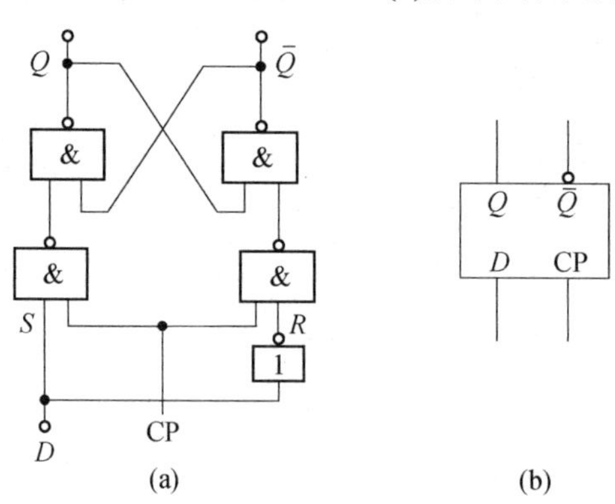

图 10.1.5　D 锁存器结构与符号

将 $S=D$，$R=\overline{D}$ 代入式（10.1.3），有

$$Q^{n+1}=S+\overline{R}\,Q^n=D+DQ^n=D$$

即　　　　　　　　　　　　　　　$Q^{n+1}=D$；CP=1　　　　　　　　　　（10.1.4）

式（10.1.4）即为 D 触发器特性方程。由此可得表 10.1.4 所示 D 触发器功能表。可见，D 触发器只具有置“1”与置“0”功能。

表 10.1.4　D 触发器功能表

CP	D	Q^{n+1}	说明
0	×	Q^n	保持
1	0	0	置“0”
1	1	1	置“1”

2. 维持–阻塞 D 触发器

同步 D 触发器在 CP=1 期间，触发器状态均随输入信号 D 的变化而变化，因此要求在 CP=1 期间输入信号保持不变。维持–阻塞 D 触发器利用电路的内部反馈实现边沿触发，使得触发器状态变化只在 CP 变化的边沿发生，这不但降低了触发器对输入信号的要求，而且大大增强了触发器的抗干扰能力。

图 10.1.6(a)为正边沿触发维持–阻塞 D 触发器的电路结构，它由同步 RS 触发器（由门 G_3、G_4、G_5、G_6 构成）与利用反馈构成的电路（由门 G_1、G_2 构成）组成。下面分析其工作原理。

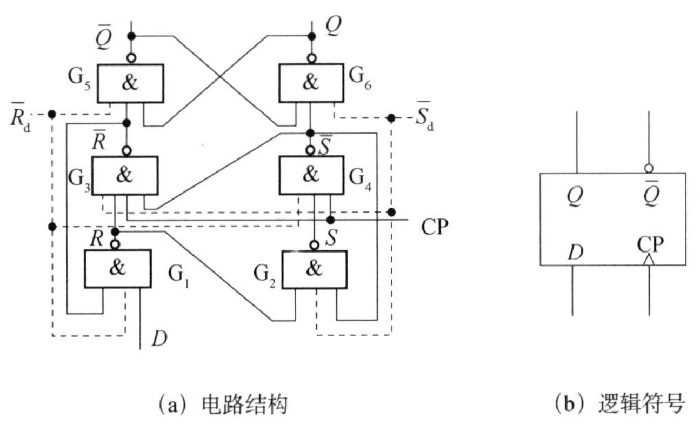

(a) 电路结构　　　　　　(b) 逻辑符号

图 10.1.6　维持–阻塞 D 触发器

在 CP=0 期间，门 G_3、G_4 被封锁，$\overline{S}=\overline{R}=1$，则触发器处于保持状态；门 G_1、G_2 被打开，使 $R=\overline{D}$，$S=D$。

当 CP 由 0 变 1 时，门 G_3、G_4 打开，同步 RS 触发器工作，由式（10.1.3）得

$$Q^{n+1}=S+\overline{R}Q^n=D+\overline{\overline{D}}Q^n=D$$

即触发器按 D 触发器逻辑功能翻转。

在 CP=1 期间，若输入信号 D 保持不变，则触发器保持；若输入信号 D 发生变化，如变为 $\overline{D}$，因为门 G_3 的信号变化需要经两级传输延时，则 $R=\overline{D\cdot\overline{D}}=1$，$S=D$，即 $\overline{S}=\overline{D}$，$\overline{R}=D$，因此基本 RS 触发器输入没有发生变化，故尽管 CP=1 期间信号 D 变为 $\overline{D}$，但触发器却保持 CP 上升沿的状态不变。

综上所述，维持–阻塞 D 触发器的逻辑功能可用下述特性方程表示

$$Q^{n+1}=D;\ \text{CP}\uparrow \qquad (10.1.5)$$

即**维持–阻塞 D 触发器只有在 CP 的上升沿才接收输入信号，并按 D 触发器逻辑功能翻转**，而在 CP=0、CP=1 与 CP 的下降沿均对输入信号封锁。逻辑符号如图 10.1.6(b)所示。

D 触发器的异步置位端 $\overline{S}_d$ 与异步复位端 $\overline{R}_d$ 的内部连线如图 10.1.6(a)所示，在 CP 的任何

时刻，都可以由 $\overline{S}_d$ 与 $\overline{R}_d$ 直接将触发器置“1”或置“0”。

10.1.5 JK 触发器

JK 触发器是一种功能完善的触发器，它的构成方式很多，下面以主从型 JK 触发器与边沿型 JK 触发器为例，介绍 JK 触发器的工作原理及触发特点。

1. 主从型 JK 触发器

图 10.1.7(a)为主从型 JK 触发器的电路结构示意图。由图可见，G_1、G_2、G_3、G_4 构成了一个同步 RS 触发器，通常称为从触发器；门 G_5、G_6、G_7、G_8 构成了另一个同步 RS 触发器，但门 G_7、G_8 除了有时钟脉冲输入外，分别还有两个信号输入，通常称为主触发器。可用图 10.1.7(b)所示结构示意图表示主从结构，图 10.1.7(c)所示为 JK 触发器的逻辑符号。

由于主触发器与从触发器分别在 CP=1 与 CP=0 期间工作，因此主从 JK 触发器的工作可以分为以下两个过程。

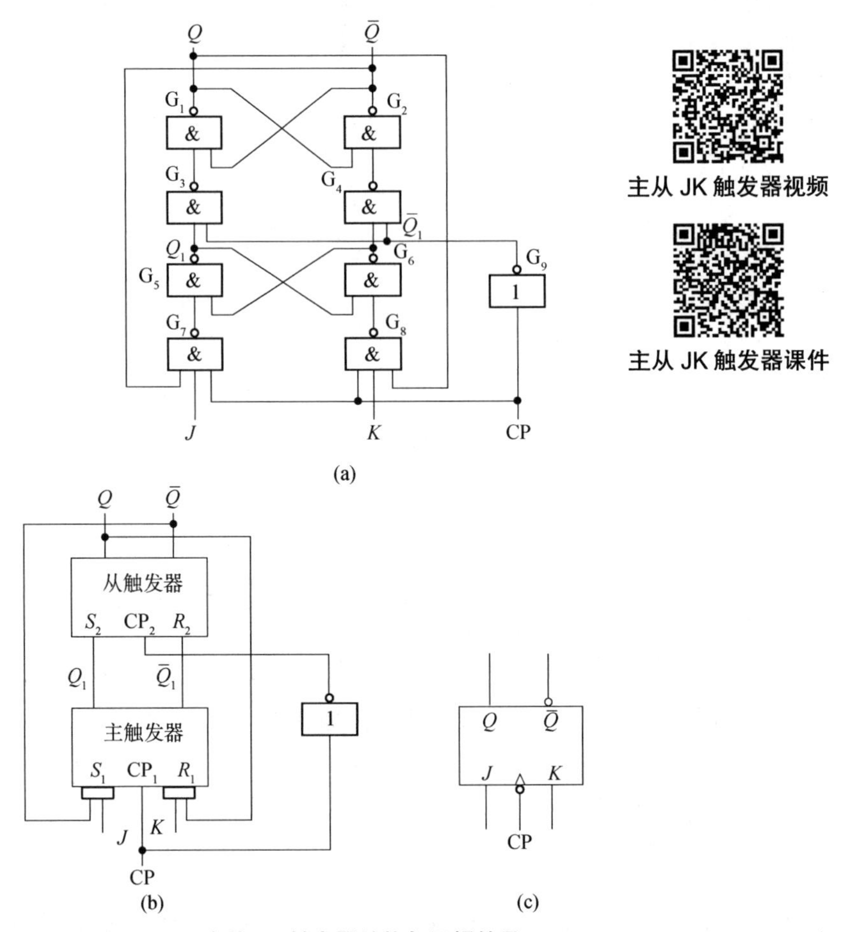

图 10.1.7 主从 JK 触发器结构与逻辑符号

第一：在 CP=1 期间，从触发器由于其时钟 $CP_2=\overline{CP}=0$ 而被封锁，其输出状态保持不变。

主触发器由于其时钟 CP_1=CP=1 而处于接收信号的工作状态，它的输入信号可表示为

$$S_1 = J\overline{Q^n} \qquad R_1=KQ^n \tag{10.1.6}$$

则主触发器的输出状态将根据输入信号 J、K 与触发器的现态 Q^n、$\overline{Q^n}$ 按同步 RS 的状态方程变化，即

$$Q_1^{n+1} = S_1 + \overline{R}_1 Q_1^n \tag{10.1.7}$$

第二：在 CP=0 期间，主触发器由于其时钟 CP_1=CP=0 而被封锁，处于保持状态，从触发器则由于时钟 $CP_2=\overline{CP}$=1 而接收 S_2、R_2 信号更新状态，由于

$$S_2= Q_1^{n+1} \qquad R_2=\overline{Q}_1^{n+1} \tag{10.1.8}$$

则有：

$$Q^{n+1}=S_2+ \overline{R}_2 Q^n = Q_1^{n+1} \tag{10.1.9}$$

即从触发器取得与主触发器相同的状态。

综上所述，主从 JK 触发器的工作是分两步进行的。**第一步：当 CP=1 时，主触发器接收信号，更新状态，从触发器保持不变；第二步：当 CP=0 时，主触发器保持不变，从触发器更新输出，且使得主、从触发器状态一致。**下面根据输入信号 J、K 的不同组合分析 JK 触发器的功能。

（1）当 J=0、K=0 时，有 $S_1=0\cdot\overline{Q^n}=0$，$R_1 = 0\cdot Q^n = 0$，则 $Q_1^{n+1}=S_1+\overline{R}_1 Q_1^n = Q_1^n$，所以主触发器在 CP=1 时状态保持不变。从触发器在 CP=0 时，亦保持原状态不变，即 JK 触发器处于保持状态，$Q^{n+1}=Q^n$。

（2）当 J=0、K=1 时，有 $S_1=0\cdot\overline{Q^n}=0$，$R_1 = 1\cdot Q^n = Q^n$，因此在 CP=1 时，$Q_1^{n+1}=S_1+\overline{R}_1 Q_1^n = \overline{Q^n}\cdot Q_1^n=0$（$Q_1^n=Q^n$），$\overline{Q_1^{n+1}}=1$，主触发器处于“0”态。所以在 CP=0 时，从触发器更新为“0”态，即 JK 触发器置“0”态，$Q^{n+1}=0$，$\overline{Q^{n+1}}=1$。

（3）当 J=1、K=0 时，有 $S_1=1\cdot\overline{Q^n}=\overline{Q^n}$，$R_1 = 0\cdot Q^n = 0$，因此在 CP=1 时，$Q_1^{n+1}=S_1+\overline{R}_1 Q_1^n = \overline{Q^n}+Q_1^n=\overline{Q_1^n}+Q_1^n=1$，$\overline{Q_1^{n+1}}=0$，即主触发器处于“1”态。所以在 CP=0 时，从触发器也更新为“1”态，$Q^{n+1}=1$，$\overline{Q^{n+1}}=0$。

（4）当 J=1、K=1 时，有 $S_1=1\cdot\overline{Q^n}=\overline{Q^n}$，$R_1 = 1\cdot Q^n = Q^n$，则在 CP=1 时，$Q_1^{n+1}=S_1+\overline{R}_1 Q_1^n = \overline{Q^n}+\overline{Q^n}\,Q^n=\overline{Q^n}=\overline{Q_1^n}$，$\overline{Q_1^{n+1}}=Q_1^n$，主触发器的次态变为与现态相反的状态，即若现态为“0”，则次态为“1”；若现态为“1”，则次态为“0”（称触发器的这种功能为“计数”或“翻转”功能）。所以在 CP=0 时，从触发器也将具有“计数”功能，即 $Q^{n+1}=\overline{Q^n}$。

JK 触发器的功能表如表 10.1.5 所示。可见 JK 触发器输入信号不存在约束项，在 J=K=1 时，JK 触发器新增“计数”功能。利用 JK 触发器的计数功能可实现分频作用。图 10.1.8(a)所示电路的时序图如图 10.1.8(b)所示。由图可知，若 CP 的频率为 f，则 Q_1 的频率为 $f/2$，同理，Q_2 的频率为 $f/4$，即可得到时钟信号 CP 的 2 分频与 4 分频信号。

表 10.1.5　JK 触发器功能表

输入		输出	功能说明
J	K	Q^{n+1}	
0	0	Q^n	保持
0	1	0	置“0”
1	0	1	置“1”
1	1	$\overline{Q^n}$	计数

由 JK 触发器的功能表（见表 10.1.5）可得 JK 触发器的真值表，如表 10.1.6 所示。根据真值表画出卡诺图如图 10.1.9 所示，化简得到 JK 触发器的特性方程

$$Q^{n+1}=J\overline{Q^n}+\bar{K}Q^n \text{；CP}\downarrow \qquad (10.1.10)$$

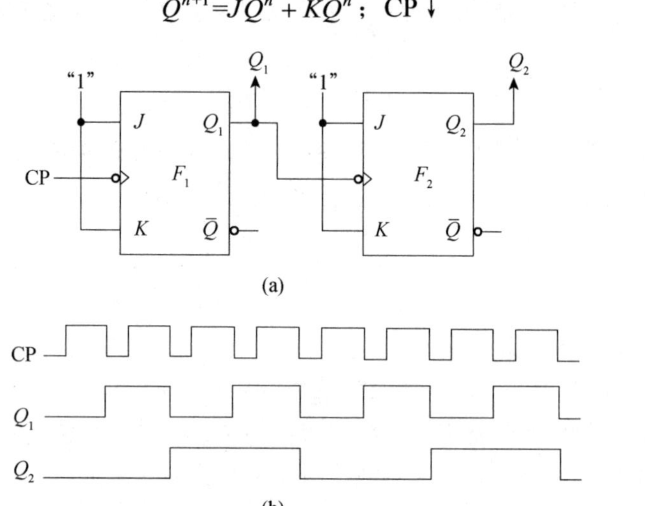

图 10.1.8 JK 触发器的分频作用

表 10.1.6 JK 触发器的真值表

J	K	Q^n	Q^{n+1}
0	0	0	0
0	0	1	1
0	1	0	0
0	1	1	0
1	0	0	1
1	0	1	1
1	1	0	1
1	1	1	0

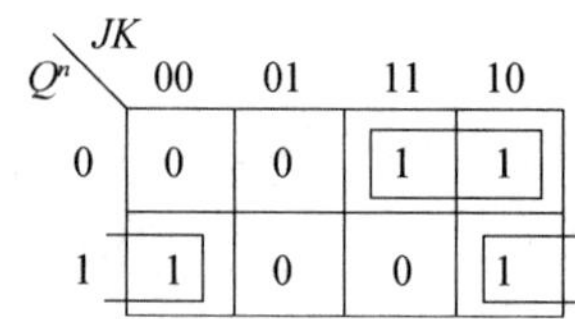

图 10.1.9 Q^{n+1} 的卡诺图

从前面的分析中得知，主从型 JK 触发器在时钟脉冲 CP 的上升沿主触发器接收 J、K 信号，在 CP 的下降沿从触发器按 J、K 与 Q^n 更新输出状态。但在实际使用时存在"一次变化"现象，**所谓"一次变化"现象是指在 CP=1 期间，主触发器能且只能翻转一次的现象。**产生一次变化现象的原因在于：为消除输入信号的约束限制，G_7、G_8 引入了互补输出信号 Q 与 $\overline{Q}$ 为反馈信号，使两个控制门中总有一个是被封锁的，而根据同步 RS 触发器的性能可知，从一个输入端加信号，其状态能且只能改变一次。因此，为保证触发器可靠工作，J、K 信号在 CP=1 时应保持不变。在实际使用时，为避免在 CP=1 期间 J、K 信号发生变化，可在保证电路正常工作的条件下，尽可能使用窄脉冲，以减少 J、K 变化的机会。

2. 边沿型 JK 触发器

主从型 JK 触发器在使用时要求 J、K 信号在 CP=1 期间保持不变，这给使用带来不便。此外，即使在 CP=1 期间 J、K 保持不变，也极易受到干扰信号的作用而发生误动作。边沿型 JK 触发器只能在时钟信号 CP 的某一边沿（上升沿或下降沿）对输入信号做出响应并引起输出状态翻转，而在 CP=1 或 0 期间输入信号变化不会影响触发器的输出。这样可使触发器的

抗干扰能力大大加强，工作更为可靠，且由于没有在 CP=1 期间保持 J、K 不变的要求，使用更为方便。边沿型触发器利用门的传输延迟来达到边沿触发的目的。

图 10.1.10 为边沿型 JK 触发器的电路结构。图中用两个“与或非”门构成基本 RS 触发器，两个“与非”门用来接收 JK 信号。图中 $\overline{S}_\mathrm{d}$ 、 $\overline{R}_\mathrm{d}$ 是低电平有效的异步置“1”、置“0”端，其作用不受 CP 控制。电路的工作情况如下：

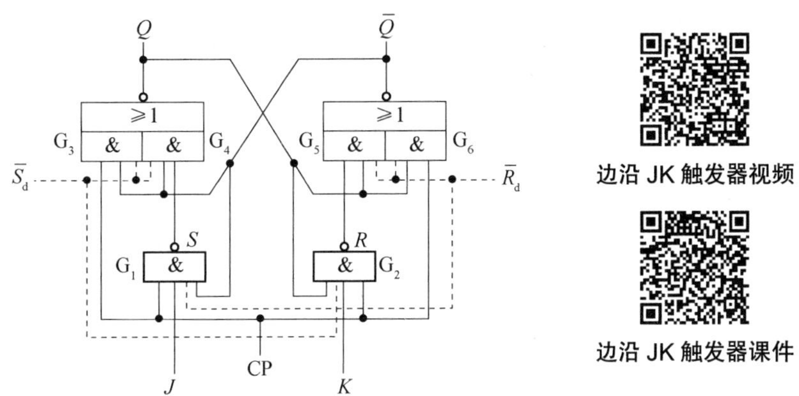

图 10.1.10 边沿型 JK 触发器的电路结构

当 CP=0 时，门 G_1、G_2、G_3、G_6 均被封锁，门 G_4、G_5 打开，则 $Q^{n+1}=Q^n$， $\overline{Q^{n+1}}=\overline{Q^n}$ ，触发器处于保持状态。

当 CP=1 时，门 G_1、G_2、G_3、G_6 均被打开，因为 $Q^{n+1}=\overline{\overline{Q^n}+\overline{Q^n}S}=Q^n$ ，$\overline{Q^{n+1}}=\overline{Q^n+RQ^n}=\overline{Q^n}$ ，即触发器亦处于保持状态。

当 CP 由“1”变“0”，即 CP 下降沿到来时，门 G_1、G_2、G_3、G_6 又被封锁，但由于门 G_1、G_2 的传输延迟，使得在门 G_3、G_6 被封锁后，门 G_4、G_5 接收的信号仍是门 G_1、G_2 在开启时传输的 J、K 信号，即

$$S=\overline{J\overline{Q^n}}\;;\;R=\overline{KQ^n} \tag{10.1.11}$$

触发器的输出状态为

$$Q^{n+1}=\overline{\overline{Q^n}0+S\overline{Q^n}}=\overline{S\overline{Q^n}}=\overline{\overline{J\overline{Q^n}}\,\overline{Q^n}}=\overline{\overline{J\overline{Q^n}}\,\overline{KQ^n}\,\overline{Q^n}}=J\overline{Q^n}+\overline{K}Q^n \tag{10.1.12}$$

即在 CP 由“1”到“0”变化时，触发器接收 J、K 信号，并按 JK 触发器的变化规律变化，从而实现了 JK 触发器的逻辑功能。

由以上的分析可知，边沿型 JK 触发器在时钟 CP=0、CP=1 期间与 CP 的上升沿对外都是封锁的，只有在 CP 由“1”变为“0”的瞬间，由于“与非”门对信号的传输延迟，使得 JK 信号可以进入主触发器，并引起触发器翻转。因此，**边沿型 JK 触发器不存在“一次变化”现象，抗干扰能力大大加强。**在边沿型 JK 触发器的集成产品中，除上述负边沿触发外，还有正边沿触发的产品，其逻辑功能均可由特性方程 $Q^{n+1}=J\overline{Q^n}+\overline{K}Q^n$，CP↓（或 CP↑）表示。

例 10.1.1 由 JK 触发器构成电路如图 10.1.11(a)所示，若已知 A、B 及 CP 波形如图 10.1.11(b)所示，试画出电路输出端 Q 的波形。设 JK 触发器为边沿型触发器，初态为“0”。

解：由图可知，电路由门电路与触发器构成。JK 触发器的输入表达式为：$J=AB$，$K=A\oplus B$。由 A、B 的波形先画出 J、K 的波形，再根据边沿触发器的特点，在 CP 的下降沿，输出端 Q 按

照 $Q^{n+1}=J\overline{Q^n}+\overline{K}Q^n$ 的特性变化，即可确定输出 Q 的波形，如图 10.1.11(c)所示。需要注意的是，若 J、K 刚好在 CP 有效边沿来到时发生变化，则应取前一时刻的 J、K 值。例如在图 10.1.11(c)中，第一个 CP 的下降沿时刻，K 由 0 变为 1，此时 K 应取 0，所以触发器输出保持现态不变。

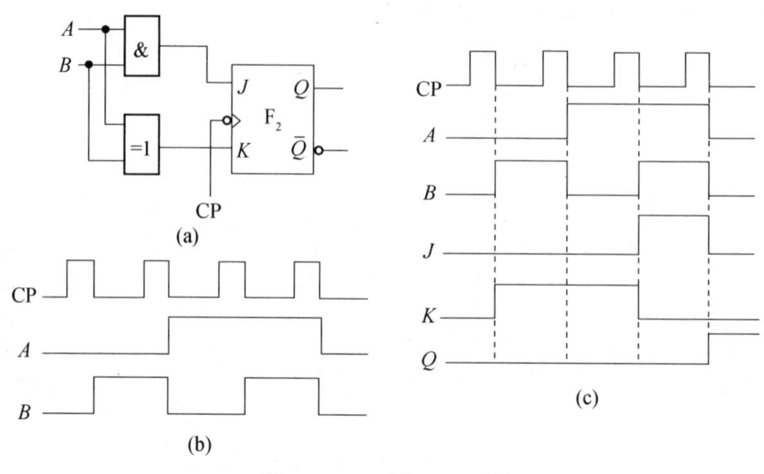

图 10.1.11　例 10.1.1 图

10.1.6　不同功能触发器的相互转换

由于 JK 触发器的功能齐全，D 触发器使用方便，所以市场上提供的集成触发器多为 JK 触发器与 D 触发器。当实际工作中需要用到其他逻辑功能的触发器时，可以在 JK 触发器和 D 触发器的基础上转换得到所需要的触发器。

不同功能触发器相互转换的基本方法是在已知触发器的基础上利用转换逻辑电路，实现待求触发器的功能，如图 10.1.12 所示。

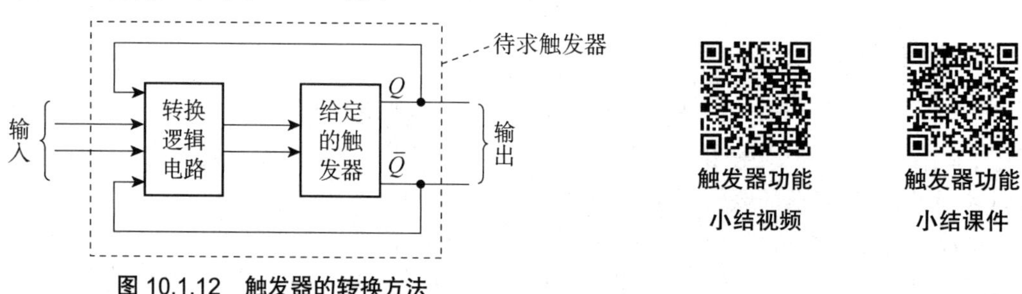

图 10.1.12　触发器的转换方法

1. 由 D 触发器到 JK 触发器的转换

已知 D 触发器的特性方程为 $Q^{n+1}=D$，而 JK 触发器的特性方程为 $Q^{n+1}=J\overline{Q^n}+\overline{K}Q^n$，比较两个特性方程可见，若 D 触发器的输入信号 D 满足

$$D=J\overline{Q^n}+\overline{K}Q^n=\overline{\overline{J\overline{Q^n}}\cdot\overline{\overline{K}Q^n}} \tag{10.1.13}$$

则 D 触发器即可实现 JK 触发器功能，即由 D 触发器到 JK 触发器的转换只需加入图 10.1.13 所示转换电路即可。

2. 由 JK 触发器到 D、T、T′触发器的转换

JK 触发器的特性方程为 $Q^{n+1}=J\overline{Q^n}+\overline{K}Q^n$，D 触发器的特性方程为 $Q^{n+1}=D$。将 D 触发器的特性方程做如下变换，即 $Q^{n+1}=D=D\overline{Q^n}+\overline{D}Q^n$。与 JK 触发器的特性方程比较后可知，令 $J=D$，$K=\overline{D}$，则可得到 D 触发器。转换电路如图 10.1.14 所示。

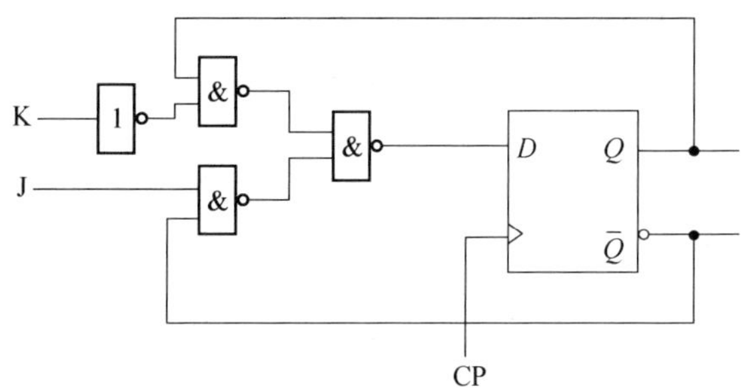

图 10.1.13　由 D 触发器转换为 JK 触发器

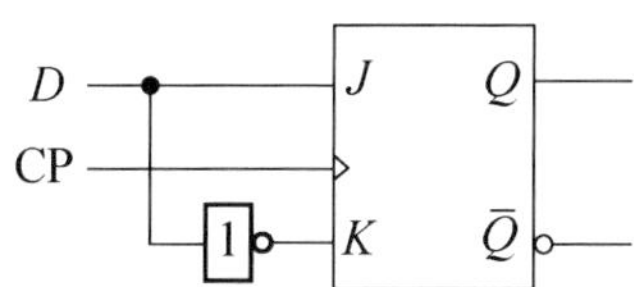

图 10.1.14　由 JK 触发器转换为 D 触发器

将 JK 触发器的输入端 J、K 连接在一起而形成的只有一个输入端 T 的触发器称为 T 触发器，图 10.1.15 所示为其结构及逻辑符号。

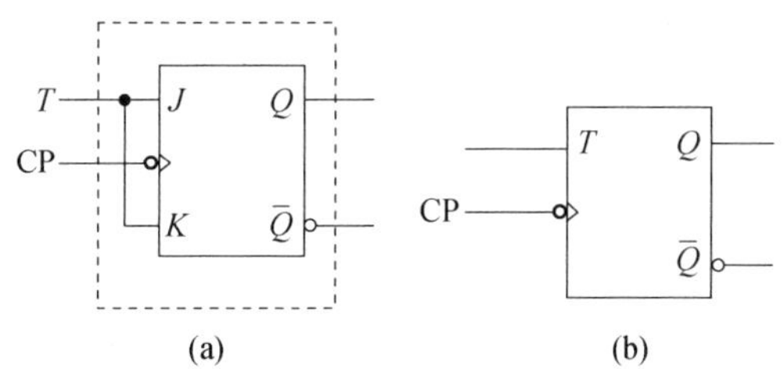

图 10.1.15　T 触发器结构与逻辑符号

我们以 $J=K=T$ 代入 JK 触发器的特性方程中，可得 T 触发器的特性方程

$$Q^{n+1}=J\overline{Q^n}+\overline{K}Q^n=T\overline{Q^n}+\overline{T}Q^n=T\oplus Q^n\text{；CP}\downarrow \qquad (10.1.14)$$

根据特性方程可得功能表，如表 10.1.7 所示。由表可见，T 触发器只具有保持与计数的功能，因此，也常称为可控计数触发器。

如果将 T 触发器的输入端悬空或接高电平“1”，则 T 触发器将只具有“计数”功能，通常把这种触发器称为 T′触发器，它的特性方程为

$$Q^{n+1}=\overline{Q^n}\text{；CP}\downarrow \qquad (10.1.15)$$

可见 T′触发器只需时钟控制即可翻转而不需要输入端。

表 10.1.7　T 触发器功能表

T	Q^{n+1}	说明
0	Q^n	保持
1	$\overline{Q^n}$	计数

10.1　测试题

10.1　测试题讲解视频

10.1　测试题讲解课件

10.2　时序逻辑电路概述

时序逻辑电路概述视频

时序逻辑电路概述课件

10.2.1　时序逻辑电路的特点

从时序电路的基本单元触发器的结构中可知，时序电路的主要特点表现在它所具有的"记忆"功能上，即在时序电路中任一时刻的稳定输出，不仅取决于当时的输入，还取决于电路原先的状态。一般情况下，时序电路中的"记忆"功能是由触发器组实现的，图 10.2.1 为时序电路的结构框图，它由组合电路与触发器组构成的记忆单元（也称存储电路）构成，其中：

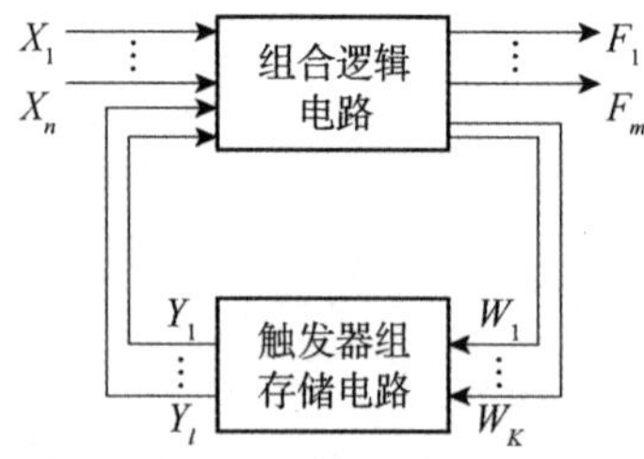

图 10.2.1　时序电路的结构框图

- X_1、X_2、…、X_n 为外加输入信号。
- F_1、F_2、…、F_m 为时序电路的输出信号。
- Y_1、Y_2、…、Y_l 为触发器组的状态输出。
- W_1、W_2、…、W_k 为触发器组的驱动信号。

10.2.2　时序电路逻辑功能的表示方法

为了准确描述时序电路的逻辑功能，常采用逻辑方程式、状态转换表、状态转换图、时序图等方法。这几种描述方法各有特点，相互补充，在实际使用中，可根据具体情况选用。

1. 逻辑方程式

根据逻辑电路图，可写出描述电路逻辑功能的一组方程，它们是

输出方程：
$$F(t)=F[X(t^n),\ Y(t^n)] \tag{10.2.1}$$
驱动方程：
$$W(t^n)=W[X(t^n),\ Y(t^n)] \tag{10.2.2}$$
状态方程：
$$Y(t^{n+1})=Y[W(t^n),\ Y(t^n)] \tag{10.2.3}$$
式中，t^n 与 t^{n+1} 表示时序电路的现态与次态两个离散时间。

2. 状态转换表

根据状态方程，可以由触发器的现态计算出其相应次态，将电路在输入信号与时钟信号的作用下电路状态的变化与输出列成表即为状态转换表（简称状态表）。具体方法将在 10.3.2 节中介绍。

3. 状态转换图

将状态转换表中的内容用图形的方式画出，即为状态转换图（简称状态图）。状态转换图比状态转换表更加形象。

4. 时序图

时序图即电路的工作波形，它可描述时钟信号、输入、输出和触发器组的状态随时间变化的规律，在实际电路中可用示波器进行观察，是调试电路的必要手段。

10.2　测试题

在数字系统中，最常用的时序电路是各种类型的计数器和寄存器，下面

分别加以介绍。

10.3　计数器

10.3.1　计数器的特点及分类

计数器是最基本的时序逻辑电路，它不仅可以用来统计输入脉冲的个数，还可作为数字系统中的分频、定时电路，用途相当广泛。

计数器有多种分类方式，根据计数器的工作方式，可分为同步计数器和异步计数器；根据计数器状态变化的递增或递减可分为加法计数器、减法计数器和可逆计数器；根据计数器的进位制数，可分为二进制、十进制和任意进制计数器。计数器的进制表明了计数器所能记录的脉冲个数，即为计数器的计数长度，也称为计数器的模，如三位二进制计数器，表示计数器的计数长度为 8，又称模 8 计数器。

10.3.2　计数器的分析方法

在数字系统中广泛使用各种计数器，学会分析它们的逻辑功能是非常重要的。计数器的分析步骤如下：

（1）根据已知电路结构，写出计数器的时钟方程（同步计数器可省略）、驱动方程、状态方程与输出方程（有的计数器无输出）。

（2）根据状态方程列出状态转换表，画出状态转换图。

（3）画出计数器的时序图。

（4）综合上述分析，得出计数器功能。

同步计数器的分析视频　　同步计数器的分析课件

下面举例加以说明。

例 10.3.1　分析图 10.3.1 所示计数器的功能。

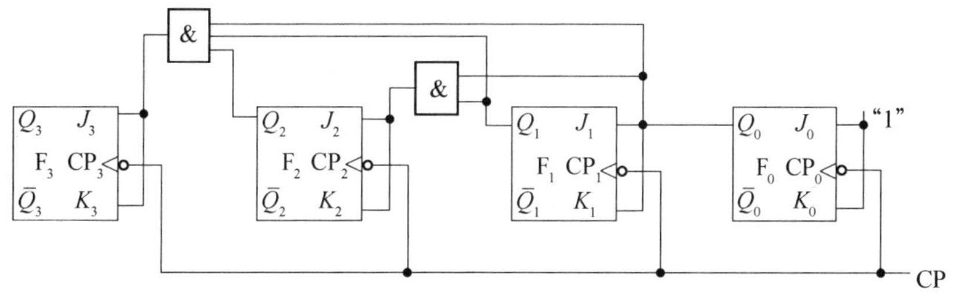

图 10.3.1　例 10.3.1 图

解：（1）写出电路方程

时钟方程：$CP_0=CP_1=CP_2=CP_3=CP$

由于 4 个触发器共用一个时钟信号，因此该电路为同步计数器。

输出方程：该计数器无输出信号。

驱动方程：图示 JK 触发器均已联成 T 触发器形式，则有

$$\begin{cases} T_0 = 1 \\ T_1 = Q_0^n \\ T_2 = Q_0^n Q_1^n \\ T_3 = Q_0^n Q_1^n Q_2^n \end{cases} \tag{10.3.1}$$

状态方程：

$$\begin{cases} Q_0^{n+1} = T_0 \oplus Q_0^n = \overline{Q_0^n}; \text{ CP}\downarrow \\ Q_1^{n+1} = Q_0^n \oplus Q_1^n; \text{ CP}\downarrow \\ Q_2^{n+1} = (Q_0^n Q_1^n) \oplus Q_2^n; \text{ CP}\downarrow \\ Q_3^{n+1} = (Q_0^n Q_1^n Q_2^n) \oplus Q_3^n; \text{ CP}\downarrow \end{cases} \tag{10.3.2}$$

（2）根据状态方程，可得状态转换表，如表 10.3.1 所示。

表 10.3.1　例 10.3.1 状态转换表

CP 个数	Q_3^n	Q_2^n	Q_1^n	Q_0^n	Q_3^{n+1}	Q_2^{n+1}	Q_1^{n+1}	Q_0^{n+1}
0	0	0	0	0	0	0	0	1
1	0	0	0	1	0	0	1	0
2	0	0	1	0	0	0	1	1
3	0	0	1	1	0	1	0	0
4	0	1	0	0	0	1	0	1
5	0	1	0	1	0	1	1	0
6	0	1	1	0	0	1	1	1
7	0	1	1	1	1	0	0	0
8	1	0	0	0	1	0	0	1
9	1	0	0	1	1	0	1	0
10	1	0	1	0	1	0	1	1
11	1	0	1	1	1	1	0	0
12	1	1	0	0	1	1	0	1
13	1	1	0	1	1	1	1	0
14	1	1	1	0	1	1	1	1
15	1	1	1	1	0	0	0	0
16	0	0	0	0	0	0	0	1

根据状态转换表可得图 10.3.2 所示状态转换图，因为没有输入变量和输出变量，所以在转换直线箭头旁没有标注。

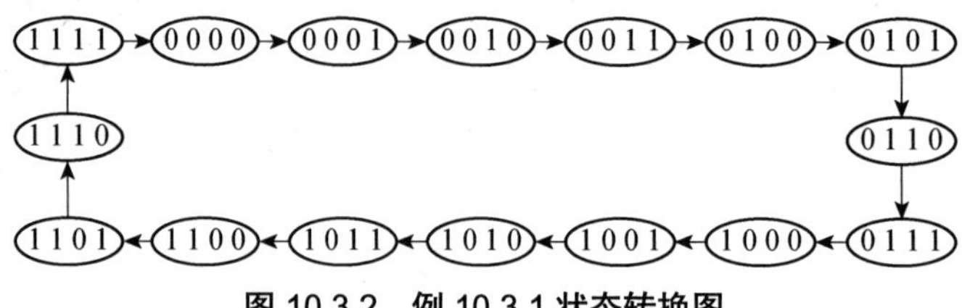

图 10.3.2　例 10.3.1 状态转换图

（3）根据状态转换表，画出图 10.3.3 所示时序图。

（4）综合上述分析，图 10.3.1 所示计数器为一同步 4 位二进制（或十六进制）加法计数器。

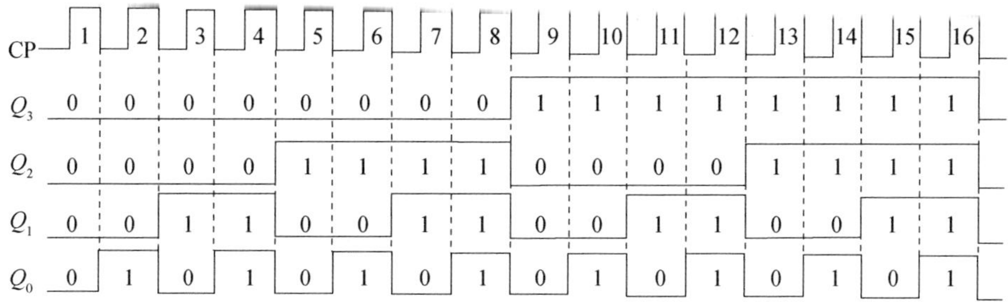

图 10.3.3　例 10.3.1 时序图

例 10.3.2　分析图 10.3.4 所示计数器的功能。

异步计数器的分析视频

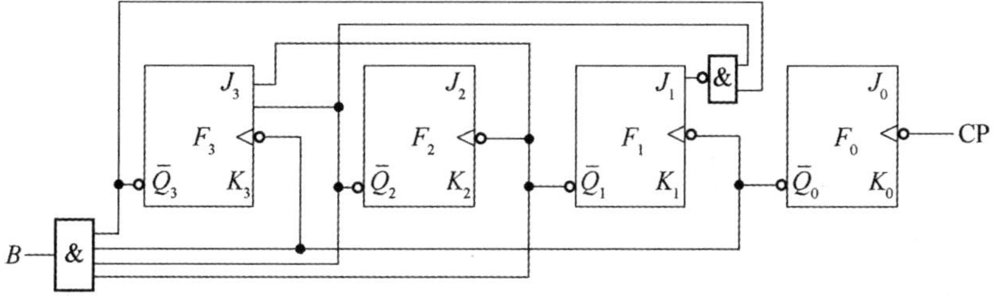

图 10.3.4　例 10.3.2 图

异步计数器的分析课件

解：（1）根据电路图，写出电路方程如下。

时钟方程：$CP_0=CP$；$CP_1=\overline{Q_0}$；$CP_2=\overline{Q_1}$；$CP_3=\overline{Q_0}$

由于各触发器时钟不同，因此图示计数器为异步计数器。

输出方程：

$$B=\overline{Q_3^n}\,\overline{Q_2^n}\,\overline{Q_1^n}\,\overline{Q_0^n} \tag{10.3.3}$$

驱动方程：

$$\begin{cases} J_0=K_0=1 \\ J_1=\overline{\overline{Q_3^n}\,\overline{Q_2^n}}，\ K_1=1 \\ J_2=K_2=1 \\ J_3=\overline{Q_2^n}\,\overline{Q_1^n}，\ K_3=1 \end{cases} \tag{10.3.4}$$

状态方程：

$$\begin{cases} Q_0^{n+1}=J_0\overline{Q_0^n}+\overline{K_0}Q_0^n=\overline{Q_0^n};\ \ CP\downarrow \\ Q_1^{n+1}=\overline{\overline{Q_3^n}\,\overline{Q_2^n}}\,\overline{Q_1^n}\ ;\ \ Q_0\uparrow \\ Q_2^{n+1}=\overline{Q_2^n};\ \ Q_1\uparrow \\ Q_3^{n+1}=\overline{Q_2^nQ_1^nQ_3^n};\ \ Q_0\uparrow \end{cases} \tag{10.3.5}$$

（2）根据状态方程，可得状态转换表，如表 10.3.2 所示。

表 10.3.2　例 10.3.2 状态转换表

CP 个数	Q_3^n	Q_2^n	Q_1^n	Q_0^n	Q_3^{n+1}	Q_2^{n+1}	Q_1^{n+1}	Q_0^{n+1}	时钟条件	B
0	0	0	0	0	1	0	0	1	CP_0，CP_1，CP_3	1
1	1	0	0	1	1	0	0	0	CP_0	0
2	1	0	0	0	0	1	1	1	CP_0，CP_1，CP_2，CP_3	0

（续表）

CP 个数	Q_3^n	Q_2^n	Q_1^n	Q_0^n	Q_3^{n+1}	Q_2^{n+1}	Q_1^{n+1}	Q_0^{n+1}	时钟条件	B
3	0	1	1	1	0	1	1	0	CP_0	0
4	0	1	1	0	0	1	0	1	CP_0，CP_1，CP_3	0
5	0	1	0	1	0	1	0	0	CP_0	0
6	0	1	0	0	0	0	1	1	CP_0，CP_1，CP_2，CP_3	0
7	0	0	1	1	0	0	1	0	CP_0	0
8	0	0	1	0	0	0	0	1	CP_0，CP_1，CP_3	0
9	0	0	0	1	0	0	0	0	CP_0	0
10	0	0	0	0	1	0	0	1	CP_0	1
	1	0	1	0	0	0	0	1	CP_0，CP_1，CP_3	0
	1	0	1	1	1	0	1	0	CP_0	0
	1	1	0	0	0	0	1	1	CP_0，CP_1，CP_2，CP_3	0
	1	1	0	1	1	1	0	0	CP_0	0
	1	1	1	0	0	1	0	1	CP_0，CP_1，CP_3	0
	1	1	1	1	1	1	1	0	CP_0	0

根据表 10.3.2 可得该计数器的状态转换图如图 10.3.5 所示。由图 10.3.5 可知，该计数器在时钟作用下可循环状态仅有 10 个，称这 10 个状态为有效状态，有效状态的循环为有效循环，未进入有效循环的状态为无效状态。在正常情况下，计数器在输入计数脉冲的作用下，周而复始地在有效状态中循环。**当由于某种原因落入无效状态时，如果能在 CP 脉冲作用下返回到有效状态，则称该计数器具有自启动功能。**由图 10.3.5 可知，该计数器具有自启动功能。

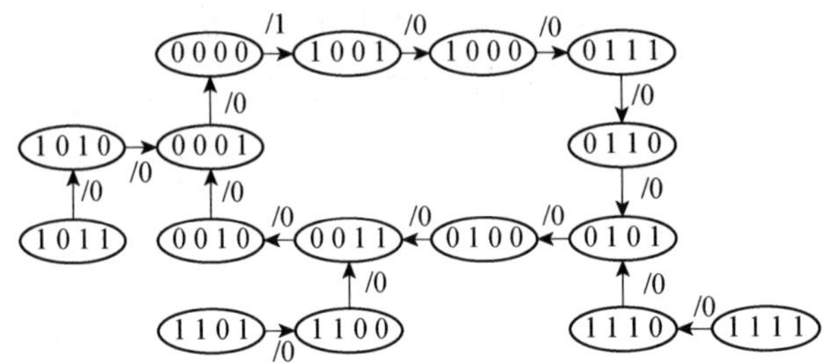

图 10.3.5　例 10.3.2 状态转换图

（3）图 10.3.6 为根据状态转换表画出的时序图。

（4）随着计数脉冲的输入，有效状态是做递减变化的，因此该计数器可描述为能够自启动的异步十进制减法计数器。B 为进位信号，计数器循环到末状态 0000 时 B 产生正脉冲输出。

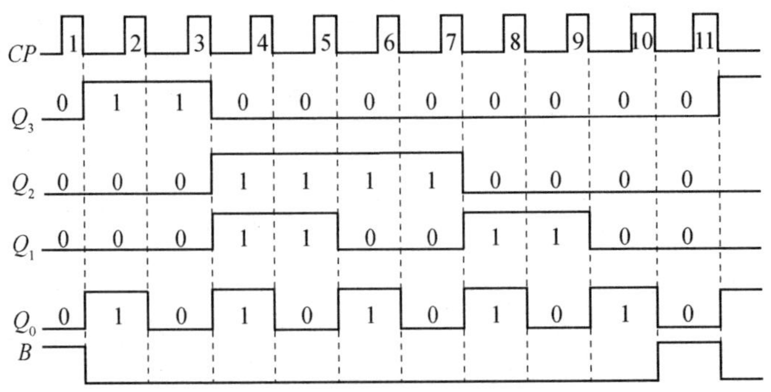

图 10.3.6　例 10.3.2 时序图

10.3.3　中规模集成计数器

中规模集成计数器的类型很多，表 10.3.3 列出几种常用 TTL 集成计数器的产品。中规模集成计数器除了计数功能外，通常还具有清零、预置的功能。下面举几个典型例子介绍中规模集成计数器的特点。

计数器芯片视频

计数器芯片课件

表 10.3.3　几种常用 TTL 型计数器

工作方式	型号	计数顺序	模值	清零	预置
异步	74LS90	加	2×5	异步，高	异步置 9，高
	74LS92	加	2×6	异步，高	无
	74LS93	加	2×8	异步，高	无
同步	74LS160	加	10	异步，低	同步，低
	74LS161	加	4 位二进制	异步，低	同步，低
	74LS162	加	10	同步，低	同步，低
	74LS163	加	4 位二进制	同步，低	同步，低
	74LS190	可逆	10	无	异步，低
	74LS191	可逆	4 位二进制	无	异步，低
	74LS193	可逆	4 位二进制	异步，高	异步，低

* 注：表中“高”、“低”表示“清零”、“预置”端的有效电平，“清零”、“预置”的“同步”、“异步”指相应功能是否需要在时钟作用下完成，“同步”指需要时钟，“异步”指不需要时钟。

1. 异步中规模计数器 74LS90

为了使集成计数器的使用更为方便、灵活，异步中规模计数器往往是组合结构的，即由两个独立的计数器组成。图 10.3.7(a)为 74LS90 的逻辑电路图，图 10.3.7(b)为其逻辑符号。

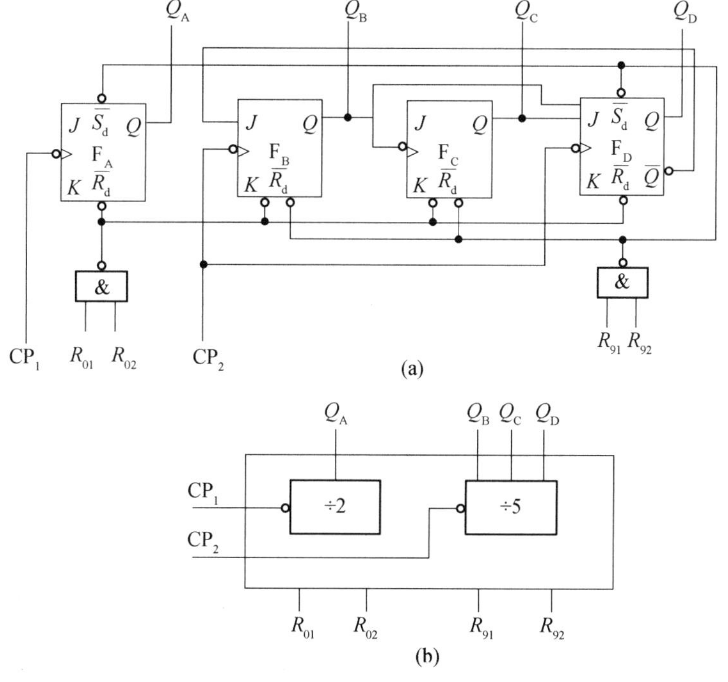

图 10.3.7　74LS90 逻辑电路图与逻辑符号

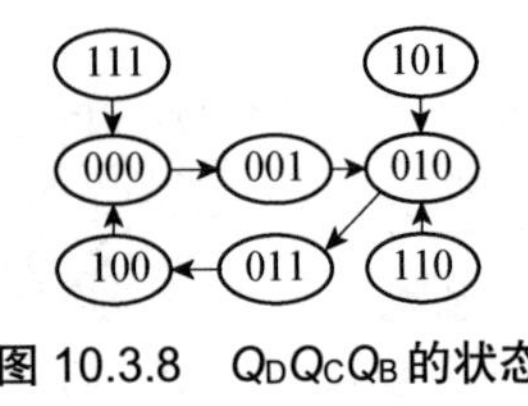

图 10.3.8　$Q_DQ_CQ_B$的状态转换图

由逻辑电路图可见，触发器 F_A 构成一个 2 分频电路（计数长度为 2），F_D、F_C、F_B 构成一个 5 分频电路（计数长度为 5），其状态转换图如图 10.3.8 所示（读者可自行分析）。

根据图 10.3.7(a)所示电路图，可分析得 74LS90 功能如下。

（1）异步置数功能：当 $R_{01}=R_{02}=1$，且 R_{91} 与 R_{92} 有一个为 0 时，计数器可置成“0000”(清零)；当 $R_{91}=R_{92}=1$，且 R_{01}、R_{02} 有一个为 0 时，计数器可置成“1001”。

（2）由 CP_1 输入时钟，Q_A 输出为二进制计数。

（3）由 CP_2 输入时钟，Q_D、Q_C、Q_B 输出为五进制计数。

（4）由 CP_1 输入时钟，Q_A 接 CP_2，则 Q_D、Q_C、Q_B、Q_A 可形成 8421 码十进制计数（Q_D、Q_C、Q_B、Q_A 的权分别为 8、4、2、1），其状态转换图如图 10.3.9 所示。

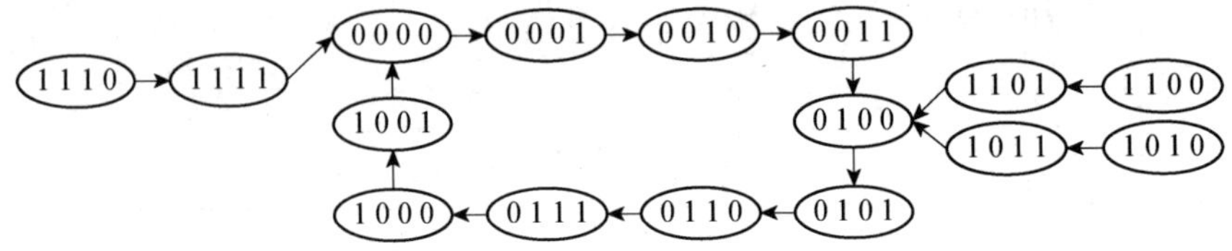

图 10.3.9　74LS90 构成的 8421 码十进制计数状态转换图

（5）由 CP_2 输入时钟，Q_D 接 CP_1，则 Q_A、Q_D、Q_C、Q_B 可形成 5421 码十进制计数（Q_A、Q_D、Q_C、Q_B 的权分别为 5、4、2、1），其状态转换图如图 10.3.10 所示。

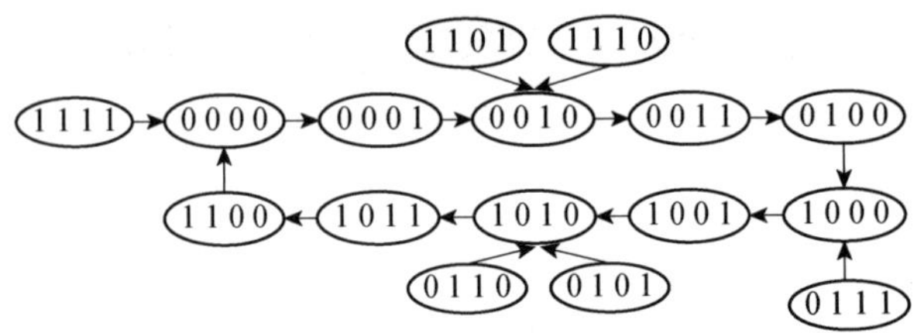

图 10.3.10　74LS90 构成的 5421 码十进制计数状态转换图

综上分析，可得 74LS90 功能表如表 10.3.4 所示。

表 10.3.4　74LS90 功能表

$R_{01}\cdot R_{02}$	$R_{91}\cdot R_{92}$	CP_1　CP_2	Q_D　Q_C　Q_B　Q_A
1	0	×　×	0　0　0　0
0	1	×　×	1　0　0　1
0	0	↓　0	Q_A 二进制计数
0	0	0　↓	$Q_DQ_CQ_B$ 五进制计数
0	0	↓　Q_A	$Q_DQ_CQ_BQ_A$8421 码十进制计数
0	0	Q_D　↓	$Q_AQ_DQ_CQ_B$5421 码十进制计数

当要求实现的计数器计数长度超过单片计数器的计数范围时，可用计数器的级联来实现。图 10.3.11 所示为由两片 74LS90 级联构成的 100 进制异步计数器。

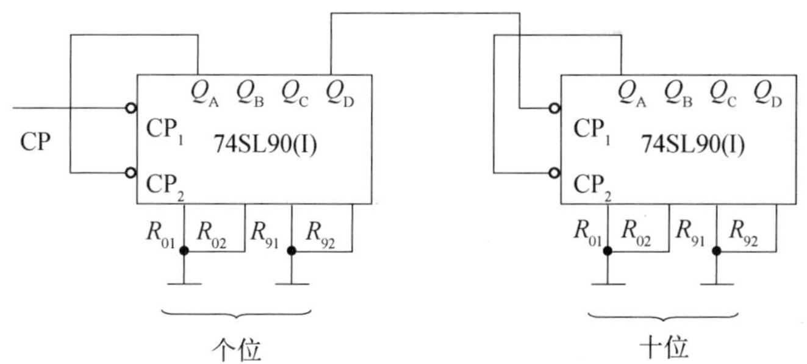

图 10.3.11　74LS90 构成的 100 进制计数器

2. 同步中规模计数器 74LS160、161

74LS160 是十进制加法计数器，逻辑符号如图 10.3.12 所示。电路具有异步清零、同步置数、十进制计数以及保持原态 4 项功能。计数时，在计数脉冲的上升沿作用下有效。表 10.3.5 列出了它的主要功能，说明如下。

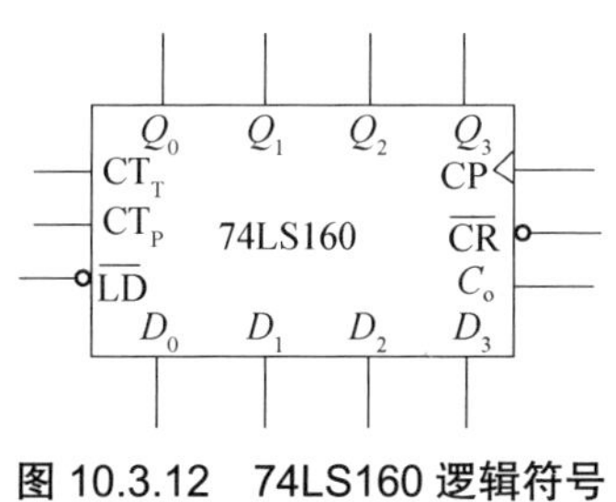

图 10.3.12　74LS160 逻辑符号

表 10.3.5　74LS160 功能表

输入						输出
$\overline{CR}$	$\overline{LD}$	CT_T	CT_P	CP	$D_3\sim D_0$	$Q_3\sim Q_0$
0	×	×	×	×	×	0000
1	0	×	×	↑	$d_3\sim d_0$	$d_3\sim d_0$
1	1	1	1	↑	×	计数
1	1	0	×	×	×	保持
1	1	×	0	×	×	保持

（1）$\overline{CR}$=0 时，计数器清零，$Q_3\sim Q_0$=0000。**由于清零时不需要 CP 脉冲有效沿的作用，因此属于异步清零方式。**

（2）$\overline{CR}$=1，$\overline{LD}$=0 时，完成预置数码的功能，数据输入端的数据 $d_3\sim d_0$，在 CP 脉冲上升沿作用下，并行存入计数器中，使 $Q_3\sim Q_0=d_3\sim d_0$，达到预置数据的目的。**由于在置数过程中必须要有 CP 脉冲有效沿的作用，因此属同步置数方式。**

（3）当 $\overline{CR}$=1，$\overline{LD}$=1，$CT_P=CT_T$=1 时，计数器进行加法计数。计数时状态循环为 0000～1001，计数到 1001 时进位输出端 C_o 产生正脉冲。

（4）当 $\overline{CR}$=1，$\overline{LD}$=1，$CT_P\cdot CT_T$=0 时，不论其余各输入端的状态如何，计数器将保持原状态不变。

74LS161 与 74LS160 的功能基本相同，不同之处在于，74LS161 是 4 位二进制计数器，计数长度是 16，状态循环为 0000～1111。

3. 同步中规模计数器 74LS169

74LS169 是一个可预置 4 位二进制可逆计数器，图 10.3.13 为其逻辑符号。各引脚含义如下。

图 10.3.13　74LS169 逻辑符号

- CP：计数器时钟。
- $\overline{P}$、$\overline{T}$：使能输入端，低电平作用。
- $U/\overline{D}$：加/减计数控制输入端，$U/\overline{D}$=1 加法计数，$U/\overline{D}$=0 减法计数。

- $\overline{LD}$：预置数控制输入端，低电平有效。
- D、C、B、A：预置数据输入端。
- C_o：进位/借位输出端，低电平有效。

74LS169 的功能如表 10.3.6 所示，计数长度为 16，时钟上升沿触发，在加/减控制信号的作用下可进行加法与减法计数。其预置功能受时钟控制，为同步预置。加法计数时状态循环为 0000～1111，计数到 1111 时进位/借位输出端 C_o 产生负脉冲；减法计数时，状态循环为 1111～0000，计数到 0000 时进位/借位输出端 C_o 产生负脉冲。

表 10.3.6 74LS169 功能表

$\overline{P}+\overline{T}$	$U/\overline{D}$	$\overline{LD}$	CP	D C B A	$Q_DQ_CQ_BQ_A$
1	×	1	×	× × × ×	保持原状态
0	×	0	↑	d c b a	d c b a
0	1	1	↑	× × × ×	二进制加法计数
0	0	1	↑	× × × ×	二进制减法计数

10.3.4 用中规模计数器实现任意进制计数器

任意进制计数器的设计视频

任意进制计数器的设计课件

集成计数器可以加适当反馈电路后构成任意进制计数器。

设计数器的最大计数长度为 N，如果要得到一个 M 进制计数器，则只要在 N 进制计数器的顺序计数过程中，设法使之跳过 $N-M$ 个状态，只在 M 个状态中循环就可以了。通常集成计数器都有清零、预置等控制端，因此实现模 M 计数器的基本方法有两种：**反馈清零法（或称复位法）和反馈置数法（或称置数法）。**

1. 反馈清零法

反馈清零法适用于有“清零”输入端的集成计数器。这种方法的基本思想是计数器从全 0 状态 S_0 开始计数，计满 M 个状态后产生清零信号，使计数器恢复到初态 S_0，然后再重复上述过程。具体做法又分以下两种情况：

① 异步清零。计数器在 S_0～S_{M-1} 共 M 个状态中工作，当计数器进入 S_M 状态时，利用 S_M 状态产生清零信号并反馈到异步清零端，使计数器立即返回 S_0 状态。其示意图如图 10.3.14(a) 中虚线所示，S_M 为过渡状态。

② 同步清零。计数器在 S_0～S_{M-1} 共 M 个状态中工作，当计数器进入 S_{M-1} 状态时，利用 S_{M-1} 状态产生清零信号并反馈到同步清零端，要等下一拍时钟来到时，才完成清零动作，使计数器返回 S_0 状态。其示意图如图 10.3.14(a)中实线所示，同步清零没有过渡状态。

2. 反馈置数法

置数法和清零法不同，由于置数操作可以在任意状态下进行，因此计数器不一定从全 0 状态 S_0 开始计数。它可以通过预置功能使计数器从某个预置状态 S_i 开始计数，计满 M 个状态后产生置数信号，使计数器又进入预置状态 S_i，然后再重复上述过程，其示意图如图 10.3.14(b)所示。

① 异步预置的计数器，使预置数控制端有效的信号应从 S_{i+M} 状态获得，当 S_{i+M} 状态一出现，即置数信号一有效，立即就将预置数置入计数器，它不受 CP 控制，所以 S_{i+M} 状态只在极短的瞬间出现，稳定状态循环中不包含 S_{i+M}，如图 10.3.14(b)中虚线所示，S_{i+M} 为过渡状态。

② 同步预置的计数器，使预置数控制端有效的信号应从 S_{i+M-1} 状态获得，等下一个 CP 到来时，才将预置数置入计数器，计数器在 S_i, S_{i+1}, …, S_{i+M-1} 共 M 个状态中循环，如图 10.3.14(b) 中实线所示。

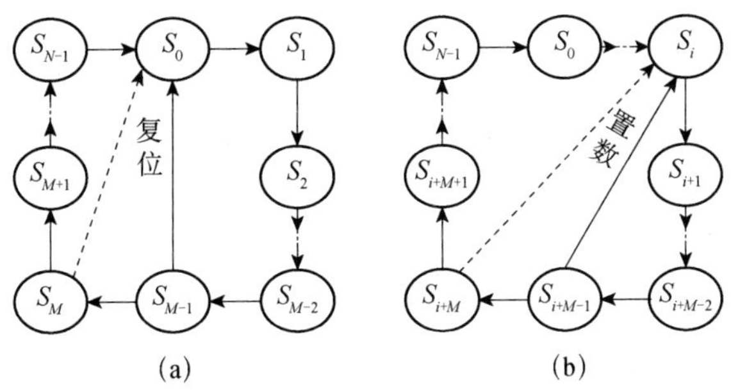

图 10.3.14 实现任意进制计数器的两种方法

综上所述，采用反馈清零法或反馈置数法设计任意进制计数器都需要经过以下三个步骤。

（1）选择 M 进制计数器的计数范围，确定初态和末态。

（2）确定产生清零或置数信号的状态，然后根据该状态设计反馈电路。清零端或预置数端为异步控制端时，需增加过渡状态；清零端或预置数端为同步控制端时，由末状态产生有效控制信号。

（3）画出 M 进制计数器的逻辑电路。

下面举例说明任意进制计数器的两种实现方法。

例 10.3.3 用 74LS161 实现模 8 计数。

解: 因为 74LS161 有异步清零端 $\overline{\mathrm{CR}}$ 和同步置数端 $\overline{\mathrm{LD}}$，所以反馈清零法和反馈置数法都可用。

（1）反馈清零法

计数范围为 0～7，计数到 8 时异步清零，1000 为过渡状态，由过渡状态产生有效的清零控制信号，则 $\overline{\mathrm{CR}}=\overline{Q_3}$。逻辑图如图 10.3.15(a)所示。

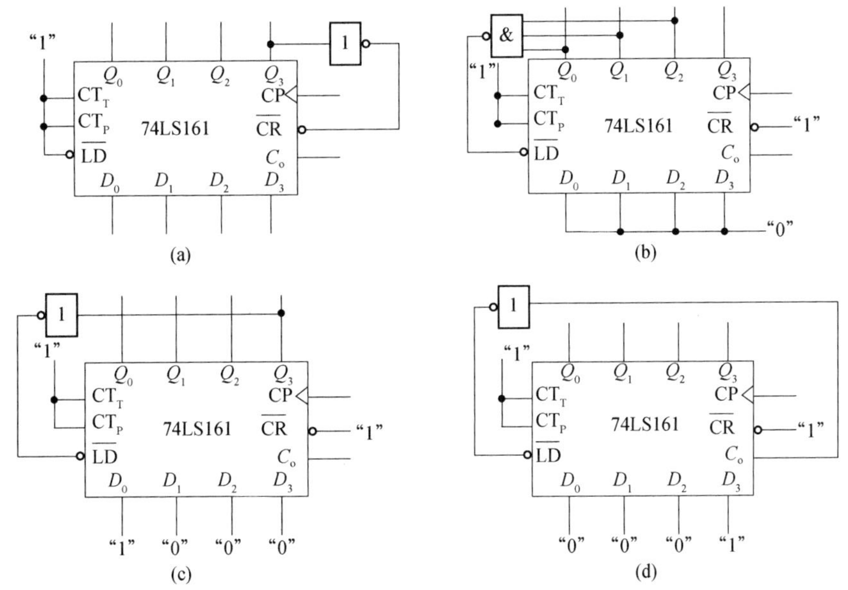

图 10.3.15 利用 74LS161 实现模 8 计数

（2）反馈置数法

根据置数数码的不同，可分以下几种情况来讨论：

① 同步置零法。选用 S_0～S_{M-1}，共 M 个状态，计到 S_{M-1} 时使 $\overline{\mathrm{LD}}=0$，等下一个 CP 来到时置零，即返回 S_0 状态。这种方法和同步清零法相似，但必须设置预置输入 D_3～D_0=0000。本例中，M=8，所以计数范围为 0～7，由于采用的是同步置零，不需要过渡状态，所以由末状态 0111 产生置数信号，则 $\overline{\mathrm{LD}}=\overline{Q_2Q_1Q_0}$。逻辑图如图 10.3.15(b)所示。

② 中间任意 M 个状态计数。随意选用 S_i～S_{i+M-1}，共 M 个状态，计到 S_{i+M-1} 时使 $\overline{\mathrm{LD}}=0$。如设 D_3～D_0=0001，则计数范围为 0001～1000，末状态为 1000，则 $\overline{\mathrm{LD}}=\overline{Q_3}$。逻辑图如图 10.3.15(c)所示。

③ 后 M 个状态计数。74LS161 设置有进位输出端，当计数到 1111 时，进位输出端 C_o 会产生正脉冲的进位信号。所以可选择后 M 个状态，当计数到 1111 时，通过进位信号使 $\overline{\mathrm{LD}}=0$，即 $\overline{\mathrm{LD}}=\overline{C_o}$。本例中要求实现模 8 计数，要求末态为 1111，则初态为 15−8+1=8，即设置 D_3～D_0=1000。逻辑图如图 10.3.15(d)所示。

例 10.3.4 用 74LS90 实现模 7 计数。

74LS90 是由模 2 与模 5 两个计数器构成的异步计数器，可先将其接成十进制计数器，然后再用反馈复位法构成模 7 计数器。

若 74LS90 按 8421 码接成十进制，其过渡状态为 $S_7=Q_DQ_CQ_BQ_A$=0111。由 74LS90 功能表知 $R_{0(1)}\cdot R_{0(2)}=1$ 时计数器清零，故令 $R_{01}=Q_A$，$R_{02}=Q_CQ_B$，即可在 $Q_DQ_CQ_BQ_A$=0111 时产生复位脉冲使计数器复位，从而实现模 7 计数。图 10.3.16(a)为电路连接方法与计数波形图。

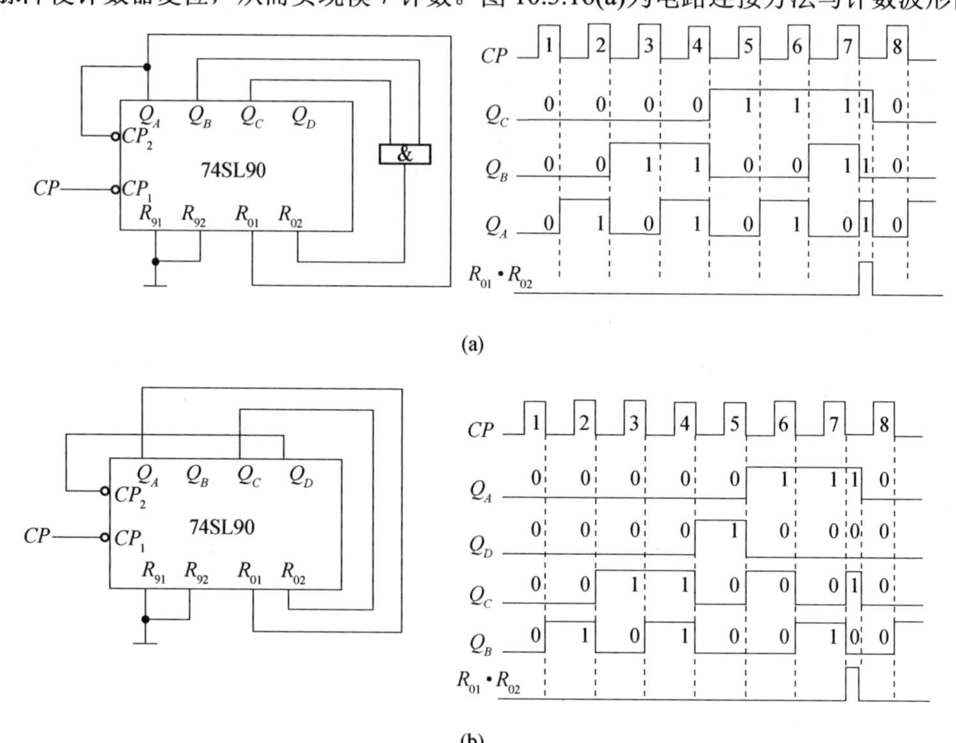

图 10.3.16 74LS90 实现模 7 计数

若 74LS90 按 5421 码接成十进制，则其过渡状态为 $S_7=Q_AQ_DQ_CQ_B$=1010，可令 $R_{01}=Q_A$、$R_{02}=Q_C$，其逻辑图与时序图如图 10.3.16(b)所示。

以上举例说明了用单片集成计数器实现任意模值计数器的方法，如果要求实现的模值 $M>N$（计数器的最大计数长度），则须将多片计数器级联才能实现。

例 10.3.5　用 74LS160 实现 60 进制计数器。

解：因为一片 74LS160 最多只能实现十进制计数，因此实现 60 进制需要两片 74LS160。

任意进制计数器的设计-级联视频

任意进制计数器的设计-级联课件

（1）分解法

可将 M 分解为 6×10，由模 6 和模 10 的计数器级联组成 60 进制计数器。逻辑图如图 10.3.17(a)所示。

（2）整体清零或整体置数法

先将两片 74LS160 级联组成 100 进制计数器，再用反馈清零法或反馈置数法构成 60 进制计数器。计数状态的选定及控制电路的连接与单片计数器设计方法相同，这里不再详细讨论。逻辑图如图 10.3.17(b)、(c)所示。

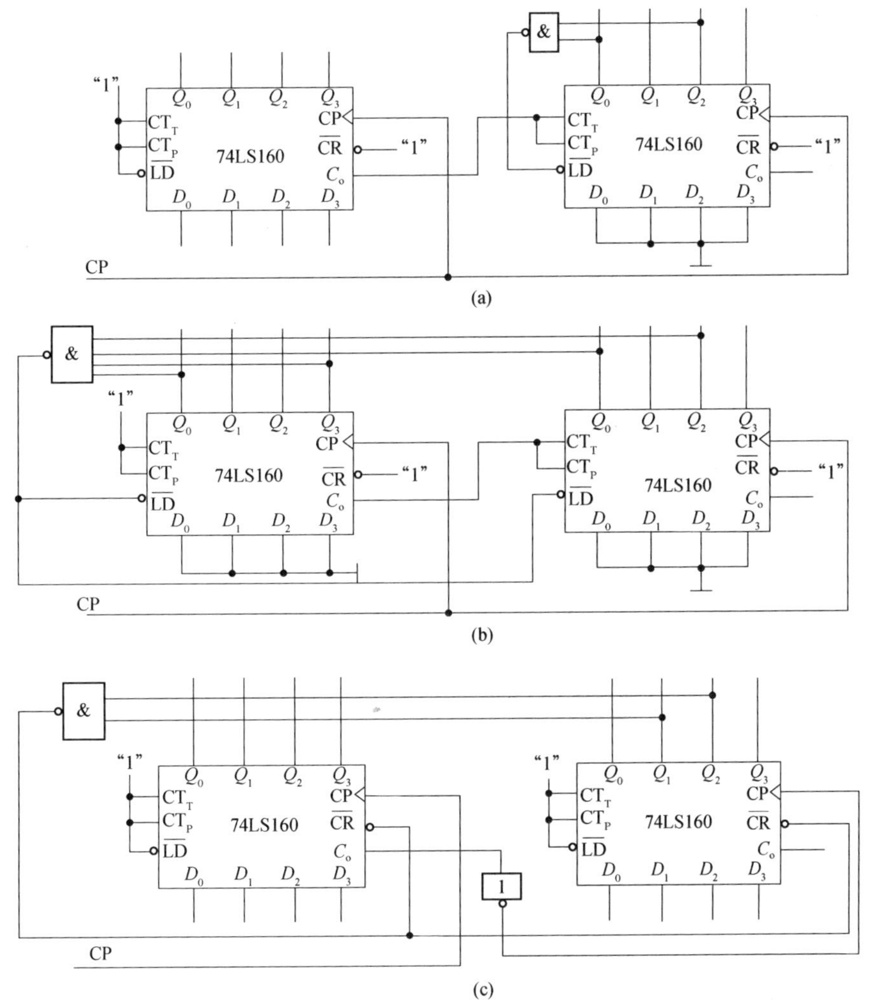

图 10.3.17　利用 74LS160 实现模 60 计数

级联的方式可分为同步方式与异步方式两种，在图 10.3.17(a)、(b)中两片 74LS160 共用 CP 脉冲，为同步级联方式，而图 10.3.17(c)中片（2）的 CP 时钟接前级的进位输出 C_o，故为异步级联方式。

10.3 测试题

10.3 测试题讲解视频

10.3 测试题讲解课件

10.4 寄存器

寄存器是一种用来暂时存放二进制数码的时序电路，广泛地应用于数字系统与计算机系统中。

寄存器存放数码的方式有并行输入和串行输入两种。并行方式是数码从各输入端同时输入到寄存器中，串行方式是数码从一个输入端逐位输入到寄存器中。

从寄存器取出数码的方式也有并行输出和串行输出两种。并行方式是被取出的数码同时出现在各位的输出端上，串行方式是被取出的数码在一个输出端逐位出现。

寄存器分为数码寄存器和移位寄存器。

10.4.1 数码寄存器

寄存器工作原理视频

寄存器工作原理课件

数码寄存器是存放数码的基本组件，简称寄存器。寄存器主要由触发器构成，由于一个触发器只能存放一位二进制数码，故存放 N 位二进制数码的寄存器通常由 N 个触发器构成。图 10.4.1 所示为由 D 触发器构成的寄存器，在接收脉冲 CP 的作用下，即可使 $Q_3Q_2Q_1Q_0=D_3D_2D_1D_0$。

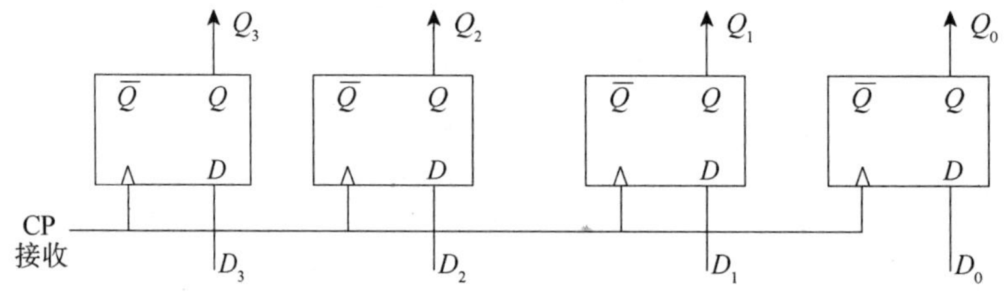

图 10.4.1 四位数码寄存器的逻辑图

集成寄存器一般由多位边沿触发的 D 触发器构成，其产品有 4 位、6 位、8 位等多种形式。图 10.4.2(a)为 4 位 D 型寄存器 74LS175 的逻辑电路结构，由电路结构可知 74LS175 具有如下功能：①异步清零，复位信号 $\overline{C_r}$ 使 $Q_4Q_3Q_2Q_1=0000$；②送数，在 $\overline{C_r}=1$ 时，在 CP 的上升沿使 $Q_4Q_3Q_2Q_1=D_4D_3D_2D_1$；③保持，当 $\overline{C_r}=1$，CP=0 时，各触发器处于保持状态。表 10.4.1 为 74LS175 的功能表，图 10.4.2(b)所示为 74LS175 的逻辑符号。

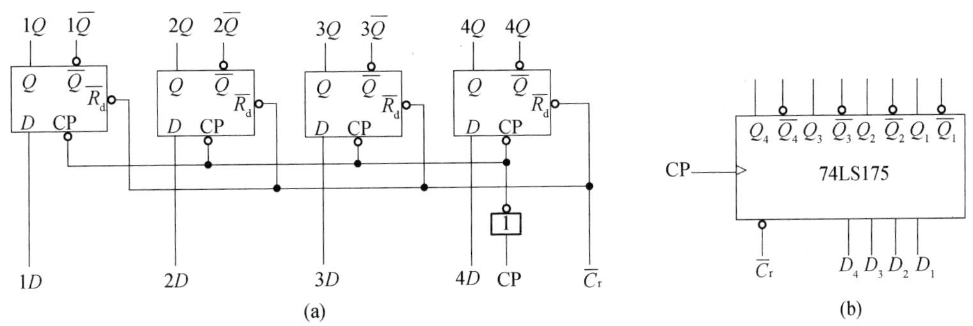

图 10.4.2 74LS175 逻辑电路结构与逻辑符号

表 10.4.1 74LS175 功能表

输入			输出		功能说明
$\overline{C_r}$	CP	$D_4 \sim D_1$	Q	$\overline{Q}$	
0	×	×	0	1	清零
1	↑	1	1	0	送数
1	↑	0	0	1	
1	×	×	Q^n	$\overline{Q^n}$	保持

10.4.2 移位寄存器

1. 移位寄存器的作用与工作原理

移位寄存器是具有移位功能的寄存器，又称移存器。寄存在移位寄存器中的数码可以在移位脉冲的作用下逐位左移或右移。**移位寄存器根据其移动方向的不同可分为右移、左移和双向移位寄存器**。下面我们以图 10.4.3(a)所示由 4 个 D 触发器构成的右移移位寄存器来说明其工作原理。

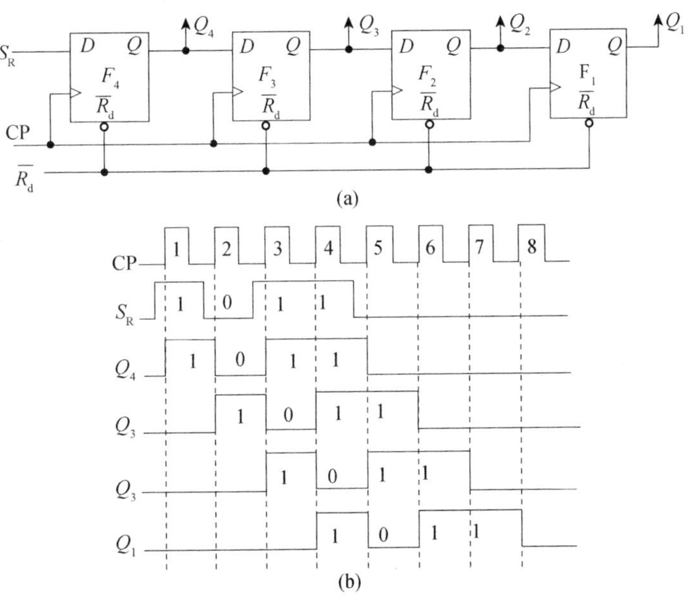

图 10.4.3 4 位右移寄存器

由图 10.4.3(a)的电路结构可见，最高位触发器的输入端 S_R 为数据输入端，也称为串行数据输入端，各低位触发器依次由高位触发器的 Q 输出驱动

$$Q_1^{n+1}=Q_2^n \quad Q_2^{n+1}=Q_3^n \quad Q_3^{n+1}=Q_4^n \quad Q_4^{n+1}=S_R \tag{10.4.1}$$

在时钟脉冲作用下，则有 $Q_i^{n+1}=D_i=Q_{i+1}^n$，即触发器状态依次右移。设串行输入数据为 S_R=1011，图 10.4.3(b)为各触发器在 CP 脉冲作用下的时序图，表 10.4.2 为数据在各寄存器中的移动过程。可见 4 位数据在经过 4 个脉冲移位后进入移位寄存器，即 $Q_4Q_3Q_2Q_1$=1101，此时可在各触发器 Q 输出端同时读出数据，即并行输出。再经过 4 个脉冲，在最低位触发器的 Q 输出端可依次得到数码 1011，即串行输出。

2. 集成移位寄存器

寄存器应用视频

寄存器应用课件

74LS194 是 4 位通用型移位寄存器，它具有左移、右移、并行置数、保持、清零等多种功能，其逻辑符号如图 10.4.4 所示，各引脚的功能如下。

表 10.4.2　数码右移过程

CP	输入数据 D	Q_A Q_B Q_C Q_D	
0	1	0 0 0 0	
1	0	1 0 0 0	
2	1	0 1 0 0	
3	1	1 0 1 0	
4	0	1 1 0 1	→ 并行输出
5	0	0 1 1 0	串行输出
6	0	0 0 1 1	串行输出
7	0	0 0 0 1	串行输出
8	0	0 0 0 0	

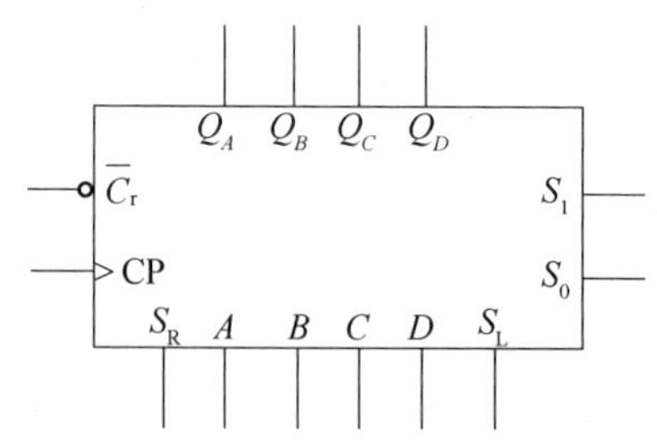

图 10.4.4　74LS194 逻辑符号

- CP：移位脉冲输入端，上升沿触发；
- A、B、C、D：并行数码输入端；
- Q_A～Q_D：并行数码输出端；
- S_R、S_L：右移、左移串行数码输入端；
- $\overline{C}_r$：异步清零，低电平有效；
- S_1、S_0：工作方式控制端。在 S_1S_0 信号控制下电路可工作于并行预置（11）、右移（01）、左移（10）及保持（00）四种不同工作状态。

表 10.4.3　74LS194 的功能表

清除 $\overline{C}_r$	方式 S_1	S_0	时钟 CK	功能
0	×	×	×	异步清零
1	0	0	×	保持
1	0	1	↑	右移
1	1	0	↑	左移
1	1	1	↑	并行置数
1	×	×	0	保持

表 10.4.3 是 74LS194 的功能表。由功能表可见 74LS194 功能齐全，使用方便灵活，可用于计数、分频、产生序列信号及脉冲节拍延迟等，移位寄存器还常用于数据的串并转换。

当需要使用的移位寄存器位数较多时，可以多片级联使用，图 10.4.5 所示为两片 74LS194 扩展成 8 位移位寄存器的接法。

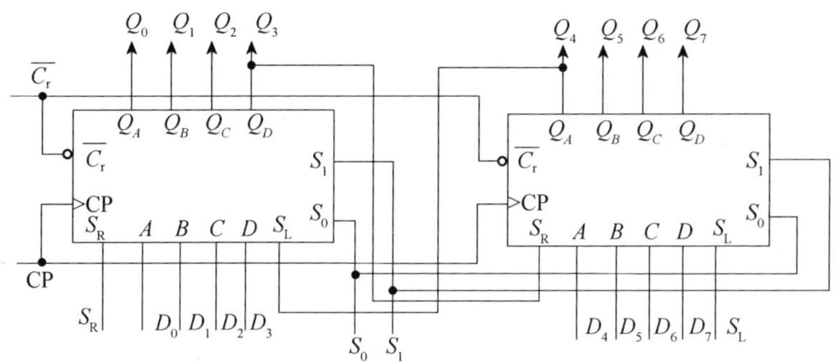

10.4 测试题

图 10.4.5　74LS194 扩展为 8 位通用移存器

10.5　集成 555 定时器及其应用

555 定时器是一种模拟电路和数字电路相结合的中规模集成器件，只需在其外部配上少量阻容元件，就可以构成单稳态触发器、多谐振荡器、施密特触发器等脉冲电路。由于使用方便、灵活，555 定时器在波形的产生与变换、测量与控制、家用电器、电子玩具等许多领域中得到广泛应用。

10.5.1　555 定时器的结构与功能

555 定时器
功能视频

555 定时器
功能课件

图 10.5.1 所示为 555 定时器的逻辑与引脚图。由图可见，它由两个比较器 C_1、C_2，基本 RS 触发器、集电极开路三极管 T_1 及由 3 个等值电阻构成的分压器组成。

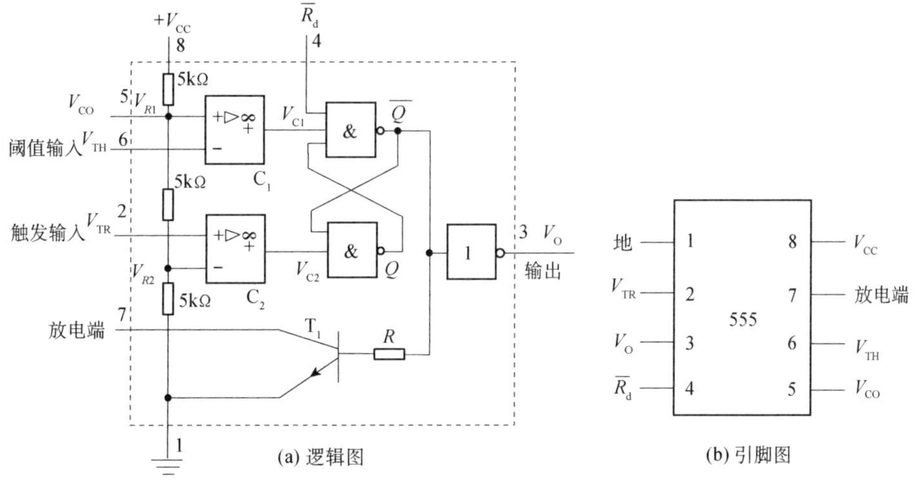

图 10.5.1　555 定时器

定时器的功能主要取决于两个比较器输入电压对 RS 触发器的控制及三极管 T_1 的状态。具体功能分析如下：

（1）当控制电压 V_{CO} 处于悬空状态时，比较器 C_1 的 $V_{R1}=\frac{2}{3}V_{CC}$，比较器 C_2 的 $V_{R2}=\frac{1}{3}V_{CC}$。若给 V_{CO} 加上控制电压，则可改变这两个比较电压的大小，即 $V_{R1}=V_{CO}$，$V_{R2}=\frac{1}{2}V_{CO}$。

（2）$\overline{R_d}$ 为定时器的复位端，当 $\overline{R_d}$ 为 0 时，$V_O=0$，T_1 导通。只有在 $\overline{R_d}$ 为高电平时，定时器才能够接收外部信号。

（3）当 $V_{TH}>V_{R1}$，$V_{TR}>V_{R2}$ 时，V_{C1} 为 0，V_{C2} 为 1，RS 触发器被置 0，则 $V_O=0$，T_1 导通。

（4）当 $V_{TH}<V_{R1}$，$V_{TR}<V_{R2}$ 时，V_{C1} 为 1，V_{C2} 为 0，RS 触发器被置 1，则 $V_O=1$，T_1 截止。

（5）当 $V_{TH}<V_{R1}$，$V_{TR}>V_{R2}$ 时，V_{C1}、V_{C2} 均为 1，则 RS 触发器保持，V_O 与 T_1 状态均不变。

晶体管 T_1 的导通与截止，通常用于控制一个外接电容的充放电状态，以实现各种电路中的定时功能。综上所述可得 555 定时器功能如表 10.5.1 所示。

表 10.5.1　555 定时器功能表

输入			电路内部状态		输出
阈值 V_{TH} 输入	触发 V_{TR} 输入	$\overline{R_d}$	RS 触发输出端 $\overline{Q}$	放电管	V
×	×	0	1	导通	0
$<(2/3)V_{CC}$	$<(1/3)V_{CC}$	1	0	截止	1
$>(2/3)V_{CC}$	$>(1/3)V_{CC}$	1	1	导通	0
$<(2/3)V_{CC}$	$>(1/3)V_{CC}$	1	不变	不变	不变
$>(2/3)V_{CC}$	$<(1/3)V_{CC}$	1	1	导通	0

10.5.2　由 555 定时器构成的施密特触发器

施密特触发器视频

施密特触发器课件

1. 施密特触发器简介

施密特触发器是一种应用较为广泛的波形变换电路，它可将非矩形波转换为矩形波输出。施密特触发器具有以下特点：

（1）施密特触发器的输出具有两种稳态，即高电平与低电平。

（2）施密特触发器的输入与输出之间具有滞回特性，因而施密特触发器具有较强的抗干扰能力。

2. 施密特触发器的结构与工作原理

将 555 中的 V_{TR} 与 V_{TH} 连在一起作为信号的输入端，即可构成施密特触发器，如图 10.5.2(a) 所示。根据 555 的功能，可知在输入信号上升过程中，当 $u_i<\frac{2}{3}V_{CC}$ 时，$u_o=V_{OH}$；当 $u_i\geqslant\frac{2}{3}V_{CC}$ 时，$u_o=V_{OL}$；此后 u_i 再增大，u_o 状态不变。在信号下降的过程中，当 $u_i>\frac{1}{3}V_{CC}$ 时，$u_o=V_{OL}$；当 $u_i\leqslant\frac{1}{3}V_{CC}$ 时，$u_o=V_{OH}$；此后 u_i 再减小，u_o 状态不变。由上面分析可知，上限阈值电压 $V_T^+=\frac{2}{3}V_{CC}$，下限阈值电压 $V_T^-=\frac{1}{3}V_{CC}$，定义回差电压 $\Delta V_T=V_T^+-V_T^-=\frac{2}{3}V_{CC}-\frac{1}{3}V_{CC}=\frac{1}{3}V_{CC}$。若输入为三角波，则对应的输出波形如图 10.5.2(b)所示。

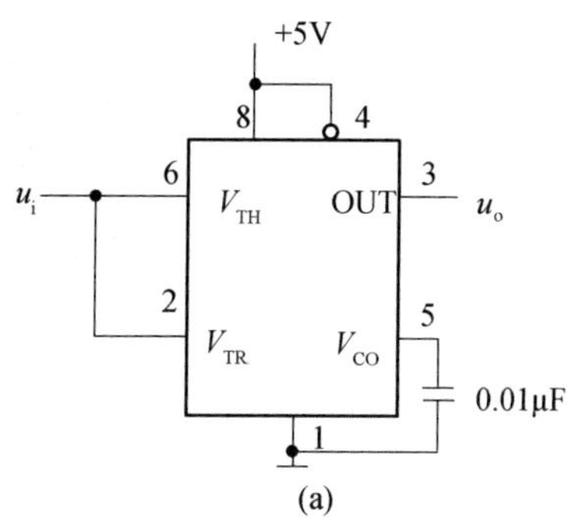

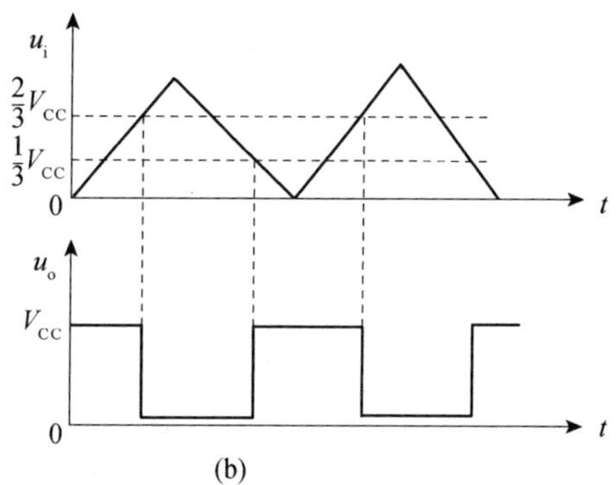

图 10.5.2 555 构成施密特触发器

3. 施密特触发器的应用

施密特触发器的应用广泛。在图 10.5.3(a)中，利用施密特触发器将正弦信号转变为脉冲信号，可用于数字系统的接口电路；在图 10.5.3(b)中，利用施密特触发器将不规则信号转变为矩形脉冲，从而实现脉冲整形；在图 10.5.3(c)中，利用施密特触发器将幅度大于 V_T^+ 的信号保留，小于 V_T^+ 的信号滤除，从而实现幅度鉴别。

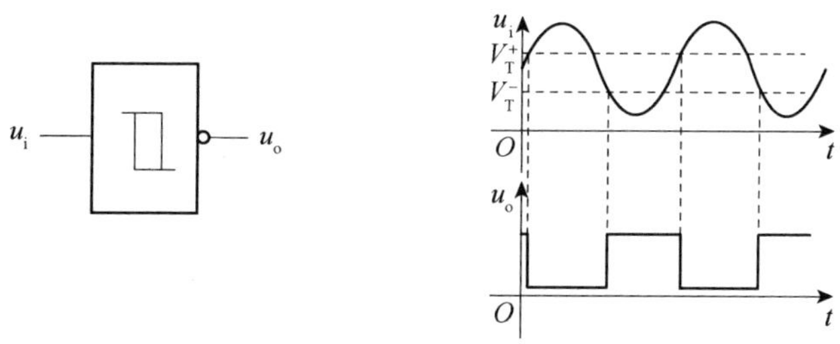

(a) 用施密特触发器实现波形变换

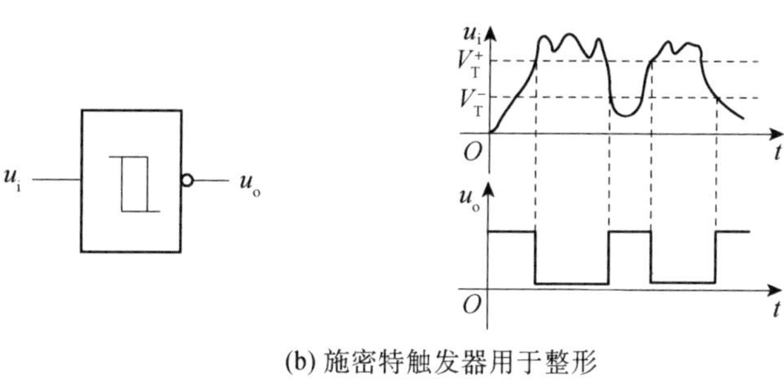

(b) 施密特触发器用于整形

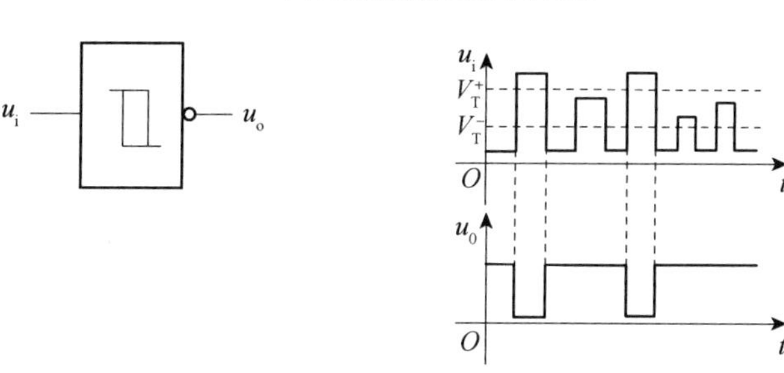

(c) 施密特触发器用于鉴幅

图 10.5.3 施密特触发器的应用

10.5.3 由 555 定时器构成的单稳态触发器

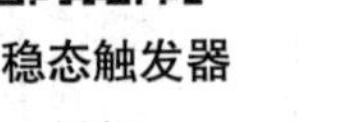

单稳态触发器视频　单稳态触发器课件

1. 单稳态触发器简介

单稳态触发器在数字系统与模拟系统中的应用都很广泛，主要用于脉冲的整形与定时。单稳态触发器具有以下特点：

（1）电路具有一个稳态与一个暂稳态。

（2）在外界信号的触发下，电路由稳态进入暂稳态，经过一段延时后，电路又自动回到稳态。

（3）暂稳态的持续时间与外电路触发信号无关，只取决于电路的内部结构。

2. 单稳态触发器的结构与工作原理

图 10.5.4(a)为由 555 定时器构成的单稳态触发器，其中 R、C 为外接定时元件，0.01μF 电容为滤波电容，外加触发信号 u_i 接在 555 定时器的触发输入端。该电路是负脉冲触发电路，图 10.5.4(b)为其工作波形图。

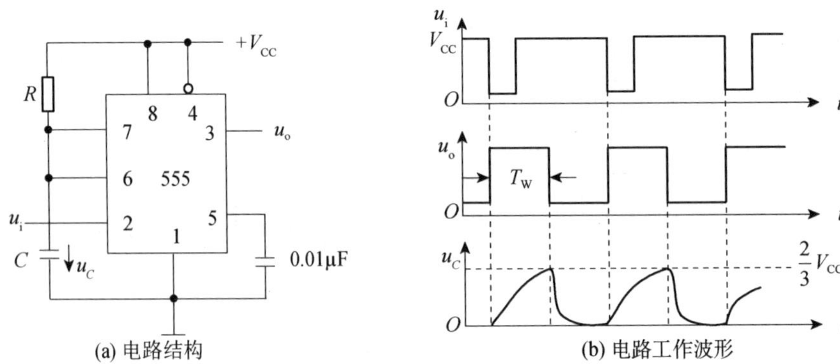

(a) 电路结构　(b) 电路工作波形

图 10.5.4　555 构成的单稳态触发器

单稳态触发器的工作过程如下。

（1）稳态：当无触发信号（即 u_i 为高电平）时，555 输出为低电平，555 内 T_1 导通，$u_C=0$，电路处于稳态。

（2）触发翻转：当输入信号产生负跳变使得 $u_i<\frac{1}{3}V_{CC}$ 时，则 555 输出高电平，T_1 截止，电容 C 充电，电路进入暂稳态。暂稳态持续时间由电容 C 的充电过程决定。

（3）返回恢复：当电容 C 上的电压充至 $u_C\geqslant\frac{2}{3}V_{CC}$ 时，555 输出为低电平，暂稳态结束，回到稳态。T_1 导通，电容 C 放电，电容可放电至 $u_C=0$，电路又恢复到初始稳态。

该电路的输出脉冲宽度可由电容的充电过程确定。根据一阶电路的三要素法，可得充电时电容电压为

$$u_C(t)=V_{CC}(1-\mathrm{e}^{-\frac{t}{RC}})\qquad(10.5.1)$$

由图 10.5.4(b)波形可见，当 $t=T_W$ 时，$u_C=\frac{2}{3}V_{CC}$，代入式（10.5.1），则

$$\frac{2}{3}V_{CC}=V_{CC}(1-e^{-\frac{T_W}{RC}})$$

可得

$$T_W=RC\ln 3\approx 1.1RC \tag{10.5.2}$$

应该指出，图 10.5.4(a)所示电路对输入脉冲的宽度有一定要求，它必须小于 T_W。

3. 单稳态触发器的应用

单稳态触发器的应用可分为脉冲整形、定时及延时等方面。

（1）脉冲整形

将不规则脉冲序列送入单稳态触发器，只要输入信号能够使单稳电路翻转，则输出脉冲就可整形为具有一定宽度、幅度边沿陡峭的矩形脉冲，如图 10.5.5 所示。

（2）脉冲定时

单稳态触发器能够产生一定宽度的脉冲，利用这个脉冲就能实现定时控制。如图 10.5.6 所示，单稳态触发器的输出 u_A 用于控制信号 A 的作用时间，使信号 A 的作用时间限制在 T_W 内。

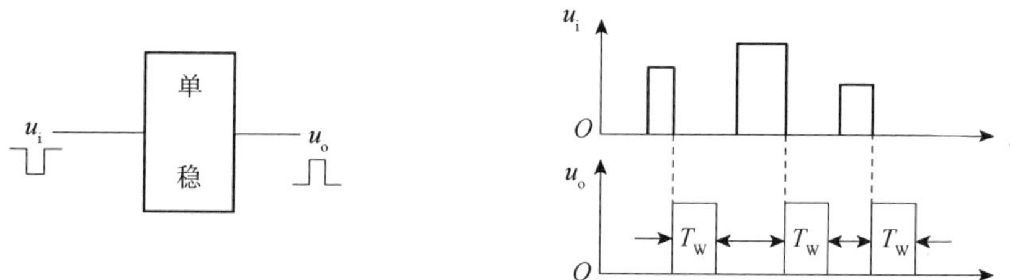

图 10.5.5　单稳态触发器的脉冲整形

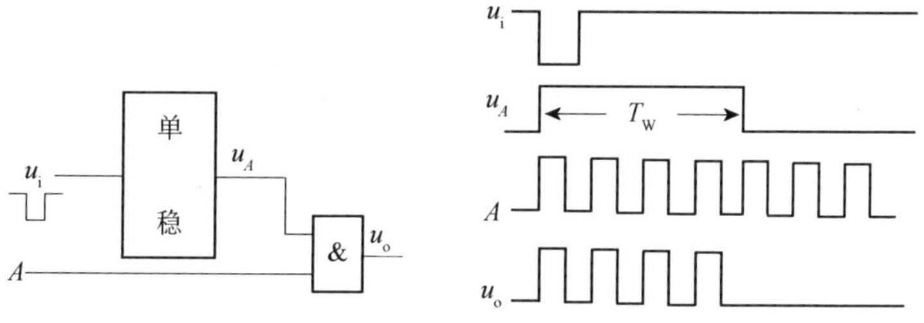

图 10.5.6　单稳态触发器的脉冲定时

（3）脉冲的延时

在图 10.5.5 中，如果用 u_o 代替 u_i 作为控制信号，则 u_o 的下降沿比 u_i 下降沿延时了 T_W 的时间宽度。

10.5.4　由 555 定时器构成的多谐振荡器

多谐振荡器视频　多谐振荡器课件

1. 多谐振荡器简介

多谐振荡器又称无稳态电路，主要用于产生各种方波或时钟信号。由于矩形波含有丰富

的谐波信号，所以这种电路被称为多谐振荡器。多谐振荡器的特点是：

（1）它没有稳定状态，只有两个暂稳态。

（2）它不需要外加触发信号，在接通电源后就能使两个暂稳态自动地、周期性地交替转换，从而形成周期性的矩形脉冲。

物理学家一严济慈

2. 多谐振荡器的结构与工作原理

由 555 定时器构成的多谐振荡器如图 10.5.7(a)所示，其工作波形如图 10.5.7(b)所示。电路结构中，R_1、R_2、C 为外接定时元件，其数值决定振荡频率的大小，0.01μF 电容起滤波作用。

振荡电路接通电源后，由于电容 C 初始电压为零，即 $u_C=0$，低于下限阈值电压 V_T^- $(1/3V_{CC})$，555 定时器的输出 u_o 为高电位，T_1 截止，集电极开路输出端（7 脚）对地断开，电源 V_{CC} 通过 R_1、R_2 开始向电容 C 充电，电路进入暂稳态 I 状态。此后，电路按下列 4 个阶段周而复始地循环，从而产生周期性的输出脉冲。

（1）暂稳态 I 阶段：电源 V_{CC} 通过 R_1、R_2 向电容 C 充电，u_C 按指数规律上升，在 u_C 高于 $V_T^+\left(\frac{2}{3}V_{CC}\right)$之前，定时器输出 u_o 为“1”。

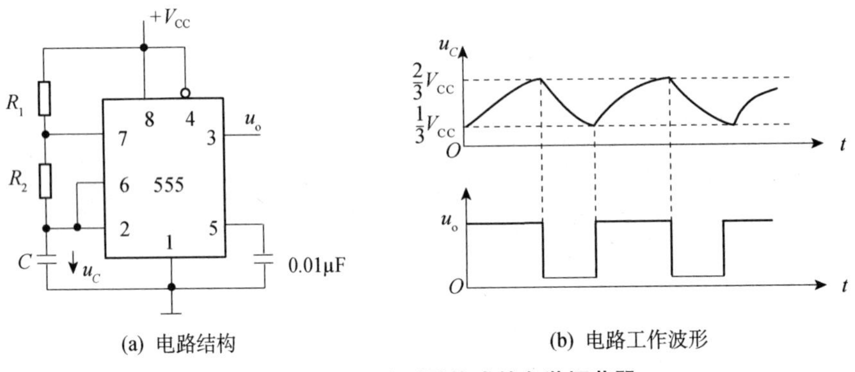

(a) 电路结构　　(b) 电路工作波形

图 10.5.7　555 定时器构成的多谐振荡器

（2）翻转 I 阶段：电容 C 继续充电，当 u_C 高于 $V_T^+\left(\frac{2}{3}V_{CC}\right)$后，输出 u_o 变为“0”。此时 T_1 导通，集电极开路输出端（7 脚）由对地断开变为对地导通。

（3）暂稳态Ⅱ阶段：电容 C 开始经 R_2 对地（7 脚）放电，u_C 按指数规律下降，在 u_C 低于 $V_T^-\left(\frac{1}{3}V_{CC}\right)$之前，输出 u_o 仍维持“0”状态。

（4）翻转Ⅱ阶段：电容 C 继续放电，当 u_C 低于 $V_T^-\left(\frac{1}{3}V_{CC}\right)$后，定时器输出 u_o 变为“1”。此时 T_1 截止，集电极开路输出端（7 脚）对地断开。此后，振荡器又恢复到暂稳态 I 阶段。

多谐振荡器两个暂稳态的维持时间取决于 RC 充、放电回路的参数。暂稳态 I 的维持时间，即输出 u_o 的正向脉冲宽度 $T_1\approx0.7$（R_1+R_2）C；暂稳态Ⅱ的维持时间，即输出 u_o 的负向脉冲宽度 $T_2\approx0.7\ R_2$C。因此，振荡周期 $T=T_1+T_2=0.7$（R_1+2R_2）C，振荡频率 $f=\frac{1}{T}$。正向脉

冲宽度 T_1 与振荡周期 T 之比称为矩形波的占空比 D，由上述条件可得 $D=\dfrac{T_1}{T_1+T_2}=\dfrac{R_1+R_2}{R_1+2R_2}$。由此可见，只要适当选取 C 的大小，即可通过调节 R_1、R_2 的值达到调节振荡器输出信号频率及占空比的目的。若使 $R_2>>R_1$，则 $D\approx\dfrac{1}{2}$，此时输出信号的正、负向脉冲宽度接近相等。正、负向脉冲宽度相等的矩形波称为方波。

如图 10.5.8 所示，将电路稍作改进，通过调节电阻 R_2 触点位置，就能改变输出脉冲的占空比。

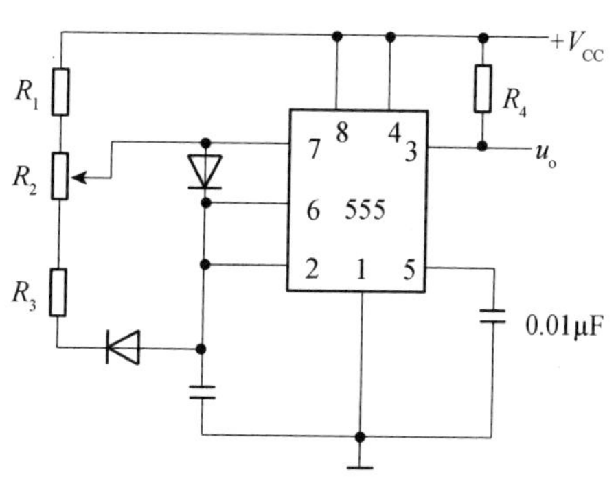

图 10.5.8 占空比可调的多谐振荡器

3. 多谐振荡器应用举例

（1）模拟声响发生器

将两个多谐振荡器按图 10.5.9 所示连接，可构成模拟声响发生器。图中振荡器 1 的输出 V_{o1} 接至振荡器 2 的复位输入端（4 脚），振荡器 2 的输出 V_{o2} 驱动扬声器发声。适当选择 R、C 的参数值，使振荡器 1 的振荡频率为 1Hz，振荡器 2 的振荡频率为 2kHz。在 V_{o1} 输出正向脉冲期间，V_{o2} 有 2kHz 音频信号输出，扬声器发声；在 V_{o1} 输出负向脉冲期间，振荡器 2 的定时器被复位，振荡器停止振荡，V_{o2} 输出恒定不变的低电位，此时扬声器无音频输出。该模拟声响发生器工作时，可从扬声器中听到间隙式的“呜……呜”声响。

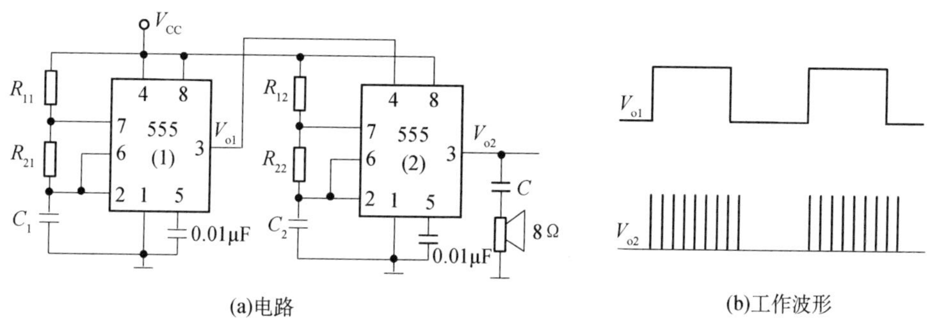

图 10.5.9 用多谐振荡器构成的模拟声响发生器

（2）电压-频率转换器

在由 555 定时器构成的多谐振荡器中，若定时器控制输入端（5 脚）不经电容接地，而是加一个可变的电压源，则通过调节该电压源的数值，就可以改变定时器触发电位和阈值电压的大小。外加电压越大，振荡器输出脉冲周期越大，即频率越低；外加电压越小，振荡器输出脉冲周期越小，即频率越高。这样，多谐振荡器就实现了将输入电压大小转换成输出频率高低的电压-频率转换器的功能。

10.5 测试题

10.5 测试题讲解视频

10.5 测试题讲解课件

10.6 工程应用实例

10.6.1 简易数字频率计

在电子技术领域，频率是一个最基本的参数。频率计作为一种最基本的测量仪器以其测量精度高、速度快、操作简便、数字显示等特点被广泛应用。许多物理量，例如温度、压力、流量、液位、pH 值、振动、位移、速度等通过传感器转换成信号频率，这时可以选择使用频率计来进行测量。尤其是频率计与微处理器相结合，可实现测量仪器的多功能化、程控化和智能化。随着现代科技的发展，基于数字式频率计组成的各种测量仪器、控制设备、实时监测系统已被应用到国际民生的各个方面。

数字频率计的主要功能是测量周期信号的频率。频率是单位时间（1s）内信号发生周期变化的次数，如果我们能在给定的 1s 时间内对信号波形计数，并将计数结果显示出来，就能读取被测信号的频率。数字频率计首先必须获得相对稳定与准确的时间，同时将被测信号转换成幅度与波形均能被数字电路识别的脉冲信号，然后通过计数器记录这一段时间间隔内的脉冲个数，将其换算后显示出来，这就是数字频率计的基本原理。简易数字频率计原理框图如图 10.6.1 所示。

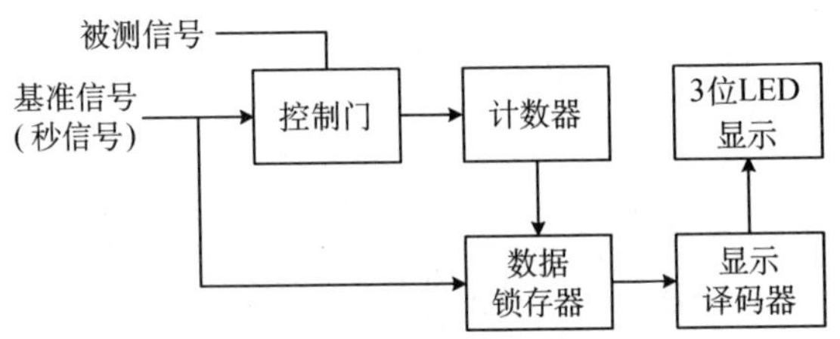

图 10.6.1　简易数字频率计原理框图

图 10.6.2 所示为简易数字频率计的电路，最高测量频率为 999Hz。

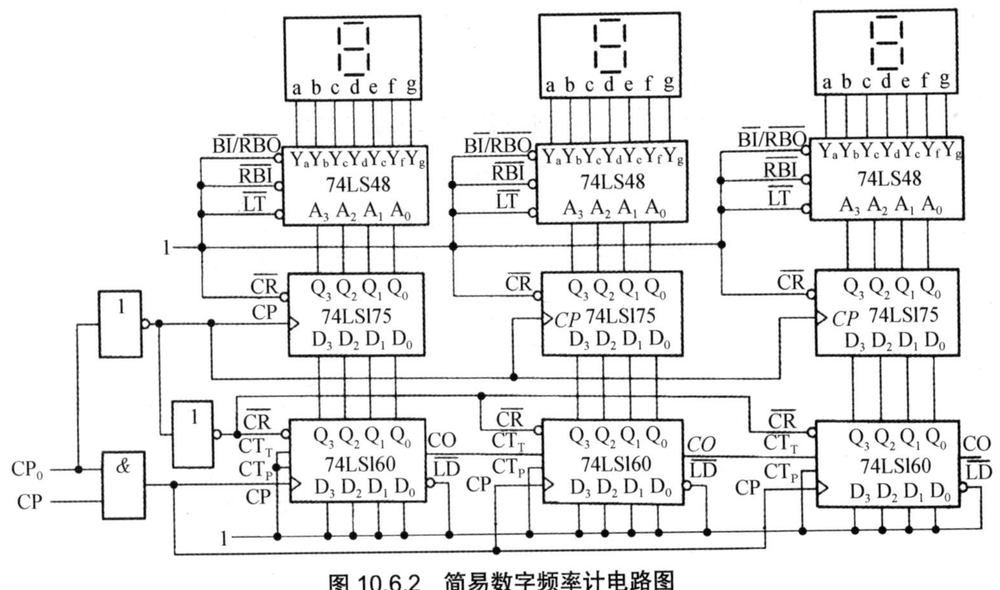

图 10.6.2　简易数字频率计电路图

工作原理如下：通过对 50Hz 交流电进行全波整流形成方波信号，再经过分频得到基准脉冲 CP_0（占空比为 50%、脉冲宽度为 1s 的方波信号）。与门为控制门，一输入端接标准信号 CP_0，另一输入端接被测脉冲 CP，当基准信号为“1”时计数。计数器的作用是对被测的输入脉冲计数，因最高测量频率为 999Hz，所以需要采用 3 位十进制计数器（74LS160 功能表及逻辑符号请见 10.3.3 小节）。

在确定的时间（1s）内计数器的计数结果（被测信号频率）必须经锁定后才能获得稳定的显示值，74LS175 为 4 位并行输入数码寄存器（功能可见表 10.4.1），通过触发脉冲的控制，将测得的数据寄存起来，并输入显示译码器。显示译码器的作用是把 BCD 码表示的十进制数译码输出，驱动数码管正常显示，图中七段译码器 74LS48 用于驱动共阴极数码管。

基准信号 CP_0 通过两个非门延迟产生计数器清零信号，在锁存器锁存数据显示后计数器清零，等待重新输入。各信号波形示意图如图 10.6.3 所示。

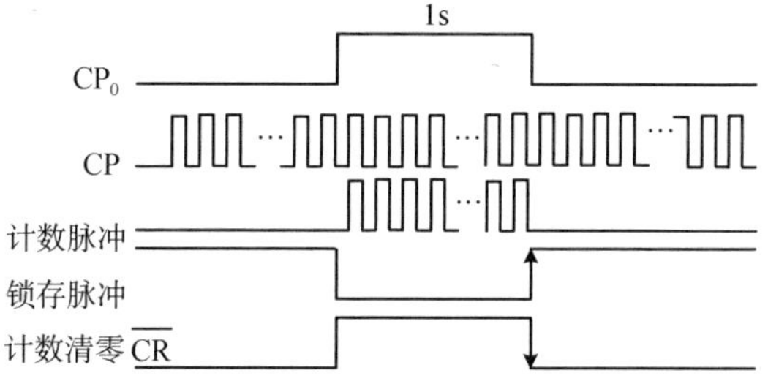

图 10.6.3　简易数字频率计信号波形图

10.6.2　交通灯控制电路

为了确保十字路口的车辆顺利、畅通地通过，往往都采用自动控制的交通信号灯来进行指挥。其中红灯（R）亮表示该条道路禁止通行；黄灯（Y）亮表示停车；绿灯（G）亮表示允许通行。

交通灯控制器的系统框图如图 10.6.4 所示。

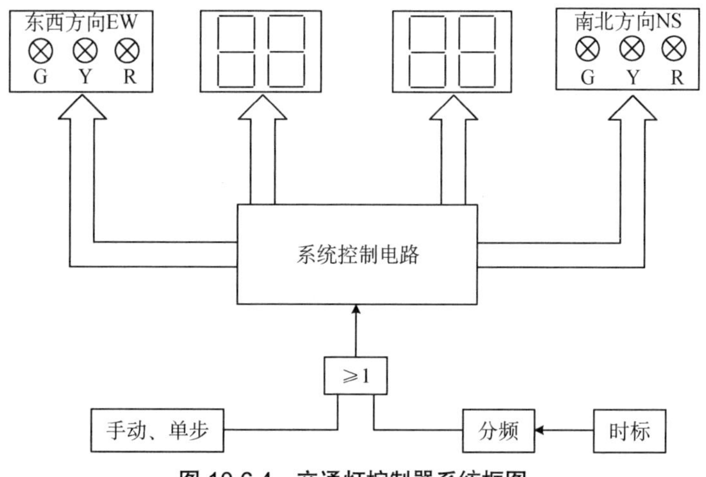

图 10.6.4　交通灯控制器系统框图

南北方向的红、黄、绿灯分别为NSR、NSY、NSG，东西方向的红、黄、绿灯分别为EWR、EWY、EWG。它们的工作方式有些必须是并行进行的，即南北方向绿灯亮，东西方向红灯亮；南北方向黄灯亮，东西方向红灯亮。同理，东西方向绿灯亮和黄灯亮时，南北方向红灯亮。所以两个方向的工作时序必须满足东西方向亮红灯时间应等于南北方向亮黄、绿灯时间之和，南北方向亮红灯时间应等于东西方向亮黄、绿灯时间之和。时序工作流程图如图10.6.5所示。t为时间单位，若设t为4s，则绿灯亮灯时间为20s，红灯亮灯时间为24s，黄灯亮灯时间为4s。

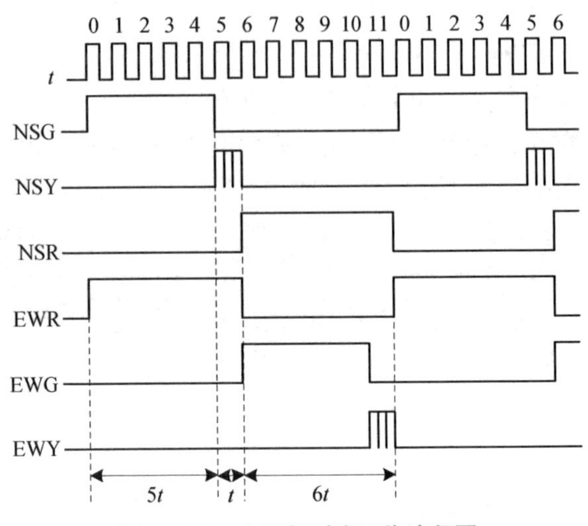

图10.6.5　交通灯时序工作流程图

交通灯控制器电路原理图如图10.6.6所示。

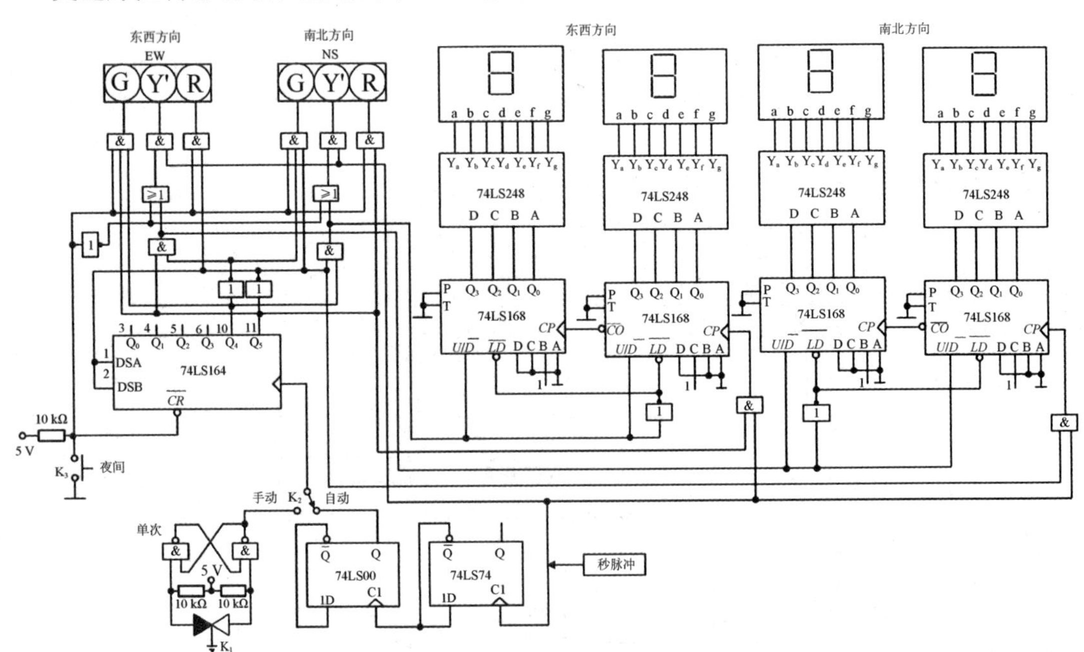

图10.6.6　交通灯控制器原理图

各组成部分及工作原理如下。

（1）交通灯控制器

由时序工作流程图可知，计数器每次工作循环周期为 12，选用八位移位寄存器 74LS164 构成扭环形十二进制计数器。扭环形计数器的状态转换表如表 10.6.1 所示。

表 10.6.1 交通灯控制器状态转换表

t	计数器输出						南北方向			东西方向		
	Q_0	Q_1	Q_2	Q_3	Q_4	Q_5	NSG	NSY	NSR	EWG	EWY	EWR
0	0	0	0	0	0	0	1	0	0	0	0	1
1	1	0	0	0	0	0	1	0	0	0	0	1
2	1	1	0	0	0	0	1	0	0	0	0	1
3	1	1	1	0	0	0	1	0	0	0	0	1
4	1	1	1	1	0	0	1	0	0	0	0	1
5	1	1	1	1	1	0	0	↑	0	0	0	1
6	1	1	1	1	1	1	0	0	1	1	0	0
7	0	1	1	1	1	1	0	0	1	1	0	0
8	0	0	1	1	1	1	0	0	1	1	0	0
9	0	0	0	1	1	1	0	0	1	1	0	0
10	0	0	0	0	1	1	0	0	1	1	0	0
11	0	0	0	0	0	1	0	0	1	1	↑	0

根据状态转换表可得出东西方向和南北方向绿、黄、红灯的逻辑表达式：

$$\text{EWG}=Q_4\cdot Q_5 \qquad \text{EWY}=\overline{Q_4}\cdot Q_5 \qquad \text{EWR}=\overline{Q_5}$$

$$\text{NSG}=\overline{Q_4}\cdot \overline{Q_5} \qquad \text{NSY}=Q_4\cdot \overline{Q_5} \qquad \text{NSR}=Q_5$$

由于要求黄灯闪烁几次，所以用时标 1s 和 EWY 或 NSY 黄灯信号相“与”即可。

（2）显示控制部分

显示控制部分实际上是一个定时控制电路。由计数器芯片 74LS168（同步可预置十进制可逆计数器，具体功能可见表 10.3.6）构成减法计数器，当南北方向绿灯亮，而东西方向红灯亮时，南北方向计数器开始从“24”减法计数，减到“0”时，南北方向绿灯灭，红灯亮；而东西方向红灯灭，绿灯亮。东西方向红灯灭信号使南北方向计数器工作结束，而南北方向红灯亮使东西方向计数器开始工作。译码显示电路采用 74LS248BCD 码七段译码器和共阴极 LED 显示器实现。

（3）单次手动及脉冲电路

单次脉冲是由两个与非门组成的 RS 触发器产生的，当按下 K1 时，有一个脉冲输出使 74LS164 移位计数，实现手动控制。K2 在自动位置时，由秒脉冲电路经分频后（4 分频）输入给 74LS164，这样，每 4 秒 74LS164 向前移一位（计数 1 次）。秒脉冲电路可用晶振或 RC 振荡电路构成。

（4）夜间控制

夜间时，将夜间开关接通，黄灯闪亮。

本章小结

1. 触发器

触发器是数字电路中的一种基本逻辑单元，它有“0”和“1”两个稳态。触发器的种类很多：从逻辑功能上可分为RS触发器、D触发器和JK触发器；从结构上可分为基本触发器、同步触发器、主从触发器和边沿触发器；从触发方式上可分为电平触发型和边沿触发型。在触发器逻辑功能的描述方法中，最常用的是功能表和特性方程。

2. 时序逻辑电路的特点

在逻辑功能上，时序逻辑电路任意时刻的输出不仅与当时的输入有关，而且还与电路原来所处的状态有关。在电路结构上，时序逻辑电路中一定包含存储电路部分，而且输出一定与存储电路的状态有关。时序逻辑电路的功能可以用驱动方程、状态方程、输出方程等逻辑方程来描述，也可以用状态转换表、状态转换图或时序图来描述，它们之间可以相互转换。

3. 计数器

计数器是最常用的时序逻辑电路，它的基本功能是记录脉冲数目。根据计数器的工作方式可分为同步和异步两种；根据计数器状态变化的递增和递减可分为加法计数器、减法计数器和可逆计数器；根据计数器的进位制数可分为二进制、十进制和任意进制。常用的计数器芯片为二进制和十进制计数器，可采用反馈法实现任意进制计数器。

4. 寄存器

寄存器具有存储数码和信息的功能。它分为数码寄存器和移位寄存器两大类。数码寄存器实现数码的存储，移位寄存器在实现数码存储的同时可进行移位操作。

5. 555定时器

555定时器是一种应用十分广泛的集成器件。它可组成多谐振荡器、单稳态触发器和施密特触发器，用于脉冲的产生、整形、定时等多种场合。

第10章综合测试题

第10章综合测试题讲解视频

第10章综合测试题讲解课件

10.1　由“与非”门组成的基本 RS 触发器电路如题 10.1 图(a)所示，输入信号 $\overline{S}_1$、$\overline{S}_2$ 和 $\overline{R}$ 的波形如题 10.1 图(b)所示。设触发器的起始状态 Q=0，试画出 Q、$\overline{Q}$ 的波形。

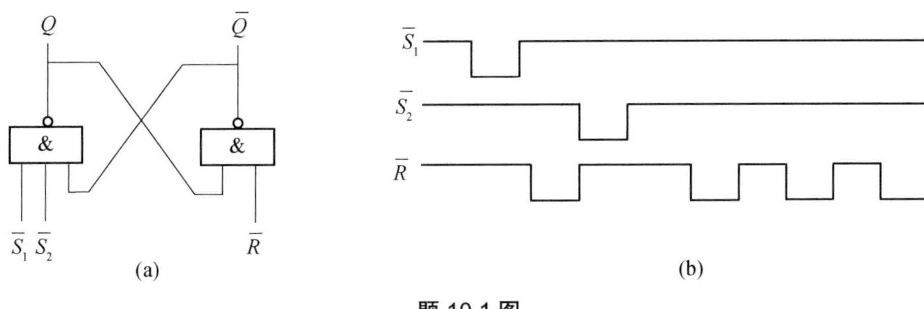

题 10.1 图

10.2　由“或非”门构成的基本 RS 触发器如题 10.2 图(a)所示，当输入端 S 和 R 加上如题 10.2 图(b)所示信号时，试画出 Q 和 $\overline{Q}$ 的波形。

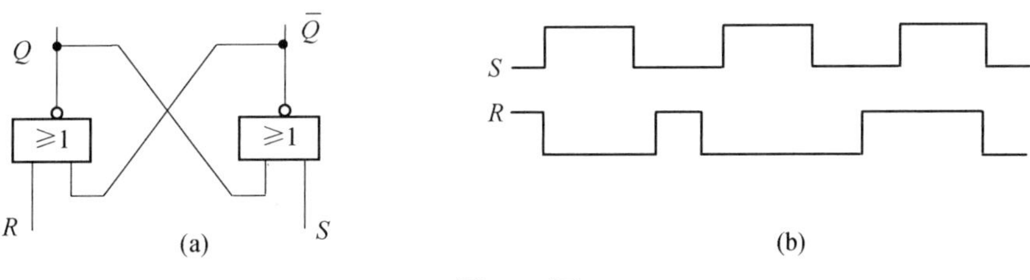

题 10.2 图

10.3　一般开关在搬动时，触点往往会发生多次跳动而产生不必要的脉冲输出。题 10.3 图所示是用基本 RS 触发器做成的消颤开关，试说明它的工作原理。

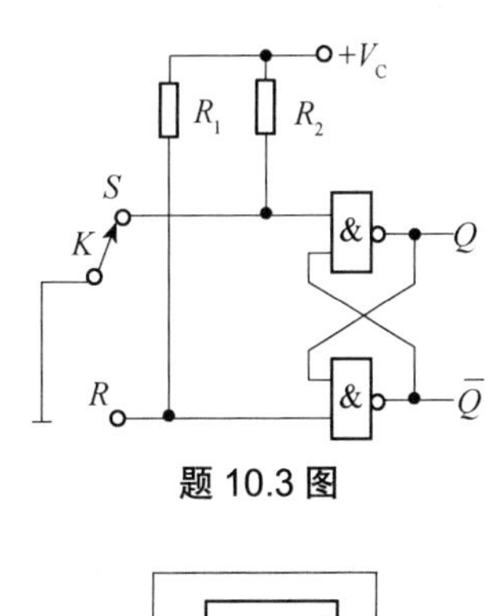

题 10.3 图

10.4　在题 10.4 图所示的维持阻塞 D 触发器电路中，加上周期性的时钟脉冲，设各触发器的初始状态均为 0，试画出各触发器 Q 端的输出波形。

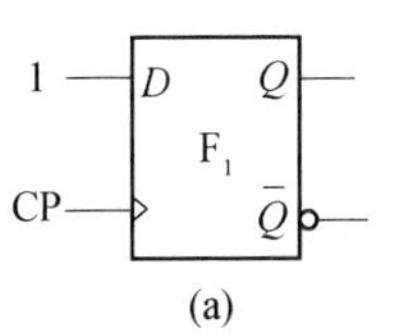

(a)

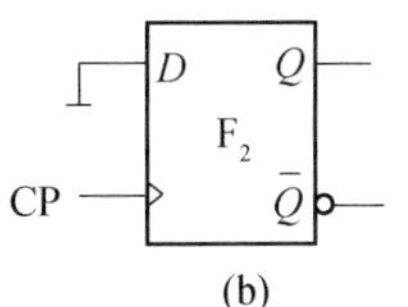

(b)

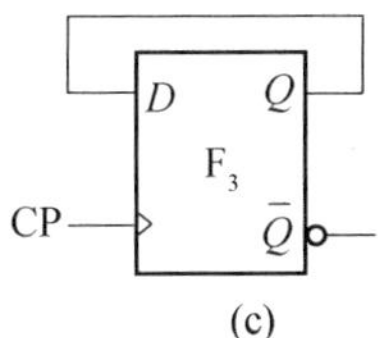

(c)

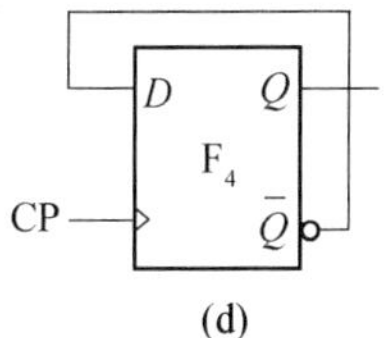

(d)

题 10.4 图

10.5　题 10.5 图(a)、(b)所示电路的 CP 及输入信号 A、B、C 的波形如题 10.5 图(c)所示，试画出各电路输出端 Q_1、Q_2 的波形，假定触发器初始状态为 0。

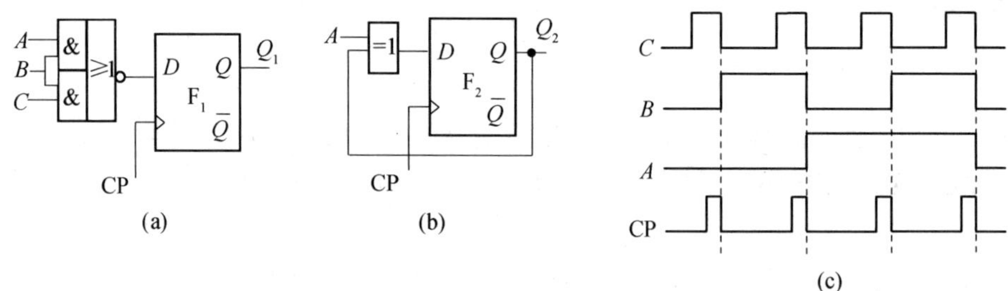

题 10.5 图

10.6　边沿型 JK 触发器电路如题 10.6 图(a)、(b)所示，电路的 CP 及输入信号 A、B 的波形如题 10.6 图(c)所示，试画出输出端 Q 的波形，假定触发器初始状态为 0。

10.7　已知 TTL 主从 JK 触发器输入端 J、K 及时钟脉冲 CP 波形如题 10.7 图所示，试画出内部主触发器 Q_1 端及输出端 Q 的波形，设触发器初态为 0。

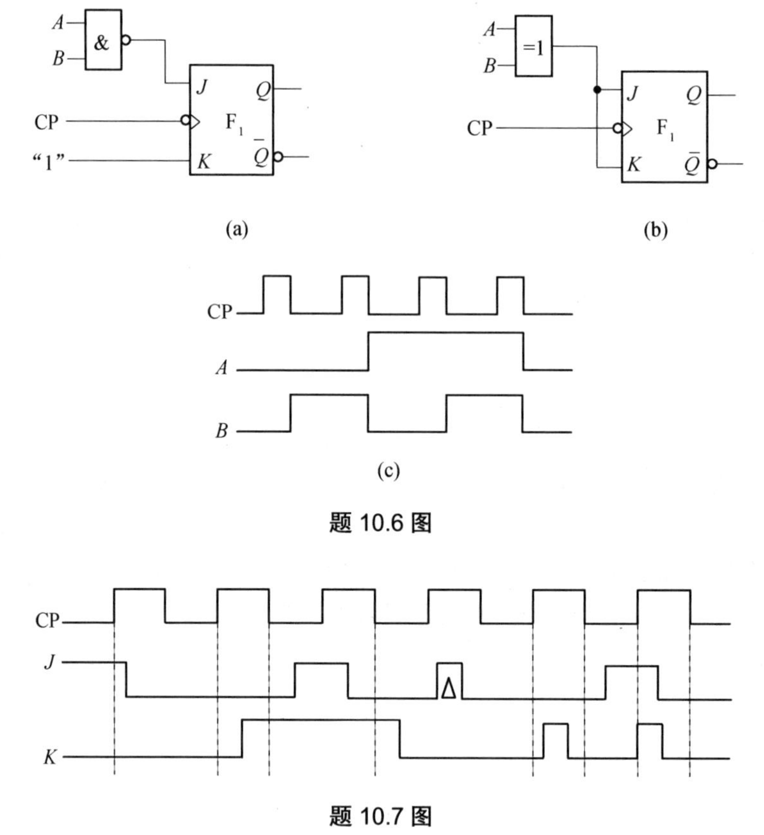

题 10.6 图

题 10.7 图

10.8　如题 10.8 图(a)所示边沿型 JK 触发器电路，A、B、C 及 CP 波形如题 10.8 图（b）所示，试画出输出 Q 端的波形。

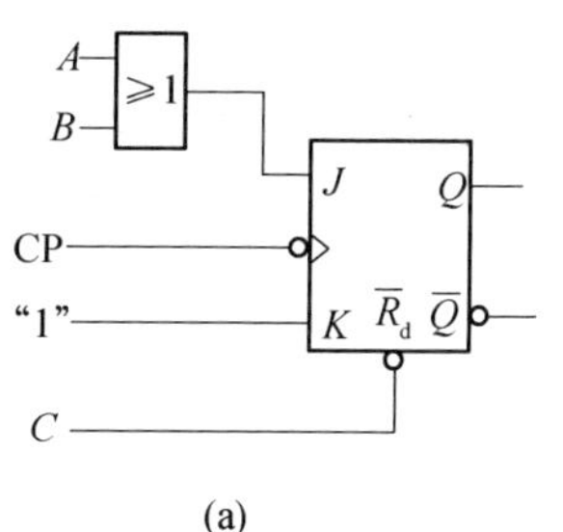

(a)

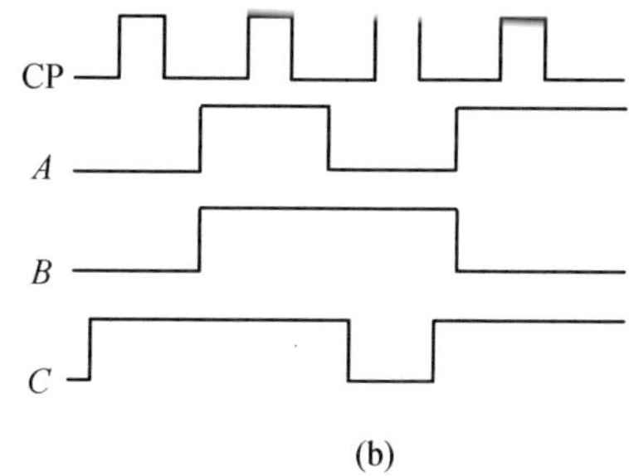

(b)

题 10.8 图

10.9　在题 10.9 图所示的边沿型 JK 触发器电路中，加上周期性的时钟脉冲，设各触发器的初始状态均为 0，试画出各触发器 Q 端的输出波形。

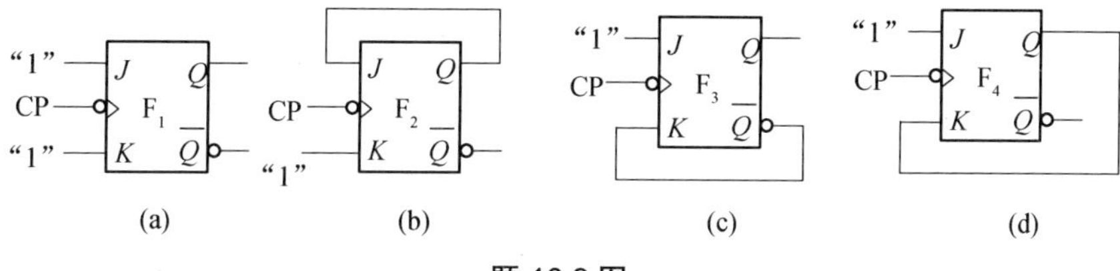

题 10.9 图

10.10　如题 10.10 图(a)所示边沿型 JK 触发器电路，若已知 A、B 及 CP 波形，试画出输出 Q 端的波形。设触发器初始状态为 0。

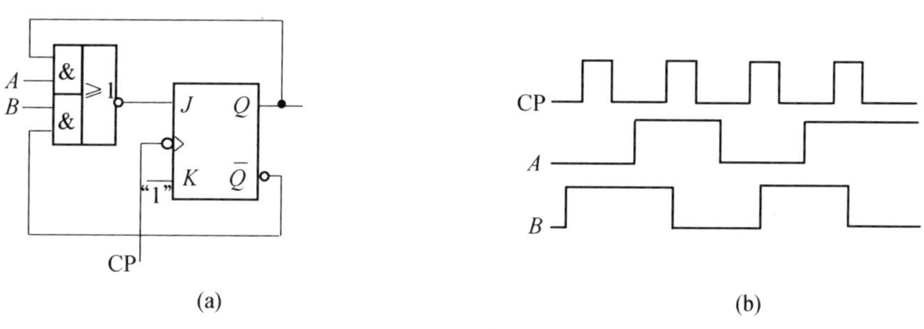

题 10.10 图

10.11　试分析题 10.11 图各电路分别可完成什么触发器功能。

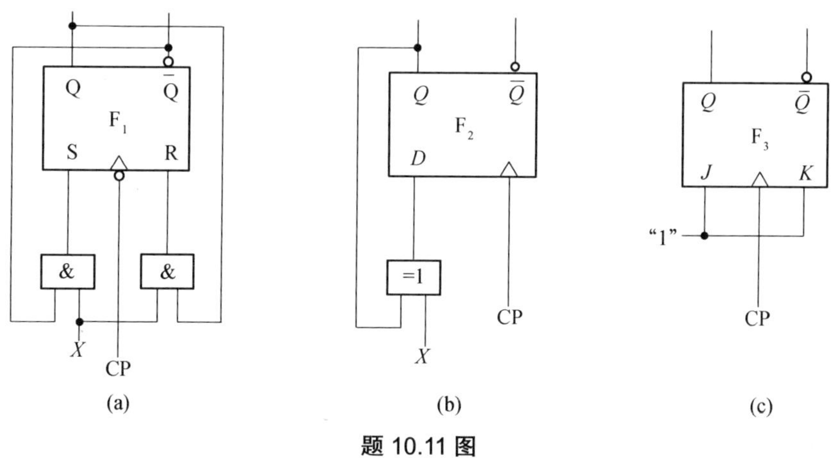

题 10.11 图

10.12　试将维持阻塞 D 触发器加上适当的逻辑门，变换成 T 触发器和 T′触发器。

10.13　题 10.13 图所示电路为由 D 触发器构成的计数器，试说明其功能，并画出与 CP 脉冲对应的各输出端波形。

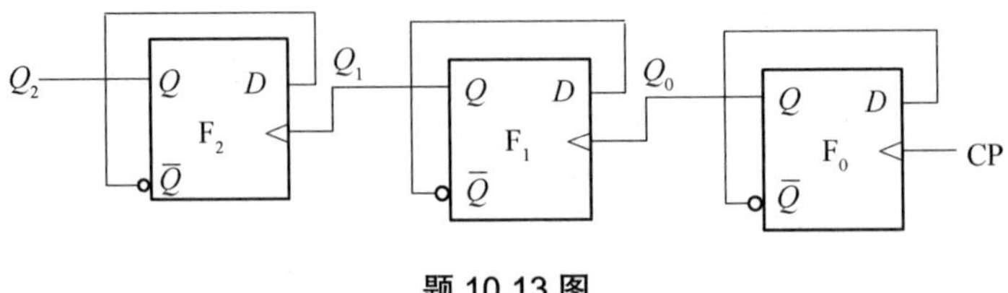

题 10.13 图

10.14　分析题 10.14 图所示的计数器。假设起始状态是 $Q_2Q_1Q_0$=000。如果由于偶然原因，电路落入 $Q_2Q_1Q_0$=010 状态中，它能否恢复到正常的计数状态中。

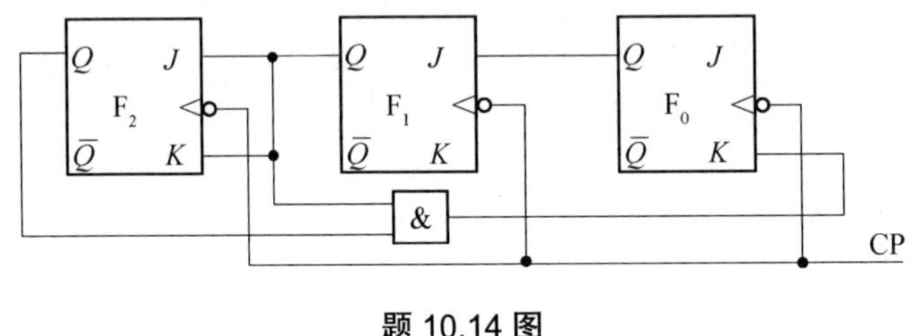

题 10.14 图

10.15　分析题 10.15 图所示三级环形计数器，画出电路的状态转换图，并判断该电路能否自启动。

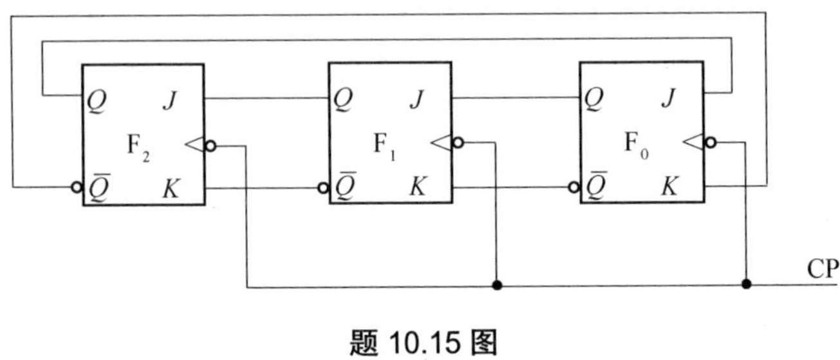

题 10.15 图

10.16　电路如题 10.16 图所示，若输出端 Z 得到 10kHz 的矩形波，则该电路时钟脉冲 CP 的频率是多少？

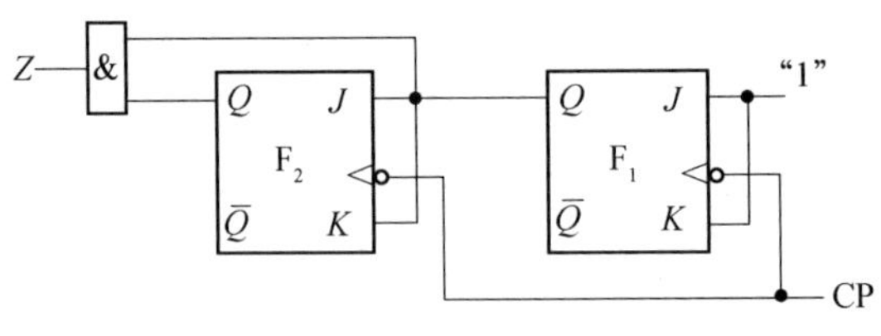

题 10.16 图

10.17　已知题 10.17 图电路中时钟脉冲 CP 的频率为 1MHz。假设触发器初状态均为 0，试分析电路的逻辑功能，画出 Q_1、Q_2、Q_3 的波形图，输出端 Z 波形的频率是多少？

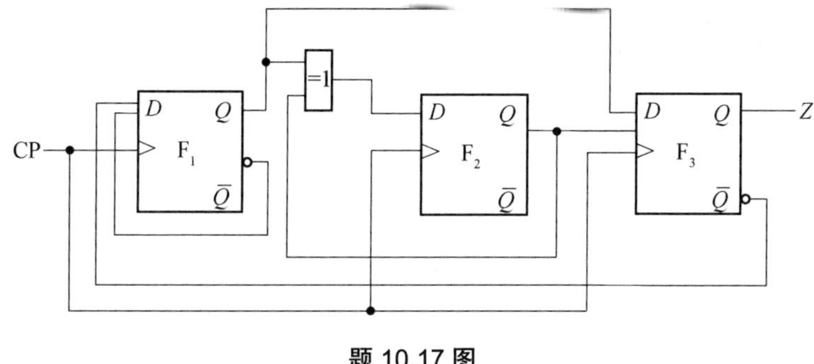

题 10.17 图

10.18 题 10.18 图是一个三相分配器电路，假设触发器初始状态为 $Q_1Q_2Q_3$=010，试分析电路的工作状态，画出在 9 个 CP 脉冲作用下 Q_1、Q_2、Q_3 的波形。

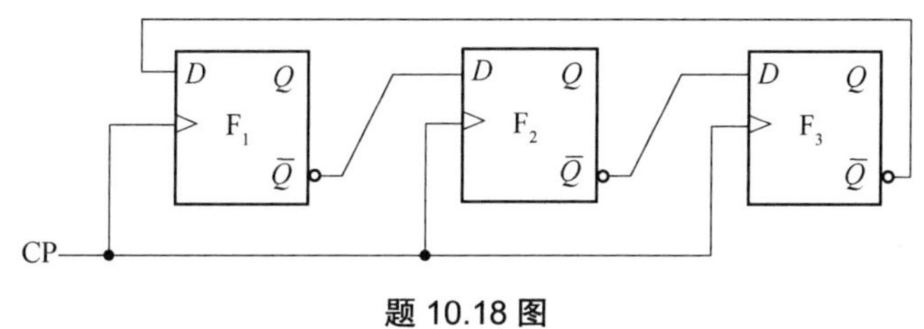

题 10.18 图

10.19 同步十进制计数器 74LS160 的功能表如表题 10.19 所示，分析如题 10.19 图所示计数器的计数长度。

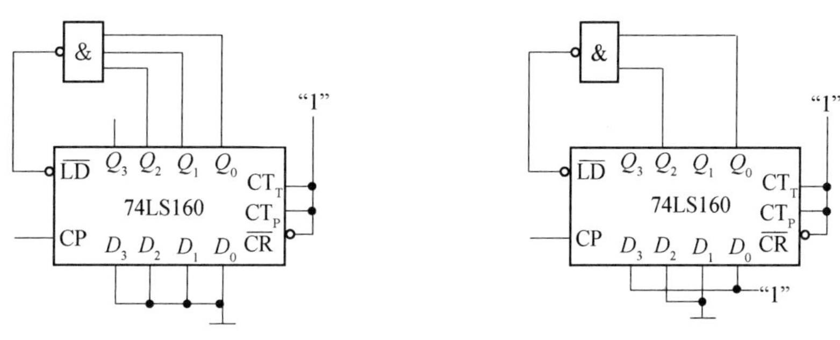

题 10.19 图

表题 10.19

$\overline{CR}$	$\overline{LD}$	CT_T	CT_P	CP	芯片功能
0	×	×	×	×	清零
1	0	×	×	↑	预置数
1	1	1	1	↑	计数
1	1	0	×	×	保持
1	1	×	0	×	保持

10.20 电路如题 10.20 图所示，74LS161 功能表如表题 10.20 所示，试分析图示电路的计数长度。

10.21 由两片 74LS161 四位二进制计数器构成的电路如题 10.21 图所示，74LS161 功能表如表题 10.20 所示，试分析该电路的计数范围。

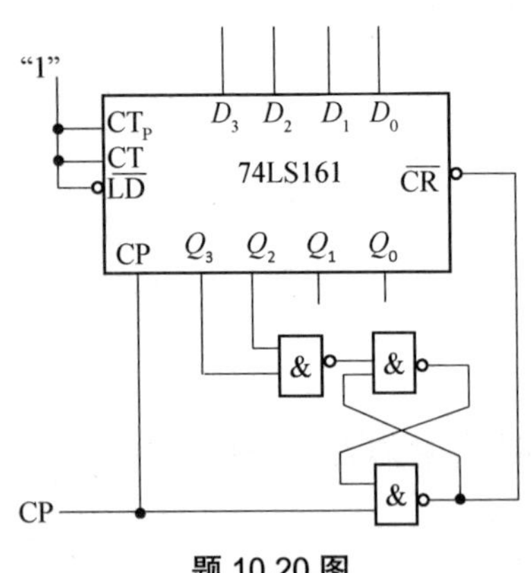

题 10.20 图

表题 10.20

输入						输出
$\overline{CR}$	$\overline{LD}$	CT_T	CT_P	CP	$D_3 \sim Q_0$	$Q_3 \sim Q_0$
0	×	×	×	×	×	0
1	0	×	×	↑	$d_3 \sim d_0$	$d_3 \sim d_0$
1	1	1	1	↑	×	计数
1	1	0	×	×	×	保持，C_o=0
1	1	×	0	×	×	保持

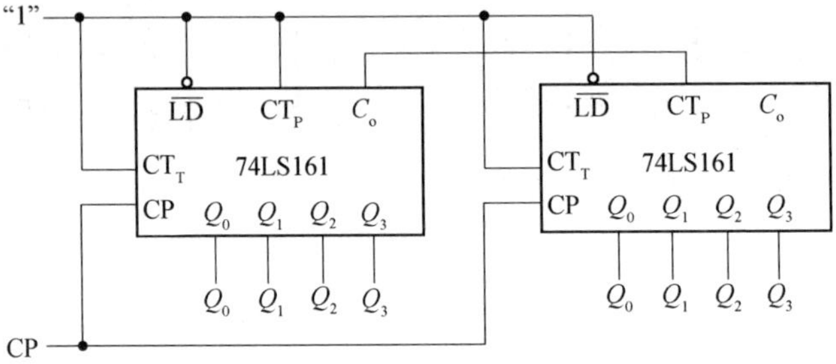

题 10.21 图

10.22　试用 74LS160 芯片分别构成模 4、模 7 计数器，74LS160 芯片功能见表题 10.19。

10.23　应用同步四位二进制计数器 74LS161 实现模 11 计数。试分别用清除端复位法与预置数控制法实现。74LS161 功能表见表题 10.20。

10.24　题 10.24 图各电路是由异步二-五-十进制计数器 74LS210 组成的计数电路。试分析它们各为几进制计数器，74LS210 的功能表见表题 10.24。

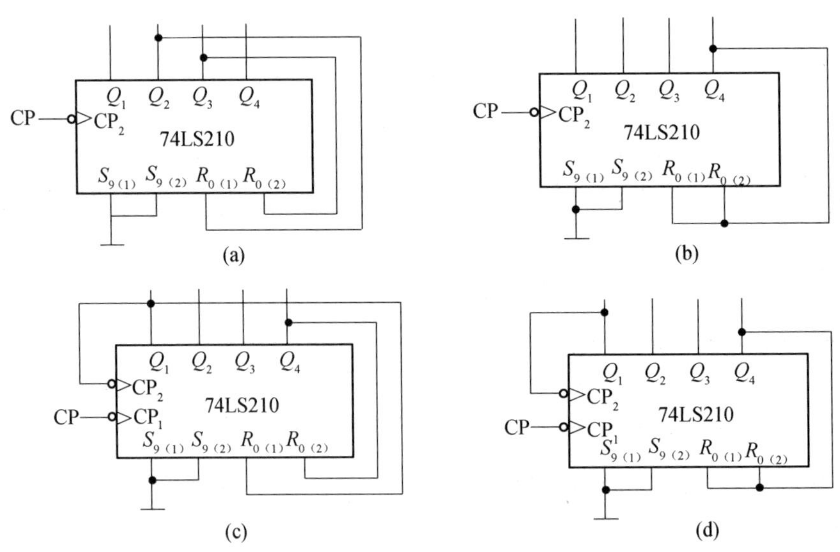

题 10.24 图

表题 10.24

输入			输出
CP	$R_{0(1)} \cdot R_{0(2)}$	$S_{9(1)} \cdot S_{9(2)}$	$Q_4Q_3Q_2Q_1$
×	1	0	0000
×	0	1	1001
↓	0	0	计数

10.25 试用中规模异步二-五-十进制计数器 74LS90 实现六进制、九进制计数器，不用其他元器件。

10.26 已知逻辑图和时钟脉冲 CP 波形如题 10.26 图所示，移位寄存器 A 和 B 均由维持阻塞 D 触发器组成。A 寄存器的初态 $Q_{4A}Q_{3A}Q_{2A}Q_{1A}$=1010，B 寄存器的初态 $Q_{4B}Q_{3B}Q_{2B}Q_{1B}$=1011，边沿型 JK 触发器的初态为 0，试画出在 CP 作用下的 Q_{4A}、Q_{4B}、C 和 Q_D 端的波形图。

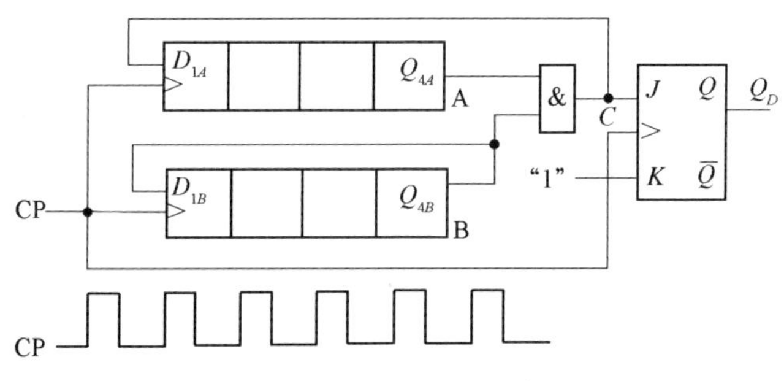

题 10.26 图

10.27 电路如题 10.27 图所示，四位二进制加法计数器中 $\overline{C_r}$ 为异步清零端，Q_D 为最高位，Q_A 为最低位，三线-八线译码器中 $\overline{E}$ 为选通端，$\overline{C_r}$ 及 $\overline{E}$ 均为低电平有效，试用时序图描述 CP 与 $\overline{Y_0} \sim \overline{Y_5}$ 的关系，并说明整个电路功能。

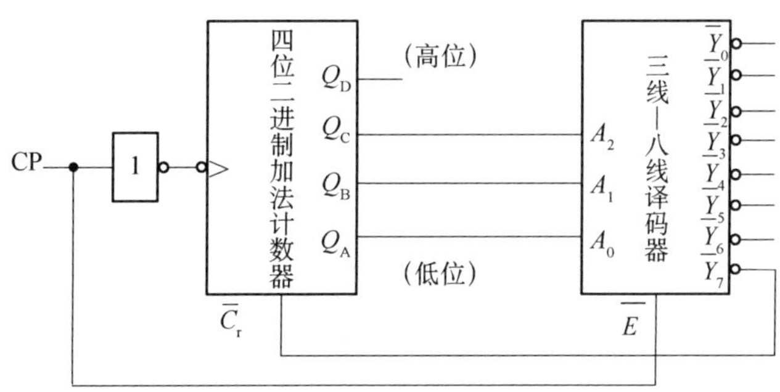

题 10.27 图

10.28 试分析题 10.28 图由 555 定时器构成的电路的功能，在给定 u_i 的作用下，画出 u_o 的波形。

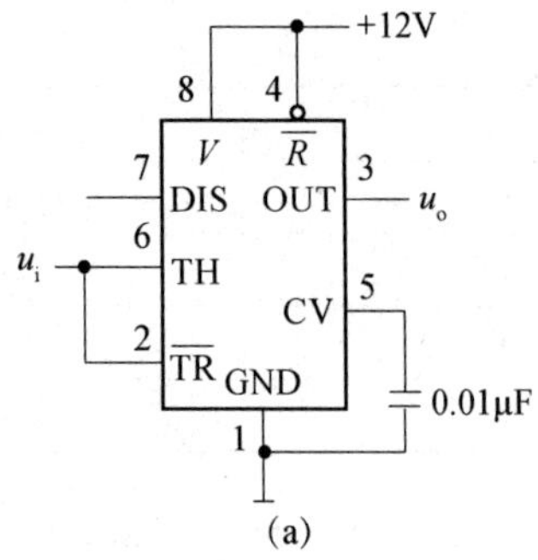

(a)

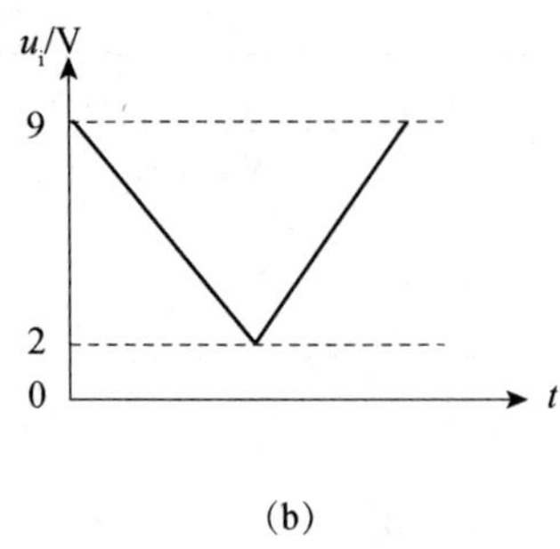

(b)

题 10.28 图

10.29　题 10.29 图是由 555 定时器组成的逻辑电平测试仪。V_A 调到 2.5V，试问：

（1）当待测输入逻辑电平大于 2.5V 时，哪个 LED 亮？

（2）当待测输入逻辑电平小于多少伏时表示低电平输入？此时哪个 LED 亮？

10.30　由 555 定时器构成的多谐振荡器如题 10.30 图所示，已知 R_1=1kΩ，R_2=8.2kΩ C=0.1μF。试求脉冲宽度 t_{WH}、振荡频率 f 和占空比 D。

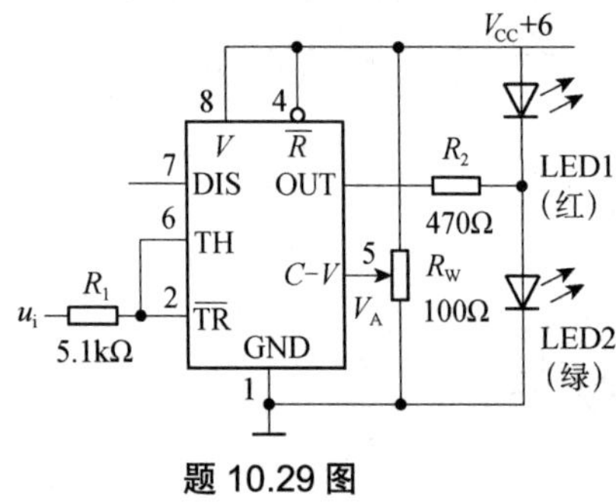

题 10.29 图

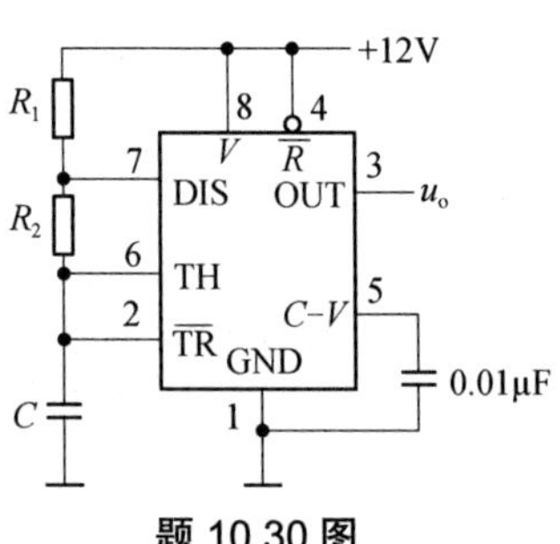

题 10.30 图

10.31　分析图 10.31 所示的电子门铃电路，当按下按钮 S 时，可使门铃鸣响。试说明门铃鸣响时 555 定时器的工作方式。改变电路中什么参数能改变铃响持续时间及音调高低？

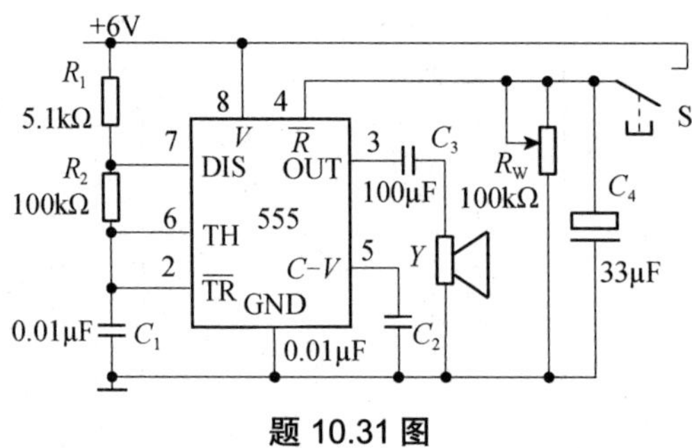

题 10.31 图

10.32　由 MCH7555 构成的单稳电路如题 10.32 图(a)所示，试求：

（1）电路的暂稳态持续时间 t_W=?

（2）根据 t_W 值，确定题 10.32 图(b)中，哪个适合作为电路的输入触发信号，并画出与其相应的 u_C 和 u_o 波形。

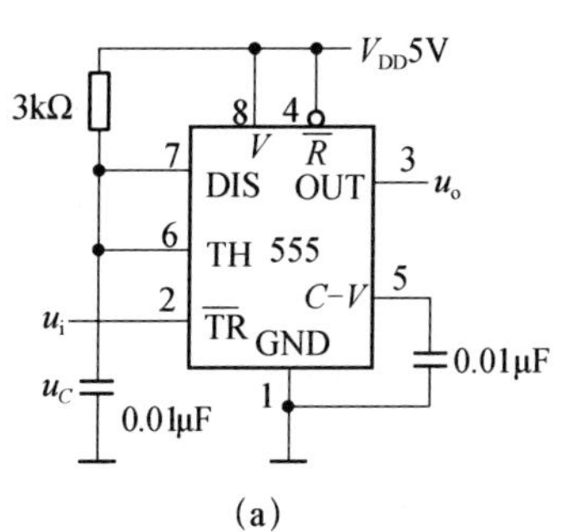

(a)

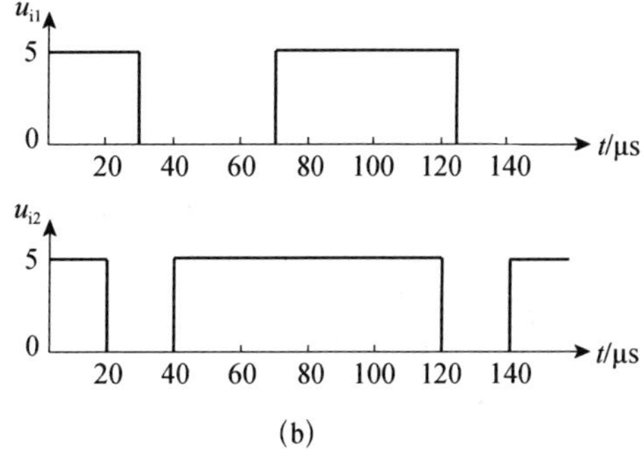

(b)

题 10.32 图

10.33　【项目设计】试用边沿 D 触发器和 2 线-4 线译码器构成一个 4 位流水灯电路。

10.34　【项目设计】试用 74LS194 及门电路实现三色交通信号灯点亮定时器电路，要求在一个循环周期内红、黄、绿三色灯依次点亮 24s、4s、20s。

10.35　【项目设计】试用 555 定时器设计触摸定时开关。

习题解析

第 11 章思维导图

第 11 章讨论区

第 11 章　D/A 与 A/D 转换电路

随着数字系统的广泛应用，用数字系统处理模拟量的情况十分普遍，由此引入了模拟信号和数字信号的接口问题。为了解决这一问题，首先利用模/数转换电路把模拟信号转换成数字信号，经数字系统处理后，还需通过数/模转换电路将数字信号还原成模拟信号。数/模转换电路简称 D/A（Digital to Analog）转换器，模/数转换电路简称 A/D（Analog to Digital）转换器。图 11.0 是一个典型测控系统的示意图，从图中可看到 A/D 转换器和 D/A 转换器在系统中的作用。

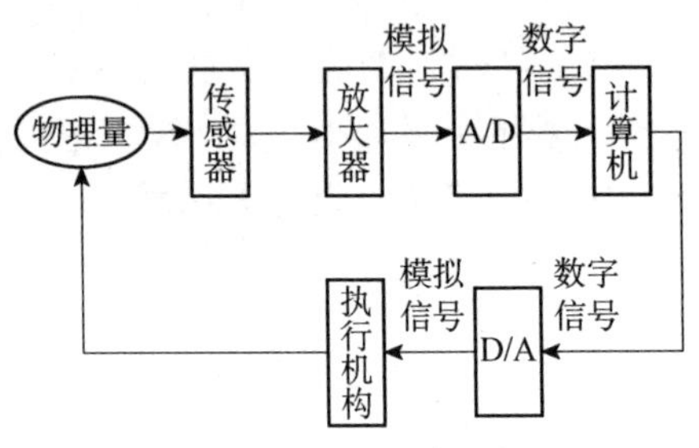

图 11.0　测控系统示意图

为了确保系统的准确性和快速性，A/D 转换器和 D/A 转换器必须有足够的转换精度和转换速度。因此，转换精度和转换速度是衡量 A/D 转换器和 D/A 转换器性能的两个最重要的指标。

11.1　D/A 转换器

T 型电阻网络 D/A 转换器视频

T 型电阻网络 D/A 转换器课件

11.1.1　D/A 转换的原理

D/A 转换器就是将数字量每一位二进制数码分别按所在位的“权”转换成相应的模拟量，再相加求和从而得到与原数字量成正比的模拟量。

D/A 转换器电路有多种形式，下面以 T 型电阻网络 D/A 转换器为例，介绍 D/A 转换的基本原理。

图 11.1.1 所示为 T 型电阻网络 D/A 转换器的电路原理图，由图可见它由多路模拟开关、T 型电阻网络及运放构成。n 位二进制数的每一位分别控制一路模拟开关，当 d_i=1 时（i=0、1、2、…、n−1），开关接通基准参考电压 U_{REF}；当 d_i=0 时，开关接地。利用叠加原理及运放虚地（即 $U_+=U_-=0$）的概念，可以推导出 U_{I} 点对地电位的表达式如下

$$U_{\mathrm{I}}=\frac{U_{\mathrm{REF}}}{3\times 2^{n-1}}(d_{n-1}\times 2^{n-1}+d_{n-2}\times 2^{n-2}+\cdots+d_1\times 2^1+d_0\times 2^0) \tag{11.1.1}$$

若取 $R_{\mathrm{F}}=3R$，则 D/A 转换器输出电压为

$$U_o = -\frac{R_F}{2R} \cdot U_I = -\frac{U_{REF}}{2^n}(d_{n-1} \times 2^{n-1} + d_{n-2} \times 2^{n-2} + \cdots + d_1 \times 2^1 + d_0 \times 2^0) \qquad (11.1.2)$$

上式表明输出模拟量 U_o 与输入数字量成正比。

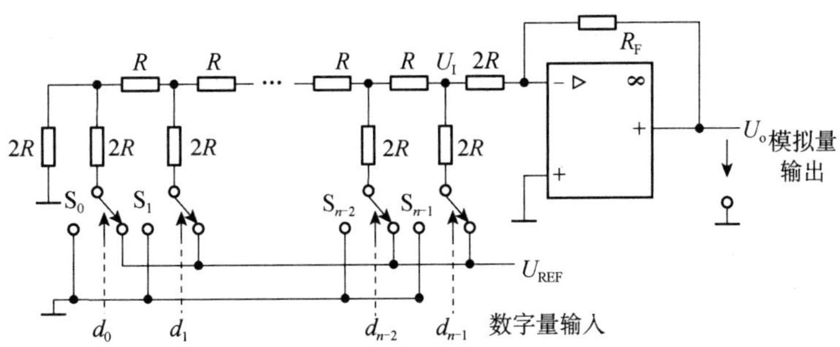

图 11.1.1　T 型电阻网络 D/A 转换器

T 型电阻网络只采用两种阻值的电阻，所以网络精度较高。T 型电阻网络的缺点是在动态过程中，从 U_{REF} 加到各级电阻上开始，到运算放大器输入电压 U_I 稳定建立起来为止，所需时间较长，且由于各级电压信号到达运放输入端的时间不同，还可能在输出端产生尖峰脉冲。为提高转换速度和减小输出端尖峰脉冲，目前在 D/A 转换器中广泛采用如图 11.1.2 所示的倒 T 型电阻网络。

图 11.1.2 所示电路，当某一数字位为“1”时，其对应的开关将电阻接入运放反相输入端；当数字为“0”时，对应电阻接入运放同相输入端，即接地。而不论接运放反相输入端还是同相输入端，电阻中的电流均不变。由于不需要电流建立时间，故转换速度较快。图 11.1.2 所示 4 位 D/A 转换器的输出模拟量与输入数字量的关系式可表示为

倒 T 型电阻网络 D/A 转换器视频

倒 T 型电阻网络 D/A 转换器课件

$$U_o = -\frac{U_{REF}}{2^4}(d_3 \times 2^3 + d_2 \times 2^2 + d_1 \times 2^1 + d_0 \times 2^0) \qquad (11.1.3)$$

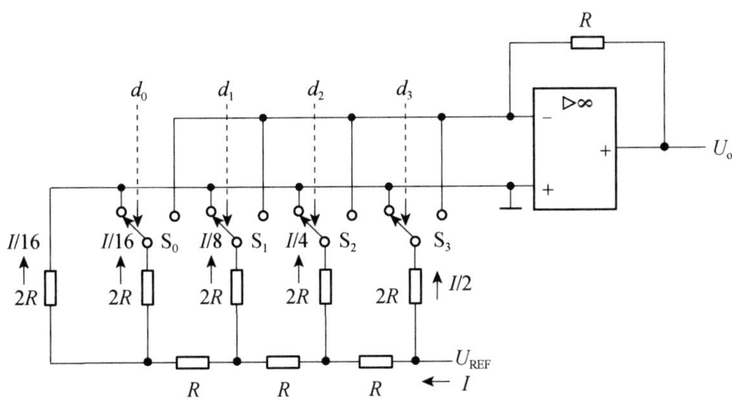

图 11.1.2　倒 T 型电阻网络 D/A 转换器

11.1.2　D/A 转换器的主要参数

D/A 转换器的主要技术指标包括转换精度与转换速度，其中转换精度可分别由分辨率与

转换误差来描述。

1. 分辨率

D/A 转换器的最小输出电压与最大输出电压之比称为分辨率。如一个 8 位 D/A 转换器，最小输出电压和最大输出电压所对应的输入数字量分别为 00000001 和 11111111，所以其分辨率为

$$\text{分辨率}=\frac{00000001}{11111111}=\frac{1}{2^8-1}=0.004$$

故 n 位 D/A 转换器的分辨率为

$$\text{分辨率}=\frac{1}{2^n-1} \tag{11.1.4}$$

如果输出模拟电压满量程为 U_m，那么 n 位 D/A 转换器能分辨的最小电压为

$$U_{\min}=\frac{1}{2^n-1}U_m \tag{11.1.5}$$

显然，D/A **转换器位数越多，分辨输出最小电压的能力就越强。**

2. 转换误差

转换误差指 D/A 转换器实际的输出模拟电压与理论输出值之差，是由基准电压的波动、运算放大器的零点漂移、电子转换开关的导通压降、电阻网络的阻值偏差等因素引起的。一般用最低位（LSB）对应的 ΔU_o 的倍数表示。例如一个 n 位 D/A 转换器的转换误差为 $\pm\frac{1}{2}$LSB，即表明输出模拟电压的绝对误差为最小输出电压的 $\frac{1}{2}$，即 $\frac{1}{2}U_{\min}$。

3. 转换速度

转换速度通常用转换时间来表示。转换时间是指输入数字量从全 0 变为全 1（或从全 1 变为全 0）时，输出电压达到终值 $\pm\frac{1}{2}$LSB 时所需的时间。

11.1.3 典型芯片介绍与应用

D/A 转换器有多种规格，下面以 8 位 DAC0808 为实例介绍 D/A 转换器特性与应用。

DAC0808 芯片能够同 TTL 与 CMOS 电路直接接口，其电源范围可达±4.5～±18V，双电源供电，模拟量以电流形式输出，输出电流建立时间仅为 150ns，相对误差±0.19%。图 11.1.3 为其引脚图，各引脚功能如下：

- D_7～D_0：数据输入线。
- I_0：模拟量输出端。
- $U_{(+)REF}$、$U_{(-)REF}$：正、负参考电源端。
- U_+、U_-：电源端。
- COMP：补偿端。
- U_{CC}：阈值控制输入端（接地或悬空）。
- GND：模拟地。

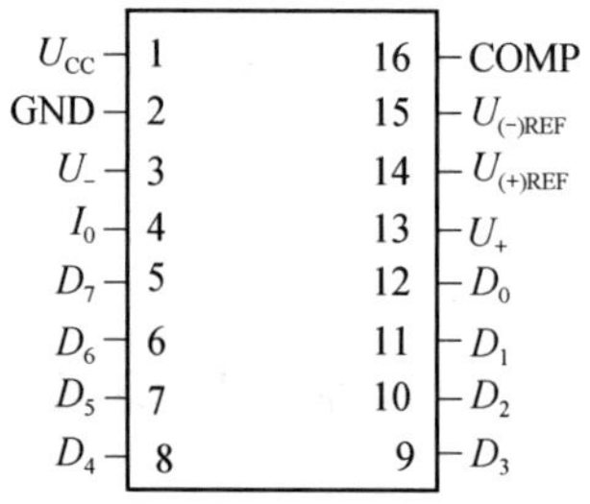

引脚	编号	编号	引脚
U_{CC}	1	16	COMP
GND	2	15	$U_{(-)REF}$
U_-	3	14	$U_{(+)REF}$
I_0	4	13	U_+
D_7	5	12	D_0
D_6	6	11	D_1
D_5	7	10	D_2
D_4	8	9	D_3

图 11.1.3　DAC0808 引脚图

图 11.1.4 所示为 DAC0808 的一种典型应用电路。图中在输出端接一运放，使输出模拟量转变为电压输出，其中参考电流值 I_{REF} 为

$$I_{REF} = U_{(+)REF} / 5 = 2\text{mA}$$

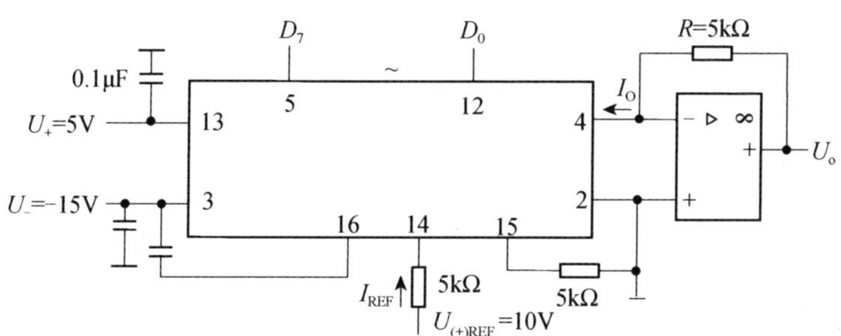

图 11.1.4　DAC0808 应用实例

DAC0808 输出电流和为

$$I_o = I_{REF}(D_7 \times 2^{-1} + D_6 \times 2^{-2} + \cdots + D_0 \times 2^{-8}) \qquad (11.1.6)$$

11.1　测试题

则输出模拟电压为

$$U_o = I_o R = 10 \times (D_7 \times^{2^{-1}} + D_6 \times 2^{-2} + \cdots + D_0 \times 2^{-8}) \qquad (11.1.7)$$

即当输入二进制数由全 0 变到全 1 时，给出模拟量的电压范围为 0～9.96V。

11.2　A/D 转换器

A/D 转换器的转换过程视频

A/D 转换器的转换过程课件

11.2.1　A/D 转换的过程

因为模拟量在时间上是连续变化的，而数字量在时间上是离散变化的，所以 A/D 转换器在模/数转换过程中只能在一系列离散的时间点上对输入模拟信号进行采样，然后再将这些采样值转换为数字量输出。**在 A/D 转换器中，一般需经过采样、保持、量化、编码这四个步骤来完成从模拟量到数字量的转换，**不过在实际电路中这些步骤往往是合并进行的。

1. 采样与保持

图 11.2.1(a)所示为一典型的采样保持电路结构，u_I 为输入模拟信号，其中的场效应管构成采样开关 $S(t)$，它由频率为 f_s 的采样脉冲控制其通断。电容 C 完成保持功能，当采样开关导通时，电容 C 迅速充电，使 u_C=u_I；当采样开关断开时，由于电容 C 漏电很小，使其上电压基本保持不变。**经采样保持电路后，输入模拟信号变成了在一系列时间间隔发生变化的阶梯信号，**如图 11.2.1(b)所示。当采样脉冲宽度 t 很窄时，可近似认为其间 $u_o(t)$的输出保持不变。

为了用采样信号 $u_o(t)$有效地表示输入信号 $u_I(t)$，必须有足够高的采样频率 f_s。若输入模拟量是一个频率有限的信号，且其最高频率为 f_{Imax}，则采样信号频率只要满足

$$f_s \geqslant 2f_{Imax} \qquad (11.2.1)$$

就能够保证采样以后信号能够不失真地反映输入信号。

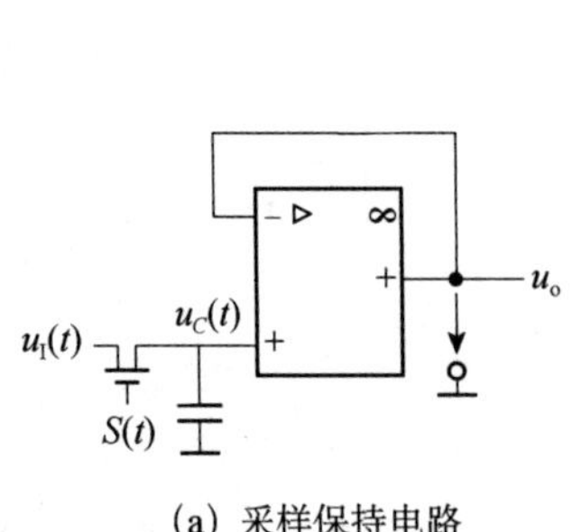

(a) 采样保持电路

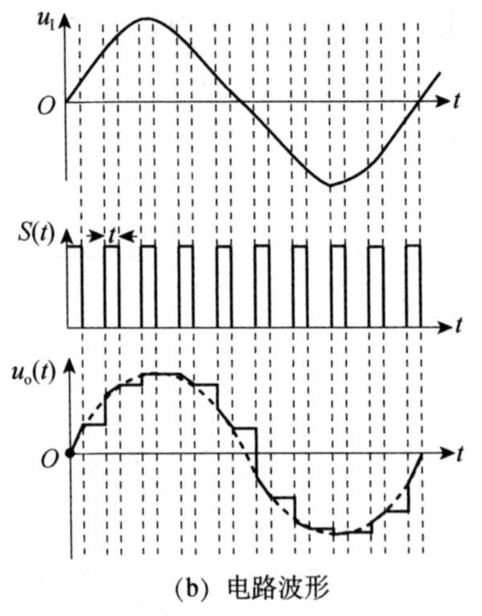

(b) 电路波形

采样定理

图 11.2.1　采样保持原理

2. 量化与编码

数字信号不仅在时间上是离散的，而且在数值上的变化也是不连续的。也就是说，**任何一个数字量的大小都是以某个数量单位的整数倍来表示的。**因此，在用数字量表示采样所得的模拟信号时，也必须把它化成这个最小数量单位的整数倍，所规定的最小数量单位称为量化单位，用$\varDelta$表示。

将量化的结果用代码表示出来的过程称为编码。编码输出的结果也就是A/D转换器的输出。例如要求将0～1V连续变化的模拟量转换成一个3位二进制代码，因为3位二进制代码可以表示8个不同状态，故取量化单位$\varDelta=\frac{1}{8}\text{V}$。采用舍去尾数的量化方法，即在$0\sim\frac{1}{8}\text{V}$之间模拟电压取0V，在$\frac{1}{8}\sim\frac{2}{8}$之间取$\frac{1}{8}\text{V}$。依此类推，编码方式取二进制代码（编码方式可以是任意的），则模拟量输入与数字量输出关系如表11.2.1所列。

表 11.2.1　A/D 转换器的量化与编码实例

模拟电压 u_I	量化结构	二进制码
$0\leqslant u_I<\frac{1}{8}\text{V}$	0V	0 0 0
$\frac{1}{8}\text{V}\leqslant u_I<\frac{2}{8}\text{V}$	$\frac{1}{8}\text{V}=\varDelta$	0 0 1
$\frac{2}{8}\text{V}\leqslant u_I<\frac{3}{8}\text{V}$	$\frac{2}{8}\text{V}=2\varDelta$	0 1 0
$\frac{3}{8}\text{V}\leqslant u_I<\frac{4}{8}\text{V}$	$\frac{3}{8}\text{V}=3\varDelta$	0 1 1
$\frac{4}{8}\text{V}\leqslant u_I<\frac{5}{8}\text{V}$	$\frac{4}{8}\text{V}=4\varDelta$	1 0 0
$\frac{5}{8}\text{V}\leqslant u_I<\frac{6}{8}\text{V}$	$\frac{5}{8}\text{V}=5\varDelta$	1 0 1
$\frac{6}{8}\text{V}\leqslant u_I<\frac{7}{8}\text{V}$	$\frac{6}{8}\text{V}=6\varDelta$	1 1 0
$\frac{7}{8}\text{V}\leqslant u_I<\frac{8}{8}\text{V}$	$\frac{7}{8}\text{V}=7\varDelta$	1 1 1

由表11.2.1可见，由于模拟量不一定是量化单位$\varDelta$的整数倍，因此量化的过程必然存在误差，这种误差称为量化误差。在表11.2.1所示的量化过程中最大量化误差可达$\frac{1}{8}\text{V}$，即为一个量化单位大小。增加编码位数就可有效地减小量化误差，例如，将0～1V模拟电压用4位二进制码表示，则量化单位$\varDelta=\frac{1}{16}\text{V}$，即量化误差减少了一倍。

11.2.2　A/D 转换器转换原理

A/D 转换器实现模数转换的方案很多，大致可分为直接转换法和间接转换法两种。**直接转换法可直接将模拟信号转换为数字信号，其最大优点是转换速度较快。间接转换法是先将模拟电压转变为时间、频率等中间量，然后再将其转变为数字量，这种转换方法速度较慢，但其转换精度高，且有极强的抗干扰能力。**下面介绍两种较典型的转换方法，它们分别属于直接转换法与间接转换法。

1. 逐次逼近型 A/D 转换器

逐次逼近型 A/D 转换器是一种直接型 A/D 转换器。其转换过程类似于用天平称物的过程，即用已知的数字量（砝码）经 D/A 转换为模拟量后与被转换模拟电压（被称重物）进行比较，若相等（天平平衡）则所取数字量就是转换结果，若不等则调整数字量大小直到两者相等为止。

图 11.2.2 所示为逐次逼近型 A/D 转换器的结构原理图。它由比较器、*n* 位 D/A 转换器、*n* 位寄存器、控制电路、输出电路等几部分构成。输入为 U_I，输出为 *n* 位二进制代码。

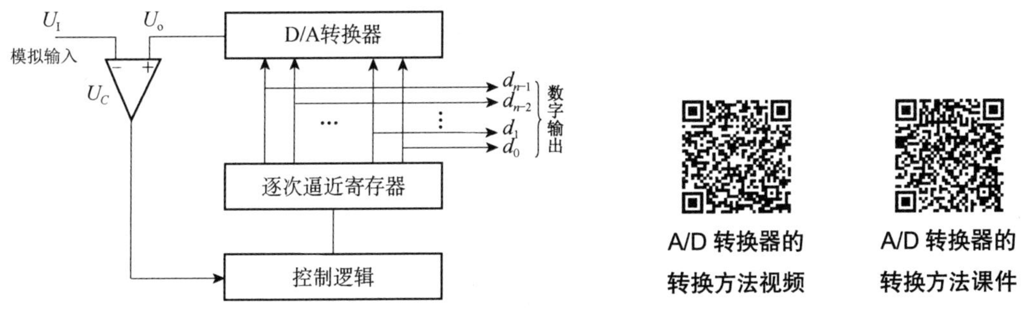

图 11.2.2　逐次逼近型 A/D 转换器

转换开始之前将逐次逼近寄存器清零，这时 D/A 转换输入与 A/D 转换输出均为零。开始转换后，控制电路先将逐次逼近寄存器最高位置 1，其余位全为 0，即数码 100…00 送入 D/A 转换器，其输出模拟量 U_o 与模拟输入电压进行比较，若 $U_o>U_I$，则比较器输出 $U_C=1$，表明输入模拟量小于 100…00 数码表示的模拟量，则控制电路将逐次逼近寄存器最高位清零，并将次高位置 1 继续比较；若 $U_o<U_I$，则保留逐次逼近寄存器中最高位 1，同时将次高位置 1 继续比较。这样逐位进行直到最低位为止，转换过程结束，此时存在寄存器中的数码即为所求转换结果。

2. 双积分型 A/D 转换器

双积分型 A/D 转换器是间接型 A/D 转换器中最常用的一种。其原理是将被转换电压 U_I 先变换成与 U_I 成正比的时间间隔 Δt，然后在时间间隔 Δt 内对频率恒定的脉冲进行计数，最后由计数脉冲的个数可得输入电压 U_I 的数字输出结果。

图 11.2.3(a)所示为双积分型 A/D 转换器的结构原理图，它由输入转换开关、积分器、过零比较器、*n* 位二进制计数器和控制逻辑电路等组成。下面结合图 11.2.3(b)所示的波形图说明其转换过程。

转换开始前首先进行清零，包括将二进制计数器清零，并接通开关 S_1 使积分电容 *C* 完全放电。转换开始时，开关 S_1 打开，S_2 接通输入模拟信号，积分器开始负向积分，如图 11.2.3(b)

所示，积分器输出电压为

$$U_o=-\frac{1}{RC}\int_0^t U_I\mathrm{d}t=-\frac{U_I}{RC}t \tag{11.2.2}$$

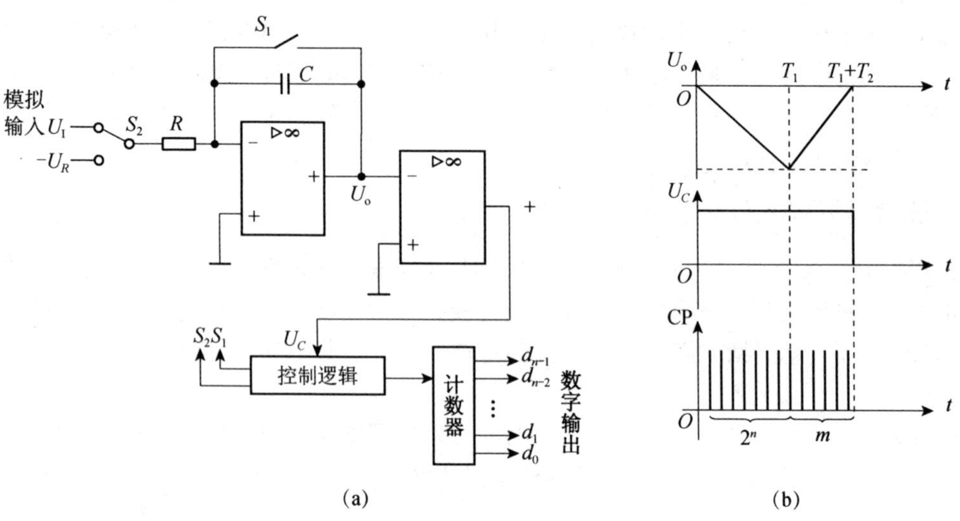

(a) (b)

图 11.2.3 双积分型 A/D 转换器

由于 $U_o<0$，过零比较器输出 $U_C=1$，该信号通过控制逻辑电路使二进制计数器开始计数。当 n 位二进制计数器计数到 2^n 个脉冲时，其进位信号通过控制逻辑电路使开关 S_2 接通参考基准电压 $-U_R$，积分器开始对 $-U_R$ 正向积分。由于此时仍有 $U_C=1$，故计数器又从 0 开始计数。设计数器计满 2^n 个脉冲所需时间为 T_1，计数时钟周期为 T_C，则当 $t=T_1$ 时，有

$$U_o(T_1)=-\frac{U_I}{RC}\cdot T_1=-\frac{2^n T_C}{RC}\cdot U_I \tag{11.2.3}$$

$t>T_1$ 后，

$$U_o(t)=U_o(T_1)-\frac{1}{RC}\int_{T_1}^t(-U_R)\mathrm{d}t=U_o(T_1)+\frac{U_R}{RC}(t-T_1) \tag{11.2.4}$$

设在 $t=T_1+T_2$ 时，积分器输出 $U_o(t)=0$，此时过零比较器输出 $U_C=0$，控制电路使计数器停止计数，计数器输出数字量即为 A/D 转换结果，转换完成。设 T_2 期间计数脉冲的个数为 m，则有

$$0=U_o(T_1)+\frac{U_R}{RC}T_2=\frac{-2^n T_C}{RC}\cdot U_I+\frac{U_R}{RC}\cdot mT_C$$

所以

$$m=\frac{2^n}{U_R}U_I \tag{11.2.5}$$

由于参考电压 U_R 与 2^n 均为常数，故计数脉冲个数与输入模拟量 U_I 成正比，而计数脉冲的个数可由计数器的输出状态表示，即表示为二进制数字代码输出。

11.2.3 A/D 转换器的主要参数

A/D 转换器与 D/A 转换器相似，也用转换精度（包括分辨率与转换误差）和转换速度作为衡量 A/D 转换器性能的主要技术指标。

1. 分辨率

分辨率用于描述 A/D 转换器对输入量微小变化的敏感程度。A/D 转换器的输出是 n 位二进制代码，因此在输入电压范围一定时，位数越多，量化误差也就越小，转换精度也越高，分辨能力也越强。例如一个 10 位 A/D 转换器，若其输入变化范围 0～20V，则其能分辨的最小电压为

$$\frac{20}{2^{10}-1}=0.019\ 6\text{V}$$

2. 转换误差

转换误差指 A/D 转换器实际输出的数字量和理想输出数字量之间的差别，通常用最低位（LSB）的倍数表示。转换误差是综合性误差，它是量化误差、电源波动以及转换电路中各种元件所造成的误差的总和。

3. 转换速度

转换速度指 A/D 转换器完成一次转换所需的时间，它主要取决于转换电路的类型，不同类型 A/D 转换器的转换速度相差较大。高速 A/D 转换器可达 50ns，中速 A/D 转换器（如逐次逼近型 A/D 在 10～50μs 之间，低速 A/D 转换器（如双积分型 A/D）一般在 1～30ms 之间。

11.2.4 典型集成 A/D 芯片

集成 A/D 转换器的品种很多，按输出数字量的位数可分为 8 位、10 位、12 位等。下面我们介绍 ADC0809 芯片。

ADC0809 模数转换器是采用 CMOS 工艺制成的 8 位逐次逼近型 A/D 转换器，转换速度在最高时钟频率下为 100μs 左右。图 11.2.4 为其引脚图与内部结构示意图。由图可见，它由 8 路模拟开关、8 位 A/D 转换器、三态输出锁存器以及地址锁存译码器等组成。通过地址译码可选择 8 路模拟量中的任一路进行 A/D 变换输出，广泛适用于多路信号采集系统。芯片各引脚功能如下。

- IN0～IN7：8 个模拟信号输入端。
- D_0～D_7：8 个数字量输出端。
- START：启动信号，加正脉冲后 A/D 转换开始。
- ALE：地址锁存信号，高电平时将 A、B、C 地址信号送入地址锁存器，译码后选择对应输入通道，地址信号 A、B、C 与输入通道号对应关系见表 11.2.2。
- EOC：转换结束信号，高电平有效。
- OE：输出允许控制端。
- CLK：时钟信号，最高允许值为 640kHz。
- REF(+)、REF(−)：参考电压正端与负端。

表 11.2.2 ADC0809 地址与输入通道对应表

地址输入			输入通道号
C	B	A	
0	0	0	IN0
0	0	1	IN1
0	1	0	IN2
0	1	1	IN3
1	0	0	IN4
1	0	1	IN5
1	1	0	IN6
1	1	1	IN7

- U_{CC}：电源电压、范围+5～+15V。

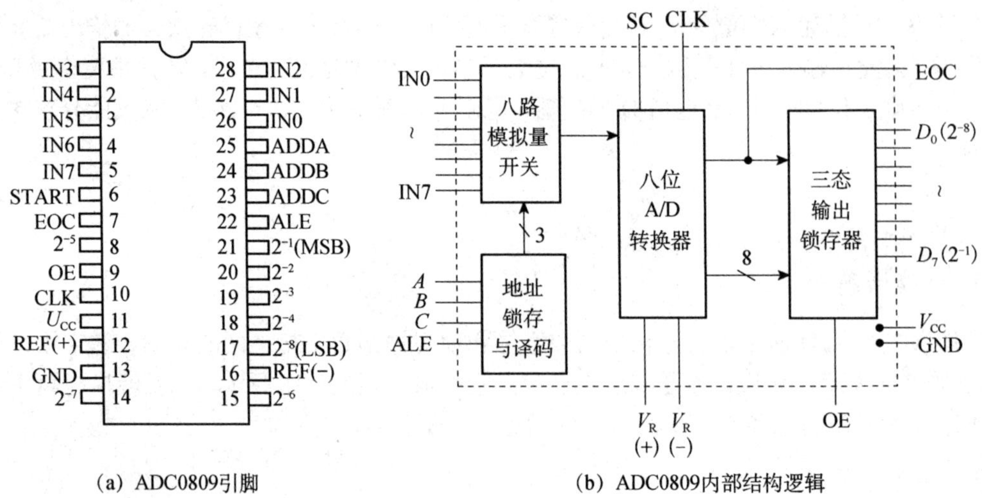

（a）ADC0809引脚　　（b）ADC0809内部结构逻辑

图 11.2.4　ADC0809

在 ADC0809 的典型应用中，它与微处理器的连接方法如图 11.2.5 所示。图中地址输入 A=B=C=0，则选中 IN0 为输入通道，输入电压 U_I 在 0～5V 之间变化，参考电压 U_R=5V，则输出二进制数 D 与输入电压间满足

$$D_{(+)}=\frac{U_I}{5}\times 256_{(+)} \tag{11.2.6}$$

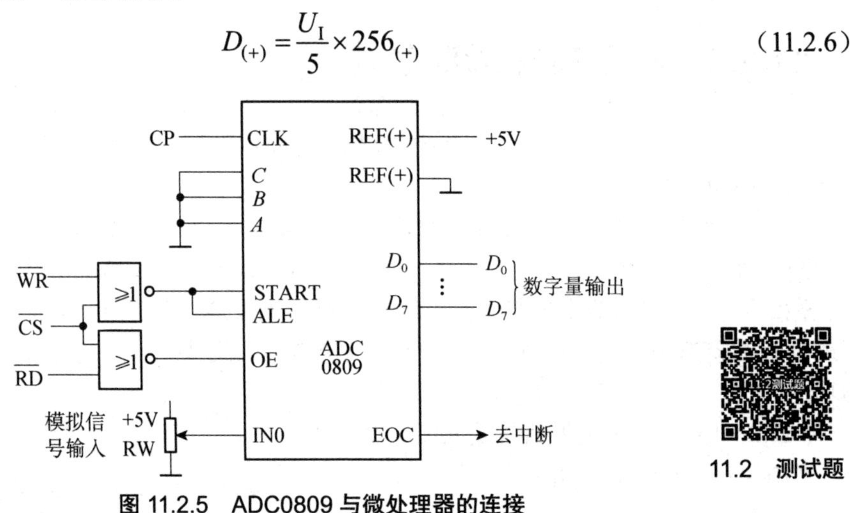

图 11.2.5　ADC0809 与微处理器的连接

11.2　测试题

11.3　工程应用实例

三位半直流数字电压表

直流数字电压表的核心器件是一个间接型 A/D 转换器，它首先将输入的模拟电压信号变换成易于准确测量的时间量，在这个时间宽度里计数器的计数结果即为正比于输入模拟电压

信号的数字量。

CC14433 是 CMOS 双积分式 $3\frac{1}{2}$ 位 A / D 转换器，芯片有 24 只引脚，采用双列直插式，其引脚排列如图 11.3.1 所示。

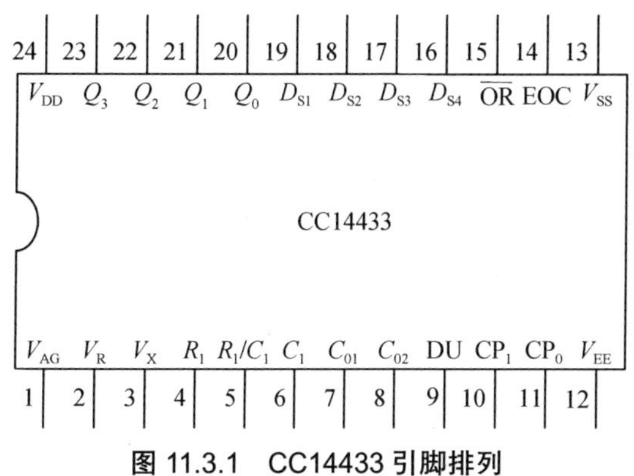

图 11.3.1　CC14433 引脚排列

引脚功能说明：

① V_{AG}（1 脚）为被测电压 V_x 和基准电压 V_R 的参考地。

② V_R（2 脚）为外接基准电压（2V 或 200mV）输入端。

③ V_x（3 脚）为被测电压输入端。

④ R_1（4 脚）、R_1 / C_1（5 脚）、C_1（6 脚）分别为外接积分阻容元件端，且 C_1＝0.1μF，R_1＝470 kΩ（2V 量程）或 R_1＝27kΩ（200mV 量程）。

⑤ C_{01}（7 脚）、C_{02}（8 脚）分别为外接失调补偿电容端，典型值 0.1μF。

⑥ DU（9 脚）为实时显示控制输入端。若与 *EOC*（14 脚）端连接，则每次 A / D 转换均显示。

⑦ CP_1（10 脚）、CP_0（11 脚）分别为时钟振荡外接电阻端，典型值为 470kΩ。

⑧ V_{EE}（12 脚）为电路的负电源端，接−5V。

⑨ V_{SS}（13 脚）为除 CP 外所有输入端的低电平基准（通常与 1 脚连接）。

⑩ EOC（14 脚）为转换周期结束标记输出端，每一次 A / D 转换周期结束，EOC 输出一个正脉冲，宽度为时钟周期的 1 / 2。

⑪ $\overline{OR}$（15 脚）为过量程标志输出端，当 $|V_x|>V_R$ 时，$\overline{OR}$ 输出为低电平。

⑫ D_{s4}～D_{s1}（16～19 脚）分别为多路选通脉冲输出端，D_{s1} 对应于千位，D_{s2} 对应于百位，D_{s3} 对应于十位，D_{s4} 对应于个位。

⑬ Q_0～Q_3（20～23 脚）分别为 BCD 码数据输出端，D_{s2}、D_{s3}、D_{s4} 选通脉冲期间，输出 3 位完整的十进制数，在 D_{s1} 选通脉冲期间，输出千位 0 或 1 及过量程、欠量程和被测电压极性标志信号。

基于 CC14433 构成的三位半直流数字电压表原理图如图 11.3.2 所示。

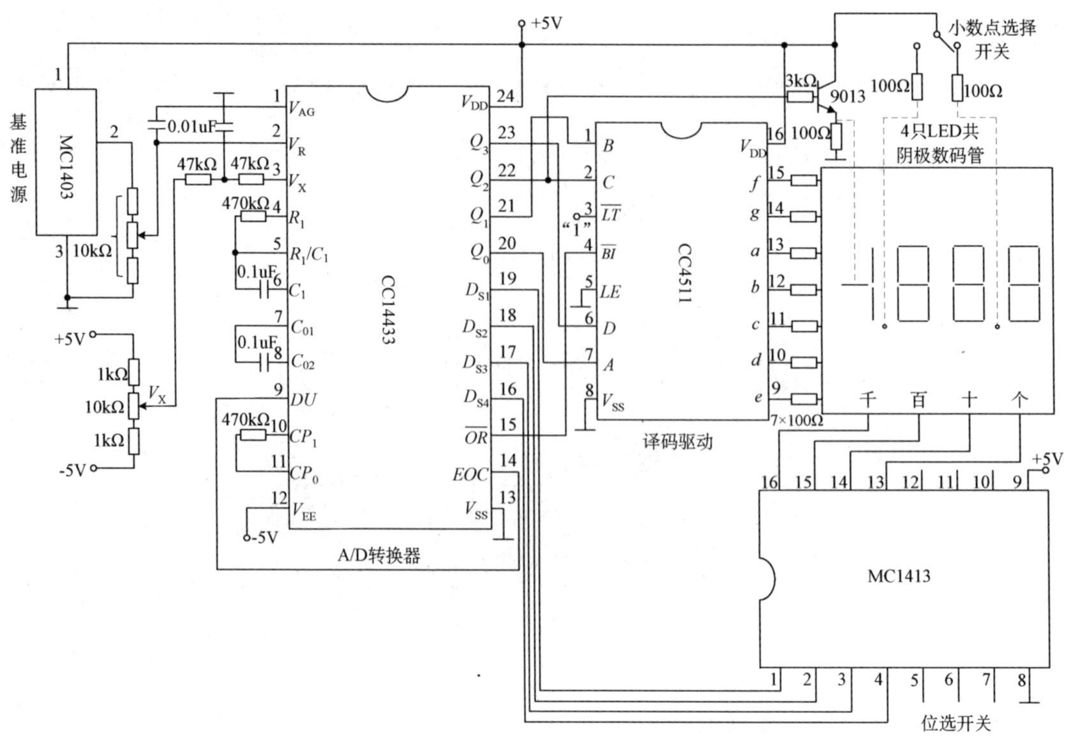

图 11.3.2　三位半直流数字电压表原理图

电路工作原理及各组成部分的作用介绍如下：

（1）被测直流电压 V_X 经 A / D 转换后以动态扫描形式输出，数字量输出端 $Q_0Q_1Q_2Q_3$ 上的数字信号（8421 码）按照时间先后顺序输出。位选信号 D_{s1}、D_{s2}、D_{s3}、D_{s4} 通过位选开关 MC1413 分别控制着千位、百位、十位和个位上的 4 只 LED 数码管的公共阴极。数字信号经七段译码器 CC4511 译码后，驱动 4 只 LED 数码管的各段阳极。这样就把 A / D 转换器按时间顺序输出的数据以扫描形式在 4 只数码管上依次显示出来，由于选通重复频率较高，工作时从高位到低位以每位每次约 300μs 的速率循环显示。即一个 4 位数的显示周期是 1.2ms，所以人的肉眼就能清晰地看到四位数码管同时显示三位半十进制数字量。

（2）当参考电压 V_R=2V 时，满量程显示 1.999 V；V_R=200mV 时，满量程为 199.9mV。可以通过选择开关来控制千位和十位数码管的 h 笔段经限流电阻实现对相应的小数点显示的控制。

（3）最高位（千位）显示时只有 b、c 两根线与 LED 数码管的 b、c 脚相接，所以千位只显示 1 或不显示，用千位的 g 笔段来显示模拟量的负值（正值不显示），即由 CC14433 的 Q_2 端通过 NPN 晶体管 9013 来控制 g 笔段。

（4）精密基准电源 MC1403。A / D 转换需要外接标准电压源作参考电压，标准电压源的精度应高于 A / D 转换器的精度。集成精密稳压源 MC1403（引脚排列如图 11.3.3）作参考电压，MIC1403 的输出电压为 2.5V，当输入电压在 4.5～15V 范围内变化时，输出电压的变化不超过 3mV，一般只有 0.6mV 左右，输出最大电流为 10mA。

（5）BCD 七段显示译码器 CC4511。图 11.3.4 所示为 CC4511 引脚排列。其中，A、B、C、D 为 BCD 码输入端；a、b、c、d、e、f、g 为译码输出端，输出“1”有效，用来驱动共阴极 LED 数码管；$\overline{\mathrm{LT}}$ 为测试输入端，$\overline{\mathrm{LT}}=0$ 时，译码输出全为“1”；$\overline{\mathrm{BI}}$ 为消隐输入端，$\overline{\mathrm{BI}}=0$ 时，译码输出全为“0”；LE 为锁定端，$LE=1$ 时译码器处于锁定（保持）状态，译码输出保持在 LE＝0 时的数值，LE＝0 为正常译码。

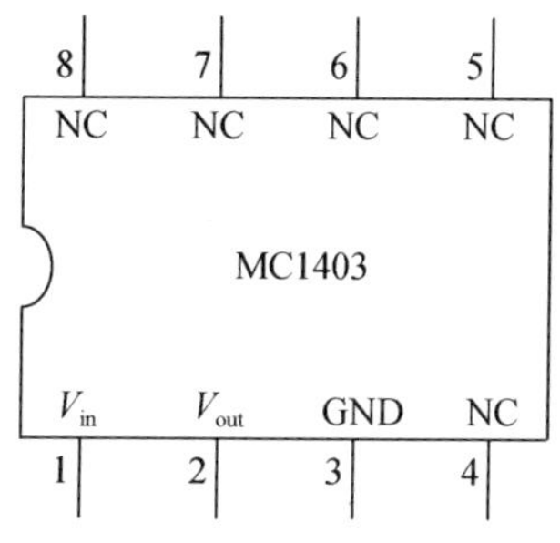

图 11.3.3　MC1403 引脚排列

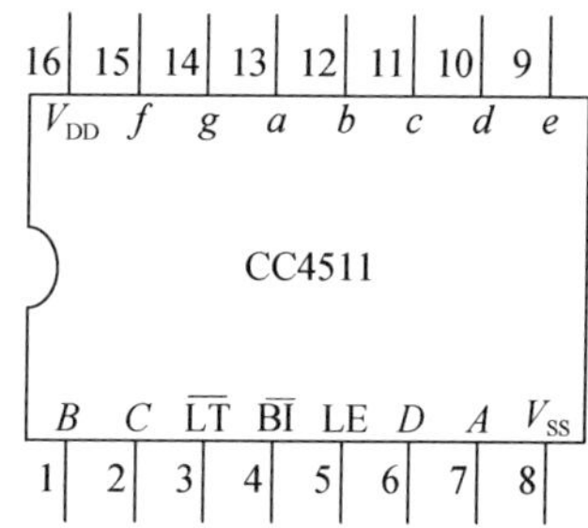

图 11.3.4　CC4511 引脚排列

（6）MC1413 是由 7 个硅 NPN 达林顿管组成的反相驱动器，可直接接收 MOS 或 CMOS 集成电路的输出信号，并把电压信号转换成足够大的电流信号驱动各种负载。MC1413 引脚排列和电路结构如图 11.3.5 所示，电路内含有 7 个集电极开路反相器（也称 OC 门），每个输出端均接有保护二极管。

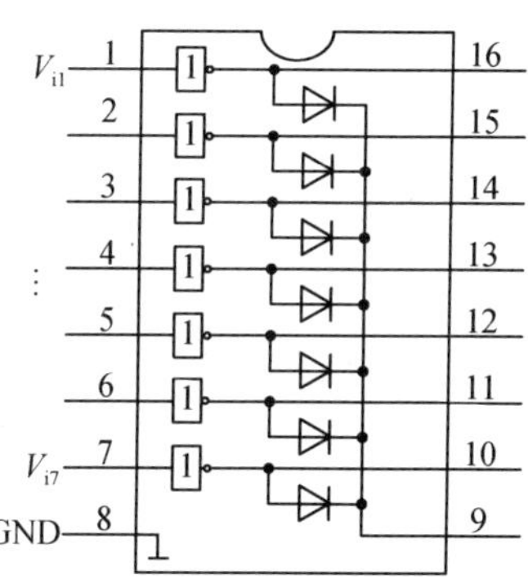

图 11.3.5　MC1413 引脚排列

1. D/A 转换器

D/A 转换器的功能是将数字信号转换成与之成正比的模拟电压或电流信号，D/A 转换器的电路种类很多，本章以 T 型电阻网络和倒 T 型电阻网络为例介绍了 D/A 转换器的工作原理。T 型电阻网络输出的模拟电压为

$$U_{\mathrm{o}}=-\frac{R_{\mathrm{F}}}{2R}\cdot U_{\mathrm{I}}=-\frac{U_{\mathrm{REF}}}{2^{n}}(d_{n-1}\times 2^{n-1}+d_{n-2}\times 2^{n-2}+\cdots+d_{1}\times 2^{1}+d_{0}\times 2^{0})$$

2. A/D 转换器

A/D 转换器的功能是将模拟电压或电流信号转换成与之成正比的数字信号。通常需要经过采样、保持、量化和编码等步骤完成。为了能够用采样信号准确地反映输入信号，采样频率必须满足采样定理，即 $f_{\mathrm{s}}\geqslant 2f_{\mathrm{Imax}}$。

根据工作原理，A/D 转换器可分为直接型和间接型两大类。逐次逼近型 A/D 转换器属于直接型 A/D 转换器，转换速度较快；双积分型 A/D 转换器属于间接型 A/D 转换器，它将输入模拟信号转换成时间间隔，再转换成对应数字信号。

3. 主要参数

转换精度和转换速度是衡量 D/A 转换器、A/D 转换器性能的两个最重要的指标，也是选择 D/A 转换器、A/D 转换器器件的主要依据。

转换精度通常由分辨率和转换误差来表示。转换速度用完成一次转换的时间来表示。

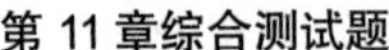

第 11 章综合测试题

第 11 章测试题讲解

第 11 章测试题课件

11.1 有一个 DAC 满刻度电压为 20V，需要在其输出端分辨出 0.5mV 电压，至少需要多少位二进制数？

11.2 一个八位 D/A 转换器的最小输出电压增量 0.02V，当输入代码为 01001101 时，输出电压 U_o 为多少伏？该转换器的分辨率是多少？

11.3 电路如题 11.3 图所示，当输入信号某位 D_i=0 时，对应开关 S_i 接地；D_i=1 时，S_i 接参考电压 V_{REF}。试求：(1) 若 V_{REF}=10V，输入信号 $D_4D_3D_2D_1D_0$=10011，输出的模拟电压 V_o=？(2) 电路能分辨的最小电压为多少？

11.4 一个梯形电阻网络 D/A 转换器如题 11.4 图(a)所示，其输入端与计数器相连，计数器的状态图如题 11.4 图(b)所示，要求计算出计数器各状态时 D/A 转换器的输出电压 V_o 值，并画出与时钟 CP 对应的输出波形，假定动态 $Q_2Q_1Q_0$=000，Q 输出端的高电平为 8V，低电平为 0V。

11.5 题 11.5 图所示电路是倒 T 型电阻网络 D/A 转换器，已知 R=10kΩ，V_{REF}=10V，当某位数为 0，开关接地；为 1 时，接运放反相端，试求：(1) V_o 的输出范围；(2) 当 $D_3D_2D_1D_0$=0110 时，V_o=？

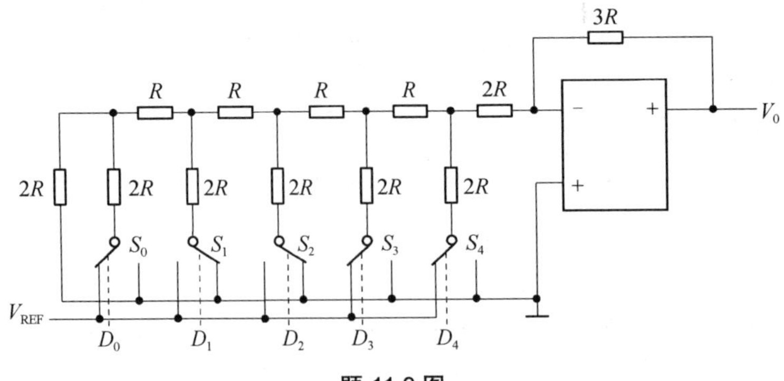

题 11.3 图

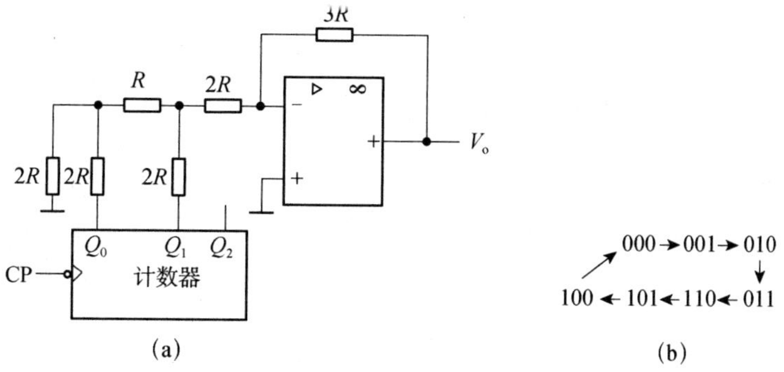

题 11.4 图

11.6　模拟输入信号的最高频率分量是 4000Hz，试求最低采样频率。

11.7　双积分 A/D 转换器如题 11.7 图所示，试求：（1）若被测电压 $V_{I(max)}$=2V，要求分辨率≤0.1mV，则二进制计数器的计数总容量 N 应大于多少？（2）需用多少位二进制计数器？

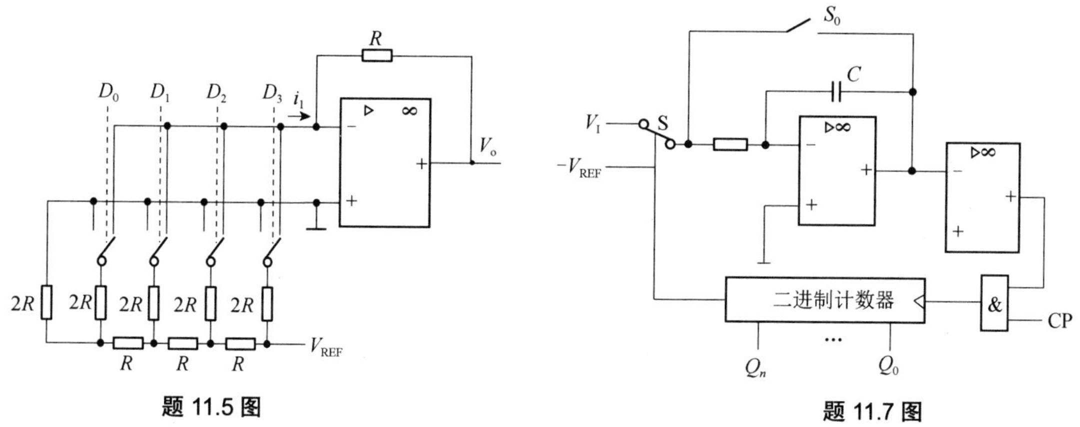

题 11.5 图　　题 11.7 图

11.8　【项目设计】试用三端可调稳压芯片 LM317 及 8 位 D/A 转换器 DAC0832 设计简易数控电源。

11.9　【项目设计】设计数字温度计（0～100℃），原理框图如题 11.9 图所示。

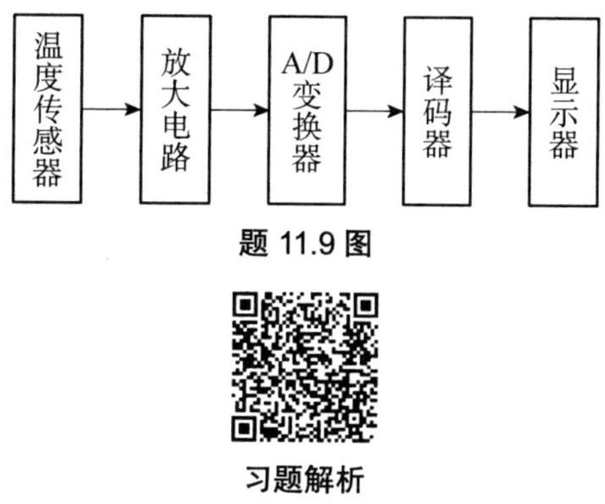

题 11.9 图

习题解析